U0875232

"十二五"普通高等教育本科国家级规划教材

图像工程(下册)

图像理解

(第 4 版)

Image Engineering(Ⅲ)

Image Understanding

(Fourth Edition)

章毓晋(ZHANG Yu-Jin)　编著

清华大学出版社
北京

内容简介

本书为《图像工程》第4版的下册，主要介绍图像工程的第三层次——图像理解的基本概念、基本原理、典型方法、实用技术以及国际上有关研究的新成果。

本书主要分为4个单元。第1单元（包含第2～5章）介绍图像采集表达技术，其中第2章介绍摄像机成像模型和标定技术，第3章介绍压缩感知理论及其在成像中的应用，第4章介绍采集含深度信息图像的方法，第5章介绍各种表达3-D景物的技术。第2单元（包含第6～9章）介绍景物重建技术，其中第6章介绍双目立体视觉方法，第7章介绍多目立体视觉方法，第8章介绍从多幅图像恢复景物的技术，第9章介绍从单幅图像恢复景物的技术。第3单元（包含第10～12章）介绍场景解释技术，其中第10章介绍知识表达和推理方法，第11章介绍目标和符号匹配技术，第12章介绍场景分析和语义解释的内容。第4单元（包含第13～15章）介绍三个研究方向的示例，其中第13章介绍多传感器图像信息融合方法，第14章介绍基于内容的图像和视频检索技术，第15章介绍时空行为理解的内容。书中的附录介绍了有关视觉和视知觉的一些知识，与各章都有一些联系。书中还提供大量例题、思考题和练习题，并对部分练习题提供了解答。书末还给出了主题索引。

本书可作为信号与信息处理、通信与信息系统、电子与通信工程、模式识别与智能系统、计算机视觉等学科研究生专业基础或专业课教材，也可供信息与通信工程、电子科学与技术、计算机科学与技术、测控技术与仪器、机器人自动化、生物医学工程、光学、电子医疗设备研制、遥感、测绘和军事侦察等领域的科技工作者参考。

图书在版编目（CIP）数据

图像工程. 下册，图像理解/章毓晋编著. —4版. —北京：清华大学出版社，2018（2022.3重印）
ISBN 978-7-302-50361-3

Ⅰ. ①图… Ⅱ. ①章… Ⅲ. ①计算机应用—图像处理 Ⅳ. ①TP391.41

中国版本图书馆CIP数据核字(2018)第117718号

责任编辑：文 怡
封面设计：李召霞
责任校对：时翠兰
责任印制：沈 露

出版发行：清华大学出版社
网 址：http://www.tup.com.cn，http://www.wqbook.com
地 址：北京清华大学学研大厦A座 **邮 编**：100084
社 总 机：010-83470000 **邮 购**：010-83470235
投稿与读者服务：010-62776969，c-service@tup.tsinghua.edu.cn
质量反馈：010-62772015，zhiliang@tup.tsinghua.edu.cn
课件下载：http://www.tup.com.cn，010-83470236
印 装 者：三河市龙大印装有限公司
经 销：全国新华书店
开 本：185mm×260mm **印 张**：28.5 **字 数**：692千字
版 次：2000年8月第1版 2018年8月第4版 **印 次**：2022年3月第3次印刷
定 价：89.00元

产品编号：077216-01

全套书第4版前言

这是《图像工程》第4版，全套书仍分3册，分别为《图像工程(上册)——图像处理》《图像工程(中册)——图像分析》和《图像工程(下册)——图像理解》。它们全面介绍图像工程的基础概念、基本原理、典型方法、实用技术以及国际上相关内容研究的新成果。

《图像工程》第3版也分3册，名称相同。上、中、下册均在2012年出版，而2013年出版了《图像工程》第3版的3册合订本。第3版至今已重印13次，总计3万多册。

《图像工程》第2版也分3册，名称相同。上、中、下册分别在2006年、2005年和2007年出版，2007年还出版了《图像工程》第2版的3册合订本。第2版共重印18次，总计近7万册。

《图像工程》第1版也分3册，名称分别为《图像工程(上册)——图像处理和分析》《图像工程(下册)——图像理解和计算机视觉》和《图像工程(附册)——教学参考及习题解答》。这3册分别在1999年、2000年和2002年出版。第1版共重印27次，总计约11万册。

《图像工程》的多次重印表明作者一直倡导的，为了对各种图像技术进行综合研究、集成应用而建立的整体框架——图像工程——作为一门系统研究各种图像理论、技术和应用的新的交叉学科得到了广泛的认可，也在教学中得到大量使用。同时，随着研究的深入和技术的发展，编写新版的工作也逐渐提到议事日程上来。

第4版的编写开始于2016年，是年暑假静心构思了全套书的整体框架。其后，根据框架陆续收集了一些最新的相关书籍和文献(包括印刷版和电子版)，并仔细进行了阅读和做了笔记。这为新版的编写打下了一个坚实的基础。期间，还结合以往课堂教学和学生反馈，对一些具体内容(包括习题)进行了整理和调整。第4版内容具有一定的深度和广度，希望读者通过本套书的学习，能够独立和全面地了解该领域的基本理论、技术、应用和发展。

第4版在编写的方针上，仍如前3版那样力求具有理论性、实用性、系统性、实时性；在内容叙述上，力求理论概念严谨，论证简明扼要。在内容方面，第4版基本保留了第3版中有代表性的经典内容，同时考虑图像技术的飞速发展，还认真选取了近年的一些最新研究成果和得到广泛使用的典型技术进行充实。这些新内容既参考了许多有关文献，也结合了作者的一些研究工作和成果以及这些年来的教学教案。除每册书增加一章全新内容外，还各增加了多个节和小节，并特别增加了许多例题，其中有些介绍新的选学内容，有些则从其他的角度来补充解释已有的概念和方法。这些例题可根据课时安排、学生基础等选择使用，比较灵活。总体来说，第4版的内容覆盖面更广，介绍更全面细致，整体篇幅比第3版有约20%的增加。

第4版在具体结构和章节安排方面仍然保留了第3版的特点：

第一，各册书均从第2章就开始介绍正式内容，更快进入主题。先修或预备内容分别安排在需要先修部分的同一章前部，从教学角度来说，更加实用，也突出了主线内容。

第二，除第1章绪论外，各册书的正式内容仍都结合成4个主题相关的单元(并画在封面上)，每个单元都有具体说明，帮助选择学习。全书有较强的系统性和结构性，也有利于复习考核。

第三，各章中的习题均只有少部分给出了解答，使教师可以更灵活地选择布置。更多的习题和其余的习题解答将会放在出版社网站上，便于补充、改进，网址为 www.tup.com.cn。

第四，各册书后均仍有主题索引(并给出了英文)，这样既方便在书中查找有关内容，又方便在网上查找有关文献和解释。

第 4 版还增加了一项新的举措。书中的彩色图片印刷后均为黑白的，但可以通过手机扫描图片旁的二维码，调出存放在出版社网站上的对应彩色图片，获得更多的信息和更好的观察效果。

从 1996 年开始编写《图像工程》第 1 版以来至今已 20 多年。期间，作者与许多读者(包括教师、学生、自学者等)有过各种形式的讨论和交流，除了与一些同行面谈外，许多人打来电话或发来电子邮件。这些讨论和交流使作者获得了许多宝贵的意见和建议，在编写这 4 版中都起到了不可或缺的作用，特别是在解释和描述的详略方面都结合读者反馈意见进行了调整，从而更加容易理解和学习。值得指出的是，书中还汇集了多年来不少听课学生的贡献，许多例题和练习题是在历届学生作业和课堂讨论的基础上提炼出来的，一些图片还直接由学生帮助制作，在选材上也从学生的反馈中受到许多启发。借此机会对他们一并表示衷心的感谢。

书中有相当内容基于作者和他人共同研究的成果，特别是历年研究室的学生(按姓名拼音排序)：卜莎莎、边辉、蔡伟、陈权崎、陈挺、陈伟、陈正华、崔崟、程正东、戴声扬、段菲、方慕园、冯上平、傅卓、高永英、葛菁华、侯乐天、胡浩基、黄英、黄翔宇、黄小明、贾波、贾超、贾慧星、姜帆、李佳童、李娟、李乐、李品一、李勍、李睿、李硕、李闻天、李相贤(LEE Sang Hyun)、李小鹏、李雪、梁含悦、刘宝弟、刘晨阳、刘峰、刘锴、刘青棣、刘惟锦、刘晓旻、刘忠伟、陆海斌、陆志云、罗惠韬、罗沄、朴寅奎(PARK In Kyu)、钱宇飞、秦暄、秦垠峰、阮孟贵(NGUYEN Manh Quy)、赛义(Saeid BAGHERI)、沈斌、谭华春、汤达、王树徽、王宇雄、王志国、王志明、王钟绪、温宇豪、文熙安(Tristan VINCENT)、吴高洪、吴纬、夏尔雷(Charley PAULUS)、向振、徐丹、徐枫、徐洁、徐培、徐寅、许翔宇、薛菲、薛景浩、严严、杨劲波、杨翔英、杨忠良、姚玉荣、游钱皓喆、鱼荣珍(EO Young Jin)、俞天利、于信男、袁静、贠亮、张宁、赵雪梅、郑胤、周丹、朱施展、朱小青、朱云峰，博士后高立志、王怀颖以及进修教师崔京守(CHOI Jeong Swu)、郭红伟、石俊生、杨卫平、曾萍萍、张贵仓等。第 1 版、第 2 版、第 3 版和第 4 版采用的图表除作者本人制作的外，也包括他们在研究工作中收集和实验得到的。该书应该说是多人合作成果的体现。

最后，感谢妻子何芸、女儿章荷铭在各方面的理解和支持！

章毓晋

2018 年元旦于书房

通信：北京，清华大学电子工程系，100084
办公：清华大学，罗姆楼，6 层 305 室
电话：(010) 62798540
传真：(010) 62770317
电邮：zhang-yj@tsinghua.edu.cn
主页：oa.ee.tsinghua.edu.cn/～zhangyujin/

下册书概况和使用建议

本书为《图像工程》第4版的下册，主要介绍图像工程的第三层次——图像理解的基本概念、基本原理、典型方法、实用技术以及国际上有关研究的新成果。

本书第1章是绪论，介绍图像理解基础并概述全书。本书主要内容分别在4个单元中介绍。第1单元（包含第2～5章）介绍图像采集表达技术，其中第2章介绍摄像机成像模型和标定技术，第3章介绍压缩感知理论及其在成像中的应用，第4章介绍采集含深度信息图像的方法，第5章介绍各种表达3-D景物的技术。第2单元（包含第6～9章）介绍景物重建技术，其中第6章介绍双目立体视觉方法，第7章介绍多目立体视觉方法，第8章介绍从多幅图像恢复景物的技术，第9章介绍从单幅图像恢复景物的技术。第3单元（包含第10～12章）介绍场景解释技术，其中第10章介绍知识表达和推理方法，第11章介绍目标和符号匹配技术，第12章介绍场景分析和语义解释的内容。第4单元（包含第13～15章）介绍三个研究方向的示例，其中第13章介绍多传感器图像信息融合方法，第14章介绍基于内容的图像和视频检索技术，第15章介绍时空行为理解的内容。书中的附录为有关视觉和视知觉的一些知识，与各章都有一些联系。

本书包括15章正文，1个附录，以及"部分习题解答""参考文献"和"索引"。在这19个一级标题下共有91个二级标题（节），再下还有144个三级标题（小节）。全书共有文字（也包括图片、绘图、表格、公式等）近70万字。本书共有编了号的图349个（包括297幅图片）、表格37个、公式775个。为便于教学和理解，本书共给出各类例题99个。为便于检查教学和学习效果，各章后均有12个思考题和练习题，全书共有180个，对其中的30个（每章2个）提供了参考答案（更多思考题和练习题的解答将考虑另行提供）。另外，参考文献中统一列出了直接引用和提供参考的370多篇文献的目录。最后，书末还给出了700多个主题索引（及英译）。

本书各章主要内容和讲授长度基本平衡，根据学生的基础和背景，每章可用3～4个课堂学时讲授，另外可能还需平均2～3个课外学时练习和复习。本书电子教案可在清华大学出版社网站（http://www.tup.com.cn）或作者主页（http://oa.ee.tsinghua.edu.cn/～zhangyujin）下载。

本书主要介绍图像理解的内容，需要有一定的图像处理和图像分析基础，最好作为学习图像技术的第三本书来学习（如果自学，最好在学习完上册的前两个单元和中册的前两个单元后进行）。当学时比较紧张时，可先学习完本书的前两个单元，再从后两个单元中选取部分内容。

目　录

第 2 单元　景物重建

第 3 单元 场景解释

第4单元 研究示例

第1章 绪　论

本书为《图像工程》整套书的下册，是提高和总结的一册。

本章对全书内容要点和布局结构进行概括介绍，安排如下：

1.1 节先对图像工程的发展情况加以回顾和概述，并列举两个相关文献综述的一些统计数据，展示图像工程的发展情况。

1.2 节概括介绍图像理解的研究内容和在图像工程中的位置，讨论图像理解与计算机视觉，以及与一些相关学科的联系和区别，并介绍图像理解的一些应用领域。

1.3 节全面介绍对图像理解有重要基础作用的马尔视觉计算理论的各个要点以及对马尔理论框架的改进工作，并对马尔重建理论的不足进行了一些讨论，既帮助总体把握整个领域，也促进开展进一步的深入研究。

1.4 节概括介绍本书主要内容、框架结构、编写特点以及先修知识要求。

1.1 图像工程的发展

先对图像工程的发展情况给一个概述(更多细节可参见上册和中册)。

1.1.1 基本概念和定义概括

图像是用各种观测系统以不同形式和手段观测客观世界而获得的，可以直接或间接作用于人眼，并进而产生视知觉的实体[章 1996a]。人的视觉系统是具有这样能力的典型系统。视觉是人类观察世界、认知世界的重要功能手段。人类从外界获得的信息约有 75%来自视觉系统，这既说明视觉信息量巨大，也表明人类对视觉信息有较高的利用率。正因为如此，人们还制造了许多利用各种辐射对客观场景成像的系统，以利用视觉信息观察世界。图像是表达视觉信息的一种物理形式。对场景采集数字图像的最终结果常是某种能量的样本阵列，所以常用矩阵或数组来表示，其中每个元素的坐标对应场景点的位置，而元素的值对应场景点的某个物理量。

人们用各种技术方式和手段对图像进行加工，以获得需要的信息。从广义的角度，**图像技术**可看作各种图像加工技术的总称。它覆盖了利用计算机和其他电子设备进行和完成的一系列工作，例如图像的采集、获取、编码、存储和传输，图像的合成和产生，图像的显示、绘制和输出，图像的变换、增强、恢复(复原)、修补和重建，图像的分割，各种特征的提取和测量，目标的检测、定位、表达和描述，序列图像的校正和配准，图像数据库的建立、索引、查询和抽取，图像的分类、表示和识别，3-D 景物的重建复原，图像模型的建立，图像信息的融合，图像知识的利用和匹配，图像和场景的解释和理解，以及基于它们的推理、学习、判断、决策和行为规划(如何推断出应实现的目标及构造实现目标的操作序列)等。另外,图像技术还可包括为完成上述功能而进行的硬件和系统设计及制作等方面的技术。上述许多具体技术已在本套书上册和中册进行了介绍。

对图像技术的综合研究和集成应用可在**图像工程**这个整体框架下进行[章 1996a]。众所周知,工程是指将自然科学的原理应用到工业部门而形成的各学科的总称。图像工程学科则是利用数学、光学等基础科学的原理,结合电子技术、计算机技术及在图像应用中积累的技术经验而发展起来的一个对整个图像领域进行研究应用的新学科。事实上,图像技术多年来的发展和积累为图像工程学科的建立打下了坚实的基础,而各类图像应用也对图像工程学科的建立提出了迫切的需要([章 2000c]、[章 2002c]、[章 2009c]、[Zhang 2009f]、[Zhang 2015f]、[Zhang 2018a])。

图像工程的内容非常丰富,应用也非常广泛,根据抽象程度、研究方法、操作对象和数据量等的不同可分为 3 个层次,见图 1.1.1:图像处理、图像分析和图像理解(可分别见[Zhang 2017a]、[Zhang 2017b]、[Zhang 2017c])。**图像处理**是比较低层的操作,主要在图像像素级上进行处理,处理的数据量非常大。**图像分析**则处于中层,通过分割和特征提取把原来以像素描述的图像转变成比较简洁的非图形式的描述。**图像理解**主要指高层的操作,基本上根据较抽象的描述进行解析、判断、决策(符号运算),其处理过程和方法与人类的思维推理有许多类似之处。在这里,随着抽象程度的提高,数据量是逐渐减少的。具体说来,原始图像数据经过一系列的处理过程,逐步转化为更有组织和用途的信息。在这个过程中,语义信息不断引入,操作对象也逐步发生变化。另外,高层操作对低层操作有指导作用,能提高低层操作的效能,完成复杂的任务。

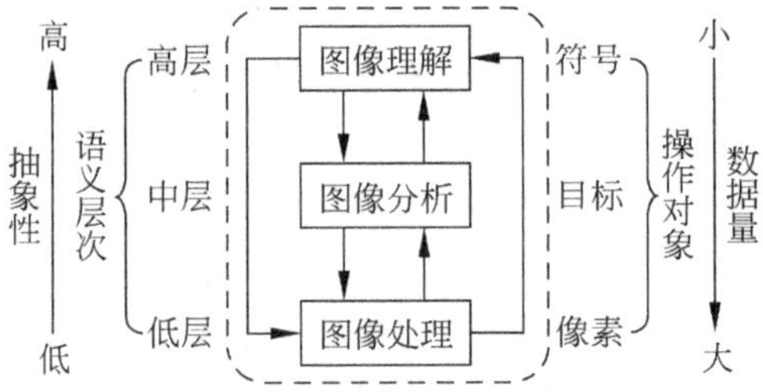

图 1.1.1　图像工程 3 层次示意图

概括地说,图像工程是既有联系又有区别的图像处理、图像分析及图像理解三者的有机结合,并包括对它们的工程应用。从概念上讲,图像工程既能较好地将许多相近学科兼容并蓄,也更强调图像技术的应用,所以这里选用图像工程来概括整个图像领域的研究和应用,也使图像处理、图像分析及图像理解三者的关系更紧密。

图像工程是一门系统地研究各种图像理论、技术和应用的新的交叉学科。从研究方法来看,它与数学、物理学、生物学、生理学(特别是神经生理学)、心理学、电子学、计算机科学等许多学科可以相互借鉴;从研究范围来看,它与模式识别、计算机视觉、计算机图形学等多个专业又相互交叉。另外,图像工程的研究进展与人工智能、神经网络、遗传算法、模糊逻辑等理论和技术都有密切的联系,它的发展应用与生物医学、材料、遥感、通信、交通管理、军事侦察、文档处理和工业自动化等许多领域也是不可分割的。

图像工程是全面系统地研究图像理论方法,阐述图像技术原理,推广图像技术应用及总结生产实践经验的新学科。结合本册书的内容和重点，图像工程的主要构成可用图 1.1.2 所示的整体框架来表示，其中虚线框内为图像工程的基本模块。这里要用到各种图像技术以帮助人们从场景获得信息。首先要进行的就是利用各种方式从场景获得图像。接下来对图像的低层处理主要是为了改善图像的视觉效果或在保持视觉效果的基础上减少图像的数据量，处理的结果主要是给用户观看的。对图像的中层分析主要是对图像里感兴趣的目标进行检测、提取和测量。分析的结果能为用户提供描述图像目标特点和性质的数据。最后对图像的高层理解是要通过对图像里各目标的性质和它们之间相互关系的研究，了解把握图像内容并解释原来的客观场景。理解的结果能为用户提供客观世界的信息，从而指导和规划行动。这些从低层到高层所用的图像技术都得到了包括人工智能、神经网络、遗传算法、模糊理论、图像代数、机器学习、深度学习等新理论、新工具、新技术的有力支持。为完成这些工作还要采取合适的策略进行控制。

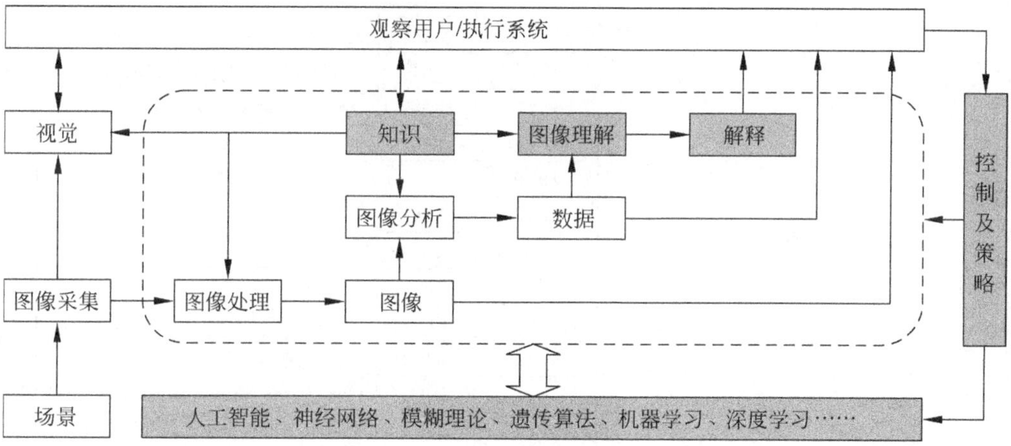

图 1.1.2　图像工程整体框架

本套书上册对低层图像处理的基本原理和技术进行了详细的介绍，本套书中册对中层图像分析的基本原理和技术进行了详细的介绍，本册书的内容将主要涉及高层图像理解的基本原理和技术，包括(在处理和分析基础上)对 3-D 客观场景信息的获取和表达、景物的重建、场景的解释等，以及上述过程中的相关知识及应用，为完成这些工作所采用的控制和策略等。对高层理解的研究现已成为图像技术研究发展的一个重点，对不同层次图像技术的综合应用推动了图像事业的快速发展。

1.1.2　图像技术发展情况回顾

一个领域的研究发展可借助相关文献的发表情况来分析，因为文献的发表是研究成果的一种体现。下面将借助两个综述系列及对它们的数据统计来概括地介绍一些图像技术的发展情况。

1. 一个已结束的图像技术综述系列

在 20 世纪最后约 30 年的时间内曾有一个由 30 篇论文组成的关于图像技术方面的综述系列。这个系列中综述论文的题目从开始直到 1986 年均称为“图像处理”，而从 1987 年开始称为“图像分析和计算机视觉”。该综述系列已于 2000 年由作者结束。作者声称，由于在线信息获取的进展，该综述系列已不必要再延续下去了[Rosenfeld 2000]。该综述系列30年的总体情况，包括各综述论文题目、所综述的文献年份(引用年)和数量、刊登论文的刊物名称和论文的发表年份概括在表1.1.1中[Zhang 2002a]。由表中数据可见，文献数量有比较明显的"大小年"现象，这是由于综述考虑了一些两年一次的会议，导致有会年份的文献数量有较大的增加。

表 1.1.1　一个已结束综述系列的概况

序号	综述论文题目	引用年	数量/篇	刊登综述论文的刊物	发表年
1	Picture Processing by Computer	—1969	408	ACM Computing Surveys	1969
2	Progress in Picture Processing:1969—1971	1969—1971	580		1972
3	Picture Processing: 19xx (1972—1986)	1972	350	Computer Graphics and Image Processing (CGIP)	1973
4		1973	245		1974
5		1974	341		1975
6		1975	354		1976
7		1976	461		1977
8		1977	609		1978
9		1978	819		1979
10		1979	700		1980
11		1980	897		1981
12		1981	982		1982
13		1982	1185	Computer Vision,Graphics and Image Processing (CVGIP)	1983
14		1983	1138		1984
15		1984	1252		1985
16		1985	1063		1986
17		1986	1436		1987
18	Image Analysis and Computer Vision: 19xx (1987—1999)	1987	1412		1988
19		1988	1635		1989
20		1989	1187		1990
21		1990	1611	CVGIP: Image Understanding	1991
22		1991	1178		1992
23		1992	1897		1993
24		1993	1281		1994
25		1994	1911	Computer Vision and Image Understanding (CVIU)	1995
26		1995	1561		1996
27		1996	2148		1997
28		1997	1691		1998
29		1998	2268		1999
30		1999	1693		2000

这个综述系列在30年里所引用的共34293篇文献分别来自40多个刊物(大部分选自美国或国际刊物)和10多个大型国际会议。由表1.1.1可见，除了开始的两篇综述论文，其余在当前年发表的综述论文都是对上一年有关文献的统计(提供了文献清单)。这个系列的前两篇综述论文发表在*ACM Computing Surveys*上，其后的28篇都发表在*Computer Graphics and Image Processing*(CGIP)和其更名后的刊物上。

例 1.1.1 CGIP 刊物的名称变化

1972 年,一份与图像技术关系密切的国际期刊创刊,它当时的名称是 CGIP(计算机图形学与图像处理)。1983 年它改名为 CVGIP(计算机视觉、图形学与图像处理)。1991 年它分成两个版本,分别称为 CVGIP-GMIP(图形模型与图像处理)和 CVGIP-IU(图像理解)。1995 年它们正式变成了两个独立的期刊,前者命名为 GMIP(图形模型与图像处理),后者命名为 CVIU(计算机视觉与图像理解)。上述有关图像技术的综述系列的综述文献大部分都发表在这些期刊上。 □

2. 一个新的图像工程综述系列

从 1996 年起,开始了一个新的关于图像工程的综述系列,现已进行了 24 年([章 1996a]、[章 1996b]、[章 1997a]、[章 1998]、[章 1999a]、[章 2000a]、[章 2001a]、[章 2002a]、[章 2003a]、[章 2004a]、[章 2005]、[章 2006]、[章 2007a]、[章 2008]、[章 2009a]、[章 2010]、[章 2011a]、[章 2012a]、[章 2013a]、[章 2014]、[章 2015a]、[章 2016]、[章 2017b]、[章 2018]、[章 2019])。与上面已结束的那个综述系列不同,该综述系列的特点是不仅对选取的文献进行了分类,而且对它们还进行了统计、比较和分析,所以除有助于文献检索外,还有助于确定图像工程的研究方向并进一步制定科研工作的决策。

该综述系列还在继续中,下面先对其前 15 年的情况进行概括。在这 15 年中,综述从 15 种有关图像工程的重要中文期刊(共 1537 期)上发表的 34841 篇学术研究和技术应用文献中选取出了 8217 篇属于图像工程领域的文献。这 15 年来每年的文献总数,选取总数和选取率可见表 1.1.2。文献选取率反映了图像工程在各刊所覆盖的专业范围中的相对重要性。回顾这 15 年来关于选取率的统计数据,1995 年的选取率约为 1/7,1996 年的选取率约为 1/6,其后直到 2002 年一直在 1/5 左右徘徊。2003 年的选取率约为 1/4,2004 年的选取率首次超过了 1/4。从选取数量上说,2009 年选取的图像工程文献数量已接近 1995 年的 7 倍(文献总数仅为 3.6 倍)。这是图像工程方面的研究成果和投稿数历年都在不断增加的结果,也是图像工程学科蓬勃发展的明证。

表 1.1.2 图像工程综述系列中前 15 个年度的选取率

文献年度	1995	1996	1997	1998	1999	2000	2001	2002	2003	2004	2005	2006	2007	2008	2009
文献总数/篇	997	1205	1438	1477	2048	2117	2297	2426	2341	2473	2734	3013	3312	3359	3604
选取总数/篇	147	212	280	306	388	464	481	545	577	632	656	711	895	915	1008
选取率/%	14.74	17.59	19.47	20.72	18.95	21.92	20.94	22.46	24.65	25.60	23.99	23.60	27.02	27.24	27.97

下面再对本年代(9 个年度)的情况进行概括。进入本年代以来,图像工程学科比较成熟,文献总数基本在 3000 篇上下浮动(随着文献质量的提高和文献长度的增加,该总数有稍减少的趋势),选取总数基本为 700～800 篇,总体在高位水平上比较稳定,选取率平均超过 25%,见表 1.1.3。

表 1.1.3 图像工程综述系列中近 9 个年度的选取率

文献年度	2010	2011	2012	2013	2014	2015	2016	2017	2018
文献总数/篇	3251	3214	3083	2986	3103	2975	2938	2932	2863
选取总数/篇	782	797	792	716	822	723	728	771	747
选取率/%	24.05	24.80	25.69	23.98	26.49	24.30	24.78	26.30	26.09

为更容易和直观地看出多年来的发展变化情况，图 1.1.3 绘出了近 24 年在文献选取中的文献总数、选取总数和选取率的曲线，其中横轴指示年度，左边竖轴指示文献数量(文献总数或选取总数)，右边竖轴指示文献选取率。由该图很容易看出前述的几个变化趋势。

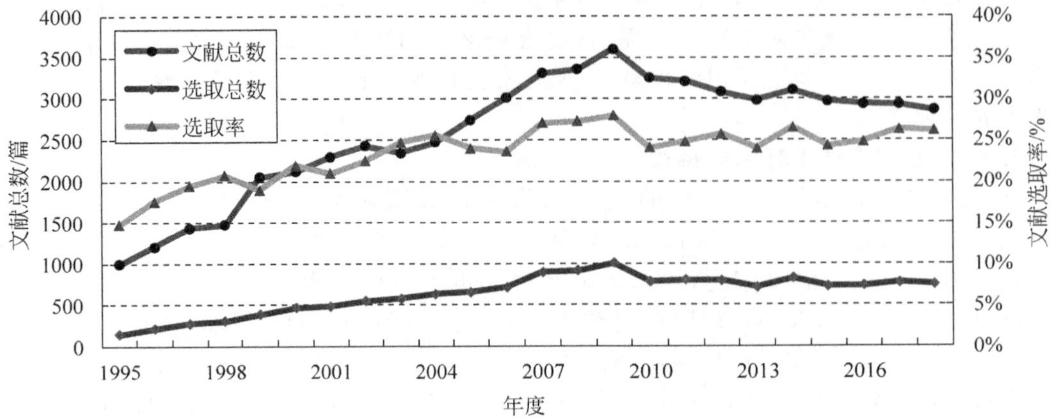

图 1.1.3　近 24 年图像工程文献选取曲线

综述系列对所选取的图像工程文献根据其主要内容分别归入了图像处理、图像分析、图像理解、技术应用和综述 5 个大类，然后进一步分入了 23 个专业小类(分类表见表 1.1.4)。

表 1.1.4　文献分类表

大类	名称	小类	名称和主要内容
A	图像处理	A1	图像获取(包括各种成像方式方法、图像采集及存储、摄像机校准等)
		A2	图像重建(从投影等重建图像，间接成像等)
		A3	图像增强和恢复等(包括变换、滤波、复原、修补、置换、校正等)
		A4	图像(视频)压缩编码(包括算法研究、国际标准实现等)
		A5	图像信息安全(数字水印、信息隐藏、图像认证取证等)
		A6	图像多分辨率处理(超分辨率重建、图像分解和插值、分辨率转换等)
B	图像分析	B1	图像分割，边缘及角点(感兴趣点/控制点)等基元的检测
		B2	目标表达、描述、测量(包括二值图像的处理分析等)
		B3	目标特性(颜色、纹理、形状、空间、结构、运动等)的提取分析
		B4	目标检测和识别(目标 2-D 定位、追踪、提取、鉴别和分类等)
		B5	人体生物特征提取和验证(包括人体、人脸和器官的检测、定位与识别)
C	图像理解	C1	图像匹配和融合等(包括序列、立体图的配准、镶嵌等)
		C2	场景恢复(3-D 表达、建模、重构或重建等)
		C3	图像感知和解释(包括语义描述、信息模型、机器学习、认知推理等)
		C4	基于内容的图像和视频检索
		C5	时空技术(高维运动分析、3-D 姿态检测、跟踪，举止判断和行为理解)
D	技术应用	D1	硬件，系统和快速/并行算法
		D2	通信、视频传输(包括电视、网络、广播等)
		D3	文档、文本(包括文字、数字、符号等)
		D4	生物、医学
		D5	遥感、雷达、测绘
		D6	其他(不明确包含在以上各类的技术应用)
E	综述评论	E1	综述(概括图像处理/分析/理解或综合新技术)

对 2018 年的 23 个小类文献数量的统计结果分别如图 1.1.4 所示[章 2019]。相对图像处理和图像分析中各小类的文献数量来说，图像理解中的各小类的文献数量相对较少(仅 C1 和 C4 两个小类还可类比)。由此可见，一方面对图像理解的研究还需加强；另一方面图像理解的研究还大有可为。

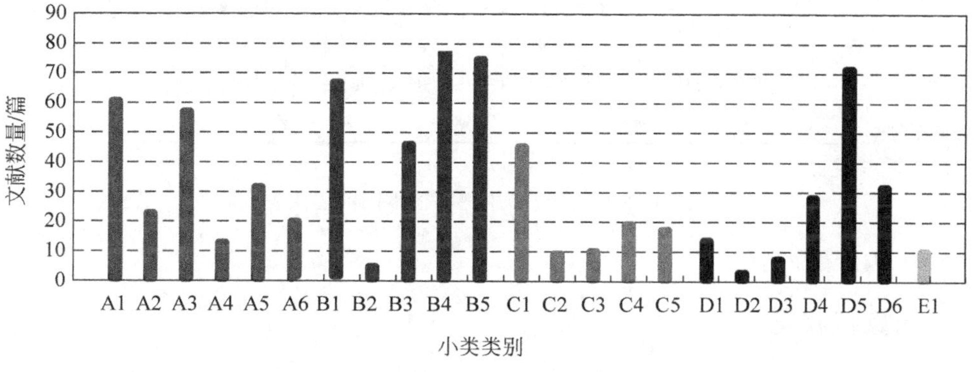

图 1.1.4　对 2018 年的 23 个小类文献数量的统计结果

1.2　图像理解及相关学科

图像理解与另一些学科有密切的联系和相关的内容，下面分别进行概括地讨论。

1.2.1　图像理解

图像工程包括从低到高的 3 个层次，图像理解作为图像工程的高层，其重点是在图像分析的基础上，结合人工智能和认知理论，进一步研究图像中各目标的性质和它们之间的相互联系，并理解图像内容的含义以及解释对应的客观场景，从而指导和规划行动。如果说图像分析主要是以观察者为中心研究客观世界(主要研究可观察到的事物)，那么图像理解在一定程度上是以客观世界为中心，借助知识、经验等来把握整个客观世界(包括没有直接观察到的事物)。

图像理解关心的是如何根据图像给出对场景的描述和判断，它要借助计算机构建系统来帮助解释图像的含义，从而实现利用图像信息解释客观世界。它要确定为完成某个任务需要通过图像采集从客观世界获取哪些信息，需要通过图像处理和分析从图像中提取哪些信息，以及利用哪些信息继续加工以获得需要的决策。它要研究理解能力的数学模型，并通过对数学模型的程序化，实现理解能力的计算机模拟。

限于目前计算机的能力和图像理解技术的水平，上述许多任务还无法完全自动实现。在多数情况下，系统完成较低层的工作，而人需要接着完成剩下的较高层的工作，如图 1.2.1 所示。

图像理解是要帮助人通过图像认识客观世界。如果完全没有系统，人就必须执行所有各层工作。如果系统只有低层能力，那么人就需要在系统处理的基础上完成中层和高层的工作。如果系统有了低层和中层的能力，那么人只需要在系统处理的基础上完成高层的工作就可以了。而如果系统有了从低层直到高层的能力，人很容易就可做出决策。目前，研究

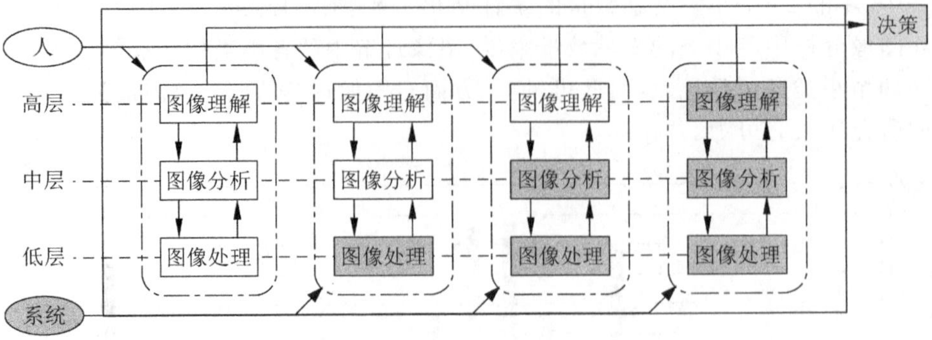

图 1.2.1　系统和用户覆盖不同的层次

和发展的瓶颈主要在高层。

1.2.2　计算机视觉

人类视觉过程可看作一个复杂的从感觉(感受到的是对 3-D 世界之 2-D 投影得到的图像)到知觉(由 2-D 图像认知 3-D 世界内容和含义)的过程[孔 2002]。视觉的最终目的从狭义上说是要对场景做出对观察者有意义的解释和描述,从广义上讲,还有基于这些解释和描述并根据周围环境和观察者的意愿制定出行为规划。**计算机视觉**是指用计算机实现人的视觉功能,希望能根据感知到的图像对实际的目标和场景做出有意义的判断[Shapiro 2001]。这实际上也就是图像理解的目标。

1. 研究方法

对计算机视觉的研究,目前主要采取两类方法。

(1) 仿生学的方法。仿生学方法的本质是**模仿化**,即参照人类视觉系统的结构原理,建立相应的处理模块或制作具有视觉能力的设备完成类似的功能和工作(人类视觉系统的一些特性可见附录 A)。这里涉及 3 个相关的问题[Sonka 2008]:①经验主义的问题——What is? 需要确定如何设计出现有的视觉系统;②标准化的问题——What should be? 需要确定自然或理想的视觉系统应满足的期望特性;③理论的问题——What could be? 需要确定在智能视觉系统中的机制。

(2) 工程的方法。工程方法的本质是**模拟化**,即从分析人类视觉过程的功能着手,不去刻意模拟人类视觉系统内部结构,而仅考虑系统的输入和输出,并采用任何现有的可行的技术手段实现需要的系统功能。这是本书主要讨论的方法,将在后续各个章节中详细介绍。

2. 工程实现方式

根据信息的流动方向和先验知识的数量,用工程方法实现人的视觉功能有两种方式。

(1) 由底向上重建:需要从一幅图像或一组图像重构目标的 3-D 形状,这里既可以使用亮度图像也可以使用深度图像。马尔的**视觉计算理论**(见 1.3.1 小节)是一种典型的方法,它是严格由底向上的,对目标的先验知识要求很少。

(2) 由上向下识别:也称**基于模型的视觉**,即将关于目标的先验知识用目标的模型表示,其中 3-D 模型更为重要。例如,在基于 CAD 模型的识别中,由于模型中嵌入了约束可使很多情况下的不确定视觉问题有解。

实际中，这两种方式常根据具体工作结合使用，这在后续章节中都有体现。

3. 研究目标

计算机视觉的主要研究目标可归纳成两个，它们互相联系补充。第一个研究目标是建成计算机视觉系统来完成各种视觉任务。换句话说，即要使计算机能借助各种视觉传感器(如 CCD、CMOS 摄像器件等)获取场景的图像，从而感知和恢复 3-D 环境中物体的几何性质、姿态结构、运动情况、相互位置等，并对客观场景进行识别、描述、解释，进而做出判断和决策。这里主要研究的是技术机理。目前，这方面的工作集中在建成各种专用系统，完成在各种实际场合提出的专门视觉任务，而从长远来说则要建成更为通用的系统[Jain 1997]。第二个研究目标是把该研究作为探索人脑视觉工作机理的手段，进一步加深对人脑视觉的掌握和理解(如计算神经科学)。这里主要研究的是生物学机理。长期以来，对人脑视觉系统已从生理、心理、神经、认知等方面进行了大量的研究，但还远没有揭开视觉过程的全部奥秘，可以说对视觉机理的研究和了解还远落后于对视觉信息处理的研究和掌握。需要指出，对人脑视觉的充分理解也将促进计算机视觉的深入研究[Finkel 1994]，借助对人类视觉系统所具有的强大的理解能力的研究可帮助人们开发新的图像理解和计算机视觉算法。本书将主要考虑和针对第一个研究目标展开。

4. 图像理解和计算机视觉的关系

图像理解和计算机视觉密切相关。图像是表达视觉信息的一种物理形式，图像理解必须借助计算机，基于对图像的处理和分析来进行。计算机视觉作为一门学科，与许多以图像作为主要研究对象的学科，特别是图像处理、图像分析、图像理解有着非常密切的联系和不同程度的交叉。计算机视觉主要强调用计算机实现人的视觉功能，这中间实际上需要用到图像工程三个层次的许多技术，虽然目前的研究内容主要与图像理解相结合。

从对计算机视觉的定义也可看出图像理解和计算机视觉之间的密切联系[Sonka 2008]：计算机视觉的中心问题是从一个单目或多个单目的、移动或静止的观察者获取到的一个运动或静止的目标或场景的一幅或序列图像中，理解这个目标或场景以及它的 3-D 性质。这个定义与对图像理解的定义基本匹配。理解任务的复杂度与具体应用相关，假如先验知识较少，如在人对自然的视觉中，那么理解是复杂的；但如在对环境和目标限定的、有约束的多数情况下，由于可能的解释是有限的，理解可以并不那么复杂。

在建立图像/视觉信息系统，用计算机协助人类完成各种视觉任务方面，图像理解和计算机视觉都需要用到射影几何学、概率论与随机过程、人工智能等方面的理论。例如它们都要借助两类智能活动：①感知，如感知场景中可见部分的距离、朝向、形状、运动速度、相互关系等；②思维，如根据场景结构分析物体的行为，推断场景的发展变化，决定和规划主体行动等。其中，前者与**视感觉**密切相关，而后者则与**视知觉**密切相关。

计算机视觉最初是作为一个人工智能问题来研究的，因此也有人称其为图像理解[Shah 2002]。事实上，图像理解和计算机视觉这两个名词也常混合使用。从本质上讲，它们互相联系，在很多情况下其内容交叉重合，在概念上或实用中并没有绝对的界限。在许多场合和情况下，它们虽各有侧重但常常是互为补充的，所以将它们看作专业和/或背景不同的人习惯使用的不同术语更为恰当，在本书中也不去刻意区分它们。

1.2.3 其他相关学科

图像理解与计算机科学有密切的联系(作为图像理解基础的图像处理和图像分析也与计算机科学有密切的联系)。除了计算机视觉,其他一些与计算机相关的学科,如机器视觉/机器人视觉、模式识别、人工智能、计算机图形学等,都对图像理解的发展起到了并将继续起到重要的影响和作用。

机器视觉或**机器人视觉**与计算机视觉有着千丝万缕的联系,很多情况下都是作为同义词使用的。具体地说,一般认为计算机视觉更侧重对场景分析和对图像解释的理论和算法,而机器视觉/机器人视觉则更关注图像的获取、系统的构造和算法的实现,与图像工程的技术应用密切相关[章 2009c]。

模式包括的范围很广,图像就是模式的一种。识别是指从客观事实中自动建立符号描述或进行逻辑推理的数学和技术,因而人们定义**模式识别**是对客观世界中物体和过程进行分类、描述的学科[Bishop 2006]。目前,对图像模式的识别主要集中在对图像中感兴趣的内容(目标)的分类、鉴别、表达和描述,与图像分析有相当大的交集。图像理解中也使用了很多模式识别的概念和方法,但视觉信息有其特殊性和复杂性,传统的模式识别(竞争学习模型)并不能把图像理解全部包括进去。

人类智能主要指人类理解世界、判断事物、学习环境、规划行为、推理思维、解决问题等的能力。**人工智能**则指由人类用计算机模拟、执行或再生某些与人类智能有关功能的能力和技术([Nilsson 1980]、[Winston 1984]、[Dean 1995])。视觉功能是人类智能的一种体现,所以图像理解和计算机视觉与人工智能密切相关。图像理解的研究中使用了许多人工智能技术,反过来,图像理解也可看作人工智能的一个重要应用领域,需要借助人工智能的理论研究成果和系统来实现。

机器学习指计算机系统通过自我**学习**达到自我改进的过程。它主要强调研究计算机如何模拟或实现人类的学习行为以获取新的知识或技能,或重新组织已有的知识结构使之不断改善自身的性能。机器学习的一个主要研究方向就是自动学习以识别复杂模式并基于数据进行智能决策。近年来得到广泛关注的**深度学习**是机器学习中属于无监督学习类型的一个分支。它试图模仿人脑的工作机制,建立进行学习的神经网络来分析、识别和解释图像等数据。通过组合低层特征形成更抽象的高层表示属性类别或特征,以发现数据的分布式特征表示。这与人类在学习中先掌握简单概念,再用其去表示更抽象的语义比较类似。

计算机图形学研究如何从给定的描述生成“图像”,与计算机视觉也有密切关系。一般人们将计算机图形学称为计算机视觉的逆问题,因为计算机视觉从 2-D 图像提取 3-D 信息,而计算机图形学则使用 3-D 模型来生成 2-D 可视场景。实际上,计算机图形学很多时候与图像分析联系更多。某些图形可以认为是图像分析结果的可视化,而计算机真实感景物的生成又可以认为是图像分析的逆过程[章 1996b]。另外,图形学技术在视觉系统的人机交互和建模等过程中也起很大作用。两相结合的一个研究热点——**基于图像的绘制**就是一个很好的例子,其基本介绍可见[章 2002b]。需要注意,与图像理解和计算机视觉中存在许多不确定性相比,计算机图形学处理的多是确定性问题,是通过数学途径可以解决的问题。在许多实际应用中,人们更多关心的是图形生成的速度和精度,即在实时性和逼真度之间取得某种妥协。

从更广泛的领域看，图像理解要用工程方法解决一些生物的问题，完成生物固有的功能，所以与生物学、生理学、心理学、神经学等学科也有着互相学习、互为依赖的关系。近年，图像理解研究者与视觉心理生理研究者紧密合作，已获得了一系列研究成果。图像理解属于工程应用科学，与电子学、集成电路设计、通信工程等密不可分。一方面图像理解的研究充分利用了这些学科的成果；另一方面图像理解的应用也极大地推动了这些学科的深入研究和发展。

1.2.4 图像理解的应用领域

近年来图像理解已在许多领域得到广泛应用，下面是一些典型的例子：

(1) 工业视觉，如工业检测、工业探伤、自动生产流水线、邮政自动化、计算机辅助外科手术、显微医学操作，以及各种危险场合工作的机器人等。将图像和视觉技术用于生产自动化，可以加快生产速度，保证质量的一致性，还可以避免人的疲劳、注意力不集中等带来的误判。

(2) 人机交互，如人脸识别、智能代理等，让计算机可借助人的手势动作(手语)、嘴唇动作(唇读)、躯干运动(步态)、表情测定等了解人的愿望要求而执行指令，这既符合人类的交互习惯，也可增加交互方便性和临场感等。

(3) 视觉导航，如巡航导弹制导、无人驾驶飞机飞行、自动行驶车辆、移动机器人、精确制导以及智能交通的各个方面，既可避免人的参与及由此带来的危险，也可提高精度和速度。

(4) 虚拟现实，如飞机驾驶员训练、医学手术模拟、场景建模、战场环境表示等，可帮助人们超越人的生理极限，产生亲临其境的感觉，提高工作效率。

(5) 图像自动解释，包括对放射图像、显微图像、遥感多波段图像、合成孔径雷达图像、航天航测图像等的自动判读理解。由于近年来技术的发展，图像的种类和数量飞速增长，图像的自动理解已成为解决信息膨胀问题的重要手段。

(6) 辅助对人类视觉系统和机理、人脑心理和生理的研究等。

另外值得指出的是，在2003年世界机器人足球杯比赛期间，人们提出了一个大胆的目标：到2050年，将组建一只完全独立的**类人机器人足球运动队**，而且它将能按照**世界足球联盟**(FIFA)的比赛规则战胜当时的(人类)世界杯冠军队(见 www. robocup. org)。这样一个计划所需的时间(约50年)与历史上从莱特兄弟制造出第一架飞机到阿波罗将人送到月亮上并安全返回，以及从发明数字计算机到制造出击败人类国际象棋冠军的“深蓝”所需的时间可以比拟。

现在10多年时间已经过去了，这个目标根据目前的研究和技术水平来说还是很困难的。虽然有人认为类人机器人时代已经来临，人们已在实验室中制成了仿人的采用无源被动行走原理工作的机器人(如“康奈尔”和“丹尼斯”)、靠人工肺的气流驱动人工声带发言的机器人(如“说话者”)、借助橡胶触觉传感器来感触外界的机器人(如“多莫”)，有的机器人还在许多游戏中赢得了比赛(如国际象棋中的“深蓝”、围棋中的“阿尔法围棋”)，但要让机器人模仿人类的视感觉特别是视知觉来工作仍然非常有挑战性。不过制定并执行这样一个长期的计划是很重要的。

实现这个目标的意义决不(仅仅)是为图像理解和计算机视觉技术提供又一个娱乐或体

育的应用领域。为实现这个目标，人们必须更深入地理解“图像理解”，要对图像理解技术进行更前沿的研究，要使图像理解系统具有更多更高的性能，要把图像理解技术推向更广泛的领域。

1.3 图像理解理论框架

有关图像理解和计算机视觉的研究在早期并没有一个全面的理论框架，20 世纪 70 年代关于目标识别和场景理解的研究基本上都是先检测线状边缘，再将它们组合起来构成更复杂的结构。但是实际中基元检测很困难且不稳定，所以理解系统只能输入简单的线和角点，组成所谓的“积木世界”。

1.3.1 马尔视觉计算理论

马尔 1982 年出版的《视觉》(*Vision*)一书[Marr 1982]总结了他和同事基于对人类视觉研究的一系列成果，提出了**视觉计算理论**，勾画出一个理解视觉信息的框架。该框架既全面又精炼，是使视觉信息理解的研究变得严密，并把视觉研究从描述的水平提高到数理科学水平的关键。马尔的理论指出，要先理解视觉的目的再去理解其中的细节。这对各种信息处理任务都是适合的[Edelman 1999]。该理论的要点如下[Marr 1982]。

1. 视觉是一个复杂的信息加工过程

马尔认为视觉是一个远比人的想象更为复杂的信息加工任务和过程，而且其难度常不为人们所正视。这里一个主要的原因是，虽然用计算机理解图像很难，但对人而言，这常常是轻而易举的。

为了理解视觉这个复杂的过程，首先要解决两个问题：一个是视觉信息的表达问题；另一个是视觉信息的加工问题。其中，表达指的是一种能把某些实体或某几类信息表示清楚的形式化系统(如阿拉伯数制、二进制数制)以及说明该系统如何工作的若干规则。在表达中，某些信息是突出的和明确的，另一些信息则是隐藏的和模糊的。表达对其后信息加工的难易有很大影响。至于视觉信息加工，它要通过对信息的不断处理、分析、理解，将不同表达形式转换，逐步抽象来达到目的。要完成视觉任务，需要在若干不同层次和方面进行。

近期的生物学研究表明：生物在感知外部世界时，视觉系统可分为两个皮层视觉子系统，即有两条视觉通路，分别为 what 通路和 where 通路。其中，what 通路传输的信息与外部世界的目标对象相关，而 where 通路用来传输对象的空间信息。结合注意机制，what 信息可用于驱动自底向上的注意，形成感知和进行目标识别；where 信息可以用来驱动自顶向下的注意，处理空间信息。这个研究结果与马尔的观点是一致的，因为按照马尔的计算理论，视觉过程是一种信息处理过程，其主要目的就是从图像中发现存在于外部世界中的目标以及目标所在的空间位置。

2. 视觉信息加工的 3 个要素

要完整地理解和解释视觉信息，需要同时把握 3 个要素，即计算理论、算法实现和硬件实现。

首先，一个任务要用计算机完成，它应该是可以被计算的。这就是可计算性问题，需要用计算理论来回答。一般对于某个特定的问题，如果存在一个程序且这个程序对于给定的输入都能在有限步骤内给出输出，这个问题就是可计算的。可计算理论的研究对象有三个，即判定问题、可计算函数及计算复杂性。判定问题主要是判定方程是否有解。可计算函数主要讨论一个函数是否可计算，例如，可用图灵机等数学模型判定一个函数是否属于可计算函数。计算复杂性主要讨论**NP-完全问题**，一般考虑是否存在时间复杂度和空间复杂度是多项式的有效算法（可将所有能用多项式时间算法来解的问题组成的类别称为 P 类，P⊆NP，而 NP-完全问题则是 NP 类中最困难的问题，不过 NP-完全并不意味着没有办法解决，对一些问题可求得满足特定应用的近似解）。

视觉信息理解的最高层次是抽象的计算理论。对视觉是否可用现代计算机计算的问题至今尚无明确的解答。视觉是一个感觉加知觉的过程。人们对人类视觉功能的机理无论从微观的解剖知识和客观的视觉心理知识来说都掌握得还很少，所以对视觉可计算性的讨论目前还比较有限，主要集中在以现有计算机所具备的数字和符号加工能力完成某些具体视觉任务。目前视觉可计算性常指对计算机给定输入，能否得到人类视觉可获得的类似结果。这里计算目标是明确的，输入给定后输出要求也可以确定，所以重点是从输入到输出转换中的信息理解步骤。例如给定景物的一幅图像（输入），计算目标是获得对景物的解释（输出）。视觉计算理论主要有两方面的研究内容：①计算的是什么以及为什么要计算；②提出一定的约束条件，以便唯一地确定最终的运算结果。

其次，现今计算机所运算的对象为离散的数字或符号，计算机的存储容量也有一定的限制，因而有了计算理论还必须要考虑算法的实现，为此需要给加工所操作的实体选择一种合适的表达。这里一方面要选择加工的输入和输出表达；另一方面要确定完成表达转换的算法。表达和算法是互相制约的，其中需要注意 3 点：①一般情况下可以有许多可选的表达；②算法的确定常取决于所选的表达；③给定一种表达，可有多种完成任务的算法。从这点来说，所选的表达和操作的方法有密切联系。一般将用来进行加工的指令和规则称为算法。

最后，有了表达和算法，在物理上如何实现算法也是必须要考虑的。特别是随着对实时性要求的不断提高，专用硬件实现的问题常常被提出来。需要注意，算法的确定常依赖于物理上实现算法的硬件特点，而同一个算法也可由不同的技术途径实现。

将上述讨论归纳后可得到表 1.3.1。

表 1.3.1　视觉信息加工三要素的含义

要素	名称	含义和所解决的问题
1	计算理论	什么是计算目标，为什么要这样计算
2	表达和算法	怎样实现计算理论，什么是输入输出表达，用什么算法实现表达间的转换
3	硬件实现	怎样在物理上实现表达和算法，什么是计算结构的具体细节

上述 3 个要素之间有一定的逻辑因果联系，但并无绝对的依赖关系。事实上，对每一个要素均可有多种不同的选择方案。在许多情况下，解释每个要素所涉及的问题与其他两个要素基本无关（各要素相对独立），或者说可仅从其中一个或两个要素来解释某些视觉现象。上述 3 个要素也被称为视觉信息加工的 3 个层次，且不同的问题需要在不同层次进行解释。它们三者之间的关系常用图 1.3.1 来表示（实际上看成两个层次更恰当），其中箭头正向表示带有指导的含义，反过来则有作为基础的含义。注意，一旦有了计算理论，表达和算法与硬件实现是互相影响的。

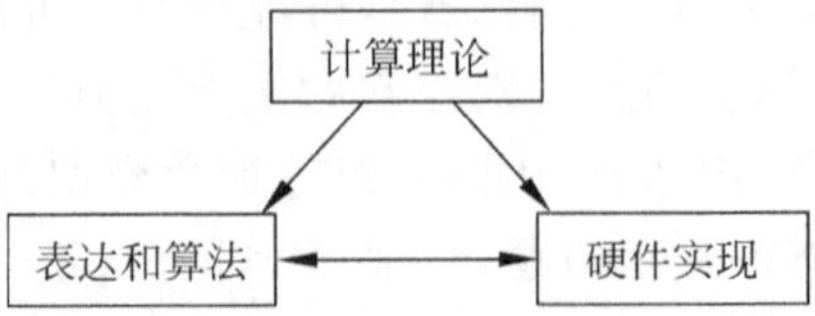

图 1.3.1　视觉信息加工三要素的联系

3. 视觉信息的三级内部表达

根据视觉可计算性的定义，视觉信息加工过程可分解成多个由一种表达到另一种表达的转换步骤。表达是视觉信息加工的关键，一个进行计算机视觉信息理解研究的基本理论框架主要由视觉加工所建立、维持并予以解释的可见世界的三级表达结构组成。对多数哲学家来说，什么是视觉表达的本质，它们如何与感知相联系，它们如何支持行动，都可以有不同的解释。不过，他们一致认可的是这些问题的解答都与"**表达**"这个概念有关[Edelman 1999]。

1) 基素表达

基素表达代表一种 2-D 表达，它是图像特征的集合，描述了物体表面属性发生变化的轮廓部分。基素表达提供了图像中各物体轮廓的信息，是对 3-D 目标一种素描形式的表达。这种表达方式可以从人类的视觉过程中得到证明，人观察场景时总先注意到其中变化剧烈的部分，所以基素表达应是人类视觉过程的一个阶段。

需要注意，只使用基素表达并不能保证得到对场景的唯一解释。以图 1.3.2 所示的 Necker 错视为例[Marr 1982]，如果观察者将注意力集中于图(a)右上方三线相交处，则会将其解释为图(b)，即认为成像的立方体如图(c)所示；而如果集中于图(a)左下方三线相交处，则会将其解释为图(d)，即认为成像的立方体如图(e)所示。这是因为虽然图(a)给人以(一部分)3-D 物体(立方体)的线索，但当人借助经验知识试图从中恢复 3-D 深度时，由于所采用综合方法的不同可得出两种不同的解释，一种把图(a)右上方三线相交处看作距离自己最近的点，而另一种则把图(a)左下方三线相交处看作距离自己最近的点，从而推出两种不同的结果。

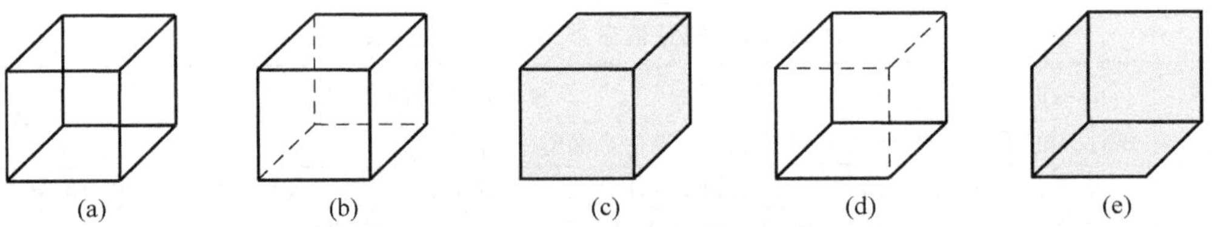

图 1.3.2　Necker 错视

顺便指出，Necker 错视也可借助**视点反转**来解释[Davies 2005]。人观察立方体时会间断地把中间两个顶点分别看作距离自己最近的点，心理学上称之为**感知逆转**。Necker 错视表明大脑会对场景做出不同的假设，甚至基于不完全的证据做出决策。

2) 2.5-D 表达

2.5-D 表达完全是为了适应计算机的运算功能而提出来的(参见 1.3.4 小节的讨论)。它根据一定的采样密度把目标按**正交投影**的原则分解，这样物体可见表面被分解成许多有一定大小和几何形状的面元，每个面元有自己的取向。用一根根法线向量代表其所在面元的取向并组成针状图(将矢量用箭头图示)就构成 2.5-D 表达图(也称针图)，在这类图中各法线的取向以观察者为中心。获取 2.5-D 表达图的具体步骤为：①将物体可见表面正交投影分解成单元表面集合；②用法线代表单元表面的取向；③将各法线画出，叠加于物体轮廓内的可见表面上。图 1.3.3 给出一个示例。

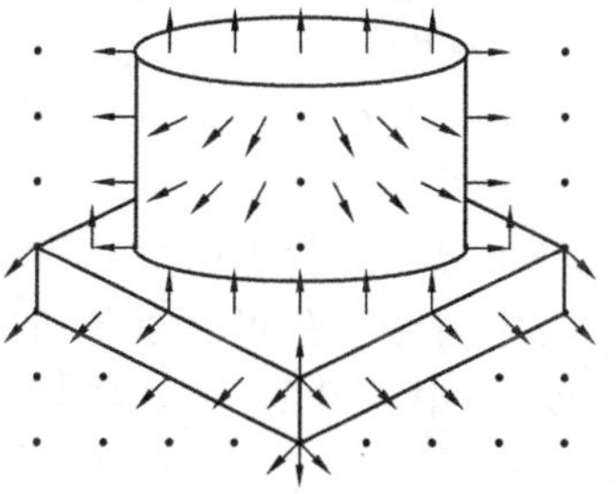

图 1.3.3　2.5-D 表达示例

2.5-D 图实际上是一种本征图像(见 4.1.2 小节)，因为它表示了物体表面面元的朝向，从而给出了表面形状的信息。它的特点是既表达了一部分物体轮廓的信息(这与基素表达类似)，又表达了以观察者为中心、可观察到的物体表面的取向信息。

表面朝向是一种本征特性，深度也是一种本征特性，可将 2.5-D 图转化成(相对)深度图。给定 $z(x,y)$对 x 和 y 的偏导数 p 和 q，理论上讲可通过在平面上沿任意曲线的积分来恢复 $z(x,y)$，即

$$z(x,y) = z(x_0,y_0) + \int_{(x_0,y_0)}^{(x,y)} (p\mathrm{d}x + q\mathrm{d}y) \tag{1.3.1}$$

但在实际中，p 和 q 是从有噪声图像中算出的，所以上述积分会与路径有关。这会导致沿封闭通路积分的结果不为零。不过由于 p 和 q 已知，这样已有的信息实际上比所需要的更多，所以可用最小均方的方法搜索与表面梯度吻合最好的表面。

为最小化吻合误差，可选择优化满足下式的 $z(x,y)$

$$\iint_Q [(z_x - p)^2 + (z_y - q)^2]\,\mathrm{d}x\mathrm{d}y \tag{1.3.2}$$

式中，Q 为图像的定义域，p 和 q 为对梯度的估计，而 z_x 和 z_y 为吻合最好的表面的方向偏导。这实际上又是一个变分计算问题。所需最小化的积分形式为

$$\iint F(z,z_x,z_y)\,\mathrm{d}x\mathrm{d}y \tag{1.3.3}$$

其欧拉方程为

$$F_z - \frac{\partial}{\partial x}F_{zx} - \frac{\partial}{\partial y}F_{zy} = 0 \tag{1.3.4}$$

由 $F=(z_x-p)^2+(z_y-q)^2$ 可得

$$\frac{\partial}{\partial x}(z_x - p) + \frac{\partial}{\partial y}(z_y - q) = \nabla^2 z - (p_x + q_y) = 0 \tag{1.3.5}$$

式(1.3.5)的形式与直觉是相符的，因为它表明所期望表面的拉普拉斯值一定等于对给定数据的拉普拉斯估计 p_x+q_y。可以证明对如式(1.3.3)所示的积分，其自然边界条件是

$$F_{z_x}\frac{\mathrm{d}y}{\mathrm{d}s}-F_{z_y}\frac{\mathrm{d}x}{\mathrm{d}s}=0 \tag{1.3.6}$$

式中 s 为沿边界的曲线长度。这样可得到

$$(z_x-p)\frac{\mathrm{d}y}{\mathrm{d}s}=(z_y-q)\frac{\mathrm{d}x}{\mathrm{d}s} \tag{1.3.7}$$

或

$$(z_x,z_y)^{\mathrm{T}}\cdot\left(\frac{\mathrm{d}y}{\mathrm{d}s},-\frac{\mathrm{d}x}{\mathrm{d}s}\right)^{\mathrm{T}}=(p,q)^{\mathrm{T}}\cdot\left(\frac{\mathrm{d}y}{\mathrm{d}s},-\frac{\mathrm{d}x}{\mathrm{d}s}\right)^{\mathrm{T}} \tag{1.3.8}$$

式中，$(\mathrm{d}y/\mathrm{d}s,-\mathrm{d}x/\mathrm{d}s)^{\mathrm{T}}$ 为在点 s 的法线矢量。

式(1.3.8)表明，所期望表面的法向导数与由给定数据获得的法向导数的估计一致。

将 2-D 基素表达和 2.5-D 表达相结合可获得观察者所能看到的(即可见的)物体轮廓以内目标的 3-D 信息(包括边界、深度、反射特性等)。这样的表达与人所理解的 3-D 物体也是一致的。

3) 3-D 表达

3-D 表达是以物体为中心(即也包括了物体不可见部分)的表达形式。它在以物体为中心的坐标系中描述 3-D 物体的形状及其空间组织，一些基本的 3-D 实体表达方式可见 5.5 节。

现在回过来看视觉可计算性问题。从计算机或信息加工的角度来说，视觉可计算性问题可分成几个步骤，步骤之间是某种表达形式，而每个步骤都是把前后两种表达形式联系起来的计算/加工方法(见图 1.3.4)。

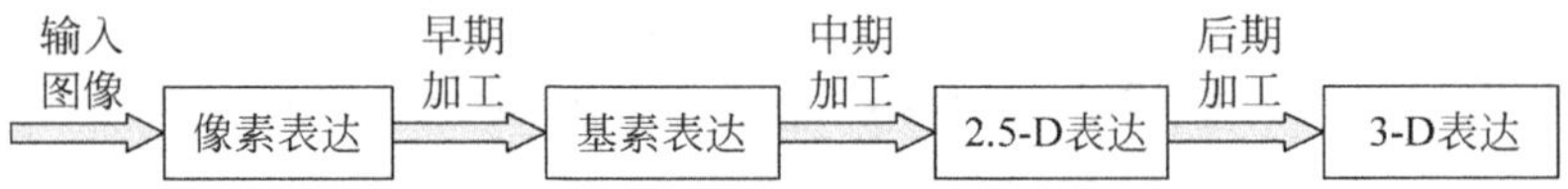

图 1.3.4　马尔框架的三级表达分解

根据上述的三级表达观点，视觉可计算性要解决的问题是如何由原始图的像素表达出发，通过基素表达图和 2.5-D 表达图，最后得到 3-D 表达图。可将它们总结在表 1.3.2 中。

表 1.3.2　视觉可计算性问题的表达框架

名称	目　　的	基　　元
图像	表达场景的亮度或物体的照度	像素(值)
基素图	表达图像中亮度变化位置、物体轮廓的几何分布和组织结构	零交叉点、端点、角点、拐点、边缘段、边界等
2.5-D 图	在以观察者为中心的坐标系中表达物体可见表面的取向、深度、轮廓等性质	局部表面朝向(“针”基元)、表面朝向不连续点、深度、深度上不连续点等
3-D 图	在以物体为中心的坐标系中，用体元或面元集合描述形状和形状的空间组织形式	3-D 模型，以轴线为骨架，将体元或面元附在轴线上

4. 视觉信息理解按功能模块形式组织

把视觉信息系统看成由一组相对独立的功能模块所组成的思想，不仅有计算方面进化论和认识论的论据支持，而且某些功能模块已经能用实验的方法分离出来。

另外，心理学研究也表明，人通过使用多种线索或从它们的结合来获得各种本征视觉信息。这启示视觉信息系统应该包括许多模块，每个模块获取某一特定的视觉线索，进行一定的加工，从而可以根据环境用不同的权系数结合不同的模块来最终完成视觉信息理解任务。根据这个观点，复杂的处理可用一些简单的独立功能模块来完成，从而可以简化研究方法，降低具体实现难度。这从工程角度来讲也很重要。

5. 计算理论形式化表示必须考虑约束条件

在图像采集获取过程中，原始场景中的信息会发生各种变化，包括：

(1) 当 3-D 的场景被投影为 2-D 图像时，丢失了物体深度和不可见部分的信息。

(2) 图像总是从特定视角获取的，同一景物的不同视角图像会不同，另外由于物体互相遮挡或各部分相互遮挡也会丢失信息。

(3) 成像投影使得照明、物体几何形状和表面反射特性、摄像机特性、光源与物体和摄像机之间的空间关系等都被综合成单一的图像灰度值，很难区分。

(4) 在成像过程中不可避免地会引入噪声和畸变。

对一个问题来说，如果它的解是：①存在的；②唯一的；③连续地依赖于初始数据的，则它是适定的。不满足上述的某一条或几条的问题就是不适定(欠定)的。上述各种原始场景中信息发生变化的原因，使得将视觉问题作为光学成像过程的逆问题来求解的方法成为不适定问题(成了病态问题)，求解很困难。为解决这个问题，需要根据外部客观世界的一般特性找出有关问题的约束条件，并把它们变成精密的假设，从而得出确凿的、经得起考验的结论。约束条件一般是借助先验知识获得的，利用约束条件可改变病态问题，这是因为通过给计算问题加上约束条件可使它含义明确，从而能够获得解决。

1.3.2 对马尔理论框架的改进

马尔的视觉计算理论是对视觉研究第一个影响较大的理论。该理论积极推动了这一领域的研究，对图像理解和计算机视觉的研究发展起了重要的作用。

马尔的理论也有其不足之处，其中有 4 个有关整体框架(图 1.3.4)的问题：

(1) 框架中输入是被动的，输入什么图像，系统就加工什么图像。

(2) 框架中加工目的不变，总是恢复场景中物体的位置和形状等。

(3) 框架缺乏或者说未足够重视高层知识的指导作用。

(4) 整个框架中信息加工过程基本自下而上，单向流动，没有反馈。

针对上述问题，近年来人们提出了一系列改进思路，对应图 1.3.4 的框架，可将其改进并融入新的模块得到图 1.3.5 的框架。

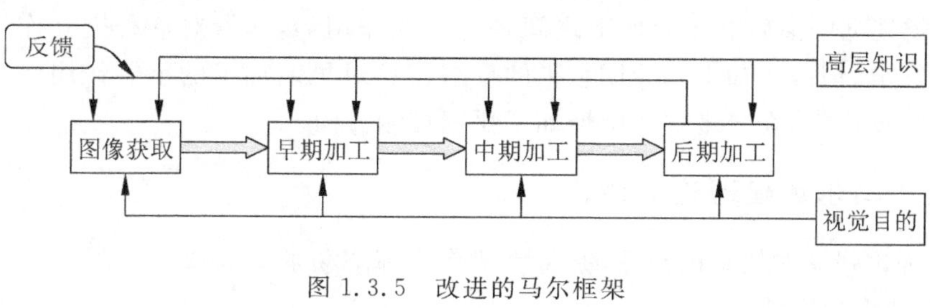

图 1.3.5　改进的马尔框架

下面结合图 1.3.5 具体讨论对图 1.3.4 框架的 4 个方面的改进。

(1) 人类视觉具有主动性,例如会根据需要改变视线或视角以帮助观察和认知。**主动视觉**指视觉系统可以根据已有的分析结果和视觉任务的当前要求,决定摄像机的运动以从合适的位置和视角获取相应的图像。人类的视觉又具有选择性,可以注目凝视(以较高分辨率观察感兴趣区域),也可以对场景中某些部分视而不见。**选择性视觉**指视觉系统可以根据已有的分析结果和视觉任务的当前要求,决定摄像机的注意点以获取相应的图像。考虑这些因素,在改进框架中增加了图像获取模块,将其在框架中与其他模块一起考虑。该模块要根据视觉目的选择图像采集方式。有关主动性和选择性的详细讨论还可见 1.3.4 小节。

上述的主动视觉和选择性视觉也可看作主动视觉的两种形式[Davies 2005]:①移动摄像机以聚焦到当前环境中感兴趣的特定目标上;②关注图像中一个特定区域并动态与之交互以获得解释。尽管这两种主动视觉的形式看起来很相似,但在第一种形式中,主动性主要体现在摄像机的观察上;而在第二种形式中,主动性主要体现在加工层次和策略上。虽然两种形式中都有交互,即视觉都有主动性,但是移动摄像机是将完整场景全部记录和存储,因而是一个很昂贵的过程,而且这样得到的整体解释并不一定全都被使用。而仅收集场景中当前最有用的部分、缩小其范围并增强其质量以获取有用的解释则模仿了人类解释场景的过程。

(2) 人类的视觉可以根据不同的目的进行调整。**有目的的视觉**指视觉系统根据视觉目的进行决策,例如,是完整地全面恢复场景中物体的位置和形状等信息还是仅仅检测场景中是否有某物体存在。它有可能对视觉问题给出较简单的解。这里的关键问题是确定任务的目的,因此在改进框架中增加了视觉目的框[Aloimonos 1992],可根据理解的不同目的确定进行定性分析或定量分析(实际中,有相当多的场合只需定性结果就够用,并不需要复杂性高的定量结果),但目前定性分析还比较缺乏完备的数学工具。有目的的视觉的动机是仅将需要的部分信息明确化。例如,自主车的避免碰撞就不需要精确的形状描述,一些定性的结果就足够了。这种思路还没有一个坚实的理论基础,但对生物视觉系统的研究提供了许多实例。

与有目的的视觉密切相关的**定性视觉**寻求对目标或场景的定性描述。它的动机是不去表达对定性(非几何)任务或决策所不需要的几何信息。定性信息的优点是对各种不需要的变换(如稍微变化一点视角)或噪声比定量信息更不敏感。定性或不变性可以允许在不同的复杂层次方便地解释所观察到的事件。

(3) 人类有能力在仅从图像中获取部分信息的情况下完全解决视觉问题,原因是隐含地使用了各种知识。例如,借助 CAD 设计资料获取物体形状信息(使用物体模型库)后,可帮助解决由单幅图恢复物体形状的困难。利用高层知识可解决低层信息不足的问题,所以在改进框架中增加了高层知识框[Huang 1993]。

(4) 人类视觉中前后顺序的加工之间是有交互作用的,尽管对这种交互作用的机理了解得还不很充分,但高层知识和后期结果的反馈信息对早期加工的重要作用已得到广泛认可。从这个角度出发,在改进框架中增加了反馈控制流向。

1.3.3 关于马尔重建理论的讨论

马尔的理论强调对场景的重建,并将重建作为理解场景的基础。

1. 重建理论的问题

根据马尔的理论,不同视觉任务/工作的共同核心概念是表达,共同的加工目标是根据视觉刺激恢复场景并将其结合进入表达中。如果视觉系统能恢复场景的特性，如物体表面的反射性质、物体运动的方向和速度、物体的表面结构等，那么就需要有能帮助进行各种恢复工作的表达。在这样的理论下，不同的工作应具有相同的概念核心、理解过程和数据结构。

马尔在其理论中展示了人如何能从各种线索中提取出由内部来构建视觉世界的表达。如果将构建这样一个统一的表达看作视觉信息加工和决策的最终目标，则视觉可被看作一个由刺激开始，并顺序地获取和积累的重建过程。这种对场景先重建后解释的思路可以简化视觉任务，但与人的视觉功能并不完全吻合。事实上，重建和解释并不总是串行的，需要根据视觉目的进行调整。

上述假设也受到过挑战。如与马尔同时代的一些人对把视觉过程作为一个分层单通路的数据加工过程提出了疑义。其中一个有意义的贡献是，根据对精神物理学和神经心理学的长期持续研究结果，已表明单通路的假设站不住脚。在马尔写《视觉》一书时，仅有不多的考虑到灵长类高层视觉信息的心理学研究成果，对高层视觉区域的解剖和功能组织的知识也很少。随着新的数据不断获得，对整个视觉过程的认识不断深入，人们发现视觉过程越来越不像仅仅是一个单通路的加工过程[Edelman 1999]。

从根本上说，一个对客观场景的正确表达应该对任何视觉工作都可用。如果不是这样，那么视觉世界本身(是内部表达的一种外部显示)就不能支持视觉行为。虽然如此，进一步的研究揭示了**基于重建的表达**对理解视觉来说，从(以下)多方面讲都是一种较差的解释，或者说有一系列的问题[Edelman 1999]。

首先来看重建对识别或分类的含意。如果视觉世界可在内部构建，那么视觉系统就不是必要的了。事实上，采集一幅图像，建立一个 3-D 模型，甚至给出一个重要刺激特征的位置列表都不能保证识别或分类。在所有可能对场景进行解释的方法中，包含重建的方法兜的圈子最大，因为重建并不对解释有直接贡献。

其次，仅靠从原始图像进行重建来实现表达在实际中也很难实现。从计算机视觉的角度说，要从原始图像恢复场景表达是非常困难的；而现在生物视觉中已有许多发现支持其他一些表达理论。

最后，从概念上说，重建理论也有问题。问题的来源与理论上重建可以应用于任何表达工作有关。暂不考虑重建是否可以具体实现的问题，人们可能先会问，寻找一个具有普遍统一的表达是否值得。因为最好的表达应该是最适合工作的表达，所以一个具有普遍统一的表达并不见得是必要的。事实上，根据信息加工的理论，对给定计算问题选择恰当正确表达的重要性是不言而喻的。这个重要性马尔自己也指出过。

2. 不需重建的表达

近年来的一些研究和实验表明，对场景的解释并不一定要建立在对场景的 3-D 恢复(重建)上，或者更确切地说，并不一定要建立在对场景的完整 3-D 重建上。

既然根据重建实现表达有一系列问题，其他形式的表达方法也得到了研究和关注。例如，有一种表达最早是由 Locke 在 *Concerning Human Understanding* 一书中提出来的，现在一般称为**"精神表达语义"**[Edelman 1999]。Locke 建议用自然的和可预测的方式来进行表达。根据这个观点，一个足够可靠的特征检测器就构成了视觉世界中某种特征存在性的基元表达。对整个目标和场景的表达可以随后根据这些基元(如果基元足够多)来构建。

在自然计算的理论中，特征层次的原始概念是在从青蛙视网膜中发现“昆虫检测器”的影响下发展起来的。近期的计算机视觉和计算神经科学研究结果表明，对原来特征层次表达假设的修改可以作为重建学说的一个代替。现在的特征检测与传统的特征检测有两方面的不同：一是一组特征检测器可以具有远大于其中任一个检测器的表达能力；二是许多理论研究者认识到“符号”并不是将特征组合起来的唯一元素。

以空间分辨率的表达作为例子。在典型的情况下，观察者可以观看到相距很近的左右相邻的两条直线（它们之间偏移的距离也可能比中央凹里光子接收器间的距离还要小）。早期的假设是在大脑皮层处理的某个阶段，视觉输入以亚像素的精度得到重建，这样就有可能获得场景中比像素还要小的距离。重建学说的支持者并不认为可以用特征检测器来构建视觉功能，马尔认为“世界是如此复杂以至用特征检测器不可能进行分析”。现在这种观点受到了挑战。以空间分辨率的表达为例，一组覆盖观察区域的模式可以包含所有确定偏移所需的信息，不需要进行重建。

再举一个例子，考虑对**相关运动**的感知。在猴子的中部皮层区域，可以发现具有与某个特定方向相关运动一致的接收细胞。可以认为这些细胞的联合运动表达了**视场**（FOV）的运动。要说明这点，注意到给定一个中部皮层区域和在视场中确定运动是同步发生的。对细胞的人工模拟可产生与真实运动的刺激相类似的行为响应，结果是细胞反映了运动事件，但视觉运动很难被由中部皮层区域的运动来重建。这说明不需重建就可确定运动。

上面的讨论表明对马尔理论需要新的思考。对一个工作的计算层次描述确定了其输入和输出表达。对一个低层的工作，如双眼视觉，输入和输出都很明确。一个具有立体视觉的系统必须接收同一个场景的两幅不同图像，还要产生一个明确表示深度信息的表达。但是，既使在这样一个工作中，重建也并不是非常需要的。在立体观测中，定性的信息，如观察表面的深度次序就很有用且相对容易计算，而且也接近人类视觉系统实际做的那样。

在高层次的工作中，对表达的选择更不明确。一个识别系统肯定要能接受需识别的目标或场景的图像，但是对所需识别的表达应该是什么样的呢？仅仅存储和比较目标或场景的原始图像是不够的。如同许多研究者所指出的，物体呈现的情况与对它们的观察方向有关，与对它们的照明有关，并且与其他目标的存在和分布有关。当然，物体呈现的情况与其自身的形状也有关。人们能从一个目标的表观恢复其几何性质并用作其表达吗？先前的研究表明这也是不可行的。

综上所述，一方面完全的重建看起来由于许多原因并不令人满意，另一方面仅用原始图像表达目标也是不可靠的。不过，这些方法显而易见的缺点并不表明基于表达概念的整个理论框架都是错误的。只是这些缺点表明需要进一步考查这个表达概念后面的基本假设。

1.3.4 新理论框架的研究

限于历史等因素，马尔没有研究如何用数学方法严格地描述视觉信息的问题，他虽然较充分地研究了早期视觉，但基本没有论及对视觉知识的表达、使用和基于视觉知识的识别等。近年来有许多试图建立新理论框架的工作，例如，Grossberg 宣称建立了一个新的视觉理论——**表观动态几何学**[Grossberg 1987]。它指出感知到的表面形状是分布在多个空间尺度上多种处理动作的总结果，因此实际中所谓的 2.5-D 图是并不存在的，这向马尔的理论提出了挑战。

另一个新的视觉理论是网络-符号模型[Kuvich 2004]。在这个模型框架下，并不需要精确地计算景物的3-D模型，而是将图像转化为一个与知识模型类似的可理解的关系格式。这与人类视觉系统有类似之处。事实上，用几何操作对自然图像进行加工是很困难的，人脑是通过构建可视场景的关系网络-符号结构，并用不同的线索来建立景物表面相对于观察者的相对次序以及各目标之间的相互关系的。在网络-符号模型中，不是根据视场而是根据推导出来的结构来进行目标识别的，这种识别不受局部变化和目标外观的影响。

下面介绍另两个比较有代表性的工作。

1. 基于知识的理论框架

基于知识的理论框架是围绕**感知特征群集**的研究而展开的([Lowe 1987]、[Goldberg 1987]、[Lowe 1988])。该理论框架的生理学基础来源于心理学的研究结果。该理论框架认为，人类视觉过程只是一个识别过程，与重建无关。为对3-D目标进行识别，可以用人类的感知去描述目标，在知识引导下通过2-D图像直接完成，而不需要通过视觉输入自底向上进行3-D重建。

从2-D图像理解3-D场景的过程可分为如下3个步骤(图1.3.6)：

(1) 利用对感知组织的处理过程，从图像特征中提取那些相对于观察方向在大范围内保持不变的分组和结构。

(2) 借助图像特征构建模型，在这个过程中利用概率排队的方法减小搜索空间。

(3) 通过求解未知的观察点和模型参数寻找空间对应关系，使得3-D模型的投影直接与图像特征相匹配。

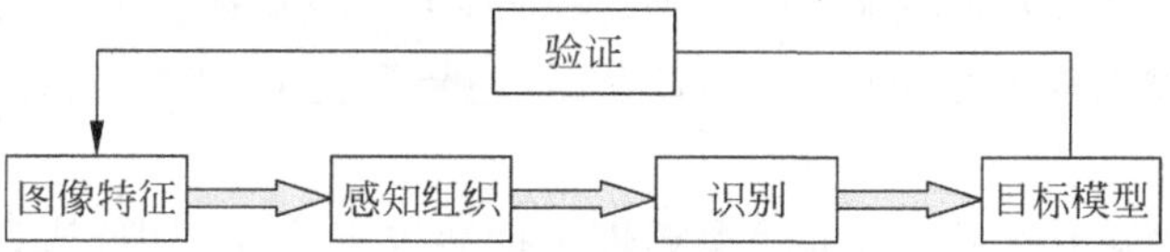

图1.3.6 基于知识的理论框架

在以上整个过程中都无须对3-D目标表面进行测量(不需重建)，对有关表面的信息都是利用感知原理推算出来的。该理论框架对于遮挡和不完全数据的处理显示了较高的稳定性。该理论框架引入了反馈，强调高层知识对视觉的指导作用。但实践表明，在一些判断物体尺寸大小、估计物体距离等场合时，仅有识别是不够的，必须进行3-D重建。事实上，3-D重建仍然有着非常广泛的应用，例如在虚拟人计划中，通过对一系列切片的3-D重建可得到许多人体信息；再如对组织切片的3-D重建可得到细胞的3-D分布，对于细胞的定位有很好的辅助效果。

2. 主动视觉理论框架

主动视觉理论框架主要是根据人类视觉(或更一般的生物视觉)的主动性提出来的。人类视觉有两个特殊的机制：

1) 选择注意机制

人眼看到的并非全部都是人所关心的，有用的视觉信息通常只分布于一定的空间范围和时间段内，所以人类视觉也不是对场景中所有部分一视同仁，而是根据需要有选择地对其中的一部分加以特别的注意，对其他部分只是进行一般的观察甚至视而不见。根据**选择注意机制**的这个特点，可以在采集图像时进行多方位和多分辨率的采样，并选择或保留与特定任务相关的信息。

2）注视控制

人能调节眼球，使人可以根据需要在不同时刻"注视"环境中的不同位置，以获取有用信息，这就是**注视控制**。据此，可以通过调节摄像机参数使其始终能够获取适用于特定任务的视觉信息。注视控制可分为**注视锁定**和**注视转移**。前者是一个定位过程，如目标跟踪；后者类似于眼球的转动，根据特定任务的需要控制下一步的注视点。

根据人类视觉机制所提出的主动视觉理论框架如图 1.3.7 所示。

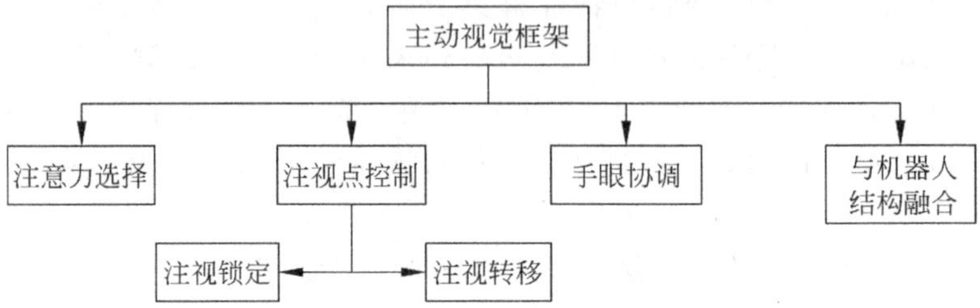

图 1.3.7　主动视觉理论框架

主动视觉理论框架强调：视觉系统应该**任务导向**和**目的导向**，同时视觉系统应该具有主动感知的能力。主动视觉系统可以根据已有的分析结果和视觉任务的当前要求，通过主动控制摄像机参数的机制来控制摄像机的运动，并协调加工任务和外界信号的关系。这些参数包括摄像机的位置、取向、焦距、光圈等。另外，主动视觉还融入了"注意"能力。通过改变摄像机参数或通过摄像后数据的处理，控制"注意点"，达到对空间、时间、分辨率等方面有选择的感知。

与基于知识的理论框架类似，主动视觉理论框架也很重视知识，认为知识属于指导视觉活动的高级能力，在完成视觉任务时应利用这些能力。但是目前的主动视觉理论框架中缺乏反馈。这种无反馈的结构一方面不符合生物视觉系统；另一方面也经常导致结果精度差、受噪声影响大、计算复杂性高的问题，同时也缺乏一些对应用和环境的自适应性。

1.4　内容框架和特点

本书主要介绍图像理解的基本概念、基础理论和实用技术。通过综合使用这些理论和技术可构建各种图像理解系统，探索解决实际图像应用问题。另外，通过对图像工程高层次内容的介绍，还可帮助读者在利用图像工程低层和中层技术得到的结果基础上获得更多的信息，将各层次的技术结合起来，融会贯通。

1. 整体框架和各章概述

全书主要包含 15 章正文和 1 个附录。相比第 3 版，不仅增加了一章全新的内容以及增加了一些新的节，而且还对许多节和小节（包括文献介绍）进行了更新，也对原有内容（包括思考题和练习题）进行了一些补充和扩展。许多新增内容以示例形式给出，以有利于根据教学要求、学生基础、学时数量等酌情选择。

本书第 1 章是对图像理解基础知识和对整个图像理解框架的概括介绍。其中包括：对图像工程发展情况的回顾；图像理解与计算机视觉，以及与一些相关学科联系和区别的分析；马尔视觉计算理论，以及对马尔理论框架的改进和对马尔重建理论的讨论。结合对图像理解概况的评论，介绍本书的范围、主要内容及整体安排。

本书主要内容分为 4 个单元，参见图 1.4.1，每个单元包括内容密切相关的 3～4 章。

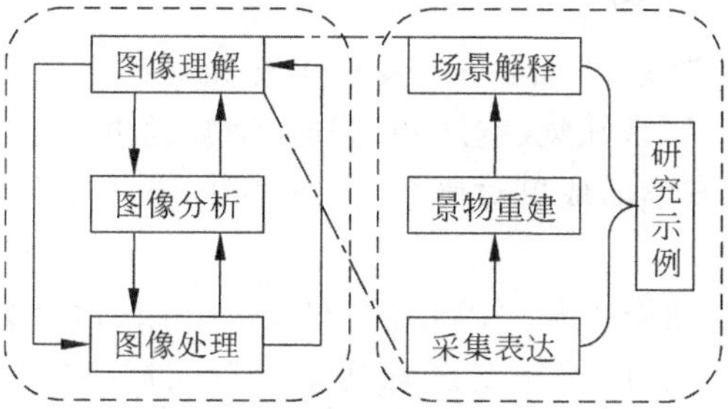

图 1.4.1　图像理解主要内容单元

第 1 单元为“采集表达”，其中第 2 章介绍摄像机成像的相关内容，包括对视觉过程的概述、重点讨论基本的摄像机成像模型和摄像机标定方案，并回顾了光度学的一些基本概念，讨论了亮度和照度的关系，介绍了获得均匀照度的若干方法；第 3 章介绍一种新的信号采样和处理理论——压缩感知理论，包括其 3 个主要组成部分(稀疏表达、测量编码和重构算法)以及其在成像应用方面的典型示例；第 4 章介绍与采集含有深度信息图像的一些方法，包括多种双目成像的模式，直接采集深度图像的设备和手段，以及显微镜 3-D 分层成像技术；第 5 章介绍对实际 3-D 景物进行表达的典型方法，包括对 3-D 表面表达的方法，3-D 等值面的构造和表达方法，对 2-D 并行轮廓进行插值以获取 3-D 表面的方法，以及直接对 3-D 实体进行表达的方法。

第 2 单元为“景物重建”，其中第 6 章介绍双目立体视觉，包括立体视觉各模块的功能，基于区域的双目立体匹配和基于特征的双目立体匹配技术，以及一种视差图误差检测与校正方法；第 7 章介绍多目立体视觉，包括水平多目立体匹配，正交三目立体匹配和一般的多目立体匹配方案，以及一种亚像素级视差计算方法；第 8 章介绍利用单目多幅图像进行景物恢复的两类方法，包括基于光度立体学的方法和基于光流场从运动求取结构的方法；第 9 章介绍利用单目单幅图像进行景物恢复的四类方法，包括从影调变化恢复物体形状的方法，从表面纹理恢复表面朝向的方法，根据成像焦距确定深度的方法和根据景物上三对应点的透视投影来估计景物位姿的方法。

第 3 单元为“场景解释”，其中第 10 章介绍知识表达和推理的内容，包括场景知识和过程知识，知识表达的类型和模块，以及逻辑系统、语义网和产生式系统三种知识表达方案；第 11 章介绍不同层次的匹配技术，包括比较具体的目标匹配和动态模式匹配方法，比较抽象的关系匹配方法，以及利用图同构来进行匹配的方法和借助线条图标记实现景物模型匹配的方法；第 12 章介绍有关场景分析和语义解释的一些技术，包括基本的模糊推理方法，利用遗传算法对图像进行语义分割和语义推理判断的方法，对场景目标进行概念层次标记的方法，以及几种典型的场景分类模型。

第 4 单元为“研究示例”，其中第 13 章介绍多传感器图像信息融合，包括图像融合的主要步骤、层次，像素级融合的基本方法和效果，以及特征级和决策级融合的几种典型方法；第 14 章介绍基于内容的图像和视频检索，包括基于颜色、纹理、形状等视觉特征及其综合的静态图像检索和基于运动特征的视频检索，对视频节目进行分析和建立索引的方案，以及语义层次的分类检索；第 15 章介绍对时空行为进行理解的内容，包括时空技术和时空兴趣点的概念，对动态轨迹进行学习和分析的方法，对动作进行分类和识别的方法，以及对更高层和复杂的活动和行为建模的方法。

附录 A 介绍视觉和视知觉方面的一些基本概念和知识。先讨论了视觉的一些重要特性，接着结合视感觉依次对形状知觉、空间知觉和运动知觉进行了介绍。这些对人脑视觉系统基于生理学、心理学、认知学的成果对研究图像理解的方法也有参考和借鉴的作用。

2. 编写特点

本书各单元自成体系，集合了相关内容，并有概况介绍，适合分阶段学习和复习。与第 3 版相比，各章样式仍比较规范，但长度没有刻意保持相同。在每章开始除整体内容介绍外，均有对各节的概述，以把握全章脉络。考虑学习者基础的不同和课程学时的不同，有相当的内容(包括一些扩展内容)是以示例的形式给出的，可根据需要选择。为帮助理解和进行复习，在每章最后均有“总结与复习”一节，其中给出各节小结和参考文献介绍，以及思考题和练习题(部分题给出了解答，有些概念也借此进行介绍)。附录内容与一章正文基本相当，形式也类似，只是没有“总结与复习”一节，但也可以按章进行课程教学。

书中引用的 300 多篇参考文献列于书的最后。这些参考文献大体可分成两大类。一类是与本书所介绍的内容直接联系的素材文献，读者可从中查到相关定义的出处、对相关公式的推导以及相关示例的解释等。对这些参考文献的引用一般均标注在正文中的相应位置，如果读者发现仅根据本书的讲解和描述还不能完全理解，则可以查阅这些参考文献以找到更多的细节。另一类则是为了帮助读者进一步深入学习或研究所提供的参考文献，它们大都出现在各章末的“总结与复习”中。如果读者希望扩大视野或解决科研中的具体问题则可以查阅这些文献。“总结与复习”中均对这些参考文献简单指明了其涉及的内容，以帮助读者有的放矢地进行查阅。

各章末的思考题和练习题形式多样，其中有些是对概念的辨析，有些涉及公式推导，有些需要进行计算，还有些是编程实践，读者可在学习完一章后根据需要和情况进行选做。本书末给出了对其中少部分题(主要是涉及计算的题目)的解答，供学习参考。更多的习题和更全面的习题解答可见网站(www.tup.com.cn)。

全书最后还提供了主题/术语索引(文中术语用黑体表示)，并有对应的英文全文(文中一般只有缩写)。

3. 先修基础

从学习图像工程的角度来说，有 3 个方面的基础知识是比较重要的。

(1) 数学：首先值得指出的是线性代数和矩阵理论，因为图像可表示为点阵，需借助矩阵表达解释各种加工运算过程；另外，有关统计学、概率论和随机建模的知识也很有用。

(2) 计算机科学：计算机视觉要用计算机完成视觉任务，所以对计算机软件技术的掌握，对计算机结构体系的理解，以及对计算机编程方法的应用都非常重要。

(3) 电子学：一方面采集图像的摄像机和采集视频的摄像机都是电子器件，要想快速对图像进行加工，需要使用一定的电子设备；另一方面，信号处理更是图像处理的直接基础。

本书涉及图像工程的高层内容，还需要有一些图像处理（可参见上册）和图像分析（可参见中册）的基础知识。

总结和复习

为更好地学习，下面对各小节给予概括小结并提供一些进一步的参考资料；另外给出一些思考题和练习题以帮助复习（文后对加星号的题目还提供了解答）。

1. 各节小结和文献介绍

1.1 节介绍了图像工程这个大学科的概况，明确了本书试图覆盖的范围在图像工程框架中的位置。通过对两个相关综述系列的介绍，展示了图像工程近年来的发展情况和趋势。关于新综述的更多情况还可见文献[章 2000c]、[章 2001b]、[章 2011c]、[Zhang 1996]、[Zhang 2002a]、[Zhang 2009f]、[Zhang 2015f]、[Zhang 2018a]。有关图像工程的一些研究热点还可见文献[章 2002c]。对图像工程内容的全面介绍可参见文献[章 2007c]和[章 2013c]，对相关名词的简明定义可参见[章 2009b]和[章 2015b]。另外，图像工程的研究内容在期刊上的分布情况也可参见对相关领域期刊的栏目和主题的统计，如[章 2017a]、[章 2017b]。

1.2 节围绕图像理解的研究目标，以及与计算机视觉等相关学科的联系和区别进行了阐述和讨论，还介绍了图像理解的一些应用领域。有关计算机视觉的更多内容还可参见[Ballard 1982]、[Levine 1985]、[Horn 1986]、[Shirai 1987]、[Haralick 1992]、[Faugeras 1993]、[Haralick 1993]、[Jain 1995]、[Jähne 1999a]、[Jähne 1999b]、[Jähne 1999c]、[Jähne 2000]、[Ritter 2001]、[Shapiro 2001]、[Forsyth 2003]、[Hartley 2004]、[Davies 2005]、[Sonka 2008]、[Davies 2012]、[Forsyth 2012]、[Prince 2012]、[Sonka 2014]、[Peters 2017]等。有关机器视觉的更多内容还可参见[Snyder 2004]、[Steger 2008]。

1.3 节讨论了图像理解的理论框架研究情况。马尔的理论框架[Marr 1982]是最早提出来的，虽然其后又有了许多新的研究成果，但马尔的理论使得人们对视觉信息的研究有了明确的内容和较完整的基本体系，仍被看作是研究的主流。现在新提出的理论框架均包含它的基本成分，多数被看作它的补充和发展。新的理论框架研究还在进行中，如基于贝叶斯网络和图像语义特征的图像理解框架[Luo 2005]。另外，对图像表达的方法也越来越多，使用非负张量分解方法的一个例子见[Wang 2012]。

1.4 节主要概括了全书的内容和结构。相比第 1 版[章 2000b]和第 2 版[章 2007b]，已将图像模式识别的内容移到中册，增加了场景分析和语义解释以及时空行为理解[章 2013b]这些较高层次的内容。相比第 3 版[章 2012b]，主要增加了压缩感知与成像的内容。内容比较基础的教材是[章 2011b]和[章 2017c]。

2. 思考题和练习题

1-1 相比图像处理和图像分析，为什么说图像理解处在图像工程的高层？查询文献，简述图像工程这三个层次目前发展趋势的特点。

1-2 计算机视觉与人类视觉有什么联系？计算机视觉要达到的目的有哪些？什么是

基本目的？什么是最终目的？

1-3 对图像的理解和用计算机实现视觉功能有哪些联系？为什么将它们结合介绍？为什么它们都与人工智能的进展密切关联？

*1-4 图像与图形既有联系又有区别，试讨论并归纳总结之。

1-5 实现图像理解有几类技术方法？各自的特点是什么？分别结合对深度学习的了解讨论一下。

1-6 试举例说明一幅图像本身并不具备恢复客观场景的所有几何信息。

1-7 试举例说明一幅图像本身并不具有精确理解客观场景的全部信息。

1-8 在2050年构建成可与人类足球队比赛的类人机器人队的可能性如何？你有什么观点？从图像技术的角度看，主要的难点有哪些？

*1-9 列举一些视觉任务，它们可计算，但算法很难实现；或有算法，但硬件很难实现。

1-10 为什么要引进2.5-D表达？它带来了什么好处和问题？还有其他方法吗？

1-11 在哪些情况下，对场景的重建和解释不是串行的，或者说可同步完成？

1-12 考虑近年的科学进展(包括人工智能、生理学、心理学、仿生学、神经网络、遗传机制、机器学习、深度学习、软科学等)，在哪些地方还可对马尔理论进行补充和修正？

第1单元 采集表达

本单元包括4章，分别为

第2章 摄像机成像

第3章 压缩感知与成像

第4章 深度信息采集

第5章 3-D景物表达

对图像的理解主要是从数字图像出发，依靠计算机来帮助观察和认识世界。这里要做的第一步就是采集能反映场景内容和本质的图像。图像应是对客观场景的反映，随着技术的发展，现在已有许多方法和方式来获取客观场景信息。因此，图像的种类很多，常见的有彩色图像、多光谱图像、雷达图像、紫外图像、红外图像、微波图像、X-光图像、MRI图像、CT图像等。

采集图像需要一定的采集设备，即将客观场景转化为可用计算机加工的图像的设备，也称为成像设备。常用的对可见光成像的装置/器件包括基于CCD的摄像机，基于CMOS的摄像机，以及基于电荷注射器件(CID)的摄像机等。另外，对许多特殊的图像还有各种特定的采集装置。

第2章分析用摄像机采集图像的过程，从简到繁介绍了用摄像机成像的各种几何模型及各种坐标系统，并讨论了对摄像机进行标定以准确建立所采集图像与客观场景密切对应联系的方法。图像反映了空间位置上景物的性质(特别是有关光辐射的性质)，所以该章还结合光度学介绍了亮度成像(亮度转化为照度，并进一步转化为图像灰度)的模型。

第3章介绍压缩感知理论，它将信号采样和压缩结合进行，提高了信号采集和信息处理能力，近年来在图像成像方面得到了广泛应用。该章除讨论了压缩感知的3个主要部分，即稀疏表达、测量编码和重构算法，还对相关的稀疏编码与字典学习进行了对比分析。最后，列举了压缩感知理论在图像成像方面的典型应用示例。

第 4 章讨论对深度信息的采集。要进行图像理解，就需要全面把握场景自身的各种信息。由于一般的投影成像常只能得到反映场景与摄像机轴正交平面的 2-D 图像，所以采集含有立体信息，特别是沿摄像机轴深度信息的图像非常关键。该章介绍了深度信息采集的各种方式，包括直接获取深度信息的方法，如飞行时间法（飞点测距法）、结构光法、莫尔(Moiré)条纹法等，借助各种双目成像模型利用立体视觉方式获取深度信息的方法，以及使用共聚焦显微镜逐层进行的 3-D 成像法。

第 5 章集中讨论一些对 3-D 景物的表达方法。客观世界在空间上是 3-D 的，所以需要有对 3-D 空间景物的 3-D 表达方法。另外，客观世界中存在多种 3-D 结构，它们有可能对应不同的抽象层次。各种不同层次的 3-D 结构需要使用不同的方法来表达。该章一方面介绍了几种典型的 3-D 表面和 3-D 实体的表达方法；另一方面讨论了如何从立体数据构造 3-D 等值面以表达 3-D 景物表面和从并行 2-D 轮廓插值构建 3-D 表面的方法。

第2章 摄像机成像

图像采集是获取客观世界信息的重要手段，也是各种图像技术的基础。这是因为图像是各种图像技术的操作对象，而图像采集指的就是获取图像（成像）的技术和过程。对图像的认知在比较宽泛的意义上可看作成像的逆问题，成像研究如何由景物来产生图像而图像认知则试图使用图像以恢复对景物空间的描述。所以，要对图像进行认知需要首先构建一个合适的成像模型。

人类视觉过程包括"视"和"觉"，其中"视"的过程也是一个图像采集过程。常用的成像设备包括照相机和摄像机（相当于人类视觉系统的眼睛），以下用摄像机代表各种成像设备。为使采集的图像准确地反映客观世界的空间信息，需要对摄像机进行标定，以解决从图像中获取场景中景物准确位置的问题。同时，为使采集的图像准确地反映客观世界景物的属性，还需要了解图像亮度与物体光学性质和成像系统特性的联系。

根据以上讨论，本章各节将安排如下。

2.1 节先对人类视觉过程中的几个子过程进行介绍，包括光学过程、化学过程和神经处理过程。

2.2 节由简到繁、由特殊到一般介绍几种摄像机成像模型以及一些近似投影模式。

2.3 节讨论摄像机标定原理和技术，并给出一种常用的标定程序和其中的各个步骤。

2.4 节先讨论光度学的几个基本概念，然后介绍一个基本的亮度成像模型。

2.1 视觉过程

视觉是人类的重要功能。视觉过程是由多个步骤组成的复杂过程。概括地说，视觉过程由光学过程、化学过程和神经处理过程这三个顺序的过程所构成。

1. 光学过程

人的眼睛是人类视觉系统的重要组成部分，是实现光学过程的物理基础。眼睛是很复杂的器官，但从成像的角度可将眼睛和摄像机进行简单比较。眼睛本身是一个平均直径约为 20mm 的球体。球体前端有一个**晶状体**，对应于摄像机的镜头，而晶状体前的**瞳孔**对应摄像机的光圈。球体内壁有一层**视网膜**，它是含有光感受器和神经组织网络的薄膜，对应摄像机中的感光面。

图 2.1.1 给出人眼水平横截面的示意图，这可看作一个光学系统的光路图。

当眼睛聚焦在前方物体上时，从外部射入眼睛内的光就在视网膜上成像。晶状体的屈光能力可以由在晶状体周围的睫状体纤维内的压力控制而改变，当屈光能力从最小变到最大时，晶状体聚焦中心和视网膜间的距离可以从约 17mm 变到约 14mm。当眼睛聚焦在一个 3m 以外的物体上时晶状体具有最小的屈光能力，而当眼睛聚焦在一个很近的物体上时晶状体具有最强的屈光能力。据此可计算物体在视网膜上的成像尺寸。例如在图 2.1.1 中，观察者看一个相距 100m 高 15m 的柱状物体。如果用 x 代表以 mm 为单位的视网膜上的像尺寸，根据图中的几何关系，$15/100=x/17$，所以 $x=2.55$mm。由此可见，光学过程基本确定了成像的尺寸。

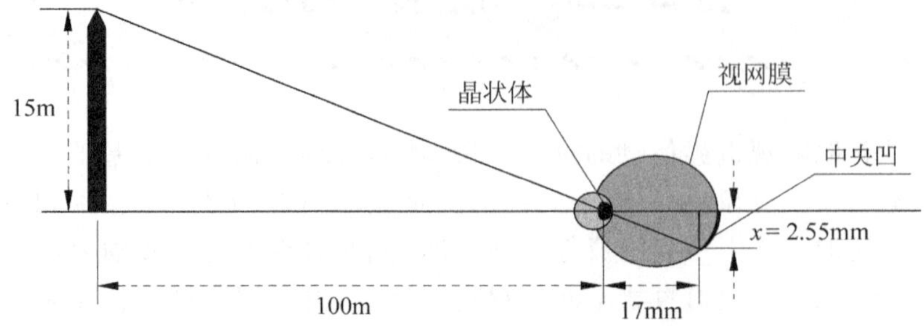

图 2.1.1　人眼水平横截面示意图

2. 化学过程

视网膜表面分布着一个个光接收细胞（光感光单元），它们可接收光的能量并形成视觉图案。光接收细胞有两类：**锥细胞**和**柱细胞**。每个眼内有 6 000 000～7 000 000 个锥细胞。它们对颜色很敏感。锥细胞又可分为 3 种，它们对入射的辐射有不同的频谱响应曲线。人类能借助这些细胞区分细节主要是因为每个细胞各自连到它自己的神经末梢。锥细胞视觉也称为**适亮视觉**。每个眼内柱细胞的数量要比锥细胞大得多，在视网膜表面上有 75 000 000～150 000 000 个柱细胞。它们分布面大但分辨率比较低，这是因为几个柱细胞都连到同一个神经末梢。柱细胞仅在非常暗的光线下工作，并对低照度较敏感。柱细胞主要是提供视野的整体视像，因为只有一种柱细胞，所以不产生颜色感受。例如，在日光下（由锥细胞感受到的）鲜艳的彩色物体在月光下变得无色，就是由于在月光下只有柱细胞在工作。这种现象也称为**适暗视觉**。

视网膜中心也称为**中央凹**，是眼睛内对光最敏锐的区域。锥细胞在中央凹区域的密度很高。为了解释的方便可把中央凹看作一个 1.5mm×1.5mm 的方形传感器矩阵。锥细胞在这个区域的密度约为 150 000 个/mm^2，所以近似地估计，中央凹里的锥细胞数约为 337 000 个。单从原始分辨能力看，一个目前看来比较低分辨率的 CCD 图像采集阵就可把这么多个光电感受元件集中在一个不超过 7mm×7mm 的接收阵中。由此可见，眼睛的分辨能力是可由目前的电子成像传感器所达到的，但这并不表明人类视觉系统的能力已能用电子器件实现。

锥细胞和柱细胞均由色素分子组成，其中含有可吸收光的**视紫红质**。这种物质吸收光后通过化学反应分解成另两种物质。一旦化学反应发生，分子就不再吸收光。反过来，如果不再有光通过视网膜，化学反应就反过来进行，分子可重新工作（这个过程常需几十分钟）。当光通量增加，受到照射的视网膜细胞数量也增加，分解视紫红质的化学反应增强，从而使产生的神经元信号变得更强。从这个角度看，视网膜可看作是一个化学实验室，将光学图像通过化学反应转换成其他形式的信息。在视网膜各处产生的信号强度反映了场景中对应位置的光强度。由此可见，化学过程基本确定了成像的亮度或颜色。

3. 神经处理过程

神经处理过程是一个在大脑神经系统里进行的转换过程。借助**突触**，每个视网膜接收单元都与一个神经元细胞相连。每个神经元细胞借助其他的突触再与其他细胞连接，从而构成**光神经**网络。光神经网络进一步与**大脑中的侧区域**连接，并到达大脑中的**纹状皮层**。在那里，对光刺激产生的响应经过一系列处理最终形成关于场景的表象，从而将对光的感觉转化为对景物的知觉。

以上多个步骤构成了视觉的全过程，其整体流图可参见图 2.1.2。

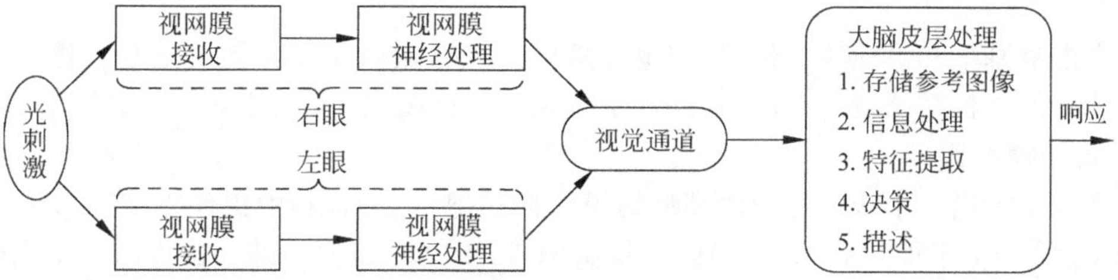

图 2.1.2　视觉过程流图

视觉过程先从光源发光开始。光的模式通过场景中的物体反射进入作为视觉感受器官的左右眼睛并同时作用在视网膜上引起视感觉。视网膜是含有光感受器和神经组织网络的薄膜。光刺激在视网膜上经神经处理产生的神经冲动沿视神经纤维传出眼睛，通过视觉通道传到大脑皮层进行处理并最终引起视知觉，或者说在大脑中对光刺激产生响应——形成关于场景的表象。大脑皮层的处理要完成一系列工作，从图像存储直到根据图像做出响应和决策。如果说视感觉主要是从分子的观点来理解对光反应的基本性质（如亮度、颜色），视知觉则主要论述从客观世界接收视觉刺激后如何反应及反应所采用的方式。两者结合构成完整的视觉（可参见附录 A）。

2.2　摄像机成像模型

图像采集中要借助摄像机将 3-D 客观世界的场景**透视投影**到 2-D 图像平面上。这个投影从空间上可用成像变换（也称几何透视变换或透视变换）来描述。**成像变换**涉及不同空间坐标系统之间的变换。考虑图像采集的最终结果是要得到可输入计算机里的数字图像，在对 3-D 空间景物成像时涉及的坐标系统主要有以下几种。

1）世界坐标系统

世界坐标系统也称真实或现实世界坐标系统 XYZ，它表示客观世界的绝对坐标（所以也称客观坐标系统）。一般的 3-D 场景都是用这个坐标系统来表示的。

2）摄像机坐标系统

摄像机坐标系统是以摄像机为中心制定的坐标系统 xyz，一般取摄像机的光学轴为 z 轴。

3）像平面坐标系统

像平面坐标系统是摄像机内成像平面上的坐标系统 $x'y'$。一般取像平面与摄像机坐标系统的 xy 平面平行，且 x 轴与 x'轴，y 轴与 y'轴分别重合，这样像平面原点就在摄像机的光学轴上。

4) 计算机图像坐标系统

计算机图像坐标系统是在计算机内部表达图像所用的坐标系统 MN。图像最终由计算机内的存储器存放，所以要将像平面的投影坐标转换到计算机图像坐标系统中。

根据以上几个坐标系统不同的相互关系，可以得到不同的(摄像机)成像模型。下面将逐步从特殊到一般给予介绍。

2.2.1 基本摄像机模型

先考虑最基本和最简单的情况，即世界坐标系统与摄像机坐标系统重合且摄像机坐标系统与像平面坐标系统也重合的情况(先不考虑计算机图像坐标系统)。

1. 成像模型图

图 2.2.1 给出一个成像过程的几何透视变换模型示意图，其中摄像机坐标系统 xyz 中的图像平面与 xy 平面重合而光学轴(过镜头中心)沿 z 轴正向向外。这样图像平面的中心处于原点，镜头中心的坐标是$(0,0,\lambda)$，λ 代表镜头的焦距。

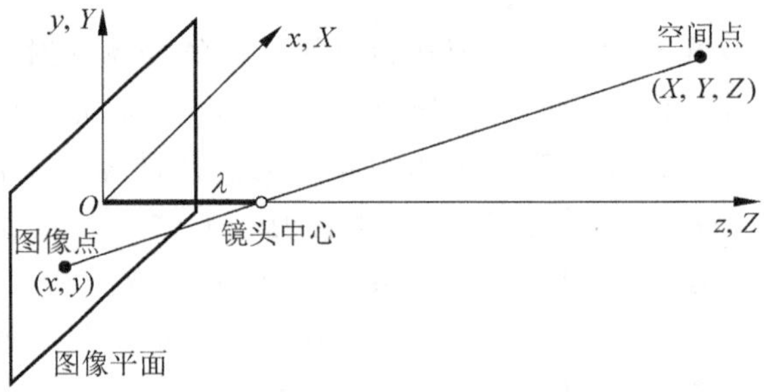

图 2.2.1 透视变换成像模型示意图

例 2.2.1 归一化摄像机

归一化摄像机指焦距为 1 的特定摄像机，也指一种简化的重合成像的摄像机模型。图 2.2.2 所示为该模型中的一个剖面(X 为常数的 YZ 平面)，其中，x 轴和 X 轴都由纸内向外，y 轴和 Y 轴都由上向下，Z 轴由左向右。图像中对应世界坐标系中一点 $\boldsymbol{W}=[X,Y,Z]^{\mathrm{T}}$ 的 y 坐标是 Y/Z(x 坐标是 X/Z)。由图可见，对较远(Z 较大)的目标，其投影更靠近图像的中心(y 越小)。

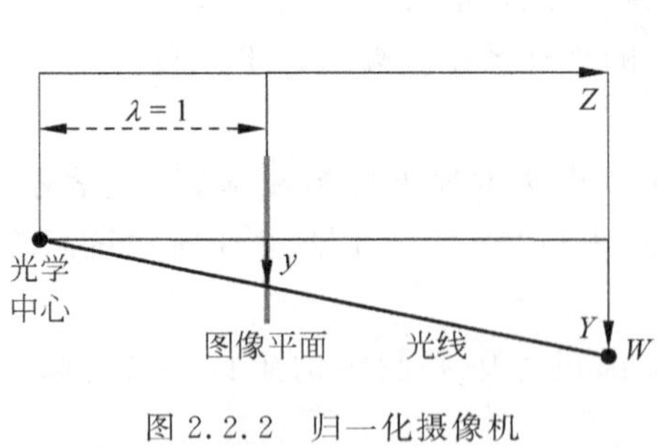

图 2.2.2 归一化摄像机

□

2. 透视变换

透视变换建立了空间点坐标(X,Y,Z)和图像点坐标(x,y)之间的几何关系。在以下的

讨论中假设 $Z>\lambda$，即所有客观场景中感兴趣的点都在镜头的前面。根据图 2.2.1，借助相似三角形的关系可方便地得到下面两式：

$$\frac{x}{\lambda}=\frac{-X}{Z-\lambda}=\frac{X}{\lambda-Z} \tag{2.2.1}$$

$$\frac{y}{\lambda}=\frac{-Y}{Z-\lambda}=\frac{Y}{\lambda-Z} \tag{2.2.2}$$

式中，X 和 Y 前的负号代表图像点反转了。

由式(2.2.1)和式(2.2.2)可得到 3-D 点透视投影后的图像平面坐标：

$$x=\frac{\lambda X}{\lambda-Z} \tag{2.2.3}$$

$$y=\frac{\lambda Y}{\lambda-Z} \tag{2.2.4}$$

上述透视变换将 3-D 空间中(除了沿投影方向)的线段投影为图像平面的线段。如果在 3-D 空间互相平行的线段也平行于投影平面，则这些线段在投影后仍然互相平行。3-D 空间的矩形投影到图像平面后可能为任意四边形，由 4 个顶点所确定。因此，常有人将透视变换称为 **4-点映射**。

透视变换是**投影变换**的一种特例。另外，本套书上册 6.1 节介绍的各种仿射变换都是投影变换的特例。投影变换矩阵是非奇异的，可将 3 个共线点映射为 3 个共线点。投影变换也称**共线性**或**单应性**。一个平面场景通过针孔摄像机进行的投影与 2-D 单应性就有关，这可用于矫正平面场景的图像(如建筑的正面)使之在正面视角时平行(见 4.2.2 小节)。另外，用两个针孔摄像机对一个 3-D 场景所得到的共享单个投影中心的两幅图像(平面的或非平面的)也具有 2-D 单应性。这可用于将一系列照片拼成一个全景图。

例 2.2.2　摄像机焦距参数

实际中使用的摄像机焦距并不总是 1，且在图像平面上是使用像素而不是物理距离来表示位置的。将这两个因素考虑上，参照图 2.2.2，图像平面坐标与世界坐标的联系是(S 是尺度因子)：

$$x=\frac{SX}{Z} \tag{2.2.5}$$

$$y=\frac{SY}{Z} \tag{2.2.6}$$

这里需要注意，焦距的改变和传感器中光子接收单元的间距变化都会影响图像平面坐标点与世界坐标点的联系。如图 2.2.3(a)和(b)所示，当焦距减至 1/2 时，成像尺寸(如 y)也减至 1/2。不过视场是随焦距的减小而增加的。如图 2.2.3(c)和(d)所示，用像素为单位确定的成像尺寸随传感器单元间距的增加而减小，当传感器密度(对应个数)减至 1/2 时，成像像素数也减至 1/2。综合起来，焦距和传感器密度都以相同的方式改变从场景到像素的映射关系。

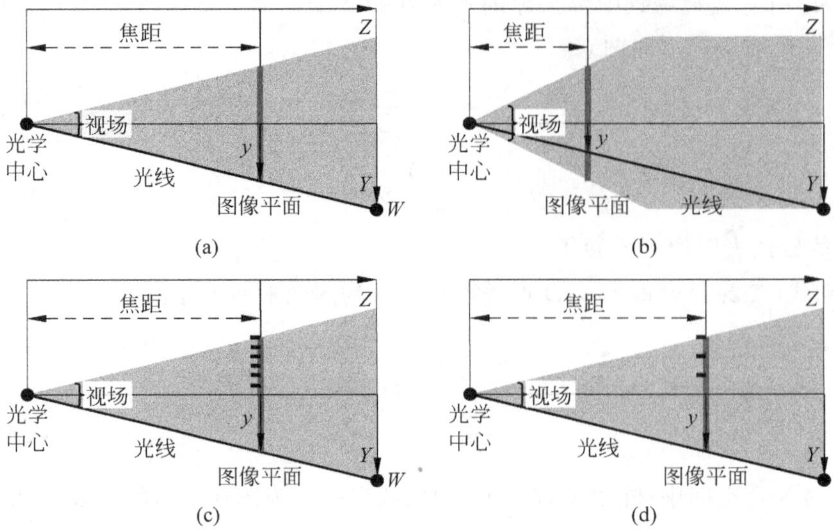

图 2.2.3　焦距和传感器单元间距变化的效果

□

例 2.2.3　远心成像和超心成像

在一般的标准光学成像系统中，光束是会聚的。这对光学测量有明显的不利影响[图 2.2.4(a)]。如果目标的位置变化，则它的像在目标接近镜头时会变大而在远离镜头时会变小。因为目标的深度并不能直接从图像中得到，所以除非将目标放置在知道的距离上，否则测量误差是不可避免的。解决这个问题的一种方法是使用远心镜头来拍摄被测景物目标。

如果将光圈的位置移到平行光的会聚点(F_2)就可得到**远心成像**系统[图 2.2.4(b)]。此时，主射线(通过光圈中心的光线)在目标空间与光轴平行，目标位置的微小变化并不改变目标图像的尺寸。当然，目标离聚焦位置越远，被模糊得越厉害。但是，这种情况下模糊圆盘的中心并不改变位置。远心成像的缺点是远心镜头的直径至少要达到待成像目标的尺寸。这样，对大尺寸目标的远心成像就很昂贵。

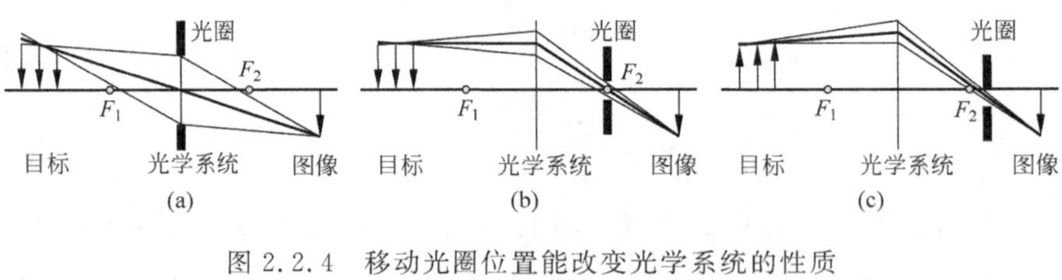

图 2.2.4　移动光圈位置能改变光学系统的性质

如果将光圈放得比平行光的会聚点更接近图像平面(图 2.2.4(c))，则主射线成为目标空间的会聚线。与标准成像(图 2.2.4(a))相反，此时远的目标看起来更大！这种成像技术称为**超心成像**。它的一个特点是可看到与光轴平行的表面。图 2.2.5 图解一个沿光轴的薄壁圆柱体在三种成像技术中被看到的情况。标准成像可看到截面和内壁，远心成像仅可看到截面，而超心成像可看到截面和外壁[Jähne 2004]。

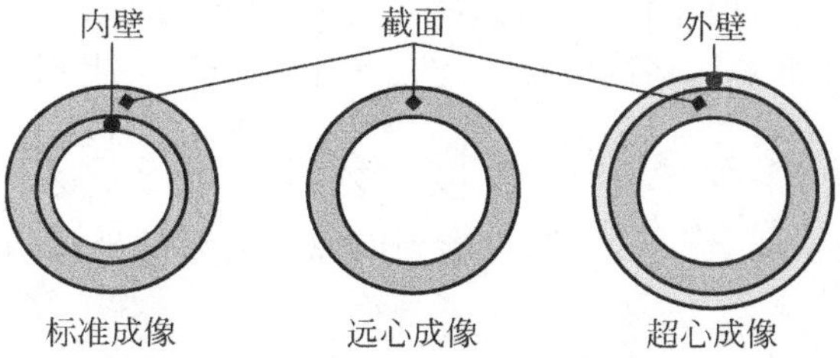

图 2.2.5　三种成像方式的对比 □

3. 齐次坐标

式(2.2.3)和式(2.2.4)都是非线性的,因为它们分母中含变量 Z。为将它们表示成线性矩阵形式,可以借助齐次坐标进行齐次表达。

例 2.2.4　直线和点的齐次表达

平面上的直线可用方程 $ax+by+c=0$ 表示。不同的 a,b,c 对应不同的直线,所以一条直线也可用矢量 $\boldsymbol{l}=[a,b,c]^{\mathrm{T}}$ 表示。因为直线 $ax+by+c=0$ 和直线 $(ka)x+(kb)y+kc=0$ 当 k 不为 0 时是相同的,所以当 k 不为 0 时,矢量 $[a,b,c]^{\mathrm{T}}$ 和矢量 $k[a,b,c]^{\mathrm{T}}$ 表示同一条直线,可认为是等价的。满足这种等价关系的矢量组称为**齐次矢量**,其中任何一个特定的矢量 $[a,b,c]^{\mathrm{T}}$ 都是该矢量组的代表。

对一条直线 $\boldsymbol{l}=[a,b,c]^{\mathrm{T}}$,当且仅当 $ax+by+c=0$ 时点 $\boldsymbol{p}=[x,y]^{\mathrm{T}}$ 在这条直线上。这可用对应点的矢量 $[x,y,1]^{\mathrm{T}}$ 和对应直线的矢量 $[a,b,c]^{\mathrm{T}}$ 的内积来表示,即 $[x,y,1]^{\mathrm{T}}\cdot[a,b,c]^{\mathrm{T}}=[x,y,1]^{\mathrm{T}}\cdot\boldsymbol{l}=0$。这里,2-D 点矢量 $[x,y]^{\mathrm{T}}$ 用一个增加了值为 1 的最后一项的 3-D 矢量来表示。对任何非零的常数 k 和直线 $\boldsymbol{l}$,当且仅当 $[x,y,1]^{\mathrm{T}}\cdot\boldsymbol{l}=0$ 时有 $[kx,ky,k]^{\mathrm{T}}\cdot\boldsymbol{l}=0$。因此,可以认为矢量组 $[kx,ky,k]^{\mathrm{T}}$(由 k 变化得到)也是点矢量 $[x,y]^{\mathrm{T}}$ 的表达。这样,如同直线一样,点也可用齐次矢量来表示。 □

对应笛卡儿空间中坐标为 XYZ 的一个点的**齐次坐标**定义为 $[kX,kY,kZ,k]$,其中 k 是一个任意的非零常数。很明显,从齐次坐标变换回笛卡儿坐标可用第 4 个坐标量去除前 3 个坐标量。这样一个笛卡儿世界坐标系统中的 3-D 空间点可用矢量形式表示为

$$\boldsymbol{W}=[X\quad Y\quad Z]^{\mathrm{T}} \tag{2.2.7}$$

它对应的齐次坐标可表示为

$$\boldsymbol{W}_{\mathrm{h}}=[kX\quad kY\quad kZ\quad k]^{\mathrm{T}} \tag{2.2.8}$$

如果定义透视变换矩阵为

$$\boldsymbol{P}=\begin{bmatrix}1&0&0&0\\0&1&0&0\\0&0&1&0\\0&0&-1/\lambda&1\end{bmatrix} \tag{2.2.9}$$

它和 $\boldsymbol{W}_{\mathrm{h}}$ 的乘积 $\boldsymbol{PW}_{\mathrm{h}}$ 给出一个记为 $\boldsymbol{c}_{\mathrm{h}}$ 的矢量:

$$\boldsymbol{c}_{\mathrm{h}}=\boldsymbol{PW}_{\mathrm{h}}=\begin{bmatrix}1&0&0&0\\0&1&0&0\\0&0&1&0\\0&0&-1/\lambda&1\end{bmatrix}\begin{bmatrix}kX\\kY\\kZ\\k\end{bmatrix}=\begin{bmatrix}kX\\kY\\kZ\\-kZ/\lambda+k\end{bmatrix} \tag{2.2.10}$$

这里 $\boldsymbol{c}_h$ 的元素是齐次形式的摄像机坐标，这些坐标可用 $\boldsymbol{c}_h$ 的第 4 项分别去除前 3 项转换成笛卡儿形式。所以，摄像机坐标系统中任一点的笛卡儿坐标可表示为矢量形式：

$$\boldsymbol{c} = [x \quad y \quad z]^{\mathrm{T}} = \left[\frac{\lambda X}{\lambda - Z} \quad \frac{\lambda Y}{\lambda - Z} \quad \frac{\lambda Z}{\lambda - Z}\right]^{\mathrm{T}} \tag{2.2.11}$$

其中 $\boldsymbol{c}$ 的前两项为 3-D 空间点 (X,Y,Z) 投影到图像平面后的坐标 (x,y)。

4. 逆透视变换

逆透视变换指根据 2-D 图像坐标来确定 3-D 客观景物的坐标，或者说将一个图像点反过来映射回到 3-D 空间。利用矩阵运算规则，从式(2.2.10)可以得到

$$\boldsymbol{W}_h = \boldsymbol{P}^{-1}\boldsymbol{c}_h \tag{2.2.12}$$

其中逆透视变换矩阵 $\boldsymbol{P}^{-1}$ 为

$$\boldsymbol{P}^{-1} = \begin{bmatrix} 1 & 0 & 0 & 0 \\ 0 & 1 & 0 & 0 \\ 0 & 0 & 1 & 0 \\ 0 & 0 & 1/\lambda & 1 \end{bmatrix} \tag{2.2.13}$$

利用上述逆透视变换矩阵能从 2-D 图像坐标点确定出对应的 3-D 客观景物点的坐标吗？设一个图像点的坐标为 $(x',y',0)$，其中位于 z 位置的 0 仅表示图像平面位于 $z=0$ 处。这个点可用齐次矢量形式表示为

$$\boldsymbol{c}_h = [kx' \quad ky' \quad 0 \quad k]^{\mathrm{T}} \tag{2.2.14}$$

代入式(2.2.12)得到齐次世界坐标矢量：

$$\boldsymbol{W}_h = [kx' \quad ky' \quad 0 \quad k]^{\mathrm{T}} \tag{2.2.15}$$

相应的笛卡儿坐标系统中的世界坐标矢量是

$$\boldsymbol{W} = [X \quad Y \quad Z]^{\mathrm{T}} = [x' \quad y' \quad 0]^{\mathrm{T}} \tag{2.2.16}$$

式(2.2.16)表明由图像点 (x',y') 并不能唯一确定 3-D 空间点的 Z 坐标(因为它对任何一个点都给出 $Z=0$)。这里问题是由 3-D 客观场景映射到图像平面这个多对一的变换所产生的。图像点 (x',y') 现在对应于过 $(x',y',0)$ 和 $(0,0,\lambda)$ 的直线上所有共线 3-D 空间点的集合(参见图 2.2.1 中图像点和空间点之间的连线)。在世界坐标系统中，由式(2.2.3)和式(2.2.4)可反解出 X 和 Y：

$$X = \frac{x'}{\lambda}(\lambda - Z) \tag{2.2.17}$$

$$Y = \frac{y'}{\lambda}(\lambda - Z) \tag{2.2.18}$$

式(2.2.17)和式(2.2.18)表明，除非对映射到图像点的 3-D 空间点有一些先验知识(如知道它的 Z 坐标)，否则不可能将一个 3-D 空间点的坐标从它的图像中完全恢复过来；或者说，要利用逆透视变换将 3-D 空间点从其图像中恢复出来需要知道该点的至少一个世界坐标。

2.2.2 近似投影模式

透视投影是一种精确的投影模式，但它是一种非线性映射，所以计算和分析比较复杂。为简化运算，在物距远大于景物本身尺度时可利用一些近似投影模式。

1. 正交投影

正交投影也称正投影，是一种最简单的线性近似。在正交投影中不考虑 3-D 空间点的

Z 坐标(丢失了物距信息),相当于沿摄像机光轴的方向将 3-D 空间的点直接/垂直映射到图像平面上。图 2.2.6 所示为将一个棒状的物体分别按正交投影和透视投影两种方式投影到 Y 轴(对应图 2.2.1 的 YZ 剖面)上的情况。

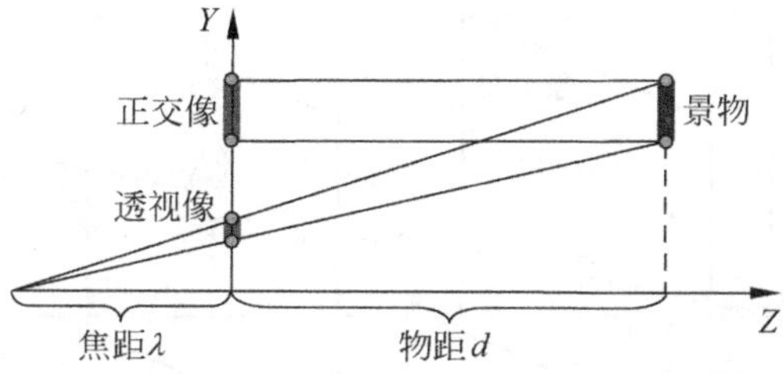

图 2.2.6 正交投影和透视投影对比示意图

正交投影的结果表示景物截面的真正尺度,而透视投影的结果与物距 d 有关。**正交投影**可看作焦距 λ 为无穷时的透视投影,所以其投影变换矩阵可写为

$$\boldsymbol{P} = \begin{bmatrix} 1 & 0 & 0 & 0 \\ 0 & 1 & 0 & 0 \\ 0 & 0 & 1 & 0 \\ 0 & 0 & 0 & 1 \end{bmatrix} \tag{2.2.19}$$

2. 弱透视投影

弱透视投影(WPP)是对透视投影的一种近似。它是当观察一个特定景物,且景物自身的深度范围 ΔZ 远小于该景物在场景中的深度 Z 的特殊情况。此时,景物自身各点的深度可用其质心的深度 Z_0 来近似。在这种情况下,图像可看作是正投影的结果,其中深度信息被除去了,同时还使用了一个尺度因子以调整景物以给出观察到的尺寸。所以,在弱透视投影中,有两个步骤:

(1) 将景物正交投影到与像平面平行的景物质心所在的平面。

(2) 将上一步的结果再透视投影到像平面。

这里第(2)步的透视投影可借助图像平面内的等比例缩放来实现(所以弱透视投影也称为**缩放正投影**)。设**透视缩放系数**为 S,则

$$S = \lambda / d \tag{2.2.20}$$

为焦距和物距之比。若考虑 S,则弱透视投影变换矩阵可写为

$$\boldsymbol{P} = \begin{bmatrix} S & 0 & 0 & 0 \\ 0 & S & 0 & 0 \\ 0 & 0 & 1 & 0 \\ 0 & 0 & 0 & 1 \end{bmatrix} \tag{2.2.21}$$

弱透视投影中的正交投影除不考虑 3-D 空间点的 Z 坐标外也改变了景物各点在投影平面中的相对位置(对应尺寸的变化),对与摄像机光轴间的距离较大的景物点会有较大影响(可以证明,此时图像误差是景物误差的一阶无穷小)。一般当 $Z_0 > 10|\Delta Z|$ 时才使用弱透视投影。

3. 平行透视投影

平行透视投影(亦称类透视投影)也是一种介于正交投影和透视投影之间的投影方式

[Dean 1995]。平行透视投影的示意图可见图 2.2.7。图中世界坐标系统与摄像机坐标系统重合，摄像机焦距为 λ，像平面与 Z 轴垂直相交于点 $(0,0,\lambda)$，点 C 为景物集合的质心，与原点在 Z 方向的距离为 d。

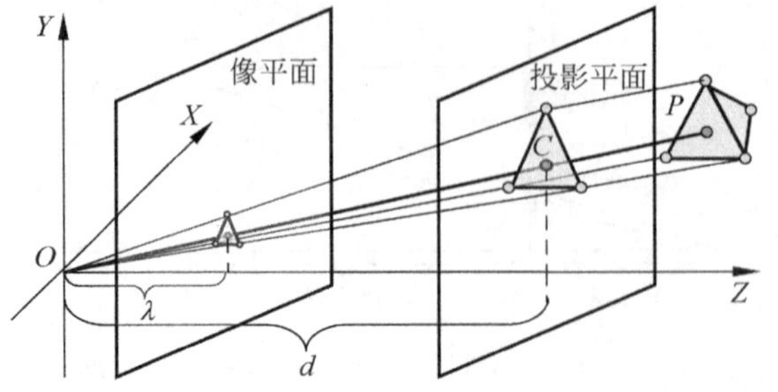

图 2.2.7 平行透视投影成像示意图

给定一个位于 $Z=d$ 且平行于像平面的投影平面，平行透视投影的过程分两步：

(1) 给定一个特定景物 P（景物集合中的一个），将其平行投影到与像平面平行的投影平面上，此时各投影线平行于直线 OC（不一定与投影平面垂直）。

(2) 将投影平面上的投影结果透视投影到像平面上，由于投影平面和像平面是平行的，所以在像平面上的投影相比投影平面上的投影缩小为 λ/d（同弱透视投影）。

上述第(1)步考虑了远景和位姿的影响（保留了景物各点在投影平面中的相对位置），而第(2)步考虑了距离和其他位置影响。可以证明，此时图像误差是景物误差的二阶无穷小，所以平行透视投影比弱透视投影更接近透视投影。

4. 各种近似模式与透视投影的对比

透视投影还有一种误差更小的线性近似，称为**正透视**。正透视把平行透视投影的第(1)步改为将景物平行投影到与光心和质心的连线垂直的、经过质心的投影平面上，第(2)步仍相同。正透视相对来说比较复杂。

透视投影与其两种近似模式（弱透视投影和平行透视投影）的联系可借助图 2.2.8 来说明。平行透视投影的结果比弱透视投影的结果更加接近透视投影的结果。它们之间的差距与焦距成反比，而与物距成正比。

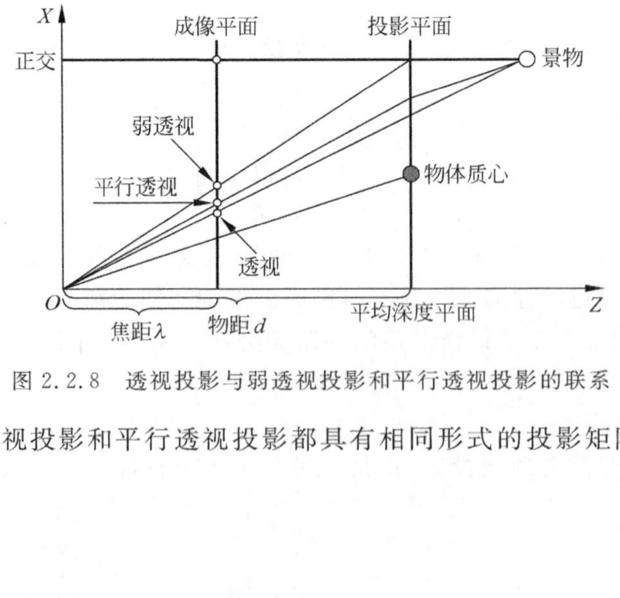

图 2.2.8 透视投影与弱透视投影和平行透视投影的联系

正交投影、弱透视投影和平行透视投影都具有相同形式的投影矩阵，其中有 8 个自由

度。具有这样投影矩阵的摄像机称为**仿射摄像机**。仿射摄像机有以下两个重要性质(透视投影都不具备):

(1) 保平行性:3-D空间的平行线投影到2-D空间后仍然平行。

(2) 保质心性:3-D点集的质心投影为2-D点集的质心。

2.2.3 一般摄像机模型

进一步考虑摄像机坐标系统与世界坐标系统分开,但摄像机坐标系统与像平面坐标系统重合时的情况(仍先不考虑计算机图像坐标系统)。图2.2.9给出一个此时成像的几何模型示意图。像平面中心(原点)与世界坐标系统的位置偏差记为矢量 $\boldsymbol{D}$,其分量分别为 D_x,D_y,D_z。这里假设摄像机分别以 γ 角(x 和 X 轴间的夹角)**水平扫视**和以 α 角(z 和 Z 轴间的夹角)**垂直倾斜**。如果取 XY 平面为地球的赤道面,Z 轴指向地球北极,则**扫视角**对应经度而**倾斜角**对应纬度。

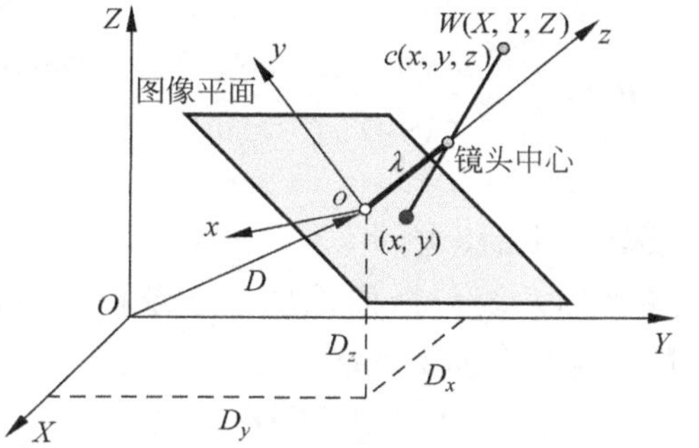

图 2.2.9 世界坐标系统与摄像机坐标系统不重合时的投影成像示意图

上述模型可通过以下一系列步骤从世界坐标系统与摄像机坐标系统重合时的基本摄像机模型转换来:①将像平面原点按矢量 $\boldsymbol{D}$ 移出世界坐标系统的原点;②以某个扫视角 γ(绕 z 轴)扫视 x 轴;③以某个倾斜角 α 将 z 轴倾斜(绕 x 轴旋转)。

将摄像机相对世界坐标系统运动也等价于将世界坐标系统相对摄像机逆运动。具体来说可对每个世界坐标系统中的点分别进行如上几何关系转换所采取的三个步骤。平移世界坐标系统的原点到像平面原点可用下列变换矩阵完成:

$$\boldsymbol{T}=\begin{bmatrix}1 & 0 & 0 & -D_x\\0 & 1 & 0 & -D_y\\0 & 0 & 1 & -D_z\\0 & 0 & 0 & 1\end{bmatrix}\tag{2.2.22}$$

换句话说,位于坐标(D_x,D_y,D_z)的齐次坐标点 $\boldsymbol{D}_h$ 经过变换 $\boldsymbol{TD}_h$ 后位于变换后新坐标系统的原点。

进一步考虑如何将坐标轴重合的问题。扫视角 γ 是 x 和 X 轴间的夹角,在正常(标称)位置,这两个轴是平行的。为了以需要的 γ 角度扫视 x 轴,只需将摄像机逆时针(以从旋转轴正向看原点来定义)绕 z 轴旋转 γ 角,即

$$\boldsymbol{R}_\gamma = \begin{bmatrix} \cos\gamma & \sin\gamma & 0 & 0 \\ -\sin\gamma & \cos\gamma & 0 & 0 \\ 0 & 0 & 1 & 0 \\ 0 & 0 & 0 & 1 \end{bmatrix} \tag{2.2.23}$$

没有旋转($\gamma=0°$)的位置对应 x 和 X 轴平行。类似地，倾斜角 α 是 z 和 Z 轴间的夹角，可以将摄像机逆时针绕 x 轴旋转 α 角以达到倾斜摄像机轴线 α 角的效果，即

$$\boldsymbol{R}_\alpha = \begin{bmatrix} 1 & 0 & 0 & 0 \\ 0 & \cos\alpha & \sin\alpha & 0 \\ 0 & -\sin\alpha & \cos\alpha & 0 \\ 0 & 0 & 0 & 1 \end{bmatrix} \tag{2.2.24}$$

没有倾斜($\alpha=0°$)的位置对应 z 和 Z 轴平行。

分别完成以上两个旋转的变换矩阵可以被级联起来成为一个矩阵：

$$\boldsymbol{R} = \boldsymbol{R}_\alpha \boldsymbol{R}_\gamma = \begin{bmatrix} \cos\gamma & \sin\gamma & 0 & 0 \\ -\sin\gamma\cos\alpha & \cos\alpha\cos\gamma & \sin\alpha & 0 \\ \sin\alpha\sin\gamma & -\sin\alpha\cos\gamma & \cos\alpha & 0 \\ 0 & 0 & 0 & 1 \end{bmatrix} \tag{2.2.25}$$

其中 $\boldsymbol{R}$ 表示摄像机在空间旋转带来的影响。

同时考虑为了重合世界坐标系统与摄像机坐标系统而进行的平移和旋转变换，则与式(2.2.10)对应的透视投影变换具有如下齐次表达：

$$\boldsymbol{c}_\mathrm{h} = \boldsymbol{PRT}\,\boldsymbol{W}_\mathrm{h} \tag{2.2.26}$$

展开式(2.2.26)并转为笛卡儿坐标得到世界坐标系统中点(X,Y,Z)在像平面中的坐标：

$$x = \lambda \frac{(X-D_x)\cos\gamma + (Y-D_y)\sin\gamma}{-(X-D_x)\sin\alpha\sin\gamma + (Y-D_y)\sin\alpha\cos\gamma - (Z-D_z)\cos\alpha + \lambda} \tag{2.2.27}$$

$$y = \lambda \frac{-(X-D_x)\sin\gamma\cos\alpha + (Y-D_y)\cos\alpha\cos\gamma + (Z-D_z)\sin\alpha}{-(X-D_x)\sin\alpha\sin\gamma + (Y-D_y)\sin\alpha\cos\gamma - (Z-D_z)\cos\alpha + \lambda} \tag{2.2.28}$$

例 2.2.5 像平面坐标计算示例

将一摄像机如图 2.2.10 安置以观察场景，设摄像机中心位置为(0,0,1)，摄像机的焦距为 0.05m，扫视角为 135°，倾斜角为 135°，现需要确定此时图中空间点 $W(1,1,0)$的像平面坐标。

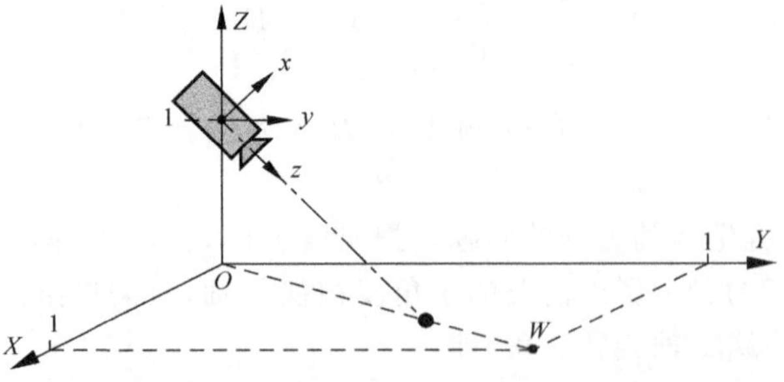

图 2.2.10 摄像机观察 3-D 场景示意图

下面借助图 2.2.11 讨论将摄像机由图 2.2.1 的正常位姿[用图 2.2.11(a)表示]移动到图 2.2.10 的位姿所需的步骤。第一步是将摄像机移出原点，结果如图 2.2.11(b)所示。注意此步骤后世界坐标系统只被用作角度的参考，所有旋转都是绕新(即摄像机)坐标轴进行的。第二步是将摄像机绕 z 轴旋转扫视，如图 2.2.11(c)所示，其中 z 轴的指向为从纸中出来。注意，这里摄像机绕 z 轴的旋转是逆时针的，所以 γ 为正。第三步是将摄像机绕 x 轴旋转并相对 z 轴倾斜，如图 2.2.11(d)所示，其中 x 轴的指向为从纸中出来。摄像机绕 x 轴的旋转也是逆时针的，所以 α 为正。在图 2.2.11(c)和图(d)中，用虚线表示世界坐标轴以强调它们只用来建立角 α 和角 γ 的原始参考。

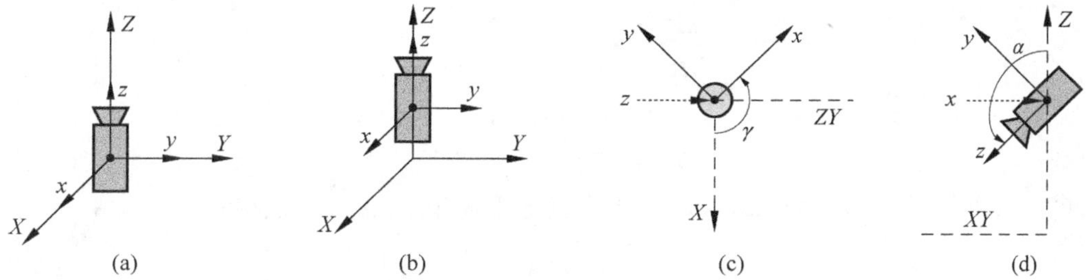

图 2.2.11　摄像机位姿的转换过程

将前面所给出的各参数值代入式(2.2.27)和式(2.2.28)，可得到 $W(1,1,0)$ 点的图像坐标为 $x=0\text{m}$ 和 $y=-0.008\,837\,488\text{m}$。□

2.2.4　通用成像模型

在比上述一般摄像机模型更通用的成像模型中，除了要考虑世界坐标系统、摄像机坐标系统以及像平面坐标系统的不重合外，还有两个因素要考虑。一是摄像机镜头会有失真，所以在像平面上的成像位置会与用前述公式算出的透射投影结果有偏移。二是计算机中使用的图像坐标单位是存储器中离散像素的个数，所以对像平面上的坐标还需取整转换(这里设像平面上仍用连续坐标)。图 2.2.12 给出将这些因素全都考虑时的通用成像模型示意图。

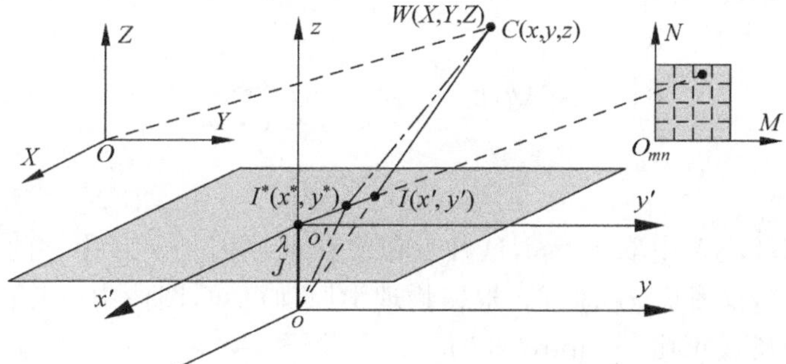

图 2.2.12　通用成像模型

从客观场景到数字图像的成像变换可看作由以下 4 步组成(见图 2.2.13)[Tsai 1987]：

(1) 从世界坐标(X,Y,Z)到摄像机 3-D 坐标(x,y,z)的变换。考虑刚体的情况，则变换可表示为

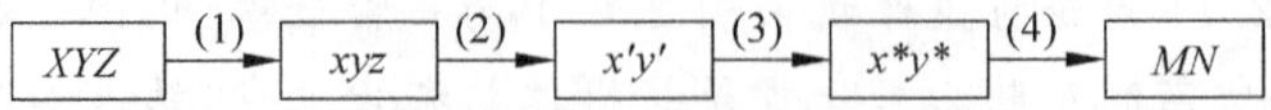

图 2.2.13　从客观场景到数字图像的成像变换步骤

$$\begin{bmatrix} x \\ y \\ z \end{bmatrix} = \boldsymbol{R} \begin{bmatrix} X \\ Y \\ Z \end{bmatrix} + \boldsymbol{T} \tag{2.2.29}$$

其中 $\boldsymbol{R}$ 和 $\boldsymbol{T}$ 分别为 3×3 旋转矩阵(实际上是两坐标系统三组对应坐标轴之轴间夹角的函数)和 1×3 平移矢量：

$$\boldsymbol{R} \equiv \begin{bmatrix} r_1 & r_2 & r_3 \\ r_4 & r_5 & r_6 \\ r_7 & r_8 & r_9 \end{bmatrix} \tag{2.2.30}$$

$$\boldsymbol{T} \equiv [T_x \quad T_y \quad T_z]^{\mathrm{T}} \tag{2.2.31}$$

(2) 从摄像机 3-D 坐标(x,y,z)到无失真像平面坐标(x',y')的变换为

$$x' = \lambda \frac{x}{z} \tag{2.2.32}$$

$$y' = \lambda \frac{y}{z} \tag{2.2.33}$$

(3) 从无失真的像平面坐标(x',y')到受镜头径向失真(畸变)影响而偏移的实际像平面坐标(x^*,y^*)的变换为

$$x^* = x' - R_x \tag{2.2.34}$$

$$y^* = y' - R_y \tag{2.2.35}$$

其中 R_x 和 R_y 为镜头的径向失真。

多数镜头都存在一定的径向失真，尽管一般对人眼观察的影响不太大，但在进行光学测量时还是需要矫正的，否则会产生较大的误差。从理论上讲镜头会有两类失真，即径向的和切向的。由于切向失真比较小，在一般的工业机器视觉应用中只需考虑径向失真即可[Tsai 1987]。径向失真可表示为

$$R_x = x^*(k_1 r^2 + k_2 r^4 + \cdots) \approx x^* k r^2 \tag{2.2.36}$$

$$R_y = y^*(k_1 r^2 + k_2 r^4 + \cdots) \approx y^* k r^2 \tag{2.2.37}$$

其中

$$r = \sqrt{x^{*2} + y^{*2}} \tag{2.2.38}$$

式(2.2.36)和式(2.2.37)中取 $k=k_1$，这种近似简化的原因是实际中 r 的高次项可以忽略，所以可不考虑 k_2 等，仅考虑 k_1 即可。根据物理学原理可知，图像中一点的径向失真与该点到镜头光轴点的距离成正比[Shapiro 2001]。

(4) 实际的像平面坐标(x^*,y^*)到计算机图像坐标(M,N)的变换为

$$M = \mu \frac{x^* M_x}{S_x L_x} + O_m \tag{2.2.39}$$

$$N = \frac{y^*}{S_y} + O_n \tag{2.2.40}$$

其中 M,N 分别为计算机存储器中像素的行数和列数(计算机坐标)；O_m，O_n 分别为计算机

存储器中心像素的行数和列数；S_x为沿 x 方向(扫描线方向)两相邻传感器中心间的距离；S_y为沿 y 方向两相邻传感器中心间的距离；L_x为 X 方向传感器元素的个数；M_x为计算机在一行里的采样数(像素个数)。

式(2.2.39)中的 μ 为一个取决于摄像机的不确定图像尺度因子。当使用 CCD 时，图像是逐行扫描的。沿 y'方向相邻像素间的距离也就是相邻 CCD 感光点间的距离，但沿 x'方向由于有诸如图像获取硬件和摄像机扫描硬件间的时间差或摄像机扫描本身时间的不精确性而会引入某些不确定性因素。这些不确定性因素可通过引入不确定性图像尺度因子来描述。

将上述后 3 个步骤结合起来，就可得到将计算机图像坐标(M,N)与摄像机系统中目标点 3-D 坐标(x,y,z)联系起来的方程：

$$\lambda \frac{x}{z} = x' = x^* + R_x = x^*(1+kr^2) = \frac{(M-O_m)S_xL_x}{\mu M_x}(1+kr^2) \tag{2.2.41}$$

$$\lambda \frac{y}{z} = y' = y^* + R_y = y^*(1+kr^2) = (N-O_n)S_y(1+kr^2) \tag{2.2.42}$$

将式(2.2.30)和式(2.2.31)代入上两式，最后得到

$$M = \lambda \frac{r_1X+r_2Y+r_3Z+T_x}{r_7X+r_8Y+r_9Z+T_z} \frac{\mu M_x}{(1+kr^2)S_xL_x} + O_m \tag{2.2.43}$$

$$N = \lambda \frac{r_4X+r_5Y+r_6Z+T_y}{r_7X+r_8Y+r_9Z+T_z} \frac{1}{(1+kr^2)S_x} + O_n \tag{2.2.44}$$

2.3 摄像机标定

摄像机标定就是要将摄像机的坐标系统与世界坐标系统对齐。成像模型建立了根据给定现实世界点 $W(X,Y,Z)$计算它的像平面坐标(x',y')或计算机图像坐标(M,N)的表达式。为利用这些表达式从图像中获取客观场景的信息，需要先确定式(2.2.41)和式(2.2.42)中的各个参数(称摄像机参数)。尽管这些参数可以通过直接测量得到，但用摄像机作为测量装置来确定它们通常更为方便。为此需要先知道一组基准点(它们在对应坐标系中的坐标都已知)，借助这些已知点获取摄像机参数的计算过程常称为**摄像机标定**(也称为摄像机定标、校准或校正)。

2.3.1 标定程序和参数

摄像机标定要根据一定的程序对不同参数依次进行。

1. 标定原理和程序

先考虑一般摄像机模型，参考式(2.2.26)，令 $\boldsymbol{A}=\boldsymbol{PRT}$，则有 $\boldsymbol{c}_h=\boldsymbol{AW}_h$，其中 $\boldsymbol{A}$ 中的元素包括了摄像机平移、旋转和投影的参数。如果在齐次表达中令 $k=1$，可得到

$$\begin{bmatrix} c_{h1} \\ c_{h2} \\ c_{h3} \\ c_{h4} \end{bmatrix} = \begin{bmatrix} a_{11} & a_{12} & a_{13} & a_{14} \\ a_{21} & a_{22} & a_{23} & a_{24} \\ a_{31} & a_{32} & a_{33} & a_{34} \\ a_{41} & a_{42} & a_{43} & a_{44} \end{bmatrix} \begin{bmatrix} X \\ Y \\ Z \\ 1 \end{bmatrix} \tag{2.3.1}$$

基于前面的讨论，笛卡儿坐标形式的摄像机坐标(仅考虑像平面坐标)为

$$x = c_{h1}/c_{h4} \tag{2.3.2}$$

$$y = c_{h2}/c_{h4} \tag{2.3.3}$$

将上两式代入式(2.3.1)并展开矩阵积，得到

$$\begin{cases} xc_{h4} = a_{11}X + a_{12}Y + a_{13}Z + a_{14} \\ yc_{h4} = a_{21}X + a_{22}Y + a_{23}Z + a_{24} \\ c_{h4} = a_{41}X + a_{42}Y + a_{43}Z + a_{44} \end{cases} \tag{2.3.4}$$

其中 c_{h3} 的展开式因其与 z 相关而略去。

将 c_{h4} 代入式(2.3.4)中的前两个方程，可得到共有 12 个未知系数的两个方程：

$$(a_{11} - a_{41}x)X + (a_{12} - a_{42}x)Y + (a_{13} - a_{43}x)Z + (a_{14} - a_{44}x) = 0 \tag{2.3.5}$$

$$(a_{21} - a_{41}y)X + (a_{22} - a_{42}y)Y + (a_{23} - a_{43}y)Z + (a_{24} - a_{44}y) = 0 \tag{2.3.6}$$

这样标定程序就应包括：①获得 $M \geqslant 6$ 个具有已知世界坐标(X_i, Y_i, Z_i)，$i=1,2,\cdots,M$ 的空间点(实际应用中常取 25 个以上的点，再借助最小二乘法拟合来减小误差)；②用摄像机在给定位置拍摄这些点以得到它们对应的像平面坐标(x_i, y_i)，$i=1,2,\cdots,M$；③把这些坐标代入式(2.3.5)和式(2.3.6)以解出未知系数。

为实现上述的标定程序，需要获得具有对应关系的空间点和图像点。为精确地确定这些点，常需要利用标定靶，其上有固定的标记点(参考点)图案。最常用的标定靶上有一系列规则排列的正方形图案(类似国际象棋棋盘)，这些正方形的顶点可作为标定的参考点。如果采用共平面参考点标定的算法，则标定靶对应一个平面；如果采用非共平面参考点标定的算法，则标定靶一般对应两个正交的平面。

2. 标定参数和步骤

如果考虑通用成像模型，则从客观场景到数字图像的成像变换一共包括 4 个步骤，如图 2.3.1 所示(对照图 2.2.13)。在这一系列步骤中，每步都有需标定的不同参数，具体为

第 1 步：需标定的参数是旋转矩阵 $\boldsymbol{R}$ 和平移矢量 $\boldsymbol{T}$；

第 2 步：需标定的参数是焦距 λ；

第 3 步：需标定的参数是镜头径向失真系数 k；

第 4 步：需标定的参数是不确定性图像尺度因子 μ。

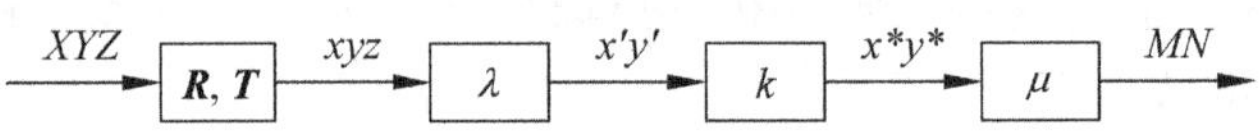

图 2.3.1　从 3-D 世界坐标到计算机图像坐标的 4 步变换和需标定的参数

图 2.3.1 中需标定的摄像机参数可分为摄像机自身参数(如焦距、镜头径向失真系数、不确定性图像尺度因子)和摄像机姿态参数(如摄像机位置和方向，或平移、**扫视角**和**倾斜角**)。一般称后者为外部参数(在摄像机外部)而前者为内部参数(在摄像机内部)。区分外部参数和内部参数的主要意义是：当用一个摄像机在不同位置和方向获取多幅图像时，摄像机的外部参数对各幅图像可能是不同的，但内部参数不变，所以移动摄像机后只需重新标定外部参数而不必再标定内部参数。

(1) 外部参数

图 2.3.1 中第 1 步是从 3-D 世界坐标系统变换到其中心在摄像机光学中心的 3-D 坐标系统，需标定 $\boldsymbol{R}$ 和 $\boldsymbol{T}$。式(2.2.28)中的矩阵 $\boldsymbol{R}$ 一共有 9 个元素，但实际上只有 3 个自由

度，可借助刚体转动的3个欧拉角来表示。如图2.3.2（这里视线逆X轴）所示，其中XY平面和xy平面的交线AB称为节线，AB和x轴间的夹角θ是一个欧拉角，称为**自转角**（也称**偏转角**），这是绕z轴旋转的角；AB和X轴间的夹角ψ是另一个欧拉角，称为进动角（也称**倾斜角**），这是绕Z轴旋转的角；Z和z轴间的夹角ϕ是第三个欧拉角，称为章动角（也称**俯仰角**），这是绕节线旋转的角。

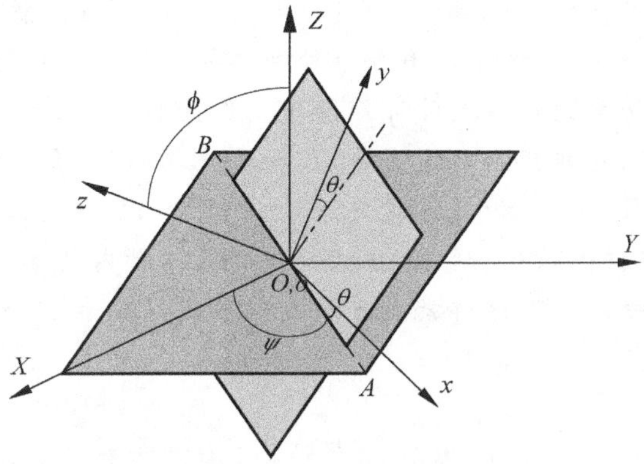

图2.3.2　欧拉角示意图

利用欧拉角可将旋转矩阵表示成θ，ϕ和ψ的函数如下：

$$\boldsymbol{R}=\begin{bmatrix}\cos\psi\cos\theta & \sin\psi\cos\theta & -\sin\theta\\ -\sin\psi\cos\phi+\cos\psi\sin\theta\sin\phi & \cos\psi\cos\phi+\sin\psi\sin\theta\sin\phi & \cos\theta\sin\phi\\ \sin\psi\sin\phi+\cos\psi\sin\theta\cos\phi & -\cos\psi\sin\phi+\sin\psi\sin\theta\cos\varphi & \cos\theta\cos\phi\end{bmatrix}\quad(2.3.7)$$

这样，共有6个独立的外部参数，即$\boldsymbol{R}$中的3个欧拉角θ，ϕ，ψ和$\boldsymbol{T}$中的3个元素T_x，T_y，T_z。

（2）内部参数

图2.3.1中的后三步是从摄像机坐标系统中的3-D坐标变换到计算机图像坐标系统中的2-D坐标。这里一共有5个内部参数需标定：焦距λ，镜头失真系数k，不确定性图像尺度因子μ，图像平面原点的计算机图像坐标O_m和O_n。

例2.3.1　摄像机标定中的内外参数

另一种描述摄像机标定中内外参数的方式如下。将一个完整的摄像机标定变换矩阵$\boldsymbol{C}$分解为内部参数矩阵$\boldsymbol{C}_\mathrm{i}$和外部参数矩阵$\boldsymbol{C}_\mathrm{e}$的乘积：

$$\boldsymbol{C}=\boldsymbol{C}_\mathrm{i}\boldsymbol{C}_\mathrm{e}\quad(2.3.8)$$

$\boldsymbol{C}_\mathrm{i}$在通用情况下是一个4×4的矩阵，但一般可简化成一个3×3的矩阵：

$$\boldsymbol{C}_\mathrm{i}=\begin{bmatrix}S_x & J_x & T_x\\ J_y & S_y & T_y\\ 0 & 0 & 1/\lambda\end{bmatrix}\quad(2.3.9)$$

其中，S_x和S_y分别为沿X轴和Y轴的缩放系数；J_x和J_y分别为沿X轴和Y轴的剪切（偏斜）系数（源自实际摄像机光轴的非严格正交性，反映在图像上就是像素的行和列并没有形成严格的90°）；T_x和T_y分别为沿X轴和Y轴的平移系数（帮助将摄像机的投影中心移到合适的位置）；λ为镜头的焦距。

$\boldsymbol{C}_{\mathrm{e}}$的通用形式也是一个 4×4 的矩阵，可写成

$$\boldsymbol{C}_{\mathrm{e}}=\begin{bmatrix}\boldsymbol{R}_1 & \boldsymbol{R}_1\cdot\boldsymbol{T}\\ \boldsymbol{R}_2 & \boldsymbol{R}_2\cdot\boldsymbol{T}\\ \boldsymbol{R}_3 & \boldsymbol{R}_3\cdot\boldsymbol{T}\\ \boldsymbol{0} & 1\end{bmatrix} \tag{2.3.10}$$

其中 $\boldsymbol{R}_1,\boldsymbol{R}_2,\boldsymbol{R}_3$ 分别为 3×3 旋转矩阵（只有 3 个自由度）的 3 行矢量，$\boldsymbol{T}$ 为 3-D 的平移矢量。

由此可见，$\boldsymbol{C}_{\mathrm{i}}$有 6 个内部参数而 $\boldsymbol{C}_{\mathrm{e}}$有 6 个外部参数。但注意到两个矩阵都有旋转参数，所以可将内部矩阵的旋转参数归入到外部矩阵中。因为旋转是缩放和剪切的组合（参见上册 2.1.2 小节），将旋转从内部矩阵中除去后，J_x和 J_y就相同了（$J_x=J_y=J$），所以内部矩阵中只有 5 个参数，即 S_x,S_y,J,T_x和 T_y。这样一来，一共有 11 个校正参数，与其他方法一致。在特殊情况下，如果摄像机很精确，则 $J=0$，且 $S_x=S_y$，此时内部参数只有 3 个。进一步，如果将摄像机对齐，则 $T_x=T_y=0$，这样就剩 1 个内部参数，即 $S=S_x=S_y$，或 $S\lambda$。 □

2.3.2 两级标定法

根据前面的讨论，可采用两级（先外部参数，后内部参数）的方法对摄像机进行标定[Tsai 1987]。该方法已广泛应用于工业视觉系统，对 3-D 测量的精度最好可达 1/4000。标定可分两种情况。如果 μ 已知，标定时只需用到一幅含有一组共面基准点的图像。此时第 1 步计算 $\boldsymbol{R}$ 和 T_x与 T_y，第 2 步计算 λ,k,T_z。这里因为 k 是镜头的径向失真系数，所以对 $\boldsymbol{R}$ 的计算可不考虑 k。同样，对 T_x和 T_y的计算也可不考虑 k，但对 T_z的计算需考虑 k（T_z变化带来的对图像影响与 k 的影响类似），所以放在第 2 步。另外如果 μ 未知，标定时需用一幅含有一组不共面基准点的图像。此时第 1 步计算 $\boldsymbol{R}$ 和 T_x与 T_y以及 μ，第 2 步仍是计算 λ，k,T_z。

下面讨论具体标定方法。先计算一组参数 $s_i(i=1,2,3,4,5)$，或 $\boldsymbol{s}=[s_1\ s_2\ s_3\ s_4\ s_5]^{\mathrm{T}}$，借助这组参数可进一步算出摄像机的外部参数。设给定 M 个（$M\geqslant5$）已知其世界坐标（X_i，Y_i,Z_i）和它们对应像平面坐标（x_i,y_i）的点，$i=1,2,\cdots,M$，可构建一个矩阵 $\boldsymbol{A}$，其中的行 $\boldsymbol{a}_i$ 可表示为

$$\boldsymbol{a}_i=[y_iX_i\quad y_iY_i\quad -x_iX_i\quad -x_iY_i\quad y_i] \tag{2.3.11}$$

再设 s_i 与旋转参数 r_1,r_2,r_4,r_5 和平移参数 T_x,T_y有如下联系：

$$\boldsymbol{s}=[r_1/T_y\quad r_2/T_y\quad r_4/T_y\quad r_5/T_y\quad T_x/T_y]^{\mathrm{T}} \tag{2.3.12}$$

设矢量 $\boldsymbol{u}=[x_1\quad x_2\quad\cdots\quad x_M]^{\mathrm{T}}$，则由线性方程组

$$\boldsymbol{A}\boldsymbol{s}=\boldsymbol{u} \tag{2.3.13}$$

可解出 $\boldsymbol{s}$。然后可根据下列步骤计算各个旋转和平移参数：

(1) 设 $S=s_1^2+s_2^2+s_3^2+s_4^2$，计算

$$T_y^2=\begin{cases}\dfrac{S-[S^2-4(s_1s_4-s_2s_3)^2]^{1/2}}{2(s_1s_4-s_2s_3)^2} & (s_1s_4-s_2s_3)\neq0\\[2ex] \dfrac{1}{s_1^2+s_2^2} & s_1^2+s_2^2\neq0\\[2ex] \dfrac{1}{s_3^2+s_4^2} & s_3^2+s_4^2\neq0\end{cases} \tag{2.3.14}$$

(2) 设 $T_y=(T_y^2)^{1/2}$,即取正的平方根,计算

$$r_1 = s_1 T_y, \quad r_2 = s_2 T_y, \quad r_4 = s_3 T_y, \quad r_5 = s_4 T_y, \quad T_x = s_5 T_y \tag{2.3.15}$$

(3) 选一个世界坐标为(X,Y,Z)的空间点,要求其像平面坐标(x,y)与图像中心较远,计算

$$p_X = r_1 X + r_2 Y + T_x \tag{2.3.16}$$

$$p_Y = r_4 X + r_5 Y + T_y \tag{2.3.17}$$

这相当于将算得的旋转参数应用于点(X,Y,Z)的 X 和 Y。如果 p_X和 x 的符号一致,且 p_Y和 y 的符号一致,则说明 T_y已有正确的符号,否则对 T_y取负。

(4) 现在可计算其他旋转参数:

$$r_3 = (1 - r_1^2 - r_2^2)^{1/2}, \quad r_6 = (1 - r_4^2 - r_5^2)^{1/2}, \quad r_7 = \frac{1 - r_1^2 - r_2 r_4}{r_3}$$

$$r_8 = \frac{1 - r_2 r_4 - r_5^2}{r_6}, \quad r_9 = (1 - r_3 r_7 - r_6 r_8)^{1/2} \tag{2.3.18}$$

注意:如果 $r_1 r_4 + r_2 r_5$ 的符号为正,则 r_6要取负,而 r_7和 r_8的符号要在计算完焦距 λ 后调整。

(5) 建立另一组线性方程来计算焦距 λ 和 z 方向的平移参数 T_z。可先构建一个矩阵 $\boldsymbol{B}$,其中的行 $\boldsymbol{b}_i$ 可表示为

$$\boldsymbol{b}_i = \lfloor r_4 X_i + r_5 Y_i + T_y \quad y_i \rfloor \tag{2.3.19}$$

式中,$\lfloor \cdot \rfloor$表示向下取整(见中册 1.3.1 小节)。

设矢量 $\boldsymbol{v}$ 的行 v_i 可表示为

$$v_i = (r_7 X_i + r_8 Y_i) y_i \tag{2.3.20}$$

则由线性方程组

$$\boldsymbol{Bt} = \boldsymbol{v} \tag{2.3.21}$$

可解出 $\boldsymbol{t}=[\lambda \quad T_z]^{\mathrm{T}}$。注意这里得到的仅是对 $\boldsymbol{t}$ 的估计。

(6) 如果 $\lambda<0$,要使用右手坐标系统,需将 $r_3, r_6, r_7, r_8, \lambda$ 和 T_z取负。

(7) 利用对 $\boldsymbol{t}$ 的估计来计算镜头的径向失真 k,并改进对 λ 和 T_z的取值。这里使用由式(2.2.34)到式(2.2.38)表示的失真模型。利用包含失真的透视投影方程,可得到如下非线性方程:

$$\left\{ y_i(1 + kr^2) = \lambda \frac{r_4 X_i + r_5 Y_i + r_6 Z_i + T_y}{r_7 X_i + r_8 Y_i + r_9 Z_i + T_z} \right\} \quad i = 1,2,\cdots,M \tag{2.3.22}$$

用非线性回归方法求解上述方程即可得到 k,λ 和 T_z的值。

例 2.3.2 摄像机外部参数的标定示例

表 2.3.1 给出 5 个其世界坐标和它们对应的像平面坐标已知的基准点。

表 2.3.1 5 个基准点

i	X_i	Y_i	Z_i	x_i	y_i
1	0.00	5.00	0.00	−0.58	0.00
2	10.00	7.50	0.00	1.73	1.00
3	10.00	5.00	0.00	1.73	0.00
4	5.00	10.00	0.00	0.00	1.00
5	5.00	0.00	0.00	0.00	−1.00

由表 2.3.1 的数据和式(2.3.11),可得到矩阵 $\boldsymbol{A}$ 和矢量 $\boldsymbol{u}$

$$\boldsymbol{A}=\begin{bmatrix} 0.00 & 0.00 & 0.00 & 2.89 & 0.00 \\ 10.00 & 7.50 & -17.32 & -12.99 & 1.00 \\ 0.00 & 0.00 & -17.32 & -8.66 & 0.00 \\ 5.00 & 10.00 & 0.00 & 0.00 & 1.00 \\ -5.00 & 0.00 & 0.00 & 0.00 & -1.00 \end{bmatrix}$$

$$\boldsymbol{u}=[-0.58 \quad 1.73 \quad 1.73 \quad 0.00 \quad 0.00]^{\mathrm{T}}$$

解式(2.3.13),得

$$\boldsymbol{s}=[-0.17 \quad 0.00 \quad 0.00 \quad -0.20 \quad 0.87]^{\mathrm{T}}$$

其他计算步骤分别为

(1) 因为 $S=s_1^2+s_2^2+s_3^2+s_4^2=0.07$,所以,由式(2.3.14)得 $T_y^2=\{S-[S^2-4(s_1s_4-s_2s_3)^2]^{1/2}\}/\{2(s_1s_4-s_2s_3)^2\}=25$。

(2) 取 $T_y=5$,分别得到 $r_1=s_1T_y=-0.87$,$r_2=s_2T_y=0$,$r_4=s_3T_y=0$,$r_5=s_4T_y=-1.0$,$T_x=s_5T_y=4.33$。

(3) 选取与图像中心距离最远的世界坐标点,即(10.0,7.5,0.0)的点,其像平面坐标为(1.73,1.0),计算得 $p_X=r_1X+r_2Y+T_x=-4.33$,$p_Y=r_4X+r_5Y+T_y=-2.5$。由于 p_X 和 p_Y 的符号与 x 和 y 的符号不一致,对 T_y 取负,再回到步骤(2),得到 $r_1=s_1T_y=0.87$,$r_2=s_2T_y=0$,$r_4=s_3T_y=0$,$r_5=s_4T_y=1.0$,$T_x=s_5T_y=-4.33$。

(4) 计算其他参数,得 $r_3=(1-r_1^2-r_2^2)^{1/2}=0.0$,$r_6=(1-r_4^2-r_5^2)^{1/2}=0.0$,$r_7=(1-r_1^2-r_2r_4)/r_3=0.5$,$r_8=(1-r_2r_4-r_5^2)/r_6=0.0$,$r_9=(1-r_3r_7-r_6r_8)^{1/2}=0.87$。因为 $r_1r_4+r_2r_5=0$,不为正,所以 r_6 不需取负。

(5) 现在建立第 2 组线性方程,由式(2.3.19)和式(2.3.20)得到矩阵 $\boldsymbol{B}$ 和矢量 $\boldsymbol{v}$:

$$\boldsymbol{B}=\begin{bmatrix} 0.00 & 2.50 & 0.00 & 5.00 & -5.00 \\ 0.00 & -1.00 & 0.00 & -1.00 & 1.00 \end{bmatrix}^{\mathrm{T}}$$

$$\boldsymbol{v}=[0.00 \quad 5.00 \quad 0.00 \quad 2.50 \quad -2.50]^{\mathrm{T}}$$

解线性方程组式(2.3.21),得 $\boldsymbol{t}=[\lambda \quad T_z]^{\mathrm{T}}=[-1.0 \quad -7.5]^{\mathrm{T}}$。

(6) 由于 λ 为负,表明不是右手坐标系统。为反转 Z 坐标轴,需将 r_3,r_6,r_7,r_8,λ 和 T_z 取负,这样最后得到 $\lambda=1$,及

$$\boldsymbol{R}=\begin{bmatrix} 0.87 & 0.00 & -0.50 \\ 0.00 & 1.00 & 0.00 \\ -0.50 & 0.00 & 0.87 \end{bmatrix}$$

$$\boldsymbol{T}=[-4.33 \quad -5.00 \quad 7.50]^{\mathrm{T}}$$

(7) 该例没有考虑镜头的径向失真 k,所以上述结果即为最终结果。 □

2.4 亮度成像

图像可看作亮度在平面上的一种分布,这种分布与成像的 3-D 客观世界的性质有关。亮度成像的过程是光源的亮度转化为景物的照度,而景物的照度又转化为图像的灰度。直观地说,场景越亮则图像也越亮,它们之间的关系可借助光度学的一些概念来描述。

2.4.1 光度学和光源

光是一种电磁辐射，而研究各种电磁辐射强弱和度量的学科称**辐射度学**，**光度学**可看作是辐射度学的一个特殊分支。光度学主要研究可见光的强弱和度量。

1. 电磁辐射频谱

电磁辐射的频谱如图 2.4.1 所示，从 γ 射线到无线电波覆盖很大的波长范围(约 10^{13})。其中，光学谱段一般是指包括从波长为 10nm 左右的远紫外光到波长为 0.1cm 的远红外光的范围。波长小于 10nm 的是伽马射线、X 射线。而波长大于 0.1cm 的则属于微波和无线电波。在光学谱段内，又可以按照波长分为远紫外光、近紫外光、可见光、近红外光、中红外光、远红外光和极远红外光。可见光谱段，即辐射能对人眼产生目视刺激而形成光亮感的谱段，一般是指波长为 0.38～0.76μm。对使人眼产生总的目视刺激的度量是光度学的研究范畴。

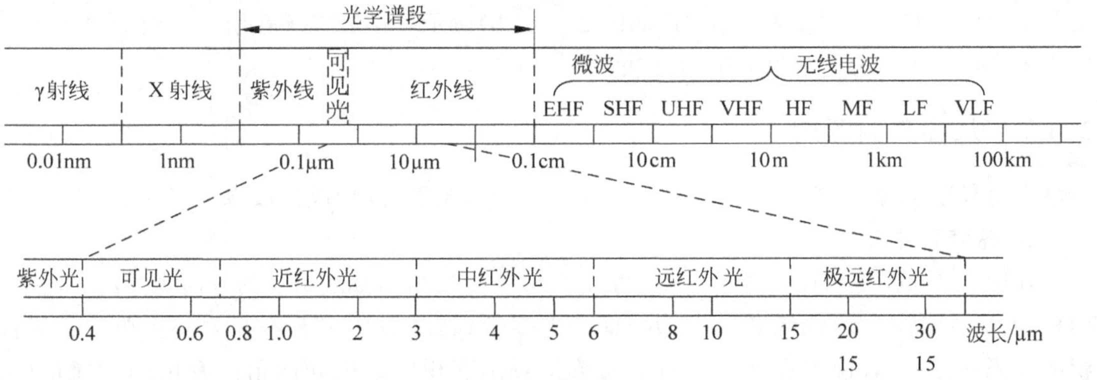

图 2.4.1 电磁辐射频谱(E：极；S：超；U：特；V：甚；H：高；M：中；L：低；F：频率)

辐射度量学中一个最基本的量是**辐射通量**，或者说辐射功率或辐射量，单位是 W(瓦)。在光度学中，使用**光通量**表示光辐射的功率或光辐射量，其单位是 lm(流明)。需要指出，对光通量的量度常需要将光辐射量用反映人眼光谱响应的特性进行加权以得到对眼睛有效的数量。对光的度量是用具有"标准人眼"视觉响应的探测器对辐射能的度量。事实上，这里除了要考虑对光辐射能的客观物理量的度量外，还应考虑人眼视觉机理的生理和感觉印象等心理因素。

2. 点光源和扩展光源

当光源的线度足够小，或距离观察者足够远，以至于眼睛无法分辨其形状时，可称为**点光源**。点光源 Q 沿某个方向 r 的**发光强度** I 定义为沿此方向上单位立体角内发出的光通量，如图 2.4.2(a)所示。其中**立体角**是从一点(称为立体角的顶点)出发通过一条闭合曲线上所有点的射线围成的空间部分，所以立体角表示由顶点看闭合曲线时的视角。具体可以取一立体角在以其顶点为球心所做的球面上截出的部分面积与球面半径的平方之比作为对该立体角的度量。立体角的单位是球面度，记为 sr。一个球面度对应在球面上所截取的面积等于以球半径为边长的正方形面积时的立体角。

根据图 2.4.2(a)，如果以 r 为轴，取一个立体角元 $\mathrm{d}\Omega$，设 $\mathrm{d}\Omega$ 内的光通量为 $\mathrm{d}\Phi$，则点光

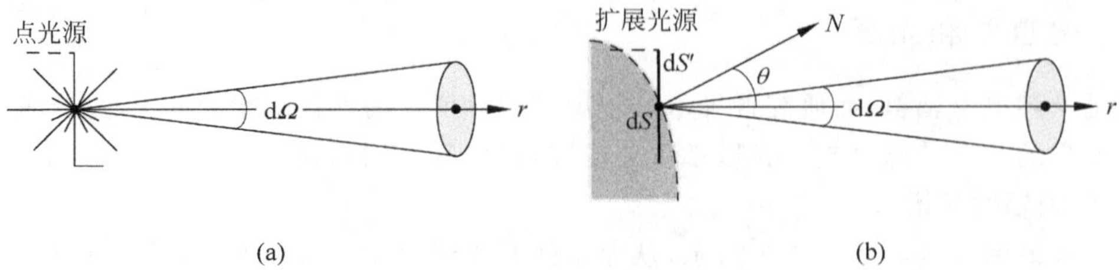

图 2.4.2 点光源和扩展光源

源在沿 r 方向的发光强度为

$$I = \frac{\mathrm{d}\Phi}{\mathrm{d}\Omega} \tag{2.4.1}$$

发光强度的单位为 cd(坎[德拉]),1cd=1lm/sr。

实际中的光源总有一定的发光面积,可称为**扩展光源**。扩展光源表面的每块面元 dS 沿某个方向 r 有一定的发光强度 dI,如图 2.4.2(b)所示。扩展光源在沿 r 方向的总发光强度为各个面元沿 r 方向的发光强度之和。

2.4.2 从亮度到照度

在对景物成像时,光源的亮度会转化为对景物的照度,景物成为成像的光源。

1. 亮度和照度

在图 2.4.2(b)中,设 r 与面元 dS 的法线 $\boldsymbol{N}$ 的夹角为 θ,如迎着 r 的方向观察时,其投影面积为 $\mathrm{d}S'=\mathrm{d}S\cos\theta$。面元 d$S$ 沿 r 方向的(光度学)**亮度** B 定义为在 r 方向上单位投影面积的发光强度,或者说 B 是在 r 方向上的单位投影面积在单位立体角内发出的光通量(对光源也常用**辐射亮度**来指其亮度,对应发射功率):

$$B \equiv \frac{\mathrm{d}I}{\mathrm{d}S'} \equiv \frac{\mathrm{d}I}{\mathrm{d}S\ \cos\theta} \equiv \frac{\mathrm{d}\Phi}{\mathrm{d}\Omega\ \mathrm{d}S\ \cos\theta} \tag{2.4.2}$$

亮度的单位为 cd/m^2(坎[德拉]每平方米)。

一个被光线照射的表面上的**照度**定义为照射在单位面积上的光通量(从辐射学的角度也称**辐照度**,是单位面积的入射功率)。设面元 dS 上的光通量为 dΦ,则此面元上的照度 E 为

$$E = \frac{\mathrm{d}\Phi}{\mathrm{d}S} \tag{2.4.3}$$

照度的单位为 lx(勒[克斯],也有用 lux 的),1lx=1lm/m^2。

例 2.4.1 常见光源亮度和实际景物照度示例

为建立一些数值概念,表 2.4.1 给出一些常见光源和景物的亮度数值和它们所处的视觉分区[Aumont 1994]。这里危险视觉区指其中的亮度值对人眼会有伤害;在**适亮视觉区**对应的亮度下,人眼中的锥细胞会对光辐射产生响应,使人感知到各种颜色;在**适暗视觉区**对应的亮度下,人眼中只有柱细胞会对光辐射产生响应,人不会产生颜色感受。

表 2.4.1　一些日常所见光源和景物的亮度　　cd/m^2

亮度	分　区	示　例	亮度	分　区	示　例
10^{10}		通过大气看到的太阳	10		
10^{9}	危险视觉区	电弧光	1		
10^{8}			10^{-1}		
10^{7}			10^{-2}		月光下的白纸
10^{6}		钨丝白炽灯的灯丝	10^{-3}		
10^{5}		影院屏幕	10^{-4}	适暗视觉区	没有月亮的夜空
10^{4}	适亮视觉区	阳光下的白纸	10^{-5}		
10^{3}		月光/蜡烛的火焰	10^{-6}		绝对感知阈值
10^{2}		可阅读的打印纸			

表 2.4.2 给出一些实际情况下景物的照度数值。

表 2.4.2　一些实际情况下的照度

实 际 情 况	照度/lx
无月夜的天光照在地面上	约 3×10^{-4}
接近天顶的满月照在地面上	约 0.2
办公室工作所必需的照度	20～100
晴朗夏日在采光良好的室内	100～500
夏天太阳不直接照到的露天地面上	$10^3\sim10^4$

□

2. 对亮度和照度的讨论

亮度和照度既有一定的联系，也有明显的区别。照度是对具有一定强度的光源照射场景的辐射量的量度，而亮度则是在有照度基础上对观察者所感受到的光强的量度。在真空中，沿辐射直线方向的亮度是常数。照度值要受到从光源到物体表面距离的影响，而亮度则与从物体表面到观察者的距离无关。一般对实际景物讨论它所受到的照度，而对光源则讨论其发出的亮度。当对实际景物成像时常将其看作光源。

像亮度与光源上每个面元发出的总光通量中有多少进入观察器有关，可表示为

$$L' = k\left(\frac{n'}{n}\right)^2 L \tag{2.4.4}$$

其中，L'为像亮度，L 为物亮度，n'和 n 分别为像空间和物空间的折射率，k 为透射率。当 $n'=n$ 时，如果忽略光的损失(即 $k\approx1$)，则像亮度近似等于物亮度，并与物像间的相对位置和成像系统的放大率无关。

像照度决定了使成像物(如底片)感光的总光通量。在光点距光轴很近时，有

$$E = \frac{k\pi L u_o^2}{V^2} \tag{2.4.5}$$

其中，k 和 L 同上，u_o为入射孔径角，V 为横向放大率。在像距远大于焦距的情况下，像照度与横向放大率平方成反比，例如投影仪会使像在放大的同时变暗。在物距远大于焦距的情况下，像照度基本保持不变，如用摄像机拍摄远近不同的目标时，只要物亮度相同，感光面的感光程度是一样的(未考虑大气衰减因素)。

例 2.4.2 摄像机的脉冲响应

摄像机的脉冲响应通常模型化为

$$h(x,y,t)=\begin{cases}\dfrac{1}{T_xT_yT_e} & |x|<\dfrac{T_x}{2},|y|<\dfrac{T_y}{2},t\in(0,T_e)\\ 0 & \text{其他}\end{cases} \tag{2.4.6}$$

其中，T_x 和 T_y 分别为摄像机光圈的水平和垂直尺寸，T_e 为曝光时间。

脉冲响应 $h(x,y,t)$ 的连续空间傅里叶变换(CSFT)为

$$H(f_x,f_y,f_t)=\frac{\sin(\pi f_xT_x)}{\pi f_xT_x}\frac{\sin(\pi f_yT_y)}{\pi f_yT_y}\frac{\sin(\pi f_tT_e)}{\pi f_tT_e}\exp(-\mathrm{j}\pi f_tT_e) \tag{2.4.7}$$

假设上述摄像机拍摄一个屏幕，其上有一个各个边的宽度为 W 且与摄像机成像平面平行运动(速度为 v_x)的立方体。此时，投影在摄像机成像平面上的图像可表示为

$$f(x,y,t)=\begin{cases}1 & -W/2+v_xt<x<W/2+v_xt,-W/2<y<W/2\\ 0 & \text{其他}\end{cases} \tag{2.4.8}$$

假设 $W\gg T_x$，$W\gg T_y$，则投影图像的连续空间傅里叶变换(CSFT)是

$$F(f_x,f_y,f_t)=W^2\frac{\sin(\pi f_xW)}{\pi f_xW}\frac{\sin(\pi f_yW)}{\pi f_yW}\delta(f_t+f_xv_x) \tag{2.4.9}$$

摄取信号的连续空间傅里叶变换(CSFT)是

$$\begin{aligned}F_e(f_x,f_y,f_t)&=F(f_x,f_y,f_t)H(f_x,f_y,f_t)\\&=W^2\frac{\sin(\pi f_xW)}{\pi f_xW}\frac{\sin(\pi f_yW)}{\pi f_yW}\frac{\sin(\pi f_xT_x)}{\pi f_xT_x}\frac{\sin(\pi f_yT_y)}{\pi f_yT_y}\frac{\sin(\pi f_tT_e)}{\pi f_tT_e}\\&\quad\exp(\mathrm{j}\pi f_xv_xT_e)\delta(f_t+f_xv_x)\end{aligned} \tag{2.4.10}$$

感觉上，摄取到的立方体图像是一个水平运动的模糊方块。 □

3. 均匀照度

实际中的景物及其表面都是有一定尺寸的。当使用不同的光源时，景物上不同位置的照度有可能不同。为在景物表面获得均匀的照度区域，需要采取一定的措施来安放光源。

先考虑使用单个点光源的情况。如图 2.4.3，光源在物体上高度 h 处，水平偏移为 a，与物体实际距离是 d，入射角为 i(表面法线方向 $\boldsymbol{n}$ 与光源方向 $\boldsymbol{s}$ 间的夹角)。

考虑到辐射随距离平方衰减，则景物上一点的照度为(k 为常数因子)：

$$E=k\frac{\cos i}{d^2}=\frac{kh}{d^3} \tag{2.4.11}$$

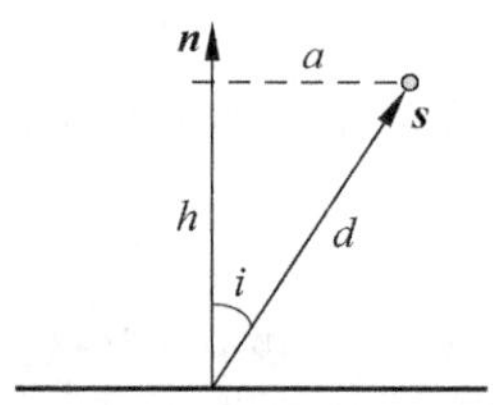

图 2.4.3 单个点光源照明的几何

式(2.4.11)表明，单个点光源的照明将导致景物表面产生非均匀的照度区域。如果对称地安置两个点光源，就有可能在连线上获得比较均匀的照度。参见图 2.4.4，其中图(a)表示对称地安置两个点光源；图(b)中实曲线表示两个光源各自产生的强度曲线，虚线表示联合的强度值；图(c)表示将两个光源稍微拉远一些而得到的强度曲线。这里图(b)对应消除二阶项后只剩下四阶或更高阶项的情况。图(c)代表把两个光源间距离适当加大，但仍在强度波动的允许范围中，从而使可用的(比较均匀)照度范围尽可能大的情况。

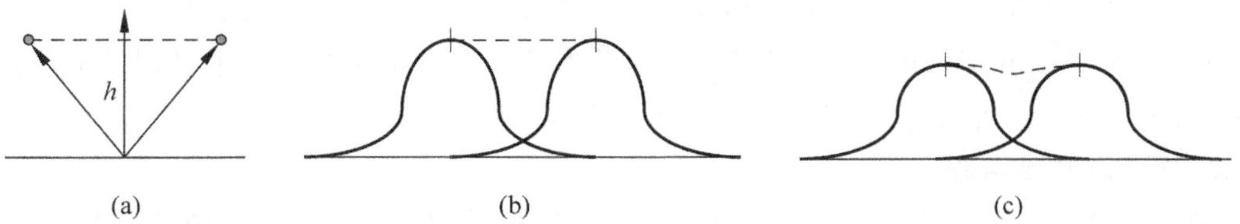

图 2.4.4 对称布置两个点光源照明的几何

如果将图 2.4.4 中的点光源换成条状光源(条与纸面平行),则所获得的均匀照度的区域为细长矩形,如图 2.4.5(a)所示。如果实际中需要长宽比为一的照度区域,而不是细长的照度区域,则可采用图 2.4.5(b)所示的由四个条状光源两两平行且互相正交的布置,所得到的均匀照度区域为正方形。图 2.4.5(c)所示为用圆环形光源所得到的圆形均匀照度区域。

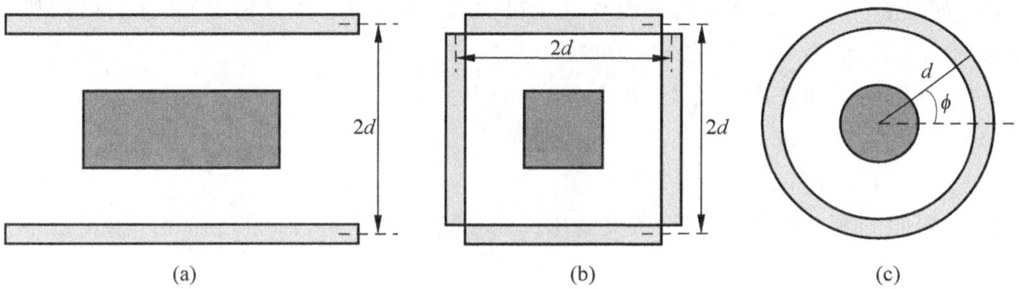

图 2.4.5 为获得均匀照度区域的几种光源分布

总结和复习

为更好地学习,下面对各小节给予概括小结并进一步提供一些参考资料;另外给出一些思考题和练习题以帮助复习(文后对加星号的题目还提供了解答)。

1. 各节小结和文献介绍

2.1 节概括介绍了人类视觉过程中的 3 个顺序的子过程。图像采集主要对应前两个子过程,与第 3 个子过程对应的内容除在上册和中册已介绍的外将在后面章节介绍。

2.2 节介绍了各种摄像机成像模型。有关正交投影变换的方法以及对透视投影变换的深入讨论还可见[Hartley 2004]。文献[Davies 2005]中对弱透视投影和**完全透视投影**进行了仔细对比。

另外,实际图像采集中还要考虑采集装置的其他性能,对一些摄像机性能指标的介绍可参见文献[章 2000b],对监控摄像机主要技术指标的详细讨论可参见[雷 2004]。

2.3 节介绍了一种典型的摄像机标定方法,进一步的细节可见[Tsai 1987]。摄像机标定的精度对立体视觉系统的性能有很大的影响[Zhao 1996]。对不确定图像尺度因子 μ 的标定可参见[Lenz 1988]。对摄像机镜头非线性畸变校正方法的一个综述可见[杨 2005]。另外,对摄像机也常采用自标定的方法,如[孟 2003]。一个对车载摄像机的立体标定方法可见[谭 2013]。

2.4 节讨论了光度学的几个基本概念。一些有关光度学名词的规范译文见[物 1996]。需要注意区分亮度和照度的概念。另外，心理学中与亮度密切相关的一个名词是主观亮度，可参见附录。有关视觉心理方面的详细内容可参考[郝 1983]。

2. 思考题和练习题

2-1 计算：空间点(3,2,1)经 $\lambda=0.5$ 的镜头透视后的摄像机坐标和图像平面坐标。

2-2 解释为什么逆投影变换不能将图像平面上的一个点唯一地映射到世界坐标系中的一个 3-D 点上去。讨论满足什么条件时这种映射为可能。

***2-3** 假设一个摄像机的焦距为 $\lambda=10\text{mm}$，成像面积为 30mm×30mm，图像分辨率为 512×512 像素。

(1) 确定一个 3-D 空间中的点(X,Y,Z)在图像上的投影点位置；

(2) 为了使投影点的位置移动一个像素，该点需要在 Z 方向上移动多少距离？

(3) 如果将一个 1m×1m 的平板垂直于摄像机光轴(中心在光轴上)放在与摄像机中心的距离为 2m 处，给出上两个问题的数值解。

2-4 确定使下列齐次直线 $\boldsymbol{L}_1$ 和 $\boldsymbol{L}_2$ 相交的点：

(1) $\boldsymbol{L}_1=[3,1,1]$，$\boldsymbol{L}_2=[-1,0,1]$；

(2) $\boldsymbol{L}_1=[1,0,1]$，$\boldsymbol{L}_2=[3,0,1]$。

***2-5** 参照图题 2-5，其中虚线条只是用以示意连接而不是目标的一部分，解释以下几种情况：

(1) 为什么使用弱透视投影对图题 2-5(a)的平面目标进行成像时会产生歧义？

(2) 为什么使用弱透视投影对图题 2-5(b)的平面目标进行成像时仍会产生歧义？

(3) 为什么使用弱透视投影对图题 2-5(c)进行成像时歧义就没有了？

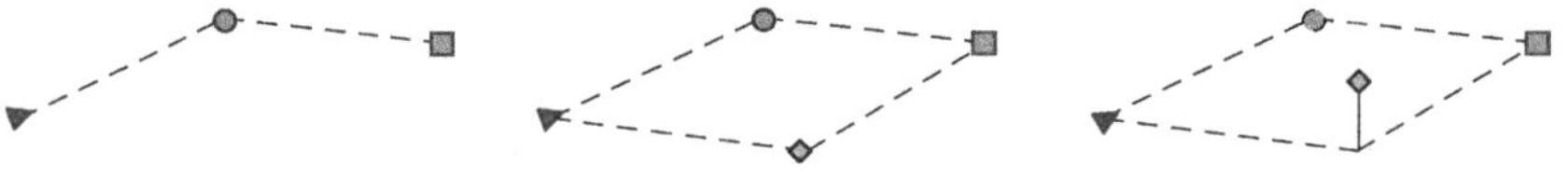

(a) (b) (c)

图题 2-5

2-6 使用弱透视投影时，当图像中的目标点不同时会出现姿态歧义(目标朝向)的问题。列出各种歧义情况，注意需要既考虑共面点也考虑非共面点，并明确在每种情况下如果目标点个数为无穷时仍各有几种歧义，举例说明之。

2-7 对一个球体分别进行透视投影、正交投影、弱透视投影和平行透视投影，所得结果有什么不同？如果将球体换成椭球体，有哪些情况需要分别讨论？

2-8 参考图 2.2.10，设摄像机的焦距为 0.1m，扫视角为 135°，倾斜角为 135°。设该摄像机在像平面上的分辨率是 0.001m，如在世界坐标系中点(1m,1m,1m)位置处放一矩形物体，该物体的高度(沿 Z 轴)和宽度至少要多么大才能被检测到？

2-9 利用例 2.3.1 中得到的旋转矩阵 $\boldsymbol{R}$ 和平移矩阵 $\boldsymbol{T}$，计算世界坐标系点(0,0,0)，(0,20,30)，(10,0,30)，(10,20,0)，(10,20,30)在像平面坐标系里的坐标，并画在坐标系中。

2-10 如果已知一个路灯的输出光通量为 1200lm，那么在距离它 60m 和 120m 处的亮度各是多少？

2-11 设有一个光通量为628lm的点光源，它的发光强度是多少？如果在距点光源1m的地方有一半径为2cm的圆平面，点光源发出的经过圆平面中心的光线与圆法线夹角为30°，圆平面表面的平均照度是多少？

2-12 列表，对比给出发光强度、亮度、照度、主观亮度的定义，影响因素、相互联系等。

第3章 压缩感知与成像

2006 年，Donoho 和 Candès 等提出一种新颖的信号采样和处理理论，即**压缩感知**（CS）理论[Donoho 2006]、[Candès 2006]。该理论将信号采样和压缩结合进行，提高了信号采集和信息处理能力，突破了奈奎斯特-香农采样定理的瓶颈，大大缓解了数据采集、存储、传输和分析的压力。

压缩感知理论指出，当信号在某个变换域里可压缩或稀疏时，通过采集少量的信号的非自适应线性投影值，构建数学重构模型并利用重构算法求解，可以较精确地重构原信号。简单地说，稀疏的或具有稀疏表达的有限维数的信号可以利用远少于奈奎斯特-香农采样数量的线性、非自适应的测量值而无失真地重建出来。

压缩感知的理论框架和研究内容主要涉及稀疏表达、测量编码和解码重构三方面，即用于稀疏表达（表示）的稀疏编码、用于测量编码的测量矩阵和用于重建信号的重构算法。首先，稀疏表达是压缩感知理论的先验/先决条件。其次，测量编码是压缩感知硬件实现的关键，但这里并非直接测量信号本身，而是经过测量矩阵将信号投影到低维空间，并保持信号原本的结构信息。最后，解码重构是压缩感知理论的核心，指利用尽量少的测量值，快速、鲁棒、精确地重构原信号。

根据上述的讨论，本章各节将安排如下。

3.1 节介绍压缩感知的整体流程，并引出 3 个关键处理步骤。另外，还对压缩感知与奈奎斯特-香农采样在流程和特性方面进行了对比。

3.2 节介绍对信号的稀疏表达，通过把信号变换到一个新的基或框架下，使其非零系数的个数远远少于原始信号的项数时，就可以实现压缩感知了。

3.3 节讨论测量编码模型，不仅介绍了针对本身稀疏信号的测量模型，还介绍了具有普适性的测量模型。另外，还对测量矩阵应满足的两个特性进行了分析。

3.4 节介绍了基本的重构模型，分析了无噪声和有噪声时重构稀疏信号的原理，并列举了几类典型的重构算法。

3.5 节讨论了曾与压缩感知并行发展，密切相关又互相影响的稀疏编码与字典学习问题。稀疏编码与信号的稀疏表达对应，而字典学习的目标就是要实现对信号的稀疏表达。

3.6 节列举两个压缩感知在成像应用方面的典型示例：一个是单像素相机的设计；另一个是利用压缩感知的磁共振成像。

3.1 压缩感知概述

压缩感知的整体流程框图可见图 3.1.1，其中第一行的 3 个方框分别代表压缩感知的 3 个关键处理步骤（每个方框的左面是输入，右边是输出），第二行的 3 个方框分别指示实现压缩感知要完成的3个工作(分别对应3个关键处理步骤)。

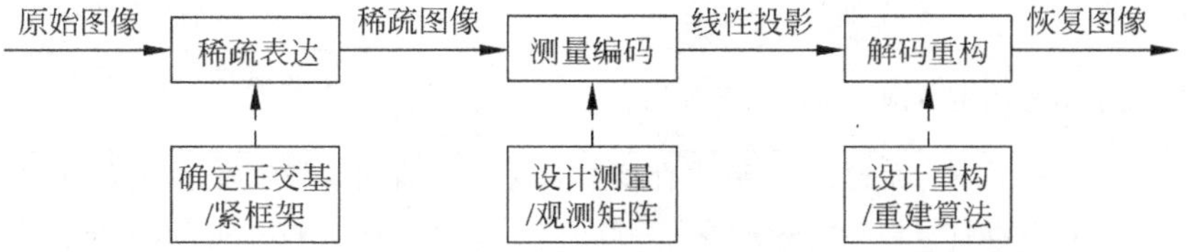

图 3.1.1　压缩感知流程

压缩感知有3个关键处理步骤:

(1) **稀疏表达**

判断信号是否具有稀疏性是实现压缩感知的前提。事实上,自然信号很少是真正稀疏的。当认为某个信号稀疏时,严格地说是指这个信号可以通过稀疏信号近似表达。这里的工作就是要找到对信号可压缩的某个正交基或紧框架(见下),从而可实现对信号的稀疏表达。从数学角度来说,是要构建稀疏变换矩阵,实现对多维数据进行线性分解的表达方法。

(2) **测量编码**

对信号采用一个与稀疏变换矩阵不相关(与稀疏变换的基不相关且平稳)的线性投影进行稀疏测量/观测,从而获得感知测量值。对感知测量值的表达常称为编码,所以统称测量编码。进行稀疏变换的测量矩阵是压缩感知理论能否成功实现的关键。这里对观测矩阵的设计不仅关系到压缩和采样过程的快慢,而且要保证对稀疏向量降维时重要信息不遭到破坏,从而提高恢复信号的准确性。

(3) **解码重构**

这是压缩感知模型求解的保证,也是压缩感知的核心部分。其含义是运用压缩测量的低维数据(感知测量值)精确地重构高维的原始信号。这里的工作是要设计快速的重构算法,从一个非常少的线性观测中恢复信号,重构算法的优劣决定了恢复信号的质量。

例 3.1.1　压缩感知与奈奎斯特-香农采样的对比

从信号处理的角度看,压缩感知与奈奎斯特-香农采样有很多区别。图3.1.2同时画出了它们的基本流程,左边为香农采样的流程,高速采样后压缩以减少数据量,在需要原始图像时对压缩结果进行解压;右边为压缩感知采样的流程,借助稀疏变换实现低速采样,利用观测矩阵实现投影降维,在需要原始信息时将图像重构出来。

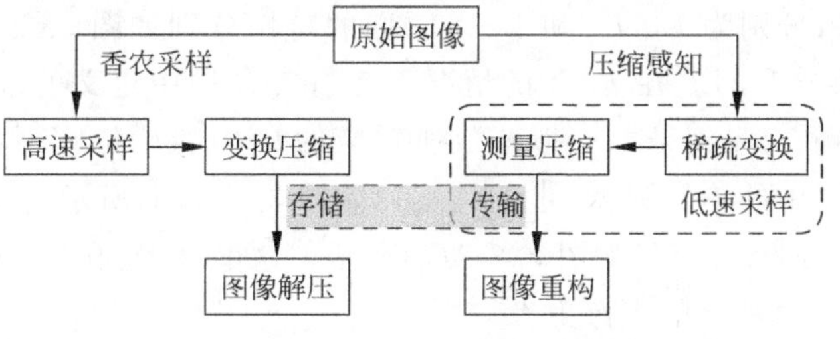

图 3.1.2　压缩感知与奈奎斯特-香农采样的流程对比

表3.1.1给出对压缩感知与奈奎斯特-香农采样在5个特性方面的对比情况。

表 3.1.1 压缩感知与奈奎斯特-香农采样的特性对比

特　　性	奈奎斯特-香农采样	压缩感知采样
必要条件	信号带宽有限：才可能无损恢复	信号具有稀疏性/可压缩性：才可能实现恢复
采样方式	直接采样：通过 Sinc 函数直接与目标信号进行内积来获取采样	非直接采样：通过采样/测量矩阵与目标信号进行乘积间接地获取采样/测量值
采样特点	均匀采样：用目标信号中最高频率 2 倍以上的采样率对目标信号进行等间隔采样	非均匀采样：用随机非均匀的采样方式借助非相关测量矩阵对目标信号进行采样/测量
采样个数	信号频率决定采样个数：采样率至少为目标信号中最高频率的 2 倍，以实现无失真采样	稀疏性决定采样个数：如果目标信号中仅有少量个非零信号，则只需用很少的采样/测量个数以恢复原始信号
从采样恢复信号	所采即所得：只需用 Sinc 函数插值就可直接重建原始信号	需要重建步骤：因没有直接对目标信号采样，所以需要(如利用基于 L_1 范数最小化的步骤)进行信号恢复工作

□

3.2 稀疏表达

对信号的稀疏表达是实现压缩感知的先决条件。需要指出的是，虽然自然信号都有一定的稀疏性，但很少有信号是真正稀疏的，直接满足压缩感知的要求。一般认为某个信号是稀疏的时候，是指这个信号可以通过稀疏信号来近似地表达。下面来具体讨论。

先复习、介绍和讨论一些预备知识。

1. 矢量空间

下面的讨论中将有限域中的离散信号看成分布在 N 维欧氏空间中的矢量，将这个空间记为$\mathbb{R}^N$。在$\mathbb{R}^N$中，范数是一个重要描述。矢量 $\boldsymbol{x}$ 的范数 $L_p(p \geqslant 1)$可定义如下：

$$\| \boldsymbol{x} \|_p = \begin{cases} \left(\sum_{i=1}^{N} | x_i |^p \right)^{1/p} & p \in [1, \infty) \\ \max | x_i | & p = \infty \end{cases} \quad i = 1, 2, \cdots, N \tag{3.2.1}$$

其中，$|S|$为集合 S 的基数，即集合 S 中元素的个数。

常用的几个范数分别为 L_1，L_2 和 L_∞。它们的特性分别如图 3.2.1(a)、(b)、(c)所示(可对比上册书中图 3.1.5)。在 $p<1$ 的情况下，式(3.2.1)中定义的范数已经无法满足三角不等式，所以它本质上是**拟范数**。拟范数所对应的$\mathbb{R}^2$中的单位圆不再是凸集。例如，拟范数 $L_{1/2}$所对应的$\mathbb{R}^2$中的单位圆$\{\boldsymbol{x}: \| \boldsymbol{x} \|_{1/2} = 1\}$如图 3.2.1(d)所示。又如，拟范数 L_0 所对应的$\mathbb{R}^2$中的单位圆$\{\boldsymbol{x}: \| \boldsymbol{x} \|_0 = 1\}$如图 3.2.1(e)所示。这里，拟范数 $\| \boldsymbol{x} \|_0 = |\mathrm{supp}(\boldsymbol{x})|$，其中 $\mathrm{supp}(\boldsymbol{x}) = \{i: x_i \neq 0\}$表示 $\boldsymbol{x}$ 的支撑集。

例 3.2.1 不同范数在描述逼近误差时的不同表现

可以采用范数来描述信号的强度或误差的大小。假设已知一个信号 $\boldsymbol{x} \in \mathbb{R}^2$，希望用一个 1-D 仿射空间 A 中的点来逼近它。如果采用 L_p范数来衡量这种逼近误差，那么任务就

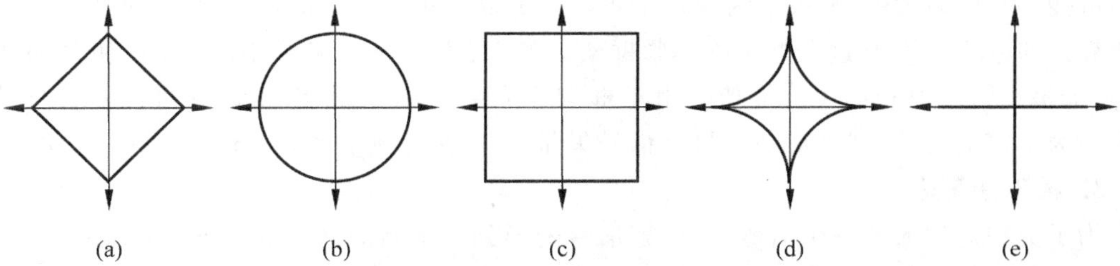

图 3.2.1 不同范数在$\mathbb{R}^2$中的单位圆

是找到 $\boldsymbol{x}'\in A$ 使得 $\|\boldsymbol{x}-\boldsymbol{x}'\|_p$ 最小。这里对参数 p 的选择很关键，不同的 p 值将使得逼近误差具有不同的特性和表现。为了找出在 A 中最接近 $\boldsymbol{x}$ 的点，可以想象一个以 $\boldsymbol{x}$ 为中心的 L_p 球不断地膨胀，它碰到 A 的点即为在 L_p 条件下最接近 $\boldsymbol{x}$ 的点 $\boldsymbol{x}'$。如图 3.2.2 所示，图(a)对应 L_1 范数，图(b)对应 L_2 范数，图(c)对应 L_∞ 范数，图(d)对应 $L_{1/2}$ 拟范数，图(e)对应 L_0 拟范数。

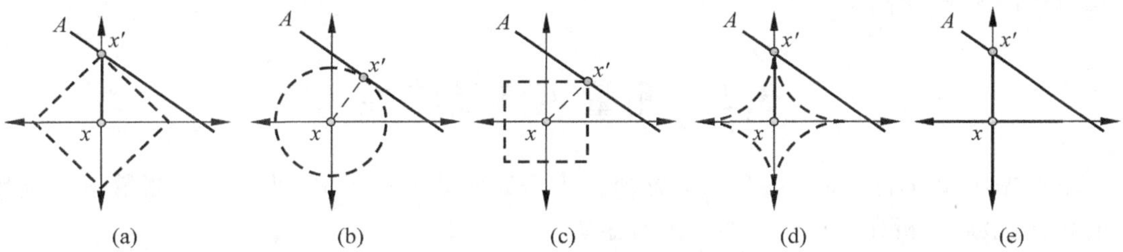

图 3.2.2 5 种 p 值的 L_p 在描述逼近误差时的不同表现

从图 3.2.2 可见，当 p 较大时，误差被均匀地扩散到 2-D 空间中(与 $\boldsymbol{x}$ 不在同一水平或垂直轴上)；当 p 较小时，这种误差的衡量方式将会有很大概率使所选择的 $\boldsymbol{x}'$ 与 $\boldsymbol{x}$ 位于同一水平或垂直轴上，即非对称地把误差缩小到 1-D 空间中(减少了一个维度)，从而促进稀疏特性的产生。 □

2. 基和框架

考虑矢量集 $\boldsymbol{\psi}=\{\psi_i\}$，$i=1,2,\cdots,N$，如果其中的矢量可以生成矢量空间 $V=\mathbb{R}^N$，而且矢量 ψ_i 之间是非线性相关的，则 $\boldsymbol{\psi}$ 可以称为有限维矢量空间 V 中的基。换句话说，在矢量空间 V 中的任一个矢量都可以通过 $\boldsymbol{\psi}$ 中矢量的线性组合唯一地表达，而且这种线性表达的系数可以通过使用信号和该矢量空间中基的内积来表示。

表示矢量集的符号也可用来表示矩阵，如 $\boldsymbol{\psi}$ 可表示由列向量 ψ_i 构成的矩阵，其大小为 $N\times N$。标准正交集就是一种特殊的基，定义为：矢量集 $\boldsymbol{\psi}=\{\psi_i\}$，其中所有矢量之间是正交的且每个基的范数都为单位 1，即 $\boldsymbol{\psi}^{\mathrm{T}}\boldsymbol{\psi}=\boldsymbol{I}$，$\boldsymbol{I}$ 表示 $N\times N$ 的单位矩阵。此时，对于任何属于该矢量空间中的矢量 $\boldsymbol{x}$，可以很容易地计算出在该标准正交集表示下的系数 $\boldsymbol{a}$，即 $\boldsymbol{a}=\boldsymbol{\psi}^{\mathrm{T}}\boldsymbol{x}$。

把基的概念推广到一些可能线性相关的矢量集就形成列**框架**，即矢量集 $\boldsymbol{\psi}=\{\psi_i\}_{i=1}^N$ 且 $\psi_i\in\mathbb{R}^d$，其中 $d<N$，相当于矩阵 $\boldsymbol{\psi}\in\mathbb{R}^{d\times N}$，对所有矢量 $\boldsymbol{x}\in\mathbb{R}^d$ 满足

$$L\|\boldsymbol{x}\|_2^2\leqslant\|\boldsymbol{\psi}^{\mathrm{T}}\boldsymbol{x}\|_2^2\leqslant R\|\boldsymbol{x}\|_2^2 \tag{3.2.2}$$

其中，$0<L\leqslant R<\infty$。

注意，$L>0$ 表示矩阵 $\boldsymbol{\psi}$ 中的行矢量一定是线性独立的。如果 L 被选为使这个不等式成

立的可能存在的最大值，R 被选为使这个不等式成立的可能存在的最小值，则把它们称为无框架界。如果 $L=R$，则这个框架称为紧框架。如果$\boldsymbol{\psi}$是一个有限维矩阵，则 L 和 R 分别对应$\boldsymbol{\psi}\boldsymbol{\psi}^{\mathrm{T}}$的最小特征值和最大特征值。由于框架具有一定的冗余性，所以它可以对目标数据提供更为丰富的表达，即针对一个目标信号矢量 $\boldsymbol{x}$，存在无数个系数矢量 $\boldsymbol{a}$，使得 $\boldsymbol{x}=\boldsymbol{\psi}\boldsymbol{a}$。

3. 稀疏性表达

为了更精炼地表达一个信号，可以把信号变换到一个新的基或框架下，当非零系数的个数远远少于原始信号的项数时，可以把这些少量的非零系数称为原始信号的稀疏性表达。

在压缩感知的理论体系中，稀疏信号模型可以确保高倍的压缩率。只要预先知道目标信号在已知的基或框架下具有稀疏性表达，就可以无失真地重建原始信号。在稀疏性表达中，常把基或框架称为**字典**或**过完备字典**，而把其中的矢量元素称为**原子**。

从数学的角度，当信号 $\boldsymbol{x}$ 中最多有 K 个非零的值时，称信号 $\boldsymbol{x}$ 是 K 稀疏的，即 $\|\boldsymbol{x}\|_0\leqslant K$，可以采用 $\Sigma_K=\{\boldsymbol{x}:\|\boldsymbol{x}\|_0\leqslant K\}$来表示所有 K 稀疏信号的集合。另外，对一些本身并不稀疏但在一些基矩阵$\boldsymbol{\psi}$中具有稀疏性表达的信号，这时只要 $\boldsymbol{x}=\boldsymbol{\psi}\boldsymbol{a}$，其中 $\|\boldsymbol{a}\|_0\leqslant K$，则仍可把这些信号看成 K 稀疏的。

3.3 测量矩阵及特性

下面先比较讨论传统方法和压缩感知方法是如何获取信号的，然后讨论测量矩阵应具有的特性，最后分析如何构建需要的测量矩阵。

3.3.1 采样/测量模型

根据传统的奈奎斯特-香农采样模型，对一个只包含 K 个非零值的信号 $\boldsymbol{x}\in\mathbb{R}^N$，需要采集 N 个值才能保证完全保持$\boldsymbol{x}$ 中的信息。具体的采样过程可用采样矩阵$\boldsymbol{\Phi}$与信号矢量 $\boldsymbol{x}$ 的相乘来表示，即

$$\boldsymbol{y}=\boldsymbol{\Phi}\boldsymbol{x} \tag{3.3.1}$$

这个采样过程可用图 3.3.1 来表示。此时，采样矩阵对应一个对角单位矩阵，它将原始信号逐一映射到采样值矢量 $\boldsymbol{y}$。需要注意，此时在 $K\ll N$ 的情况下，仍需使用 N 个采样值，这必然带来很大的浪费。

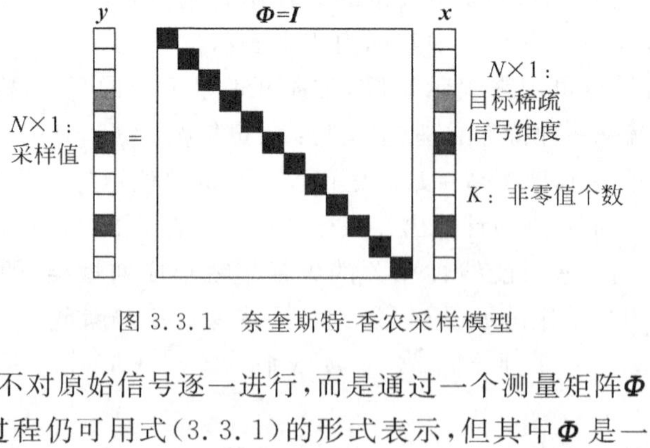

图 3.3.1　奈奎斯特-香农采样模型

压缩感知采样并不对原始信号逐一进行，而是通过一个测量矩阵$\boldsymbol{\Phi}$获取对 $\boldsymbol{x}$ 的 M 个线性观测/测量。这个过程仍可用式(3.3.1)的形式表示，但其中$\boldsymbol{\Phi}$是一个固定的 $M\times N$ 矩

阵，采样所得的测量值 $\boldsymbol{y}\in\mathbb{R}^M$。先假设信号 $\boldsymbol{x}$ 本身是稀疏的，则此时的测量模型如图 3.3.2 所示，其中$\boldsymbol{\Phi}$对应一个降维的投影操作，即把$\mathbb{R}^N$映射到$\mathbb{R}^M$中。一般有 $K<M\ll N$，即矩阵$\boldsymbol{\Phi}$的列数远多于行数。

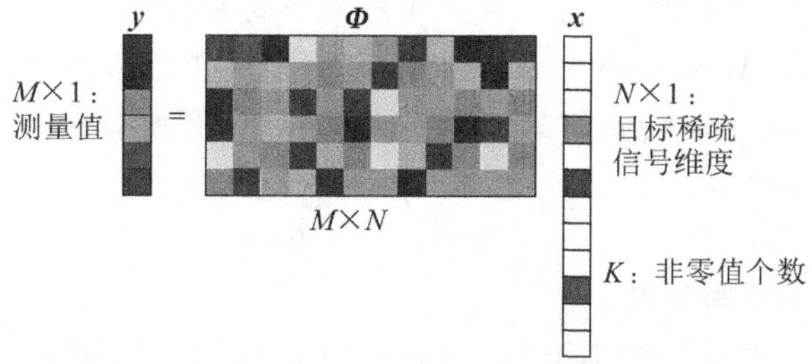

图 3.3.2　针对本身稀疏信号的测量模型

由前面对稀疏表达的讨论可知，对本身并不稀疏的信号，可通过将其变换到一个新的基或框架下而使其表现出稀疏特性（可理解为用变换挖掘出了信号的稀疏性），从而仍可构建压缩感知框架下的测量模型。换句话说，如果 $\boldsymbol{x}$ 本身不是稀疏信号，但在变换域$\boldsymbol{\Psi}$中体现出稀疏性，即 $\boldsymbol{x}=\boldsymbol{\Psi z}$，则将$\boldsymbol{\Phi}$和$\boldsymbol{\Psi}$合并，而测量过程仍可用式(3.3.1)的形式来表示。不过这种推广的、具有普适性的测量模型用图 3.3.3 来表示更为清晰。前面针对本身稀疏信号的测量模型对应$\boldsymbol{\Psi}=\boldsymbol{I}$ 的情况。

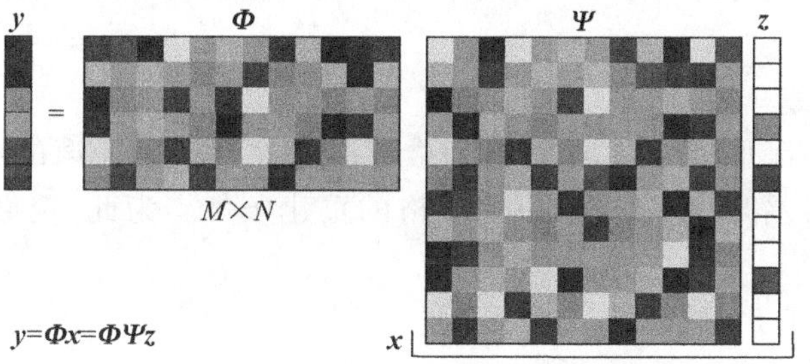

图 3.3.3　具有普适性的测量模型

3.3.2　测量矩阵特性

要实现压缩感知，测量矩阵应满足一定的特性[李 2015]。

1. 零空间及其特性

对一个矩阵$\boldsymbol{\Phi}:\mathbb{R}^N\rightarrow\mathbb{R}^M$，其零空间可定义为$\mathcal{N}(\boldsymbol{\Phi})$

$$\mathcal{N}(\boldsymbol{\Phi})=\{\boldsymbol{z}:\boldsymbol{\Phi z}=0\}\tag{3.3.2}$$

对任意稀疏信号 $\boldsymbol{x}$，如果希望基于测量值 $\boldsymbol{y}=\boldsymbol{\Phi x}$ 无失真地重建该稀疏信号 $\boldsymbol{x}$，则对任意两个矢量 $\boldsymbol{x}$ 和 $\boldsymbol{x}'\in\Sigma_K=\{\boldsymbol{z}:\|\boldsymbol{z}\|_0\leqslant K\}$，一定有$\boldsymbol{\Phi x}=\boldsymbol{\Phi x}'$，否则基于测量值 $\boldsymbol{y}$ 将无法区别 $\boldsymbol{x}$ 和 $\boldsymbol{x}'$。假设$\boldsymbol{\Phi x}=\boldsymbol{\Phi x}'$，则$\boldsymbol{\Phi}(\boldsymbol{x}-\boldsymbol{x}')=0$，其中 $\boldsymbol{x}-\boldsymbol{x}'=\boldsymbol{h}\in\Sigma_{2K}$。由此可见，用矩阵$\boldsymbol{\Phi}$可以唯一表达 $\boldsymbol{x}$ 的充分必要条件是$\boldsymbol{\Phi}$的零空间$\mathcal{N}(\boldsymbol{\Phi})$中不含有任何 Σ_{2K}中的元素，即$\mathcal{N}(\boldsymbol{\Phi})$与$\Sigma_{2K}$的交集是空集。

当要处理的是近似稀疏信号（其含有少数几个明显的非零元素，而其他元素则非常接近零，自然图像经小波变换后的系数就是这样的信号）时，需要对测量矩阵$\boldsymbol{\Phi}$的零空间引入一些更为严格的条件，以确保$\mathcal{N}(\boldsymbol{\Phi})$中不应包含稀疏的矢量，也不应包含可以压缩的近似稀疏的矢量。

现在假设$S\subset\{1,2,\cdots,N\}$是一个索引集的子集，$S^C=\{1,2,\cdots,N\}\backslash S$是其相应的补集，则矢量$\boldsymbol{x}_S$表示长度为$N$的矢量，且这个矢量中所有下标属于集合$S^C$的元素都被设为0。类似地，矩阵$\boldsymbol{\Phi}_S$表示长度为$M\times N$的矢量，且其所有下标属于集合$S^C$的列矢量都被设为零矢量。如果存在一个常数$C>0$，使得下式对所有$\boldsymbol{h}\in\mathcal{N}(\boldsymbol{\Phi})$和所有$|S|\leqslant K$的$S$都成立：

$$\|\boldsymbol{h}_S\|\leqslant C\frac{\|\boldsymbol{h}_{S^C}\|_1}{\sqrt{K}} \tag{3.3.3}$$

则称矩阵$\boldsymbol{\Phi}$满足K阶**零空间特性**。

现在用Δ: $\mathbb{R}^M\to\mathbb{R}^N$表示一种基于信号稀疏性的重建算法，即基于$M$个测量值重建出原始$N$个目标信号的算法，而且$M\ll N$。对于所有的$\boldsymbol{x}$，可以要求该算法确保下式成立：

$$\|\Delta(\boldsymbol{\Phi x})-\boldsymbol{x}\|_2\leqslant C\frac{\sigma_K(\boldsymbol{x})_p}{\sqrt{K}}\quad p=1 \tag{3.3.4}$$

其中，$\sigma_K(\boldsymbol{x})_p=\min\|\boldsymbol{x}-\boldsymbol{x}'\|_p$，表示去除矢量$\boldsymbol{x}$的$K$个幅值最大的元素后的$p$范数，即如果$S$表示$\boldsymbol{x}$的$K$个最大元素的下标集合，则$\sigma_K(\boldsymbol{x})_p=\|\boldsymbol{x}_{S^C}\|_p$。

式(3.3.4)可以保证该重建算法能够正确地重建出所有可能的、有K个非零元素的信号，同时也能使得利用重建的稀疏信号来近似逼近非稀疏信号有一定的鲁棒性，所以称为具有普适性的重建条件。另外可以证明，如果($\boldsymbol{\Phi}$,Δ)满足式(3.3.4)，则矩阵$\boldsymbol{\Phi}$满足$2K$阶零空间特性。

2. 约束等距特性

零空间特性是确保重建的必要条件，但推导时并没有考虑噪声的影响。当测量值有噪声或在量化时引入误差时，需要讨论更为严格的重建条件。为此，定义K阶**约束等距特性**(RIP)如下。

如果存在$\delta_K\in(0,1)$，使得

$$(1-\delta_K)\|\boldsymbol{x}\|_2^2\leqslant\|\boldsymbol{\Phi x}\|_2^2\leqslant(1+\delta_K)\|\boldsymbol{x}\|_2^2 \tag{3.3.5}$$

对所有$\boldsymbol{x}\in\Sigma_K\{\boldsymbol{x}:\|\boldsymbol{x}\|_0\leqslant K\}$都成立，则称矩阵$\boldsymbol{\Phi}$满足$K$阶约束等距特性，$\delta_K$称为矩阵$\boldsymbol{\Phi}$的约束等距常数($\delta_K$是对所有$K$阶稀疏矢量$\boldsymbol{x}$均满足的最小常数)。

矩阵的RIP是针对两个参数δ_K和K而言的。如果说某一个矩阵满足RIP，即对特定的δ_K和K，式(3.3.5)对任意$\boldsymbol{x}\in\Sigma_K$均成立。如果矩阵$\boldsymbol{\Phi}$满足$2K$阶约束等距特性，则可以把式(3.3.5)解释为：任意一对K阶稀疏的矢量经过矩阵$\boldsymbol{\Phi}$的线性变换后，它们之间的欧氏距离几乎保持不变，即测量矩阵近似地保持两个K阶稀疏矢量间的欧氏距离，这一特性对克服噪声起重要作用。这同时也表明K阶稀疏的矢量不在测量矩阵的零空间中，因为如果在其中，则信号就无法重建了。约束等距特性也可以表示成：随机地从测量矩阵中选取$2K$列，所构成的子集只能是“近似正交”的。这是因为这个子集的行列长度不同，所以不可能是真正的正交。

假设利用测量矩阵$\boldsymbol{\Phi}$获取一维K阶稀疏矢量$\boldsymbol{x}$的线性测量值$\boldsymbol{y}$，当$\delta_{2K}<1$时，就可以基于测量矢量$\boldsymbol{y}=\boldsymbol{\Phi x}$重建出原始$K$阶稀疏矢量，这个重建出的$K$阶稀疏矢量是满足方程$\boldsymbol{y}=\boldsymbol{\Phi x}$的唯一稀疏解，即非零元素个数最少。所以，如果要重建出独一无二的K阶稀疏矢量，必须要确保$\delta_{2K}<1$，同时约束等距常数δ_K不可能为0，因为如果$\delta_{2K}=0$，则说明测量矩阵

$\boldsymbol{\Phi}$是标准正交矩阵,但这是不可能的,因为测量矩阵的列数远大于行数。

约束等距特性指出：所求解的精度和稀疏度是取决于测量矩阵或约束等距常数的。但是,某个测量矩阵是否满足这个特性并无法通过计算的方式来判断,因为这是一个 NP 难题。

如果一个矩阵满足约束等距特性,则它一定满足零空间特性,即约束等距特性比零空间特性更为严格。

如何构建满足 RIP 的测量矩阵呢？固定地构建满足 K 阶 RIP 且尺寸为 $M\times N$ 的测量矩阵是可能的,但要求相对较大的 M。如果在构建过程中引入随机性,可以降低对大测量个数 M 的要求。这些通过随机方法构建的测量矩阵也常称为通用测量矩阵。可以证明,对由亚高斯随机分布产生的测量矩阵所测得的矢量范数高度集中于原始信号的均值,所以服从亚高斯随机分布的矩阵满足 RIP。使用这样得到的测量矩阵就可以实现利用最少采样个数来完成采样的目的。

3.4 解码重构

重构也称重建,目标是要基于很少的线性观测值来重建出稀疏的目标信号。重构是模型求解的保证。下面先讨论重构的原理,再介绍各种典型的重构算法。

3.4.1 重构原理

先介绍一种直观的重构模型,借此讨论重构的原理以及分析对无噪声稀疏信号重构的问题和对有噪声稀疏信号重构的问题。

1. 基本重构模型

假设矢量 $\boldsymbol{x}\in\mathbb{R}^N$是一个长度为 N 的稀疏信号,测量矩阵$\boldsymbol{\Phi}:\mathbb{R}^N\to\mathbb{R}^M$已知,现在要基于很少数量的测量值 $\boldsymbol{y}\in\mathbb{R}^M$,$M<N$ 重建原始目标信号 $\boldsymbol{x}$。

最直接的重构方法可描述成：

$$\begin{cases}\min\|\boldsymbol{x}\|_0, & \text{s.t. } \boldsymbol{y}=\boldsymbol{\Phi x},\text{测量值无噪声的情况}\\ \min\|\boldsymbol{x}\|_0, & \text{s.t. } \|\boldsymbol{\Phi x}-\boldsymbol{y}\|_2\leqslant\varepsilon,\text{测量值存在少量有界噪声的情况}\end{cases}\tag{3.4.1}$$

如果原始目标信号在某个正交变换域或稀疏字典$\boldsymbol{\Psi}$中体现出稀疏特性,即 $\boldsymbol{x}=\boldsymbol{\Psi z}$,其中 $\|\boldsymbol{z}\|_0\leqslant K$,则可将式(3.4.1)改写为

$$\begin{cases}\min\ \|\boldsymbol{z}\|_0, & \text{s.t. } \boldsymbol{y}=\boldsymbol{\Phi\Psi x},\text{测量值无噪声的情况}\\ \min\ \|\boldsymbol{z}\|_0, & \text{s.t. } \|\boldsymbol{\Phi\Psi x}-\boldsymbol{y}\|_2\leqslant\varepsilon,\text{测量值存在少量有界噪声的情况}\end{cases}\tag{3.4.2}$$

可见,如果令 $\Theta=\boldsymbol{\Phi\Psi}$,则本质上前面两式是等价的。下面仅考虑$\boldsymbol{\Psi}=\boldsymbol{I}$ 的情况。

求解式(3.4.1)或式(3.4.2)是一个组合优化问题,所以是一个 NP 难题,可采用凸的 L_1 范数来近似非凸的 L_0范数,把组合优化问题转化为凸优化问题。换句话说,通过这样的近似可把一个无法求解的问题转化为一个通过现代优化理论能够求解的问题。这在统计学中也称为 Lasso。

当测量值没有噪声时,得到如下**基本追踪**表达式：

$$\min\|\boldsymbol{x}\|_1,\quad \text{s.t. } \boldsymbol{y}=\boldsymbol{\Phi x}\tag{3.4.3}$$

当测量值存在少量有界噪声时,得到如下**基本追踪去噪**方法的表达式：

$$\min\|\boldsymbol{x}\|_1,\quad \text{s.t. } \|\boldsymbol{\Phi x}-\boldsymbol{y}\|_2\leqslant\varepsilon\tag{3.4.4}$$

2. 无噪声稀疏信号重构

考虑一个更为通用的无噪声稀疏信号重构问题：

$$\boldsymbol{x}' = \underset{\boldsymbol{x}}{\operatorname{argmin}} \|\boldsymbol{x}\|_1, \quad \text{s. t. } \boldsymbol{x} \in B(\boldsymbol{y}) \tag{3.4.5}$$

其中，$B(\boldsymbol{y})$确保$\boldsymbol{x}'$与测量值$\boldsymbol{y}$保持一致。对$B(\boldsymbol{y})$可有多种选择，对应式(3.4.3)，$B(\boldsymbol{y})$为$\{\boldsymbol{x}: \boldsymbol{\Phi x}=\boldsymbol{y}\}$。

例如，假设测量矩阵$\boldsymbol{\Phi}$满足$2K$阶约束等距特性且$\delta_{2K}<\sqrt{2}-1$。已知$\boldsymbol{x},\boldsymbol{x}'\in\mathbb{R}^N$，并定义$\boldsymbol{h}=\boldsymbol{x}'-\boldsymbol{x}$；设$S$表示矢量$\boldsymbol{x}$中$K$个幅值最大元素的下标集合，$T$表示矢量$\boldsymbol{h}_{S^C}$中$K$个幅值最大元素的下标集合，$R=S\cup T$。如果$\|\boldsymbol{x}'\|_1\leqslant\|\boldsymbol{x}\|_1$，则可以证明

$$\|\boldsymbol{h}\|_2 \leqslant C_0 \frac{\sigma_K(\boldsymbol{x})_1}{\sqrt{K}} + C_1 \frac{|\langle \boldsymbol{\Phi h}_R, \boldsymbol{\Phi h}\rangle|}{\|\boldsymbol{h}_R\|_2} \tag{3.4.6}$$

其中，$\sigma_K(\boldsymbol{x})_1=\|\boldsymbol{x}_{S^C}\|_1=\|\boldsymbol{x}-\boldsymbol{x}_S\|_1$，$C_0$和$C_1$都是仅依赖于$\delta_{2K}$的常数。

式(3.4.6)为式(3.4.5)中L_1范数最小化方法带来的误差建立了一个界限，其中的前提条件是测量矩阵$\boldsymbol{\Phi}$满足$2K$阶约束等距特性。为了针对具体的$B(\boldsymbol{y})$构建出特殊的界限条件，需要考虑$\boldsymbol{x}'\in\boldsymbol{B}(\boldsymbol{y})$是如何影响$|<\boldsymbol{\Phi h}_S,\boldsymbol{\Phi h}>|$的。

以没有测量噪声的情况为例。可以证明，当$\boldsymbol{x}\in\Sigma_K=\{\boldsymbol{x}: \|\boldsymbol{x}\|_0\leqslant K\}$时，如果$\boldsymbol{\Phi}$满足约束等距特性，则只要$O(K\ln(N/K))$个采样值就可以无失真地重建任何包含$K$个非零元素的目标信号$\boldsymbol{x}$，而不需考虑这$K$个非零元素具体如何分布。

3. 有噪声稀疏信号重构

考虑一个通用的、存在噪声污染情况下的稀疏信号重构问题：

$$\boldsymbol{x}' = \underset{\boldsymbol{x}}{\operatorname{argmin}} \|\boldsymbol{x}\|_1, \quad \text{s. t. } \boldsymbol{x} \in B(\boldsymbol{y}) \tag{3.4.7}$$

其中，$B(\boldsymbol{y})$确保$\boldsymbol{x}'$与测量值$\boldsymbol{y}$保持一致。对$B(\boldsymbol{y})$可有多种选择，下面考虑两种情况。

(1) 有界噪声污染信号的重构

如果被污染信号的噪声是有界的，则假设测量矩阵$\boldsymbol{\Phi}$满足$2K$阶约束等距特性且$\delta_{2K}<\sqrt{2}-1$。假设$\boldsymbol{y}=\boldsymbol{\Phi x}+\boldsymbol{e}$，其中$\boldsymbol{e}$是测量过程带来的误差。由于噪声是有界的，即$\|\boldsymbol{e}\|_2\leqslant\varepsilon$($\varepsilon$为噪声界)，则当$B(\boldsymbol{y})=\{\boldsymbol{x}: \|\boldsymbol{y}-\boldsymbol{\Phi x}\|_2\leqslant\varepsilon\}$时，可以证明式(3.4.7)的解$\boldsymbol{x}'$满足

$$\|\boldsymbol{h}\|_2 = \|\boldsymbol{x}'-\boldsymbol{x}\|_2 \leqslant C_0 \frac{\sigma_K(\boldsymbol{x})_1}{\sqrt{K}} + C_1\varepsilon \tag{3.4.8}$$

其中，C_0和C_1为仅依赖于δ_{2K}的常数。

(2) 高斯噪声污染信号的重构

假设$\boldsymbol{y}=\boldsymbol{\Phi x}+\boldsymbol{e}$，噪声$\boldsymbol{e}\in\mathbb{R}^M$的各分量来自于均值为零、方差为$\sigma^2$的高斯分布，即满足标准正态分布$N(0,\sigma^2\boldsymbol{I})$，则可推出总存在正实数$k$，使得对任何$\varepsilon>0$有下式成立：

$$P(\|\boldsymbol{e}\|_2 \geqslant (1+\varepsilon)\sqrt{M}\sigma) \leqslant \exp(-k\varepsilon^2 M) \tag{3.4.9}$$

将式(3.4.9)与式(3.4.8)结合考虑，并令$\varepsilon=1$可以推出当$B(\boldsymbol{y})=\{\boldsymbol{z}: \|\boldsymbol{\Phi z}-\boldsymbol{y}\|_2\leqslant 2\sigma\sqrt{M}\}$时，式(3.4.7)的解$\boldsymbol{x}'$以至少$1-\exp(-kM)$的概率满足

$$\|\boldsymbol{h}\|_2 = \|\boldsymbol{x}'-\boldsymbol{x}\|_2 \leqslant 8\,\frac{\sqrt{1+\delta_{2K}}}{1-(1+\sqrt{2})\delta_{2K}}\sqrt{M}\sigma \tag{3.4.10}$$

两种情况下重构都是有界的，这表明压缩感知确可应用到实际中。

3.4.2 测量矩阵的校准

在讨论具体重构算法前，还有一个问题要先分析一下。如果测量矩阵本身存在噪声，则还需要考虑测量矩阵的校准问题。

回到式(3.4.3)和式(3.4.4)，有可能测量矩阵并不是确切已知的，它可能通过模型来描述，但并不是实际中的测量矩阵；或者有些情况下测量矩阵被校准后，随着客观工作条件变化，测量矩阵的物理条件也可能漂移。为解决这类问题，常用以下 4 种方案。

(1) 忽略这个问题，这有可能明显影响重建精度。

(2) 简单地把由非精确测量矩阵带来的影响当作噪声：假设实际的非精确测量矩阵为 $\boldsymbol{\Phi}'$，则观测值 $\boldsymbol{y}=\boldsymbol{\Phi}'\boldsymbol{x}+\boldsymbol{\varepsilon}$，这样就可把压缩感知的重建问题转换为解下列问题：

$$\boldsymbol{y}=\boldsymbol{\Phi}\boldsymbol{x}+\boldsymbol{\varepsilon}+\boldsymbol{\eta} \tag{3.4.11}$$

其中，$\boldsymbol{\eta}$ 为由测量矩阵不精确带来的误差。实际中，由于很难获取 $\boldsymbol{\eta}$ 的统计特性，所以求解式(3.4.11)有一定的难度。

(3) 监督校准：利用已知的训练稀疏信号 $x_1,x_2,\cdots,x_l,\cdots,x_L$ 和相应的测量值 $y_l=\Phi_l' x_l+\varepsilon_l$。把所有的矢量排列起来组成矩阵的形式，有

$$\boldsymbol{Y}=\boldsymbol{\Phi}'\boldsymbol{X}+\boldsymbol{E} \tag{3.4.12}$$

其中，需要基于这些已知的训练信号和测量值来校准测量矩阵：

$$\boldsymbol{\Phi}' := \underset{\boldsymbol{\Phi}'}{\operatorname{argmin}} \|\boldsymbol{Y}-\boldsymbol{\Phi}'\boldsymbol{X}\|_F^2 \tag{3.4.13}$$

即要优化 $\boldsymbol{\Phi}'$ 以使 $\|\boldsymbol{Y}-\boldsymbol{\Phi}'\boldsymbol{X}\|$ 最小。

这种方案在能够获得已知稀疏信号的情况下可以使用，但在无法获得训练稀疏信号的情况下就无法实用。如果可以假设待校准的测量矩阵来自某些矩阵族也是有用的。例如，有时已知或假设未知的测量矩阵 $\boldsymbol{\Phi}$ 在已知的字典中是稀疏的，即 $\Phi\approx\sum_j a_j\Phi_j$，且 $\|\boldsymbol{a}\|_0$ 很小，其中 $\boldsymbol{a}=[a_1,\cdots,a_j,\cdots]$。这样，监督校准问题就可以转化为下面的凸优化问题：

$$\min\|\boldsymbol{a}\|_1 \quad \text{s.t.}\ \left\|\boldsymbol{Y}-\sum_j a_j\Phi_j\boldsymbol{X}\right\|_F^2\leqslant\varepsilon \tag{3.4.14}$$

(4) 非监督校准：针对少数几个未知信号(需要保证具有稀疏的特性)，利用它们各自有限的、基于压缩感知模型的采样值，开展盲校准，即无须采用已知的训练信号来校准测量矩阵，或训练的目标稀疏信号是未知的。具体是把未知的训练信号矢量 $\boldsymbol{x}_1,\boldsymbol{x}_2,\cdots,\boldsymbol{x}_l$ 表述成矩阵 $\boldsymbol{X}$，基于已知精确的测量矩阵 $\boldsymbol{\Phi}_0$ 和多组观测矢量 $\boldsymbol{y}_1,\boldsymbol{y}_2,\cdots,\boldsymbol{y}_l$ 形成的矩阵 $\boldsymbol{Y}$，通过一定的方法可以确定增益矩阵 $\boldsymbol{D}$ 和 $\boldsymbol{X}$，即解决下面这个问题：

$$\min_{\boldsymbol{D},\boldsymbol{X}}\|\boldsymbol{X}\|_1 \quad \text{s.t.}\ \boldsymbol{Y}=\boldsymbol{D}\boldsymbol{\Phi}_0\boldsymbol{X} \tag{3.4.15}$$

不过，求解式(3.4.15)有可能导致出现无意义的解。如果对矩阵 $\boldsymbol{D}$ 和 $\boldsymbol{X}$ 没有限制，那么只要把矩阵 $\boldsymbol{D}$ 设为无穷大、让矩阵 $\boldsymbol{X}$ 趋于零，就可满足式(3.4.15)，但这样的解并没有实际意义。

这里用一种描述方法重新表述这个问题，以提供一个凸集公式。将 $\boldsymbol{Y}=\boldsymbol{D}\boldsymbol{\Phi}_0\boldsymbol{X}$ 表述为 $\boldsymbol{\Delta}\boldsymbol{Y}=\boldsymbol{\Phi}_0\boldsymbol{X}$，其中，$\boldsymbol{\Delta}=\boldsymbol{D}^{-1}=\operatorname{diag}(\delta_i)$，$\operatorname{diag}(\delta_i)$ 是将所有的 δ_i 排列在对角线上形成的对角矩阵。为了避免前述的无意义解 $\boldsymbol{\Delta}=\boldsymbol{X}=0$，引入一个凸集归一化约束条件 $\operatorname{Tr}(\boldsymbol{\Delta})=\Sigma_i\delta_i=M$，其中 $\operatorname{Tr}(\cdot)$ 表示矩阵的迹，即 $\boldsymbol{D}=\operatorname{diag}(d_i)$，$\Sigma_i d_i^{-1}=M$。这个约束条件也可以替换为 $\delta_i=1$

等其他形式。由于可以对 $\boldsymbol{\Delta}$ 引入任意约束，$\boldsymbol{\Delta}$ 和 $\boldsymbol{D}$ 本质上存在一个比例关系。以非监督方式校准测量矩阵的方法可以表示为

$$(\boldsymbol{X}',\boldsymbol{\Delta}') := \mathrm{argmin}\ \|\boldsymbol{X}\|_1 \quad \mathrm{s.t.}\ \boldsymbol{\Delta Y} = \boldsymbol{\Phi}_0\boldsymbol{X}, \mathrm{Tr}(\boldsymbol{\Delta}) = M \tag{3.4.16}$$

3.4.3 典型重构算法

有效的图像重构算法是压缩感知的关键技术之一。因为在不同的应用中对重构有不同的要求，所以重构算法和模型的设计多种多样。现在已有了许多不同的重构算法，它们在运算时间、重构精度和稳定性等方面都有各自的特点。

1. 重构要考虑的因素

设计稀疏信号重构算法需要考虑多方面的因素：

(1) 先验信息：如何充分发掘图像的先验信息从而构造有效的约束条件是图像重构的关键。目前常用的先验信息主要包括信号稀疏信息以及图像全变分信息。信号稀疏性体现在原始图像信号在某固定变换域或稀疏基(如离散余弦变换基、小波基等)上的投影系数稀疏，全变分值则考虑了图像相邻像素之间的相关性。

(2) 测量值数量：要求基于尽可能少的测量，稳定地重构出包含 K 个非零值的原始稀疏信号。

(3) 抗噪声鲁棒性：要求无论测量值包含噪声或测量系统本身具有系统噪声，重构算法都要稳定地重构出原始稀疏信号。

(4) 重构速度：要求在占用较少计算资源的情况下，重构算法能高效地实现稀疏信号重构。

(5) 稳定性：采用 L_1 范数最小化可以确保重建的稳定性，具体需要考虑相同的重建条件。

通过考虑上述一些或全部因素，多数重建算法可分成 4 大类，包括凸优化算法、贪婪算法、组合算法、贝叶斯算法。下面分别对每大类介绍 1～2 个典型算法。

2. 凸优化算法

这类算法也称最优化逼近方法，其基本思路是用凸函数代替 L_0 范数，并在一个 $\mathbb{R}^N$ 空间中的凸集里去优化关于未知变量 $\boldsymbol{x}$ 的凸目标函数 $J(\boldsymbol{x})$。这类算法重构精度高，需要的测量数据比较少，约为 $O(K\log(N/K))$；但计算速度慢，计算复杂性约为 $O(N^3)$。

假设 $J(\boldsymbol{x})$ 是一个能促进稀疏性的(即当目标信号 $\boldsymbol{x}$ 很稀疏时，$J(\boldsymbol{x})$ 的值很小)且凸的代价函数。在测量值没有噪声时，基于测量值 $\boldsymbol{y}=\boldsymbol{\Phi x}$ 要重建信号 $\boldsymbol{x}$ 可以解下面的方程：

$$\min\{J(\boldsymbol{x})\}, \quad \mathrm{s.t.}\ \boldsymbol{y} = \boldsymbol{\Phi x} \tag{3.4.17}$$

而在测量值有噪声时，解下面的方程：

$$\min\{J(\boldsymbol{x})\}, \quad \mathrm{s.t.}\ H(\boldsymbol{\Phi x},\boldsymbol{y}) \leqslant \varepsilon \tag{3.4.18}$$

其中，H 为用来对 $\boldsymbol{\Phi x}$ 和 $\boldsymbol{y}$ 之间的矢量距离进行惩罚的代价函数。

式(3.4.18)也可以改写成没有约束条件的形式：

$$\min\{J(\boldsymbol{x}) + \lambda H(\boldsymbol{\Phi x},\boldsymbol{y})\} \tag{3.4.19}$$

其中，λ 为一个惩罚因子，它可以通过**试错法**或**交叉验证法**来选取。常用的 J 和 H 为：$J(\boldsymbol{x})=\|\boldsymbol{x}\|_1$，即为稀疏信号 $\boldsymbol{x}$ 的 L_1 范数；$H(\boldsymbol{\Phi x},\boldsymbol{y})=0.5\times\|\boldsymbol{\Phi x}-\boldsymbol{y}\|_2^2$，即为实际测量值 $\boldsymbol{y}$ 和理论测量值 $\boldsymbol{\Phi x}$ 之间误差的 L_2 范数。在统计学中，在 $\|\boldsymbol{x}\|_1\leqslant\delta$ 的条件下最小化 $H(\boldsymbol{\Phi x},\boldsymbol{y})$ 称为 Lasso 问题。

(1) 总变分重构法

从广义的角度，$J(\cdot)$作为一个正则项也可以是其他复杂函数。例如，如果目标信号是阶梯函数，同时又在一个已知变换域$\boldsymbol{\Psi}$中体现出稀疏性，则可以有一个如下的混合正则项：

$$J(\boldsymbol{x}) = \mathrm{TV}(\boldsymbol{x}) + \lambda \| \boldsymbol{\Psi x} \|_1 \tag{3.4.20}$$

其中，$\mathrm{TV}(\boldsymbol{x})$为目标信号的总变分(所以得名)：

$$\mathrm{TV}(\boldsymbol{x}) = \sum_{i=0}^{N} |x_{i+1} - x_i| \tag{3.4.21}$$

可见，针对阶梯函数类型(或有丰富边缘)的信号 $\boldsymbol{x}$，总变分 $\mathrm{TV}(\boldsymbol{x})$将凸显出稀疏性。

(2) 收缩循环迭代法

如果考虑式(3.4.19)中 H 是二次型(凸函数且可导)，常可以使用**收缩循环迭代法**，也称**软阈值法**来解。该方法原是一种经典的基于小波变换域的图像去噪声方法，其中的收缩运算符定义为

$$\mathrm{shrink}(t,a) = \begin{cases} t-a & t > a \\ 0 & -a \leqslant t \leqslant a \\ t+a & t < -a \end{cases} \tag{3.4.22}$$

用收缩循环迭代法解决式(3.4.19)的问题也很有效，基本方法可写成定点迭代的方式：对于 $i=1,\cdots,N$，可将目标信号 $\boldsymbol{x}$ 的第 i 个分量在第 $k+1$ 次迭代步骤写成

$$\boldsymbol{x}_i^{k+1} = \mathrm{shrink}\left[\boldsymbol{x}_i^k - \tau \frac{\partial H(\boldsymbol{x}_i^k)}{\partial \boldsymbol{x}_i^k}, \mu\tau\right] \tag{3.4.23}$$

其中，$\tau>0$ 是梯度下降法的步长，它可随着 k 而变化；μ 可以根据噪声大小和经验来选取，μ 越大说明允许 x_i^{k+1} 和 x_i^k 之间的距离越大。

针对有噪声污染测量值的重构问题，一种选取凸优化代价函数 $H(\boldsymbol{\Phi x},\boldsymbol{y})$的常规方法是采用残差的 L_2 范数：

$$H(\boldsymbol{\Phi x},\boldsymbol{y}) = \frac{1}{2} \| \boldsymbol{y} - \boldsymbol{\Phi x} \|_2^2 \quad \frac{\partial H}{\partial \boldsymbol{x}} = \boldsymbol{\Phi}^{\mathrm{T}}(\boldsymbol{\Phi x} - \boldsymbol{y}) \tag{3.4.24}$$

针对这个特殊的惩罚函数，式(3.4.23)可以简化为

$$\boldsymbol{x}_i^{k+1} = \mathrm{shrink}[\boldsymbol{x}_i^k - \tau \boldsymbol{\Phi}^{\mathrm{T}}(\boldsymbol{\Phi x}_i^k - \boldsymbol{y}), \mu\tau] \tag{3.4.25}$$

3. 贪婪算法

从本质上来说，稀疏信号重构是基于线性测量值 $\boldsymbol{y}$ 来重构出最具稀疏性的目标信号 $\boldsymbol{x}$，即重建出具有最少的非零个数的目标信号 $\boldsymbol{x}$。换句话说，是求解

$$\min\left\{ | I | : \boldsymbol{y} = \sum_{i \in \boldsymbol{I}} \boldsymbol{\phi}_i x_i \right\} \tag{3.4.26}$$

其中，$I \subseteq \{1,\cdots,N\}$，表示一个索引集(对应支撑集)；$\boldsymbol{\phi}_i$表示矩阵$\boldsymbol{\Phi}$ 的第 i 列。

式(3.4.26)可借助经典的稀疏逼近方法通过逐步选择矩阵$\boldsymbol{\Phi}$ 的列来逼近 $\boldsymbol{y}$，进而逐步确定索引集 I。

这类算法的复杂度大多是由寻找到正确索引集所需要的迭代次数所决定的，计算速度一般比较快，但是需要的测量数据多且重构的精度比较低。

(1) 匹配追踪算法

匹配追踪(MP)算法是一种基于迭代的贪婪算法。匹配追踪将一个信号看成由基/字典中的元素通过线性组合而构成的。在压缩感知的稀疏重建中，字典就是采样矩阵$\boldsymbol{\Phi} \in$

$\mathbb{R}^{M\times N}$,它的每列表示一种原型信号的元素(也称原子信号)。重构可描述为:给定一个信号 $\boldsymbol{y}$,寻求通过这些基/字典中的元素的稀疏性组合来描述信号 $\boldsymbol{y}$。

匹配追踪算法主要是围绕原始观测信号 $\boldsymbol{y}$ 与线性组合的残差 $\boldsymbol{r}\in\mathbb{R}^M$ 展开,残差主要描述没有被解释的测量值。在每次迭代中,从字典里选取一个跟残余分量差相关性最大的列:

$$\lambda_k = \underset{k}{\operatorname{argmin}}\left\{\frac{\langle \boldsymbol{r}_{k-1},\boldsymbol{\phi}_\lambda\rangle\ \boldsymbol{\phi}_\lambda}{\|\ \boldsymbol{\phi}_\lambda\ \|^2}\right\} \tag{3.4.27}$$

其中,$\boldsymbol{\phi}_\lambda$ 为矩阵 $\boldsymbol{\Phi}$ 的第 λ 列。一旦这个列被选中,就获得了一个更为逼近原始信号的结果。这是因为一个新的系数 λ_k 被增加到对原始信号逼近的索引集中。

然后,进行如下更新:

$$\begin{cases} \boldsymbol{r}_k = \boldsymbol{r}_{k-1} - \dfrac{\langle \boldsymbol{r}_{k-1},\boldsymbol{\phi}_{\lambda_k}\rangle\ \boldsymbol{\phi}_{\lambda_k}}{\|\ \boldsymbol{\phi}_{\lambda_k}\ \|^2} \\ \boldsymbol{x}^k = \boldsymbol{x}^{k-1} + \langle \boldsymbol{r}_{k-1},\boldsymbol{\phi}_{\lambda_k}\rangle \end{cases} \tag{3.4.28}$$

经过多次迭代,残差将变得越来越小,直到残差的范数小于某个预定的阈值,算法停止。

上述算法有两个缺点:一方面,它不能保证重建误差足够小;另一方面,它常需要大量的循环次数才能逼近原始信号。这是因为如果将残差对已选择的元素进行垂直投影是非正交的,则每次迭代的结果只是次优而不是最优,所以收敛需要很多次迭代。

(2) 正交匹配追踪算法

在**正交匹配追踪**(OMP)算法中,每次循环时都把残差 $\boldsymbol{r}$ 投影到与所有已选定的列线性展开的正交子空间中,而不是将残差减去一个与其最大相关的字典中的矢量。由于残差 $\boldsymbol{r}$ 总是和已选取的列正交,所以相同的列在 OMP 中不会被选中两次,因而它的最大循环次数会明显减少。

假设 $\boldsymbol{\Phi}_k$ 表示矩阵 $\boldsymbol{\Phi}$ 在第 k 个步骤中选择出的子矩阵(第 k 个列的选取过程与 MP 相同),则

$$\boldsymbol{x}_k = \underset{x}{\operatorname{argmin}}\,\|\ \boldsymbol{y}-\boldsymbol{\Phi}_k\boldsymbol{x}\ \| \qquad \boldsymbol{r}_k = \boldsymbol{y}-\boldsymbol{\Phi}_k\boldsymbol{x}_k \tag{3.4.29}$$

可以证明,如果原始的待测量信号是稀疏的,同时测量矩阵中每个元素都是从一个服从亚高斯分布的变量中随机选取的,则基于线性混叠的有限个测量值,可通过 OMP 以极大的概率重建出原始的稀疏信号。这个算法最多需要 K 次循环即可收敛,其中 K 是原始信号中的非零个数。该算法可保证每次迭代的最优性,从而减少了迭代次数。但它每次迭代中仅选取一个元素来更新已选的元素集合,迭代的次数与稀疏度 K 或采样个数 M 密切相关。另外,每次迭代还需要额外的正交化运算,随着 K 或 M 的增加,运算时间也会大幅增加。OMP 的运算复杂度为 $O(MNK)$。

(3) 分段匹配追踪算法

对 OMP 的一种改进是**分段正交匹配追踪**(StOMP)。它与 OMP 在每次循环里仅从字典中选取一个元素不同,它每次选取一个元素集合,该集合的特点是残余分量与字典列的相关性均大于一定的阈值,而后残余分量将更新字典的列集合。StOMP 的运算复杂度为 $O(MN\ln N)$,远比 OMP 小。

(4) 子空间追踪算法

子空间追踪(SP)算法也是对 OMP 的一种改进。它能在无噪声和有噪声时分别地进行精确的信号重建和逼近的信号重建。对任意测量矩阵,只要它满足约束等距特性,那么 SP

就能够从无噪声的测量矢量中精确地重建原始信号。

在压缩感知信号重建算法中，最重要的就是确定测量矢量 $\boldsymbol{y}$ 位于哪个子空间，且这些子空间是由测量矩阵中哪 K 个列矢量生成的。一旦确定了正确的子空间位置，通过应用子空间的伪逆运算就可以计算出信号的非零系数。SP 的重要特点就是要寻找生成正确子空间的 K 个列矢量。该算法包含测量矩阵中的 K 个列矢量的列表，对子空间的最初估计是测量矩阵中与实际信号 $\boldsymbol{y}$ 的 K 个最大相关的列。为了修正对子空间的最初估计，SP 会检测包含 K 个列矢量的子集，检测这个子空间是否可以很好地重建信号。假如重建信号与实际信号之间的残差没有达到算法的要求则需要更新这个列表。该算法会通过保留可靠的、丢弃不可靠的候选值，同时也加入相同数量的新候选值来更新子空间。更新的原则是新的子空间重建信号残差要小于更新前的子空间重建信号残差。该算法在一定条件下能够确保重建，且可以确保下一个迭代循环能够找到更好的子空间。

4. 组合算法

组合算法的基本思想是先对信号进行高度结构化采样（线性投影），再借助组/群测试以快速获得信号的支撑集，实现精确重构。将重构问题表述成：已知长度为 N 的矢量 $\boldsymbol{x}$ 中包含 K 个非零元素，$\boldsymbol{x}_i \neq 0$，但它们的位置分布未知。要求设计一种测试方法，通过最少的测试次数确定非零元素所在的位置。最简单实用的方法是把测试表示成一个二进制矩阵$\boldsymbol{\Phi}$，其元素 $\phi_{i,j}=1$ 表示在第 j 次测试中，第 i 个元素被选用。如果输出信号与输入信号是一种线性关系，则重构目标稀疏矢量 $\boldsymbol{x}$ 的问题就可转化为标准的压缩感知稀疏重构问题。组合算法需要的测量次数较少，运算速度高，但是一般测量矩阵复杂，且不易确定对测量矩阵的约束条件，这为构建新的测量矩阵带来了困难。

下面介绍两个简单的组合算法，均要求测量值没有噪声干扰。

(1) 计数-最小略图法

计数-最小略图法仅考虑非负信号。设 H 表示所有离散值函数 $h:\{1,\cdots,N\}\to\{1,\cdots,m\}$ 的集合，H 是一个有限集合，其大小为 m^N。H 中每一个函数 h 可以通过一个大小为 $m\times N$ 的二进制矩阵$\boldsymbol{\Phi}(h)$来表示，其中每一列都是一个二进制矢量，每一列仅在位置 $j=h(i)$ 包含一个 1。为了构建完整的采样矩阵$\boldsymbol{\Phi}$，可以根据均匀分布从 H 中独立选取 d 个函数 $h_1,\cdots,h_d$，把它们的二进制矩阵垂直堆叠成一个尺寸为 $M\times N$ 的矩阵，该矩阵即为$\boldsymbol{\Phi}$，且其每列均有 d 个 1，其中 $M=md$。

针对已知任意信号 $\boldsymbol{x}$，可以获得线性测量值 $\boldsymbol{y}=\boldsymbol{\Phi x}$。根据下面的两个特性，很容易得到对测量值的一个直观认识。首先，作为测量值矢量的 $\boldsymbol{y}$ 很容易借助母二进制函数 $h_1,\cdots,h_d$ 得到分组的形式；其次，针对测量矢量 $\boldsymbol{y}$ 的第 i 个系数与母函数 h 有关，即

$$y_i = \sum_{j:h(j)=i} x_j \tag{3.4.30}$$

换句话说，对一个固定的信号系数 j，每个测量值 y_i 都有函数 h 把 x_j 以汇总的形式映射到相同的 i 上。信号重构的目标就是从这些汇总后的观察值 y_i 中，恢复出原始的信号值 x_j。

当原始信号是正数时，计数-最小略图法非常有用。已知测量值 $\boldsymbol{y}$ 和采样矩阵$\boldsymbol{\Phi}$，重建目标信号的第 j 个系数 x_j'可以由下式完成：

$$x_j' = \min_l y_i : h_l(j) = i \tag{3.4.31}$$

直观地说，这就意味着重建目标信号的第 j 个系数 x_j' 可以通过从所有可能有 x_j 介入而形成的测量值中，找出其幅值最小的一个观测值（作为 x_j'）来得到。该方法明显的特点是简单高效。

(2) 计数-中值略图法

计数-中值略图法在目标信号有可能为负数时也适用。这里不是取幅值最小的一个观测值作为 x_j'，而是取中值。因为对一个普通的信号，其他的 $\boldsymbol{x}$ 对 $\boldsymbol{y}$ 的影响可能是正的也可能是负的，而中值最有可能是原始信号的值。已知测量值 $\boldsymbol{y}$ 和采样矩阵 $\boldsymbol{\Phi}$，重建目标信号的第 j 个系数 x_j' 可以由下式完成：

$$x_j' = \underset{l}{\text{median}}\, y_i:\ h_l(j) = i \tag{3.4.32}$$

5. 贝叶斯算法

前述各种方法都认为信号是确定的或属于某个已知集合，即在已知信号模型的前提下讨论重构。贝叶斯压缩感知的基本思想是在未知信号模型的基础上考虑非确定性因素，即考虑一个概率分布已知的稀疏信号，从随机测量中重构符合此概率分布的信号。该类算法考虑了信号之间的时间相关性，所以对具有较强时间相关性的信号可提供比其他重构算法更高的重构精度。不过，由于在贝叶斯信号建模的框架下没有确切的“无失真”或“重建误差”的概念，所以下面介绍的各种算法与前述算法不同，并不能基于一定数量的测量值无失真地重建原始目标信号。

(1) 相关向量机

相关向量机(RVM)是一种贝叶斯学习方法。它能够产生稀疏的分类结果，其机理是从许多待选的基函数中选择少数几个，用它们的线性组合作为分类函数来实现分类。从压缩感知的角度出发，可将其视为一种确定稀疏信号中分量的方法，这种信号给一些基函数提供了不同的权重，而这些基函数就是测量矩阵 $\boldsymbol{\Phi}$ 中的列向量。

相关向量机使用了几个层次的先验概率模型。首先，假设 $\boldsymbol{x}$ 的每个分量都独立并服从均值为零而方差待定的高斯分布，即

$$p(x_i \mid \alpha_i) = N(x_i|0,\alpha_i^{-1}) \tag{3.4.33}$$

其中，$N(x|m,\sigma^2)$ 为随机变量 x 服从均值为 m、方差为 σ^2 的高斯分布。

进一步，有

$$p(\boldsymbol{x} \mid \boldsymbol{\alpha}) = \prod_{i=1}^{N} N(x_i|0,\alpha_i^{-1}) \tag{3.4.34}$$

其中，$\boldsymbol{\alpha} = [\alpha_1,\alpha_2,\cdots,\alpha_N]$。

然后，假设高斯分布中方差的逆（也就是 $\boldsymbol{\alpha}$）也独立且服从参数为 a、b 的**伽马分布**

$$p(\boldsymbol{\alpha} \mid a,b) = \prod_{i=1}^{N} \text{Gamma}(\alpha_i|a,b) \tag{3.4.35}$$

其中，$\text{Gamma}(\alpha_i|a,b) = \alpha_i^{a-1}\text{e}^{-\alpha_i b}\Gamma(a)^{-1}b^a$，且 $\Gamma(a) = \int_0^{\infty} t^{a-1}\text{e}^{-t}\text{d}t$。

可见，使用方差的逆可以控制赋予某个分量的权重。通过使用贝叶斯推理，可以得到在给定参数 a 和 b 的条件下，$\boldsymbol{x}$ 的边缘分布是一个**未标准化学生氏分布**，即

$$p(x_i \mid a,b) = \int p(x_i \mid \alpha_i)p(\alpha_i \mid a,b)\text{d}\alpha_i = \frac{b^a\Gamma\left(a+\frac{1}{2}\right)}{\sqrt{2\pi}\Gamma(a)}\left[b+\frac{x_i^2}{2}\right]^{-\left(a+\frac{1}{2}\right)} \tag{3.4.36}$$

未标准化学生氏分布是由通过拉伸和平移服从标准化学生氏分布的随机变量得来的。**标准化学生氏分布**为

$$p(t \mid \upsilon)=\frac{\Gamma\left(\frac{\upsilon+1}{2}\right)}{\sqrt{\upsilon\pi}\,\Gamma\left(\frac{\upsilon}{2}\right)}\left[1+\frac{t^2}{2}\right]^{-\left(\frac{\upsilon+1}{2}\right)} \tag{3.4.37}$$

随机变量 $r=\mu+st$ 的分布就是未标准化学生氏分布：

$$p(t \mid \upsilon,\mu,s)=\frac{\Gamma\left(\frac{\upsilon+1}{2}\right)}{s\sqrt{\upsilon\pi}\,\Gamma\left(\frac{\upsilon}{2}\right)}\left[1+\frac{(r-\mu)^2}{\upsilon s^2}\right]^{-\left(\frac{\upsilon+1}{2}\right)} \tag{3.4.38}$$

可以看到，$\boldsymbol{x}$ 的边缘分布是参数 $\mu=0$、$\upsilon=2a$ 和 $s=\sqrt{(b/a)}$ 的未标准化学生氏分布。学生氏分布可以促进稀疏性的产生。如果假定误差服从均值为零方差为 σ^2 的高斯分布，即

$$\boldsymbol{y}=\boldsymbol{\Phi}\boldsymbol{x}+\varepsilon \quad \varepsilon\sim N(0,\sigma^2) \tag{3.4.39}$$

则给定测量值 $\boldsymbol{y}$，就可以通过贝叶斯推理结合使用各种迭代算法来获得 $\boldsymbol{x}$ 的后验概率分布。

(2) 贝叶斯压缩感知

可从 RVM 模型出发来考虑**贝叶斯压缩感知**(BCS)。对于给定观测值 $\boldsymbol{y}$，可以通过将 $\boldsymbol{y}$ 给定 $\boldsymbol{x}$ 的概率分布对 $\boldsymbol{x}$ 积分直接求出其**边缘对数似然率**，进而使用 EM 算法(见 12.5.2 小节)求解各个参数。由式(3.4.39)可以得到

$$p(\boldsymbol{y} \mid \boldsymbol{x},\boldsymbol{\alpha},\sigma^2)=N(\boldsymbol{y}-\boldsymbol{\Phi}\boldsymbol{x},\sigma^2\boldsymbol{I}) \tag{3.4.40}$$

其中，$\boldsymbol{I}$ 为大小合适(这里是 $M\times N$)的单位矩阵。借助贝叶斯推理，可以得到

$$\begin{aligned}p(\boldsymbol{y} \mid \boldsymbol{\alpha},\sigma^2)&=\int p(\boldsymbol{y} \mid \boldsymbol{x},\sigma^2)\,p(\boldsymbol{x} \mid \alpha)\,\mathrm{d}\boldsymbol{x}\\&=(2\pi)^{-N/2}\,\left|\sigma^2\boldsymbol{I}+\boldsymbol{\Phi}\boldsymbol{A}^{-1}\boldsymbol{\Phi}^{\mathrm{T}}\right|^{-1/2}\exp\left[-\frac{1}{2}\boldsymbol{y}^{\mathrm{T}}\,(\sigma^2\boldsymbol{I}+\boldsymbol{\Phi}\boldsymbol{A}^{-1}\boldsymbol{\Phi}^{\mathrm{T}})^{-1}\boldsymbol{y}\right]\end{aligned} \tag{3.4.41}$$

其中，$\boldsymbol{A}$ 是一个对角矩阵，其对角线上的元素由 $\boldsymbol{\alpha}$ 组成。

在这个过程中，需要对一个 $N\times N$ 的矩阵求逆，所以算法复杂度是 $O(N^2)$。采用**快速边缘似然率最大化**的方法可以将复杂度降低到 $O(NM^2)$。它是一种渐进式的模型构造法，将基函数顺序地加入或删除，所以可极大地利用信号的稀疏性。

贝叶斯压缩感知通过逐步迭代的方法逼近待重构稀疏信号的支撑集，它的一个优点是它可以对所估计的信号的每一个分量提供一个置信区间。这样就可帮助了解和判定：是否该估计是准确的。例如，太大的置信区间表明这个估计可能不是十分可靠。理想情况下，希望得到一个估计值，同时其置信区间很小。

3.5 稀疏编码与字典学习

稀疏编码与字典学习的结合曾与压缩感知并行发展，密切相关又互相影响。稀疏编码源自观察：某类信号多是由少数几个基本原子的加权组合而构成。这正对应信号的稀疏表达。字典学习的目标就是要估计出给定目标信号的原子信号及其权重，从而实现对目标信号的稀疏表达。

可以采用数学模型来描述字典学习。为简便，这里仅考虑实数信号。设 $\boldsymbol{y}_i\in\mathbb{R}^L$ 是一个

维度为 L 的矢量，用来表示一共 N 个信号中的第 i 个；$\boldsymbol{A}=[a_1,\cdots,a_M]\in\mathbb{R}^{L\times N}$表示原子信号矩阵，其中第 i 列是维度为 L 的原子信号；$\boldsymbol{w}_i\in\mathbb{R}^M$是一个维度为 M 的矢量，用来表示构成矢量 $\boldsymbol{y}_i$ 的原子信号的权重矢量。根据前面的假设，有

$$\boldsymbol{y}_i=\boldsymbol{A}\boldsymbol{w}_i^{\mathrm{T}}+\boldsymbol{\varepsilon}_i\quad\|\boldsymbol{w}_i\|_0\leqslant K\quad i=1,\cdots,N \tag{3.5.1}$$

其中，$\boldsymbol{\varepsilon}_i\in\mathbb{R}^L$为来自某个概率分布的未知误差；$|\boldsymbol{x}|_0$为矢量 $\boldsymbol{x}$ 的 L_0 范数；K 为一个大于零的正整数。

式(3.5.1)表达了多个重要的信息：

(1) 信号是原子矢量的线性组合，所以这里使用了线性模型。线性模型的优点是简单、容易理解和操作。其缺点是不易描述具有非线性的数据。不过，这里并没有对信号所在的空间加以限制，所以如果要引入非线性成分，可将信号转换到某个特征给空间后再使用线性模型。

(2) 非确定性是由误差项$\boldsymbol{\varepsilon}_i$ 来体现的。这里并未假设误差来自何种概率分布，虽然常用的是高斯分布。如果希望原子信号是非相关的，且假设误差分布是均值为零、方差为单位矩阵的多维高斯分布，就可得到 PCA 模型。

(3) 原子信号的权重矢量 $\boldsymbol{w}_i$ 是 K 稀疏的，这是由 $\|\boldsymbol{w}_i\|_0\leqslant K$ 表达的。这表明感兴趣的信号是由原子信号构成的。需要指出，稀疏性假设并非在字典学习中不可或缺。例如，盲源分离的典型方法，如独立成分分析和**因素分析**(FA)都是没有稀疏性假设的线性模型，也可被归到字典学习的范畴中。

可将式(3.5.1)表达为矩阵形式

$$\boldsymbol{Y}=\boldsymbol{A}\boldsymbol{W}+\boldsymbol{E}\quad\|\boldsymbol{w}_i\|_0\leqslant K\quad i=1,\cdots,N \tag{3.5.2}$$

其中，$\boldsymbol{Y}=[\boldsymbol{y}_1,\cdots,\boldsymbol{y}_N]$，$\boldsymbol{W}=[\boldsymbol{w}_1,\cdots,\boldsymbol{w}_N]$，$\boldsymbol{E}=[\boldsymbol{\varepsilon}_1,\cdots,\boldsymbol{\varepsilon}_N]$。字典学习的目的是从数据矩阵 $\boldsymbol{Y}$ 中学习，即求解 $\boldsymbol{A}$ 和 $\boldsymbol{W}$。

压缩感知的出发点是已知待测信号是稀疏的，需设计测量矩阵以得到测量值，再从测量值中推出待测信号。所以，在压缩感知的框架中已知测量矩阵和测量值，未知参数只有一个，即待测信号，而且待测信号只有一个样本。但在字典学习中，仅仅知道很多观测信号，而未知参数却有两个，即原子信号矩阵 $\boldsymbol{A}$ 及权重矩阵 $\boldsymbol{W}$，并且需要考虑多个样本。可见，字典学习更为困难，求解也更复杂。

3.5.1 字典学习与矩阵分解

这里先忽略稀疏性假设，集中讨论字典学习。如果忽略误差，式(3.5.2)具有如下简单形式：

$$\boldsymbol{Y}\approx\boldsymbol{A}\boldsymbol{W} \tag{3.5.3}$$

其中，已知量是 $\boldsymbol{Y}$，即众多信号的观察值，需要计算的是 $\boldsymbol{A}$ 和 $\boldsymbol{W}$。所以，式(3.5.3)是一个矩阵乘式分解的问题。例如可以利用 SVD 将 $\boldsymbol{Y}$ 写成

$$\boldsymbol{Y}=\boldsymbol{U}\boldsymbol{D}\boldsymbol{V}^{\mathrm{T}} \tag{3.5.4}$$

其中，$\boldsymbol{U}\in\mathbb{R}^{L\times L}$为一个包含正交单位列向量的矩阵，即$(i,j=1,\cdots,L)$

$$\boldsymbol{u}_i^{\mathrm{T}}\boldsymbol{u}_j=\begin{cases}1 & i=j\\ 0 & i\neq j\end{cases} \tag{3.5.5}$$

其中，$\boldsymbol{u}_i$ 为矩阵 $\boldsymbol{U}$ 的第 i 列。

$\boldsymbol{D}\in\mathbb{R}^{L\times N}$为一个非主对角线上的元素为零、主对角线的元素全部或部分大于零的矩阵，称为矩阵 $\boldsymbol{Y}$ 的奇异值矩阵。因为在绝大多数情况下维数 L 不等于 N，所以矩阵 $\boldsymbol{D}$ 不一定为方阵。在这种情况下，取 $\boldsymbol{D}$ 左上角开始的最大子方阵的对角线为其主对角线。因此，

$$\begin{cases}\text{如果 } i=j & \text{则 } d_{ij}\geqslant 0\\ \text{如果 } i\neq j & \text{则 } d_{ij}=0\end{cases} \tag{3.5.6}$$

其中，d_{ij} 为 $\boldsymbol{D}$ 中第 i 行第 j 列元素，d_{ii} 就是矩阵 $\boldsymbol{Y}$ 的第 i 个奇异值，并且如果 $i>j$，有 $d_{ii}\geqslant d_{jj}$，也就是主对角线上的奇异值按降序排列。

$\boldsymbol{Y}\in\mathbb{R}^{N\times N}$同 $\boldsymbol{U}$ 一样是一个包含正交单位列向量的矩阵。

将矩阵 $\boldsymbol{Y}$ 的秩记为 $R(\boldsymbol{Y})$，它小于或等于 $\min\{L,N\}$，即 $R(\boldsymbol{Y})\leqslant\min\{L,N\}$。在 SVD 分解中，如果已知 $\boldsymbol{U}$ 和 $\boldsymbol{V}$ 都是满秩矩阵，则由 $R(\boldsymbol{Y})=R(\boldsymbol{UDV}^{\mathrm{T}})$ 可知，奇异值矩阵 $\boldsymbol{D}$ 中的非零奇异值的个数对应矩阵 $\boldsymbol{Y}$ 的秩。设 $R(\boldsymbol{Y})=T$，那么可以截掉 SVD 分解中各矩阵中冗余的列，得到稍微简洁的 SVD 分解矩阵，即 $\boldsymbol{U}\in\mathbb{R}^{L\times T}$，$\boldsymbol{D}\in\mathbb{R}^{T\times T}$，并且 $\boldsymbol{V}\in\mathbb{R}^{N\times T}$，通常称为**瘦 SVD**。

比较式(3.5.3)和式(3.5.4)可见，如果令 $\boldsymbol{A}=\boldsymbol{U}$，$\boldsymbol{W}=\boldsymbol{VD}^{\mathrm{T}}$，则可得到式(3.5.3)的字典学习问题的一个解。但实际上式(3.5.3)中是一个约等号，说明有误差存在。而式(3.5.4)的 SVD 解没有考虑误差，所以并不符合实际情况。解决的方法是保留若干个最重要的奇异值，将不重要的奇异值设为零。这就得到**截断 SVD**(tSVD)。

矩阵的秩决定了非零奇异值的个数。重写式(3.5.4)如下：

$$\boldsymbol{Y}=\sum_{i=1}^{N}d_i\boldsymbol{u}_i\boldsymbol{v}_i^{\mathrm{T}} \tag{3.5.7}$$

其中，d_i 为矩阵 $\boldsymbol{Y}$ 的第 i 个奇异值，且依次从大到小排列(当 $i>j$ 时，$d_i\geqslant d_j$)。

tSVD 保留最大的几个奇异值(设保留了 T 个)，舍弃其余的奇异值来逼近矩阵 $\boldsymbol{Y}$：

$$\boldsymbol{Y}'=\sum_{i=1}^{T}d_i\boldsymbol{u}_i\boldsymbol{v}_i^{\mathrm{T}} \tag{3.5.8}$$

所以，$\boldsymbol{Y}'$只是一个估计值，它与原来矩阵之间的残差 $\boldsymbol{R}=\boldsymbol{Y}-\boldsymbol{Y}'$为

$$\boldsymbol{R}=\sum_{i=T+1}^{N}d_i\boldsymbol{u}_i\boldsymbol{v}_i^{\mathrm{T}} \tag{3.5.9}$$

所以在采用 tSVD 方法的字典学习方案中可将误差显式地表示出来，$\boldsymbol{A}=[\boldsymbol{u}_1,\cdots,\boldsymbol{u}_N]$，$\boldsymbol{W}=[d_1\boldsymbol{v}_1,\cdots,d_T\boldsymbol{v}_T]$。为确定式(3.5.9)的残差在原始信号矩阵 $\boldsymbol{Y}$ 中所占的比例，可借助矩阵的范数。***F* 范数**是矩阵所有元素的平方和，所以

$$\|\boldsymbol{R}\|_{\mathrm{F}}^2=\sum_{i=T+1}^{N}d_i^2 \tag{3.5.10}$$

$$\|\boldsymbol{Y}\|_{\mathrm{F}}^2=\sum_{i=1}^{N}d_i^2 \tag{3.5.11}$$

这样，残差在原始信号矩阵 $\boldsymbol{Y}$ 中所占的比例为

$$\frac{\|\boldsymbol{R}\|_{\mathrm{F}}^2}{\|\boldsymbol{Y}\|_{\mathrm{F}}^2}=\sum_{i=T+1}^{N}d_i^2\Big/\sum_{i=1}^{N}d_i^2 \tag{3.5.12}$$

可见，在 F 范数衡量下的残差与原始信号之间的比例差别完全取决于原始信号奇异值平方的分布以及使用多少个(T)最大奇异值去重建信号。

为确定 T,可根据 SVD 与 PCA 之间的关系,即 SVD 的 $\boldsymbol{U}$ 矩阵对应 PCA 中的主分量,$\boldsymbol{D}\boldsymbol{V}^{\mathrm{T}}$ 就是数据在主分量上的投影值。这样就可看出,式(3.5.8)的 tSVD 逼近实际上是要选取若干个主分量来重构信号。所以,可以利用 PCA 中确定主分量个数的方法来确定 tSVD 中的 T(即保留的最大奇异值的个数)。

3.5.2 非负矩阵分解

tSVD 的优化形式可用下式来表示(第一行是要优化的目标,下面两行是限定条件):

$$\begin{cases} \min\limits_{\boldsymbol{A}\in\mathbb{R}^{L\times M},\boldsymbol{W}\in\mathbb{R}^{M\times N}} \|\boldsymbol{E}\|_{\mathrm{F}}^{2} \\ \text{s.t.}\quad \boldsymbol{Y}=\boldsymbol{A}\boldsymbol{W}+\boldsymbol{E} \\ \qquad\ \boldsymbol{A}^{\mathrm{T}}\boldsymbol{A}=\boldsymbol{I}_{M} \end{cases} \tag{3.5.13}$$

其中,$\boldsymbol{I}_M$ 为 $M\times M$ 的单位矩阵。

式(3.5.13)取数据矩阵 $\boldsymbol{Y}$ 的 SVD 分解在 $\boldsymbol{U}$ 矩阵中与 T 个最大奇异值相关的列作为原子信号矩阵 $\boldsymbol{A}$,并要求原子信号矩阵 $\boldsymbol{A}$ 正交。

式(3.5.13)有两个问题。首先,tSVD 是它的一个解,但由于没有限制 $\boldsymbol{W}$ 的形式,所以式(3.5.13)可能有无穷多个解。事实上,任何解的酉变换都是合法解,即如果假设 $\boldsymbol{A}^*$ 和 $\boldsymbol{W}^*$ 是一组解,$\boldsymbol{H}$ 是一个 $M\times M$ 的酉矩阵($\boldsymbol{H}^{\mathrm{T}}\boldsymbol{H}=\boldsymbol{H}\boldsymbol{H}^{\mathrm{T}}=\boldsymbol{I}_M$),则 $\boldsymbol{A}^*\boldsymbol{H}$ 和 $\boldsymbol{W}^*\boldsymbol{H}$ 也是式(3.5.13)的解。其次,这里对字典信号必须正交的要求过于苛刻。

从式(3.5.13)可见,要去掉原子信号必须正交的限制,只要简单去掉第 3 行就可。但这样可能导致解的空间太大以及平凡解的产生。所以需要对 $\boldsymbol{A}$ 或 $\boldsymbol{W}$ 或两者同时进行适当地限制。这样用来限定解空间的规则应满足两个条件:一个是限定规则本身应具有物理意义;另一个是限定后优化问题应可解,或者说其近似解可在有限时间内计算出来。

字典学习的本质是矩阵分解。**非负矩阵分解**(NMF)是一种非线性的维数约减手段,可以满足上面两个条件。实际信号有物理意义,所以是非负的,生成这些信号的原子信号也应非负,权重矩阵要帮助构成信号所以也应非负。NMF 的限定条件就是原子信号和权重矩阵必须都是非负的。NMF 的优化形式类似于式(3.5.13),可写为

$$\begin{cases} \min\limits_{\boldsymbol{A}\in\mathbb{R}^{L\times M},\boldsymbol{W}\in\mathbb{R}^{M\times N}} \|\boldsymbol{E}\|_{\mathrm{F}}^{2} \\ \text{s.t.}\quad \boldsymbol{Y}=\boldsymbol{A}\boldsymbol{W}+\boldsymbol{E} \\ \qquad\ \boldsymbol{A}\geqslant 0 \\ \qquad\ \boldsymbol{W}\geqslant 0 \end{cases} \tag{3.5.14}$$

考虑到优化目标的多样性,还可写出更具有普适性的形式

$$\begin{cases} \min\limits_{\boldsymbol{A}\in\mathbb{R}^{L\times M},\boldsymbol{W}\in\mathbb{R}^{M\times N}} d(\boldsymbol{Y},\boldsymbol{A}\boldsymbol{W}) \\ \text{s.t.}\quad \boldsymbol{Y}=\boldsymbol{A}\boldsymbol{W}+\boldsymbol{E} \\ \qquad\ \boldsymbol{A}\geqslant 0 \\ \qquad\ \boldsymbol{W}\geqslant 0 \end{cases} \tag{3.5.15}$$

其中,$d(\boldsymbol{P},\boldsymbol{Q})$ 为表示矩阵 $\boldsymbol{P}$ 和 $\boldsymbol{Q}$ 之间非相似度的函数。

如果设

$$d(\boldsymbol{P},\boldsymbol{Q}) = \|\boldsymbol{P}-\boldsymbol{Q}\|_F^2 \tag{3.5.16}$$

则式(3.5.15)退化为式(3.5.14)的形式。

NMF 的解空间一般还偏大，对它的改进常常是增加一些限制条件以进一步收缩解空间。例如，可以加入权重矩阵的稀疏性条件以实现稀疏非负矩阵分解：

$$\begin{cases} \min\limits_{\boldsymbol{A}\in\mathbb{R}^{L\times M},\boldsymbol{W}\in\mathbb{R}^{M\times N}} d(\boldsymbol{Y},\boldsymbol{AW}) \\ \text{s.t.}\quad \boldsymbol{Y}=\boldsymbol{AW}+\boldsymbol{E} \\ \qquad \boldsymbol{A}\geqslant 0 \\ \qquad \boldsymbol{W}\geqslant 0 \\ \qquad \|\boldsymbol{W}\|_0\leqslant K \end{cases} \tag{3.5.17}$$

另外，对流形上的非负矩阵分解可以有

$$\begin{cases} \min\limits_{\boldsymbol{A}\in\mathbb{R}^{D\times M},\boldsymbol{W}\in\mathbb{R}^{M\times N}} d(\boldsymbol{Y},\boldsymbol{AW}) \\ \text{s.t.}\quad \boldsymbol{Y}=\boldsymbol{AW}+\boldsymbol{E} \\ \qquad \boldsymbol{A}\geqslant 0 \\ \qquad \boldsymbol{W}\geqslant 0 \\ \boldsymbol{a}_i\in S\quad i=1,\cdots,S \end{cases} \tag{3.5.18}$$

其中，S 为具有特定结构的流形。

3.5.3 端元提取

端元提取也是一类字典学习方法，其两个限制条件为：一个是权重矩阵非负；另一个是权重矩阵每一列的和必须为 1，即

$$\boldsymbol{y}_i=\boldsymbol{A}\boldsymbol{w}_i+\boldsymbol{\varepsilon}\quad \boldsymbol{w}_i\geqslant 0\quad \boldsymbol{w}_i^{\mathrm{T}}\boldsymbol{L}=1 \tag{3.5.19}$$

其中，$\boldsymbol{L}$ 为一个长度合适的全为 1 的列向量。

将式(3.5.19)写成矩阵形式为

$$\boldsymbol{Y}=\boldsymbol{AW}+\boldsymbol{E}\quad W\geqslant 0\quad \boldsymbol{W}^{\mathrm{T}}\boldsymbol{L}=\boldsymbol{L} \tag{3.5.20}$$

一种典型的端元提取优化方法是**迭代约束端元化**(ICE)：

$$\begin{cases} \min\limits_{\boldsymbol{A}\in\mathbb{R}^{L\times M},\boldsymbol{W}\in\mathbb{R}^{M\times N}} \|\boldsymbol{E}\|_F^2+\lambda\sum\limits_{i\neq j}\|\boldsymbol{a}_i-\boldsymbol{a}_j\|_2^2 \\ \text{s.t.}\quad \boldsymbol{Y}=\boldsymbol{AW}+\boldsymbol{E} \\ \qquad \boldsymbol{W}\geqslant 0 \\ \qquad \boldsymbol{W}^{\mathrm{T}}\boldsymbol{L}=\boldsymbol{L} \end{cases} \tag{3.5.21}$$

其中，$\boldsymbol{A}$ 为端元矩阵，其第 i 列，即 $\boldsymbol{a}_i$ 是第 i 个端元，求和项表示两两不同端元之间的距离和；λ 为正则参数，用以权衡数据重建误差与距离和。

ICE 的模型和优化问题与非负矩阵分解没有本质区别，但优化过程很不一样。ICE 采用的是类似于坐标交替下降迭代的优化方法。在某一个迭代步骤 t，固定一个未知量，如 $\boldsymbol{W}^t$，去求解另一个未知量，如 $\boldsymbol{A}^{t+1}$；得到 $\boldsymbol{A}^{t+1}$ 后再固定 $\boldsymbol{A}^{t+1}$ 去求 $\boldsymbol{W}^{t+1}$。循环迭代就可得到最终解。

具体将 ICE 的优化问题简化为

$$\begin{cases}\min\limits_{A\in\mathbb{R}^{L\times M},W\in\mathbb{R}^{M\times N}} \|\boldsymbol{Y}-\boldsymbol{AW}\|_F^2+\lambda\mathrm{Tr}(\boldsymbol{AHA}^{\mathrm{T}}) \\ \text{s.t.}\quad \boldsymbol{W}\geqslant 0 \\ \qquad \boldsymbol{W}^{\mathrm{T}}\boldsymbol{L}=\boldsymbol{L}\end{cases} \tag{3.5.22}$$

将 $\boldsymbol{E}=\boldsymbol{Y}-\boldsymbol{AW}$ 代入式(3.5.22)中,并且使用($\boldsymbol{H}=1-\boldsymbol{L}^{\mathrm{T}}\boldsymbol{L}/\boldsymbol{M}$)

$$\sum_{i\neq j}\|\boldsymbol{a}_i-\boldsymbol{a}_j\|_2^2=\mathrm{Tr}(\boldsymbol{AHA}^{\mathrm{T}}) \tag{3.5.23}$$

另定义

$$J(\boldsymbol{A},\boldsymbol{W})=\|\boldsymbol{Y}-\boldsymbol{AW}\|_2^2+\lambda\mathrm{Tr}(\boldsymbol{A}^{\mathrm{T}}\boldsymbol{HA}) \tag{3.5.24}$$

如果在第 t 步迭代已得到 $\boldsymbol{A}^t$ 和 $\boldsymbol{W}^t$,则 $\boldsymbol{W}^{t+1}$ 可由(固定 $\boldsymbol{A}$)求解下式得到:

$$\begin{cases}\boldsymbol{W}^{t+1}=\underset{\boldsymbol{W}}{\mathrm{argmin}}J(\boldsymbol{A}^t,\boldsymbol{W}) \\ \text{s.t.}\quad \boldsymbol{W}\geqslant 0 \\ \qquad \boldsymbol{W}^{\mathrm{T}}\boldsymbol{L}=\boldsymbol{L}\end{cases} \tag{3.5.25}$$

式(3.5.25)是一个带线性限制条件的**二次规划问题**(QP),有标准的算法。接下来,固定 $\boldsymbol{W}$ 以得到下一步的原子信号矩阵 $\boldsymbol{A}$:

$$\boldsymbol{A}^{t+1}=\underset{\boldsymbol{A}}{\mathrm{argmin}}J(\boldsymbol{A},\boldsymbol{W}^{t+1}) \tag{3.5.26}$$

式(3.5.26)也是一个二次规划问题,且无约束条件,所以有直接的解析解:

$$\boldsymbol{A}^{t+1}=Y(\boldsymbol{W}^{t+2})^{\mathrm{T}}[\boldsymbol{W}^{t+1}(\boldsymbol{W}^{t+1})^{\mathrm{T}}+\lambda\boldsymbol{H}]^{-1} \tag{3.5.27}$$

一般情况下,矩阵 $\boldsymbol{W}^{t+1}(\boldsymbol{W}^{t+1})^{\mathrm{T}}+\lambda\boldsymbol{H}$ 是可逆的,因为 $\boldsymbol{H}$ 的秩为 $M-1$。只有在某些情况如 $\boldsymbol{W}^{t+1}$ 为全零矩阵时才会出现 $\boldsymbol{W}^{t+1}(\boldsymbol{W}^{t+1})^{\mathrm{T}}+\lambda\boldsymbol{H}$ 不可逆。即便在这种情况下,也可以引入一个小的扰动,即 $\boldsymbol{W}^{t+1}(\boldsymbol{W}^{t+1})^{\mathrm{T}}+\lambda\boldsymbol{H}+\varepsilon\boldsymbol{I}$($\varepsilon\geqslant 0$,但接近 0)取代原矩阵 $\boldsymbol{W}^{t+1}(\boldsymbol{W}^{t+1})^{\mathrm{T}}+\lambda\boldsymbol{H}$ 以确保其可逆。所以,从一个最初的原子矩阵 $\boldsymbol{A}^0$ 出发,通过上述迭代过程,可以得到一组局部最优解。但该优化算法也存在类似非负矩阵分解优化算法的问题,ICE 的优化目标同样是非凸性的,所以上述算法虽然可以保证收敛,但也可能收敛到局部最优解,并不能确保全局最优。另外,解还依赖于初始值,不同的初始值可能会导致不同的解。

类似于对非负矩阵分解的改进(参见式(3.5.17)),也可以对式(3.5.21)进行相应的变形,以克服 ICE 的一些缺点或引入 ICE 中没有的性质。例如,可得到**稀疏迭代约束端元化**(SPICE):

$$\begin{cases}\min\limits_{A\in\mathbb{R}^{L\times M},W\in\mathbb{R}^{M\times N}} \|\boldsymbol{E}\|_F^2+\lambda_1\sum\limits_{i\neq j}\|\boldsymbol{a}_i-\boldsymbol{a}_j\|_2^2+\lambda_2\|\boldsymbol{W}\|_1 \\ \text{s.t.}\quad \boldsymbol{Y}=\boldsymbol{AW}+\boldsymbol{E} \\ \qquad \boldsymbol{W}=\boldsymbol{AW} \\ \qquad \boldsymbol{W}^{\mathrm{T}}\boldsymbol{L}=\boldsymbol{L}\end{cases} \tag{3.5.28}$$

其中引入的是权重矩阵的稀疏性先验条件。

3.5.4 稀疏编码

稀疏编码就是寻找数据的一种字典表达方式,要使得每个数据都可以表示成为少数几个原子信号的线性组合。直观地说,就是在字典学习中对权重矩阵引入稀疏性约束条件。在稀疏编码中权重矩阵称为稀疏表达矩阵,借助前面的优化问题表示方法,稀疏编码的模型和优化目标可写成

$$\begin{cases} \min\limits_{A \in \mathbb{R}^{L \times M}, W \in \mathbb{R}^{M \times N}} \| \boldsymbol{E} \|_p \\ \text{s. t.} \quad \boldsymbol{Y} = \boldsymbol{AW} + \boldsymbol{E} \\ \qquad \| \boldsymbol{w}_i \|_0 \leqslant K \quad i = 1, \cdots, N \end{cases} \tag{3.5.29}$$

式(3.5.29)所表达的含义是找到用于表示数据 $\boldsymbol{Y}$ 的字典，使得使用该字典的每个数据的重建系数在一定误差允许范围内是 K 稀疏的。式(3.5.29)与压缩感知的经典优化问题有些相似之处，但有两点不同需指出：一是压缩感知中的讨论针对一个信号的感知与重建；二是压缩感知中的采样矩阵$\boldsymbol{\Phi}$对应稀疏编码中的矩阵 $\mathbf{A}$，且$\boldsymbol{\Phi}$已知，但在稀疏编码中矩阵 $\mathbf{A}$ 也是需要求解的目标之一。可见，稀疏编码在优化问题上求解的复杂度远超过压缩感知。

1. 最优方向法

最优方向法(MOD)解决的是式(3.5.29)及以下稍许不同的目标：

$$\begin{cases} \min\limits_{A \in \mathbb{R}^{L \times M}, W \in \mathbb{R}^{M \times N}} \| \boldsymbol{W} \|_0 \\ \text{s. t.} \quad \boldsymbol{Y} = \boldsymbol{AW} + \boldsymbol{E} \\ \qquad \| \boldsymbol{e}_i \|_2 \leqslant \varepsilon \quad i = 1, \cdots, N \end{cases} \tag{3.5.30}$$

其中，$\| \boldsymbol{W} \|_0$为矩阵 $\boldsymbol{W}$ 的 L_0 范数，即矩阵 $\boldsymbol{W}$ 中非零元素的个数。

最优方向法的本质是交替优化原子信号矩阵和权重矩阵，主要步骤有两个：

(1) 稀疏编码阶段：对 $i=1,\cdots,N$，使用匹配追踪算法以获取

$$\boldsymbol{w}_i = \underset{\boldsymbol{A}}{\operatorname{argmin}} \| \boldsymbol{y}_i - \boldsymbol{A}^{t-1} \boldsymbol{w} \|_2^2 \quad \text{s. t.} \ \| \boldsymbol{w} \|_0 \leqslant K \tag{3.5.31}$$

(2) 字典更新阶段：使用下面的公式更新原子信号矩阵

$$\boldsymbol{A}^t = \underset{\boldsymbol{A}}{\operatorname{argmin}} \| \boldsymbol{Y} - \boldsymbol{AW}^t \|_{\mathrm{F}}^2 = \boldsymbol{YW}^t [\boldsymbol{W}^t (\boldsymbol{W}^t)^{\mathrm{T}}]^{-1} \tag{3.5.32}$$

2. 核奇异值分解

在 MOD 中，字典更新是通过对权重矩阵进行简单的伪逆计算来实现的，这样会使一些原子信号混入到其他原子信号中并产生影响，从而导致整个算法收敛过程较慢。**核奇异值分解**(K-SVD)是为了消除原子信号之间的互相干扰而提出的。它的基本思想是逐个考查原子信号对数据拟合的贡献并逐个更新原子信号。

考虑第 j 个原子信号 $\boldsymbol{a}_j$，令 S_j 为包含原子信号 $\boldsymbol{a}_j$ 中数据的索引集合，即

$$S_j = \{ i \mid 1 \leqslant i \leqslant M, w_{ji} \neq 0 \} \tag{3.5.33}$$

其中，w_{ji} 为权重矩阵 $\boldsymbol{W}$ 的第 j 行第 i 列元素。

因为 $\boldsymbol{W}$ 是稀疏的，所以并不是每个原子信号都对观测数据有贡献，或者说并不是每个数据都包含所有原子信号，而是最多只有 K 个原子信号具有非零的权重系数。先来计算残差矩阵：

$$\boldsymbol{E}_j = \boldsymbol{Y} - \sum_{l \neq j} \boldsymbol{a}_l \boldsymbol{w}_l^{\mathrm{T}} \tag{3.5.34}$$

式(3.5.34)计算的是除 $\boldsymbol{a}_j$ 外其他原子信号的拟合残差。引入记号 $\boldsymbol{E}_j^S$ 以表示矩阵 $\boldsymbol{E}_j$ 的列子矩阵，即由 $\boldsymbol{E}_j$ 中属于 S 的列所组成的矩阵。对 $\boldsymbol{a}_j$ 和 $\boldsymbol{w}_j$ 的更新由求解下式得到：

$$(\boldsymbol{a}_j, \boldsymbol{w}_j) = \underset{\boldsymbol{a}, \boldsymbol{w}}{\operatorname{argmin}} \| \boldsymbol{E}_j^S - \boldsymbol{aw}^{\mathrm{T}} \|_{\mathrm{F}}^2 \tag{3.5.35}$$

式(3.5.35)仍是一个矩阵分解问题，但比原始的矩阵分解问题简单得多，因为该式中的 $\boldsymbol{a}$ 和 $\boldsymbol{w}$ 都是矢量而非矩阵。所以，对式(3.5.35)可用经典的矩阵分解来求解。在 K-SVD 中

使用对矩阵 $\boldsymbol{E}_j^S$ 的秩为 1 的 SVD 分解，即 tSVD

$$\boldsymbol{E}_j^S \approx \boldsymbol{u}\lambda\boldsymbol{v}^{\mathrm{T}} \tag{3.5.36}$$

可见，$\boldsymbol{u}$ 和 $\lambda\boldsymbol{v}$ 分别是 $\boldsymbol{a}$ 和 $\boldsymbol{w}$ 的解。如果 $K=1$ 且限定权重矩阵的值只能取 1 或 0，那么原始问题退化成一个标准的 K-means 聚类问题。类似于在每个 K-means 的迭代步骤中都计算 K 个子集(类)，这种带前述限制条件的 K-SVD 的每个迭代步骤也是在寻找 K 个子矩阵(对应 K 个子集)。它的两个主要迭代步骤为

(1) 稀疏编码阶段：对 $i=1,\cdots,N$，使用匹配追踪算法以获取

$$\boldsymbol{w}_i = \underset{\boldsymbol{A}}{\operatorname{argmin}} \|\boldsymbol{y}_i - \boldsymbol{A}^{t-1}\boldsymbol{w}\|_2^2 \quad \text{s.t.} \ \|\boldsymbol{w}\|_0 \leqslant K \tag{3.5.37}$$

的近似解，这样得到 $\boldsymbol{W}^t$。

(2) 字典更新阶段：使用下面公式依次更新原子信号矩阵 $\boldsymbol{A}$ 的第 j 个原子信号 $\boldsymbol{a}_j(j=1,\cdots,M)$。

先计算残差矩阵

$$\boldsymbol{E}_j = \boldsymbol{Y} - \sum_{l\neq j}\boldsymbol{a}_l\boldsymbol{w}_l^{\mathrm{T}} \tag{3.5.38}$$

而矩阵 $\boldsymbol{E}_j^S$ 的秩为 1 的 tSVD 分解为

$$\boldsymbol{E}_j^S \approx \boldsymbol{u}\lambda\boldsymbol{v}^{\mathrm{T}} \tag{3.5.39}$$

$\boldsymbol{a}_j=\boldsymbol{u}$，且权重向量 $\boldsymbol{w}_j=\lambda\boldsymbol{v}$。

可见，稀疏编码与聚类分析有很大的相似性，且与子空间分析(也称子空间学习)密切相关。

3.6 压缩感知的成像应用

压缩感知已得到了许多应用，下面仅举两个成像方面的例子。

3.6.1 单像素相机

单像素相机的设计是使压缩感知得到广泛关注的一个重要事件。它成像灵活，光电转换效率高，大大减少了对高复杂度、高代价光探测器的要求。它的成像流程如图 3.6.1 所示。

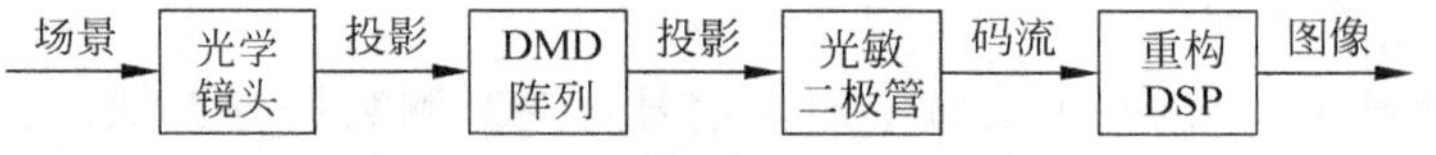

图 3.6.1 单像素相机成像流程

利用光学透镜将场景中得到光源照射的目标投影到**数字微镜器**(DMD)上。这是一种借助大量的微小镜片来反射入射光而实现光调制的器件。微镜阵列中的每个单元都可借助电压信号控制以分别进行±12°的机械翻转，如此就可将入射光分别进行对称角度的反射或完全吸收而不输出。这样就构成了一个由 1 和 0 组成的随机测量矩阵。以对称角度反射出来的光被光敏二极管(目前常用的快速、敏感、低价高效的单像素传感器，在低光照时也有使用雪崩二极管的)所接收，其电压随反射光强度发生变化。量化后可给出一个测量值 y_i，其中每次 DMD 的随机测量模式对应测量矩阵中的一行 $\boldsymbol{\phi}_i$，此时如果将输入图像看成一个矢

量 $\boldsymbol{x}$,则该次测量的结果为 $y_i=\boldsymbol{\phi}_i\boldsymbol{x}$。将此投影操作重复 M 次,则通过 M 次随机配置 DMD 上每个微镜的翻转角度,就可获得 M 个测量结果,得到 $\boldsymbol{y}=\boldsymbol{\Phi}\boldsymbol{x}$。根据总变分重构法(可用 DSP 实现),就可用远小于原始场景图像像素的 M 个测量值重构图像(其分辨率与微镜阵列的分辨率相同)。这相当于在图像采集的过程中实现了对图像数据的压缩。

例 3.6.1 单像素相机成像效果

单像素相机成像的效果目前还离普通 CCD 相机成像的效果有一定的距离。图 3.6.2 给出一组示例。图(a)是对一张黑纸上的白色字母 R 的成像效果,像素个数为 256×256;图(b)是一个用单像素相机成像的效果,此时 M 为像素个数的 16%(进行了 11 000 次测量);图(c)是另一个用单像素相机成像的效果,此时 M 为像素个数的 2%(进行了 1300 次测量)。

(a) (b) (c)

图 3.6.2 单像素相机成像效果示例

由图可见,虽然测量数量有所减少,但质量还不能相比。另外,机械翻转微镜需要一定的时间,所以为获得足够多的测量数量的成像时间比较长(以分钟为单位)。事实上,在可见光范围内,用单像素相机成像的成本比一般 CCD 相机或 CMOS 相机要高。由于可见光谱与硅材料的光电响应区域一致,所以 CCD 或 CMOS 器件的集成度高且价格低。但在其他光谱范围,例如红外谱段,单像素相机就比较有优势。由于红外谱段的探测器件很昂贵,单像素相机就可与其竞争了。 □

3.6.2 压缩感知磁共振成像

磁共振成像是一种借助扫描并进行投影重建来获取图像的方法(参见上册第 8 章),在医学中得到广泛应用。磁共振成像可获取人体内部的信息,且对人体无损伤,但其中的扫描过程导致采集图像需要大量的时间,不仅增加了病人的不适感,而且病人的生理运动造成的运动伪影也会给临床诊断带来较大的负面效应。因此,缩短成像时间、提高成像效率和减少图像伪影得到很多关注。

利用压缩感知的磁共振成像的基本思路:首先对图像采用离散傅里叶标准正交基进行稀疏表达,其次对得到的 K 空间数据进行随机欠采样,最后通过非线性重构算法重建出图像。整个流程如图 3.6.3 所示。

具体描述如下:

(1) 考虑一幅 N-D 图像 $\boldsymbol{x}$ 在 $\boldsymbol{\Psi}=\{\boldsymbol{\Psi}_1,\cdots,\boldsymbol{\Psi}_N\}$ 下具有稀疏性,则

$$\boldsymbol{x}=\sum_{i=1}^{K}\theta_i\boldsymbol{\Psi}_N=\boldsymbol{\Psi\Theta} \tag{3.6.1}$$

其中,$\boldsymbol{\Theta}=[\theta_1,\cdots,\theta_N]^{\mathrm{T}}(K\ll N)$ 为 $\boldsymbol{x}$ 在稀疏变换 $\boldsymbol{\Psi}$ 中的非零系数。

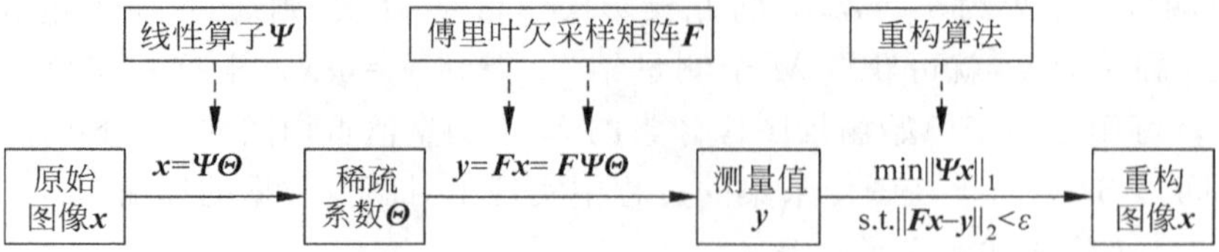

图 3.6.3　压缩感知磁共振成像流程

(2) 借助 $\boldsymbol{F} \in \mathbb{R}^{M \times N}(M \ll N)$将图像 $\boldsymbol{x}$ 投影到低维空间，得到 M 维的测量值 $\boldsymbol{y} \in \mathbb{R}^{M}$：

$$\boldsymbol{y} = \boldsymbol{F}\boldsymbol{x} = \boldsymbol{F}\boldsymbol{\Psi}\boldsymbol{\Theta} \tag{3.6.2}$$

其中，$\boldsymbol{F}$ 为傅里叶变换欠采样矩阵。

(3) 图像 $\boldsymbol{x}$ 可由 K 空间的测量值 $\boldsymbol{y}$ 通过求解约束优化问题来精确重构：

$$\min \| \boldsymbol{\Psi}\boldsymbol{x} \|_1 \quad \text{s.t.} \ \| \boldsymbol{F}\boldsymbol{x} - \boldsymbol{y} \|_2 < \varepsilon \tag{3.6.3}$$

式(3.6.3)表示在用不等式约束 K 空间数据的一致性条件下(ε 为测量值重构的保真度)通过稀疏变换$\boldsymbol{\Psi}$ 对 $\boldsymbol{x}$ 进行稀疏表达。

例 3.6.2　压缩感知磁共振成像效果

图 3.6.4 给出一些压缩感知磁共振成像的效果示例。图像为 T_1 加权脑图像，每幅图像的分辨率为 384×324，含有加性复数高斯噪声，信噪比为 25dB。其中，左边 3 幅图是采用基于压缩感知的总变分重构法得到的结果，右边 3 幅图是采用基于压缩感知的凸优化重构法(使用了加权 L_1 范数)得到的结果。每 3 幅图中，从左向右，测量数分别是原始像素数的 1/4，1/6 和 1/8(都对应欠采样)。换句话说，成像的加速倍率(反比于测量数)分别为 4,6,8。

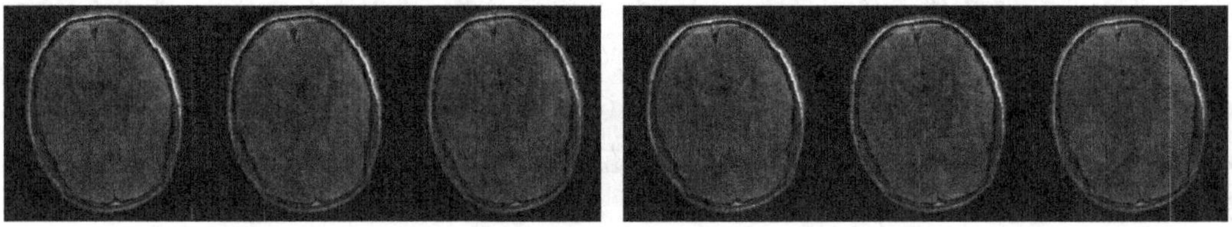

图 3.6.4　压缩感知磁共振成像效果示例

由图 3.6.4 可见，当加速倍率为 6 和 8 时，利用总变分重构法得到的结果中解剖结构比较模糊且存在较多块状伪影。利用凸优化重构法得到的结果有所改善，但上述问题仍然存在。 □

在利用压缩感知的磁共振成像中，扫描仪器采集的并不是原始图像像素，而是由全局傅里叶变换得到的频域图像，每一个频域像素都是时域像素的线性组合，即频域图像包含了原始图像的所有信息。因此，保留部分重要的采集数据并不会导致原始图像信息的缺失。然后，通过仅利用 K 空间的部分数据就可成功地重构出原始图像。如此，不但加快了成像速度，而且将极大地减少扫描时间并提高病人的舒适性。

总结和复习

为更好地学习，下面对各小节给予概括小结并提供一些进一步的参考资料；另外给出一些思考题和练习题以帮助复习(文后对加星号的题目还提供了解答)。

1. 各节小结和文献介绍

3.1 节概括给出了压缩感知的基本框架，相关的内容还可参见[卢 2012]、[万 2013]、[尹 2013]、[荆 2015]、[闫 2015]等。

3.2 节介绍了稀疏表达的一些基本知识，可与 3.5 节结合学习。有关稀疏表达的一个应用可见[Liu 2014]。

3.3 节分析了测量矩阵及其特性，相关讨论在很多书籍中都有介绍，如[李 2015]。

3.4 节介绍了一些典型的重构算法，凸优化算法还包括：①L_p重构模型，用 $L_p(0<p<1)$范数代替 L_0范数；②平滑 L_0重构模型；③低秩重构模型，利用了图像低秩结构；④非局部重构模型，利用了图像自相关结构；⑤结构化稀疏聚类模型，结合了局部和非局部模型。贪婪算法的种类也有很多，其中，匹配追踪(MP)算法、正交匹配追踪(OMP)算法能够以极大的概率重构原信号，但是缺乏相应重构正确性的保证。随后改进的算法有逐步匹配追踪(StOMP)、子空间追踪(SP)、压缩匹配追踪(CoOMP)和正则匹配追踪(ROMP)等，在一定程度上兼顾重构的通用性和复杂性，并提供了理论支撑。对于低维度的小尺度信号重构，贪婪算法的速度快，但是对于含噪声的大尺度重构问题，该算法不具有鲁棒性。对压缩感知中图像重构的模型综述可见[宋 2016]。

3.5 节概括地对稀疏编码与字典学习进行了介绍。稀疏编码还有许多拓展，即为了获取不同性质的稀疏编码的变形算法[李 2015]。如双稀疏模型(double-sparsity model)，正交单位基组成的字典(union of unitary bases)，图像标记字典(image signature dictionary, ISD)等。关于非负矩阵近期研究进展的一个综述可见[Wang 2013]。关于字典学习的一个应用可见[Liu 2016]。一种融合解析模型和综合模型的压缩感知算法可见[练 2016]。

3.6 节只列举了两个压缩感知在成像上的应用示例。基于压缩感知理论的研究工作很多，有关磁共振血管快速成像技术(CS-MRA)的进展可见[赵 2016]，有关雷达成像技术与应用的进展可见[李 2016]。更多应用还可见[王 2014]。

2. 思考题和练习题

3-1 有人将压缩感知的基本流程图用图题 3-1 表示，讨论其与图 3.1.1 的相似和不同处。

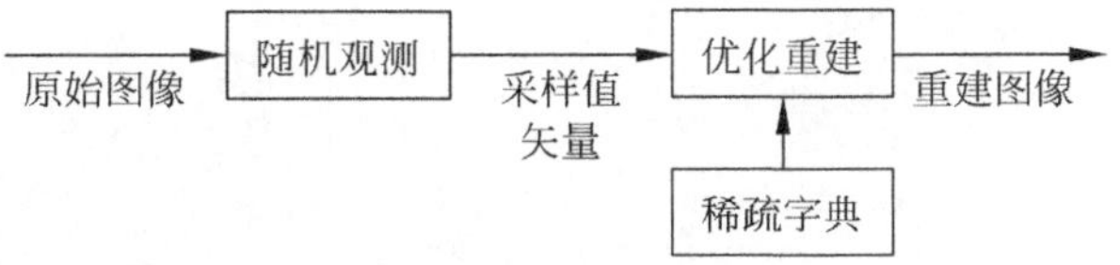

图题 3-1

3-2 什么样的信号可认为是稀疏信号？举 3 个实例。

***3-3** 对比传统的信息获取和压缩感知信息获取。

(1) 在传统的信息获取中压缩的是数据，而在压缩感知中，压缩的是什么？

(2) 在传统的信息获取中只需要解压缩，而在压缩感知中需要重构步骤，为什么？

3-4 试画出范数 3/2 与拟范数 1/4 在$\mathbb{R}^2$中的单位圆。

3-5 试讨论使用范数 3/2 与拟范数 1/4 在描述逼近误差时的不同表现。

3-6 考虑对周期信号 $y=\sin(0.25\pi i)$在 $i=0,\cdots,16$ 进行采样得到的信号，

(1) 画出对其进行傅里叶变换的频谱；

(2) 画出对其进行小波变换的频谱；

(3) 比较两个频谱，哪个更加稀疏？为什么？

3-7 试证明：如果($\boldsymbol{\Phi}$，$\boldsymbol{\Delta}$)满足式(3.3.4)，则矩阵$\boldsymbol{\Phi}$满足 $2K$ 阶零空间特性。

3-8 对比列出文中介绍的各类重构算法的适用场合、优缺点。还可扩展到其他文献中的算法。

3-9 试证明式(3.4.7)的解 $\boldsymbol{x}'$满足式(3.4.8)。

3-10 非负矩阵分解对原子信号和权重矩阵有什么限定？试举例解释其物理意义。

* **3-11** 压缩感知的目标和稀疏编码的目标有什么不同？哪一个的要求更高些？

3-12 调查一下，压缩感知除在成像方面外，还在哪些领域得到了应用，介绍几个示例。

第4章 深度信息采集

一般成像方式所获得的是源自3-D物理空间的2-D图像，其中与摄像机光轴垂直平面上的信息被保留在图像中，但沿摄像机光轴方向的深度信息丢失了。而图像理解常需要获得客观世界的3-D信息或更高维的全面信息。

有多种方法可获得(或恢复)深度信息，包括参照人类双目视觉系统观察世界的立体视觉技术，利用特定设备和装置直接获取距离信息的方法，借助移动聚焦平面逐层获取3-D信息的手段等。

根据上述的讨论，本章各节将安排如下。

4.1节先对一般高维(>2-D)图像的种类和深度成像方式给予概括的介绍和分析。

4.2节介绍一些双目成像的模式，包括双目横向模式、双目横向会聚模式和双目轴向模式。

4.3节介绍若干种直接采集深度图像的装置和方法，以及一种深度图和灰度图同时采集的方法。

4.4节分别讨论利用普通显微镜和共聚焦显微镜进行3-D分层成像的技术。

4.1 高维图像和成像方式

客观世界是高维的，相应采集的图像也可以是高维的。相比最基本的2-D静止灰度图像$f(x,y)$，一般化的图像应是一个具有5个变量的矢量函数$\boldsymbol{f}(x,y,z,t,\lambda)$，其中$\boldsymbol{f}$代表了图像所反映的客观性质，$x,y,z$是空间变量，$t$是时间变量，$\lambda$是频谱变量(波长)，参见本套书上册1.1.1小节。本节先概况介绍一下高维图像的种类及一些相应的图像采集方式。

4.1.1 高维图像种类

随着电子技术和计算机技术的进步，许多图像采集方式和设备得到应用，使得图像从$f(x,y)$不断向$\boldsymbol{f}(x,y,z,t,\lambda)$扩展。下面给出一些典型的示例。

(1) 将$f(x,y)$看作反映景物表面辐射的图像：如果能将景物沿采集方向分成多片，对每片成像，结合起来就可获得景物完整的3-D信息(包括景物内部)，也就是采集到了3-D图像$f(x,y,z)$。例如，CT和MRI等成像方式都通过移动成像面实现逐层扫描而获得3-D图像$f(x,y,z)$。

(2) 将$f(x,y)$看作在某个给定时刻获取的静止图像：这里将图像采集的过程看作是一个瞬时的过程，如果沿着时间轴连续地采集多幅图像就可获得一段时间内的完整信息(包括动态信息)。视频(以及其他序列采集的图像)给出的就是另一类3-D图像$f(x,y,t)$。

(3) 将 $f(x,y)$看作仅对某个波长的辐射(或者是对某个波段的辐射的平均值)响应而得到的图像：事实上，利用不同的波长辐射可获得反映场景不同性质(对应景物表面对不同波长 λ 的反射和吸收特性)的图像。利用各种波长辐射在同样的时空采集到的图像集合能全面反映场景的频谱信息，这其中的每一幅图像都可以是 3-D 图像 $f(x,y,\lambda)$或 4-D 图像 $f(x,y,t,\lambda)$。典型的例子如多光谱图像，每幅对应不同的波段，但都对应同样的时空。

(4) 将 $f(x,y)$看作仅考虑了在给定空间位置的某一个性质而采集的图像：实际中，空间某一个位置的场景可具有多种性质，或者说图像在点(x,y)处也可以同时有多个值，此时可用矢量 $\boldsymbol{f}$ 来表示。彩色图像可看作在每一个图像点同时具有红绿蓝 3 个值的图像，$\boldsymbol{f}(x,y)=[f_r(x,y),f_g(x,y),f_b(x,y)]$。另外，上面提到的利用各种波长辐射在同样的时空得到的图像集合也可看作矢量图像 $\boldsymbol{f}(x,y)=[f_{\lambda 1}(x,y),f_{\lambda 2}(x,y),\cdots]$或 $\boldsymbol{f}(x,y)=[f_{t1\lambda 1}(x,y),f_{t1\lambda 2}(x,y),\cdots,f_{t2\lambda 1}(x,y),f_{t2\lambda 2}(x,y),\cdots]$。

(5) 将 $f(x,y)$看作是将 3-D 场景向 2-D 平面进行投影而采集到的图像：在这个过程中，丢失了深度(或距离)信息(有信息损失)。例如，结合对同一个场景在不同视点采集到的多个图像(采用双目或多目的方法，见第 6 章和第 7 章)就可获得该场景的完整信息(包括深度信息)。图像性质为深度的图像称为**深度图**或**深度图像**，即 $z=f(x,y)$。由深度图像可进一步获得 3-D 图像 $f(x,y,z)$。

上面所述各种对图像 $f(x,y)$的扩展方法也可结合起来，这样就可得到各种高维的$\boldsymbol{f}(x,y,z,t,\lambda)$。

4.1.2 本征图像和非本征图像

图像是对客观场景的一种描述形式，根据其所描述场景的性质可分为**本征图像**和非本征图像两大类[Ballard 1982]。图像是由观察者或采集器获取的场景的影像。场景和场景中的景物具有一些与观察者和采集器本身性质无关的自身客观存在的特性，例如，场景中各景物的表面反射率、透明度、表面指向，景物运动速度，以及各景物间的相对距离和在空间的方位等。这些特性称为(场景的)**本征特性**，表示这些本征特性物理量的图像称为本征图像。本征图像的种类很多，每个本征图像可以仅表示场景的一种本征特性，不掺杂其他特性的影响。如果能求得本征图像，对正确解释图像所代表的景物非常有用。例如深度图像就是一种最常用的本征图像，其中每个像素值都代表该像素所表示景物点与摄像机的距离(深度，也称景物的高程)，这些像素值实际上直接反映了景物可见表面的形状(本征性质)。又如本套书上册 14.2 节中介绍了对图像的运动矢量场表达方法。如果将那些运动矢量的值直接转化为幅度值，得到的就是表示景物运动速度的本征图像。

非本征图像所表示的物理量不仅与场景有关，而且与观察者/采集器的性质或图像采集的条件或周围环境等有关。非本征图像的一个典型代表就是常见的强度图(亮度图或照度图)，一般表示为灰度图像。强度图是反映观察处接受辐射强度的图，其强度值常是辐射源的强度、辐射方式方位、景物表面的反射性质、采集器的位置性能等多个因素综合的结果(进一步讨论还可见第 9 章)。

例 4.1.1 深度图像与灰度图像的区别

考虑图 4.1.1 中物体上的一个剖面，对该剖面采集得到的深度和灰度图像相比有如下两个特点：

(1) 深度图像中对应物体上同一外平面的像素值按一定的变化率变化(该平面相对于图像平面倾斜),这个值随物体形状和朝向变化,但与外部光照条件无关;灰度图像中对应的像素值既取决于表面的照度(既与物体形状和朝向有关,还与外部光照条件有关),也取决于表面的反射系数。

(2) 深度图像中的边界线有两种:一种是物体和背景间的(距离)阶跃边缘;另一种是物体内部各区域相交处的屋脊状边缘(对应极值,深度还是连续的)。在灰度图像中,两处均为阶跃边缘。

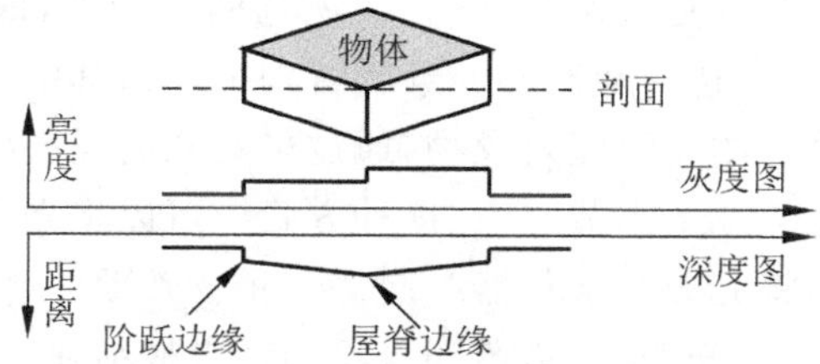

图 4.1.1　深度图像与灰度图像的区别　□

解决许多图像理解问题需要用非本征图像去恢复本征特性,即获得本征图像,从而可以进一步解释场景。为从非本征图像恢复场景的本征结构,常需要用到各种图像(预)处理手段。例如在灰度图像的成像过程中,许多有关场景的物理信息混合集成在像素灰度中,所以成像过程可看作一个退化变换。但这些有关场景的物理信息混在灰度图像中后并没有完全丢失,利用各种预处理技术(如滤波、边缘检测、距离变换等)可借助图像中的冗余信息消除成像过程中的退化(也就是对成像物理过程的变换求"逆"),从而把图像变换成反映场景空间性质的本征图像。

从图像采集的角度说,要获得本征图像有两种方法:一种是先采集含有本征信息的非本征图像,再通过图像技术恢复本征特性;另一种是直接采集本征图像。以获得深度图像为例,可以采集含有立体信息的灰度图像再从中获取深度信息(见 4.2 节),也可以用特定的设备直接采集深度图像(见 4.3 节和 4.4 节)。对前一种方法,要考虑采用一些特定的图像采集方式(成像方式)和使用一些图像技术;而对后一种方法,要使用一些特定的图像采集设备(成像装置)。

4.1.3　深度成像方式

许多图像理解问题可借助深度图像来解决。深度成像的方式很多,主要由光源、采集器和景物三者的相互位置和运动情况所决定。最基本的成像方式是单目成像,即用一个采集器在一个固定位置对场景取一幅像。虽然如 2.2.1 小节中讨论的那样,此时有关景物的深度信息没有直接反映在图像中,但这些信息还隐含在所成像的几何畸变、明暗度(阴影)、纹理、表面轮廓等因素之中(第 8 章和第 9 章将介绍如何从这样的图像中恢复深度信息)。如果用两个采集器各在一个位置对同一场景取像(也可用一个采集器在两个位置先后对同一场景取像或用一个采集器并借助光学成像系统获得两个像)就是双目成像(见 4.2 节和第 6 章)。此时两幅像间所产生(类似人眼)的视差可用来帮助求取采集器与景物的距离。如果用多于两个采集器在不同位置对同一场景取像(也可用一个采集器在多个位置先后对同一场景取像)就是多目成像(见第7章)。单目、双目或多目方法除可以获得静止图像外也可以通过连续拍摄获得序列图像。单目成像与双目成像相比采集简单,但从中获取深度信息要复杂。反之,双目成像提高了采集复杂度,但可降低获取深度信息的复杂性。

以上讨论中,认为几种成像方式里光源都是固定的。如果将采集器相对于景物固定而将光源绕景物移动,这种成像方式就称为光移成像(也称立体光度成像)。由于同一景物表面在不同光照情况下亮度不同,所以由光移像就可求得物体的表面朝向(但并不能得到绝对的深度信息,具体可见8.2节)。如果保持光源固定而让采集器运动来跟踪场景或让采集器和景物同时运动,就构成主动视觉成像(参照人类视觉的主动性,即人会根据观察的需要移动身体或头部以改变视角并有选择地对部分景物特别关注),其中后一种又称为主动视觉自运动成像。另外,如果用可控的光源照射景物,通过采集到的投影模式来解释景物的表面形状就是结构光成像方式(见4.3.2小节)。在这种方式中可以将光源和采集器固定而将景物转动,也可以将景物固定而将光源和采集器一起绕着景物转动。

以上几种方式中一些关于光源、采集器和景物的特点概括在表4.1.1中。

表4.1.1 常用成像方式的特点

成像方式	光源	采集器	景物
单目成像	固定	固定	固定
双目(立体)成像	固定	两个位置	固定
多目(立体)成像	固定	多个位置	固定
视频/序列成像	固定/运动	固定/运动	运动/固定
光移(光度立体)成像	移动	固定	固定
主动视觉成像	固定	运动	固定
主动视觉(自运动)成像	固定	运动	运动
结构光成像	固定/转动	固定/转动	转动/固定

4.2 双目成像模式

双目成像可获得同一场景的两幅视点不同的图像(类似人眼),**双目成像模型**可看作由两个单目成像模型组合而成。实际成像时,既可用两个单目系统同时采集来实现,也可用一个单目系统先后在两个位姿分别采集来实现(这时一般设被摄物和光源没有运动变化)。

根据两个摄像机相对位姿的不同,双目成像可有多种模式,下面介绍几种典型的情况。

4.2.1 双目横向模式

图4.2.1给出**双目横向模式**成像的一个示意图。两个镜头的焦距均为λ,其中心间的连线称为系统的基线B。两个摄像机坐标系统的各个对应轴是完全平行(X轴重合)的,两个像平面均与世界坐标系统的XY平面平行。一个3-D空间点W的Z坐标对两个摄像机坐标系统都是一样的。

1. 视差和深度

由图4.2.1可见,同一个3-D空间点分别对应两个像平面坐标点,它们之间的位置差

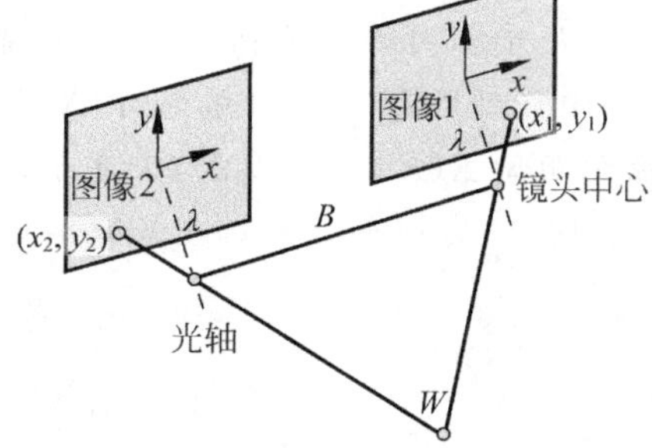

图 4.2.1　双目横向模式成像示意图

被称为视差。下面借助图 4.2.2 讨论双目横向模式中视差与深度(物距)之间的关系,这里给出两镜头连线所在平面(XZ 平面)的示意图。其中,世界坐标系统与第一个摄像机坐标系统重合而与第二个摄像机坐标系统仅在 X 轴方向上有一个平移量 B。

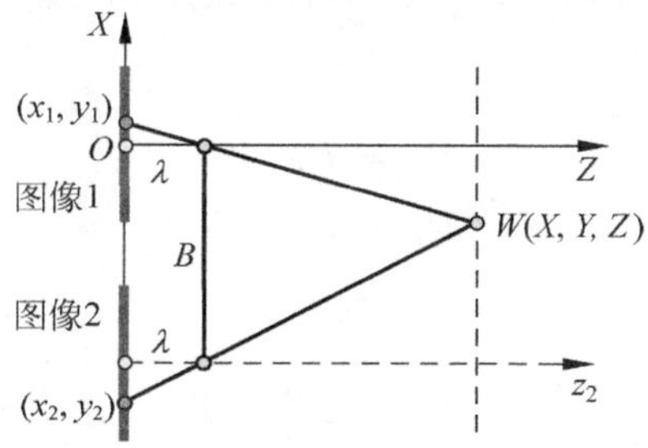

图 4.2.2　平行双目成像中的视差

考虑 3-D 空间点 W 的坐标 X 与在第一个像平面上投影点坐标 x_1 间的几何关系可得

$$\frac{|X|}{Z-\lambda}=\frac{x_1}{\lambda} \tag{4.2.1}$$

再考虑 3-D 空间点 W 的坐标 X 与在第二个像平面上投影点坐标 x_2 间的几何关系可得

$$\frac{B-|X|}{Z-\lambda}=\frac{|x_2|-B}{\lambda} \tag{4.2.2}$$

两式联立,消去 X,得到视差

$$d=x_1+|x_2|-B=\frac{\lambda B}{Z-\lambda} \tag{4.2.3}$$

从中解出 Z 为

$$Z=\lambda\left(1+\frac{B}{d}\right) \tag{4.2.4}$$

式(4.2.4)把物体与像平面的距离 Z(即 3-D 信息中的深度)与视差 d 直接联系起来。反过来也表明视差的大小与深度有关,即视差中包含了 3-D 物体的空间信息。根据式(4.2.4),在已知基线和焦距时,确定视差 d 后计算 W 点的 Z 坐标是很简单的。另外,Z 坐标确定后,W 点的世界坐标 X 和 Y 可用(x_1,y_1)或(x_2,y_2)参照式(4.2.1)和式(4.2.2)算得。

例 4.2.1　运动摄像机

如果使用一个单目系统先后在多个位姿采集一系列图像,同一个 3-D 空间点会分别对应不同像平面上的坐标点而产生**视差**。这里,可将摄像机的运动轨迹看作基线,如果取两幅图像并匹配其中的特征，应该有可能获得深度信息。这种方式也称为**运动立体**。这里的一个困难是系列图像中的目标是从几乎相同的视角拍摄的，所以等效基线很短。

当摄像机运动时，目标点横向移动的距离不仅依赖于 X 也依赖于 Y。为简化问题，可使用目标点到摄像机光轴的径向距离 $R(R^2=X^2+Y^2)$ 来表示。

参见图 4.2.3(其中图(b)是图(a)的一个剖面)，在两幅图像中的像点径向距离分别为

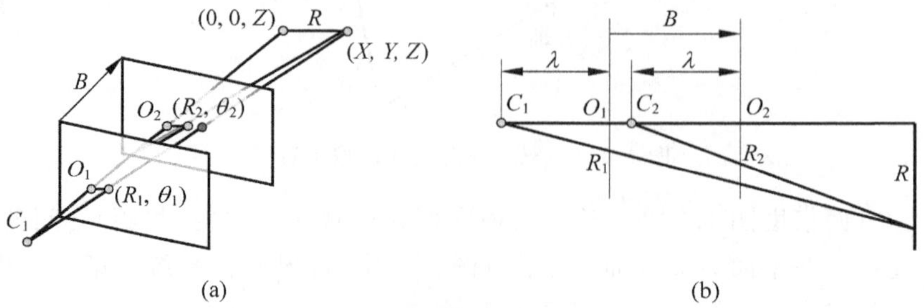

图 4.2.3 从摄像机运动计算视差

$$R_1 = R\lambda / Z_1 \tag{4.2.5}$$

$$R_2 = R\lambda / Z_2 \tag{4.2.6}$$

这样，视差为

$$d = R_2 - R_1 = R\lambda\left(\frac{1}{Z_2} - \frac{1}{Z_1}\right) \tag{4.2.7}$$

令基线 $B=Z_1-Z_2$，并假设 $B \ll Z_1, B \ll Z_2$，则可得到(取 $Z^2=Z_1Z_2$)

$$d = \frac{RB\lambda}{Z^2} \tag{4.2.8}$$

令 $R_0 \approx (R_1+R_2)/2$，可借助 $R/Z=R_0/\lambda$，得到

$$d = \frac{BR_0}{Z} \tag{4.2.9}$$

最终可推出目标点的深度为

$$Z = \frac{BR_0}{d} = \frac{BR_0}{R_2 - R_1} \tag{4.2.10}$$

可将式(4.2.9)与式(4.2.3)进行比较，这里视差依赖于图像点与相机光轴间的(平均)径向距离 R_0，而在那里是独立于径向距离的。再将式(4.2.10)与式(4.2.4)进行比较，这里无法给出光轴上目标点的深度信息；而对其他目标点，深度信息的准确性依赖于径向距离的大小。 □

现在再看一下测距精度。由式(4.2.4)可知，深度信息与视差相联系，而视差又与成像坐标有关。设 x_1 产生了偏差 e，即 $x_{1e}=x_1+e$，则有 $d_{1e}=x_1+e+|x_2|-B=d+e$，这样距离偏差为

$$\Delta Z = Z - Z_{1e} = \lambda\left(1+\frac{B}{d}\right) - \lambda\left(1+\frac{B}{d_{1e}}\right) = \frac{\lambda Be}{d(d+e)} \tag{4.2.11}$$

将式(4.2.3)代入上式，得到

$$\Delta Z = \frac{e\,(Z-\lambda)^2}{\lambda B + e(Z-\lambda)} \approx \frac{eZ^2}{\lambda B + eZ} \tag{4.2.12}$$

最后一步是考虑一般情况下 $Z \gg \lambda$ 时的简化。由式(4.2.12)可见，测距精度与摄像机焦距、

摄像机间的基线长度和物距都有关系。焦距越长，基线越长，精度就越高；物距越大，精度就越低。

例 4.2.2 相对深度的测量误差

式(4.2.4)给出了绝对深度与视差的关系表达。借助微分，可知深度变化与视差变化的关系为

$$\Delta Z/\Delta d = -B\lambda/d^2 \tag{4.2.13}$$

两边同乘以 $1/Z$，则

$$(1/Z)\Delta Z/\Delta d = -1/d = -Z/B\lambda \tag{4.2.14}$$

所以

$$|\Delta Z/Z| = |\Delta d| \times Z/B\lambda = (\Delta d/d) \times (d/\lambda) \times (Z/B) \tag{4.2.15}$$

如果视差与视差变化均用像素为单位测量，则可以知道在场景中对相对深度的测量误差：①正比于像素尺寸；②正比于深度 Z；③反比于摄像机间的基线长度 B。

另外，还可由式(4.2.14)得到

$$\Delta Z/Z = -\Delta d/d \tag{4.2.16}$$

可见相对深度的测量误差和相对视差的测量误差在数值上是相同的。□

例 4.2.3 两个摄像机的测量误差

假设要用两个摄像机观察一个具有局部半径 r 的圆形截面的圆柱形物体，如图 4.2.4 所示。两个摄像机视线的交点与圆形截面边界点之间有一定的距离，这就是误差 δ。现要获得计算误差 δ 的公式。

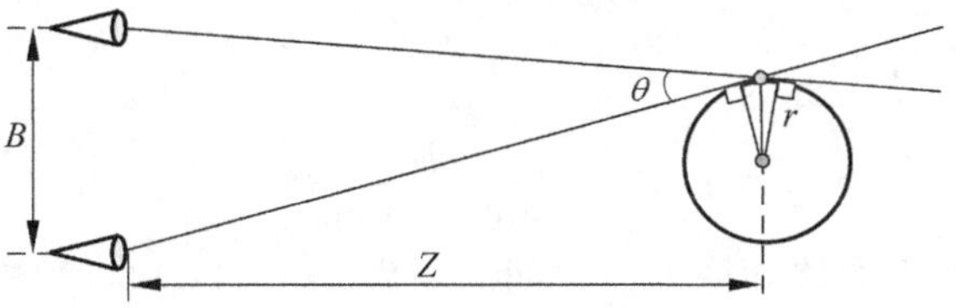

图 4.2.4 计算测量误差的几何结构示意图

为简化计算，假设边界点是在连接两个摄像机投影中心的正交平分线处。简化后的几何结构如图 4.2.5(a)所示，误差的细节图如图 4.2.5(b)所示。

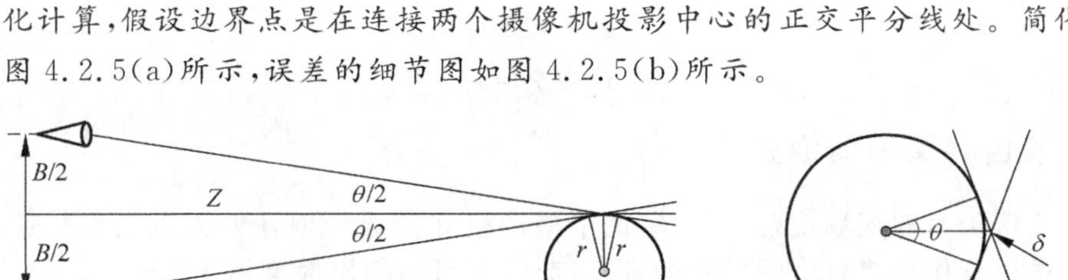

图 4.2.5 简化后的计算测量误差的几何结构示意图

从图 4.2.5 可得到

$$\delta = r\sec(\theta/2) - r$$

$$\tan(\theta/2) = B/2Z$$

把 θ 替换掉，得到

$$\delta = r\left[1 + (B/2Z)^2\right]^{1/2} - r \approx rB^2/8Z^2$$

上式就是计算误差 δ 的公式，可见误差正比于 r 和 Z^{-2}。 □

2. 角度扫描成像

在上述双目横向模式成像中，为确定 3-D 空间点的信息需要该点在两个摄像机的公共视场内。如果让两个摄像机（绕 X 轴）旋转就可增加公共视场并采集全景图像。这可称为用**角度扫描摄像机**进行**立体镜成像**，即**双目角度扫描模式**，其中成像点的坐标是由摄像机的**方位角**和**仰角**所确定的。在图 4.2.6 中，θ_1 和 θ_2 分别给出方位角（对应绕 Y 轴的扫视运动），仰角 ϕ 是 XZ 平面与两个光心与点 W 所确定的平面间的夹角。

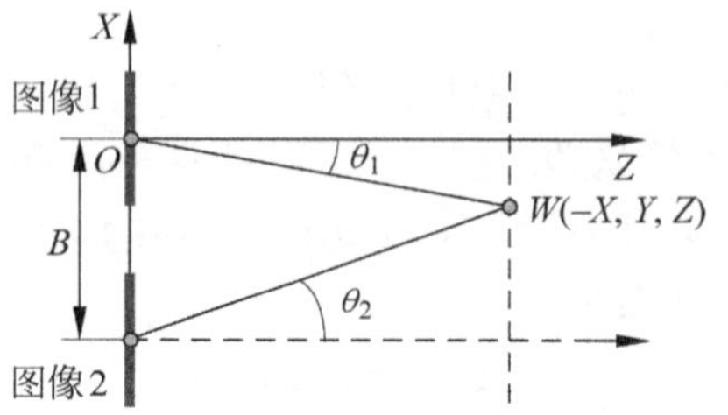

图 4.2.6 角度扫描摄像机进行立体镜成像

一般可借助镜头的方位角来表示物像之间的空间距离。利用如图 4.2.6 的坐标系，有

$$\tan\theta_1 = \frac{|X|}{Z} \tag{4.2.17}$$

$$\tan\theta_2 = \frac{B - |X|}{Z} \tag{4.2.18}$$

联立消去 X，得 W 点的 Z 坐标为

$$Z = \frac{B}{\tan\theta_1 + \tan\theta_2} \tag{4.2.19}$$

式(4.2.19)实际上将物体和像平面之间的距离 Z（即 3-D 信息中的深度）与两个方位角的正切直接联系了起来。对比式(4.2.19)和式(4.2.4)可见，这里视差和焦距的影响都隐含在方位角中。根据空间点 W 的 Z 坐标，还可分别得到其 X 和 Y 坐标为

$$X = Z\tan\theta_1 \tag{4.2.20}$$

$$Y = Z\tan\phi \tag{4.2.21}$$

4.2.2 双目会聚横向模式

为了获得更大的**视场**重合，可以将两个摄像机并排放置但让两光轴会聚。这种**双目会聚横向模式**可看作是双目横向模式的推广（此时双目间的**聚散度**不为零）。

1. 视差和深度

仅考虑如图 4.2.7 所示的情况，它是将图 4.2.2 中的两个单目系统围绕各自中心相向旋转得到的。图 4.2.7 给出两镜头连线所在的平面（XZ 平面）。两镜头中心间的距离（即基线）是 B。两光轴在 XZ 平面相交于$(0,0,Z)$点，交角为 2θ。现在来看如果已知两个像平面坐标点(x_1, y_1)和(x_2, y_2)，如何求取 3-D 空间点 W 的坐标(X, Y, Z)。

由两世界坐标轴及摄像机光轴围成的三角形可知

$$Z = \frac{B}{2}\frac{\cos\theta}{\sin\theta} + \lambda\cos\theta \tag{4.2.22}$$

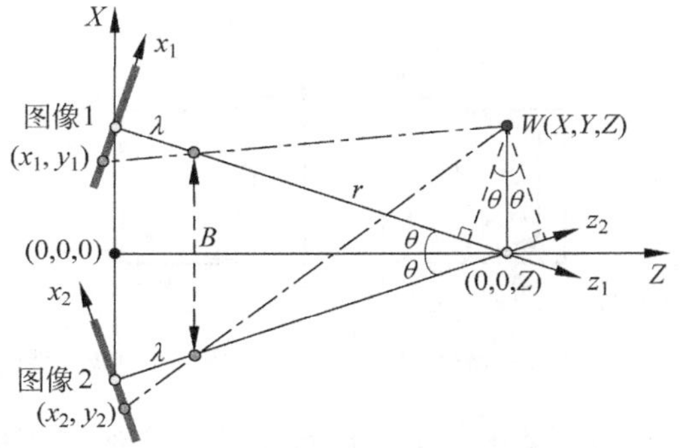

图 4.2.7 会聚双目成像中的视差

现从 W 点分别向两摄像机光轴作垂线，因为这两垂线与 X 轴的夹角都是 θ，所以根据相似三角形的关系可得

$$\frac{|x_1|}{\lambda}=\frac{X\cos\theta}{r-X\sin\theta} \tag{4.2.23}$$

$$\frac{|x_2|}{\lambda}=\frac{X\cos\theta}{r+X\sin\theta} \tag{4.2.24}$$

其中 r 为从(任一)镜头中心到两光轴会聚点的距离。

将式(4.2.23)和式(4.2.24)联立并消去 r 和 X，得到(参照图 4.2.7)

$$\lambda\cos\theta=\frac{2|x_1|\cdot|x_2|\sin\theta}{|x_1|-|x_2|}=\frac{2|x_1|\cdot|x_2|\sin\theta}{d} \tag{4.2.25}$$

将式(4.2.25)代入式(4.2.22)，可得

$$Z=\frac{B}{2}\frac{\cos\theta}{\sin\theta}+\frac{2|x_1|\cdot|x_2|\sin\theta}{d} \tag{4.2.26}$$

式(4.2.26)与式(4.2.4)一样也把物体和像平面的距离 Z 与视差 d 直接联系起来。另外，由图 4.2.7 可以得到

$$r=\frac{B}{2\sin\theta} \tag{4.2.27}$$

代入式(4.2.23)或式(4.2.24)，可得到点 W 的 X 坐标为

$$|X|=\frac{B}{2\sin\theta}\frac{|x_1|}{\lambda\cos\theta+|x_1|\sin\theta}=\frac{B}{2\sin\theta}\frac{|x_2|}{\lambda\cos\theta-|x_2|\sin\theta} \tag{4.2.28}$$

2. 图像矫正

双目会聚的情况也可转换为双目平行的情况。**图像矫正**就是将由光轴会聚的摄像机获得的图像进行几何变换以得到用光轴平行的摄像机获得的图像的过程[Goshtasby 2005]。考虑图 4.2.8 中矫正前后的图像，从目标点 W 来的光线在矫正前后分别与左图像交于 (x,y) 和 (X,Y)。矫正前图像上的各个点都可连到镜头中心并扩展到与矫正后的图像相交，所以对矫正前图像上的各个点，可以确定其在矫正后图像上的对应点。矫正前后点的坐标由投影变换相联系($a_1\sim a_8$ 为投影变换矩阵的系数)：

$$x=\frac{a_1X+a_2Y+a_3}{a_4X+a_5Y+1} \tag{4.2.29}$$

$$y=\frac{a_6X+a_7Y+a_8}{a_4X+a_5Y+1} \tag{4.2.30}$$

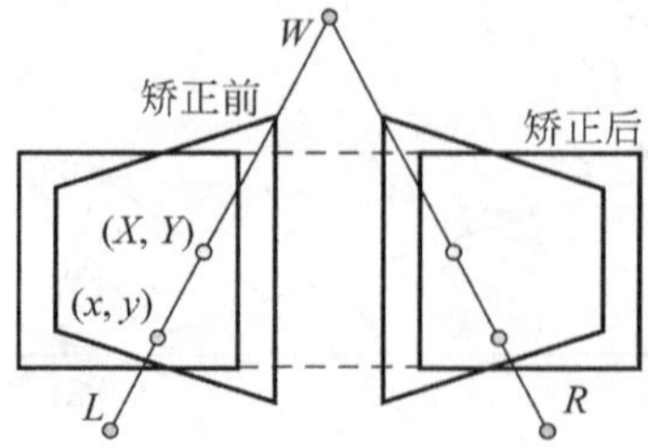

图 4.2.8 利用投影变换矫正用光轴会聚的两个摄像机获得的图像

式(4.2.29)和式(4.2.30)中的 8 个系数可借助矫正前后图像上 4 组对应点来确定(参见本套书上册 6.2.1 小节)。这里可考虑借助水平极线(由基线和场景中一点构成的平面与成像平面的交线,见6.2.2 小节)进行,为此需要在矫正前的图像中选择两条极线并将它们映射到矫正后图像中的两条水平线,如图 4.2.9 所示。对应关系为

$$X_1 = x_1 \quad X_2 = x_2 \quad X_3 = x_3 \quad X_4 = x_4 \tag{4.2.31}$$

$$Y_1 = Y_2 = \frac{y_1 + y_2}{2} \quad Y_3 = Y_4 = \frac{y_3 + y_4}{2} \tag{4.2.32}$$

上述对应关系能保持图像矫正前后的宽度,但在垂直方向上(为了将非水平的极线映射为水平的极线)会产生尺度变化。为获得矫正的图像,对矫正后图像上的每个点(X,Y)需要用式(4.2.29)和式(4.2.30)在矫正前图像上找到对应的点(x,y)。而且,要把点(x,y)处的灰度赋给点(X,Y)。

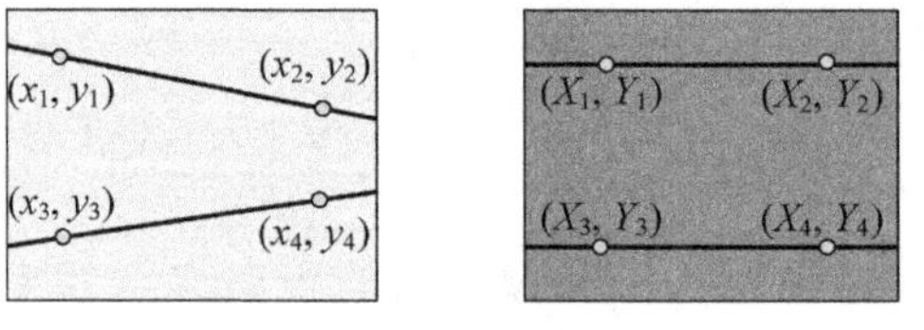

图 4.2.9 矫正前后图像示意

上述过程对右图像也要重复进行。为了保证在矫正后的左图像和右图像上的对应极线代表相同的扫描线,需要将矫正前图像上的对应极线映射到矫正后图像上的同一条扫描线上,所以在矫正左图像和右图像时都要使用式(4.2.32)中的 Y 坐标。

4.2.3 双目轴向模式

使用双目横向模式或双目会聚横向模式时,都需要根据三角形法来计算,所以基线不能太短,否则会影响深度计算的精度。但当基线较长时,视场不重合带来的问题会较严重。此时可考虑采用**双目轴向模式**,也称**双目纵向模式**,即将两个摄像机沿着光轴线依次排列。这种情况也可看作将摄像机沿光轴方向运动,在比第 1 幅图像更接近被摄物处采集第 2 幅图像,如图 4.2.10 所示。图 4.2.10 中仅画出了 XZ 平面,Y 轴由纸内向外,获取第 1 幅图像和第 2 幅图像的两个摄像机坐标系统的原点只在 Z 方向相差 B,B 也是两个摄像机光心间的距离(基线)。

根据图 4.2.10 中的几何关系,有

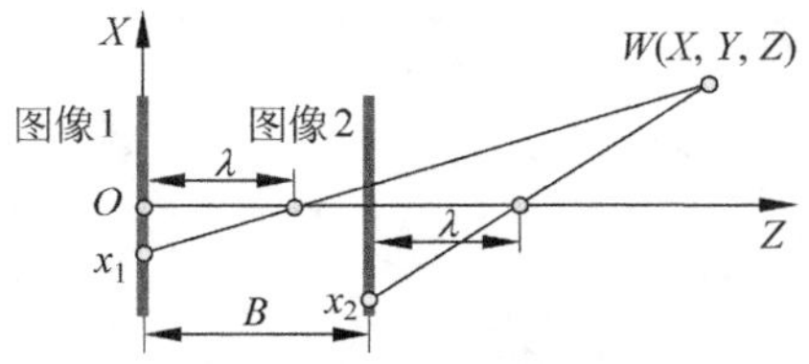

图 4.2.10　双目轴向模式成像

$$\frac{X}{Z-\lambda}=\frac{|x_1|}{\lambda} \tag{4.2.33}$$

$$\frac{X}{Z-\lambda-B}=\frac{|x_2|}{\lambda} \tag{4.2.34}$$

联立式(4.2.33)和式(4.2.34)可得到(仅考虑 X,对 Y 类似)

$$X=\frac{B}{\lambda}\frac{|x_1|\cdot|x_2|}{|x_2|-|x_1|}=\frac{B}{\lambda}\frac{|x_1|\cdot|x_2|}{d} \tag{4.2.35}$$

$$Z=\lambda+\frac{B|x_2|}{|x_2|-|x_1|}=\lambda+\frac{B|x_2|}{d} \tag{4.2.36}$$

双目轴向模式与双目横向模式相比,两个摄像机的公共视场也就是前一个摄像机(图 4.2.10 中获取第 2 幅图像的那个摄像机)的视场,所以公共视场的边界很容易确定,且可基本排除由于遮挡造成的 3-D 空间点仅被一个摄像机看到的问题。不过,由于此时双目基本上用同一个角度去观察景物,加长基线对深度计算精度的好处不能完全体现。另外,视差以及深度计算的精度均与 3-D 空间点距摄像机光轴的距离(如在式(4.2.36)中,深度 Z 与 $|x_2|$,即 3-D 空间点的投影与光轴的距离)有关,这是与双目横向模式不同的。

例 4.2.4　相对高度的测量

可以通过飞机携带的相机在空中对目标拍摄两幅图像来获得地物的相对高度。在图 4.2.11 中,W 代表相机移动的距离,H 是相机高度,h 是两个测量点 A 和 B 之间的相对高度差,(d_1-d_2)对应两幅图像中 A 和 B 之间的视差。在 d_1 和 d_2 远小于 W 且 h 远小于 H 的情况下,h 可如下简化计算:

$$h=\frac{H}{W}(d_1-d_2) \tag{4.2.37}$$

如果上述条件不满足,则图像中的 x 和 y 坐标需要进行如下校正:

$$x'=x\frac{H-h}{H} \tag{4.2.38}$$

$$y'=y\frac{H-h}{H} \tag{4.2.39}$$

在目标距离比较近时,可以转动目标来获得两幅图像。在图 4.2.12(a)中给出一个示意图,其中 δ 代表给定的旋转角度。此时两个目标点 A 和 B 之间的水平距离在两幅图像中不同,分别为 d_1 和 d_2,如图 4.2.12(b)所示。它们之间的连接角度 θ 和高度差 h 可如下计算:

$$\theta=\tan^{-1}\left(\frac{\cos\delta-d_2/d_1}{\sin\delta}\right) \tag{4.2.40}$$

$$h=|h_1-h_2|=\left|\frac{d_1\cos\delta-d_2}{\sin\delta}-\frac{d_1-d_2\cos\delta}{\sin\delta}\right|=(d_1+d_2)\frac{1-\cos\delta}{\sin\delta} \tag{4.2.41}$$

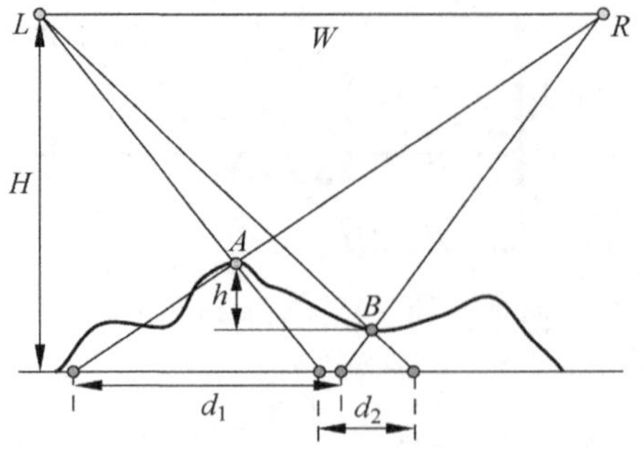

图 4.2.11　用立体视觉测量相对高度

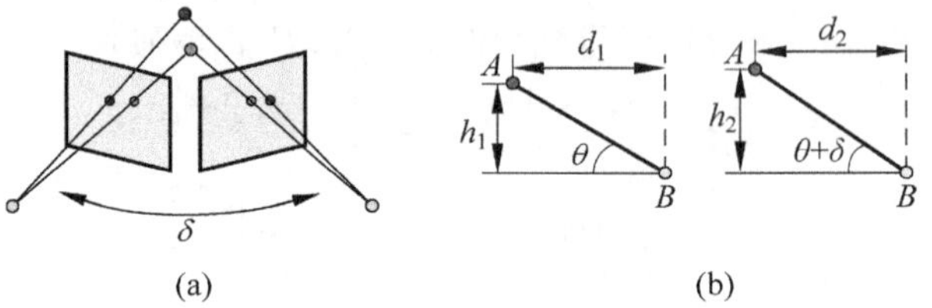

图 4.2.12　转动目标获得两幅图像以测量相对高度

4.3　深度图像直接采集

从深度图像可方便地得到景物的几何形状和空间关系。借助一些特殊的设备可直接采集深度图像，常用的方法有飞行时间法（飞点测距法）、结构光法、莫尔（Moiré）条纹法、全息干涉测量法、几何光学聚焦法、激光雷达法（包括扫描成像和非扫描成像）、Fresnel 衍射技术等。几种常用深度图像采集方法可能达到的测距精度和最大工作距离可见表 4.3.1。

表 4.3.1　几种深度图像采集方法的比较

特性	方法			
	飞行时间法	结构光法	莫尔条纹法	全息干涉法
可能达到的测距精度	0.1mm	1μm	1μm	0.1μm
最大工作距离	100km	100m	10m	100μm

4.3.1　飞行时间法

采用雷达测距的原理，通过测量光波从光源发出经被测物反射后回到传感器所需的时间就可获得距离信息。一般光源和传感器安置在相同的位置，这样传播时间 t 与被测距离 d 的关系为

$$d = \frac{1}{2}ct \tag{4.3.1}$$

其中 c 为光速（3×10^8 m/s）。

基于**飞行时间**的深度图获取方法是一种典型的利用测量光波传播时间来得到距离信息的方法。因为一般使用点光源，所以也称为飞点法。要获得 2-D 图像，需要将光束进行 2-D

扫描或使被测物体进行 2-D 运动。这种方法测距的关键是精确地测量时间，因为光速是 3×10^8 m/s，所以如果要求空间距离分辨率为 0.001m(即能够区分开空间上相距 0.001m 的两个点或两条线)，则时间分辨率需要达到 66×10^{-13} s。

1. 脉冲时间间隔测量法

这种方法采用脉冲间隔来测量时间，具体是通过测量脉冲波的时间差来实现，其基本原理框图见图 4.3.1。脉冲激光源发射出的特定频率激光经光学透镜和光束扫描系统射向前方，接触物体后反射，反射光被另一光学透镜接收，并经光电转换后进入时差测量模块。该模块同时接收脉冲激光源直接发来的激光，并测量发射脉冲和接收脉冲的时间差。根据时间差，利用式(4.3.1)就可算得被测距离。这里要注意激光的起始脉冲和回波脉冲在工作距离范围内不能有重叠。

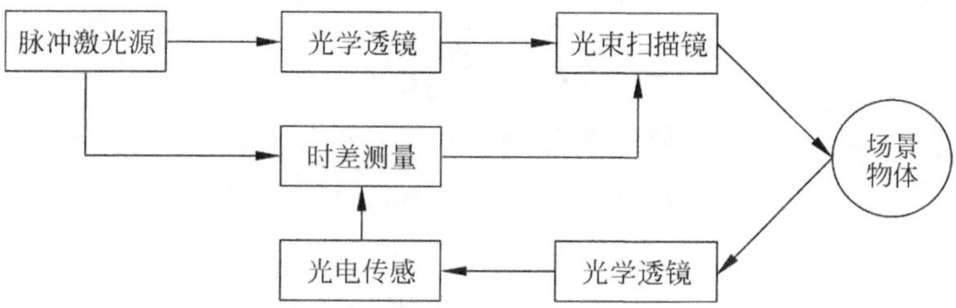

图 4.3.1　脉冲时间间隔测量法原理框图

利用上述原理，将脉冲激光源换成超声波也可进行测距。用超声波不仅可在自然光照下工作，也可在水中工作。因为声波的传播速度较慢，所以对时间测量的精度相对要求较低；但由于介质对声的吸收一般较大，所以对接收器的灵敏度要求较高。另外，由于声波的发散较大，所以不能得到很高分辨率的距离信息。

2. 幅度调制的相位测量法

测量时间差也可借助测量相位差进行。一种典型方法的基本原理框图可见图 4.3.2。对连续激光源发射出的激光以一定频率的光强进行幅度调制，并将其分两路发出：一路经光学扫描系统射向前方，接触物体后反射，反射光经过滤波取出相位；另一路进入相位差测量模块与反射光比较相位。因为相位以 2π 为周期，测得的相位差范围为 $0\sim2\pi$，所以深度测量值 d 为

$$d=\frac{1}{2}\left\{\frac{c}{2\pi f_{\text{mod}}}\theta+k\frac{c}{f_{\text{mod}}}\right\}=\frac{1}{2}\left\{\frac{r}{2\pi}\theta+kr\right\} \tag{4.3.2}$$

其中，c 为光速，f_{mod} 为调制频率，θ 为相位差(单位是弧度)，k 为整数。

对测量深度范围加以限制(限定 k 的取值)，就可克服深度测量值可能的多义性。式(4.3.2)中引入的 r 可称为测量尺度，r 越小，对距离测量的精度越高。为获得较小的 r，应采用较高的调制频率 f_{mod}。

3. 频率调制的相干测量法

对连续激光源发射出的激光可以用一定频率的线性波形进行频率调制。设激光频率为 F，调制波频率为 f_{mod}，调制后的激光频率在 $F\pm\Delta F/2$ 之间呈现线性周期变化(其中 ΔF 为激光频率受调制后的频率变化)。将调制激光一部分作为参考光，另一部分投向被测物，接触物体后反射再被接收器接收到。两个光信号相干产生拍频信号 f_B，它等于激光频率变化的斜率与传播时间的乘积：

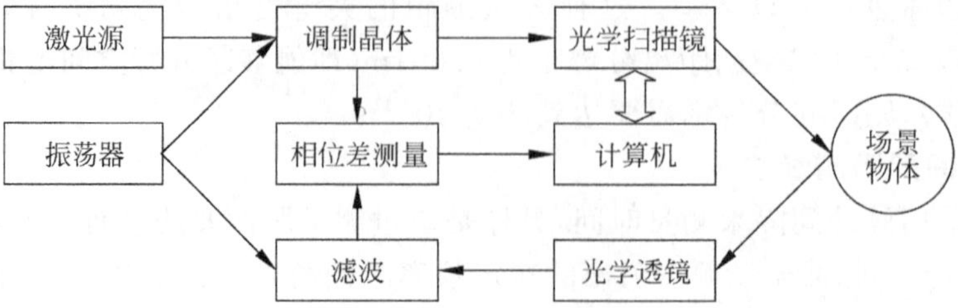

图 4.3.2　幅度调制的相位测量法原理框图

$$f_B = \frac{\Delta F}{1/(2f_{mod})} t \tag{4.3.3}$$

将式(4.3.1)代入上式并求解 d,得到

$$d = \frac{c}{4f_{mod}\Delta F} f_B \tag{4.3.4}$$

再由发出光波和返回光波的相位变化

$$\Delta\theta = 2\pi\Delta F t = 4\pi\Delta F d/c \tag{4.3.5}$$

又得到

$$d = \frac{c}{2\Delta F}\left(\frac{\Delta\theta}{2\pi}\right) \tag{4.3.6}$$

比较式(4.3.4)和式(4.3.6),得到相干条纹数 N(也是调制频率半周期中的拍频信号过零数):

$$N = \frac{\Delta\theta}{2\pi} = \frac{f_B}{2f_{mod}} \tag{4.3.7}$$

实际中,可通过标定,即根据准确的参考距离 d_{ref} 和测得的参考相干条纹数 N_{ref} 利用下式计算实际距离(通过对实际相干条纹数进行计数):

$$d = \frac{d_{ref}}{N_{ref}} N \tag{4.3.8}$$

4.3.2　结构光法

结构光法是一类常用的主动传感、直接获取深度图像的方法,其基本思想是利用照明中的几何信息来帮助提取景物的几何信息。结构光测距成像系统主要由摄像机和光源两部分构成,它们与被观察物体三者排成一个三角形。光源产生一系列点或线激光照射到物体表面,由对光敏感的摄像机将照亮部分记录下来,再通过三角计算来获得深度信息,所以也称为主动三角测距法。主动结构光法测距精度可达微米级,而可测量的深度场范围可达到精度的几百到几万倍。

利用结构光成像的具体方式很多,包括光条法、栅格法、圆形光条法、交叉线法、厚光条法、空间编码模板法、彩色编码条法、密度比例法等。由于它们所用投射光束的几何结构不同,所以摄像机的拍摄方式和深度距离的计算方法也有不同,但共同点是都利用了摄像机和光源之间的几何结构关系。

在基本的光条法中,使用单个光平面依次照射景物各部分,使景物上出现一个光条,且仅使此光条部分可被摄像机检测到。这样每次照射得到一个 2-D 实体的(光平面)图,再通过计算摄像机视线与光平面的交点，就可以得到光条上可见图像点所对应空间点的第三维（距离）信息。

1. 结构光成像

利用结构光成像时，摄像机和光源先要标定好。图 4.3.3 所示为一个结构光系统的几何关系，这里给出镜头所在的与光源垂直的 XZ 平面（Y 轴由纸内向外，光源是沿 Y 轴的条）。通过窄缝发射的激光从世界坐标系统原点 O 照射到空间点 W（在物体表面）产生线状投影，摄像机光轴与激光束相交，这样摄像机可采集线状投影，从而获取物体表面点 W 处的距离信息。

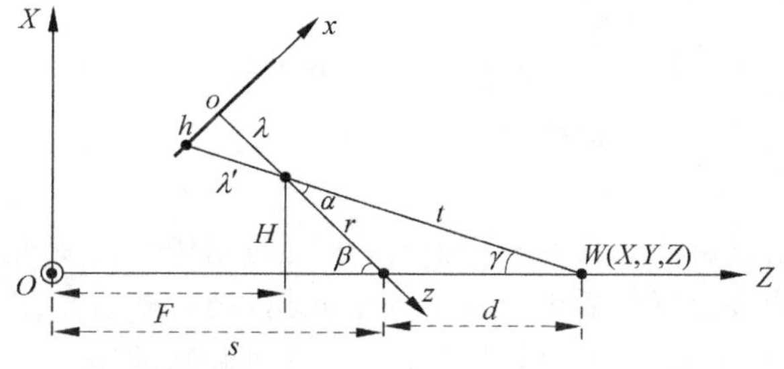

图 4.3.3　结构光成像示意图

在图 4.3.3 中，F 和 H 确定了镜头中心在世界坐标系中的位置，α 是光轴与投影线的夹角，β 是 z 和 Z 轴间的夹角，γ 是投影线与 Z 轴间的夹角，λ 为摄像机焦距，h 为成像高度（像偏离摄像机光轴的距离），r 为镜头中心到 z 和 Z 轴交点的距离。由图 4.3.3 可见，光源与物体的距离 Z 为 s 与 d 之和，其中 s 由系统决定，d 可由下式求得：

$$d = r\frac{\sin\alpha}{\sin\gamma} = \frac{r \times \sin\alpha}{\cos\alpha\sin\beta - \sin\alpha\cos\beta} = \frac{r \times \tan\alpha}{\sin\beta(1 - \tan\alpha\cot\beta)} \tag{4.3.9}$$

将 $\tan\alpha = h/\lambda$ 代入，可将 Z 表示为

$$Z = s + d = s + \frac{r \times \csc\beta \times (h/\lambda)}{1 - \cot\beta \times (h/\lambda)} \tag{4.3.10}$$

式(4.3.10)把 Z 与 h 联系起来（其余全为系统参数），提供了根据成像高度求取物体距离的途径。由此可见，成像高度中包含了 3-D 的深度信息，或者说深度是成像高度的函数。

2. 成像宽度

结构光成像不仅能给出空间点的距离 Z，同时也能给出沿 Y 方向的物体厚度。这时可借助从摄像机底部向上所观察到的顶视平面来分析成像宽度，如图 4.3.4 所示。

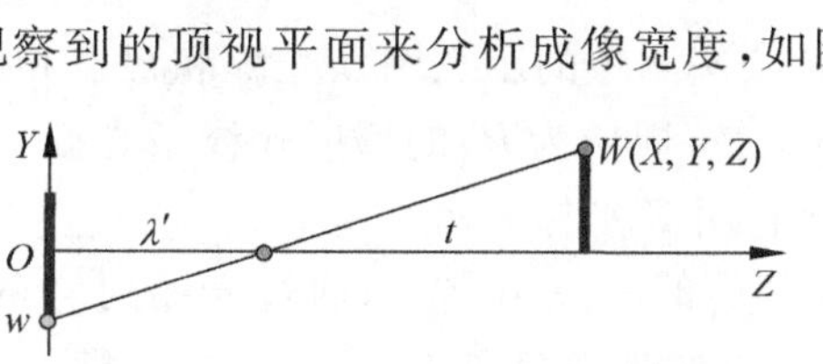

图 4.3.4　结构光成像时的顶视示意图

图 4.3.4 给出由 Y 轴和镜头中心所确定的平面示意图，其中 w 为成像宽度：

$$w = \lambda' \frac{Y}{t} \tag{4.3.11}$$

其中 t 为镜头中心到 W 点在 Z 轴垂直投影的距离（图 4.3.3）：

$$t = \sqrt{(Z-F)^2 + H^2} \tag{4.3.12}$$

而 λ' 为沿 z 轴从镜头中心到成像平面的距离(图 4.3.3):

$$\lambda' = \sqrt{h^2 + \lambda^2} \tag{4.3.13}$$

将式(4.3.12)和式(4.3.13)代入式(4.3.11)得到

$$Y = \frac{wt}{\lambda'} = w\sqrt{\frac{(Z-F)^2 + H^2}{h^2 + \lambda^2}} \tag{4.3.14}$$

这样就将物体厚度坐标 Y 与成像高度、系统参数和物距联系起来了。

4.3.3 莫尔等高条纹法

当两个光栅呈一定的倾角且有重叠时可以形成莫尔条纹。用一定方法获得的**莫尔等高条纹**的分布可包含景物表面的距离信息。

1. 基本原理

利用投影光将光栅投影到景物的表面上时,表面的起伏会改变投影像的分布。如把这种变形的投影像由景物表面反射后再经过另一个光栅,则可获得莫尔等高条纹。根据光信号的传递原理,上述过程可描述为光信号经过二次空间调制的结果。如果两个光栅均为线性正弦透视光栅,且定义光栅周期变化的参量为 l,则所观察到的输出光信号为

$$f(l) = f_1\{1 + m_1\cos[w_1 l + \theta_1(l)]\} * f_2\{1 + m_2\cos[w_2 l + \theta_2(l)]\} \tag{4.3.15}$$

式中,f_i 为光强; m_i 为调制系数; θ_i 为随景物表面起伏变化而导致的相位变化; w_i 为由光栅周期所决定的空间频率。

在式(4.3.15)中,右边第一项对应光信号所经过的第一个光栅的调制函数,右边第二项对应光信号所经过的第二个光栅的调制函数。

式(4.3.15)的输出信号 $f(l)$ 中有四个空间频率的周期变量,分别为 $w_1, w_2, w_1+w_2, w_1-w_2$。由于探测器的接收过程对空间频率起了低通滤波的作用,所以莫尔条纹的光强可表示为

$$T(l) = f_1 f_2[1 + m_1 m_2\cos(w_1 - w_2)l + \theta_1(l) - \theta_2(l)] \tag{4.3.16}$$

如果两个光栅的周期相同,则有

$$T(l) = f_1 f_2\{1 + [\theta_1(l) - \theta_2(l)]\} \tag{4.3.17}$$

可见,与景物表面的距离信息直接反映在莫尔条纹的相位变化中。

2. 基本方法

图 4.3.5 给出用莫尔条纹法测距的示意图。光源和视点相距 D,它们与光栅 G 的距离相同,均为 H。光栅为黑白交替(周期为 R)的透射式线条光栅。按图中的坐标系,光栅面在 XOY 平面; 被测高度沿 Z 轴,用 Z 坐标表示。

考虑被测面上坐标为(x,y)的一点 A,光源通过光栅对它的照度是光源强度和光栅在 A^* 点的透射率的乘积。在该点的光强分布为

$$T_1(x,y) = \mathrm{C}_1\left[\frac{1}{2} + \frac{2}{\pi}\sum_{n=1}^{\infty}\frac{1}{n}\sin\left(\frac{2\pi n}{R}\frac{xH}{z+H}\right)\right] \tag{4.3.18}$$

式中,n 为奇数; C_1 为与强度有关的常量。

将 T 再一次通过光栅 G 后相当于又经过一次在点 A' 处的透射调制,在 A' 处的光强分布为

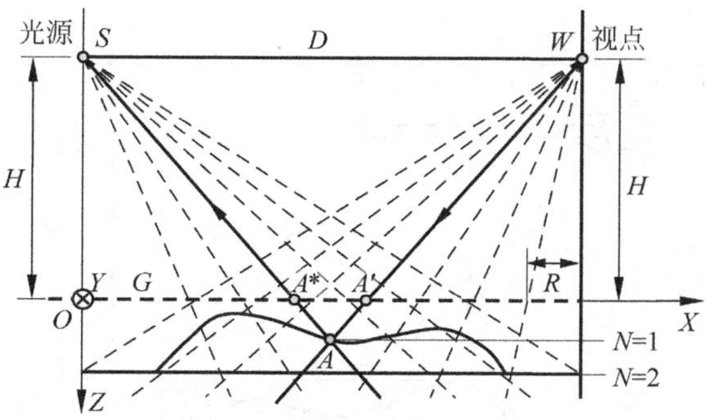

图 4.3.5　用莫尔条纹法测距示意图

$$T_2(x,y)=C_2\left[\frac{1}{2}+\frac{2}{\pi}\sum_{m=1}^{\infty}\frac{1}{m}\sin\left(\frac{2\pi m}{R}\frac{xH+Dz}{z+H}\right)\right] \tag{4.3.19}$$

式中，m 为奇数；C_2 为与强度有关的常量。

最后在视点接收到的光强是两个分布的乘积：

$$T(x,y)=T_1(x,y)T_2(x,y) \tag{4.3.20}$$

将式(4.3.20)用多项式展开，经过接收系统的低通滤波，可得到一个只含有变量 z 的部分和[刘 1998]：

$$T(z)=B+S\sum_{n=1}^{\infty}\left(\frac{1}{n}\right)^2\cos\left(\frac{2\pi n}{R}\frac{Dz}{z+H}\right) \tag{4.3.21}$$

式中，n 为奇数，B 为莫尔条纹的背景强度，S 为条纹的对比度。

式(4.3.21)给出了莫尔等高条纹的数学描述。一般只取 $n=1$ 的基频项即可近似描述莫尔条纹的分布情况，即式(4.3.21)简化为

$$T(z)=B+S\cos\left(\frac{2\pi}{R}\frac{Dz}{z+H}\right) \tag{4.3.22}$$

由式(4.3.22)可知：

(1) 亮条纹的位置在相位项等于 2π 整数倍的地方，即

$$Z_N=\frac{NRH}{D-NR}\quad N\in \boldsymbol{I} \tag{4.3.23}$$

(2) 任意两亮条纹间的高度差不相等，所以不能用条纹数来确定高度，只能计算相邻两亮条纹间的高度差；

(3) 如果能得到相位项 θ 的分布，则可得到被测物表面的高度分布：

$$Z=\frac{RH\theta}{2\pi D-R\theta} \tag{4.3.24}$$

3. 改进方法

上述基本方法需要与被测物大小相当的光栅，给使用和制造都带来不便。一种改进的方法是将光栅装在光源的投影系统中，利用光学系统的放大能力来获得大光栅的效果。具体来说就是用两个光栅，分别安置在接近光源和视点的位置，光源通过光栅将光束透射出去，而视点在光栅后成像。

实用中利用上述投影原理的测距示意图见图 4.3.6。其中使用了两套参数相同的成像系统，它们的光轴平行，并以相同的成像距离分别对两片间距相同的光栅进行几何成像，并

使两片光栅的投影像重合。

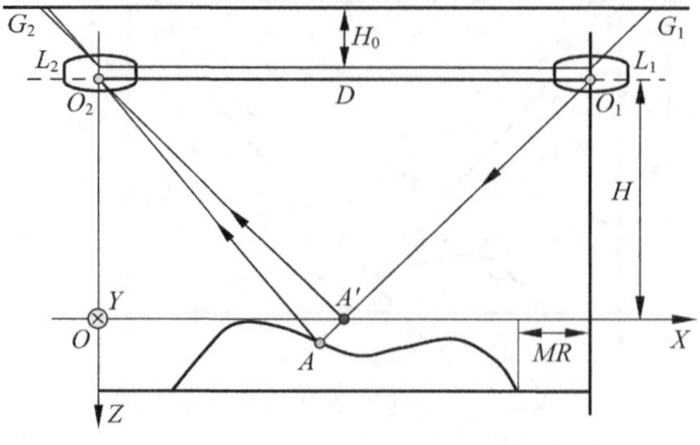

图 4.3.6　利用投影原理的莫尔条纹法测距示意图

设在光栅 G_2 后面观察莫尔条纹，用 G_1 做投影光栅，则投影系统 L_1 的投射中心 O_1 和接收系统 L_2 的会聚中心 O_2 分别等效于基本方法中的光源点 S 和视点 W。这样，只要用 MR 取代式(4.3.22)和式(4.3.24)中的 R($M=H/H_0$ 为两光路的成像放大率)，就可如上描述莫尔条纹的分布，并计算出被测物表面的高度分布情况。

实际应用中，投影系统 L_1 前的那个光栅可以省掉，而用计算机软件来完成它的功能，此时包含被测物表面深度信息的投影光栅图像直接被摄像机接收。

由式(4.3.24)可知，如果能得到相位项 θ 的分布，就可得到被测物表面的高度 Z 的分布。而相位的分布可利用多幅有一定相移的莫尔图像获得。这种方法常被简称为相移法。以用三幅图像为例，获得第一幅图像后，将投影光栅水平运动 $R/3$ 距离后获取第二幅图像，再将投影光栅水平运动 $R/3$ 距离后获取第三幅图像。参照式(4.3.22)，这三幅图像可表示为

$$\begin{cases} T_1(z) = A'' + C''\cos\theta \\ T_2(z) = A'' + C''\cos(\theta + 2\pi/3) \\ T_3(z) = A'' + C''\cos(\theta + 4\pi/3) \end{cases} \tag{4.3.25}$$

联立解得

$$\theta = \arctan\left[\frac{\sqrt{3}(T_3 - T_2)}{2T_1 - (T_2 + T_3)}\right] \tag{4.3.26}$$

这样就可以逐点计算出 θ。

4.3.4　深度和亮度图像同时采集

有的系统可以同时获取场景中的深度信息和亮度信息，一个例子是使用激光的 **LIDAR**，其示意图见图 4.3.7[Shapiro 2001]。由安放在可以**仰俯**运动和**水平扫视**运动的平台上的装置来发射和接收幅度调制的激光波(参见 4.3.1 小节)，对 3-D 物体表面上的每个点，比较发射到该点和从该点接收的波以获取信息。该点的空间坐标 X,Y 与平台的仰俯和水平运动有关，其深度 Z 则与相位差密切联系，而该点对给定波长激光的反射特性可借助波的幅度差来确定。这样 LIDAR 就可同时获得两幅配准了的图像，一幅是深度图像，一幅是亮度图像。注意深度图像的深度范围与激光波的调制周期有关，设调制的周期为 λ，则每隔 $\lambda/2$ 又会算得相同的深度，所以需对深度测量范围进行限制。LIDAR 的工作方式与雷达

相似，都可测量传感器与场景中特定点的距离，只是雷达反射电磁波。

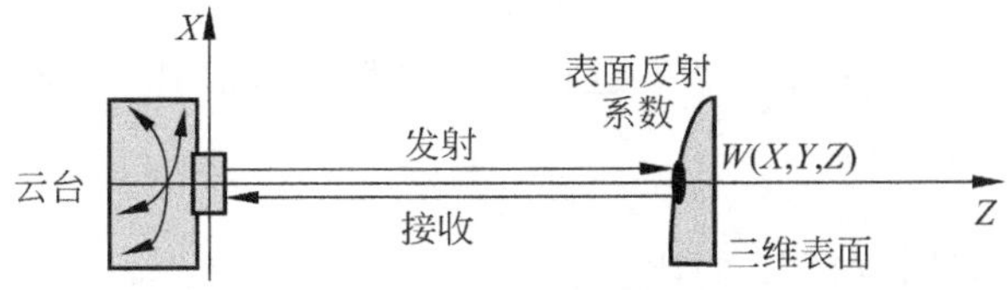

图 4.3.7　深度和亮度图像的同时采集

与 CCD 采集设备相比，由于要对每个 3-D 表面点计算相位，因此 LIDAR 的采集速度是比较慢的。另外，由于对机械装置的要求也比较高（需要导引激光束），所以 LIDAR 的成本也较高。但在采矿机器人或探测太阳系其他部分的机器人上使用 LIDAR 是值得的 [Shapiro 2001]。

4.4　显微镜 3-D 分层成像

假设用摄像机每次能获取一定距离平面的图像，那么让摄像机垂直于平面运动并连续采集图像，就可以获得包含整个 3-D 空间信息的一组图像。显微镜 3-D 分层成像就是一个典型的例子。

4.4.1　景深和焦距

实际使用的光学系统只能对一定距离内的目标清晰成像，换句话说，当光学系统聚焦在某个距离时，它只能对这个距离上下一定范围内的景物给出清晰的图像。这个距离范围称为**景深**。对特定的应用，常需要确定一个可保证一定清晰度的距离范围，也就是确定一定的景深。

图 4.4.1 给出一个薄透镜成像时其景深的示意图。由图可见，当目标与镜头的距离 d_o 增加时，图像与镜头的距离 d_i 会减少，对应的图像平面会接近镜头（所偏移的距离也称透镜轴向球形像差）。一个点目标的图像会扩散为一个半径为 r 的模糊圆盘（这是由于透镜横向球形像差造成的结果）。

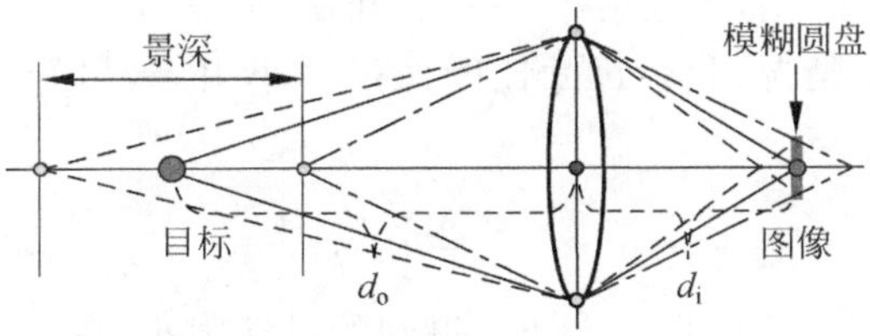

图 4.4.1　薄透镜成像时景深的示意图

令 λ 代表镜头焦距，则薄透镜成像公式为

$$\frac{1}{\lambda}=\frac{1}{d_o}+\frac{1}{d_i} \tag{4.4.1}$$

如果用 Z 代表目标与正确聚焦位置的差（景深），z 代表模糊圆盘位置与正确聚焦位置的差，d_o' 和 d_i' 分别代表没有正确聚焦时目标和图像与镜头的实际距离，则对没有正确聚焦的目标有

$$d'_o = d_o + Z \tag{4.4.2}$$

$$d'_i = d_i - z \tag{4.4.3}$$

联立式(4.4.2)和式(4.4.3)并对 Z 和 z 进行一阶泰勒级数展开(设 $Z \ll d_o$ 和 $z \ll d_i$),得到

$$z = \frac{d_i^2}{d_o^2} Z \tag{4.4.4}$$

引入 f-因数(焦距 λ 与光圈直径 D 的比):

$$n_f = \frac{\lambda}{D} \tag{4.4.5}$$

利用 $2r \approx (D/d_i)z$ 的关系,由式(4.4.1)可得到景深 Z 作为 r(也称为可允许的不清晰半径)的函数:

$$Z \approx \frac{2n_f d_o (d_o - \lambda)}{\lambda^2} r = \frac{2n_f d_o^2}{\lambda d_i} r \tag{4.4.6}$$

由式(4.4.6)可知,景深 Z 与镜头的 f-因数成正比,而 $n_f \to \infty$ 的极限对应具有无穷景深的小孔相机。

下面讨论几个实际应用中特殊的景深情况:

(1) 目标距离很远,$d_o \gg \lambda$

这对应一般拍照时的情况,目标尺寸比图像尺寸大很多,此时 $\lambda \approx d_i$,景深为

$$Z \approx 2n_f r \frac{d_o^2}{\lambda^2} \tag{4.4.7}$$

景深与焦距的平方成反比。结果是小的焦距导致大的景深(尽管此时图像的尺寸小)。望远镜头和大图像尺寸的相机比广角镜头和小图像尺寸相机的景深要小得多。一个典型的高分辨率 CCD 摄像机的像元尺寸约为 $10\mu m \times 10\mu m$,因此可允许的不清晰半径 r 为 $5\mu m$。设有一个 f-因数为 2、焦距为 15mm 的镜头,则它的景深当目标距离 1.5m 时为 $\pm 0.2m$。

(2) 目标和图像的尺寸比为 1∶1,$d_o \approx d_i \approx 2\lambda$

这对应复制时的情况,目标和图像有相同的尺寸,景深为

$$Z \approx 4n_f r \tag{4.4.8}$$

景深现在不依赖于焦距,且与可允许的不清晰半径 r 有相同的量级。仍考虑前面 r 为 $5\mu m$、f-因数为 2 的情况,此时景深只有 $40\mu m$,即只有很小的一个目标范围可清晰成像。

(3) 目标距离很近,镜头焦距也很小,$d_o \approx \lambda$ 和 $d_i \gg \lambda$

这对应显微成像时的情况,目标尺寸比图像尺寸小很多,尽管此时目标被放大了很多,但景深更小了,可写为

$$Z \approx 2n_f r \frac{d_o}{d_i} \tag{4.4.9}$$

当放大倍数为 50,即 $d_i/d_o = 50$ 且 $n_f = 1$ 时,得到的景深很小,只有 $0.2\mu m$。

4.4.2 显微镜 3-D 成像

显微镜在观察生物的微小解剖结构和组织学等方面起着重要作用。一般标本是 3-D 的,如果用普通的光学显微镜来观察会发现有如下现象:

(1) 仅在聚焦平面的结构是清晰可见的;

(2) 在聚焦平面附近的结构虽然可见,但模糊;

(3) 离聚焦平面较远的结构不可见但仍然对采集的图像有贡献。

上述现象根据 4.4.1 小节有关景深的内容很容易解释。在显微成像时，目标尺寸比图像尺寸小很多，所以景深很小，导致稍偏离聚焦平面的结构都很模糊。可见，景深很小的问题将对有一定厚度样本的分析带来影响。实践中，常采取将厚的样本用刀切割成许多很薄的切片，对各个切片分别观察研究的方法。但这又带来两个新问题：

(1) 如果在切割后将切片分别放置，它们之间的配准(对应)关系会丢失；

(2) 作为一个机械过程，很薄的切片在切割时会受到如拉伸、蜷缩、折叠、撕扯等的影响而导致各种几何变形[Zhang 1991a]。

为克服上述问题，可采取光学切片的方法(这样既不产生配准问题也不产生变形问题)。图 4.4.2 给出用显微镜对厚度为 T 的样本进行成像的光学图[Castleman 1996]，其中设 3-D 世界坐标系统(摄像机坐标系统与其重合)的原点在样本的左端，Z 轴与显微镜的光轴重合。这里设镜头到像平面的距离 d_i 是固定的，焦平面在 $Z=z_\lambda$ 处，与镜头的距离为 d_λ。

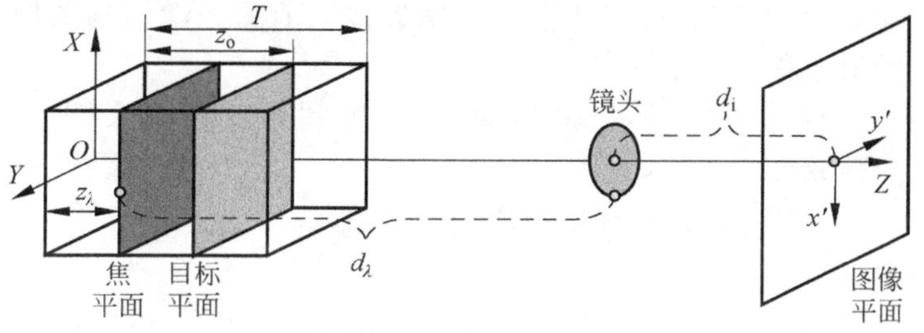

图 4.4.2　厚样本成像

根据透镜成像公式(4.4.1)，可由镜头的焦距 λ 算得 d_λ：

$$d_\lambda = \frac{\lambda d_i}{d_i - \lambda} \tag{4.4.10}$$

另外，还可由下式算得镜头的放大倍数：

$$M = \frac{d_i}{d_\lambda} \tag{4.4.11}$$

借助 M，可得

$$\lambda = \frac{d_i}{M+1} = \frac{M}{M+1} d_\lambda \tag{4.4.12}$$

$$d_\lambda = \frac{d_i}{M} = \frac{M+1}{M} \lambda \tag{4.4.13}$$

根据图 4.4.2，样本中一点 (x,y,z) 在成像时的坐标可写为 (x,y,z_λ)，而成像后在像平面的坐标为 (x',y')。考虑将像平面的图像反投影到焦平面，则镜头的放大倍数要反过来，且平面坐标也要转 180°。为推导在焦平面 z_λ 的图像 $f(x,y)$ 与样本函数 $p(x,y,z)$ 的关系，可仅考虑样本仅在 $Z=z_o$ 处密度不为零的情况，此时有

$$p(x,y,z) = p_o(x,y)\delta(z-z_o) \tag{4.4.14}$$

这对应当目标离焦平面的距离为 $z_o - z_\lambda$ 时的 2-D 成像情况。没有聚焦好的镜头仍是一个线性系统，所以可由卷积关系得到

$$f(x,y,z_\lambda) = p_o(x,y,z_o) \otimes h(x,y,z_o - z_\lambda) \tag{4.4.15}$$

其中，h 为光学系统的**点扩散函数**(PSF)，与焦平面的偏离量是 $z_o - z_\lambda$。

将 3-D 样本模型化为沿 Z 轴以 Δz 为间隔叠起来的 N 个目标平面($N=T/\Delta z$)，即 $\sum_{i=1}^{N} p(x,y,i\Delta z)\Delta z$，这样在 z_λ 得到的目标图像是各个平面图像的和

$$f(x,y,z_\lambda) = \sum_{i=1}^{N} p(x,y,i\Delta z) \otimes h(x,y,z_\lambda - i\Delta z)\Delta z \tag{4.4.16}$$

将这个求和转为积分($\Delta z \to 0$)得

$$f(x,y,z_\lambda) = \int_0^T p(x,y,z) \otimes h(x,y,z_\lambda - z)\mathrm{d}z \tag{4.4.17}$$

现设样本函数在视场外为零，在 $0 \leqslant z \leqslant T$ 外也为零，则可得到

$$f(x,y,z_\lambda) = \int_{-\infty}^{\infty}\int_{-\infty}^{\infty}\int_{-\infty}^{\infty} p(x,y,z) \otimes h(x-x',y-y',z_\lambda - z)\mathrm{d}x'\mathrm{d}y'\mathrm{d}z \tag{4.4.18}$$

由式(4.4.18)可知，对厚样本用显微镜成像就是用样本函数与光学系统的点扩散函数进行 3-D 卷积。借助这个结论，可用如下方法来近似地消除光学切割图像带来的模糊(还可参见本套书上册第 5 章)。

给定一系列在不同焦平面处 z_λ 采集的图像，可利用反卷积来恢复 $p(x,y,z)$。将式(4.4.18)变换到频域得

$$F(u,v,w) = P(u,v,w)H(u,v,w) \tag{4.4.19}$$

样本函数的频谱为

$$P(u,v,w) = F(u,v,w)H'(u,v,w) = \frac{F(u,v,w)}{H(u,v,w)} \tag{4.4.20}$$

其中 $H'(u,v,w)$ 为 3-D 的**光学转移函数**(OTF)的倒数。再将其变换回空域，得

$$\begin{aligned} p(X,Y,Z) &= f(X,Y,Z) \otimes h'(X,Y,Z) \\ &= \int_{-\infty}^{\infty} f(X,Y,z') \otimes h'(X,Y,Z-z')\mathrm{d}z' \end{aligned} \tag{4.4.21}$$

其中 z' 为哑元。

将 z 轴用 Δz 为间隔离散化，令 $Z=j\Delta z$，$z'=i\Delta z$，$\mathrm{d}z'=\Delta z$，可将式(4.4.21)改写为

$$p(x,y,j\Delta z) = \sum_{i=-\infty}^{\infty} f(x,y,i\Delta z) \otimes h'(x,y,j\Delta z - i\Delta z)\Delta z \tag{4.4.22}$$

当把焦平面移出样本时($i<0$ 或 $i>N$)，其对图像信息内容的贡献会变得相当差，这样可用下面的有限和来逼近式(4.4.22)

$$p(x,y,j\Delta z) = \sum_{i=-K}^{N+K} f(x,y,i\Delta z) \otimes h'(x,y,j\Delta z - i\Delta z)\Delta z \tag{4.4.23}$$

其中 K 为正数。

根据式(4.4.23)，恢复目标平面成为求 2-D 卷积的有限和。

用 3-D 逆卷积来恢复样本函数时会遇到 3 个计算问题：

(1) 计算 3-D 的 PSF 频谱比较复杂；

(2) 需要计算 $H'(u,v,w)$的 3-D 反变换；

(3) 当 $N+2K$ 较大时，式(4.4.23)的计算量也会相当大。

4.4.3 共聚焦显微镜 3-D 成像

尽管通过移动普通显微镜的焦平面可以获得 3-D 图像，但普通显微镜并不是好的 3-D 传感器。理想情况下，3-D 图像中的每个采样应代表在景物空间中对应位置上某个物理量

的测量结果。由于所有物理上可实现的设备都只有有限的分辨率，每个采样值实际上代表在某个体积中该物理量的加权平均。这个加权函数一般称为点扩散函数。如果点扩散函数离开原点后向各个方向都衰减得非常快，可得到一个有限的加权体积，只有具有如此点扩散函数的设备才被称为真正的 3-D 传感器。

事实上，当观察一个普通显微镜的点扩散函数的傅里叶变换(也称光学转移函数)时，可以发现频谱并不是处处有值的，即在频谱的某些区域并没有频率传输，这样的结果是那些仅在这些区域有频率分量的目标(如其表面法向与光轴的夹角小于 1/2 孔径角的目标，仅有的例外是直流分量)将不会被成像。另外，这些目标对成像的贡献和它与镜头的距离无关。这样仅用普通的显微镜就不可能获得真正的 3-D 图像。

要使得光学转移函数不总为零(特别在 Z 方向上)，可以考虑改变图像的成像方式及点扩散函数。这里的方法之一是使用共聚焦激光扫描显微镜[Brakenhoff 1979]。**共聚焦激光扫描显微镜**是一种可以采集真正 3-D 图像的装置[Jähne 1997]。它的基本原理是每次仅照明聚焦平面从而仅获得聚焦平面处的图像。为实现这一点，可用一个激光束对显微镜的光学聚焦平面进行扫描，在聚焦平面上每次仅照明一个点。

共聚焦激光扫描显微镜的成像示意图见图 4.4.3。激光源发射出的光线通过二分镜的反射到达样本，样本上的反射光又经二分镜透射指向检测器。其中，聚焦正确的反射光(实线)从焦平面反射后可通过检测针孔被检测器检测到，而未落在焦平面的散焦光线(虚线)则以与焦平面距离的平方成比例地扩散，且多不能通过检测针孔，导致检测器对散焦光线的检测量很小。这样由点扩散函数所确定的加权的 3-D 图像成为有限的。换句话说，仅有很接近焦平面的一个薄层能接收到很强的照明。在这个薄层之外，样本上的照度将会随着与焦平面距离的平方而衰减。这样，来自于焦平面之外的反射量就会大大减少，而非聚焦物体造成的失真也得到了很强的抑制。

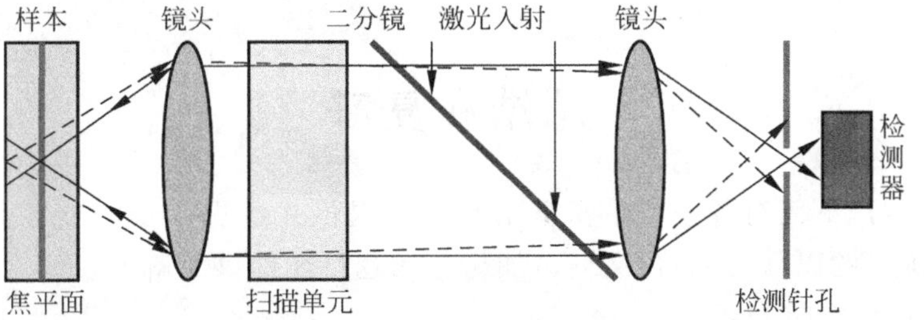

图 4.4.3　共聚焦显微镜成像示意图

由上可见，由于同样的光学镜头既用于成像也用于照明，共聚焦显微镜的总的点扩散函数是照明分布和(成像)检测分布的乘积。在理想(针孔无限小)的共聚焦情况下，照明分布和检测分布相同，共聚焦显微镜的总的点扩散函数就是普通显微镜的点扩散函数的平方。在傅里叶变换域，这对应光学转移函数与其自身的卷积。

在共聚焦激光扫描显微镜中，通过引入检测针孔可以有效地抑制不在焦平面的散焦问题。或者说，焦平面之外未聚焦物体对成像的贡献得到很强的抑制，同时成像失真也会下降。但是，有可能获得完全没有失真的成像吗？可从两个方面来考虑这个问题，或可用下面两种方式来讨论共聚焦激光扫描显微镜对目标的无失真重建能力[Jähne 2004]：

(1) 设想样本在沿光轴(Z 方向，深度)方向有一个周期的结构，在普通的显微镜成像中，由于在所有深度上的辐射亮度都是一样的，这个结构将不会被显示出来。而在共聚焦激光扫描显微镜成像中，由于照度会沿深度方向很快地衰减(随着与聚焦平面的距离平方而减少)，所以只要波长不是很短，则沿深度方向仍可观察到周期性的变化。

(2) 借助点扩散函数 PSF 解释这个问题。共聚焦激光扫描显微镜的点扩散函数是空间密度分布函数和光学成像的点扩散函数的乘积。由于两个函数都随深度的平方而衰减，共聚焦激光扫描显微镜的点扩散函数将随深度的四次方而衰减。这样的快速衰减能帮助对 PSF 进行更准确的定位并将导致沿深度方向产生一个非零的光学转移函数 OTF。

例 4.4.1 共聚焦激光扫描显微镜与普通显微镜对比示例

考虑对一个金字塔状的正方锥样本成像。用普通显微镜成像时仅对聚焦面附近可得到比较尖锐的图像，如图 4.4.4(a)所示为聚焦在正方锥基底时采集到的图像，随着向金字塔顶端靠近，边缘变得越来越模糊。在使用共聚焦激光扫描显微镜成像时，每次只对很窄的高度范围成像，例如图 4.4.4(b)所示为离基底 2.5μm 的一层成像的情况。现用每层 6.5μm 进行深度扫描，然后将各层结果叠加起来得到的图像如图 4.4.4(c)所示，整个深度范围都有清晰的结果，许多用普通显微镜看不到的细节现在都可被观察到。

(a) (b) (c)

图 4.4.4 共聚焦激光扫描显微镜与普通显微镜的对比 □

总结和复习

为更好地学习，下面对各小节给予概括小结并提供一些进一步的参考资料；另外给出一些思考题和练习题以帮助复习(文后对加星号的题目还提供了解答)。

1. 各节小结和文献介绍

4.1 节介绍了一些对基本的 2-D 静止灰度图像扩展得到的高维图像，并讨论了本征图像和非本征图像的区别。可查看其他图像技术应用书籍，以了解更多实例，还可见文献[Jähne 1999a]。

4.2 节讨论了几种双目成像模式和对应的视差计算，这在许多书籍中都有介绍，如文献[Shapiro 2001]、[Hartley 2004]、[Davies 2012]、[Forsyth 2012]。相关技术已比较成熟并已广泛应用，一个场景理解的例子可见文献[Franke 2000]。

4.3 节介绍了几种常见的深度图像获取方法。直接获取深度图像的方法还有许多种，如可参见文献[张 2005a]、[Jähne 2000]等。

4.4 节介绍了用显微镜获取 3-D 图像的原理，包括用普通显微镜分层成像和用共聚焦显微镜分层成像两种情况，进一步还可参见文献[Jähne 1999a]。这样获得的图像与投影重建图像(本套书上册第 8 章)等有类似处。

2. 思考题和练习题

4-1 不同的本征图像可互相转换吗?不同的非本征图像可互相转换吗?为什么?举例说明。

4-2 各种不同的立体成像方式除在光源、采集器和景物三者的相互位置和运动情况方面有区别外还有什么不同?实际应用中在选择成像方式方面还需要考虑哪些因素?

4-3 在图 4.2.2 中,设 $\lambda=0.08\text{m}$,$B=1.2\text{m}$,如果 W 点坐标分别为(1m,1m,5m)和(2m,0m,6m),计算两种情况下的视差。如果已知视差为 0.01m,求深度 Z。

4-4 试比较双目横向模式、双目会聚横向模式和双目轴向模式在视差计算精度,受场景遮挡影响和受对应点不确定性影响方面的不同特点。可列表。

***4-5** 考虑一个双目成像系统,两个相机的图像平面在同一个平面 XY 上(光心和空间点在其两边),两个相机的镜头焦距都是 λ,两个镜头的光轴间距是 B。

(1) 画出系统光路的示意图,与图 4.2.2 有什么不同?为什么?

(2) 如果一个空间点(X,Y,Z)出现在两幅图像的(x_1,y_1)和(x_2,y_2)处,证明:

$$\frac{Z}{\lambda}=\frac{X+B/2}{x_1}=\frac{X-B/2}{x_2}$$

(3) 推导从观察到的视差计算深度 Z 的公式。该公式与式(4.2.4)有什么不同?为什么?

4-6 根据题 4-5 解出的从观察到的视差计算深度 Z 的公式,证明深度的百分比误差从数值上等于视差的百分比误差。这个结果在实际中有什么含义?

4-7 式(4.2.36)表明,对双目轴向成像模式,要计算 3-D 空间点的深度需考虑该点与摄像机光轴的距离。在推导式(4.2.36)的过程中仅考虑了 X 坐标,实际中还应同时考虑 Y 坐标,试推导同时考虑 X 坐标和 Y 坐标的深度计算公式。

***4-8** 利用幅度调制波相位差来获取深度图。

(1) 如果调制频率为 10MHz,则 k 取 0 时测量范围为多少?

(2) 如果测量范围为 1~100m,需设计多少个调制频率?

4-9 在使用幅度调制的相位测量法时,如要让深度测量值的误差小于 8cm,所选的调制频率应为多少?在使用频率调制的相干测量法时呢?

4-10 在图 4.3.3 中,设 $\lambda=0.02\text{m}$,$r=1\text{m}$,$d=2\text{m}$,$\beta=45°$,如果一个物体成像后的水平尺寸为 0.2m,垂直尺寸为 0.1m,求该物体的实际尺寸。

4-11 试讨论莫尔条纹分布的疏密与被测物的距离、表面形状和朝向的关系。

4-12 使用一个 f-因数为 2,焦距为 50mm 的标准镜头拍摄距离 10m 的物体,其景深是多少?如果使用一个 f-因数为 8,焦距为 320mm 的望远镜头呢?

第5章 3-D景物表达

本套书中册第6章讨论了对由图像中分割出来的2-D区域的各种表达方法。实际的客观景物是3-D的，需要有3-D的表达方法。这里需要指出，从2-D世界向3-D世界发展的过程所带来的变化不仅是量的丰富而且有质的飞跃（如在2-D空间里，区域是由线封闭而成的，而在3-D空间仅仅由线并不能包围体积），它对视觉信息的表达和加工在理论上和方法上都提出了新的要求。

客观世界中存在多种3-D结构，它们有可能对应不同的抽象层次。各种不同层次的3-D结构也常需用不同的方法来表达。

根据上述的讨论，本章各节将安排如下。

5.1节先介绍曲线和曲面的一些局部特征，它们在3-D目标表面的表达中起重要的作用。

5.2节讨论对3-D表面的表达方法，它们是对3-D目标进行表达的基础和常用方法。

5.3节给出在3-D目标是用体素表达的情况下，两种对其等值表面构造的算法。

5.4节介绍从3-D目标的并行轮廓出发，通过插值，用网格面元集合来表达目标表面，实现表面拼接的技术。

5.5节介绍一些直接对3-D实体（包括表面和内部）进行表达的方法。

5.1 曲线和曲面的局部特征

曲线和曲面是构成3-D**实体**的重要组件，也是观察实体时最先观察到的部分。为表达和描述曲线和曲面，需要研究它们的局部特征[Forsyth 2003]。微分几何是研究曲线和曲面局部特征的重要工具，下面讨论几个基本的概念。

5.1.1 曲线局部特征

这里对平面曲线和空间曲线分别进行讨论。

1. 平面曲线特殊点的分类

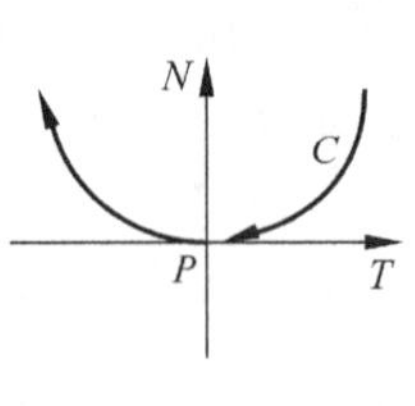

图5.1.1 曲线在由切线和法线定义的坐标系中

先考虑平面上的曲线。如图5.1.1所示，设一条曲线C通过空间一个点P。通过点P且与曲线C相切的直线T称为曲线C在点P的切线（切线是割线的极限）。与点P的切线T相垂直，且通过点P的直线N称为曲线C在点P的法线。

如果取点P为原点，沿切线T的方向和法线N的方向为坐标轴的方向，则可构建一个局部的坐标系统，以帮助研究曲线在点P附近的性质。如图5.1.2所示，考虑一个在第一象限中的点Q沿曲线C向点P

移动，当它到达点 P 后继续运动，那它的下一个位置会有 4 种情况，分别在一、二、三、四象限，如图 5.1.2(a)、(b)、(c)、(d)所示。这 4 种情况对应 4 种不同的曲线 C，或者说描述了曲线 C 在点 P 附近的四种变化。

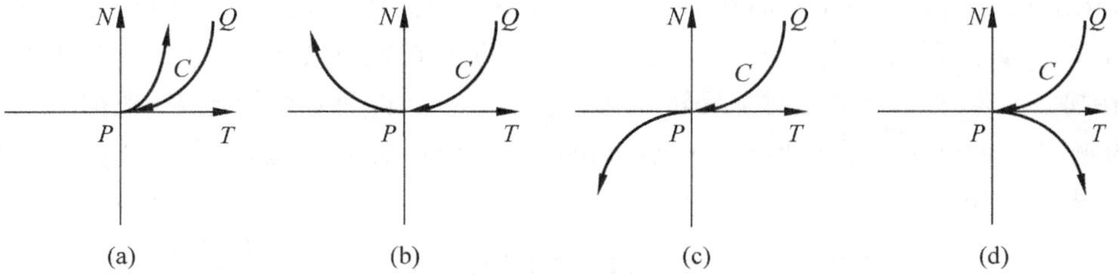

图 5.1.2 四种曲线变化情况

曲线上的点 Q 在通过点 P 后如果到达第二象限，则可称点 P 是一个规则点，而在其他三种情况下，都称点 P 是**奇异点**。奇异点还可以进一步细分：点 Q 在通过点 P 后如果到达第三象限，则点 P 是**拐点**；点 Q 在通过点 P 后如果到达第四象限和第一象限，则点 P 分别是第一类和第二类**尖点**。

过点 P 的切线 T 是对曲线 C 在点 P 最好的线性近似。如果能在点 P 建立一个圆周近似，就可定义曲线 C 在点 P 的曲率。曲率是沿曲线的切线方向变化速率的测度，它比切线或斜率能更好地表达曲线的特性。曲线 C 在点 P 的曲率可通过借助曲线上的另一个点 Q 沿曲线向点 P 逼近来计算。考虑曲线 C 在点 P 的法线 N 和曲线 C 在点 Q 的法线 M，这两条法线有个交点 S，当点 Q 沿曲线向点 P 逼近时，交点 S 会沿着点 P 的法线 N 到达一个极限位置 O，它就是曲线 C 在点 P 的曲率中心。当点 Q 和点 P 间的距离随点 Q 沿曲线向点 P 逼近而趋向于零时，法线 N 和法线 M 之间的夹角也会趋向于零，上述夹角和距离的比值会趋向于一个极限 K，K 就是曲线 C 在点 P 的曲率。K 在数值上是 O 和 P 之间距离 r 的倒数，这里 r 称为曲率半径，而以 O 为圆心，r 为半径的圆称为点 P 的曲率圆。

2. 高斯图

可借助**高斯图**来描述曲线 C。如图 5.1.3 所示，选一个方向让点 P 沿该方向遍历曲线 C 并且依次将曲线 C 上的各点 P 与单位圆周上的各点 Q 对应起来。这里要使过点 P 的单位法线矢量与从单位圆心出发的终点为 Q 的矢量对应。这个从曲线到单位圆周的映射结果就是与曲线对应的高斯图。

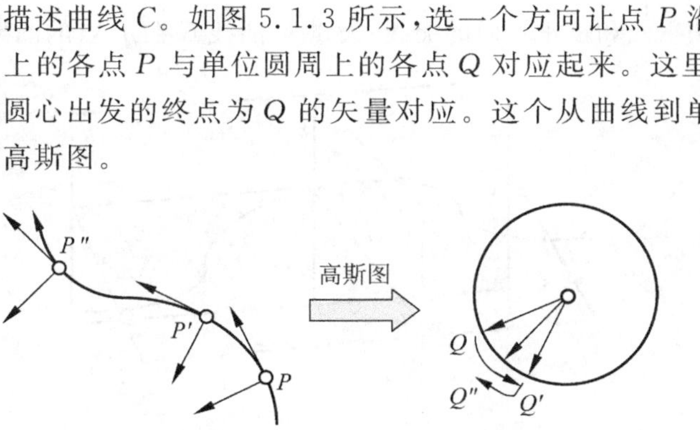

图 5.1.3 平面曲线的高斯图

前面讨论曲率时，借助了曲线上一点 Q 沿曲线向另一点 P 逼近的过程。因为曲线可被映射到高斯图，所以这个逼近过程也体现在高斯图中。当点 P' 逼近点 P 时，点 P' 的高斯图上点 Q' 也逼近点 P 的高斯图上点 Q。点 P' 和点 P 处的法线 N' 和 N 间的夹角对应在单位圆周上连接Q'和Q的弧长。曲率就是高斯图上对应弧长度和曲线长度的比值在两者趋向于零时的极限。

现在考虑一个点沿曲线的运动和其高斯图上对应点的运动。在规则点和拐点，该点沿曲线C的遍历方向是不变的；但在两类尖点处，该点沿曲线C的遍历方向会发生反转变化(图5.1.2)。其高斯图上点沿单位圆的遍历运动方向在规则点和第一类尖点处不发生变化，而在拐点和第二类尖点处发生反转变化(图5.1.3)。将两者结合起来，根据一个点沿曲线C的遍历方向和其高斯图上对应点沿单位圆运动时的方向变化，可以对4类曲线点进行分类，见表5.1.1。

表5.1.1 曲线点分类表

分　　类	点沿曲线遍历方向不变	点沿曲线遍历方向反转变化
高斯图上点沿单位圆运动方向不变	规则点	第1类尖点
高斯图上点沿单位圆运动方向反转变化	拐点	第2类尖点

在对曲线C选出一个方向后，对曲线C上任意一点的曲率可定义一个符号标志。例如，可令在凸点的曲率为正，即该点的曲率中心与该点法线矢量的顶点将处于曲线C的同一边。同理，在凹点的曲率为负，即该点的曲率中心与该点法线矢量的顶点将处于曲线C的两边。这样，在拐点的曲率符号将改变，如果反转曲线的方向也将反转曲率的符号。

3. 空间曲线

空间曲线的情况比限制在平面内曲线的情况要复杂得多。例如，在空间曲线C上一点P可以有无穷多的直线与该点的切线垂直，它们合起来组成空间曲线在该点的法平面。又如，空间曲线C在其上一点的邻域点并不一定处在同一平面上，但确实存在一个唯一的平面与这些点最贴近，这个平面称为**密切平面**。这个平面包含点P及一些趋近于P的曲线点。通过点P并与法平面和密切平面都垂直的平面称为**校正平面**。根据法平面N、密切平面T和校正平面R可建立以点P为中心(原点)的坐标系统，称为移动三面体或Férnet框架，如图5.1.4所示。其中坐标系的三个轴分别对应切线矢量$\boldsymbol{t}$、主法线(法平面和密切平面的交线)矢量$\boldsymbol{n}$和**副法线**(法平面和校正平面的交线)矢量$\boldsymbol{b}$，曲线C在P点的曲率中心为O。

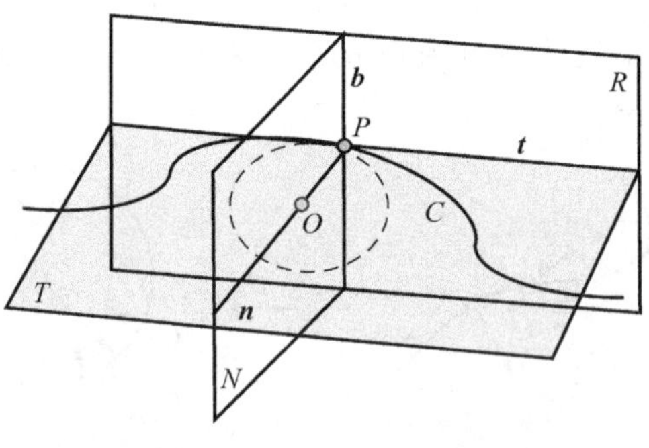

图5.1.4 空间曲线的局部几何

空间曲线与平面曲线有一些类似的地方。例如，可将平面曲线中高斯图的概念推广到空间曲线，不过这时表示切线、主法线和副法线的矢量端点将处在一个单位圆球体上。空间曲线与平面曲线也有一些不同的地方。例如，不可能给空间曲线一个有意义的符号。一般来说，空间曲线没有拐点，它的曲率在各个位置都是正的。

下面考虑密切平面上沿空间曲线变化的速率(这可看作对曲率的推广)。设曲线 C 上有两个相邻的点 P 和 P'，计算与它们对应的两个密切平面之间的夹角(或对应的两个副法线之间的夹角)，并除以它们之间的距离。当 P' 趋向于 P 时，上述夹角和距离都趋向于 0，而它们的比值有个极限，该极限称为曲线 C 在点 P 的**挠率**。曲线 C 上两个相邻点 P 和 P' 之间的弧长 s 可以设为有向的。在点 P 的切线矢量 $\boldsymbol{t}$ 是单位速率 $\mathrm{d}P/\mathrm{d}s$(定义为当 P' 趋向于 P 且两者间的距离趋向于 0 时，矢量 $\Delta\overrightarrow{PP'}/\Delta s$ 的极限)。如果 s 反向，则 $\boldsymbol{t}$ 也反向。进一步，加速度 $\mathrm{d}^2\boldsymbol{P}/\mathrm{d}s^2$ 与曲率 K 和主法线 $\boldsymbol{n}$ 之间有如下关系：

$$\frac{\mathrm{d}^2}{\mathrm{d}s^2}\boldsymbol{P} = \frac{\mathrm{d}}{\mathrm{d}s}\boldsymbol{t} = K\boldsymbol{n} \tag{5.1.1}$$

注意，曲率 K 是加速度的幅度，它和主法线矢量 $\boldsymbol{n}$ 都与曲线方向无关。副法线矢量可定义为 $\boldsymbol{b}=\boldsymbol{t}\times\boldsymbol{n}$。与 $\boldsymbol{t}$ 类似，$\boldsymbol{b}$ 依赖曲线的方向。可以证明：

$$\frac{\mathrm{d}}{\mathrm{d}s}\boldsymbol{n} = -K\boldsymbol{t} + \tau\boldsymbol{b} \tag{5.1.2}$$

$$\frac{\mathrm{d}}{\mathrm{d}s}\boldsymbol{b} = \tau\boldsymbol{n} \tag{5.1.3}$$

其中，τ 为曲线在点 P 的挠率。

与曲率不同，对一般空间曲线而言，挠率可以为正、负或零。它的符号取决于为曲线所选的遍历方向，并且有几何意义：一般来说，曲线会以一个非零的挠率通过密切平面的每一点。当挠率为正时，曲线出现在密切平面的正面(即副法线那面)；当挠率为负时，曲线出现在密切平面的反面。如果是平面曲线，则挠率处处为零。

5.1.2 曲面局部特征

物体的表面可以是平面或曲面，平面可看作曲面的特例。下面的讨论中考虑一般的曲面。

1. 表面法截线

下面考虑表面 S 上一点 P 附近的性质。可以证明，对通过点 P 且处在表面 S 上的曲线 C，其所有切线均位于同一个平面 U 上，平面 U 就是过表面 S 上点 P 的切平面。通过点 P 且与表面 S 垂直的直线 N 称为表面 S 在点 P 处的法线，见图 5.1.5。可以取在点 P 处法线矢量的方向为表面 S 在点 P 处的局部方向。可见，在表面上的每一点，只有唯一的一条法线，但可以有无数条切线。

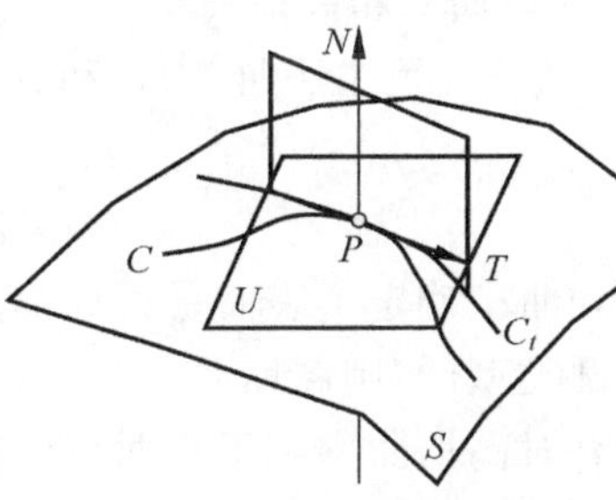

图 5.1.5 表面一点的法线 N、切线 T、切面 U 和法截线 C_t

虽然通过表面 S 在点 P 处的法线只有一条，但包含该法线的平面(同时也包含一条切线)可以有无数个(可将任一个包含法线的平面绕法线旋转得到)。这些平面与表面 S 的交线构成一个单参数平面曲线族，可称为**法截线**族。图 5.1.5 中还给出了一条与曲线 C 的切线对应的法截线 C_t(它完全在表面 S 中，但可以与曲线 C 不同)。

在一般情况下，表面 S 的法截线在点 P 处是规则的，有时也会是拐点。法截线在点 P 处的曲率称为表面 S 在点 P 处相应切线方向上的法曲率。如果法截线与指向内部的表面法线位于切平面的同一边时，称法曲率为正；如果分处两边，称法曲率为负。如果点 P 是对应法截线的拐点，那么表面 S 在点 P 处相应切线方向上的法曲率为零。

2. 表面主法曲率

由于可能有无穷条曲线通过表面上的同一个点，所以不能直接将前面平面曲线上的曲率定义推广到表面上去。不过对每个表面，在其上至少可以确定一个具有最大曲率 K_1 的方向，还可以确定出一个具有最小曲率 K_2 的方向（对比较平坦的表面，可能有多个最大曲率和最小曲率的方向，此时可任选）。换句话说，法截线在表面上点 P 处的法曲率在绕法线的某个方向上会取得最大值 K_1，而在某个方向上会取得最小值 K_2。一般将这两个方向称为表面 S 在点 P 处的**主方向**，可以证明它们是互相正交的（除非法曲率在所有方向都取同一个值，此时对应平面）。图 5.1.6 给出一个示例，T_1 和 T_2 代表两个主方向。

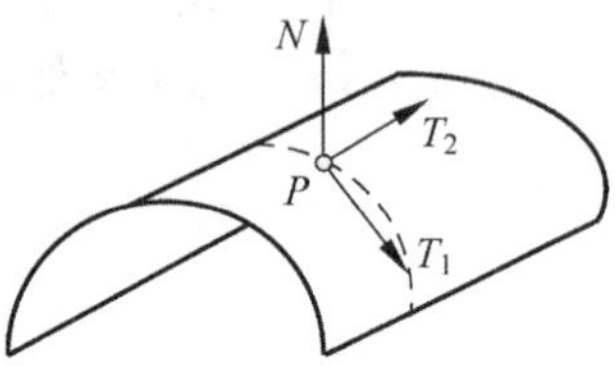

图 5.1.6　主曲率方向

根据表面 S 在点 P 处邻域中两个主法曲率符号的异同，可以判断该邻域的三种不同形状。如果两个主法曲率的符号相同，则点 P 处邻域的表面是椭圆形的，不跨越切平面。当曲率的符号为正时，点 P 处是凸的；当曲率的符号为负时，点 P 处是凹的。如果两个主法曲率的符号相反，则点 P 处邻域的表面是双曲形的，表面 S 是局部马鞍形并沿两条曲线通过切平面。对应的法截线在点 P 处有一个拐点。它们的切线处在表面 S 在点 P 处的渐近方向，这些方向被主方向隔开。椭圆形的点和双曲形的点在表面上组成块状区域，这些区域一般被由抛物形的点组成的曲线隔开，在这些曲线上，两个主曲率之一为零。与此相应的主方向也是渐近方向，表面与其切平面相交处沿该方向有一个尖点。

类似于定义平面曲线的高斯图，也可以定义表面的高斯图，此时一般称**高斯球**（更多讨论见 5.2.2 小节）。高斯球是将表面上的每个点映射到单位法线矢量与单位球的交点上得到的。对于平面曲线，高斯球在规则点附近是一一对应的，但在奇异点附近其遍历的方向会改变。类似地，对表面的椭圆点和双曲点，高斯球也是一一对应的；而对表面的抛物点，任何小邻域都包含具有平行法线的点，所以高斯球会有折叠[Forsyth 2003]。

3. 平均曲率和高斯曲率

将前面介绍的主法曲率 K_1 和 K_2 结合，可构成平均曲率 H 和高斯曲率 G[Lohmann 1998]：

$$H = (K_1 + K_2)/2 = \mathrm{Tr}(K)/2 \tag{5.1.4}$$

$$G = K_1 K_2 = \det(K) \tag{5.1.5}$$

平均曲率确定了表面是否局部凸（平均曲率为负）或凹（平均曲率为正）。如果表面局部上是椭圆类型的，则高斯曲率为正；如果表面局部上是双曲线类型的，则高斯曲率为负。

结合对高斯曲率和平均曲率的符号分析，可获得对表面的分类描述，也常称为地形性描述，见表 5.1.2（这些描述也可用于对深度图像的分割，也常称表面分割）。

表 5.1.2　由高斯曲率 G 和均值曲率 H 确定的 8 种表面类型

	$H<0$	$H=0$	$H>0$
$G<0$	鞍脊	最小/迷向	鞍谷
$G=0$	山脊/脊面	平面	山谷/谷面
$G>0$	峰/顶面		凹坑

用数学语言来说[刘 1998]，在峰点的梯度为零，且所有的二次方向导数均为负值。在坑点的梯度也为零，但所有的二次方向导数均为正值。脊可以分为脊点和脊线。脊点也是一种峰点，但与孤立的峰点不同，它只在某个方向的二次方向导数为负值。相邻的脊点连接起来构成脊线，脊线可以是水平的直线也可以是曲线（包括不水平的直线）。沿水平脊线方向的梯度为零，且二次方向导数也为零，而与脊线相交方向的二次方向导数为负。沿与弯曲脊线相交的方向必有负的二次导数，而且在该方向的一次导数必为零。谷也称沟，与孤立的坑点不同，它只在某些方向的二次导数为正值（把对脊线描述中的二次方向导数为负改为二次方向导数为正就得到对谷线的描述）。在鞍点的梯度为零，它的两个二次方向导数的极值（在某个方向有局部最大值，在另一个与之垂直的方向上有局部最小值）必有不同的符号。鞍脊和鞍谷分别对应两个极值取不同符号的情况。

例 5.1.1 8 种表面类型示例

由表 5.1.2 可知有 8 种不同类型的表面。图 5.1.7 给出这 8 种表面类型的各一个示例。

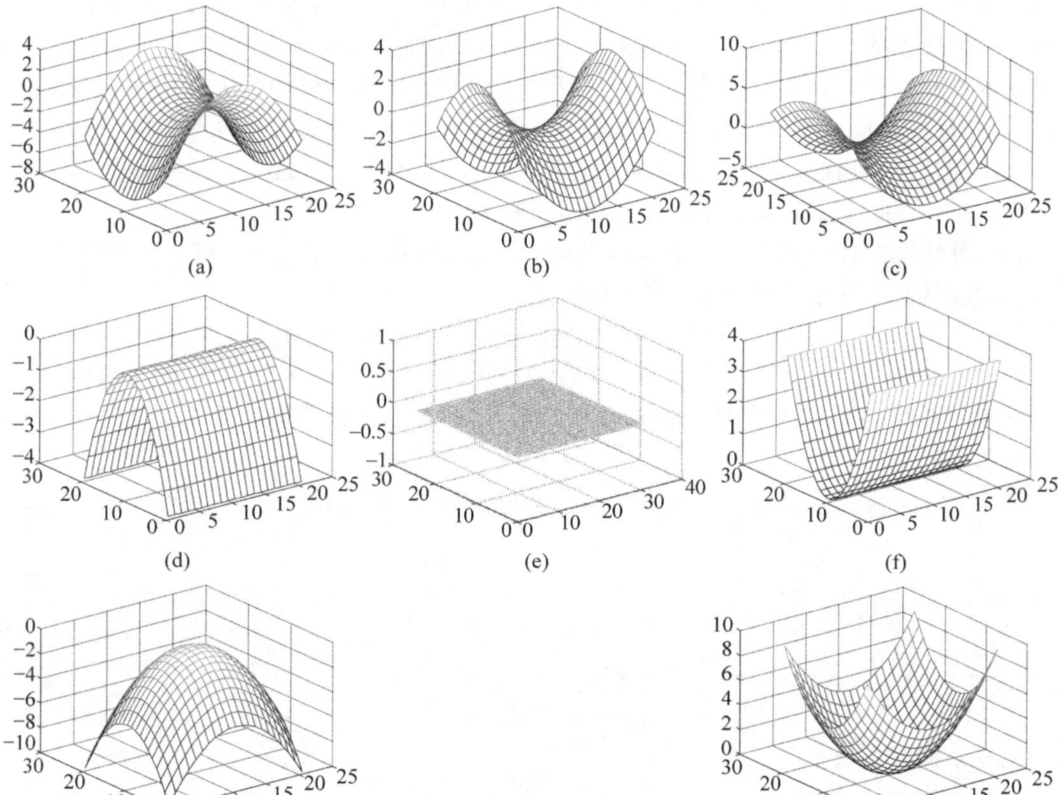

图 5.1.7　8 种表面类型示例

图 5.1.7 中示例图的相对排列位置与表 5.1.2 中的排列相同，其中图(a)对应鞍脊，图(b)对应最小/迷向，图(c)对应鞍谷，图(d)对应山脊/脊面，图(e)对应平面，图(f)对应山谷/谷面，图(g)对应峰/顶面，图(h)对应凹坑。　□

5.2 3-D 表面表达

当人们观察 3-D 场景时，首先看到的是物体的外表面。在一般情况下，外表面是由一组曲面构成的。为表达 3-D 物体的外表面和描述它们的形状，可利用物体的外轮廓线或外轮廓面。如果给定外轮廓线，也可通过插值或"贴面"方法进一步获得外轮廓面。这里主要使用**表面模型**。

5.2.1 参数表达

参数表达是通用的解析表达。

1. 曲线的参数表达

物体外轮廓线是表达物体形状的重要线索。例如常用的**线框**表达法就是借助一组外轮廓线来表达 3-D 物体的一种近似方法。有些物体的外轮廓线可直接从图像中得到。例如当利用结构光法采集深度图像时，可以得到光平面与物体外表面相交各点的 3-D 坐标。如果把同一个平面上的点用光滑曲线连起来并将这一系列曲线依次显示出来，就可以表示出物体表面的形状。有些物体的外轮廓线需要从图像中计算出来。例如为了观察生物体标本的内部，要将标本切成一系列切片，对每个切片采集一幅图像。通过对每片图像的分割可获得每片标本的边界，也就是生物体横切面的轮廓线[Zhang 1991a]。这里如果要恢复原标本的 3-D 形状还需要把这些轮廓线校正对齐并结合起来。

物体外轮廓线在一般情况下是 3-D 曲线，常可用参数样条来表示，写成矩阵形式(用 t 表示沿曲线从某点开始的归一化长度)为

$$\boldsymbol{P}(t) = [x(t) \quad y(t) \quad z(t)]^{\mathrm{T}} \quad 0 \leqslant t \leqslant 1 \tag{5.2.1}$$

曲线上的任一点都由三个参数 t 的函数来描述，曲线从 $t=0$ 开始而在 $t=1$ 结束。为了表示通用的曲线，使参数样条的一阶和二阶导数连续，$\boldsymbol{P}(t)$的阶数至少为 3。三次多项式曲线可写为

$$\boldsymbol{P}(t) = \boldsymbol{a}t^3 + \boldsymbol{b}t^2 + \boldsymbol{c}t + \boldsymbol{d} \tag{5.2.2}$$

其中

$$\boldsymbol{a} = [a_x \quad a_y \quad a_z]^{\mathrm{T}} \tag{5.2.3}$$

$$\boldsymbol{b} = [b_x \quad b_y \quad b_z]^{\mathrm{T}} \tag{5.2.4}$$

$$\boldsymbol{c} = [c_x \quad c_y \quad c_z]^{\mathrm{T}} \tag{5.2.5}$$

$$\boldsymbol{d} = [d_x \quad d_y \quad d_z]^{\mathrm{T}} \tag{5.2.6}$$

而三次样条曲线可表示为

$$x(t) = a_x t^3 + b_x t^2 + c_x t + d_x \tag{5.2.7}$$

$$y(t) = a_y t^3 + b_y t^2 + c_y t + d_y \tag{5.2.8}$$

$$z(t) = a_z t^3 + b_z t^2 + c_z t + d_z \tag{5.2.9}$$

三次多项式可表示通过具有特定切线点的曲线，它也是表示非平面曲线的最低阶多项式。

另外，一条 3-D 曲线可隐式地表示成为满足下式的点(x,y,z)的集合：

$$f(x,y,z) = 0 \tag{5.2.10}$$

2. 曲面的参数表达

物体的外表面也是表达物体形状的重要线索。物体外表面可用**多边形片**的集合表示，每个多边形片可表示为

$$\boldsymbol{P}(u,v) = [x(u,v)\ y(u,v)\ z(u,v)]^{\mathrm{T}} \quad 0 \leqslant u,v \leqslant 1 \tag{5.2.11}$$

如果计算$\boldsymbol{P}(u,v)$沿两个方向的一阶导数，得到$\boldsymbol{P}_u(u,v)$和$\boldsymbol{P}_v(u,v)$，它们都在通过表面点$(x,y,z)=\boldsymbol{P}(u,v)$的切平面上，在该点的法线矢量$\boldsymbol{N}$可由$\boldsymbol{P}_u(u,v)$和$\boldsymbol{P}_v(u,v)$计算得到

$$\boldsymbol{N}(\boldsymbol{P}) = \frac{\boldsymbol{P}_u \times \boldsymbol{P}_v}{\| \boldsymbol{P}_u \times \boldsymbol{P}_v \|} \tag{5.2.12}$$

一个3-D表面也可隐式地表示成为满足下式的点(x,y,z)的集合

$$f(x,y,z) = 0 \tag{5.2.13}$$

例如一个中心在(x_0,y_0,z_0)的半径为r的球可表示为

$$f(x,y,z) = (x-x_0)^2 + (y-y_0)^2 + (z-z_0)^2 - r^2 = 0 \tag{5.2.14}$$

一个3-D表面的显式表达形式为

$$z = f(x,y) \tag{5.2.15}$$

表面面元可用不同阶的双变量多项式来表示。最简单的**双线性**面元(任何平行于坐标轴的截面都是直线)可表示为

$$z = a_0 + a_1 x + a_2 y \tag{5.2.16}$$

而曲面可用高阶多项式来表达。例如，**双二次**面元

$$z = a_0 + a_1 x + a_2 y + a_3 xy + a_4 x^2 + a_5 y^2 \tag{5.2.17}$$

和**双三次**面元

$$z = a_0 + a_1 x + a_2 y + a_3 xy + a_4 x^2 + a_5 y^2 + a_6 x^3 + a_7 x^2 y + a_8 xy^2 + a_9 y^3 \tag{5.2.18}$$

另外，借助面元的概念也可将对表面的表达转换为对曲线的表达。如果设每个面元由4条曲线包围和界定，那么将各个面元的4条曲线都确定下来也可完成对整个表面的表达。

5.2.2 表面朝向表达

通过对3-D物体各个表面朝向的表达可勾勒出物体的外观形状，而要表达表面的朝向可借助表面的法线。

1. 扩展高斯图

扩展高斯图是一种表达3-D目标的模型，它的两个特点是近似和抽象。一个目标的扩展高斯图给出目标表面法线的分布，从而给出表面各点的朝向。如果目标是凸多锥体，则目标和其扩展高斯图是一对一的，但一个扩展高斯图可能对应于无穷多个凹形目标[Shirai 1987]。

为计算扩展高斯图，可借助高斯球的概念。高斯球是一个单位球，给定3-D目标[图5.2.1(a)]表面的一点，将该点对应到球面上具有相同表面法线的点就可得到高斯球[图5.2.1(b)]。换句话说，将目标表面点的朝向矢量尾端放在球中心，矢量的顶端与球面在一个特定点相交，这个相交点可用来标记原目标表面点的朝向。球面上相交点在球上的位置可用两个变量(有两个自由度)表示，例如极角和方位角或者经度和纬度。如果在高斯球上各点都放置与对应表面面积数值上相等的质量，就可得到扩展高斯图[图5.2.1(c)]。

考虑目标为一个凸多面体的情况，它的各个表面均为平面。该凸多面体可完全由其各

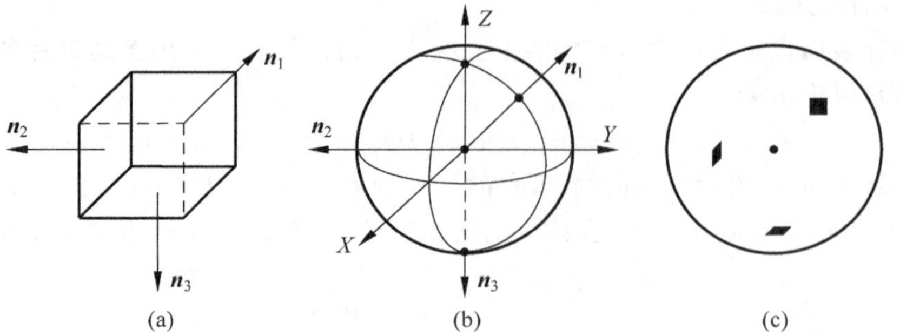

图 5.2.1　高斯球和扩展高斯图

个表面的面积和朝向确定。利用各表面平面的朝向(法线矢量的方向)可得到凸多面体的高斯球,因为凸多面体不同表面上的点不会有相同的表面法线矢量,所以其高斯球上每一个点对应一个特定的表面朝向。这样得到的扩展高斯图有如下特性:扩展高斯图上的总质量在数值上与多面体表面区域面积的总和相等;如果多面体是闭合的,则从任何相对的方向投影都可得到相同的区域。

上述方法可推广到光滑的曲面。定义高斯球上一个区域 δS 与目标上对应区域 δO 的比值在 δO 趋向零时的极限为**高斯曲率** G,即

$$G = \lim_{\delta O \to 0} \frac{\delta S}{\delta O} = \frac{\mathrm{d}S}{\mathrm{d}O} \tag{5.2.19}$$

如果对目标上一个区域 O 进行积分,则得到**积分曲率**:

$$\iint_O G\,\mathrm{d}O = \iint_S \mathrm{d}S = S \tag{5.2.20}$$

其中 S 为高斯球上的对应区域。

式(5.2.20)可允许处理法线不连续的表面。

如果对高斯球上一个区域 S 进行积分,则得到

$$\iint_S \frac{1}{G}\mathrm{d}S = \iint_O \mathrm{d}O = O \tag{5.2.21}$$

其中 O 为目标上的对应区域。

式(5.2.21)表明,可用高斯曲率的倒数定义扩展高斯图,具体是将在目标表面一点高斯曲率的倒数映射到单位球上的对应点。如果用 u 和 v 表示目标表面点的系数,用 p 和 q 表示高斯球上点的系数,则扩展高斯图定义为

$$G_e(p,q) = \frac{1}{G(u,v)} \tag{5.2.22}$$

上述映射对凸形物体是唯一的。如果目标不是凸体,则有可能发生下面 3 种情况[Horn 1986]:

(1) 某些点的高斯曲率会成为负数;

(2) 目标上的多个点将会对球上同一点有贡献;

(3) 目标的某些部分将会被其他部分遮掩。

例 5.2.1　扩展高斯图计算示例

给定一个半径为 R 的圆球,其扩展高斯图 $G_e(p,q)=R^2$,如果从球的中心观察区域 δO,

则观察立体角是 $w=\delta O/R^2$，而高斯球上区域的面积是 $\delta S=w$。 □

2. 球心投影和球极投影

物体的表面朝向有两个自由度。为指定面元的朝向，可使用梯度也可使用单位法线，其中表面法线所指的方向可用前面的高斯球来表达。高斯球本身具有曲面形状的外表面，一般可将它投影到一个平面上以得到梯度空间，见图 5.2.2(a)。

考虑通过球且平行于 Z 轴的轴，可利用球的中心作为投影的中心把在北半球上的点投影到与北极相切的平面上。这称为球心投影。可以证明梯度为 (p,q) 的点在这个平面上的位置等于 $(-p,-q)$。利用这个平面来定义梯度空间有一个缺点，就是为了避免混淆只能将一个半球面投影到这个平面上。

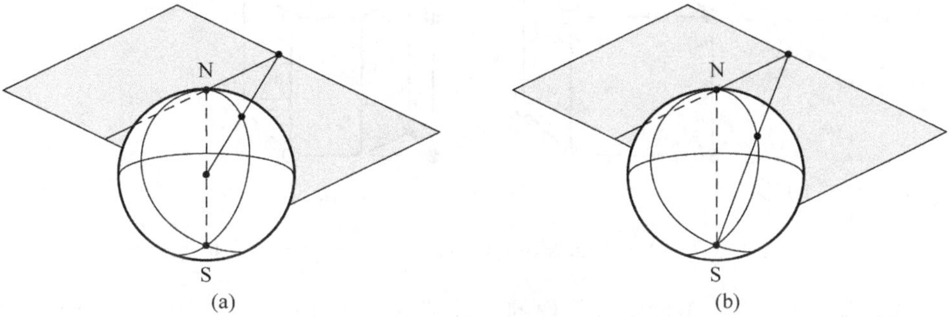

图 5.2.2　球心投影和球极投影

在很多情况下，关心的仅仅是观察者可看到的表面，这正对应北半球上的点。但也有其他情况。例如对一个由背面照明的场景，指向光源的方向需要由在南半球的点来表示。这样就遇到梯度空间的一个困难，这就是对应高斯球表面的赤道上的点将会投影到梯度空间的无穷远处。

一种避开这类困难的方法是利用**立体图投影**(也称为球极投影)。这里投影的目的地仍是与北极相切的平面，但投影的中心是南极[图 5.2.2(b)]。这样除南极点外，所有球面上的点都可以唯一地映射到平面上。赤道的投影将是一个半径为球直径的圆周。如果令球极投影中的坐标为 s 和 t，则可以证明：

$$s=\frac{2p}{1+\sqrt{1+p^2+q^2}}\quad t=\frac{2q}{1+\sqrt{1+p^2+q^2}} \tag{5.2.23}$$

反过来有

$$p=\frac{4s}{4-s^2-t^2}\quad q=\frac{4t}{4-s^2-t^2} \tag{5.2.24}$$

球极投影的另一个优点是它是高斯球上的一个保角投影，即球面上的角投影到平面上仍是相同的角。球极投影的一个缺点是有些公式比在球心投影中更为复杂。

5.3　等值面的构造和表达

3-D 图像中的基本单元是**体素**，如果一个 3-D 目标的轮廓体素具有某个确定的灰度值，那么这些体素点将构成一个等值表面，它是该目标与其他目标或背景的交界面。下面介绍两种对等值面进行构造和表达的相关算法[Lohmann 1998]。

5.3.1 行进立方体算法

考虑由 8 个体素构成顶点的立方体，见图 5.3.1(a)，其中黑色体素表示前景，白色体素表示背景。该立方体具有 6 个邻接(上下左右前后)的立方体。如果该立方体的 8 个体素全部都属于前景或背景，则该立方体就是一个内部立方体。如果该立方体的 8 个体素中有的属于前景而有的属于背景，则该立方体是一个边界立方体。等值面应在边界立方体中(穿过边界立方体)。例如对图 5.3.1(a)的立方体，等值面可以是图 5.3.1(b)中的阴影矩形。

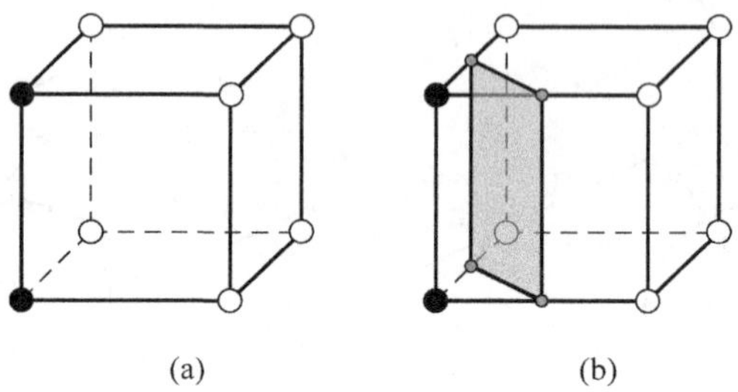

图 5.3.1 由 8 个体素构成顶点的立方体与目标表面相交

行进立方体(MC)算法是确定等值面的一种基本方法[Lorensen 1987]。该算法需要先检查图像中各个立方体，并确定与目标表面相交的边界立方体，同时也确定它们的交面。根据目标表面与立方体相交的情况不同，处在立方体内部的目标表面部分在一般情况下是一个曲面，但可用**多边形片**来近似。每个这样的片很容易分解成一系列三角形，而这样得到的三角形很容易进一步组成目标表面的三角形网。

算法逐次检查每个体素，从一个立方体行进到另一个相邻的立方体。理论上讲，立方体的每个顶点体素均有可能是黑色体素或白色体素，所以对每个立方体，可能有 $2^8=256$ 种不同的黑白体素布局/构型。不过，如果考虑到立方体的对称性，其中只有 22 种不同的黑白体素布局。在这 22 种不同的布局中，又有 8 种是其他布局形式的反转(黑色体素转变成白色体素或白色体素转变成黑色体素)。这样一来，只留下 14 种不同的黑白体素布局，也就是只有 14 种不同的目标表面片，见图 5.3.2(其中第一图代表目标表面与立方体不相交的情况)。

可以将这些情况列在一个查找表中，每当检查一个立方体时，只需要从查找表中搜索以确定对应的多边形表面片。算法如下：首先从左上角开始整幅扫描 3-D 图像中的第 1 层，到达右下角后再从第 2 层的左上角开始整幅扫描，依次进行直到最后一层图像的右下角。每次扫描到一个前景体素，就去检查该体素所属的由 8 个体素构成顶点的立方体。只要目标表面与立方体相交，那么就属于图 5.3.2 中后 14 种布局情况之一，就可以利用上面的查找表找出各个对应的多边形表面片并进一步分解为一系列三角形。实际应用中常将全部 256 种布局情况全部列在查找表中，以避免采用时间消耗更多的对称性和反转性验证。

虽然上述各种黑白体素的分布情况不同，很容易区分，但在有些情况下，仅从黑白体素的分布还不能确切地获得与立方体相交的目标表面在立方体内的部分。事实上，图 5.3.2 的后 14 种布局情况中，第 3,6,7,10,12 和 13 共 6 种布局(它们的对角顶点多为同色体素)都对应不止一种表面分布，或者说存在(确定平面的)歧义性。图 5.3.3 给出一对典型的例子，它们对应同一个布局(第 10 种布局)，但有两种可能的目标表面分布。

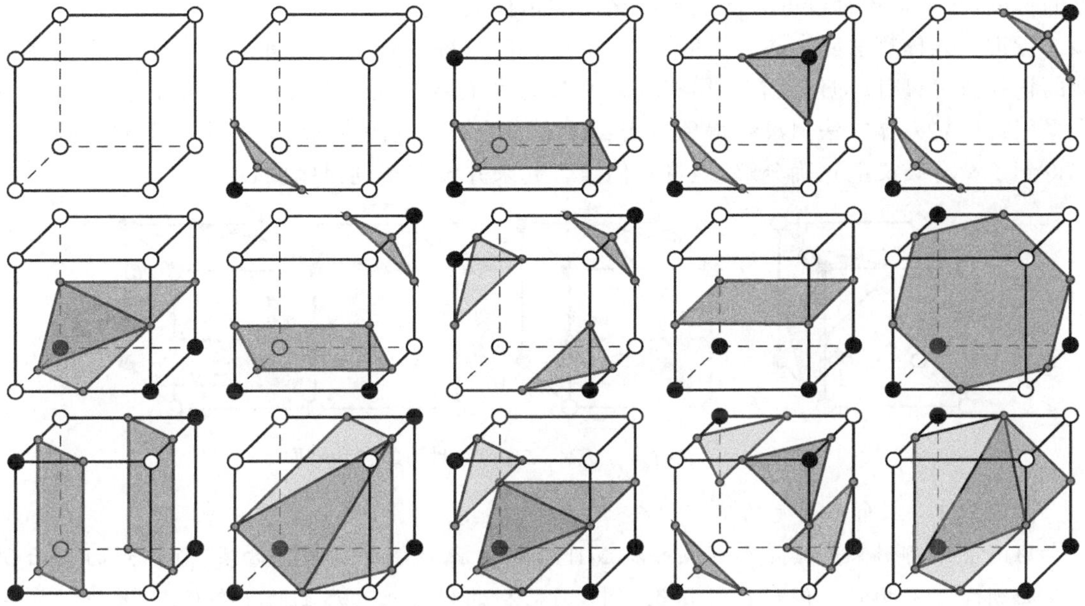

图 5.3.2 行进立方体布局

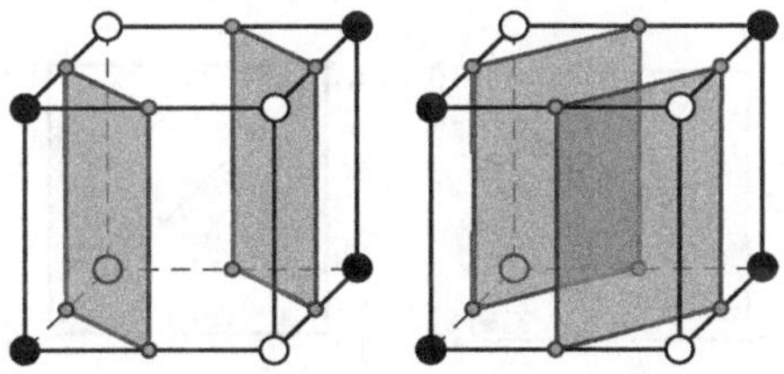

图 5.3.3 有歧义的行进立方体布局示例

解决上述歧义问题的一种方法是对基本布局中的那些具有歧义的布局添加其互补布局来进行扩展。如图 5.3.3 右图就可看作是左图的互补布局。其他 5 种对有歧义布局扩展的互补布局可见图 5.3.4(其中前 3 图中的多边形片都已三角剖分)。实际中,可以对它们各自建立一个子查找表。每个子查找表包含两种三角剖分方式。此外,还需存储一个表来记录这些三角剖分方式的相容性。

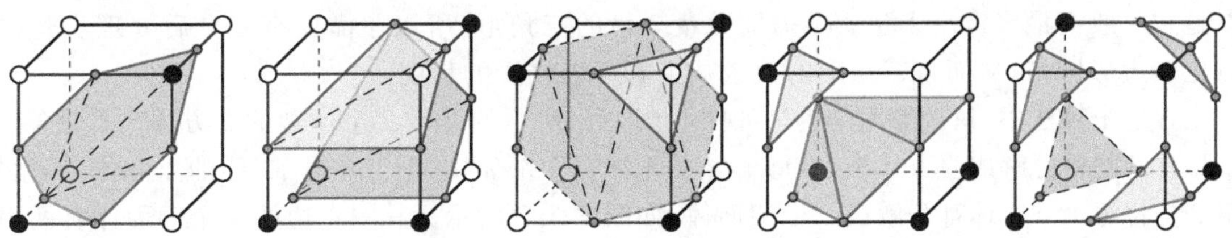

图 5.3.4 对有歧义布局添加的 5 种互补布局

另外还有两种方法均把布局对应为拓扑流型:一种为**面平均值**法,它计算歧义面上 4 个顶点值的平均值,通过比较该平均值与一个事先确定的阈值的大小来选择可能的一种拓扑流型;另一种为**梯度一致性准则**,它由歧义面的 4 个角点的梯度平均来估算歧义面中心点的梯度，并根据该梯度的方向确定歧义面的拓扑流型。

行进立方体算法除上述歧义问题外，由于它仅对每个立方体分别检验，没有考虑整体目标的拓扑情况，所以即便没有采用有歧义的布局也不能保证总是得到封闭的目标表面。一个采用行进立方体方法但没有得到封闭目标表面的示例见图 5.3.5。图中两个初始的布局都得到了没有歧义的正确分解，但将它们组合起来并没有得到封闭的目标表面。

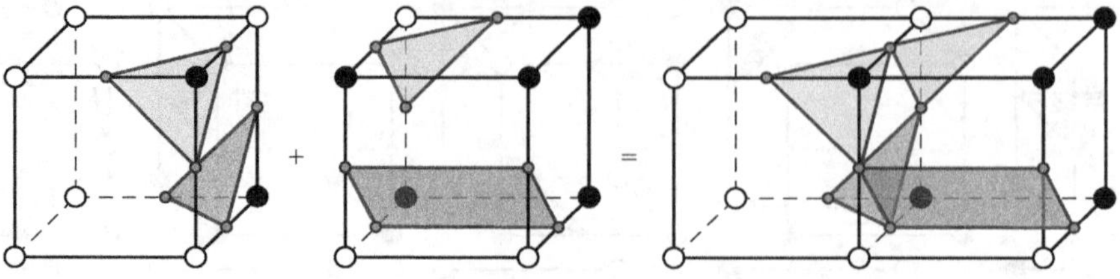

图 5.3.5 从行进立方体没有得到封闭的目标表面

例 5.3.1 三角形面元的不同组合

用两个三角形来连接 4 个顶点并构成目标的表面部分可有两种方法，所得到的表面积和表面朝向都不相同。例如在图 5.3.6 中，对同样的处于正方形上的 4 个顶点(其中数字指示该点相对基准面的高度)，图(a)和图(b)分别给出两种方式。按图(a)方式得到的表面积为 13.66，而按图(b)方式得到的表面积为 14.14。两者之间有约 3.5%的差别。

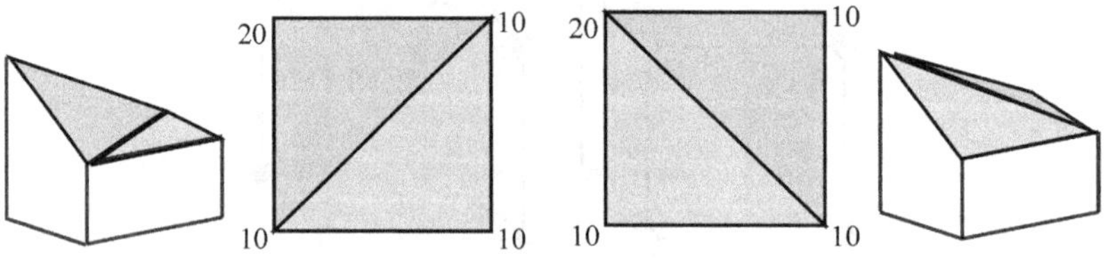

(a) (b)

图 5.3.6 两种三角形面元的组合 □

5.3.2 覆盖算法

覆盖算法也称**移动四面体**(MT)算法，利用它可以解决上述行进立方体方法的问题，从而可以保证得到封闭的和完整的目标表面的三角形表示[Guéziec 1994]。不过该方法的缺点是它一般会最多产生多达实际需要数量 3 倍的三角形，所以还需要有一个后处理步骤以简化多边形网格，从而将三角形的数量减少到可以接受的程度。

在这个算法中，每次考虑的也是如图 5.3.1(a)所示的具有 8 个体素的立方体。算法第 1 步将体素网格分解成立方体集合，每个立方体都有 6 个邻接(上下左右前后)的立方体。算法第 2 步将每个立方体都分解成 5 个四面体，如图 5.3.7 所示。其中左边的 4 个四面体有两组长度相同的边缘(各 3 个)，而第 5 个四面体具有 4 个相同尺寸的面(图 5.3.7 最右边那个)。可以将属于四面体的体素看作在目标的内部，而不属于四面体的体素看作在目标的外部。

对立方体的四面体分解有两种方案，见图 5.3.8。其中，左图和右图的两种方案可分别称为奇方案和偶方案。对体素网格的分解是按奇偶相间来进行的，就像国际象棋棋盘那样黑白交替。这样可以保证在相邻立方体中的四面体可以互相匹配，以便最后得到协调一致的表面。

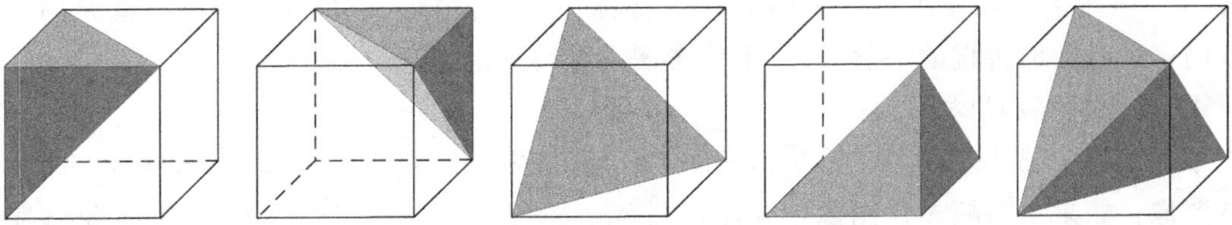

图 5.3.7　每个立方体分解为 5 个四面体

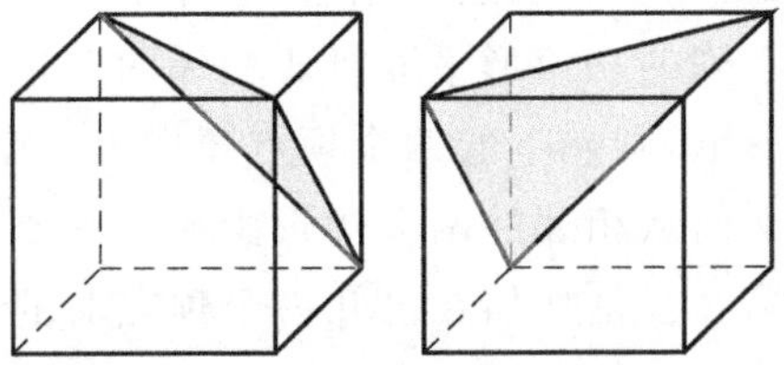

图 5.3.8　两种将立方体分解为四面体的方案

算法的第 3 步是确定是否目标表面与四面体相交。注意每个四面体都包含 4 个体素。如果对一个四面体来说，它的所有 4 个体素都在目标内部或任一个体素都不在目标内部，那么可以说目标表面与该四面体不相交，可在后续处理中不考虑。

算法的下一步是估计在与目标表面相交的四面体中，目标表面与四面体各面(多边形)相交的边界。对每对边界两端的顶点可进行线性插值，通过逼近获得在连接每对顶点的边上的交点。如果使用所有 4 个顶点进行双线性插值，有可能得到更好的效果。对 6-邻接的体素，双线性插值与线性插值等价。对对角边缘，设四个顶点的灰度值分别为 a,b,c,d，得到的插值结果为

$$I(u)=(a-b-c+d)u^2+(-2a+b+c)u+a \tag{5.3.1}$$

其中参数 u 沿对角线从 0 变到 1。通过计算一个 u_0 值，并使 $I(u_0)=0$，就可以计算出交点。

根据交点可以确定表面拼接后的顶点，如图 5.3.9 所示。其中拼接表面的朝向用箭头表示。朝向可以帮助区分每个拼接表面的内部和外部。根据约定，当从外面观察时，朝向是逆时针的。为了使目标的拓扑稳定，在整个表面网格中都要采用上面的约定。

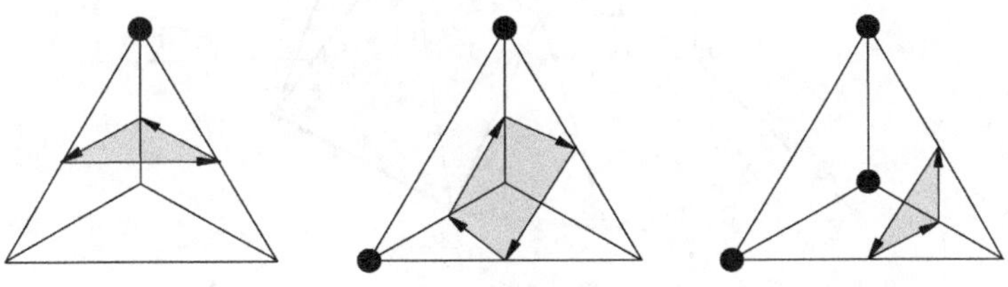

图 5.3.9　表面相交的三种情况

5.4　从并行轮廓插值 3-D 表面

对于 3-D 目标表面，一类常用的边界表达方法是利用多边形网格(mesh)。这里多边形由顶点、边缘和表面组成，每个网格可看成一个面元。给定一组立体数据，获得上述多边形

网格并用面元集合来表达目标表面的过程常称为**表面拼接**。5.3 节的两种方法是对任意 3-D 网格进行表面拼接的一般方法，本节考虑一种特殊的情况。

1. 轮廓内插和拼接

在许多 3-D 成像方式中(如 CT,MRI 等)，都是先逐层获得 2-D 图像，再迭加起来得到 3-D 图像。如果从每幅 2-D 图像中检测出目标的轮廓，那么根据这一系列并行轮廓线就可重建 3-D 目标表面。这里一种常用的方法是用(三角形)面元进行轮廓间的内插。实际中常将轮廓线以多边形的形式给出，以节省表达数据量(见本套书中册 6.1.5 小节)。此时要解决的问题可以描述成要用一系列的三角形平面拼成相邻两多边形之间的表面。如果一个三角形有一个顶点在一个多边形上，则剩下的两个顶点要在另一个多边形上，反之亦然。这里有两步主要工作。第 1 步是如何从相邻的两多边形上确定一个初始顶点对，这两个顶点的连线构成三角形的一条边。第 2 步是如何在已知一个顶点对的基础上选取下一个相邻的顶点[Shirai 1987]，以构成完整的三角形。不断重复第 2 步，就可将构造三角形的工作继续下去而组成封闭的轮廓(常称为**线框**)。这个过程也可称为轮廓拼接。

先看第 1 步。直观地说，相邻两多边形上对应的初始顶点应当在各自的多边形上有一定的相似性，也就是说，它们在各自的多边形上具有相似的特征。这里可考虑的特征包括顶点的几何位置、连接相邻顶点边的方向、两相邻边的夹角以及从重心到边缘点的方向等。当从多边形重心到边缘点的距离比较大时，从重心到边缘点的方向将是一个比较稳定的特征。如图 5.4.1 所示，如果设在一个多边形中从边缘点 P_i 到该多边形重心的矢量为 $\boldsymbol{U}_i$，在另一个多边形中从边缘点 Q_j 到该多边形重心的矢量为 $\mathbf{V}_j$，那么初始顶点对可根据使矢量 $\boldsymbol{U}_i$ 和 $\mathbf{V}_j$ 的内积最大的原则来确定。这里内积最大代表两个矢量尽可能平行且边缘点到重心的距离尽量大的情况。假如两个多边形相似，那么选择最远的顶点对就可以了。

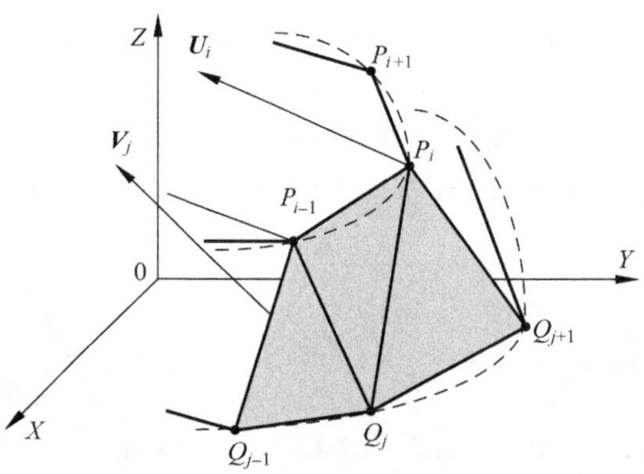

图 5.4.1　由轮廓线到轮廓面中顶点的选取

再看第 2 步。选定了第一对顶点后，再选取一个顶点就可以组成第一个三角形。选择的准则可有多种，例如可以根据三角形的面积、与下一对顶点的距离、与重心连线的取向等。如果基于与下一对顶点的距离，可以选取具有最短距离的顶点对。但有时仅仅使用这一个准则是不够的，特别是当顶点的水平位置不同时。

下面用图 5.4.2 来介绍一种用于第 2 步的顶点选取方法，它是将图 5.4.1 的轮廓线向

XY 平面投影得到的。设当前的顶点对是 P_i 和 Q_j，P_i 的 X 轴坐标小于 Q_j 的 X 轴坐标，这样 $\overline{P_{i+1}Q_j}$ 有可能比 $\overline{P_iQ_{j+1}}$ 短。然而由于 $\overline{P_iP_{i+1}}$ 的方向与 $\overline{Q_{j-1}Q_j}$ 的方向相差很多，从表面连续的角度考虑，人们还是倾向于选取 Q_{j+1} 作为下一个三角形的顶点。具体来说在这种情况下要把方向差也考虑进去。设 $\overline{P_iP_{i+1}}$ 与 $\overline{Q_{j-1}Q_j}$ 的方向差为 A_i，$\overline{P_{i-1}P_i}$ 与 $\overline{Q_jQ_{j+1}}$ 的方向差为 B_j，那么当 $\overline{P_{i+1}Q_j} < \overline{P_iQ_{j+1}}$ 时对下一个顶点的选取规则如下（T 表示一个预先确定的阈值）：

(1) 如果 $\cos A_i > T$，表明 A_i 较小，$\overline{P_iP_{i+1}}$ 与 $\overline{Q_{j-1}Q_j}$ 更接近平行，所以此时下一个顶点应选 P_{i+1}；

(2) 如果 $\cos A_i \leqslant T$，且 $\cos B_i > T$，则表明 B_j 较小，$\overline{P_{i-1}P_i}$ 与 $\overline{Q_jQ_{j+1}}$ 更接近平行，所以此时下一个顶点应选 Q_{j+1}；

(3) 如果上述两个条件均不满足，即 $\cos A_i \leqslant T$，且 $\cos B_i \leqslant T$，则仍考虑距离因素，选取 P_{i+1}。

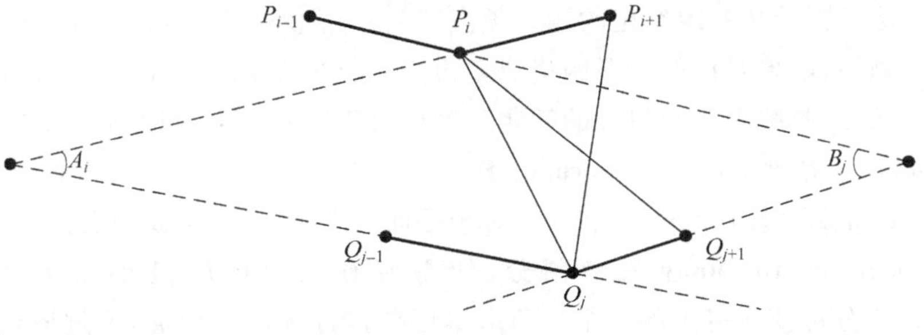

图 5.4.2　将图 5.4.1 的轮廓线向 XY 平面投影的结果

2. 可能遇到的问题

上面对轮廓进行插值以获取表面的方法可看作从矢量表达的平面轮廓中提取一个表面拼接的网格。这个工作比从具有体素数据结构的栅格图像中提取一个表面网格要困难得多。由平面轮廓来建立 3-D 表面会遇到多个问题，可借助图 5.4.3 来解释。

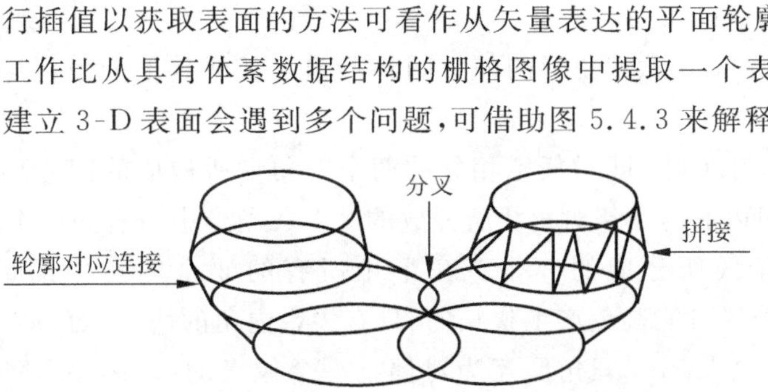

图 5.4.3　由平面轮廓建立 3-D 表面时遇到的三种问题

(1) 对应问题

对应包括两个层次上的问题。如果在两个平面中都只有一个轮廓，那么对应问题仅涉及在相邻的平面轮廓中确定对应关系和对应点。当平面之间的距离比较小时，轮廓间形状上的区别会比较小，比较容易找到轮廓点间的匹配。但要是平面之间的距离比较大，且轮廓形状比较复杂，则很难确定对应性。如果在这两个平面中都有不止一个轮廓，问题将更复杂。要确定不同平面中的对应轮廓，不仅要考虑轮廓的局部特征，还需要考虑轮廓的全局特征（有些方法将在第 11 章讨论）。由于约束不足，目前还没有非常可靠的解决对应问题的全自动方法,人工干预在某些场合还是需要的。

(2) 拼接问题

拼接是用三角形网格建立覆盖相邻平面的两个对应轮廓间的表面,其基本思路是根据某种准则产生一组优化的三角面片,以将目标表面近似地表达出来。这里准则可以根据要求不同而不同,例如要求表面面积最小、总的体积最大、轮廓点间连线最短、轮廓点间连线与轮廓重心间连线最平行等。尽管准则可以很多,但中心问题都是一个优化问题。另外,拼接在一般的意义上讲还可以是用曲面来拟合对应轮廓间的表面(上述使用三角形平面的方法是一种特例),此时常使用参数曲面的表达方式,可以获得较高阶的连续性(见 5.2.1 小节)。

(3) 分支或分叉问题

当一个轮廓从一个平面到相邻平面而分成两个或多个轮廓时就会出现**分支**或**分叉**问题。一般情况下,分叉发生时的轮廓对应关系并不能仅由分叉处的局部信息来确定,常常需要利用轮廓整体的几何信息和拓扑关系。解决这个问题的一种常用方法是利用 Delaunay 三角剖分的方法(见下)从一组给定的输入顶点产生三角形网格[Lohmann 1998]。

除以上问题外,如果要在三角形网格或多边形网格的基础上通过选用参数曲面拟合以获得光滑的表面,还要解决曲面拟合的问题。这里可用网格点作为控制点来进行。

3. Delaunay 三角剖分和邻域 Voronoi 图

1934 年,俄国数学家 Delaunay 指出:对于平面域上 N 个点组成的点集合,存在且仅存在一种三角剖分,即 **Delaunay 三角剖分**,使得所有三角形的最小内角之和为最大。Delaunay 三角剖分可使所得到的每个三角形尽可能接近等边三角形,不过该定义并不是完备的。

根据 Delaunay 三角剖分的定义,可以导出 Delaunay 三角剖分满足下面两条准则(是构造三角剖分算法的基础):

(1) 共圆准则:即任意三角形的外接圆将不包含任何其他的数据点,此准则也常被称为空圆盘性质。

(2) 最大最小角准则:即对任意相邻的两个三角形所构成的四边形来说,Delaunay 三角剖分要求按该四边形的一条对角线所分成的 2 个三角形中所有的 6 个内角中的最小值将大于另外一条对角线所分成的 2 个三角形中所有的 6 个内角中的最小值。此准则使 Delaunay 三角剖分尽可能避免产生狭长的、具有尖锐内角的病态三角形。

Voronoi 图和 Delaunay 三角形互为对偶。一个像素的 Voronoi 邻域提供了该像素的一个直观的近似定义。一个给定像素的 Voronoi 邻域对应一个与该像素最接近的欧氏平面区域,即是一个有限独立点的集合 $P=\{p_1,p_2,\cdots,p_n\}$,其中 $n\geqslant 2$。

下面先来定义 Voronoi 区域和直属 Voronoi 图[Kropatsch 2001]。

利用欧氏距离

$$d(p,q)=\sqrt{(p_x-q_x)^2+(p_y-q_y)^2} \tag{5.4.1}$$

可将点 p_i 的 Voronoi 邻域定义为

$$V(p_i)=\{p\in\mathbb{R}^2 \mid \forall i\neq j: d(p,p_i)\leqslant d(p,p_j)\} \tag{5.4.2}$$

它包含了邻域的边界 $B_V(p_i)$,该边界包含满足下式的等距离的点:

$$B_V(p_i) = \{p \in \mathbb{R}^2 \mid \exists i \neq j: d(p,p_i) = d(p,p_j)\} \tag{5.4.3}$$

所有点的 Voronoi 邻域的集合为

$$W(P) = \{V(p_1), \cdots, V(p_n)\} \tag{5.4.4}$$

这可称为点集 P 的**直属 Voronoi 图**，简称 Voronoi 图。Voronoi 图中的边表示边界 $B_V(p_i)$ 的线段。Voronoi 图中的顶点是线段相交的点。

Delaunay 图的顶点都是 P 中的点。当且仅当 $V(p_i)$ 和 $V(p_j)$ 在 Voronoi 图中相邻时，两个点 p_i 和 p_j 构成 Delaunay 图中的一条边。

在构建 Voronoi 图时，可以先从最简单的情况，即从只有两个不同的平面点 p_1 和 p_2 开始，见图 5.4.4(a)。式(5.4.2)表明，p_1 的 Voronoi 邻域 $V(p_1)$ 包含所有或者离 p_1 比离 p_2 更接近的点，或者与两点等距离的点。由图 5.4.4(a)可见，所有与 p_1 和 p_2 两个点等距离的点都正好落在从 p_1 到 p_2 的线段的垂直二分线 b_{12} 上。根据式(5.4.3)和垂直二分线的定义，p_1 的 Voronoi 邻域的轮廓 $B_V(p_1)$ 就是 b_{12}。所有在由 b_{12} 所限定的包含 p_1 的半平面上的点离 p_1 比离 p_2 更近，它们将组成 p_1 的 Voronoi 邻域 $V(p_1)$。

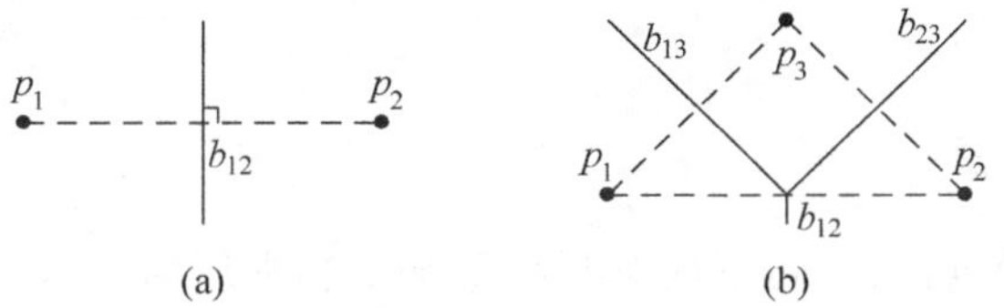

图 5.4.4　构建 Voronoi 图的垂直二分线方法

如果在对 Voronoi 图的构建时加上第 3 个点 p_3，就可以构建一个三角形 $\triangle_{123}$，如图 5.4.4(b)所示。再次对三角形的每条边利用垂直二分线的方法，就可以构建 $n=3$ 的 Voronoi 图。

图 5.4.5 给出 Voronoi 图和 Delaunay 三角形的对偶性示例。其中图 5.4.5(a)是一些平面点的 Voronoi 图，图 5.4.5(b)是它的对偶，即 Delaunay 三角形，而图 5.4.5(c)给出两者的关系。

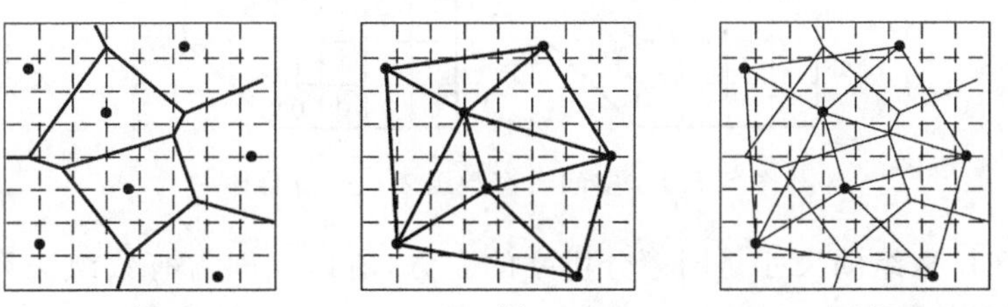

图 5.4.5　Voronoi 图和 Delaunay 三角形的对偶性

根据用于 Voronoi 图的式(5.4.1)～式(5.4.4)，可以进一步推广到**区域 Voronoi 图**。

一个图像单元 i_j 的区域 Voronoi 图定义为

$$V_a(i_j) = \{p \in \mathbb{R}^2 \mid \forall j \neq k: d_a(p,i_j) \leqslant d_a(p,i_k)\} \tag{5.4.5}$$

其中图像单元 i_j 和点 p 之间的距离为

$$d_a(p,i_j) = \min_{q \in i_j} d(p,q) \tag{5.4.6}$$

式(5.4.6)给出点 p 和图像单元 i_j 中任意点 p 之间的最小欧氏距离。一个图像单元的 Voronoi 邻域就是一个点集,从这个点集到 i_j 的距离小于或等于其他任何图像单元到 i_j 的距离。类似于 Voronoi 图,区域 Voronoi 图的边界 $B_{\mathrm{Va}}(i_j)$ 由下式给出:

$$B_{\mathrm{Va}}(i_j) = \{p \in \mathbb{R}^2 \mid \exists j \neq k : d_a(p, i_j) = d_a(p, i_k)\} \tag{5.4.7}$$

该边界包含与两个或多个图像单元等距离的点(它们并不与其中某一个图像单元更近)。在 Voronoi 图中,两个邻接的 Voronoi 邻域的共同边界总是一条线或线段,而在区域 Voronoi 图中,边界总是曲线。

一幅图像的区域 Voronoi 图 W_a 是所有图像单元的区域 Voronoi 图的集合,即

$$W_a(P) = \{V_a(i_1), \cdots, V_a(i_n)\} \tag{5.4.8}$$

5.5 3-D 实体表达

对真实世界中的绝大部分物体来说,尽管通常只能看到它们的表面,它们实际上都是 3-D 的**实体**。这些实体可根据具体应用情况采用多种方法来表达。这里主要使用**体积模型**。

5.5.1 基本表达方案

对 3-D 实体表达的方案很多,下面对几种最基本和常用的表达方案进行简单介绍。

(1) 空间占有数组

与在本套书中册 6.2.2 小节介绍的表达 2-D 区域的空间占有数组类似,人们常将 3-D 物体用 3-D 的**空间占有数组**来表示。具体就是对图像 $f(x,y,z)$ 中任一点 (x,y,z),如果它在给定实体内,取 $f(x,y,z)$ 为 1,否则为 0。这样所有 $f(x,y,z)$ 为 1 的点组成的集合就代表了所要表达的物体。一个示例见图 5.5.1,图像体素与数组元素是一一对应的。

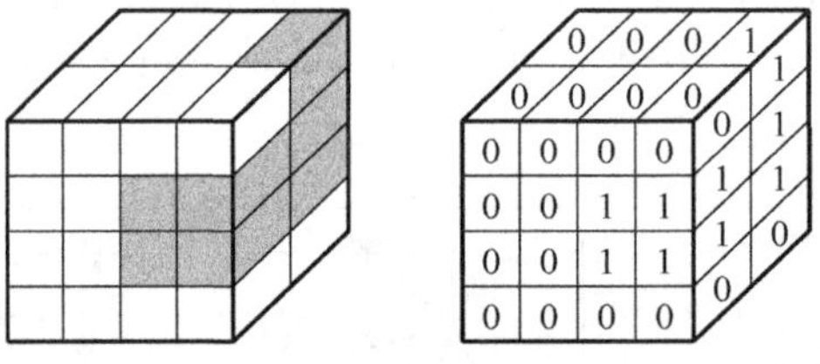

图 5.5.1 空间占有数组表达 3-D 物体

因为这里 3-D 数组的尺寸是图像分辨率的立方,所以空间占有数组法只有在图像分辨率较低(且物体形状不规则)时才比较有效和实用。用 3-D 数组表达物体的一个优点是很容易从中获得通过目标的各个截层,从而显示出物体内部的信息。

(2) 单元分解

单元分解指一类将物体逐步分解,直至分解到可统一表达的单元而表达的方法。前述的空间占有数组表达法可看作是单元分解的一种特例,其单元就是体素。在一般的单元分解中,单元还可有较复杂的形状,但它们仍然具有**准不连接性**,换句话说,不同的单元并不共享体积。对分解后 3-D 实体单元的唯一组合操作是**粘接**。

八叉树法就是一种常用的单元分解法,其结构如图 5.5.2 所示。

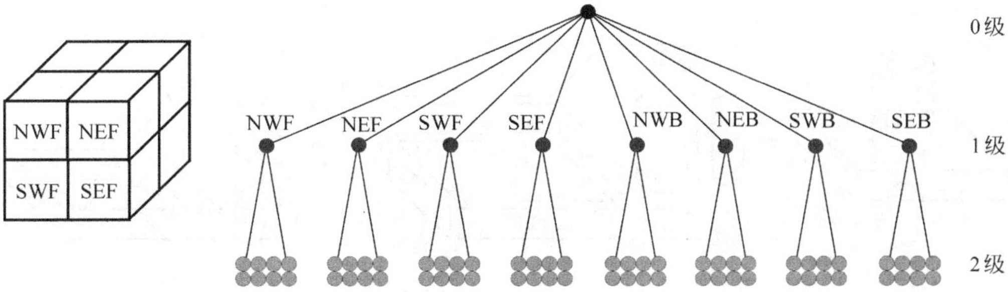

图 5.5.2　八叉树结构

八叉树是 2-D 图像中的四叉树（见本套书中册 6.2.3 小节）在 3-D 图像中的直接推广，它可以由递归的体积分解产生。八叉树表达法把物体在图像中的位置转化为分层结构树中的位置。由类似于对四叉树的证明，可知对 1 个有 n 级的八叉树，其节点总数 N 最多为（对实际应用，一般要小于这个数）：

$$N=\sum_{k=0}^{n}8^{k}=\frac{8^{n+1}-1}{7}\approx\frac{8}{7}8^{n} \tag{5.5.1}$$

单元分解的基本原理适用于各种形式的基元。一个典型的例子是表面分解，其中将 3-D 结构外观看作其各个可见表面的组合。表面分解将物体表面用代表各个面元、边缘（面元的交）和顶点（边缘的交）的结点和表示这些基本单元联系的指针集合来表示。图 5.5.3 给出一个对三棱锥的分解示例，三种单元分别用三种符号表示，指针用连线表示。

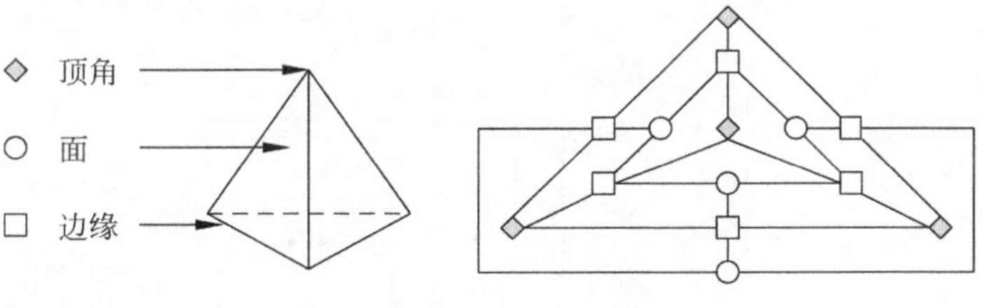

图 5.5.3　表面分解示例

表面分解的结果是所有（基本）表面的集合，对这些表面也可用**区域邻接图**（RAG，参见本套书中册 7.3.4 小节）来表示。区域邻接图只考虑表面及其邻接关系（隐含了顶角和边缘两种单元），所以比图 5.5.3 的表达还简单。

（3）几何模型法

几何模型法常在基于**计算机辅助设计**（CAD）模型的系统中使用。它也叫**刚体模型**法，因为是用来表示刚体的（非刚体的表达目前仍是一个具有挑战性的问题，尚无统一的方法）。刚体模型系统可分为两类：在边界表达系统中，刚体用它的各个边界面的并集表示；在**结构刚体几何**表达系统中，刚体通过一组集合操作被表示成另外一些简单刚体的组合。最低级（最简单）的是基元体，它们一般可用解析的函数 $F(x,y,z)$ 表达，并限定在 $F(x,y,z)\geqslant 0$ 所定义的封闭半空间交集区域之内。

例 5.5.1　边界表达和结构表达示例

图 5.5.4(a)给出由两个几何体组合成的一个物体，图(b)给出对该物体边界表达的一个示例，图(c)给出对该物体结构表达的一个示例。

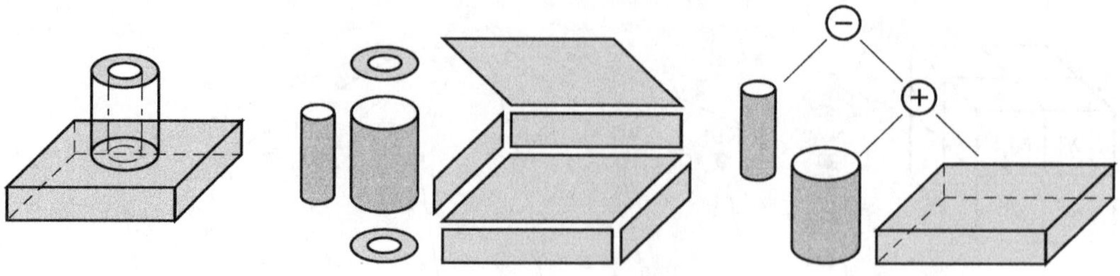

(a) (b) (c)

图 5.5.4 边界表达和结构表达示例 □

5.5.2 广义圆柱体表达

许多实际的 3-D 物体可用一个 2-D 集合沿某条 3-D 曲线运动而形成。在更一般的情况下，这个集合还可在运动中有参数的变化。基于这种方式的刚体表达法通常称为**广义圆柱体**法，也有称广义圆锥法的。这是因为这种方法中的基元体常为任意尺寸的圆柱或圆锥体，当然也可以是任意尺寸的长方体或球体(圆柱或圆锥体的变型)等。

广义圆柱体法通常用一个带有一定轴线和一定截面的(广义)圆柱体组合来表达 3-D 物体。换句话说，它有两个基本的单元：一根穿轴线和一个沿穿轴线移动的具有一定形状的截面(图 5.5.5(a))。将多个这样的基元组合起来可以逐级表示一个物体从高到低的不同细节，图 5.5.5(b)给出一个这样的例子(其中每个圆柱用长方形表示)。

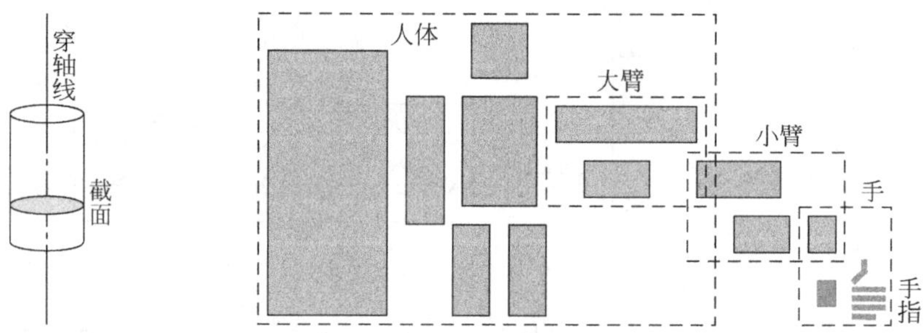

(a) (b)

图 5.5.5 广义圆柱体法示例

如果把基元当作变量，即让穿轴线和移动截面改变，还可以得到一系列广义圆柱体的变型。事实上穿轴线可以分成以下两类：

(1) 穿轴线是一条直线段；

(2) 穿轴线是一条曲线(也可以封闭)。

移动截面的变化类型或形式比较多，主要有以下三类：

(1) 截面的边界可以是直线或曲线；

(2) 截面可以是旋转及反射对称或不对称的，或仅旋转或仅反射对称；

(3) 截面在移动时其形状可以是变化的或不变化的，如果变化还可以变大、变小、先大后小、先小后大等。

图 5.5.6 给出一些变型的情况。把这些变型当作**体基元**进行组合可以表达复杂的 3-D

目标。理论上讲，对任意一个 3-D 目标都存在无穷多个表达它的穿轴线和截面对。

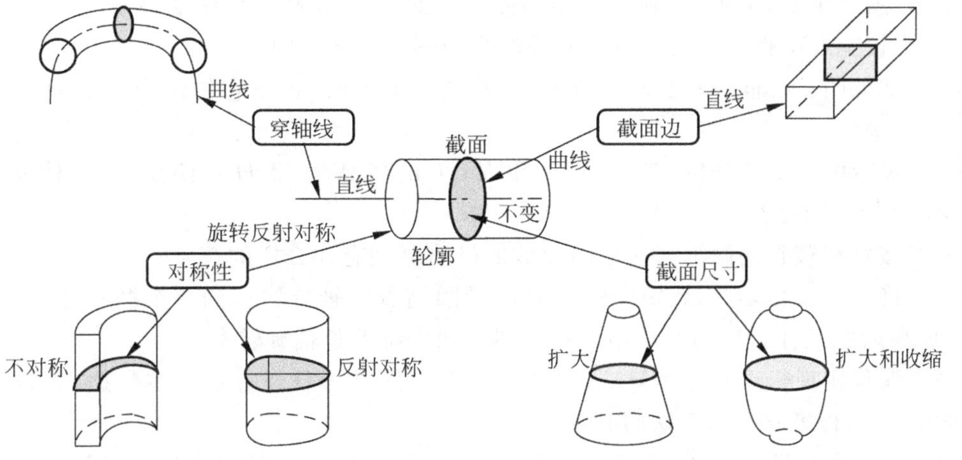

图 5.5.6 广义圆柱体的变型

将基本的 3-D 广义圆柱体投影到 2-D 图像中主要会产生两种不同的结果，即**条带**和**椭圆**。条带是沿圆柱体长度方向投影的结果，而椭圆是对圆柱体截面投影的结果。如果考虑到各种广义圆柱体的变型，则有可能产生任意的结果。

总结和复习

为更好地学习，下面对各小节给予概括小结并提供一些进一步的参考资料；另外给出一些思考题和练习题以帮助复习（文后对加星号的题目还提供了解答）。

1. 各节小结和文献介绍

5.1 节介绍了曲线和曲面的一些局部特征，及对它们的计算和表示方法。相关的内容还可参见微分几何方面的书籍，如[马 2004]。

5.2 节讨论了对 3-D 表面的参数表达方法和表示表面朝向的高斯图方法。有关 3-D 边缘表达模型的内容还可参见文献[Zhang 1993]。

5.3 节介绍了两种构造 3-D 目标等值表面的算法。行进立方体算法是一种比较成熟的算法，借助查找表可快速的计算。覆盖算法可以克服行进立方体算法的歧义问题，但计算量较大。它们在实用中都会遇到对应问题、拼接问题和分叉问题，解决这些问题的一些方法可参见文献[管 1998]。

5.4 节介绍了根据两个相邻并行轮廓进行表面插值拼接的原理和方法。事实上，为正确拼接，需先解决轮廓间的对应问题，这在更一般的意义上是一个图像配准的问题，可参见 11.1.2 小节。有关用轮廓表达 3-D 形状的内容还可参见文献[Weiss 1988]。

5.5 节给出了几种直接对包括表面和内部的 3-D 实体进行表达的方法。有关内容还可见文献[Haralick 1993]、[Sonka 2008]。另外还可参见计算机图形学方面的文献，如[Foley 1996]，该文献还提供了许多 C 语言程序。

2. 思考题和练习题

5-1 将图 5.1.2(c)的曲线接续画在图 5.1.2(d)的曲线后构成一条新曲线。

(1) 将图 5.1.2(b)的曲线画在这条新曲线的前面，给出接续曲线的高斯图。

(2) 将图 5.1.2(a)的曲线画在这条新曲线的前面，给出接续曲线的高斯图。

(3) 比较上述所得到的两组接续曲线的高斯图有什么不同。

5-2 试证明：除非一个表面 S 在点 P 处是一个平面，否则它的两个主方向是互相正交的。

5-3 参照图 5.1.7 分析，对于 $G<0$ 和 $H>0$ 的情况，如果 H 逐渐变化，各种表面类型的图形将会如何变化？

***5-4** 鞍脊和鞍谷的两个二次方向导数的极值分别有什么样的符号？

5-5 将一个长半轴为 A、短半轴为 B 的椭圆绕着短轴旋转得到一个椭圆球，它的高斯球和扩展高斯图是什么样的？试画出示意图。如果绕着长轴旋转呢？

5-6 编程实现行进立方体算法，寻找一些含有简单形状目标的立体数据，确定其目标轮廓表面，并用行进立方体算法将其显示出来。

5-7 编程实现覆盖算法，寻找一些含有简单形状目标的立体数据，确定其目标轮廓表面，并用覆盖算法将其显示出来。分析其计算复杂度。

5-8 试比较在轮廓内插和拼接中任意两种选取第 3 个顶点的准则，确定它们分别在哪些情况下更合理或效果更好。

5-9 编程实现由并行轮廓插值 3-D 表面的算法，对一些由多个横断面构成的立体数据(如 CT 图，共聚焦显微图)，确定其中目标的表面并显示出来。

5-10 考虑将一个四棱锥放在桌面上，试对该组合进行表面分解，画出分解结果图。将这个四棱锥放在一个正方体上，再将该正方体放在桌面上，画出其分解结果图。

***5-11** 如果用广义圆柱体来表达一辆自行车，列出会用到的穿轴线和截面类型。

5-12 假设一架飞机包括机身、机翼和机尾，且在每个机翼上有两台发动机，试构造飞机的广义圆柱体模型。如何表达机身上的窗户？

第2单元　景物重建

本单元包括4章，分别为

第6章　立体视觉：双目

第7章　立体视觉：多目

第8章　景物恢复：多图像

第9章　景物恢复：单图像

图像理解是要在对图像处理和分析的基础上，进一步把握场景的内容。对图像的理解有时可分为两个层次。第一个层次要从图像恢复场景，即借助2-D图像重建3-D场景。具体地说，就是要借助景物的图像来了解场景中景物的形状、姿态、表面特性(反射率、透明度)、运动(速度)和分布(物体间的相对距离、方位)等本征特性，这将在本单元中给予介绍。第二个层次是要通过学习、推理、与模型的匹配等来掌握场景的高层语义含义，这将在下一个单元中进行讨论。

图像理解第一个层次的关键是3-D重建，尽管根据现代的观点，3-D重建并不一定在完成所有图像理解任务中都是必需的。例如在一些特定的应用中，比3-D重建层次较低的结果也常常够用。但是，3-D重建的结果对图像理解的作用还是得到广泛的认可。客观世界在空间上是3-D的，所以从2-D图像中恢复3-D空间信息是从图像认识世界的重要步骤。

第6章介绍双目立体视觉技术。立体视觉是解决3-D重建的一种重要方法。得到人类视觉系统的启发，首先采用的就是双目立体视觉技术。该章概括介绍了立体视觉的各个功能模块，对基于区域灰度相关的立体匹配技术和基于特征的立体匹配技术都进行了详细介绍。另外，还介绍了一种检测立体匹配所获得视差图中的误差并进行校正的算法。

第7章在第6章的基础上继续讨论立体视觉。借助电子器件和计算机，将双目立体视觉技术推广到多目立体视觉技术。该章分析了从简到繁的多种类型的多目立体视觉技术，还借助多目立体匹配中的分析思路，介绍了一种计算亚像素级视差精度的自适应算法，以获得更高的距离测量精度。

第 8 章介绍两类使用单目多幅图像进行景物恢复的技术。从 3-D 场景投影到 2-D 图像的角度看，基于图像进行 3-D 重建的过程也就是恢复景物的过程。从更一般的角度说，恢复景物就是要恢复景物的本征特性。在景物的各种本征特性中，3-D 目标的形状是最基本和最重要的。一方面，目标的许多其他特征，如表面法线、物体边界等都可以从形状推出来；另一方面，人们一般是先用形状来定义目标，在此基础上再利用目标的其他特征进一步描述目标。各种不同的从形状恢复景物的方法常被冠以“从 X 得到形状”的名称，这里的 X 可以代表照度变化、阴影、焦距、轮廓、纹理、景物运动等。为获得这些信息，也可仅使用单目图像，借助其中各种 3-D 线索来恢复景物。

第 9 章介绍四类使用单目单幅图像进行景物恢复的技术，包括从影调恢复形状，由纹理变化恢复朝向，由焦距确定深度和根据三点透视估计位姿。需要指出，有些技术只能在一些特殊情况才能使用，还有些技术的效果还不很理想，使用相对较少。总的来说，仅仅直接使用单目单幅图像在一般情况下信息还不足，还常常需要借助一些相关的先验知识。

第6章 立体视觉：双目

立体视觉主要研究如何借助(多图像)成像技术从(多幅)图像里获取场景中物体的距离(深度)信息，其开创性工作早在20世纪60年代中期就已开始[Roberts 1965]。**立体视觉**从两个或多个视点去观察同一个场景，采集不同视角下的一组图像，然后通过三角测量原理获得不同图像中对应像素间的**视差**(即同一个3-D点投影到两幅2-D图像上时，其两个对应点在图像上位置的差)，从中获得深度信息，进而计算场景中目标的形状和它们之间的空间位置等。立体视觉的工作过程与人类视觉系统的感知过程有许多类似之处，事实上，人类视觉系统就是一个天然的立体视觉系统。

利用电子设备和计算机的人工立体视觉可借助双目图像或三目图像及多目图像来实现，本章仅考虑双目立体视觉(多目立体视觉将在下一章讨论)。

根据上述的讨论，本章各节将安排如下。

6.1 节先对立体视觉中的各个功能模块给予概况的介绍。

6.2 节讨论基于区域灰度相关的双目立体匹配的原理和几种常用技术。

6.3 节介绍基于特征的双目立体匹配的基本步骤和方法，对近年两种常用特征点进行了讨论。

6.4 节介绍一种检测立体匹配所获得视差图中的误差并进行校正的算法。

6.1 立体视觉模块

一个完整的立体视觉系统可以分为6个功能模块，即为完成立体视觉任务需要进行6项工作。

1. 摄像机标定

摄像机标定已在2.3节进行了介绍，其目的是根据有效的成像模型，确定摄像机的内外部属性参数，以便正确建立空间坐标系中物点与它在图像平面上像点之间的对应关系。在立体视觉中，常使用多个摄像机，此时对每个摄像机都要分别标定。在从2-D图像坐标推导3-D信息时，如果摄像机是固定的，只需一次标定即可。如果摄像机是运动的，则可能需多次标定。

2. 图像获取

图像采集涉及空间坐标和图像属性两方面的问题，如在第2章中所介绍的。第4章专门针对立体图像的获取进行了介绍，包括立体视觉中最常用的双目成像方式。近年来也常采用多目成像方式，获取多目图像的摄像机可分布在直线上、平面上或立体中，有关情况在第7章介绍。

3. 特征提取

立体视觉借助不同观察点对同一景物间的视差来帮助求取 3-D 信息(特别是深度信息)。如何判定同一景物在不同图像中的对应关系是关键的一步。解决该问题的方法之一是选择合适的图像特征以进行多图像之间的匹配(见 6.2 节和 6.3 节)。这里**特征**是一个泛指的概念,代表对像素或像素集合的抽象表达和描述(可参见本套书中册第 6 章和第 7 章)。目前还没有一种获取图像特征的普遍适用理论,常用的匹配特征从小到大主要有点状特征、线状特征、面状(区域)特征和体状(立体)特征等。一般来讲,大尺度特征含有较丰富的图像信息,所需数目较少,易于得到快速的匹配;但对它们的提取与描述相对复杂,定位精度也差。另外,小尺度特征本身的定位精度高,表达描述简单;但其数目常较多,而所含信息量却较少,因而在匹配时需要采用较强的约束准则和相应的匹配策略。

4. 立体匹配

立体匹配是指根据对所选特征的计算来建立特征间的对应关系,从而建立同一个空间点在不同图像中的像点之间的关系,并由此得到相应的视差图像。立体匹配是立体视觉中最重要、最困难的步骤。利用式(4.2.4)、式(4.2.10)或式(4.2.19)来计算距离 Z 最难的问题都是在同一场景的不同图像中发现对应点,即要解决如何能从两幅图中找到物体对应点的问题。如对应点用亮度定义,则由于双眼观察位置不同,事实上的对应点在两幅图上亮度可能不同。如对应点用几何形状定义,则物体的几何形状本身就是所需求取的。相对来说,采用双目轴向模式比用双目横向模式受这个问题的影响要小一些,这是因为 3 个点,即原点 $(0,0)$,(x_1,y_1)和(x_2,y_2),全排成一直线,而且点(x_1,y_1)和点(x_2,y_2)都在点$(0,0)$的同一边,比较容易搜索。

另外,当空间 3-D 场景被投影为 2-D 图像时,不仅同一个景物在不同视点下的图像中有可能会有不同的表观,而且场景中的诸多变化因素,如光照条件、噪声干扰、景物几何形状和畸变、表面物理特性以及摄像机特性等,都被综合到单一的图像灰度值中。要想仅由这一灰度值分别确定以上诸多因素是十分困难的,至今这个问题还没有得到很好解决。6.2 节和 6.3 节将分别介绍一些基于区域灰度相关和特征的匹配方法。

5. 3-D 信息恢复

当通过立体匹配得到视差图像后,便可以进一步计算深度图像,并恢复场景中的 3-D 信息(这也常常称为 3-D 重建)。影响距离测量精度的因素主要有数字量化效应、摄像机标定误差、特征检测与匹配定位精度等。一般来讲,距离测量精度与匹配定位精度成正比,并与摄像机基线(不同摄像机位置间连线)的长度成正比。增大基线长度可以改善深度测量精度,但同时会增大对应图像间的差异,景物被遮挡的可能性也更大,从而增加了匹配的困难程度。因此,要设计一个精确的立体视觉系统,必须综合考虑各个方面因素,保证各个环节都具有较高的精度(见第 7 章的讨论)。

顺便指出,精度是 3-D 信息恢复中的一个重要指标,但也有些模型试图绕开这个问题。例如在网络-符号模型下,并不需要精确地重建或计算 3-D 模型,而是将图像转化成为一个与知识模型类似的可理解的关系格式[Kuvich 2004]。这样对 3-D 信息恢复不需再有精度的限制。利用网络-符号模型,不再需要根据视场而是根据推导出来的结构来进行目标识别,受局部变化和目标外观的影响较小。

6. 后处理

经过以上各个步骤所得到的 3-D 信息常因各种原因而不完整或存在一定的误差，需要进一步的后处理。常用的后处理主要有以下 3 类。

(1) 深度插值

立体视觉的首要目的是恢复景物可视表面的完整信息，而基于特征的立体匹配算法由于特征常常是离散的所以只能直接恢复出图像中在特征点处的视差值。因此在后处理中要追加一个视差表面内插重建的步骤，即对离散数据进行插值以得到不在特征点处的视差值。插值的方法很多，如最近邻插值、双线性插值、样条插值等(见本套书上册 6.2.2 小节)。另外还有基于模型的内插重建算法[Maitre 1992]。在内插过程中，主要关注的问题是如何有效地保护景物表面的不连续信息。

(2) 误差校正

立体匹配是在受到几何畸变和噪声干扰等影响的图像间进行的。另外由于图像中周期性模式、光滑区域的存在，以及遮挡效应、约束原则的不严格性等原因都会在视差图中产生误差。对误差的检测和校正因而也是重要的后处理内容。这里常需要根据误差产生的具体原因和方式选择合适的技术和手段进行。6.4 节将介绍一种误差校正的算法。

(3) 精度改善

视差的计算和深度信息的恢复是其后各项工作的基础，因此对视差计算的精度在特定应用中常有相当高的要求。为进一步提高精度，可以在获得一般立体视觉通常的像素级视差后进一步改善精度，以达到亚像素级的视差精度(见 7.4 节的介绍)。

6.2 基于区域的双目立体匹配

确定双目图像中对应点的关系是获得深度图像的关键步骤。下面的讨论仅以**双目横向模式**为例，如果考虑各种模式中独特的几何关系，由双目横向模式获得的结果也可推广到其他模式。

确定对应点之间的关系可采用点点对应匹配的方法。但直接用单点灰度搜索会受到图像中许多点具有相同灰度以及图像噪声等因素影响。目前实用的技术主要分两大类，即灰度相关和特征匹配。前一类是基于区域的方法，即考虑每个需要匹配点的邻域性质。后一类是基于特征点的方法，即先选取图像中具有唯一或特殊性质的点作为匹配点。后一类方法采用的特征主要是图像中的拐点和角点坐标、边缘线段、目标的轮廓等。上述两类技术分别类似于图像分割时基于区域和基于边缘的方法。本节先介绍基于区域的方法，而基于特征点的方法在 6.3 节中介绍。

6.2.1 模板匹配

基于区域的方法需考虑点的邻域性质，而邻域常借助**模板**(也称子图像或窗)来确定。当给定左图像中一个点而需要在右图像中搜索与其对应的点时，可提取以左图像中的点为中心的邻域作为模板，将其在右图像上平移并计算与各个位置的相关性，根据相关值确定是否匹配。如果匹配，则认为右图像中匹配位置的中心点与左图像中的那个点构成对应点对。这里可取相关值最大处为匹配处，也可先给定一个阈值，将满足相关值大于阈值的点先提取出来，再根据一些其他因素从中选择。

这里采用的匹配方法一般称为**模板匹配**，其本质是用一个较小的图像(模板)与一幅较大图像中的一部分(子图像)进行匹配。匹配的结果是确定在大图像中是否存在小图像，若存在，则进一步确定小图像在大图像中的位置。在模板匹配中模板常是正方形的，但也可以是矩形的或其他形状的。现在考虑要找一个尺寸为 $J\times K$ 的模板图像 $w(x,y)$ 与一个 $M\times N$ 的大图像 $f(x,y)$ 的匹配位置，设 $J\leqslant M$ 和 $K\leqslant N$。在最简单的情况下，$f(x,y)$ 和 $w(x,y)$ 之间的相关函数可写为

$$c(s,t)=\sum_x\sum_y f(x,y)w(x-s,y-t) \tag{6.2.1}$$

其中 $s=0,1,2,\cdots,M-1$；$t=0,1,2,\cdots,N-1$。

式(6.2.1)中的求和是对 $f(x,y)$ 和 $w(x,y)$ 相重叠的图像区域进行的。图 6.2.1 给出相关计算的示意图，其中假设 $f(x,y)$ 的原点在左上角，$w(x,y)$ 的原点在其中心。对任何在 $f(x,y)$ 中给定的位置 (s,t)，根据式(6.2.1)可以算得 $c(s,t)$ 的一个特定值。当 s 和 t 变化时，$w(x,y)$ 在图像区域中移动并给出函数 $c(s,t)$ 的所有值。$c(s,t)$ 的最大值指示与 $w(x,y)$ 最佳匹配的位置。注意，对接近 $f(x,y)$ 边缘的 s 和 t 值，匹配精确度会受到图像边界的影响(参见本套书上册 3.2 节)，其误差正比于 $w(x,y)$ 的尺寸。

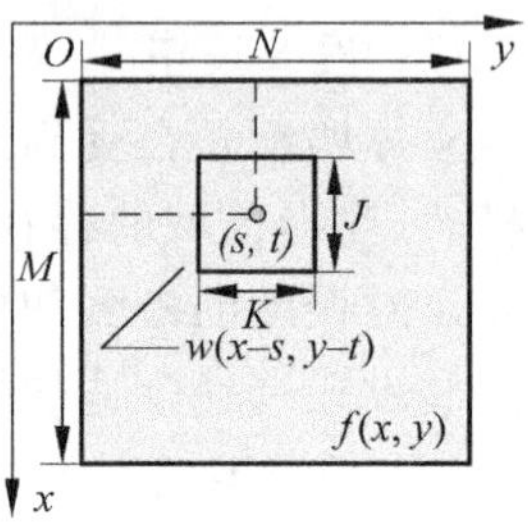

图 6.2.1　模板匹配示意

除了根据最大相关准则来确定匹配位置，还可以使用最小均方误差函数：

$$M_{\mathrm{me}}(s,t)=\frac{1}{MN}\sum_x\sum_y\left[f(x,y)w(x-s,y-t)\right]^2 \tag{6.2.2}$$

在 VLSI 硬件中，平方运算较难实现，所以可用绝对值代替平方值，得到最小平均差值函数：

$$M_{\mathrm{ad}}(s,t)=\frac{1}{MN}\sum_x\sum_y\left|f(x,y)w(x-s,y-t)\right| \tag{6.2.3}$$

式(6.2.1)所定义的相关函数有一个缺点，即对 $f(x,y)$ 和 $w(x,y)$ 幅度值的变化比较敏感，例如当 $f(x,y)$ 的值加倍时，$c(s,t)$ 的值也会加倍。为了克服这个问题，可定义如下的相关系数：

$$c(s,t)=\frac{\sum_x\sum_y\left[f(x,y)-\bar{f}(x,y)\right]\left[w(x-s,y-t)-\bar{w}\right]}{\left\{\sum_x\sum_y\left[f(x,y)-\bar{f}(x,y)\right]^2\sum_x\sum_y\left[w(x-s,y-t)-\bar{w}\right]^2\right\}^{1/2}} \tag{6.2.4}$$

其中 $s=0,1,2,\cdots,M-1$；$t=0,1,2,\cdots,N-1$，$\bar{w}$ 为 w 的均值(只需算一次)，$\bar{f}(x,y)$ 为 $f(x,y)$ 中与 w 当前位置相对应区域的均值。

式(6.2.4)中的求和是对 $f(x,y)$ 和 $w(x,y)$ 的共同坐标进行的。因为相关系数已尺度变换到区间 $[-1,1]$，所以其值的变化与 $f(x,y)$ 和 $w(x,y)$ 的幅度变化无关。

还有一种方法是计算模板和子图像间的灰度差，建立满足**平均平方差**(MSD)的两组像素间的对应关系。这类方法的优点是匹配结果不易受模板灰度检测精度和密度的影响，因而可以得到很高的定位精度和密集的视差表面[Kanade 1996]。这类方法的缺点是依赖于图像灰度的统计特性，所以对景物表面结构以及光照反射等较为敏感，因此在空间景物表面

缺乏足够纹理细节、成像失真较大(如基线长度过大)的场合存在一定困难。实际匹配中也可采用一些灰度的导出量,但有实验表明在使用灰度、灰度微分大小和方向、灰度拉普拉斯值以及灰度曲率作为匹配参数进行的匹配比较中,利用灰度参数取得的效果还是最好的[Lew 1994]。

模板匹配作为一种基本的匹配技术(其他典型匹配技术见第 11 章)在许多方面得到了应用,尤其是在图像仅有平移的情况。上面利用对相关系数的计算,可将相关函数归一化,克服幅度变化带来的问题。但要对图像尺寸和旋转进行归一化是比较困难的。对尺寸的归一化需要进行空间尺度变换,而这个过程需要大量的计算。对旋转进行归一化更困难。如果 $f(x,y)$旋转角度可知,则只要将 $w(x,y)$也旋转相同角度使之与 $f(x,y)$对齐就可以了。但在不知道 $f(x,y)$旋转角度的情况下,要寻找最佳匹配需要将 $w(x,y)$以所有可能的角度旋转。实际中这种方法是行不通的,因而在任意旋转或对旋转没有约束的情况下很少直接使用区域相关的方法。

用代表匹配基元的模板进行图像匹配的方法要解决计算量会随基元数量指数增加的问题。如果图像中的基元数量为 n,而模板中的基元数量为 m,则模板与图像的基元之间存在 $O(n^m)$个可能的对应关系,这里组合数为 $C(n,m)$或 C_m^n。

为减少模板匹配的计算量,一方面可利用一些先验知识(如立体匹配时的极线约束,见 6.2.2 小节)减少需匹配的位置;另一方面可利用在相邻匹配位置上模板覆盖范围有相当大重合的特点来减少重新计算相关值的次数[章 2002b]。顺便指出,相关也可通过 FFT(参见本套书上册 4.2.3 小节)在频域中计算,所以可基于频域变换进行匹配(见 11.1.2 小节)。如果 f 和 w 的尺寸相同,则在频域计算会比直接空域计算效率更高。实际上,w 一般远小于 f。有人曾估计过,如果 w 中的非零项少于 132(约相当于一个 13×13 的子图像),则直接使用式(6.2.1)在空域中计算比用 FFT 在频域中计算的效率要高。当然这个数字与所用计算机和编程算法都有关系。此外,式(6.2.4)中相关系数的计算在频域很难实现,所以一般都直接在空域中进行。

顺便指出,广义哈夫变换(本套书中册 4.2 节)也可看作一种改进的模板匹配方法(空间匹配滤波器),其计算量也小于模板匹配。

例 6.2.1 利用几何哈希法的模板匹配

为实现高效的模板匹配,也可以使用**几何哈希法**。它的基础是 3 个点可以定义一个 2-D 平面。即如果选择 3 个不共线的点 P_1, P_2, P_3,就可以用这 3 个点的线性组合来表示任意点:

$$Q = P_1 + s(P_2 - P_1) + t(P_3 - P_1) \tag{6.2.5}$$

式(6.2.5)在仿射变换下不会变化,即(s,t)的数值只与 3 个不共线的点有关,而与仿射变换本身无关。这样,(s,t)的值可看作点 Q 的仿射坐标。这个特性对线段也适用:3 个不平行的线段可以用来定义一个仿射基准。

几何哈希法要构建一个哈希表,这个哈希表可帮助匹配算法快速地确定一个模板在图像中的潜在位置。哈希表可如下构建:对模板中任意 3 个不共线的点(基准点组),计算其他点的仿射坐标(s,t)。这些点的仿射坐标(s,t)将用作哈希表的索引。对每个点,哈希表保留对当前基准点组的指标(序号)。如果要在图像中搜索多个模板,则需要保留更多的模板索引。

为搜索一个模板，随机地在图像中选择一个基准点组，并计算其他点的仿射坐标(s,t)。用这个仿射坐标(s,t)作为哈希表的索引，可以获得基准点组的指标。这样就得到了图像中这个基准点组出现的一个投票。如果随机选出的点与模板上的基准点组不对应，就不用接受投票。不过，如果随机选出的点与模板上的基准点组对应，就接受投票。如果许多投票都得到接受，就表明图像中很可能有这个模板，且可得到基准点组的指标。因为所选的基准点组会有一定的概率不合适，所以算法需要迭代以增加找到正确匹配的概率。事实上，只需要找到一个正确的基准点组以确定匹配的模板。所以，如果在图像中找到了 N 个模板点中的 k 个，则在 m 次尝试中有至少一次正确选择基准点组的概率为

$$p = 1 - [1 - (k/N)^3]^m \tag{6.2.6}$$

如果图像中出现模板中点的数量与图像中点的数量的比值 k/N 为 0.2，希望模板匹配的可能性是 99%（即 $p=0.99$），那么需要尝试的次数 m 为 574 次。□

6.2.2 立体匹配

利用模板匹配的原理，可利用区域灰度的相似性来搜索两幅图像的对应点。具体来说，就是在立体图像对中，先选定左图像中以某个像素为中心的一个窗口，以该窗口中的灰度分布构建模板，再用该模板在右图像中进行搜索，找到最匹配的窗口位置，则此时匹配窗口中心的像素与左图像的拟匹配像素对应。

在上述搜索过程中，如果对模板在右图像中的位置没有任何先验知识或任何限定，则需要搜索的范围可能会覆盖整幅右图像。对左图像中的每个像素都如此进行搜索是很费时间的。为减少搜索范围，可考虑利用一些约束条件，例如以下 3 种约束[Forsyth 2012]。

(1) 兼容性约束。**兼容性约束**指黑色的点只能匹配黑色的点，更一般地说是两图中源于同一类物理性质的特征才能匹配，也称为**光度兼容性约束**。

(2) 唯一性约束。**唯一性约束**指一幅图中的单个黑点只能与另一幅图中的单个黑点相匹配。

(3) 连续性约束。**连续性约束**指匹配点附近的视差变化在整幅图中除遮挡区域或间断区域外的大部分点都是光滑的（渐变的），也称为**视差光滑性约束**。

在讨论立体匹配时，除了以上 3 种约束外，还可考虑下面介绍的极线约束和 6.3.4 小节介绍的顺序性约束。

1. 极线约束

极线约束可帮助在搜索过程中减少搜索范围，加快搜索进程。

先借助图 6.2.2 的双目横向会聚模式图介绍**极点**和**极线**两个重要概念。它们也常被称为外极点和外极线或对极点和对极线。在图 6.2.2 中，坐标原点为左目光心，X 轴连接左右两目光心，Z 轴指向观察方向，左右两目间距为 B（也常称系统基线），左右两个像平面的光轴都在 XZ 平面内，交角为 θ。考虑左右两个像平面的联系。O_1 和 O_2 分别为左右像平面的光心，它们之间的连线称光心线，光心线与左右像平面的交点 e_1 和 e_2 分别称为左右像平面的极点（极点坐标分别用 $\boldsymbol{e}_1$ 和 $\boldsymbol{e}_2$ 表示）。光心线与空间点 W 在同一个平面中，这个平面称为**极平面**，极平面与左右像平面的交线 L_1 和 L_2 分别称为空间点 W 在左右像平面上投影点

的极线。极线限定了双目图像对应点的位置，与空间点 W 在左像平面上投影点 p_1（坐标为 $\boldsymbol{p}_1$）所对应的右像平面投影点 p_2（坐标为 $\boldsymbol{p}_2$）必在极线 L_2 上。反之，与空间点 W 在右像平面上投影点所对应的左像平面投影点必在极线 L_1 上。

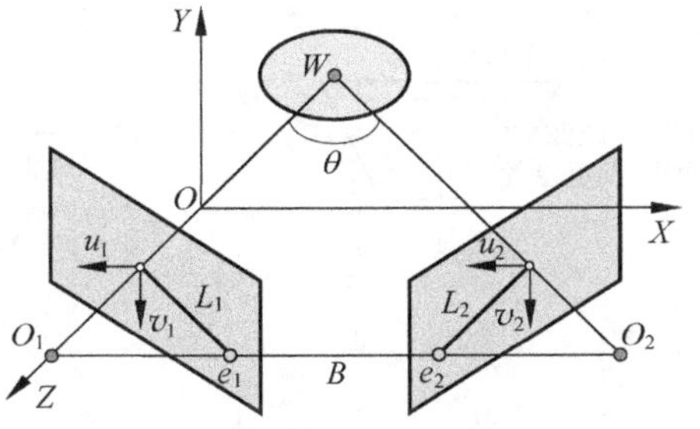

图 6.2.2　极点和极线示意图

例 6.2.2　极点与极线的对应

在立体视觉系统中有两套光学系统，如图 6.2.3 所示。考虑成像平面 1 上的一组点（$p_1,p_2,\cdots$），每个点与 3-D 空间的一条光线对应。每条光线都在成像平面 2 上投影出一条线（$L_1,L_2,\cdots$）。因为所有光线都汇聚到第一个摄像机的光学中心，所以这些线在成像平面 2 上一定交于一点，这点是第一个摄像机的光学中心在第二个摄像机中的图像，被称为极点。类似地，第二个摄像机的光学中心在第一个摄像机中的图像也是一个极点。而这些投影线就是极线。

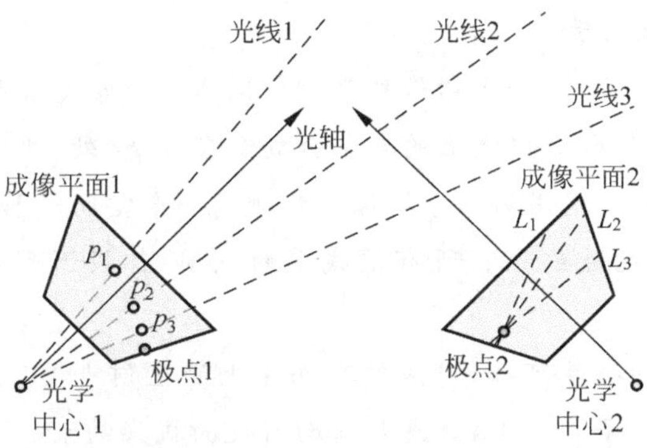

图 6.2.3　极点与极线的对应　□

例 6.2.3　极线模式

极点并不一定总在观察到的图像中，因为极线有可能在视场外相交。有两种常见的情况如图 6.2.4 所示。首先，在双目横向模式中，两个摄像机的朝向一样，光轴之间有一定距离，且成像平面坐标轴对应平行，那么极线就会构成平行图案，其交点（极点）将在无穷远处，如图 6.2.4(a)所示。其次，在双目纵向模式中，两个摄像机的光轴在一条线上，且成像平面坐标轴对应平行，那么极点分别在对应图像中间，极线就会构成放射图案，如图 6.2.4(b)所示。这两种情况都表明极线模式提供了摄像机之间相对位置和朝向的信息。

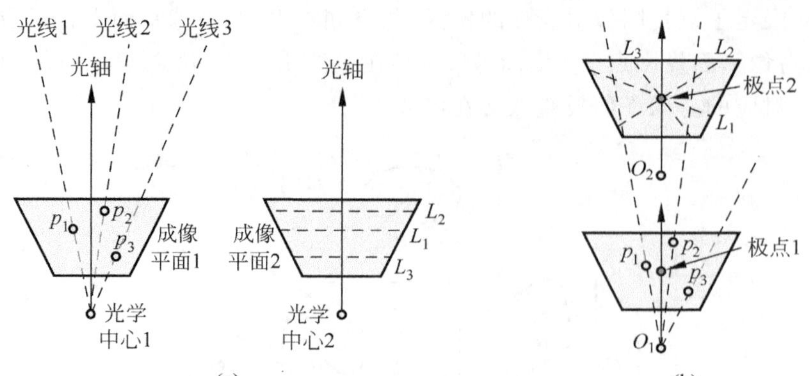

图 6.2.4　极线模式示例　□

极线限定了双目图像上对应点的位置，与空间点 W 在左像平面上投影点所对应的右像平面投影点必在极线 L_2；反之，与空间点 W 在右像平面上的投影点所对应的在左像平面的投影点必在极线 L_1 上。这就是**极线约束**。

在双目视觉中，当采用理想的平行光轴模型(即各摄像机视线平行)时，极线与图像扫描线是重合的，这时的立体视觉系统称为平行立体视觉系统。在平行立体视觉系统中，也可以借助极线约束来减少立体匹配的搜索范围。在理想情况下，利用极线约束可将对整幅图的搜索变为对图像一行的搜索。但需要指出，极线约束仅是一种局部约束条件，对一个空间点来说，其在极线上的投影点可能会有不止一个。

例 6.2.4　极线约束图示

如图 6.2.5 所示，用(左边)一个摄像机观测空间点 W，所成像点 p_1 应在该摄像机光学中心与点 W 的连线上。但所有该线上的点都会成像在点 p_1 处，所以并不能由点 p_1 完全确定特定点 W 的位置/距离。现用第二个摄像机观测同一个空间点 W，所成像点 p_2 也应在该摄像机光学中心与点 W 的连线上。所有该线上的点 W 都投影到成像平面 2 上的一条直线，该直线称为**极线**。

由图 6.2.5 中的几何关系可知，对成像平面 1 上的任何点 p_1，成像平面 2 与其对应的所有的点都(约束)在同一条直线上，这就是前面所说的极线约束。

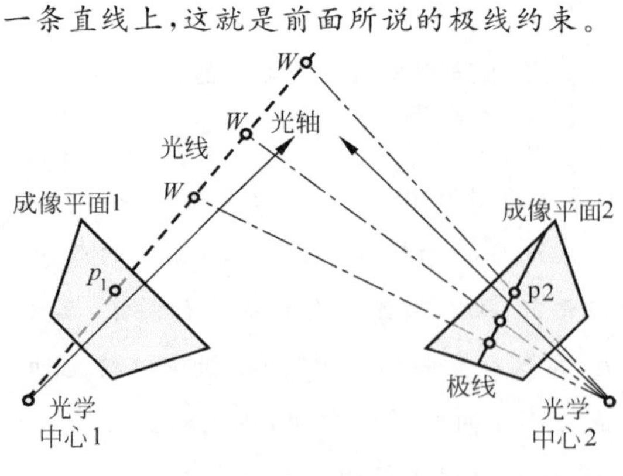

图 6.2.5　极线约束图示　□

2. 本质矩阵和基本矩阵

空间点 W 在两幅图像上的投影坐标点之间的联系可用有 5 个自由度的**本质矩阵**(也称**本征矩阵**)$\boldsymbol{E}$ 来描述[Davies 2005],$\boldsymbol{E}$ 又可分解为一个正交的旋转矩阵 $\boldsymbol{R}$ 后接一个平移矩阵 $\boldsymbol{T}(\boldsymbol{E}=\boldsymbol{RT})$。如果在左图像中的投影点坐标用 $\boldsymbol{p}_1$ 表示,在右图像中的投影点坐标用 $\boldsymbol{p}_2$ 表示,则有

$$\boldsymbol{p}_2^{\mathrm{T}}\boldsymbol{E}\boldsymbol{p}_1 = 0 \tag{6.2.7}$$

在对应图像上通过 $\boldsymbol{p}_1$ 和 $\boldsymbol{p}_2$ 的极线分别满足 $\boldsymbol{L}_2=\boldsymbol{E}\boldsymbol{p}_1$ 和 $\boldsymbol{L}_1=\boldsymbol{E}^{\mathrm{T}}\boldsymbol{p}_2$。而在对应图像上通过 $\boldsymbol{p}_1$ 和 $\boldsymbol{p}_2$ 的极点分别满足 $\boldsymbol{E}\boldsymbol{e}_1=0$ 和 $\boldsymbol{E}^{\mathrm{T}}\boldsymbol{e}_2=0$。

例 6.2.5 本质矩阵的推导

本质矩阵指示了同一空间点 W(坐标为 $\boldsymbol{W}$)在两幅图像上的投影点坐标之间的联系。在图 6.2.6 中,设可以观察到点 W 在图像上的投影位置 p_1 和 p_2,另外还知道两个摄像机之间的旋转矩阵 $\boldsymbol{R}$ 和平移矩阵 $\boldsymbol{T}$,那么就可得到 3 个 3-D 矢量 $\boldsymbol{O}_1\boldsymbol{O}_2$,$\boldsymbol{O}_1\boldsymbol{W}$ 和 $\boldsymbol{O}_2\boldsymbol{W}$。这 3 个 3-D 矢量肯定是共面的。因为在数学上,3 个 3-D 矢量 $\boldsymbol{a},\boldsymbol{b},\boldsymbol{c}$ 共面的准则可写为 $\boldsymbol{a}\cdot(\boldsymbol{b}\times\boldsymbol{c})=0$,所以可使用这个准则来推导本质矩阵。

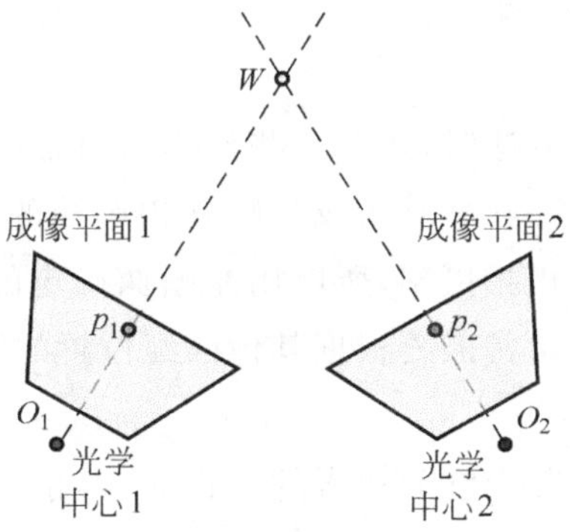

图 6.2.6 本质矩阵的推导

根据第 2 个摄像机的透视关系可知:矢量 $\boldsymbol{O}_1\boldsymbol{W}\propto\boldsymbol{R}\boldsymbol{p}_1$,矢量 $\boldsymbol{O}_1\boldsymbol{O}_2\propto\boldsymbol{T}$,且矢量 $\boldsymbol{O}_2\boldsymbol{W}=\boldsymbol{p}_2$。将这些关系与共平面条件结合起来,就得到需要的结果:

$$\boldsymbol{p}_2^{\mathrm{T}}(\boldsymbol{T}\times\boldsymbol{R}\boldsymbol{p}_1) = \boldsymbol{p}_2^{\mathrm{T}}\boldsymbol{E}\boldsymbol{p}_1 = 0 \tag{6.2.8}$$

在对应图像上通过点 p_1 和 p_2 的极线分别满足 $\boldsymbol{L}_2=\boldsymbol{E}\boldsymbol{p}_1$ 和 $\boldsymbol{L}_1=\boldsymbol{E}^{\mathrm{T}}\boldsymbol{p}_2$。而在对应图像上通过点 p_1 和 p_2 的极点 e_1 和 e_2 分别满足 $\boldsymbol{E}e_1=0$ 和 $\boldsymbol{E}^{\mathrm{T}}\boldsymbol{e}_2=0$。 □

上面的讨论中假设 $\boldsymbol{p}_1$ 和 $\boldsymbol{p}_2$ 是摄像机已校正后的像素坐标。如果摄像机没有校正过,则需要用到原始的像素坐标 $\boldsymbol{q}_1$ 和 $\boldsymbol{q}_2$。设摄像机的内参数矩阵为 $\boldsymbol{G}_1$ 和 $\boldsymbol{G}_2$,则

$$\boldsymbol{p}_1 = \boldsymbol{G}_1^{-1}\boldsymbol{q}_1 \tag{6.2.9}$$

$$\boldsymbol{p}_2 = \boldsymbol{G}_2^{-1}\boldsymbol{q}_2 \tag{6.2.10}$$

将式(6.2.9)和式(6.2.10)代入式(6.2.7),则得到 $\boldsymbol{q}_2^{\mathrm{T}}(\boldsymbol{G}_2^{-1})^{\mathrm{T}}\boldsymbol{E}\boldsymbol{G}_1^{-1}\boldsymbol{q}_1=0$,并可写为

$$\boldsymbol{q}_2^{\mathrm{T}}\boldsymbol{F}\boldsymbol{q}_1 = 0 \tag{6.2.11}$$

其中

$$F = (G_2^{-1})^{\mathrm{T}} E G_1^{-1} \tag{6.2.12}$$

称为**基本矩阵**(也称**基础矩阵**),因为它包含了所有的用于摄像机校正的信息。基本矩阵有7个自由度(每个极点需要两个参数,另加上3个参数以将3条极线从一幅图像映射到另一幅图像,因为两个1-D投影空间中的投影变换具有3个自由度),本质矩阵有5个自由度,所以基本矩阵比本质矩阵多两个自由参数,但对比式(6.2.7)和式(6.2.11)可见这两个矩阵的作用或功能是类似的。

本质矩阵和基本矩阵与摄像机的内外参数有关。如果给定摄像机的内外参数,则根据极线约束可知,对成像平面1上的任意点,只需在成像平面2进行1-D搜索来确定其对应点的位置。进一步,对应性约束是摄像机内外参数的函数,给定内参数就可借助观察到的对应点的模式确定外参数,并进而建立两个摄像机之间的几何关系。

当采用理想的平行光轴模型(即各摄像机视线平行)时,极线与图像扫描线是重合的。这时的立体视觉系统称为平行立体视觉系统。在平行立体视觉系统中,可以借助极线约束来减少立体匹配的搜索范围。在理想情况下,利用极线约束可将对整幅图的搜索变为对图像中一行的搜索。但需要指出,极线约束仅是一种局部约束条件,对一个空间点来说,其在极线上的投影点仍可能有不止一个。

3. 匹配中的影响因素

在实际中利用区域匹配的方法时,还有一些具体问题需要考虑和解决。

(1) 由于在拍摄场景时景物自身形状或景物互相遮挡的原因,被左边摄像机拍摄到的景物不一定全都能被右边摄像机拍摄到,所以用左图像确定的某些模板不一定能在右图像中找到完全匹配的位置。此时常常需要根据其他匹配位置的匹配结果进行插值以得到这些无法匹配点的数据。

(2) 用模板图像的模式来表达单个像素的特性时,其前提是不同模板图像应有不同模式,这样匹配时才有区分性,即可反映不同像素的特点。但有时图像中有一些平滑区域,在这些平滑区域得到的模板图像具有相同或相近的模式,匹配中就会有不确定性,并导致产生误匹配。为解决这个问题,有时需要将一些随机的纹理投影到这些表面上,以将平滑区域转化为纹理区域,从而获得具有不同模式的模板图像以消除不确定性。

例 6.2.6 双目立体匹配受图像光滑区域影响实例

图6.2.7给出一个当沿双目基线方向有灰度平滑区域时,立体匹配产生误差的实例。其中图(a)和图(b)分别是一对立体图的左图和右图。图(c)是利用双目立体匹配所获得的视差图(这里为清楚起见,仅保留了景物匹配的结果),图中深色代表距离较远(较大深度),浅色代表距离较近(较小深度)。图(d)是与图(c)对应的3-D立体图(等高图)显示。对照各图可知:由于场景中有一些位置(如塔楼、房屋等建筑的水平屋檐)的灰度值沿着水平的走向大体相近,所以当沿着极线方向对其进行搜索匹配时,很难确定对应点,产生了许多由于误匹配造成的误差,反映在图(c)中就是有一些与周围不协调的白色区域或黑色区域,而反映在图(d)中就是有一些尖锐的毛刺。

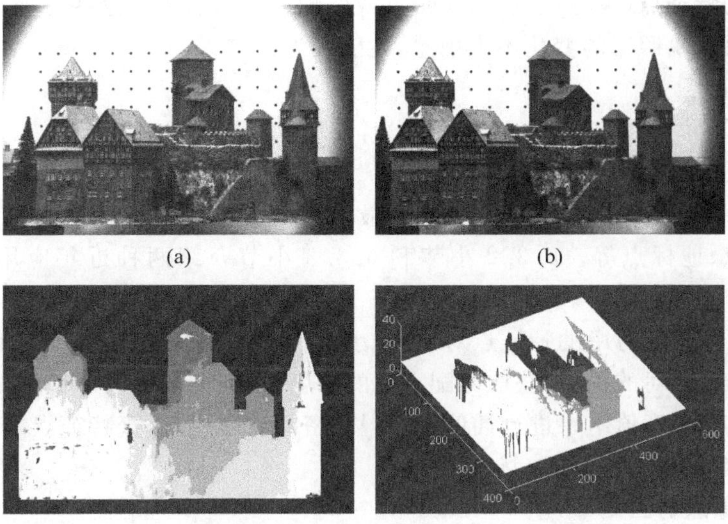

(a) (b) (c) (d)

图 6.2.7　双目立体匹配受图像光滑区域影响实例　□

4. 光学特性计算

利用双目图像的灰度信息还有可能进一步计算出物体表面的某些光学特性(参见 8.2 节)。这里对表面的反射特性要注意两个因素：其一是表面粗糙性带来的散射；其二是表面致密性带来的镜面反射。这两个因素按如下方式结合：设 $\boldsymbol{N}$ 为表面面元法线方向的单位向量，$\boldsymbol{S}$ 为点光源方向的单位向量，$\boldsymbol{V}$ 为观察者视线方向的单位向量，在面元上得到的反射亮度 $I(x,y)$ 为合成反射率 $\rho(x,y)$ 和合成反射量 $R[\boldsymbol{N}(x,y)]$ 的乘积(参见 2.4.2 小节的成像模型)，即

$$I(x,y)=\rho(x,y)R[\boldsymbol{N}(x,y)] \tag{6.2.13}$$

其中

$$R[\boldsymbol{N}(x,y)]=(1-\alpha)\boldsymbol{N}\cdot\boldsymbol{S}+\alpha(\boldsymbol{N}\cdot\boldsymbol{H})^k \tag{6.2.14}$$

其中，ρ,α,k 为有关表面光学特性的系数，可以从图像数据算得。

式(6.2.14)中等号右边第一项考虑的是散射效应，它不因视线角而异；第二项考虑的是镜面反射效应。设 $\boldsymbol{H}$ 为镜面反射角方向的单位向量：

$$\boldsymbol{H}=(\boldsymbol{S}+\boldsymbol{V})/\sqrt{2[1+(\boldsymbol{S}\cdot\boldsymbol{V})]} \tag{6.2.15}$$

式(6.2.14)中等号右边第二项通过向量 $\boldsymbol{H}$ 反映出视线向量 $\boldsymbol{V}$ 的变化。在图 6.2.2 所采用的坐标系统中，有

$$V'=\{0,0,-1\}\quad V''=\{-\sin\theta,0,\cos\theta\} \tag{6.2.16}$$

6.3　基于特征的双目立体匹配

基于区域匹配方法的缺点是依赖于图像灰度的统计特性，所以对景物表面结构以及光照反射等较为敏感，因此在空间景物表面缺乏足够纹理细节(如例 6.2.6 中沿极线方向)、成像失真较大(如基线长度过大)的场合存在一定困难。考虑到实际图像的特点，可先确定图

像中一些显著的**特征点**(也称控制点、关键点或匹配点),然后借助这些特征点进行匹配。特征点在匹配中对环境照明的变化不太敏感,性能较为稳定。

6.3.1 基本步骤

特征点匹配的主要步骤如下:

(1) 在图像中选取用于匹配的特征点;最常用的特征点是图像中的一些特殊点,如边缘点、角点、拐点、地标点等。6.3.2 小节和 6.3.3 小节介绍两种近年应用较多的典型特征点。

(2) 匹配立体图像对中的特征点对(见本小节和 6.3.4 小节,还可参考第 11 章)。

(3) 计算匹配点对的视差,获取匹配点处的深度(类似前面基于区域的方法)。

(4) 对稀疏的深度值结果进行插值以获得稠密的深度图(由于特征点是离散的,所以不能在匹配后直接得到密集的视差场)。

1. 利用边缘点的匹配

对一幅图像 $f(x,y)$,利用对边缘点的计算可获得特征点图像:

$$t(x,y) = \max\{H,V,L,R\} \tag{6.3.1}$$

其中,H,V,L,R 均借助灰度梯度计算

$$H = [f(x,y) - f(x-1,y)]^2 + [f(x,y) - f(x+1,y)]^2 \tag{6.3.2}$$

$$V = [f(x,y) - f(x,y-1)]^2 + [f(x,y) - f(x,y+1)]^2 \tag{6.3.3}$$

$$L = [f(x,y) - f(x-1,y+1)]^2 + [f(x,y) - f(x+1,y-1)]^2 \tag{6.3.4}$$

$$R = [f(x,y) - f(x+1,y+1)]^2 + [f(x,y) - f(x-1,y-1)]^2 \tag{6.3.5}$$

然后将 $t(x,y)$ 划分成互不重叠的小区域 W,在每个小区域中选取计算值最大的点作为特征点。

现在考虑对左图像和右图像构成的图像对进行匹配。对左图像的每个特征点,可将其在右图像中所有可能的匹配点组成一个可能匹配点集。这样对左图像的每个特征点可得到一个标号集,其中的标号 l 或者是左图像特征点与其可能匹配点的视差,或者是代表无匹配点的特殊标号。对每个可能的匹配点,计算下式以设定初始匹配概率 $P^{(0)}(l)$:

$$A(l) = \sum_{(x,y)\in W} [f_L(x,y) - f_R(x+l_x, y+l_y)]^2 \tag{6.3.6}$$

其中 $l=(l_x, l_y)$ 为可能的视差。

$A(l)$ 代表两个区域之间的灰度拟合度,与初始匹配概率 $P^{(0)}(l)$ 成反比。换句话说,$P^{(0)}(l)$ 与可能匹配点邻域中的相似度有关。据此,可借助松弛迭代法,给可能匹配点邻域中视差比较接近的点以正的增量,而给可能匹配点邻域中视差相距较远的点以负的增量来对 $P^{(0)}(l)$ 进行迭代更新。随着迭代的进行,正确匹配点的迭代匹配概率 $P^{(k)}(l)$ 会逐渐增大,而其他点的匹配概率 $P^{(k)}(l)$ 会逐渐减小。经过一定次数的迭代后,将匹配概率 $P^{(k)}(l)$ 最大的点确定为匹配点。

2. 利用零交叉点的匹配

特征点匹配时,也可选用**零交叉模式**来获得匹配基元[Kim 1987]。利用(高斯函数的)拉普拉斯算子(见本套书中册 2.2.4 小节)进行卷积可得到零交叉点。考虑零交叉点的连通性,可确定 16 种不同的零交叉模式,如图 6.3.1 中阴影所示。

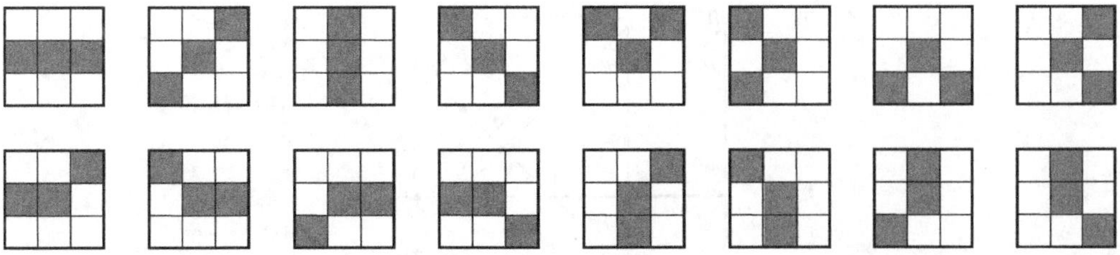

图 6.3.1　16 种零交叉模式图示

对左图像的每个零交叉模式，将其在右图像中所有可能的匹配点组成一个可能匹配点集。在立体匹配时，可借助水平极线约束，将左图像中所有非水平的零交叉模式组成一个点集，对其中每个点赋一个标号集和确定一个初始匹配概率。采取与利用边缘点的匹配中的类似方法，通过松弛迭代也可得到最终的匹配点。

3. 特征点深度

下面借助图 6.3.2（它是将图 6.2.2 中的极线去除，再将基线移到 X 轴上以方便描述得到的，其中各字母的含义同图 6.2.2）来解释特征点间的对应关系。

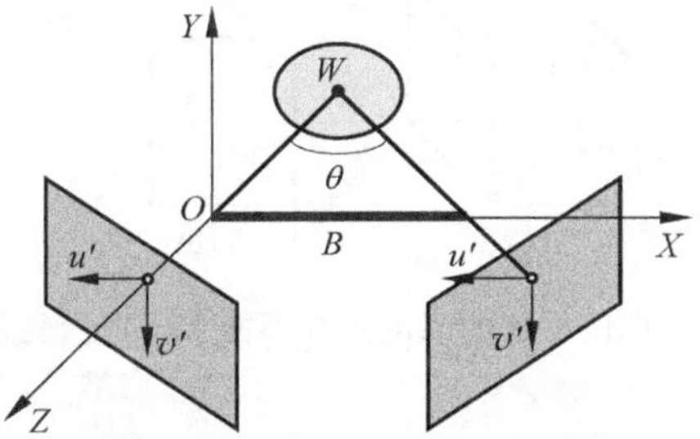

图 6.3.2　双目视觉的坐标系统示意图

在 3-D 空间坐标中一个特征点 $W(x,y,-z)$ 通过**正交投影**后在左右图上分别为

$$(u',v') = (x,y) \tag{6.3.7}$$

$$(u'',v'') = [(x-B)\cos\theta - z\sin\theta, y] \tag{6.3.8}$$

这里对 u'' 的计算是按先平移、再旋转的坐标变换进行的。式(6.3.8)也可借助图 6.3.3 进行推导（这里给出了平行于图 6.3.2 中 XZ 平面的一个示意图）：

$$u'' = \overline{OS} = \overline{ST} - \overline{TO} = (\overline{QE} + \overline{ET})\sin\theta - \frac{B-x}{\cos\theta} \tag{6.3.9}$$

注意到 W 在 $-Z$ 轴上，所以有

$$u'' = -z\sin\theta + (B-x)\tan\theta\sin\theta - \frac{B-x}{\cos\theta} = (x-B)\cos\theta - z\sin\theta \tag{6.3.10}$$

如果已经由 u' 确定了 u''（即已建立了特征点之间的匹配），则从式(6.3.8)中可反解出投影到 u' 和 u'' 的特征点深度为

$$-z = u''\csc\theta + (B-u')\cot\theta \tag{6.3.11}$$

4. 稀疏匹配点

由上面的讨论可见，特征点只是物体上的一些特定点，互相之间有一定间隔。仅由稀疏的匹配点并不能直接得到稠密的视差场，因而有可能无法精确地恢复物体外形。例如

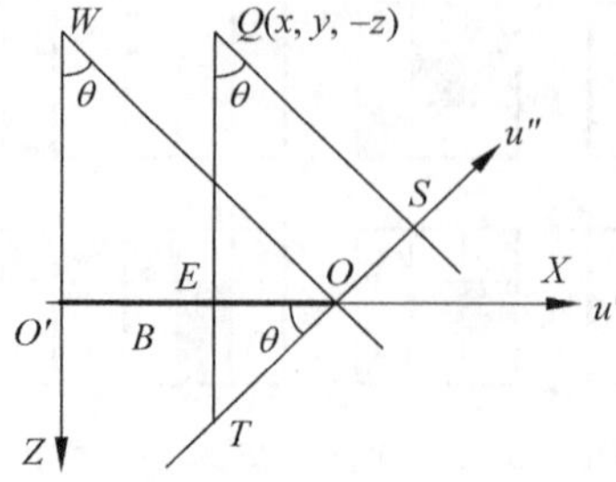

图 6.3.3　计算双目立体匹配视差的坐标安排

图 6.3.4(a)给出空间共面的 4 个点(与另一个空间平面的距离相等)。这些点是通过视差计算得到的稀疏匹配点,设这些点位于物体的外表面,但过这 4 个点的曲面可以有无穷多个,图 6.3.4(b),(c),(d)给出几个可能的例子。可见,仅由稀疏的匹配点并不能唯一地恢复物体外形,还需要结合一些其他的条件或对稀疏匹配点进行插值才能获得如区域匹配那样的密集视差图。

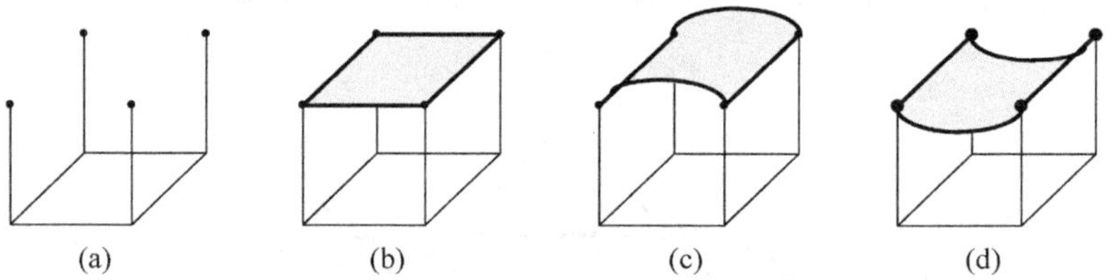

图 6.3.4　仅由稀疏的匹配点并不能唯一地恢复物体外形

6.3.2　尺度不变特征变换

尺度不变特征变换(SIFT)可看作一种检测图像中**显著特征**的方法[Nixon 2008],它不仅能在图像中确定具有显著特征的点位置,还能给出该点的一个描述矢量,也称为 SIFT 算子或描述符,是一种局部描述符,其中包含三类信息:位置、尺度、方向。

SIFT 的基本思路和步骤如下。先获得图像的多尺度表达(参见本套书上册 15.1 节),这可采用高斯卷积核(唯一线性核)与图像进行卷积。高斯卷积核是尺度可变的高斯函数:

$$G(x,y,\sigma)=\frac{1}{2\pi\sigma^2}\exp\left[\frac{-(x^2+y^2)}{2\sigma^2}\right] \tag{6.3.12}$$

其中 σ 是尺度因子。用高斯卷积核与图像卷积后的图像多尺度表达为

$$L(x,y,\sigma)=G(x,y,\sigma)\otimes f(x,y) \tag{6.3.13}$$

高斯函数是低通函数,与图像卷积后会使图像得到平滑。尺度因子的大小与平滑程度相关,σ 大对应大尺度,卷积后主要给出图像的概貌;σ 小对应小尺度,卷积后保留了图像的细节。为充分利用不同尺度的图像信息,用一系列尺度因子不同的高斯卷积核与图像卷积来构建高斯金字塔。一般设高斯金字塔相邻两层间的尺度因子系数为 k,如果第一层的尺度因子是 σ,则第二层的尺度因子是 $k\sigma$,第三层的尺度因子是 $k^2\sigma$,依次类推。

SIFT 接着在对图像的多尺度表达中搜索**显著特征点**,为此利用**高斯差**(DoG)算子。DoG 是用两个不同尺度的高斯核卷积结果的差,近似于**拉普拉斯-高斯**(LoG)算子。如果用

h 和 k 代表不同尺度因子系数，则 DoG 金字塔可表示为

$$D(x,y,\sigma)=[G(x,y,k\sigma)-G(x,y,h\sigma)]\otimes f(x,y)=L(x,y,k\sigma)-L(x,y,h\sigma) \tag{6.3.14}$$

图像的 DoG 金字塔多尺度表达空间是一个 3-D 空间（图像平面及尺度轴）。为在这样一个 3-D 空间中搜索极值，需要将空间一点的值与其 26 个邻域体素（参见本套书中册 4.4.1 小节）的值进行比较。这样搜索的结果确定了显著特征点的位置和所在尺度。

接下来还要利用显著特征点邻域里像素的梯度分布确定每个点的方向参数。在图像中 (x,y) 处梯度的模（幅度）和方向分别为（各 L 所用尺度为各个显著特征点所在尺度）

$$m(x,y)=\sqrt{[L(x+1,y)-L(x-1,y)]^2+[L(x,y+1)-L(x,y-1)]^2} \tag{6.3.15}$$

$$\theta(x,y)=\arctan\{[L(x,y+1)-L(x,y-1)]/[L(x+1,y)-L(x-1,y)]\} \tag{6.3.16}$$

获得每个点的方向后，可将邻域里像素的方向结合起来得到显著特征点的方向。具体可参见图 6.3.5，先（在确定了显著特征点的位置和所在尺度的基础上）取以显著特征点为中心的 16×16 窗口，如图(a)所示。将窗口分成 16 个 4×4 的组，如图(b)所示。在各组内对每个像素计算其梯度，得到组内像素的梯度，如图(c)所示（箭头方向指示梯度方向，箭头长短与梯度大小成比例）。用 8 方向（间隔 45°）直方图统计各组内像素的梯度方向，取峰值方向为该组的梯度方向，如图(d)所示。这样对 16 个组，每个组可得到一个 8-D 的方向矢量，拼接起来得到一个 16×8=128-D 的矢量。将这个矢量归一化，最后作为每个显著特征点的描述矢量，即 SIFT 描述符。实际中，SIFT 描述符的覆盖区域可方可圆，也称为**显著片**。

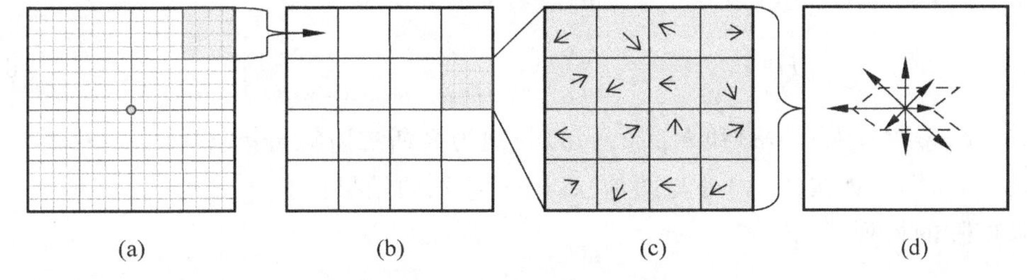

图 6.3.5　SIFT 描述矢量计算步骤

SIFT 描述符对图像的尺度缩放、旋转和光照变化具有不变性，对仿射变换、视角变化、局部形状失真、噪声干扰等也有一定的稳定性。这是因为在对 SIFT 描述符的获取过程中借助对梯度方向的计算和调整消除了旋转的影响，借助矢量归一化消除了光照变化的影响，利用邻域中像素方向信息的组合增强了鲁棒性。另外，SIFT 描述符的自身信息量丰富，有较好的独特性（相对于仅含有位置和极值信息的边缘点或角点，SIFT 描述符有 128-D 的描述矢量）。也是由于其独特性或特殊性，在一幅图像中往往能确定出大量的显著片，以供不同应用来选择。当然，由于其描述矢量维数高，SIFT 描述符的计算量也常比较大。对 SIFT 的改进也很多，包括用 PCA 代替梯度直方图（有效降维），限制直方图各方向的幅度（有些非线性光照变化主要对幅值有影响）等。

例 6.3.1　SIFT 显著片检测结果示例

借助 SIFT 可以在图像尺度空间中确定大量（一般对一幅 256 像素×384 像素的图像，可以获得上百个）覆盖图像的不随图像的平移、旋转和放缩而变化的局部区域，它们受噪声

和干扰的影响很小。

图 6.3.6 给出显著片检测的两个结果，图(a)是一幅船舶图像，图(b)是一幅海滩图像，其中对所有检测出来的 SIFT 显著片均用覆盖在图像上的圆(这里用了圆形的显著片)来表示。

(a) (b)

图 6.3.6　显著片检测结果示例

6.3.3　加速鲁棒性特征

加速鲁棒性特征(SURF)也可看作一种检测图像中**显著特征点**的方法，基本思路是对 SIFT 加速，所以除具有 SIFT 方法稳定的特点外，还减少了计算复杂度，具有很好的检测和匹配实时性。

1. 基于海森矩阵确定感兴趣点

SURF 算法通过计算图像的二阶**海森矩阵**的行列式来确定感兴趣点的位置和尺度信息。图像 $f(x,y)$在位置(x,y)和尺度 σ 的海森矩阵定义如下：

$$H[x,y,\sigma]=\begin{bmatrix}h_{xx}(x,y,\sigma) & h_{xy}(x,y,\sigma)\\ h_{xy}(x,y,\sigma) & h_{yy}(x,y,\sigma)\end{bmatrix} \tag{6.3.17}$$

其中，$h_{xx}(x,y,\sigma)$、$h_{xy}(x,y,\sigma)$和 $h_{yy}(x,y,\sigma)$分别为高斯二阶微分$[\partial^2 G(\sigma)]/\partial x^2$、$[\partial^2 G(\sigma)]/\partial x\partial y$ 和$[\partial^2 G(\sigma)]/\partial y^2$ 在(x,y)处与图像 $f(x,y)$卷积的结果。

海森矩阵的行列式为

$$\det(H)=\frac{\partial^2 f}{\partial x^2}\frac{\partial^2 f}{\partial y^2}-\frac{\partial^2 f}{\partial xy}\frac{\partial^2 f}{\partial xy} \tag{6.3.18}$$

其在尺度空间和图像空间的最大值点被称为**感兴趣点**。海森矩阵行列式的值是海森矩阵的特征值，可以根据行列式在图像点取值的正负来判断该点是否为极值点。

高斯滤波器在尺度空间的分析中是最优的，但实际中离散化和量化后它会在图像发生 45°角奇数倍的旋转时丢失重复性(因为模板是方形的，各向异性)。例如，图 6.3.7(a)和(b)分别为沿 X 方向及沿 X 和 Y 方向离散化且量化后的高斯二阶偏微分响应，有较大区别。

实际应用中，可使用盒滤波器来近似海森矩阵，从而借助积分图像(参见本套书中册 11.2.3 小节)取得更快的计算速度(且与滤波器尺寸无关)。例如，图 6.3.7(c)和(d)分别是对图 6.3.7(a)和(b)的高斯二阶偏微分响应的近似，其中的 9×9 盒滤波器是对尺度为 1.2 的高斯滤波器的近似，也代表了计算响应的最低尺度(即最高空间分辨率)。将对 $h_{xx}(x,y,\sigma)$、$h_{xy}(x,y,\sigma)$和 $h_{yy}(x,y,\sigma)$的近似值分别记为 A_{xx}、A_{xy} 和 A_{yy}，则近似海森矩阵的行列式为

$$\det(H_{\mathrm{A}})=A_{xx}A_{yy}-(wA_{xy})^2 \tag{6.3.19}$$

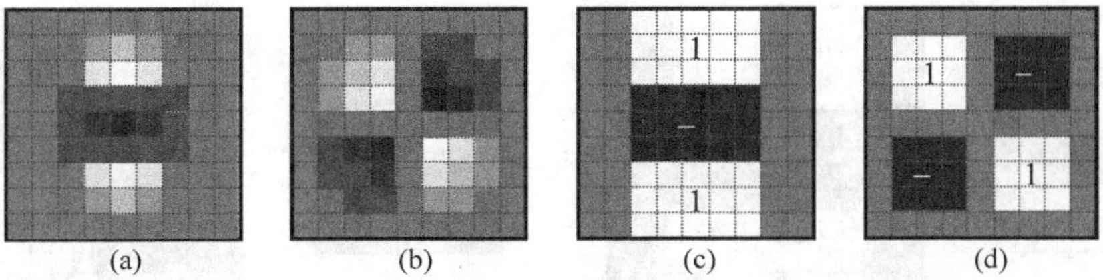

图 6.3.7　高斯二阶偏微分响应及其近似(浅色代表正值,深色代表负值,中间灰度代表 0)

其中 w 为平衡滤波器响应的相对权重(即对未采用高斯卷积核而使用了其近似的补偿),用来保持高斯核与近似高斯核之间的能量,可计算如下:

$$w=\frac{\| h_{xy}(1.2)\|_{\mathrm{F}}\ \| A_{yy}(9)\|_{\mathrm{F}}}{\| h_{yy}(1.2)\|_{\mathrm{F}}\ \| A_{xy}(9)\|_{\mathrm{F}}}=0.912\approx 0.9 \tag{6.3.20}$$

其中 $\|\cdot\|_{\mathrm{F}}$ 代表 Frobenius 范数。

从理论上说,权重是依赖于尺度的,但实际中可保持它为常数,因为它的变化对结果影响不大。进一步,滤波器响应要对尺寸归一化,这样可保证对任何滤波器尺寸都有常数的 Frobenius 范数。实验表明,近似计算的性能与离散化和量化后高斯滤波器的性能相当。

2. 尺度空间表达

对感兴趣点的检测需要在不同的尺度上进行。尺度空间一般用金字塔结构表示(参见本套书上册 15.2 节)。但由于使用了盒滤波器和积分图像,并不需要将相同的滤波器用于金字塔各层而是将不同尺寸的盒滤波器直接用于原始图像(计算速度相同)。所以可通过对滤波器(高斯核)进行上采样而不用迭代地减少图像尺寸。将前面 9×9 盒滤波器的输出作为初始尺度层,接下来的各个尺度层可通过对图像用越来越大的模板滤波来获得。由于不对图像进行下采样,保留了高频信息,所以不会发生**混叠效应**。

尺度空间被分成若干个组,每个组代表通过将同一幅输入图像与尺寸增加的滤波器进行卷积而得到的一系列滤波响应图。组之间有加倍的关系,如表 6.3.1 所示。

表 6.3.1　尺度空间分组情况

组	1					2					…
间隔	1	2	3	4	…	1	2	3	4	…	…
盒滤波器边长	9	15	21	27	…	15	27	39	51	…	…
σ=边长×1.2/9	1.2	2	2.8	3.6	…	2	3.6	5.2	6.8	…	…

每个组都分成常数个尺度层。由于积分图像的离散本质,两个相邻尺度间的最小尺度差依赖于在二阶偏微分的对应方向上正或负的波瓣的长度 l_0(这个长度是滤波器尺寸的 1/3)。对 9×9 的滤波器,$l_0=3$。对两个相邻的层,其任一个方向的尺寸至少要增加两个像素以保证最后尺寸为奇数(这样滤波器有一个中心像素),这导致模板(边)尺寸的总增加量为 6 个像素。对尺度空间的构建从使用 9×9 盒滤波器开始,接着使用尺寸为 15×15,21×21,27×27 的滤波器。图 6.3.8(a)和(b)分别给出两个相邻尺度层(9×9 和 15×15)之间的滤波器 A_{yy} 和 A_{xy},黑色波瓣的长度只可偶数个像素增加。注意对与 l_0 不同的方向,如对垂直滤波器的中心带的宽度,放缩模板会引入舍入误差。不过,由于这些误差远小于 l_0,所以这种近似是可以接受的。

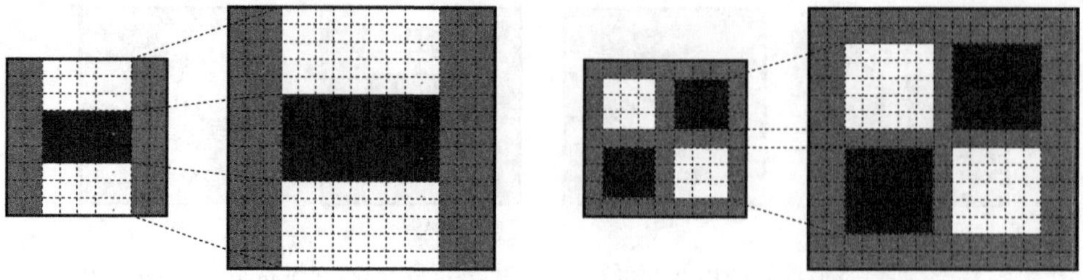

(a) (b)

图 6.3.8 两个相邻尺度层(9×9 和 15×15)之间的滤波器

对其他组有相同考虑。对每个新组,滤波器尺寸的增加是成倍的。同时,用于提取感兴趣点的采样间隔对每个新组都是成倍增加的,这可以减少计算时间,而在准确度方面的损失与传统方法对图像亚采样是可比的。用于第 2 组的滤波器尺寸为 15,27,39,51。用于第 3 组的滤波器尺寸为 27,51,75,99。如果原始图像的尺寸仍然比对应的滤波器尺寸大,那还可进行第 4 组的计算,使用尺寸为 51,99,147,195 的滤波器。图 6.3.9 给出所用滤波器的全貌,各组互相重叠以保证平滑地覆盖所有可能的尺度。在典型的尺度空间分析中,每组所能检测到的感兴趣点的数量减少得非常快。

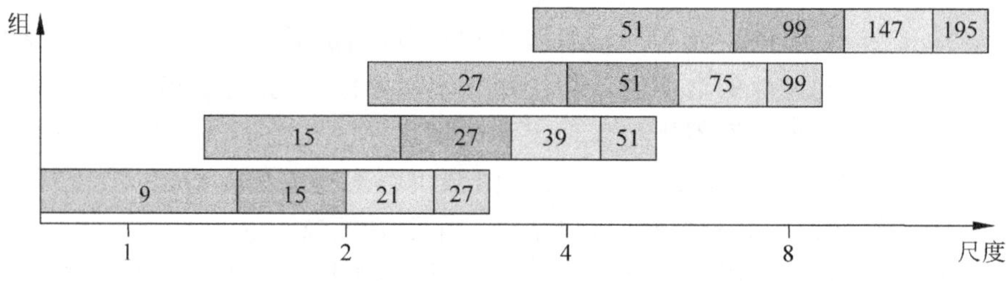

图 6.3.9 不同组中滤波器边长的图示(对数水平轴)

尺度的大幅度变化,尤其是这些组间第 1 个滤波器之间的变化(从 9 到 15 的变化是 1.7),使得尺度的采样相当粗糙。为此也可使用具有较细采样尺度的尺度空间。这时先将图像 2 倍放缩,再用尺寸为 15 的滤波器开始第 1 组。接下来的滤波器尺寸为 21,27,33,39。然后开始第 2 组,其尺寸以 12 个像素为步长增加。后面的组以此类推。如此前两个滤波器之间的尺度变化只有 1.4(21/15)。通过二次插值可以检测到的最小尺度此时为 $\sigma=(1.2\times 18/9)/2=1.2$。

由于 Frobenius 范数对任何尺寸的滤波器都保持常数,可认为已经在尺度上归一化了,也不再需要对滤波器的响应进行加权。

3. 感兴趣点的描述和匹配

SURF 描述符描述在感兴趣点邻域中亮度的分布,类似于用 SIFT 提取出来的梯度信息。区别是 SURF 基于一阶哈尔小波在 X 和 Y 方向的响应而不是梯度,这样可以充分利用积分图像以提高计算速度;且描述符长度只有 64,这可在减少特征计算和匹配时间的同时提高鲁棒性。

借助 SURF 描述符进行匹配包括 3 个步骤:①确定一个围绕感兴趣点的朝向;②构建一个与所选朝向对齐的方形区域并从中提取 SURF 描述;③匹配两个区域间的描述特征。

(1) 确定朝向

为了取得对图像旋转的不变性，对感兴趣点要确定一个朝向。首先在围绕感兴趣点的半径为 6σ 的圆形邻域中计算沿 X 和 Y 方向的哈尔小波的响应，这里 σ 为感兴趣点被检测到的尺度。采样步长依赖于尺度并定为 σ。为与其他部分保持一致，取小波的尺寸也依赖于尺度并定为 4σ 的边长。这样可再次利用积分图以快速滤波。根据哈尔小波模板的特点，在任何尺度都只需要 6 次操作来计算在 X 和 Y 方向的响应。

一旦计算出了小波响应并用中心在感兴趣点的高斯分布进行加权，就可将响应表示成坐标空间中的点，其水平坐标对应横向的响应强度而垂直坐标对应竖向的响应强度。朝向可通过计算在一个弧度尺寸为 $\pi/3$ 的扇形滑动窗口中的响应和来得到(步长为 $\pi/18$)，如图 6.3.10 所示。

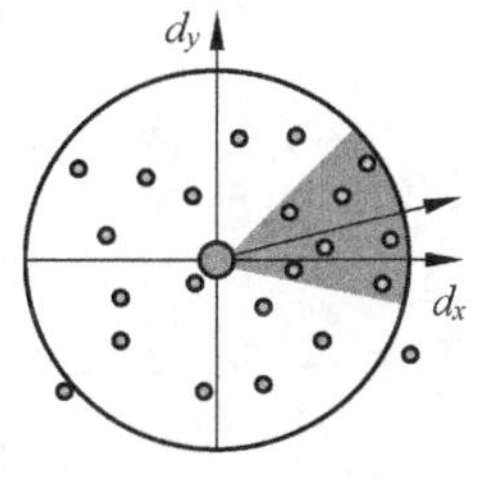

图 6.3.10 确定朝向示意分配

将在窗口中的水平和垂直响应分别求和，这两个和可构成一个局部的朝向矢量。在所有窗口中的最长矢量就定义了感兴趣点的朝向。滑动窗口的尺寸是需要仔细选择的参数，小的尺寸主要体现单个优势的梯度，而大的尺寸趋向于在矢量中产生不明显的最大值。

(2) 基于哈尔小波响应和的描述符

为提取描述符，第 1 步是构建围绕感兴趣点的方形区域使其具有如上确定出的朝向(以保证旋转不变性)。窗的尺寸是 20σ。这些方形区域被规则地分裂成更小的 $4\times4=16$ 个子区域，这样可以保留重要的空间信息。对每个子区域，在规则的 5×5 网格内计算哈尔小波响应。为简便，用 d_x 代表沿水平方向的哈尔小波响应，用 d_y 代表沿垂直方向的哈尔小波响应。这里"水平"和"垂直"是相对于所选的感兴趣点来说的，如图 6.3.11 所示。

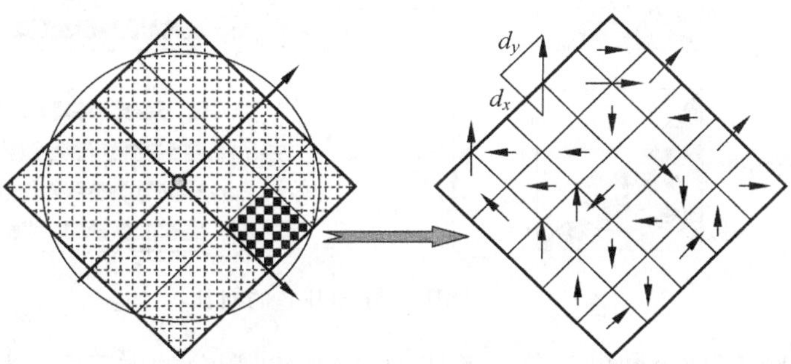

图 6.3.11 围绕感兴趣点的方形区域

接下来，将小波响应 d_x 和 d_y 分别求和；并为了利用有关亮度变化的极化信息，将小波响应 d_x 和 d_y 的绝对值 $|d_x|$ 和 $|d_y|$ 也分别求和。这样，从每个子区域可得到一个 4-D 的描述矢量 $\mathbf{V}$，$\mathbf{V}=(\sum d_x, \sum d_y, \sum|d_x|, \sum|d_y|)$。对所有的 16 个子区域，把描述矢量联起来，就得到一个长度为 64-D 的描述矢量。这样得到的小波响应对照明的变化不敏感。而对反差(标量)的不变性是靠将描述符转化为单位矢量来得到的。

图 6.3.12 是对 3 个不同的亮度模式及从对应子区域中所获得的描述符的示意。左边为一个均匀模式，描述符的各个分量都很小；中间为沿 X 方向的交替模式，仅 $\sum|d_x|$ 大，其

余都小；右边为亮度沿水平方向逐渐增加的模式，$\sum d_x$ 和 $\sum |d_x|$ 的值都大。可见，对不同的亮度模式，描述符有明显的区别。还可以想象，如果将这 3 个局部亮度模式结合起来，可得到一个特定的描述符。

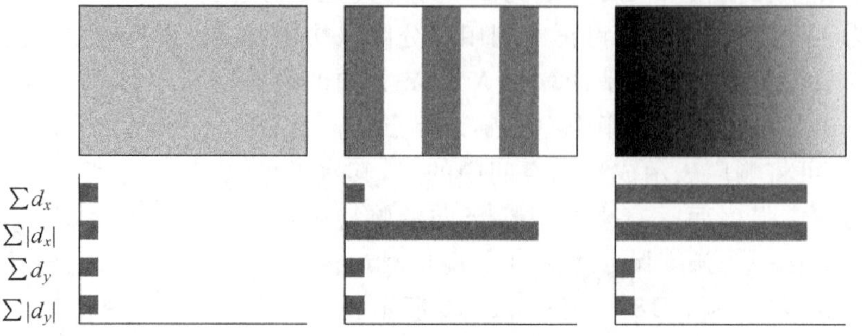

图 6.3.12 不同的亮度模式及它们的描述符

SURF 的原理在某种程度上与 SIFT 的原理有类似之处，它们都基于梯度信息的空间分布。但实际中 SURF 常比 SIFT 的性能好。这里的原因是 SURF 集合了子区域中的所有梯度信息，而 SIFT 则仅依赖于各个独立梯度的朝向。这个差别使得 SURF 更加抗噪声，一个例子如图 6.3.13 所示。在无噪声时，SIFT 只有一个梯度指向；而在有噪声时(边缘不再光滑)，SIFT 除主要梯度朝向不变外，在其他方向也有一定的梯度分量。但 SURF 的响应在两种情况下均基本一致(噪声被平滑了)。

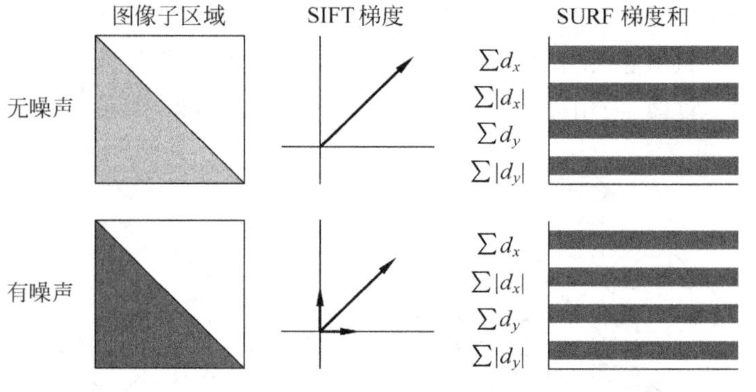

图 6.3.13 SIFT 与 SURF 的对比

对采样点数和子区域个数的评价实验表明，按 4×4 划分的方形子区域能给出最好的结果。进一步的细分将会导致鲁棒性变差并大量增加匹配时间。另一方面，使用 3×3 的子区域获得的短描述符(SURF-36，即 3×3=9 个子区域，每个子区域 4 个响应)会使性能略有降低(与其他描述符相比还可接受)，但计算要快得多。

另外，SURF 描述符还有一种变型，即 SURF-128。它也使用前面的求和，但将这些值分得更细。对 d_x 与 $|d_x|$ 的求和按照/根据 $d_y<0$ 和 $d_y \geqslant 0$ 分开。类似地，对 d_y 与 $|d_y|$ 的求和也按照/根据 $d_x<0$ 和 $d_x \geqslant 0$ 分开来计算。这样特征的数量翻倍，描述符的鲁棒性和可靠性都提高。不过，虽然描述符本身计算起来较快，但在匹配时仍会因为维数高而计算量增加较多。

(3) 快速索引以匹配

为了在匹配时能快速索引，可以考虑感兴趣点的拉普拉斯值(即海森矩阵的秩)的符号。一般情况下，感兴趣点是在**斑块**类结构中检测处理的。拉普拉斯值的符号可将暗背景中的亮斑块与亮背景中的暗斑块区分出来。这里并不需要额外的计算，因为拉普拉斯值的符号已在检测步骤计算了。在匹配步骤，只需要比较拉普拉斯值的符号就可。借助这点信息可在不降低描述符的性能的前提下加快匹配的速度。

SURF 算法的优点包括不受图像旋转和尺度变化的影响，抗模糊；而缺点包括受视点变化和照明变化的影响较大。

6.3.4 动态规划匹配

特征点的选取方法与对它们所采用的匹配方法常有密切的联系。对特征点的匹配需建立特征点间的对应关系，为此可利用顺序性约束条件，采用动态规划的方法来进行[Forsyth 2003]。

以图 6.3.14(a)为例，考虑被观察物体可见表面上的 3 个特征点，将它们顺序命名为 A,B,C。它们与在两幅成像图像上投影的顺序(沿极线)正好反过来，见 c,b,a 和 c',b',a'。这两个顺序相反的规律称为顺序性约束。顺序性约束是一种理想的情况，在实际场景中并不能保证总成立。例如在图 6.3.14(b)所示的情况下，一个小的物体横在后面的大物体前，遮挡了大物体的一部分，使得原来的 c 点和 a' 点在图像上看不到，图像上投影的顺序也不满足顺序性约束。

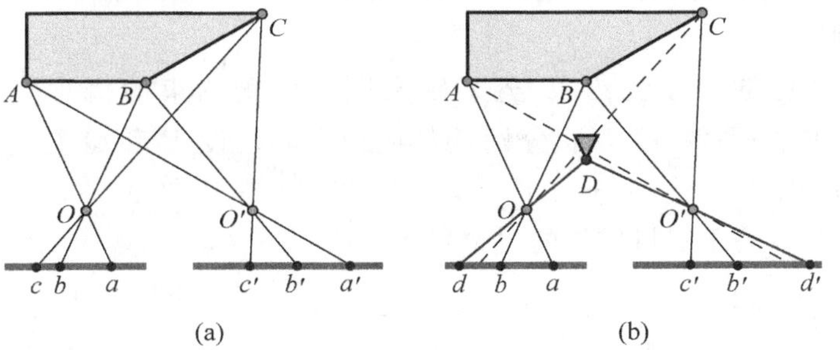

图 6.3.14 顺序性约束

不过在多数实际情况下，顺序性约束还是一个合理的约束，所以可用来设计基于动态规划的立体匹配算法。下面以已在两条极线上确定了多个特征点(如图 6.3.14)，要建立它们之间的对应关系为例来讨论。这里匹配各个特征点对的问题可以转化成匹配同一极线上相邻特征点之间间隔的问题。参见图 6.3.15(a)的示例，其中给出了两个特征点序列，将它们排列在两个灰度剖面上。尽管由于遮挡等原因，有些特征点间的间隔退化成一个点，但顺序性约束确定的特征点顺序仍保留了下来。

根据图 6.3.15(a)，可将匹配各个特征点对的问题描述为一个在特征点对应结点的图上搜索最优路径的问题，图表达中的结点之间的弧就可以给出间隔之间的匹配路径。在图 6.3.15(a)中，上下的两个轮廓线分别对应两个极线，两轮廓间的四边形对应特征点间的间隔(零长度间隔导致四边形退化为三角形的情况)。由动态规划确定的匹配关系也给出在图 6.3.15(b)中，那里每段斜线对应一个四边形间隔，而垂直或水平线对应退化后的三角形。

该算法的复杂度正比于两条极线上特征点个数的乘积。

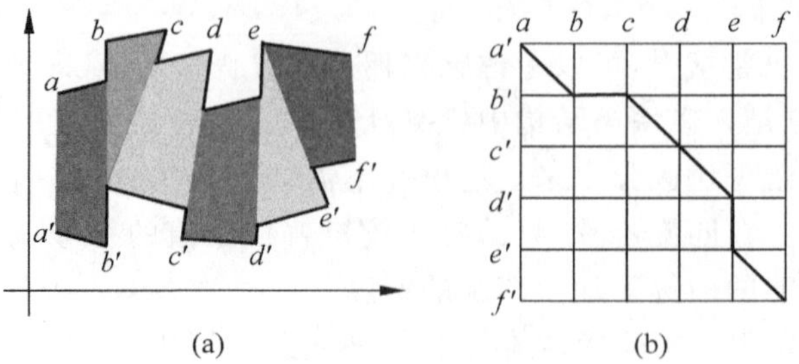

图 6.3.15　基于动态规划的匹配

6.4　视差图误差检测与校正

在实际的应用中，由于周期性模式、光滑区域的存在，以及遮挡效应、约束原则的不严格性等原因会导致视差图出现误差。视差图是后续 3-D 重建等工作的基础，因此在视差图的基础上进行误差检测和校正处理非常重要。

下面介绍一个比较通用快速的视差图误差检测与校正算法[贾 2000a]。该算法的特点首先是能直接对视差图进行处理，而与产生该视差图的具体立体匹配算法独立。这样它可以作为一个通用的视差图后处理方法附加在各种立体匹配算法之后，而无须对原有的立体匹配算法进行修改。其次，这种方法的计算量只与误匹配像素点的数量成正比，因此计算量较小。

1. 误差检测

借助前面讨论过的顺序性约束，先来定义顺序匹配约束的概念。假设 $f_L(x,y)$ 与 $f_R(x,y)$ 是一对(水平)图像，O_L，O_R 分别是其成像中心。设 P 和 Q 是空间中不重合的两点，P_L 和 Q_L 是 P 和 Q 在 $f_L(x,y)$ 上的投影，P_R 和 Q_R 是 P 和 Q 在 $f_R(x,y)$ 上的投影，见图 6.4.1(参见 4.2 节关于双目成像的讨论)。

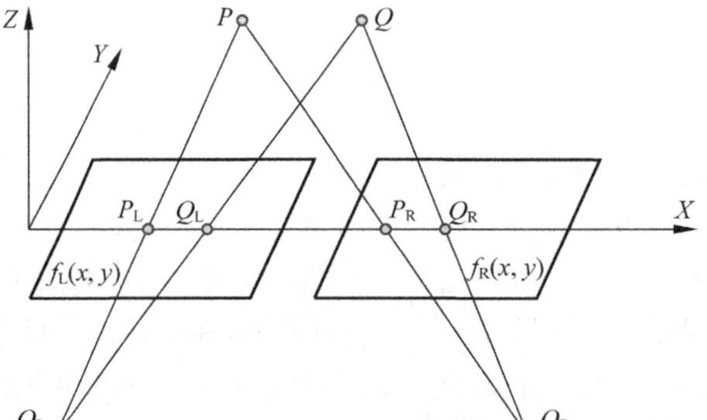

图 6.4.1　定义顺序匹配约束的示意图

设用 $X(\cdot)$ 表示像素点的 X 坐标，则由图 6.4.1 可知在正确匹配时，如果 $X(P)<X(Q)$，则应有 $X(P_L)\leqslant X(Q_L)$ 和 $X(P_R)\leqslant X(Q_R)$；而如果 $X(P)>X(Q)$，则应有 $X(P_L)\geqslant X(Q_L)$ 和 $X(P_R)\geqslant X(Q_R)$。所以，如果下列条件成立(⇒表示隐含)：

$$X(P_L)\leqslant X(Q_L)\Rightarrow X(P_R)<X(Q_R)$$

$$X(P_L) \geqslant X(Q_L) \Rightarrow X(P_R) > X(Q_R) \tag{6.4.1}$$

则称 P_R,Q_R 满足顺序匹配约束,否则就称这里发生了交叉。由图 6.4.1 可见,顺序匹配约束对点 P 和 Q 的 Z 坐标有一定的限制,这在实际应用中比较容易确定。

根据顺序匹配约束的概念可以检测匹配交叉区域。令 $P_R = f_R(i,j)$ 和 $Q_R = f_R(k,j)$ 为 $f_R(x,y)$ 中第 j 行中任意两像素,则其在 $f_L(x,y)$ 中的匹配点可分别记为 $P_L = f_L(i+d(i,j),j)$ 和 $Q_L = f_L(k+d(k,j),j)$。定义 $C(P_R,Q_R)$ 为 P_R 和 Q_R 间的交叉标号,如果式(6.4.1)成立,则记为 $C(P_R,Q_R)=0$;否则,记为 $C(P_R,Q_R)=1$。定义对应像素点 P_R 的**交叉数** N_c 为

$$N_c(i,j) = \sum_{k=0}^{N-1} C(P_R,Q_R) \quad k \neq i \tag{6.4.2}$$

其中 N 为第 j 行中的像素数。

2. 误差校正

如果将交叉数不为零的区域称为交叉区域,则对交叉区域中的误匹配可借助下述算法进行校正。假设 $\{f_R(i,j) \mid i \subseteq [p,q]\}$ 是对应 P_R 的交叉区域,则该区域内所有像素点的**总交叉数** N_{tc} 为

$$N_{tc}(i,j) = \sum_{i=p}^{q} N_c(i,j) \tag{6.4.3}$$

对交叉区域中误匹配点进行校正包括下列步骤:

(1) 找出具有最大交叉数的像素 $f_R(l,j)$,这里:

$$l = \max_{i \subseteq [p,q]} [N_c(i,j)] \tag{6.4.4}$$

(2) 确定对匹配点 $f_R(k,j)$ 的新搜索范围 $\{f_L(i,j) \mid i \subseteq [s,t]\}$,其中

$$\begin{cases} s = p - 1 + d(p-1,j) \\ t = q + 1 + d(q+1,j) \end{cases} \tag{6.4.5}$$

(3) 从该搜索范围中找到能够减小总交叉数 N_{tc} 的新匹配点(如可用最大灰度相关匹配技术);

(4) 用新的匹配点来校正 $d(k,j)$,消除对应当前最大交叉数像素的误匹配。

上述步骤可迭代使用,校正好一个误匹配像素后,再继续对各个剩下的误差像素进行校正。在校正了 $d(k,j)$ 后,先通过式(6.4.2)重新求出交叉区域中的 $N_c(i,j)$,并进而计算 N_{tc},然后依上述迭代进行下一轮校正处理,直到 $N_{tc}=0$ 为止。因为校正原则是使 $N_{tc}=0$,所以可称之为**零交叉校正算法**。经过校正后,可得到符合顺序匹配约束的视差图。

例 6.4.1 匹配误差检测和消除示例

设图像 j 行中区间[153,163]的计算视差如表 6.4.1 所示,而这段区域内各匹配点的分布情况如图 6.4.2 所示。根据 $f_L(x,y)$ 与 $f_R(x,y)$ 的对应关系可知在区域[160,162]中的匹配点是误匹配点。根据式(6.4.2)计算交叉数可得到表 6.4.2。

表 6.4.1 交叉区间的视差

i	153	154	155	156	157	158	159	160	161	162	163
$d(i,j)$	28	28	28	27	28	27	27	21	21	21	27

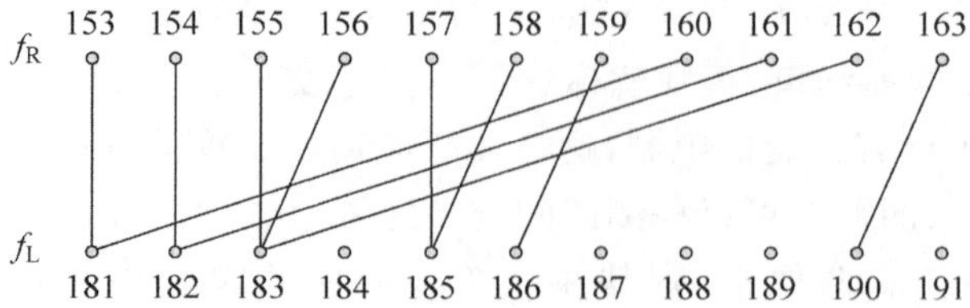

图 6.4.2　交叉区间校正前的匹配点分布图

表 6.4.2　区间[153,163]中的水平交叉数

i	153	154	155	156	157	158	159	160	161	162	163
N_c	0	1	2	2	3	3	3	6	5	3	0

从表 6.4.2 可知$[f_R(154,j), f_R(162,j)]$是交叉区域。由式(6.4.3)可求出 $N_{tc}=28$；再由式(6.4.4)可知此时具有最大交叉数的像素是 $f_R(160,j)$；接着，根据式(6.4.5)确定出新匹配点 $f_R(160,j)$的搜索范围为$\{f_L(i,j) \mid i \subseteq [181,190]\}$。根据最大灰度相关匹配技术从该搜索范围中找到对应 $f_R(160,j)$且能够减小 N_{tc} 的新匹配点 $f_L(187,j)$，将对应 $f_R(160,j)$的视差值 $d(160,j)$校正为 $d(160,j)=X[f_L(187,j)]-X[f_R(160,j)]=27$。接下来再依上述迭代方法进行下一轮校正，直到整个区域的 $N_{tc}=0$ 为止。校正后的匹配点分布如图 6.4.3 所示。从图 6.4.3 可看出，区间[160,162]中原有的误匹配点都被消除了。

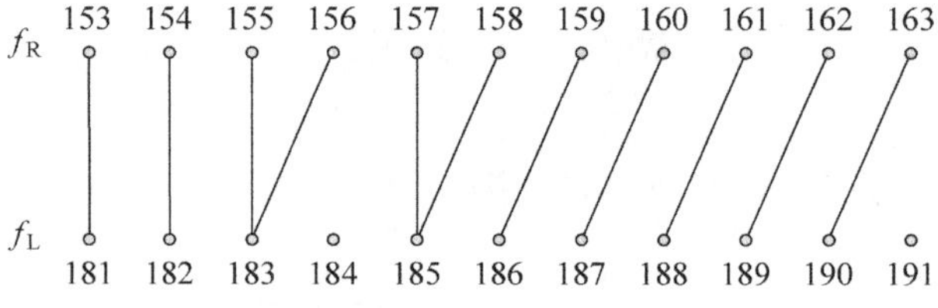

图 6.4.3　交叉区间校正后的匹配点分布图　□

需要指出，上述算法只能消除交叉区域中的误匹配点。由于顺序匹配约束只针对交叉区域进行处理，因而无法检测出交叉数为零的区域中的误匹配点，也不能对其校正。

例 6.4.2　匹配误差检测和消除示例

这里选用了图 6.2.7 中的图像进行匹配[贾 2000a]。图 6.4.4(a)为原始图中的一部分，图(b)为用双目视觉得到的视差图，图(c)为进一步用校正算法处理后得到的结果。比较图(b)和图(c)可知，原来视差图中有许多误匹配点(过白、过黑区域)，而处理后，相当一部分误匹配点被消除掉，视差图质量得到了明显的改善。

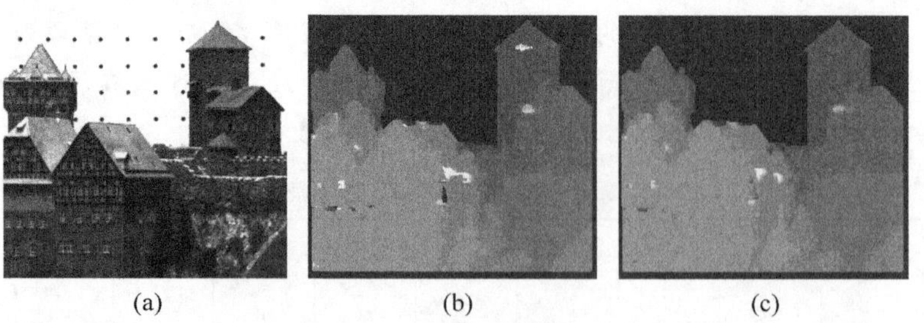

图 6.4.4　消除误差示例　□

总结和复习

为更好地学习，下面对各小节给予概括小结并提供一些进一步的参考资料；另外给出一些思考题和练习题以帮助复习(文后对加星号的题目还提供了解答)。

1. 各节小结和文献介绍

6.1 节概述了立体视觉的基本模块。立体视觉涉及多方面的技术，有些预处理技术已在本套书的上册和中册里介绍过，另外还可参见文献[Haralick 1992]、[Haralick 1993]、[Jähne 2000]、[Schölkopf 2002]、[Davies 2012]、[Forsyth 2012]、[Peters 2017]等。

6.2 节介绍了基于区域的立体匹配方法，从重建的角度也被称为密集型重建方法。虽然这里以区域灰度为例，但也可使用其他区域属性。对多种方法的一个比较讨论可见文献[Scharstein 2002]。灰度相关匹配法中要将两幅图像中的各一个窗口进行灰度相关计算，计算量比较大。解决这个问题可通过利用迭代技术来加速，也可设法减少需匹配位置，如可借助曲线拟合[秦 2003]。立体匹配是指在立体对的图像之间的匹配，其方法也适合任何两幅同类型图像的匹配(不同类型图像的匹配特点可参见第 13 章)，一个例子是精细印刷品缺陷的自动检测[章 2001d]。

使用一般相关技术的一个主要问题是其中隐含地假设了被观察表面与两幅图像的成像面平行。几何上很容易证明，当任一幅图像的成像面与需计算匹配点的邻域表面不平行时，由于透视效果不一致会使相关计算产生误差而导致匹配错误。要解决这个问题可参见 4.2.2 小节中的图像矫正方法。另一种方法是采用两步计算方法，第 1 步估计视差以补偿不平行造成的影响，第 2 步再进行匹配的相关计算[Devernay 1994]。

6.3 节介绍了基于特征的立体匹配方法，它常常需要大量复杂的计算以进行特征提取。基于结构特征[Daubechies 1990]的匹配方法需要检测能够表示景物自身结构特性的概况特征，如直线边缘、矩[Lee 1990]、各种边缘交点(junction)、角点等。特征点之间的匹配是两个点集之间的匹配，也可以利用豪斯道夫距离(可参见 11.2.2 小节)来进行。SIFT 最早提出是在 1999 年[Lowe 1999]，全面完整的内容可见文献[Lowe 2004]。SURF 最早提出是在 2006 年[Bay 2006]，全面完整的内容可见文献[Bay 2008]。

约束的种类和形式很多，除了 6.2 节和 6.3 节中已讨论的 5 种外，还有**对称性约束**、**几何相似性约束**、**特征兼容性约束**，以及**视差搜索范围**和**视差梯度范围**等限制[Sonka 2014]。

6.4 节介绍了一种对匹配得到的视差图中的误差进行检测与校正的算法。有关对立体匹配误差检测、校正和评价的一个全面讨论还可见文献[Mohan 1989]。视差图的误差将导致深度估计的误差，与此相关的摄像机配准对立体深度估计的影响可见文献[Zhao 1996]。近期一个快速的对视差结果细化的算法可见文献[Huang 2016]。

2. 思考题和练习题

6-1 证明式(6.2.4)中的相关系数取值范围是区间[−1,1]。

6-2 如何定义不受 $f(x,y)$ 和 $w(x,y)$ 幅度值变化的，与最小均方误差函数 M_{me} 和最小平均差值函数 M_{ad} 对应的函数？

6-3 对一个给定的双目系统，设每次改变景物点位置，所成两幅图像都能确定出对应点。讨论在左图像中的所有极线与在右图像中对应的极点有什么联系。

6-4 证明：在双目立体视觉系统中，一个图像平面上的所有极线都是通过对另一个图像平面进行投影而得到的图像点。

***6-5** 试比较 6.3.1 小节中介绍的两种特征点匹配法，它们在计算量和抗噪声方面有什么不同？

6-6 试使用两种方法推导式(6.3.8)，它们的几何意义有什么不同？

6-7 关于双目立体匹配的深度计算公式的推导有多种方法。试比较 4.2.1 小节中对式(4.2.4)和 6.3.1 小节中对式(6.3.11)的推导过程，它们有什么对应性？

6-8 影响 SIFT 描述符的位置、尺度、方向性质的因素有哪些？它们如何影响其性能？

6-9 对比尺度不变特征变换(SIFT)和加速鲁棒性特征(SURF)的计算量。

6-10 举出一些点状特征、线状特征、面状(区域)特征的实例，并具体分析它们在立体匹配中的应用特点。

6-11 顺序性约束与顺序匹配约束有什么联系和区别？

***6-12** 给定一个双目立体视觉系统。

(1) 画图说明一般可视点的顺序在两幅图像中是相同的，与在目标上的顺序也是相同的。

(2) 一个目标具有半透明的前表面，通过它可看到一个点 P。证明：借助对目标两次观察中点的排序就可以确定 P 在目标内部或可能在目标后面。

第7章 立体视觉：多目

第 6 章介绍的双目立体视觉技术直接参考了人类视觉系统的结构。当使用摄像机进行图像采集时，还可使用多于两个摄像机(或将一个摄像机先后放置在多于两个位置)的系统来获取同一场景的不同图像并进一步获得深度信息。这种技术称为多目立体视觉技术。使用多目的方法比使用双目的方法复杂但有一定的优点，包括减少双目立体视觉技术中图像匹配的不确定性，消除景物表面光滑区域引起的误匹配和减少景物表面周期性模式造成的误匹配。

本章在第 6 章介绍的双目立体视觉技术的基础上，讨论将其基本原理扩展到多种多目立体视觉技术中，克服双目技术存在的各种问题的方法。

根据上述的讨论，本章各节将安排如下。

7.1 节先介绍水平多目立体匹配的基本框架，介绍在多目基础上借助引进倒距离后减少周期性模式造成的误匹配的原理。

7.2 节介绍正交三目立体匹配的方法，通过同时沿水平方向和垂直方向匹配来消除图像光滑区域引起的误匹配。

7.3 节将单方向多目与正交三目技术相结合，讨论更一般的正交多目立体视觉技术。

7.4 节借助多目立体匹配中的分析思路，介绍一种根据局部图像强度变化模式和局部视差变化模式来调节匹配窗口，以获得亚像素级视差精度的自适应算法。

7.1 水平多目立体匹配

根据 4.2.1 小节中的讨论可知，在双目横向模式的立体视觉中，两幅图像中的视差 d 与两个摄像机间的基线 B 有如下关系(λ 代表焦距)：

$$d = B\frac{\lambda}{|\lambda - Z|} \approx B\frac{\lambda}{Z} \tag{7.1.1}$$

其中最后一步是考虑一般情况下有 $Z \gg \lambda$ 时的简化。由式(7.1.1)可知，对给定的物体距离 Z，视差 d 与基线长度 B 成正比。基线长度 B 越大，对距离的计算将越准确。但基线长度过长带来的问题是需要对较大的视差范围进行搜索以寻求匹配点，这不仅增加了计算量，而且在图像中具有周期性的重复特征时，误匹配的概率也会增加(见下)。

解决上述问题的一种方法是采用由粗到细的控制策略[Grimson 1985]，先在较低分辨率进行匹配以减少误匹配，然后利用其结果限定在较高分辨率时的匹配搜索范围并进行较准确的视差测量。不过要注意，采用较低分辨率并不一定总可以消除误匹配，尤其是在一个较大的场景范围内有重复模式出现的情况。

7.1.1 水平多目图像

本小节介绍一种利用多目图像解决上述问题并提高视差测量准确性的方法[Okutomi

1993]。与普通利用双目图像的方法相比，该方法利用一组沿着(水平)基线方向的图像序列进行立体匹配，从而有效地解决了周期性重复特征所引起的误匹配现象。这种方法的基本思想是通过计算多对图像间**平方差的和**(SSD)来减少总体的误匹配[Matthies 1989]。假设摄像机沿着垂直于光轴的水平线移动(也可使用多个摄像机)，在点 $P_0, P_1, P_2, \cdots, P_M$ 采集一系列图像 $f_i(x,y), i=0,1,\cdots,M$(见图 7.1.1)，从而得到一系列图像对，它们的基线长分别为 $B_1, B_2, \cdots, B_M$。

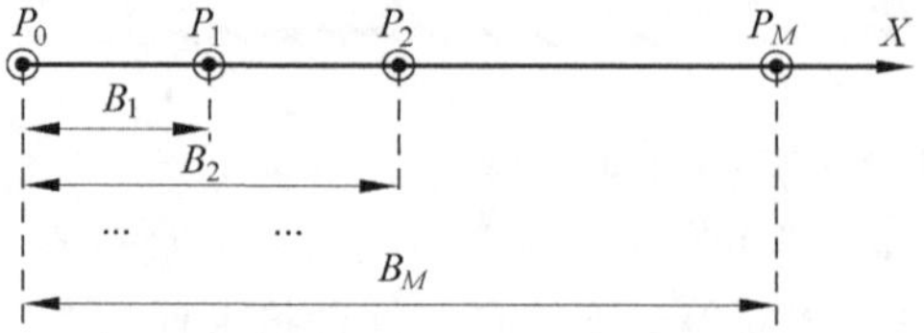

图 7.1.1　多目图像采集位置示意图

根据图 7.1.1，在点 P_0 采集的图像与在点 P_i 采集的图像之间有视差：

$$d_i = B_i \frac{\lambda}{Z} \quad i = 1,2,\cdots,M \tag{7.1.2}$$

因为这里仅考虑水平方向，可将图像函数 $f(x,y)$ 用 $f(x)$ 简化表示，则在各个位置得到的图像为

$$f_i(x) = f[x - d_i] + n_i(x) \tag{7.1.3}$$

其中认为噪声 $n_i(x)$ 的分布满足均值为 0、方差为 σ_n^2 的高斯分布，即 $n_i(x) \sim N(0, \sigma_n^2)$。

在 $f_0(x)$ 中位置 x 的 SSD 值为(W 为匹配窗口)：

$$S_d(x;\hat{d}_i) = \sum_{j \in W} [f_0(x+j) - f_i(x+\hat{d}_i+j)]^2 \tag{7.1.4}$$

其中 $\hat{d}_i$ 为在位置 x 的视差估计值。

由于 SSD 是一个随机变量，因此可计算它的期望值作为一个全局评价函数(设 N_w 为匹配窗中的像素数)：

$$\begin{aligned} E[S_d(x;\hat{d}_i)] &= E\left\{\sum_{j \in W}[f(x+j) - f(x+\hat{d}_i - d_i + j) + n_0(x+j) - n_i(x+\hat{d}_i+j)]^2\right\} \\ &= \sum_{j \in W}[f(x+j) - f(x+\hat{d}_i - d_i + j)]^2 + 2N_w\sigma_n^2 \end{aligned} \tag{7.1.5}$$

上式表明，当 $d_i = \hat{d}_i$ 时，$S_d(x;\hat{d}_i)$ 取得极小值。如果图像在 x 和 $x+p$ 处($p \neq 0$)具有相同的灰度模式，即

$$f(x+j) = f(x+p+j) \quad j \in W \tag{7.1.6}$$

则根据式(7.1.5)可得

$$E[S_d(x;d_i)] = E[S_d(x;d_i+p)] = 2N_w\sigma_n^2 \tag{7.1.7}$$

这表明 SSD 的期望值在 x 和 $x+p$ 两个位置都有可能取得极值，即存在不确定性问题，从而会产生误差(误匹配)。在 $x+p$ 处产生误匹配的情况对所有的图像对都会发生(误匹配位置与基线长度和数量都没有关系)，此时即便使用多目图像也不能避免误差。

7.1.2　倒距离

现在引入**倒距离**(或称深度倒数)的概念，通过搜索正确的倒距离来搜索正确的视差。

倒距离 t 满足

$$t = \frac{1}{Z} \tag{7.1.8}$$

根据式(7.1.1),有

$$t_i = \frac{d_i}{B_i \lambda} \tag{7.1.9}$$

$$\hat{t}_i = \frac{\hat{d}_i}{B_i \lambda} \tag{7.1.10}$$

其中 t_i 和 $\hat{t}_i$ 分别为真实的和估计的倒距离。将式(7.1.10)代入式(7.1.4),则对应 t 的 SSD 为

$$S_t(x;\hat{t}_i) = \sum_{j\in W}\left[f_0(x+j) - f_i(x+B_i\lambda\hat{t}_i+j)\right]^2 \tag{7.1.11}$$

它的期望值为

$$E[S_t(x;\hat{t}_i)] = \sum_{j\in W}\{f(x+j) - f[x+B_i\lambda(\hat{t}_i-t_i)+j]\}^2 + 2N_w\sigma_n^2 \tag{7.1.12}$$

将对应 M 个倒距离的 SSD 求和,则得到 SSSD(sum of SSD),它可表示为

$$S_{t(12\cdots M)}^{(S)}(x;\hat{t}) = \sum_{i=1}^{M} S_t(x;\hat{t}_i) \tag{7.1.13}$$

这个新度量函数的期望值为

$$\begin{aligned} E[S_{t(12\cdots M)}^{(S)}(x;\hat{t})] &= \sum_{i=1}^{M} E[S_t(x;\hat{t})] \\ &= \sum_{i=1}^{M}\sum_{j\in W}\{f(x+j) - f[x+B_i\lambda(\hat{t}_i-t_i)+j]\}^2 + 2N_w\sigma_n^2 \end{aligned} \tag{7.1.14}$$

现在再考虑前述的图像在 x 和 $x+p$ 处有相同模式的问题(参见式(7.1.6)),此时

$$E[S_t(x;t_i)] = E[S_t(x;t_i+p/B_i\lambda)] = 2N_w\sigma_n^2 \tag{7.1.15}$$

需要注意,这里不确定性问题依然存在,因为在倒距离为 $t_p = t_i + p/(B_i\lambda)$ 处仍有极小值。但是这里 t_p 由两项组成,随 B_i 的变化,虽然 t_p 也会变化,而 t_i 却不变化。换句话说,对每个摄像机其所获得的视差均与倒距离成正比,但对不同的摄像机它们所获得的视差又各不相同。这是在 SSSD 中使用倒距离时的一个重要性质,它可以帮助消除周期模式引起的不确定性问题。具体说就是通过选用不同的基线,使各对图像间平方差之和的极小值处在不同的位置。以使用了两条基线 B_1 和 $B_2(B_1 \neq B_2)$ 为例,由式(7.1.14)有

$$\begin{aligned} E[S_{t(12)}^{(S)}(x;\hat{t})] = &\sum_{j\in W}\{f(x+j) - f[x+B_1\lambda(\hat{t}_1-t_1)+j]\}^2 + \\ &\sum_{j\in W}\{f(x+j) - f[x+B_2\lambda(\hat{t}_2-t_2)+j]\}^2 + 4N_w\sigma_n^2 \end{aligned} \tag{7.1.16}$$

可以证明,当 $t \neq \hat{t}$ 时,有[Okutomi 1993]:

$$E[S_{t(12)}^{(S)}(x;\hat{t})] > 4N_w\sigma_n^2 = E[S_{t(12)}^{(S)}(x;t)] \tag{7.1.17}$$

即在正确的匹配位置 t,会有一个真正的最小值 $S_{t(12)}^{(S)}(x;\ t)$。可见使用两条长度不同的基线,借助新度量函数能解决由重复模式引起的不确定性问题。

例 7.1.1 新度量函数的效果

图 7.1.2 给出新度量函数效果的一个示例[Okutomi 1993]。图 7.1.2(a)是 $f(x)$ 的曲线,其表达式:

$$f(x)=\begin{cases}2+\cos(x\pi/4) & -4<x<12\\ 1 & x\leqslant -4, x\geqslant 12\end{cases}$$

设对应基线 B_1 的 $d_1=5$，$\sigma_n^2=0.2$，窗口尺寸为 5。图 7.1.2(b)画出 $E[S_{d1}(x;\ d)]$的曲线，在 $d_1=5$ 和 $d_1=13$ 处都有极小值，所以存在不确定性问题。匹配点的选择与噪声、搜索范围或区间、搜索策略均有关。现在假设利用了具有较长基线 B_2 的一对图，新基线长度是旧基线长度的 1.5 倍，这时 $E[S_{d2}(x;\ d)]$的曲线见图 7.1.2(c)，它在 $d_2=7$ 和 $d_2=15$ 处都有极小值，不确定性问题仍然存在，而且两个极小值间的距离不变。

如果利用倒距离的 SSD，则在基线长度分别为 B_1 和 B_2 时，$E[S_{t1}(x;\ t)]$和 $E[S_{t2}(x;\ t)]$的曲线分别见图 7.1.2(d)和图 7.1.2(e)。由图可见，两条曲线仍各有两个极小值，$E[S_{t1}(x;\ t)]$的极小值在 $t_1=5$ 和 $t_1=13$ 处，而 $E[S_{t2}(x;\ t)]$的极小值在 $t_2=5$ 和 $t_2=10$ 处。这表明如果仅使用倒距离，匹配的不确定问题还有可能存在。但可以注意到，两条曲线此时在正确匹配位置($t=5$)的极小值没有变化，而在假匹配位置的极小值随基线长度的变化而发生了变化($E[S_{t2}(x;\ t)]$的极小值变到了 $t_2=10$ 处)。所以当将两个倒距离的 SSD 函数相加以得到倒距离的 SSSD 后，它的期望值曲线 $E[S_{t(12)}^{(S)}(x;t)]$见图 7.1.2(f)。由图可见，在正确匹配位置的极小值由于重叠的原因比在假匹配位置的极小值要小(两者之间的差值随重叠图像数量的增加而增加)，或者说，在正确匹配位置有全局最小值，这样就解决了不确定性问题。

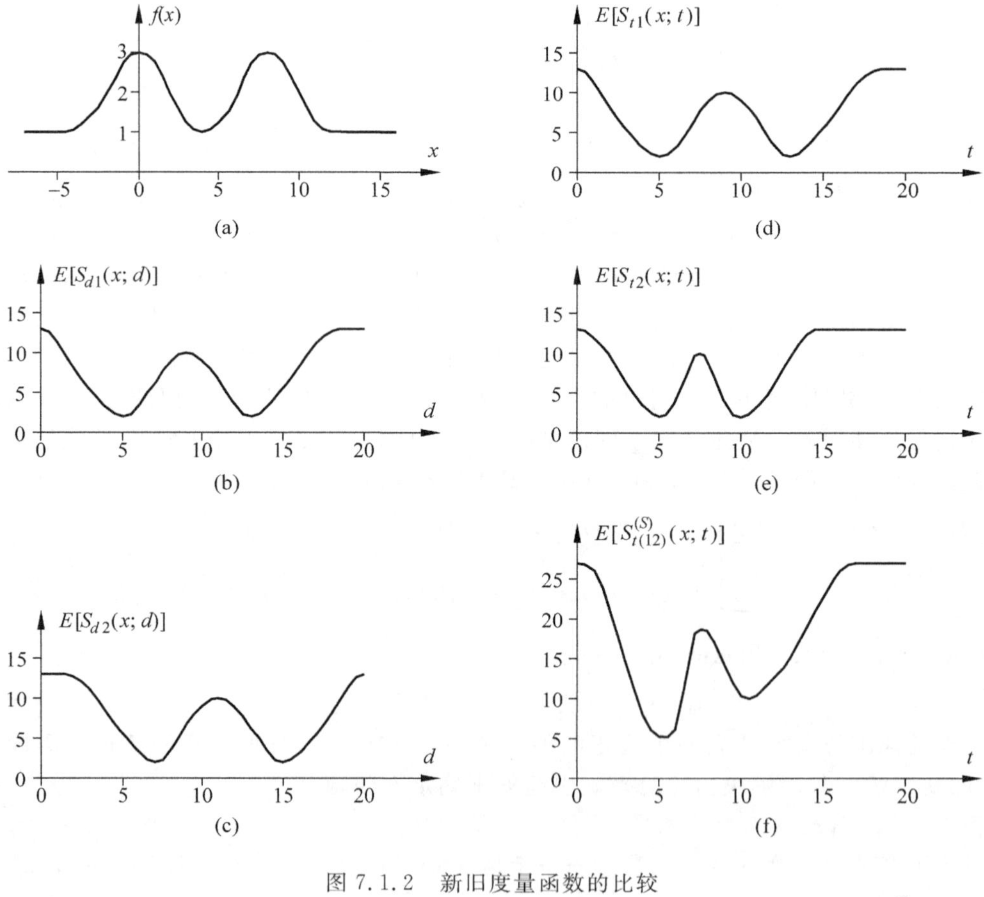

图 7.1.2　新旧度量函数的比较 □

考虑 $f(x)$是周期函数的情况，设其周期为 T。这样每个 $S_t(x,t)$都是 t 的周期函数，其周期是 $T/B_i\lambda$。这表明每隔一个 $T/B_i\lambda$ 区段就有一个极小值。当使用两个基线，得到的 $S_{t(12)}^{(s)}(x;\ t)$仍然是 t 的周期函数，但它的周期 T_{12}会增加为

$$T_{12} = \mathrm{LCM}\left(\frac{T}{B_1\lambda}, \frac{T}{B_2\lambda}\right) \tag{7.1.18}$$

其中 LCM 代表**最小公倍数**，可见 T_{12}不会比 T_1 或 T_2 小。

进一步，通过选择合适的基线 B_1 和 B_2，有可能使得在匹配搜索区间仅有一个极小值。

7.2 正交三目立体匹配

多目(多摄像机)的安置并不一定要限定在同一行或同一列上。这里先考虑将三目分别安置在互相正交的两个方向上的情况。

7.2.1 基本原理

由 6.2.2 小节的例 6.2.6 可知，双目视觉在处理平行于极线方向(即水平扫描线方向)的匹配时，常会由于在灰度**光滑区域**没有明显的特征而产生误匹配。此时匹配窗口中的灰度值会在一定范围内取相同值，因而无法确定匹配位置。这种由于灰度光滑区域造成的误匹配问题在利用双目立体匹配中不可避免。而 7.1 节介绍的平行基线多目立体匹配也不能消除这种原因造成的误匹配(虽然它可以消除周期性模式造成的误匹配)。在实际应用中，一般水平方向比较光滑的区域在垂直方向上常可能具有比较明显的灰度差异。换句话说，垂直方向上并不光滑。这启示人们可利用垂直方向上的图像对进行垂直搜索以解决在这些区域用水平方向匹配易产生的误匹配问题。当然，对垂直方向上的光滑区域，仅利用垂直方向上的图像对也有可能产生误匹配问题，需要借助水平方向的图像对进行水平匹配。

1. 消除光滑区域误匹配

由于图像中水平光滑区域和垂直光滑区域都有可能出现，所以需要同时采集水平图像对和垂直图像对。在最简单的情况下，可在平面上布置两对正交的采集位置，见图 7.2.1。这里左图像 L 和右图像 R 组成水平立体图像对，其基线为 B_h，左图像 L 和顶图像 T 组成垂直立体图像对，其基线为 B_v。这两个图像对构成一组正交三目图像。

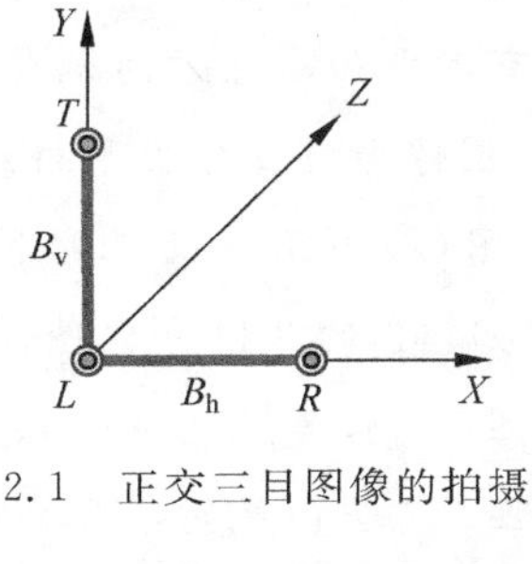

图 7.2.1　正交三目图像的拍摄位置

对采用正交三目图像进行立体视觉匹配的特点可参照 7.1 节的方法进行分析。设在三个采集位置获得的图像可分别表示为(因为这里是正交采集，图像用 $f(x,y)$表示)：

$$
\begin{cases}
f_{\mathrm{L}}(x,y) = f(x,y) + n_{\mathrm{L}}(x,y) \\
f_{\mathrm{R}}(x,y) = f(x-d_{\mathrm{h}},y) + n_{\mathrm{R}}(x,y) \\
f_{\mathrm{T}}(x,y) = f(x,y-d_{\mathrm{v}}) + n_{\mathrm{T}}(x,y)
\end{cases}
\tag{7.2.1}
$$

其中 d_{h}和 d_{v} 分别为水平和垂直视差[参见式(7.1.3)]。

在以下讨论中，设 $d_{\mathrm{h}}=d_{\mathrm{v}}=d$，此时对应水平方向和垂直方向的 SSD 分别为

$$
\begin{cases}
S_{\mathrm{h}}(x,y;\hat{d}) = \sum\limits_{j,k\in W}[f_{\mathrm{L}}(x+j,y+k) - f_{\mathrm{R}}(x+\hat{d}+j,y+k)]^2 \\
S_{\mathrm{v}}(x,y;\hat{d}) = \sum\limits_{j,k\in W}[f_{\mathrm{L}}(x+j,y+k) - f_{\mathrm{T}}(x+j,y+\hat{d}+k)]^2
\end{cases}
\tag{7.2.2}
$$

将它们加起来得到正交视差度量函数 $O^{(S)}(x,y;\hat{d})$：

$$
O^{(S)}(x,y;\hat{d}) = S_{\mathrm{h}}(x,y;\hat{d}) + S_{\mathrm{v}}(x,y;\hat{d}) \tag{7.2.3}
$$

考虑 $O^{(S)}(x,y;\hat{d})$的期望值

$$
\begin{aligned}
E[O^{(S)}(x,y;\hat{d})] = &\sum_{j,k\in W}[f(x+j,y+k) - f(x+\hat{d}-d+j,y+k)]^2 + \\
&\sum_{j,k\in W}[f(x+j,y+k) - f(x+j,y+\hat{d}-d+k)]^2 + 4N_w\sigma_n^2
\end{aligned}
\tag{7.2.4}
$$

其中 N_w为匹配窗口 W 中的像素个数。

由式(7.2.4)可知，当$\hat{d}=d$ 时有

$$
E[O^{(S)}(x,y;d)] = 4N_w\sigma_n^2 \tag{7.2.5}
$$

可见在正确视差值处，$E[O^{(S)}(x,y;\hat{d})]$取得了极小值。由上面的讨论可见，为消除单方向的重复模式，这里并不需要使用倒距离。

例 7.2.1 正交三目立体匹配消除光滑区域误匹配的示例

利用正交三目方法消除单方向光滑区域给双目方法带来误匹配的一个示例见图 7.2.2，其中图(a)，(b)，(c)依次为一组带有水平和垂直方向光滑区域的正方锥图像的左图像、右图像和顶图像，图(d)为仅用水平二目图像通过立体匹配得到的视差图，图(e)为仅用垂直二目图像通过立体匹配得到的视差图，图(f)为用正交三目图像通过立体匹配得到的视差图，图(g)，(h)，(i)分别为对应图(d)，(e)，(f)的 3-D 立体图。在由水平二目图像得到的视差图中，水平光滑区域产生了明显的误匹配（水平黑色条带）；在由垂直二目图像得到的视差图中，垂直光滑区域产生了明显的误匹配（垂直黑色条带）；而在由正交三目图像得到的视差图中，消除了各种单方向光滑区域所引起的误匹配。各区域视差计算结果都正确，这些结果在各 3-D 立体图中也看得非常清楚。

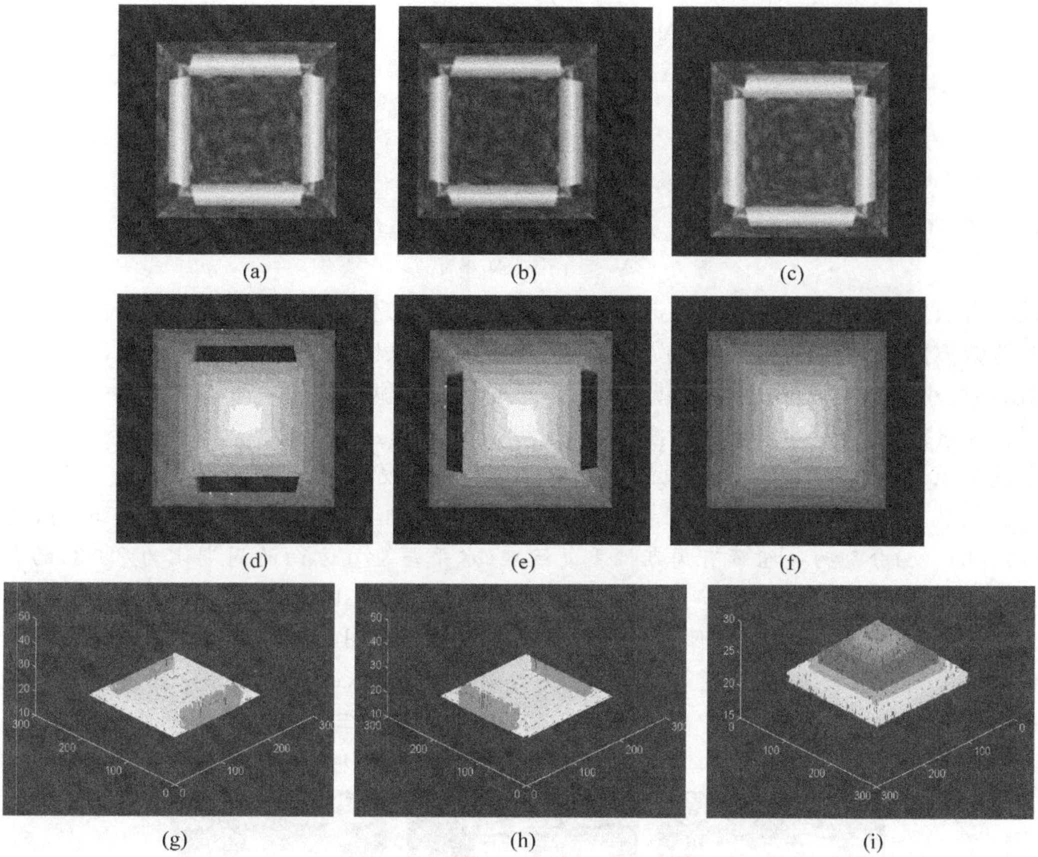

图 7.2.2　正交三目立体匹配消除光滑区域误匹配的示例 □

2. 减少周期性模式误匹配

正交三目立体匹配方法不仅能减少由于光滑区域造成的误匹配，也能减少**周期性模式**造成的误匹配。下面以景物在水平和垂直两个方向都有周期性重复模式为例进行分析。假设 $f(x,y)$是周期函数，其水平和垂直周期分别是 T_x和 T_y，即

$$f(x+j,y+k)=f(x+j+T_x,y+k+T_y) \tag{7.2.6}$$

其中 $T_x\neq 0$，$T_y\neq 0$ 且为常数。利用式(7.2.2)～式(7.2.5)可以推导出

$$E[S_\mathrm{h}(x,y;\hat{d})]=E[S_\mathrm{h}(x,y;\hat{d}+T_x)] \tag{7.2.7}$$

$$E[S_\mathrm{v}(x,y;\hat{d})]=E[S_\mathrm{v}(x,y;\hat{d}+T_y)] \tag{7.2.8}$$

$$\begin{aligned}E[O^{(S)}(x,y;\hat{d})] &= E[S_\mathrm{h}(x,y;\hat{d}+T_x)+S_\mathrm{v}(x,y;\hat{d}+T_y)] \\ &= E[O^{(S)}(x,y;\hat{d}+T_{xy})]\end{aligned} \tag{7.2.9}$$

$$T_{xy}=\mathrm{LCM}(T_x,T_y) \tag{7.2.10}$$

由式(7.2.10)可知，如 $T_x\neq T_y$，则 $O^{(S)}(x,y;d)$的期望周期 T_{xy}一般要比 $S_\mathrm{h}(x,y;d)$的期望周期 T_x和 $S_\mathrm{v}(x,y;d)$的期望周期 T_y都要大。

进一步考虑为匹配而进行视差搜索的范围。如设 $d\in[d_{\min},d_{\max}]$，则 $E[S_\mathrm{h}(x,y;d)]$，$E[S_\mathrm{v}(x,y;d)]$和 $E[O^{(S)}(x,y;d)]$中出现极小值的次数 N_v，N_h，N 分别为

$$N_h = \frac{d_{max} - d_{min}}{T_x}$$

$$N_v = \frac{d_{max} - d_{min}}{T_y}$$

$$N = \frac{d_{max} - d_{min}}{\mathrm{LCM}(T_x, T_y)} \tag{7.2.11}$$

由式(7.2.10)和式(7.2.11)可知

$$N \leqslant \min(N_h, N_v) \tag{7.2.12}$$

这说明当以 $O^{(S)}(x,y;\ d)$替代 $S_h(x,y;\ d)$和 $S_v(x,y;\ d)$作为相似性度量函数时，在相同的视差搜索范围内，$E[O^{(S)}(x,y;\ d)]$出现极小值的次数要比 $E[S_h(x,y;\ d)]$和 $E[S_v(x,y;\ d)]$出现极小值的次数都要少，也就是说，误匹配的概率减少了。在实际应用中，可设法限定视差搜索范围，进一步避免误匹配。

例 7.2.2 正交三目立体匹配消除周期性模式误匹配的示例

图 7.2.3 给出使用正交三目立体匹配来消除周期性模式误匹配的一个示例，其中图(a)、(b)、(c)分别为一组带有周期性重复纹理(水平与垂直方向的周期比为 2∶3)的正方形棱台图像的左图像、右图像和顶图像，图(d)为仅用水平双目图像通过立体匹配得到的视差图，图(e)为仅用垂直二目图像通过立体匹配得到的视差图，图(f)为用正交三目图像通过立体匹配得到的视差图，图(g)、(h)、(i)分别为对应图(d)、(e)、(f)的 3-D 立体图。由于周期性模式的影响，图(d)和(e)中有许多误匹配；而在由正交三目图像得到的视差图中，绝大多数误匹配都被消除了。正交三目立体匹配的效果在各 3-D 立体图中也看得很清楚。

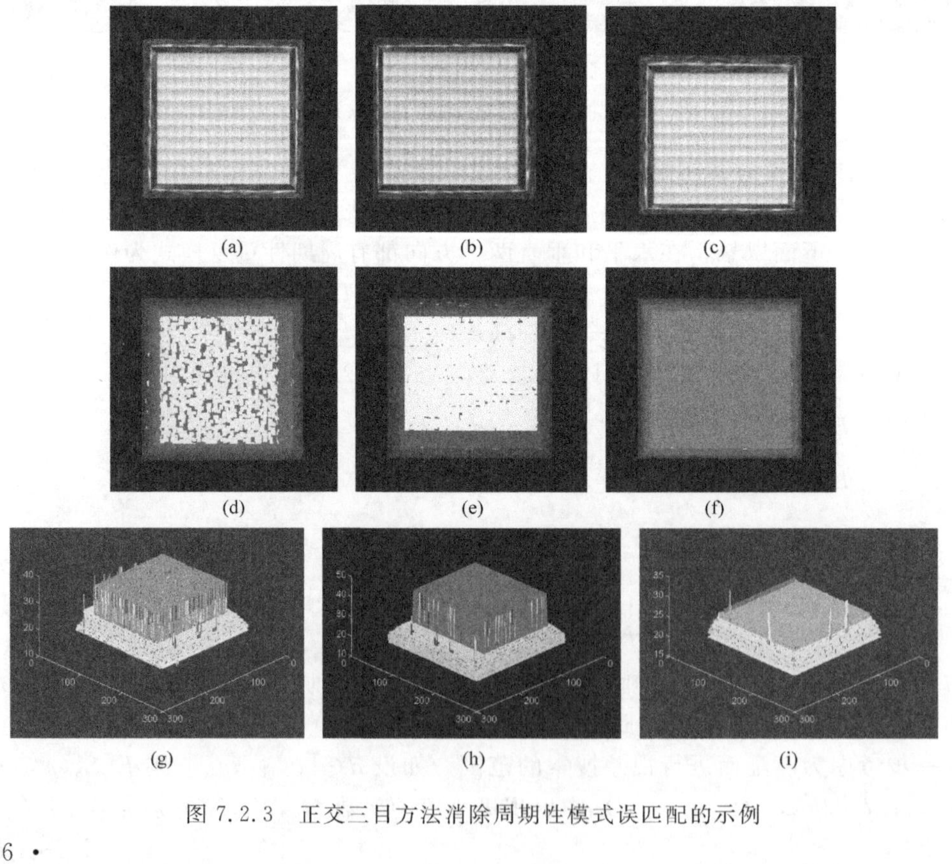

图 7.2.3 正交三目方法消除周期性模式误匹配的示例 □

三目视觉中，为尽可能地减少歧义性，也为了保证对特征定位的准确性，需要生成两条极线。这两条极线在至少一个图像空间里要尽可能正交，这将唯一地确定所有的匹配特征。第3个摄像机的投影中心应该不与另外两个摄像机的投影中心在一条线上，否则极线将会共线。一旦一个特征被唯一地定义了，使用更多的摄像机并不能减少歧义的影响。但是，使用更多的摄像机有可能产生进一步的佐证数据，且借助平均手段可帮助进一步减少定位误差，还有可能获得对3-D深度感知准确性和范围的些许增加。

7.2.2 基于梯度分类的正交匹配

由于正交三目立体匹配方法能减少多种误差，所以已有多种实现方法。有一种正交三目立体匹配方法的主要步骤为[Ohta 1986]：首先利用以边缘点为匹配特征的相关匹配算法(见6.3.1小节)，分别通过水平图像对、垂直图像对得到两幅相互独立的完整视差图；然后根据一定的融合准则，并使用松弛技术将这两幅视差图合成为一幅视差图。这种方法需运用动态规划算法、融合准则、松弛技术等进行复杂的合成运算，所以计算量较大，实现复杂。下面介绍一种基于梯度分类的快速正交立体匹配方法。

1. 算法流程

这种方法的基本思想是先比较图像各区域沿水平和垂直两个方向的平滑程度，在水平方向更为光滑的区域采用垂直图像对进行匹配，在垂直方向更为光滑的区域采用水平图像对进行匹配，这样就不用分别计算两幅完整的视差图，而且两部分区域视差的合成也非常简单。至于一个区域是水平方向更为光滑还是垂直方向更为光滑，可借助计算该区域的梯度方向来确定。算法的流程框图见图7.2.4，主要由下述4个具体步骤组成：

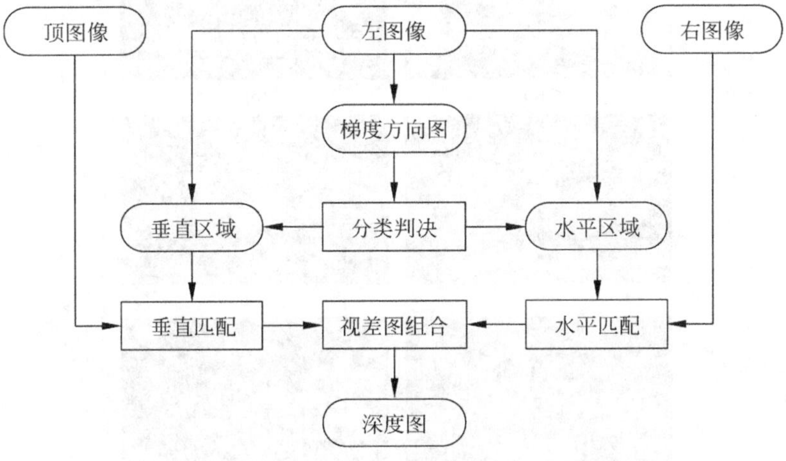

图7.2.4 2-D搜索立体匹配算法流程框图

(1) 通过计算 $f_L(x,y)$ 的梯度来获取 $f_L(x,y)$ 中各点的梯度方向信息；

(2) 根据 $f_L(x,y)$ 中各点的梯度方向信息，利用分类判决准则将 $f_L(x,y)$ 划分为两部分：梯度方向更接近于水平方向的水平区域和梯度方向更接近于垂直方向的垂直区域；

(3) 在梯度方向更接近于水平方向的区域用水平图像对进行匹配计算视差，在梯度方向更接近于垂直方向的区域用垂直图像对进行匹配计算视差；

(4) 将所得两部分视差值合并成一幅完整的视差图，进而得到深度图。

在计算梯度图时，考虑到仅需要比较梯度方向是更接近于水平方向还是垂直方向，所以可用下列运算复杂度较低的简单方法。对于 $f_L(x,y)$ 中任意像素 (x,y)，选取其水平、垂直梯度值 G_h 和 G_v 分别为

$$G_h(x,y)=\sum_{i=1}^{W/2}\sum_{j=y-W/2}^{y+W/2}|f_L(x-i,j)-f_L(x+i,j)| \tag{7.2.13}$$

$$G_v(x,y)=\sum_{j=1}^{W/2}\sum_{i=x-W/2}^{x+W/2}|f_L(x,y-j)-f_L(x,y+j)| \tag{7.2.14}$$

根据以上算得的梯度值，可运用如下分类判决准则：对于 $f_L(x,y)$ 中任意一个像素，如果 $G_h>G_v$，则将该像素划归为水平区域，借助水平图像对进行搜索匹配；如果 $G_h<G_v$，则将该像素划为垂直区域，借助垂直图像对进行搜索匹配。

例 7.2.3 正交三目立体匹配消除图像光滑区域影响示例

图 7.2.5 给出用上述基于梯度分类的正交三目立体匹配方法消除例 6.2.6 中图像光滑区域对匹配影响的一个示例。图 7.2.5(a)为与图 6.2.7(a)的左图像和图 6.2.7(b)的右图像相对应的顶图像。图 7.2.5(b)为左图像的梯度图像(白色代表大梯度值，黑色代表可忽略的小梯度值)，仅在大梯度值位置计算梯度方向。图 7.2.5(c)和(d)分别为接近水平方向的梯度图和接近垂直方向的梯度图(浅色对应较大梯度值，深色对应较小梯度值)。图 7.2.5(e)和(f)分别为用水平图像对和垂直图像对进行匹配后得到的视差图(浅色对应较大视差值，深色对应较小视差值)，图 7.2.5(g)为综合图 7.2.5(e)和(f)得到的完整的视差图，图 7.2.5(h)为与图 7.2.5(g)对应的 3-D 立体图显示。将图 7.2.5(g)和(h)分别与图 6.2.6(c)和(d)比较，可见利用正交三目立体匹配可大大减少误匹配区域。

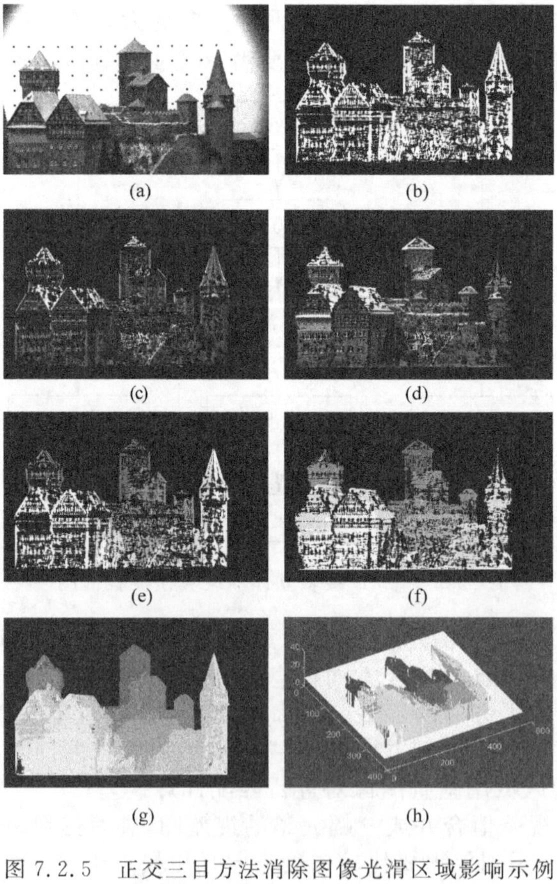

图 7.2.5　正交三目方法消除图像光滑区域影响示例 □

2. 关于模板尺寸的讨论

在上述方法中,既要使用梯度**模板**计算梯度方向信息,又要使用匹配(搜索)模板计算灰度区域的相关。这里梯度模板的尺寸和匹配(搜索)模板的尺寸对匹配性能都有较大影响[Jia 1998]。梯度模板尺寸的影响可以用图 7.2.6 为例来说明,图中给出分别以 A,B,C 为顶点和以 B,C,E,D 为顶点的两个具有不同灰度的区域。假设待匹配点 P 位于水平边缘线段 BC 的附近,若梯度模板选得过小(图 7.2.6(a)中的矩形,没有包容边缘 BC 上的点),则由于 $G_h \approx G_v$,难以区分水平区域和垂直区域,对点 P 将有可能用水平图像对进行匹配,这样由于水平方向比较光滑就有可能造成误匹配。若梯度模板选得足够大(如图 7.2.6(b)中的矩形,包容了边缘 BC 上的点),这样必有 $G_h < G_v$,则对点 P 将用垂直图像对进行匹配,可以避免误匹配。但需注意,过大模板除带来运算量大的问题,还有可能覆盖多个不同边缘而导致方向确定的错误。

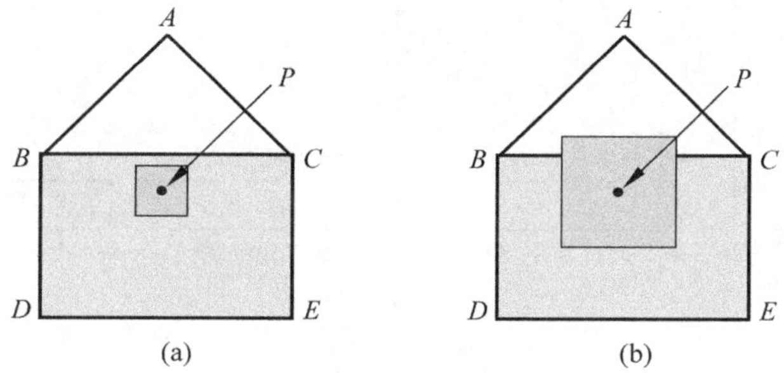

图 7.2.6 梯度模板影响示意图

匹配(搜索)模板的尺寸对性能也会有较大影响。匹配模板大,能够包容足够大的用于匹配的强度变化,误匹配会减少,但有可能产生较大的匹配模糊。其中又可分两种情况。

(1) 在纹理和光滑区域的边界区域匹配时(图 7.2.7(a)):若模板较小,只覆盖光滑区,则匹配计算会有随机性;若模板较大,覆盖了两个区域,则可确定合适的匹配图像对并得到正确的匹配。

(2) 在两个纹理区域相邻的边界区域匹配(图 7.2.7(b)):由于模板总包容在纹理区域内,不管模板大小,正确的匹配都比较有保障。

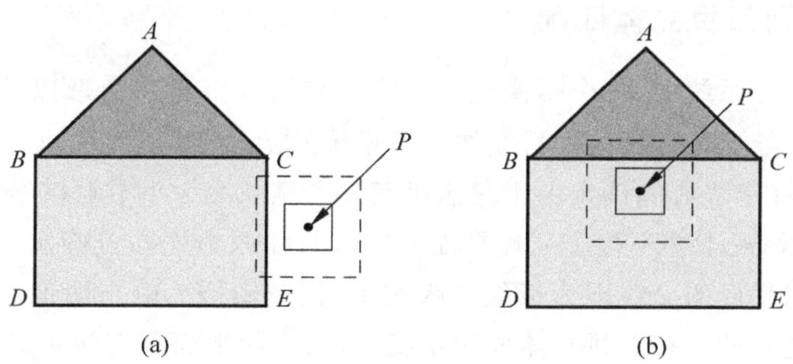

图 7.2.7 匹配模板影响示意图

3. 正交三目视差图校正

6.4 节所介绍的对视差图中误差进行检测和校正的算法对由正交三目立体视觉得到的

视差图也适用。其中关于顺序匹配约束的定义既可用于水平图像对，也可经过相应的调整用于垂直图像对。正交三目时对视差图进行误差检测与校正的基本算法框图如图 7.2.8 所示。这里涉及的图像包括左图像 $f_L(x,y)$、右图像 $f_R(x,y)$、顶图像 $f_T(x,y)$和视差图 $d(x,y)$。先借助水平方向的顺序匹配约束进行校正，得到沿水平方向校正好的视差图 $d_X(x,y)$，再借助垂直方向的顺序匹配约束进行校正，最后得到满足全局（既沿水平 X 方向也沿垂直 Y 方向）顺序匹配约束的新视差图 $d_{XY}(x,y)$。

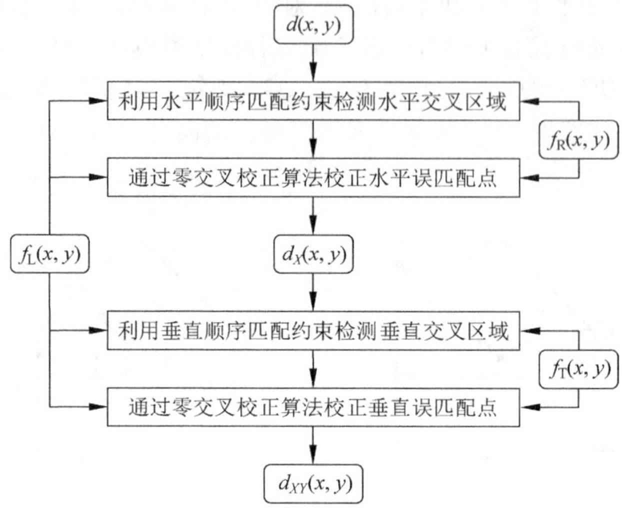

图 7.2.8　正交三目时对视差图进行误差检测与校正的算法框图

7.3　多目立体匹配

7.2 节介绍的正交三目立体匹配是多目立体匹配的一种特殊情况。在更一般的情况下，可以不止用三目，各目连线也可以不正交。下面分别讨论两种比正交三目匹配更一般一些的特殊情况。

7.3.1　任意排列三目立体匹配

在三目立体成像系统中，三个摄像机可以构成直线或直角三角形以外的其他任意形式的排列。图 7.3.1 给出任意排列三目立体成像系统的示意图，其中 C_1，C_2 和 C_3 分别为 3 个像平面的光心，这 3 个光心能确定一个**三焦平面**。参见 6.2.2 小节对极线约束的介绍，可知给定物点 W（一般情况下并不位于三焦平面上），它与任两个光心点确定一个极平面。该平面与对应光心的像平面的交线即为极线。极线 L_{ij} 代表图像 i 中与图像 j 对应的极线。匹配总是在极线上进行的。在三目立体成像系统中，每个像平面上有两条极线，两条极线的交点也是物点 W 和光心连线与对应像平面的交点。

如果 3 个摄像机都观察物点 W，得到的 3 个像点的坐标分别为 $\boldsymbol{p}_1$，$\boldsymbol{p}_2$，$\boldsymbol{p}_3$。每对摄像机能确定一个极线约束，如果用 $\boldsymbol{E}_{ij}$ 代表图像 i 与图像 j 间的**本质矩阵**，则有

$$\boldsymbol{p}_1^{\mathrm{T}}\boldsymbol{E}_{12}\boldsymbol{p}_2 = 0 \tag{7.3.1}$$

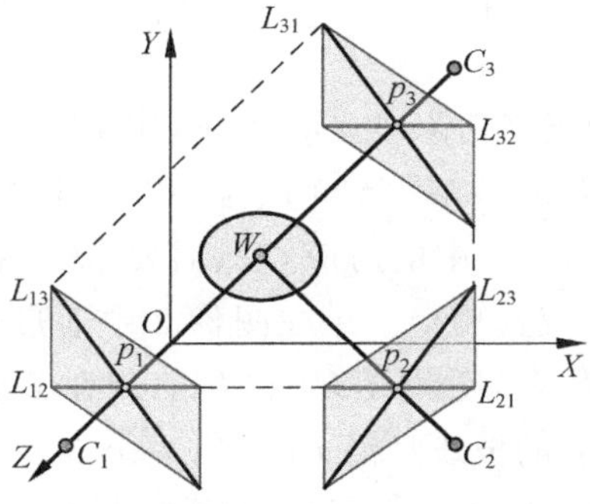

图 7.3.1　任意排列三目立体成像系统

$$\boldsymbol{p}_2^{\mathrm{T}}\boldsymbol{E}_{23}\boldsymbol{p}_3 = 0 \tag{7.3.2}$$

$$\boldsymbol{p}_3^{\mathrm{T}}\boldsymbol{E}_{31}\boldsymbol{p}_1 = 0 \tag{7.3.3}$$

如果用 $\boldsymbol{e}_{ij}$ 代表图像 i 与图像 j 的极点坐标，则因为有 $\boldsymbol{e}_{31}^{\mathrm{T}}\boldsymbol{E}_{12}\boldsymbol{e}_{32} = \boldsymbol{e}_{12}^{\mathrm{T}}\boldsymbol{E}_{23}\boldsymbol{e}_{13} = \boldsymbol{e}_{23}^{\mathrm{T}}\boldsymbol{E}_{31}\boldsymbol{e}_{21} = 0$，所以上述三个方程不独立。不过上述任意两个方程都是独立的，所以当本质矩阵已知时，用任意两个像点的坐标就可预测出第 3 个像点的坐标。

增加第 3 个摄像机可以消除许多仅用双目图像匹配所导致的不确定性。虽然 7.2 节介绍的方法中均直接利用两个图像对同时进行匹配，但大多数三目立体匹配算法中，常先利用两幅图像建立对应关系再用第 3 幅图像来验证，即用第 3 幅图像来检查前两幅图像中的匹配情况[Forsyth 2003]。

一种典型的方法如图 7.3.2 所示，考虑用 3 个摄像机对含有 A,B,C,D 4 个点的场景成像。在图 7.3.2 中，标有 1，2，3，4，5 和 6 的 6 个点代表对前两幅图像（光心分别为 O_1 和 O_2）里四个点不正确的重建位置。以标有 1 的点为例，它是将 a_2 和 b_1 误匹配得到的结果。当把由前两幅图像重建的 3-D 空间点 1 再投影到第 3 幅图像时就可发现误匹配的问题，它既不与 a_3 重合，也不与 b_3 重合，所以可判断为不正确的重建位置。

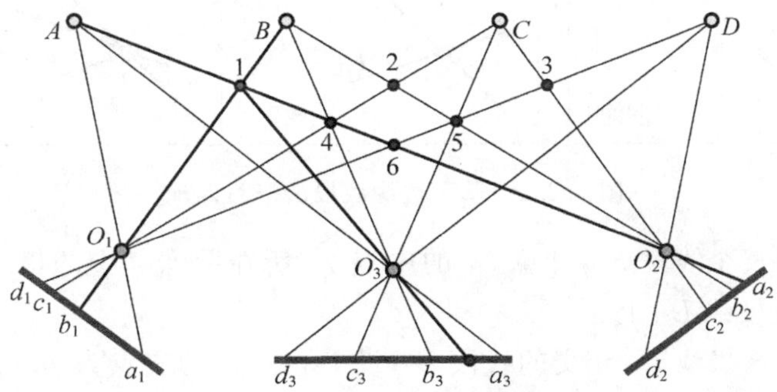

图 7.3.2　第 3 幅图像帮助减少不确定性

上述方法先重建与前两幅图像中匹配点对应的 3-D 空间点，然后再将其投影到第 3 幅图像。如果在第 3 幅图像中如上得到的投影点附近没有与此相容的点，那么这个匹配很有可能是一个错误的匹配。实际应用中，并不需要显式地进行重建和再投影。如果摄像机已经标定（甚至仅仅弱标定[Forsyth 2003]），又已知一个 3-D 空间点在第 1 幅图像和第 2 幅图像的两个像点，那么对相应的极线取交集就可以预测该 3-D 空间点在第 3 幅图像中的位置。

下面再介绍几种不同的匹配方法。

1. 基于极线的三目匹配

这种方法借助沿极线的搜索来消除歧义和实现匹配[Goshtasby 2005]。参见图 7.3.3，用 L_j^i 代表图像 i 中的第 j 条极线。如果已知 L_1^1 和 L_1^2 是由图像 1 和图像 2 得到的对应极线，则为发现图像 1 中点 a 在图像 2 中的对应点只需要沿 L_1^2 搜索边缘。设沿着 L_1^2 找到两个可能的点 b 和 c，但还不知道应选哪个。令在图像 2 中通过点 b 和 c 的极线分别是 L_2^2 和 L_3^2，在图像 3 中通过点 b 和 c 的极线分别是 L_2^3 和 L_3^3。现在考虑由图像 1 和图像 3 构成的立体图像对，如果 L_1^1 和 L_1^3 是对应的极线且沿 L_1^3 仅有一个点 d 处在 L_1^3 和 L_2^3 的交线上，那就可得到图像 1 中的点 a 和图像 2 中的点 b 互相对应的结论，因为它们都对应图像 3 中的点 d。由第 3 幅图像提供的约束消除了点 b 和点 c 都有可能对应点 a 的问题。

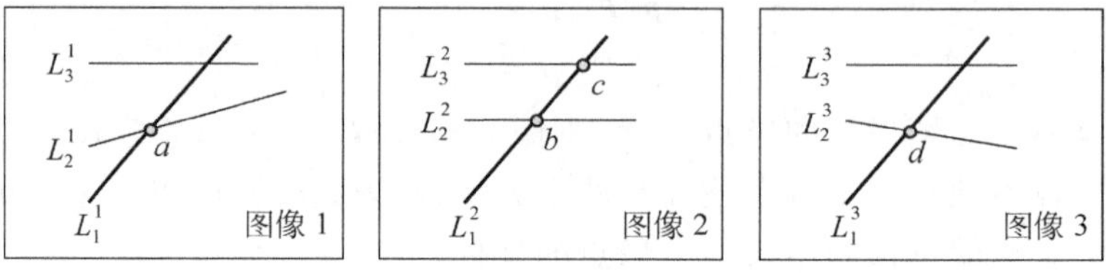

图 7.3.3　基于极线的三目匹配

2. 基于边缘线段的三目匹配

这种方法利用已检测出的边缘线段来实现三目立体匹配[Ayache 1987]。首先检测出图像中的边缘线段，然后定义一个**线段邻接图**，图中的结点代表边缘线段，而结点之间的弧表示所对应的边缘线段是邻接的。对每个边缘线段，可用它的长度和方向、中点位置等局部几何特征进行表达。如此获得三幅图像的线段邻接图 G_1，G_2 和 G_3 后，可按如下步骤进行匹配(图 7.3.4)。

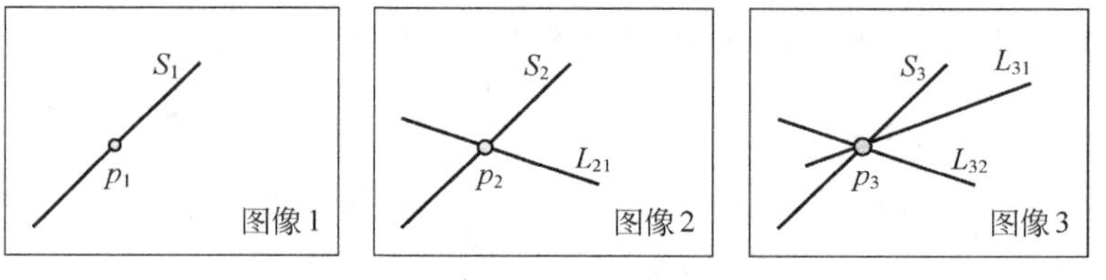

图 7.3.4　基于边缘线段的三目匹配

(1) 对 G_1 中的某个线段 S_1，计算 S_1 的中点 p_1 所在图像 2 中的极线 L_{21}，p_1 在图像 2 中的对应点 p_2 将在极线 L_{21} 上。

(2) 考虑 G_2 中与极线 L_{21} 相交的线段 S_2，设 L_{21} 与 S_2 的交点为 p_2；对每个线段 S_2，比较它与线段 S_1 的长度和方向，如果差值小于给定的阈值，则认为它们可能匹配。

(3) 对每个可能匹配的线段，进一步计算其在图像 3 中的极线 L_{32}，设它与 p_1 在图像 3 中的极线 L_{31} 的交点为 p_3；在 p_3 附近搜索与线段 S_1 和 S_2 的长度和方向的差值小于给定阈值的线段 S_3，如可找到，则 S_1，S_2 和 S_3 组成一组匹配线段。

将以上步骤对图中的所有线段进行，最终得到所有匹配线段，实现图像的匹配。

3. 基于曲线的三目匹配

在前面基于边缘线段的匹配中，隐含认为对拟匹配景物的轮廓是用多边形来近似的。

如果景物是由多面体构成的，则这种轮廓表达会很紧凑；但对许多自然景物，根据其轮廓复杂程度的增加，用来表达它们的多边形的边数有可能成倍增加才能保证逼近的精度。另外，由于视角的变化，两幅图像中对应的多边形并不能保证它们的顶点处在对应的极线上。在这种情况下，需要更多的计算，如使用改进的极线约束[Faugeras 1993]。

要解决上述问题，可以基于曲线进行匹配（即对景物的局部轮廓用高于一阶的多项式来逼近）。参见图 7.3.5，假设已在图像 1 中检测出一条曲线 T_1^1（上标 i 指示图像，下标指示序号，这里即图像 i 中的第 j 条曲线），它是景物表面一条 3-D 曲线的图像，下一步要在图像 2 中搜索与其对应的曲线。为此，可任选 T_1^1 上一点 p_1^1（该点的单位切线矢量为 $\boldsymbol{t}_1^1$，曲率为 k_1^1），考虑图像 2 中的极线 L_{21}（图像 2 中与图像 1 对应的极线）。设这条极线在图像 2 中与曲线族 T_j^i 相交。这里图中取 $j=2$，即极线 L_{21} 与曲线 T_1^2 和 T_2^2 交于点 p_1^2 和 p_2^2（这两点的单位切线矢量分别为 $\boldsymbol{t}_1^2$ 和 $\boldsymbol{t}_2^2$，曲率分别为 k_1^2 和 k_2^2）。接下来在图像 3 中要考虑与点 p_1^1 所在极线 L_{31} 相交的来自图像 2 的极线。这里图中取 $j=2$，即考虑极线 L_{31} 以及对应点 p_1^2 和 p_2^2 的极线 $L_{32,1}$ 和 $L_{32,2}$（下标逗号后数字表示序号）。这两条极线分别与极线 L_{31} 交于点 p_1^3 和 p_2^3。

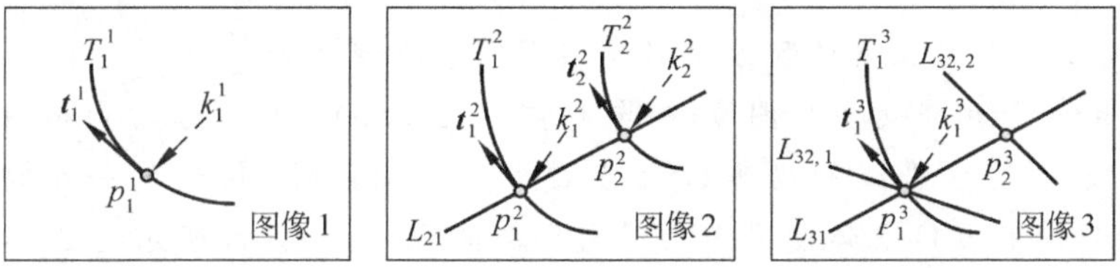

图 7.3.5　基于曲线的三目匹配

如果点 p_1^1 和 p_1^2 是对应的，那么理论上应在曲线 T_1^3 上还可找到一个其切线单位矢量和曲率可从该两点的切线单位矢量和曲率算得的点 p_1^3。如果找不到，则可能是：①没有很接近 p_1^3 的点；②有通过点 p_1^3 的曲线，但其切线单位矢量与预期不符；③有通过点 p_1^3 的曲线，且其切线单位矢量与预期相符，但其曲率与预期不符。任一种情况都表明点 p_1^1 和 p_1^2 不应是对应的。

在一般情况下，对每对点 p_1^1 和 p_j^2，都在图像 3 中计算对应点 p_1^1 的极线 L_{31} 与对应点 p_j^2 的极线 $L_{32,j}$ 的交点 p_j^3，以及点 p_j^3 处的单位切线矢量 $\boldsymbol{t}_j^3$ 和曲率 k_j^3。对每个交点 p_j^3，都搜索最接近的曲线 T_j^3，并根据下面 3 个逐渐强化（increase in stringency）的条件判断执行：如果曲线 T_j^3 与点 p_j^3 的距离超过一定的阈值，则取消它们之间的对应关系；否则计算在各点 p_j^3 处的单位切线矢量 $\boldsymbol{t}_j^3$，如果其与由点 p_1^1 和 p_j^2 计算出的单位切线矢量的差超过一定的阈值，则取消它们之间的对应关系；否则计算在各点 p_j^3 处的曲率 k_j^3，如果其与由点 p_1^1 和 p_j^2 计算出的曲率的差超过一定的阈值，则取消它们之间的对应关系。

经过上面的过滤，对图像 1 中的点 p_1^1 仅在图像 2 中保留一个可能的对应点 p_j^2，并进一步在点 p_j^2 和 p_j^3 的邻域中搜索最接近的曲线 T_j^2 和 T_j^3。上述过程对图像 1 中所有选出的点进行，最终的结果是在曲线 T_j^1、T_j^2 和 T_j^3 上确定出一系列的对应点 p_j^1、p_j^2 和 p_j^3。

7.3.2　正交多目立体匹配

在 7.1 节中已指出，用单方向的多目图像代替单方向的双目图像可消除单方向周期模式的影响。在 7.2.1 小节中又指出，用正交三目图像代替单方向的双目图像（或多目图像）

可消除光滑区域的影响。两者结合起来可以构成正交多目图像序列，采用正交多目立体匹配方法同时消除上述两种影响的效果会更好[Jia 2000a]。正交多目图像序列的拍摄位置示意图见图 7.3.6。让摄像机沿着水平线上各点 $L, R_1, R_2, \cdots$ 以及垂直线上各点 $L, T_1, T_2, \cdots$ 拍摄，就可以获得正交基线的立体图像系列。对正交多目图像的分析可通过将 7.1 节单方向多目图像分析的方法和 7.2.1 小节正交三目图像分析的方法及结果结合而得到。

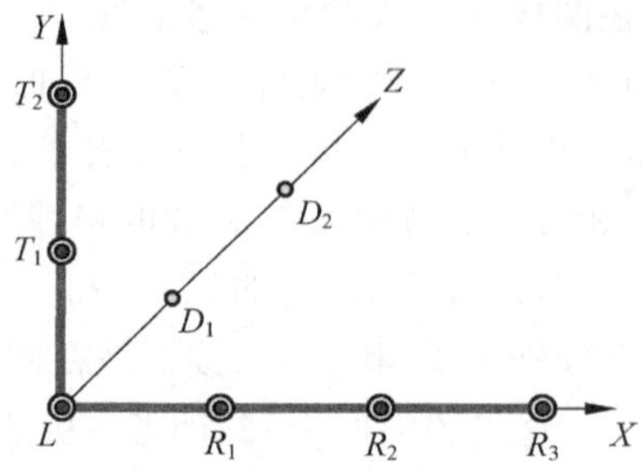

图 7.3.6　多目图像序列的拍摄位置示意图

例 7.3.1　正交多目立体匹配方法对真实图像的测试实验

图 7.3.7(a)为采用正交多目图像(除包括图 6.2.3(a)，图 6.2.3(b)和图 7.2.5(a)外，还在沿着图 7.3.6 的水平线和垂直线上各增加了一幅图像)得到的一个视差计算结果，图 7.3.7(b)为对应的 3-D 立体图显示。将它们与图 7.2.5 相比，可见这里的效果更好一些(误匹配点更少一些)。

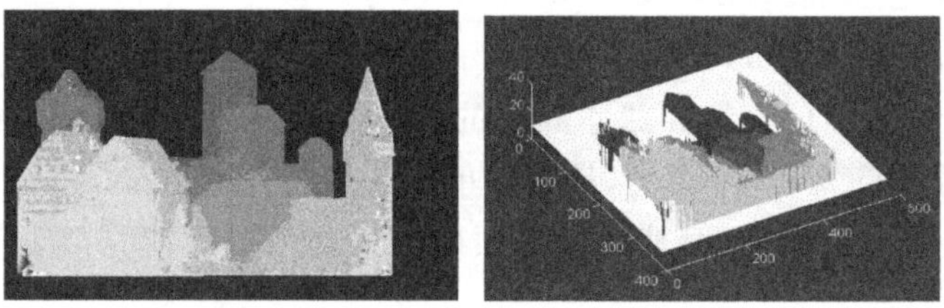

(a)　　(b)

图 7.3.7　正交多目立体匹配的结果　□

理论上说，不仅在水平和垂直方向，甚至在深度方向(沿 Z 轴方向)也可采集多幅图像(如在图 7.3.6 中沿着 Z 轴的 D_1 和 D_2 两个位置进行采集)。但实践表明，深度方向图像对恢复场景 3-D 信息的贡献效果不明显。

另外，各种多目立体匹配的情况也可看作本节的推广。例如，4 目立体匹配的示意如图 7.3.8 所示。图(a)是对景物点 W 的投影成像示意，它在 4 幅图像上的成像点分别为 p_1，p_2, p_3, p_4。它们分别是 4 条射线 R_1, R_2, R_3, R_4 分别与 4 个像平面的交点。图(b)则是对过景物点 W 的一条直线 L 的投影成像示意，该直线在 4 幅图像上的成像结果分别是 4 条直线 l_1, l_2, l_3, l_4，这 4 条直线分别位于 4 个平面 Q_1, Q_2, Q_3, Q_4 上。从几何上讲，通过 C_1 和 p_1 的射线一定也穿过平面 Q_2, Q_3, Q_4 的交点。从代数上讲，给出**四焦张量**和任意 3 条通过 3 个像点的直线，就可以推出第 4 个像点的位置[Forsyth 2003]。

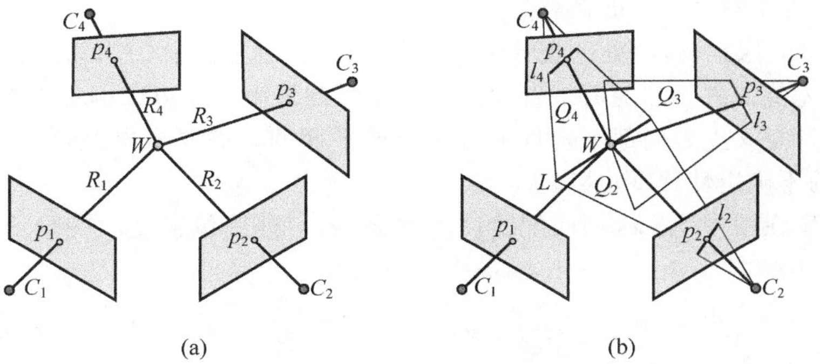

图 7.3.8　4 目立体匹配示意

7.4　亚像素级视差计算

在有些实际应用中，利用一般立体匹配方法所得到的像素级视差结果常常不能满足某些测量的精度要求。为此，可以在已获得像素级视差精度的基础上进一步改善，以获得**亚像素级**的视差精度，并求得更高的距离测量精度。下面介绍一个根据局部图像强度变化模式和局部视差变化模式来调节匹配窗口的自适应算法，它可以帮助获得亚像素级的视差精度[Kanade 1994]。

先考虑双目立体匹配时，图像强度的一阶偏微分和视差的统计分布模型[Okutomi 1992]。假设图像对 $f_L(x,y)$ 和 $f_R(x,y)$ 是分别来自同一个基本强度函数 $f(x,y)$ 的左右两幅图像，$f_L(x,y)$ 和 $f_R(x,y)$ 之间的正确视差函数是 $d_r(x,y)$，则

$$f_R(x,y) = f_L[x + d_r(x,y), y] + n_L(x,y) \tag{7.4.1}$$

其中，$n_L(x,y)$ 为满足 $N(0,\sigma_n^2)$ 的高斯白噪声。

假设将两个匹配窗口 W_L 和 W_R 分别放置在左右两幅图像的正确对应位置上，即 W_R 放置在右图 $f_R(x,y)$ 的像素(0,0)处，W_L 放置在左图 $f_L(x,y)$ 的像素$[d_r(0,0),0]$处。令 $f_R(u,v)$ 表示 W_R 内(u,v)处的强度值，相应的 $f_L[u+d_r(0,0),0]$ 表示 W_L 内对应处的强度值。如果匹配窗口内视差值是常数，即 $d_r(u,v)=d_r(0,0)$，则除去图像噪声的影响后，$f_R(u,v)$ 与 $f_L[u+d_r(0,0),v]$ 是相等的。但在通常情况下，匹配窗口内的 $d_r(u,v)$ 是变量。这时可以将 $f_L[u+d_r(u,v),v]$ 在 $d_r(0,0)$ 处展开成一阶泰勒级数形式为

$$f_L[u + d_r(u,v), v] \approx f_L[u + d_r(0,0), v] + [d_r(u,v) - d_r(0,0)] \frac{\partial}{\partial u} f_L[u + d_r(0,0), v] + n_L(u,v) \tag{7.4.2}$$

将式(7.4.2)代入式(7.4.1)可得

$$f_R(u,v) - f_L[u + d_r(0,0), v] \approx [d_r(u,v) - d_r(0,0)] \frac{\partial}{\partial u} f_L[u + d_r(0,0), v] + n_L(u,v) \tag{7.4.3}$$

假定匹配窗口内像素(u,v)处的视差 $d_r(u,v)$ 服从如下的统计分布模型（～代表满足分布）[Kanade 1991]：

$$d_r(u,v) - d_r(0,0) \sim N(0, k_d\sqrt{u^2 + v^2}) \tag{7.4.4}$$

其中 k_{d} 为代表视差变化程度的常量。

该模型说明：像素(u,v)处的视差期望值等于窗口中心像素$(0,0)$处的视差期望值，但是它们视差之差值的方差却随着二者间距离的增大而增大。这可以解释为与匹配窗口相对应的表面在统计意义上是局部平坦且平行于成像平面的。需要指出，随着匹配窗口尺寸的增大，该假设的不确定性程度也随之增大。

进一步假定在图像 $f_{\mathrm{L}}(x,y)$匹配窗口内像素(u,v)处图像强度的一阶偏微分服从如下统计模型：

$$\frac{\partial}{\partial u}f_{\mathrm{L}}(u,v) \sim N(0,k_{\mathrm{f}}) \tag{7.4.5}$$

其中 k_{f} 为表示左图窗口内图像强度局部方向波动程度的常量(见下)。

该模型说明：窗口内像素(u,v)处的图像强度期望值等于窗口中心像素$(0,0)$处的图像强度期望值。该假设的不确定性随着像素(u,v)和像素$(0,0)$之间距离的增大而增大。

基于以上两个统计模型，以及图像强度一阶偏微分与视差两者间分布相互统计独立的假设，可以证明立体图像对之间的图像强度差值统计分布

$$n_{\mathrm{S}}(u,v) = f_{\mathrm{R}}(u,v) - f_{\mathrm{L}}[u + d_{\mathrm{r}}(0,0),v] \tag{7.4.6}$$

可以近似为一个高斯白噪声分布[Kanade 1991]，即

$$n_{\mathrm{S}}(u,v) \sim N\left(0,2\sigma_n^2 + k_{\mathrm{f}}k_{\mathrm{d}}\sqrt{u^2+v^2}\right) \tag{7.4.7}$$

其中

$$k_{\mathrm{f}} = E\left\{\left[\frac{\partial}{\partial u}f_{\mathrm{L}}[u + d_{\mathrm{r}}(0,0),v]\right]^2\right\} \tag{7.4.8}$$

由式(7.4.7)可知：匹配窗口内 $f_{\mathrm{L}}(x,y)$的一阶偏微分以及视差 $d_{\mathrm{r}}(u,v)$的波动将会与图像噪声 $n_{\mathrm{L}}(u,v)$一起构成复合噪声 $n_{\mathrm{S}}(u,v)$。该复合噪声服从零均值的高斯分布，其方差由两部分构成：一部分是常量 $2\sigma_n^2$，来自于图像噪声；另一部分是正比于 $\sqrt{u^2+v^2}$ 的变量，来自于匹配窗口内的局部不确定性。换句话说，当利用匹配窗口中心像素的周围像素来帮助匹配时，它们也可能增加计算视差时的误差。该不确定性可以用一个能量与中心像素和周围像素间距离成正比的附加噪声来描述：匹配窗口内视差是常数时($k_{\mathrm{d}}=0$)，该附加噪声为零；匹配窗口内视差波动越剧烈，周围像素的贡献越不确定。

假设 $d_0(x,y)$是正确视差 $d_{\mathrm{r}}(x,y)$的初始估计，将 $f_{\mathrm{L}}[u+d_{\mathrm{r}}(0,0),v]$在 $u+d_0(x,y)$处进行一阶泰勒级数展开得到

$$f_{\mathrm{L}}[u + d_{\mathrm{r}}(0,0),v] = f_{\mathrm{L}}[u + d_0(0,0),v] + \Delta d\,\frac{\partial}{\partial u}f_{\mathrm{L}}[u + d_0(0,0),v] \tag{7.4.9}$$

将式(7.4.9)代入式(7.4.6)可得

$$n_{\mathrm{S}}(u,v) = f_{\mathrm{R}}(u,v) - f_{\mathrm{L}}[u + d_0(0,0),v] - \Delta d\,\frac{\partial}{\partial u}f_{\mathrm{L}}[u + d_0(0,0),v] \tag{7.4.10}$$

其中 $\Delta d=d_{\mathrm{r}}(0,0)-d_0(0,0)$为需要估计的视差修正量。

可以证明 Δd 的条件概率密度服从高斯概率分布，所以可如下计算：

(1) 先用任意像素级立体匹配算法求得视差初值；

(2) 对每个待估计亚像素级视差的像素点，选择具有最小不确定性的视差估计窗口并计算视差修正量；

(3) 当视差修正量的计算达到收敛或达到预定迭代次数时停止。

同前面将双目立体匹配算法推广到正交三目立体匹配算法的过程类似，也可将前述的

亚像素级算法推广到正交三目立体匹配时的情况[Jia 2000b]。此时视差初值的计算方法仍与双目时相同，但为了确定视差估计窗口需先确定匹配方向。这时可根据像素点邻域中的水平、垂直强度变化模式相应地选择匹配方向，并根据局部视差变化模式自适应地确定匹配窗口。在确定匹配窗口后，对视差修正量的计算也与双目时相同。整个算法的流程图如图 7.4.1 所示。它与双目时的情况相比，主要是增加了对匹配方向的选择，这可参照 7.2.2 小节的方法进行。

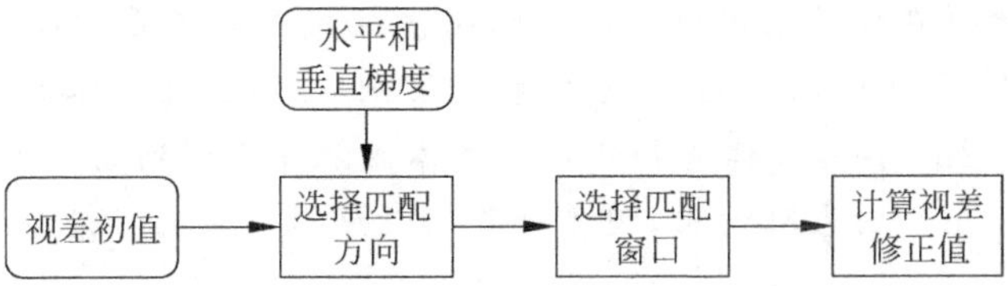

图 7.4.1　正交三目时亚像素级视差计算的流程图

例 7.4.1　亚像素级视差计算示例

图 7.4.2 给出一组亚像素级视差计算结果示例。图(a)～图(c)分别为对一个正方锥体获得的一组正交三目图的左、右、顶图，为了方便匹配，在锥体的表面贴了一层纹理。图(d)是利用正交三目立体匹配得到的像素级视差图，图(e)为利用双目亚像素级算法得到的亚像素级视差图，图(f)为利用正交三目亚像素级算法得到的亚像素级视差图。图(g)～图(i)是对应图(d)～图(f)的 3-D 立体图。

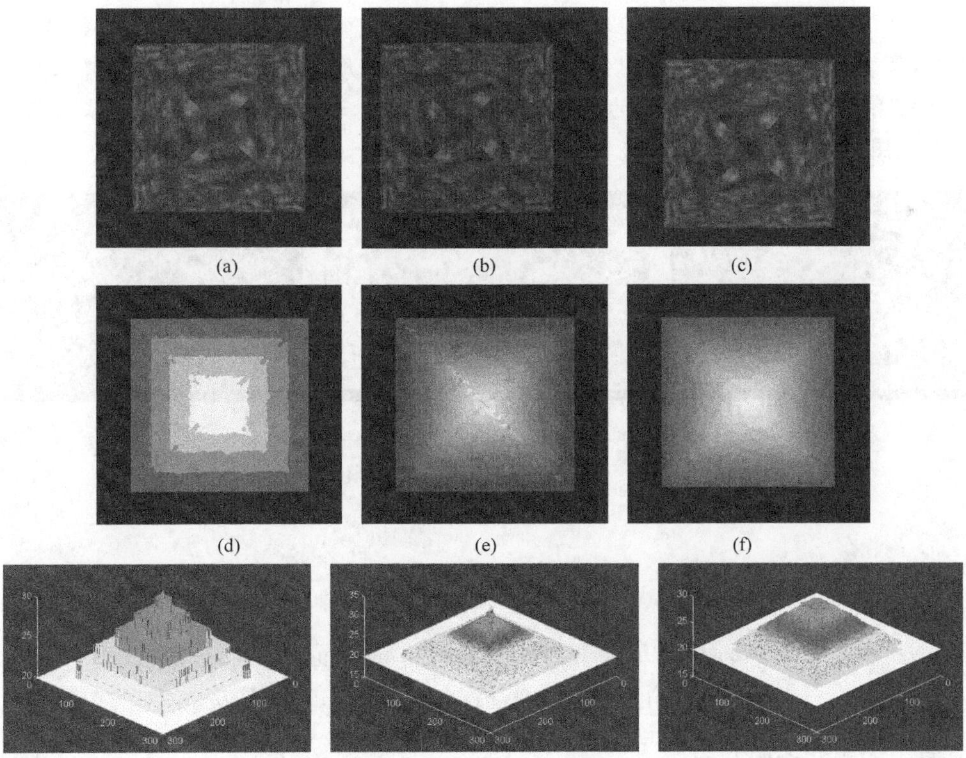

图 7.4.2　亚像素级视差计算效果

由图 7.4.2 可知，用双目和正交三目亚像素级算法所得到的亚像素级视差图的精度都高于像素级视差图的精度，图(d)和图(g)表明正方锥体成了一系列正方台的叠加。但是比较图(e)和图(f)可发现双目亚像素级算法在提高视差精度的同时产生了新的误匹配区域(即图(e)中从左上角到右下角的过白区域)，而用正交三目亚像素级算法所得到的视差图却没有这种问题。 □

例 7.4.2 视差计算与体积测量

亚像素级视差计算在许多应用中可提供比像素级视差计算更为精确的结果，这样得到的视差图也可能提供更准确的目标测量结果。设例 7.4.1 中锥体的正方形底面边长是 2.4m，锥体高度是 1.2m，其真实体积和从不同立体匹配算法得到的视差图中计算出来的锥体体积列在表 7.4.1 中。由表可看出，视差计算的精度对测量的精度有很大的影响。

表 7.4.1 不同方法对锥体体积的计算结果

	真实值	像素级	亚像素级（双目）	亚像素级（正交三目）
绝对体积/m^3	2.304	3.874	2.834	2.467
相对误差	—	68%	23%	7%

□

例 7.4.3 亚像素级视差计算示例

图 7.4.3 给出一组亚像素级视差计算示例，所使用的原始图像仍然是图 6.2.3(a)，图 6.2.3(b)和图 7.2.5(a)。图(a)是用正交三目立体匹配算法得到的像素级视差图(因为分辨率低，有方块效应)，图(b)是以图(a)为视差初值，利用双目亚像素级视差算法所得到的亚像素级视差图，图(c)是以图(a)为视差初值，利用正交三目亚像素级视差算法所得到的亚像素级视差图(比图(b)的误匹配点少)。

(a) (b) (c)

图 7.4.3 一组亚像素级视差计算示例 □

总结和复习

为更好地学习，下面对各小节给予概括小结并提供一些进一步的参考资料；另外给出一些思考题和练习题以帮助复习(文后对加星号的题目还提供了解答)。

1. 各节小结和文献介绍

7.1 节介绍了水平多目立体匹配，这是对双目立体匹配的直接推广。在多目的基础上引进倒距离，可减少周期性模式造成的误匹配。进一步的扩展讨论还可见文献[Kim

2002]。利用多视图进行人脸 3-D 重建的工作也可看作基于多目立体匹配的结果[朱 2010]、[Zhu 2011a]。

7.2 节介绍了正交三目立体匹配的原理。这种方法可以克服图像中有单方向光滑区域所引起的误匹配问题。

7.3 节讨论了更一般的正交多目立体视觉技术，其中提到的弱标定指对内部参数未知的摄像机用两幅图像中的冗余对应点集来估计其极线几何的过程。进一步的讨论和一个弱标定实验的介绍可见文献[Forsyth 2003]。

7.4 节介绍了一种根据局部图像强度变化模式和局部视差变化模式来调节匹配窗口，从而获得亚像素级视差精度的自适应算法。这里也借助了多目立体匹配中的分析思路，可见文献[Okutomi 1993]。有关亚像素的讨论还可见文献[章 1997b]。视差精度的提高会改进对深度的估计，影响深度估计的另一些因素可见文献[Zhao 1996]。

2. 思考题和练习题

7-1 假设一个外星人有三只眼。这能使它比地球上的人类更准确地感知或估计深度吗？第三只眼的最佳摆放位置在什么地方？

7-2 试利用对基本矩阵的介绍分析三目系统的潜在优势。如果使用更多的目有哪些好处？

7-3 在例 7.1.1 中，除已有的基线 B_1 和 B_2 外，增加第三条基线 B_3。设 $B_3=2B_1$，画出 $E[S_{t3}(x;\ t)]$和 $E[S_{t(123)}^{(S)}(x;t)]$的曲线。

***7-4** 为消除给定频率周期性模式带来的影响，对一个单方向多目立体匹配系统，其基线长度应如何选择？

7-5 用单方向多目立体匹配方法代替双目立体匹配方法时有哪些需注意的问题？是否目越多越好，有哪些限制条件？

7-6 与用双目立体视觉技术进行 3-D 重建时相比，分析用单方向多目立体视觉技术又多了哪些影响重建精度的因素？

7-7 试设计场景拍摄一组正交三目图像：

(1) 利用它们计算出深度图。

(2) 对比用双目图像获得的深度图并讨论它们的不同之处。

(3) 如果场景中存在单方向的重复模式，是否需要在计算中使用倒距离？为什么？

7-8 一个三目系统是否比人的双眼能更好地感知或估计深度？这第 3 目最好的位置是哪里？这第 3 目最不好的位置又是哪里？

7-9 如图题 7-9 所示正交三目情况，$B_h=B_v$，若想能获得更精确的对点 P 深度的测量值，应利用左图像 L 和右图像 R 组成的立体图像对，还是利用左图像 L 和顶图像 T 组成的立体图像对？给出一般性的解释。

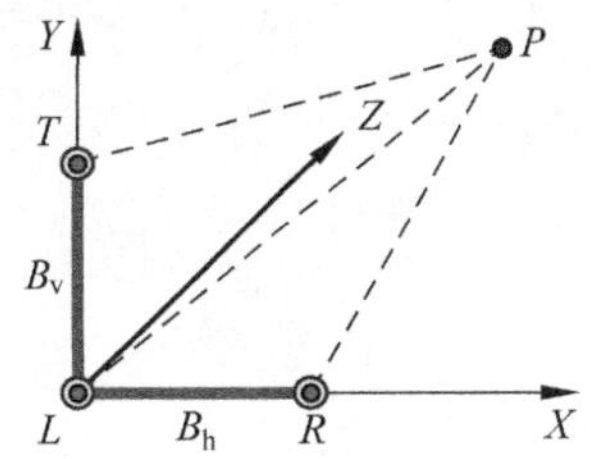

图题 7-9

7-10 如果将图 7.2.3 中各图里的周期性重复纹理在水平方向和垂直方向的周期比值改变为 1∶3，仅用水平双目立体匹配得到的视差图会有什么特点？有条件时实际试验一下。

*7-11** 讨论 7.4 节中所用视差统计分布模型和匹配窗口内灰度一阶微分统计模型的合理性和运用范围。

7-12 试比较以下两种情况下获得的视差精度并讨论其不同的原因：采用亚像素边缘检测方法寻找物体的轮廓线再进行立体匹配，直接利用亚像素级视差计算。

第8章 景物恢复：多图像

立体视觉方法根据摄像机在不同位置获得的多幅图像来恢复景物的深度，可看作将多幅图像之间的冗余信息转化为深度信息。获取含有冗余信息的多幅图像也可利用在同一位置采集变化的景物图像来得到。这些图像可仅用一个(固定)摄像机得到，所以也称为单目方法(立体视觉的方法都是基于多目多幅图像的方法)。从这样获得的(单目)多幅图像中可以确定景物的表面朝向，而由景物的表面朝向可直接得到景物各部分间的相对深度，在实际中也常可进一步得到景物的绝对深度。

本章介绍基于单目多幅图像来对景物进行恢复的基本思路和方法。实际中，基于单目单幅图像也有可能对景物进行恢复，这将在下一章介绍。

根据上述的讨论，本章各节将安排如下。

8.1 节先对单目景物恢复方法给予概括的介绍，并建立本章和下一章的联系。

8.2 节介绍利用一系列视角相同但光照不同的图像确定景物表面朝向的光度立体学方法。

8.3 节讨论通过检测和计算运动景物的光流场获取景物表面朝向的原理和技术。

8.1 单目景物恢复

第 6 章和第 7 章介绍的立体视觉方法是恢复景物的一类重要方法。它的优点是几何关系非常明确，缺点是需要确定双目或多目图像中的对应点，这是一个很困难的问题，特别在照明不一致和有阴影的时候。另外，采用立体视觉方法需要让景物上的若干个点同时出现在需要确定对应点的所有图像中。实际中受视线遮挡的影响，并不能保证不同的摄像机有相同的视场，导致对应点检测的困难并影响到匹配。此时如果缩短基线长度，有可能减弱遮挡的影响，但对应点的匹配精度会下降。

为了避免复杂的对应点匹配问题，也常采用从单目图像(即仅使用位置固定的单摄像机，但可拍摄单幅或多幅图像)中各种 3-D 线索来恢复景物的方法[Pizlo 1992]。由于在将 3-D 世界投影到 2-D 图像时有一维的丢失，所以恢复景物的关键就是要恢复丢失的那一维。

值得指出，在从 3-D 景物获取 2-D 图像的过程中，一些有用信息确实由于投影而丢失了，但也有一些信息转换形式保留了下来(或者说在 2-D 图像中还有景物的 3-D 线索)。例如在成像过程中，原来景物的一些有关形状的信息在成像时会转换成图像中与原景物形状对应的明暗度信息(或者说在光照确定的情况下，图像中的亮度变化与景物形状有关)，因此根据图像的影调可以设法将景物的表面形状恢复出来，这称为由影调恢复形状。又如在透视投影下，一些有关景物形状的信息会保留在物体表面纹理的变化之中(景物表面的不同朝向会导致不同的表面纹理变化），因此通过对纹理变化的分析可以确定物体表面不同的取向，并进而设法将其表面形状恢复出来，称为由纹理恢复形状。如果景物在图像采集过程中有运动，则在由多幅图像组成的图像序列中会产生光流，光流的大小和方向随景物表面的朝向而不同，因而可用来帮助确定运动物体的 3-D 结构，这称为由运动恢复形状。如果成像中变换光源位置可得到不同光照条件下的多幅图像，同一景物表面的图像亮度随景物形状而不同，因而可用来帮助确定 3-D 景物的形状。这时的多幅图像不是对应不同的视点，而是对应不同的光照，这称为由光照恢复形状。

上面列举的四个景物恢复例子中，前两种情况仅需采集单幅图像，将在第 9 章介绍；后两种情况均需采集多幅图像，将在本章后两节介绍。

8.2 光度立体学

光度立体学也称**光度学体视**，是一种借助一系列在相同观察视角下、但在不同光照条件下采集的图像恢复景物表面朝向的方法。光度立体学常用于照明条件比较容易控制或确定的环境中。

8.2.1 景物亮度和图像亮度

景物亮度和图像亮度是两个既有联系又有区别的概念。在成像时，前者与**辐射亮度**或者**辉度**有关而后者与**辐照度**或**者照**度有关。具体来说，前者对应由景物（看作光源）表面射出的光通量，它是光源表面单位面积在单位立体角内发出的功率，单位是 $\text{Wm}^{-2}\text{sr}^{-1}$；后者对应照射到景物表面的光通量，它是射到景物表面的单位面积的功率，单位是 Wm^{-2}。在光学成像时，景物在（成像系统的）图像平面上成像，所以景物亮度对应景物表面射出的光通量，而图像亮度则对应图像平面得到的光通量。

对 3-D 景物成像后得到的图像亮度取决于许多因素，例如一个理想的漫射表面受到点光源照射时所反射的光强度与入射光强度、表面光反射系数和光入射角（视线与入射线间的夹角）的余弦都成正比。在更一般的情况下，图像亮度受景物本身的形状、在空间的姿态、表面反射特性、景物与图像采集系统的相对朝向和位置、采集装置的敏感度以及光源的辐射强度和分布等的影响，并不代表场景的本征特性。

1. 景物亮度和图像亮度的关系

现在来讨论一个点光源的辐射亮度（景物亮度）和图像上对应点的照度（图像亮度）之间的关系[Horn 1986]。如图 8.2.1 所示，一个直径为 d 的镜头放在距图像平面 λ 处（λ 为镜头焦距）。设景物表面某块面元的面积为 δO，而对应图像像元的面积为 δI。从景物面元到镜头中心的光线与光学轴的夹角为 α，与景物表面面元法线 $\boldsymbol{N}$ 的夹角为 θ。景物沿光轴离开镜头的距离为 z（因为这里设从镜头指向图像的方向为正向，所以图中记为 $-z$）。

从镜头中心看到的图像像元的面积为 $\delta I\times\cos\alpha$，而图像像元与镜头中心的实际距离是 $\lambda/\cos\alpha$，所以图像像元所对的**立体角**（见 2.4.1 小节）为 $\delta I\times\cos\alpha/(\lambda/\cos\alpha)^2$。类似可知从镜头中心看到的景物面元所对的立体角为 $\delta O\times\cos\theta/(z/\cos\alpha)^2$。由两个立体角的相等可得到

$$\frac{\delta O}{\delta I}=\frac{\cos\alpha}{\cos\theta}\left(\frac{z}{\lambda}\right)^2 \tag{8.2.1}$$

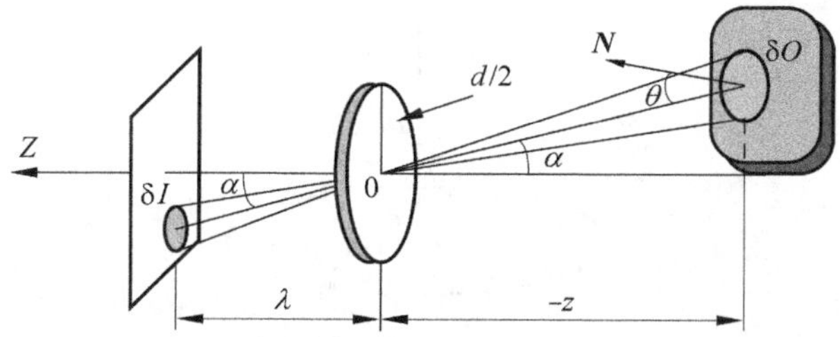

图 8.2.1　景物表面面元与对应的图像像元

再看景物表面射出的光有多少将穿越镜头。因为镜头面积为 $\pi(d/2)^2$，所以由图 8.2.1 可知从景物面元看到的镜头所对立体角为

$$\Omega=\frac{\pi d^2}{4}\cos\alpha\frac{1}{(z/\cos\alpha)^2}=\frac{\pi}{4}\left(\frac{d}{z}\right)^2\cos^3\alpha \tag{8.2.2}$$

这样由景物表面面元 δO 射出并穿越镜头的功率为

$$\delta P=L\times\delta O\times\Omega\times\cos\theta=L\times\delta O\times\frac{\pi}{4}\left(\frac{d}{z}\right)^2\cos^3\alpha\cos\theta \tag{8.2.3}$$

其中 L 为景物表面在朝着镜头方向上的景物亮度。由于从景物其他区域射来的光线不会到达图像面元 δI，所以该面元得到的照度为

$$E=\frac{\delta P}{\delta I}=L\times\frac{\delta O}{\delta I}\times\frac{\pi}{4}\left(\frac{d}{z}\right)^2\cos^3\alpha\cos\theta \tag{8.2.4}$$

将式(8.2.1)代入式(8.2.4)，最终得到

$$E=L\,\frac{\pi}{4}\left(\frac{d}{\lambda}\right)^2\cos^4\alpha \tag{8.2.5}$$

由式(8.2.5)可见所测量出的面元照度 E 与所感兴趣的景物亮度 L 成正比，并且与镜头的面积成正比，与镜头焦距的平方成反比。摄像机运动所产生的照度变化体现在夹角 α 上。

2. 双向反射分布函数

当对观测景物成像时，景物亮度 L 不仅与入射到景物表面的光通量和入射光被反射的比例有关，还与光反射的几何因素有关，即与光照方向和视线方向有关。现在来看图 8.2.2 所示的坐标系统，其中 $\mathbf{N}$ 为表面面元的法线，OR 为一任意参考线，一条光线 $\boldsymbol{I}$ 的方向可用该光线与面元法线间的夹角 θ(称为极角)和该光线在景物表面的正投影与参考线之间的夹角 ϕ(称为方位角)表示。

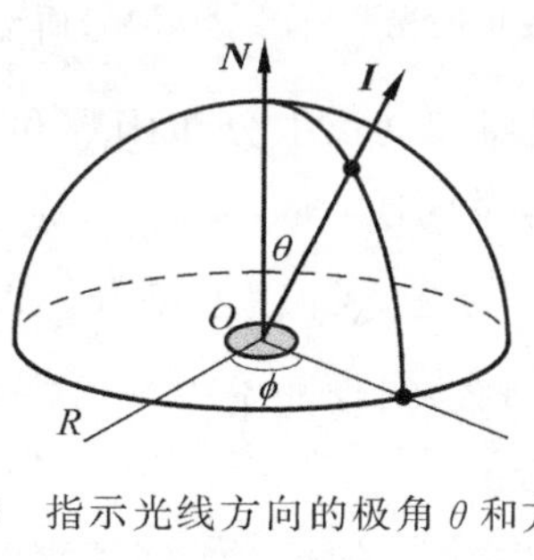

图 8.2.2　指示光线方向的极角 θ 和方位角 ϕ

借助这样的坐标系统可用(θ_i，ϕ_i)表示入射到景物表面光线的方向，并可用(θ_e，ϕ_e)表示反射到观察者视线的方向，见图 8.2.3。

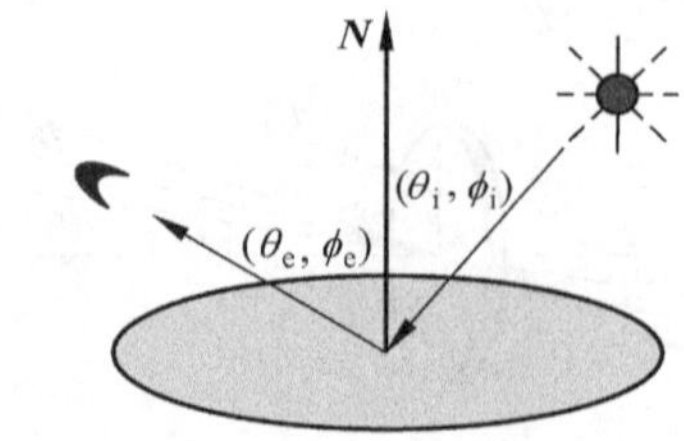

图 8.2.3 双向反射分布函数示意

由此可定义对理解表面反射非常重要的**双向反射分布函数**(BRDF),以下把它记为 $f(\theta_i,\phi_i;\theta_e,\phi_e)$。它表示当光线沿方向$(\theta_i,\phi_i)$入射到景物表面而观察者在方向$(\theta_e,\phi_e)$所观察到的表面明亮情况。双向反射分布函数的单位是立体角的倒数(sr^{-1}),它的取值从零到无穷大(此时任意小的入射都会导致观察到辐射)。注意 $f(\theta_i,\phi_i;\theta_e,\phi_e)=f(\theta_e,\phi_e;\theta_i,\phi_i)$,即双向反射分布函数关于入射和反射方向对称。设沿$(\theta_i,\phi_i)$方向入射到物体表面而使物体得到的照度为 $\delta E(\theta_i,\phi_i)$,由$(\theta_e,\phi_e)$方向观察到的反射(发射)亮度为 $\delta L(\theta_e,\phi_e)$,双向反射分布函数就是亮度和照度的比值,即

$$f(\theta_i,\phi_i;\theta_e,\phi_e)=\frac{\delta L(\theta_e,\phi_e)}{\delta E(\theta_i,\phi_i)} \tag{8.2.6}$$

现在进一步考虑扩展光源(见 2.4.1 小节)的情况。在图 8.2.4 中,天空(可认为半径为 1)上的一个无穷小面元沿极角的宽度为 $\delta\theta_i$,沿方位角的宽度为 $\delta\phi_i$。与这个面元对应的立体角是 $\delta\omega=\sin\theta_i\delta\theta_i\delta\phi_i$(其中 $\sin\theta_i$ 考虑了折合后的球面半径)。如令 $E_o(\theta_i,\phi_i)$为沿(θ_i,ϕ_i)方向单位立体角的照度,则面元的照度为 $E_o(\theta_i,\phi_i)\sin\theta_i\delta\theta_i\delta\phi_i$,而整个表面所接受到的照度为

$$E=\int_{-\pi}^{\pi}\int_{0}^{\pi/2}E_o(\theta_i,\phi_i)\sin\theta_i\cos\theta_i\,d\theta_i\,d\phi_i \tag{8.2.7}$$

其中 $\cos\theta_i$ 考虑了表面沿(θ_i,ϕ_i)方向投影的影响(投影到与法线垂直的平面上)。

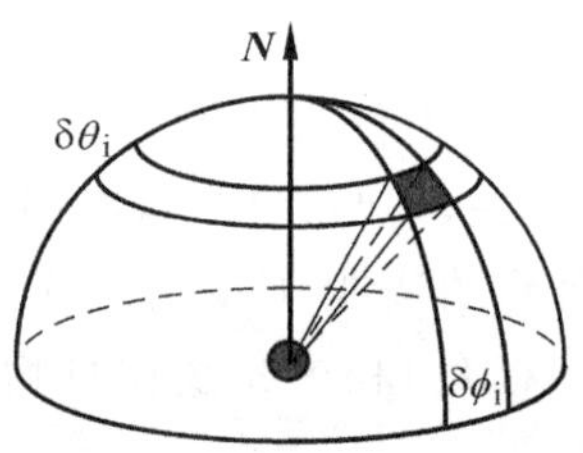

图 8.2.4 在扩展光源情况下求取表面亮度的示意图

为得到整个表面的亮度,需要将双向反射分布函数和面元照度的乘积在包括光可能射入的半球面上加起来,借助式(8.2.6),有

$$L(\theta_e,\phi_e)=\int_{-\pi}^{\pi}\int_{0}^{\pi/2}f(\theta_i,\phi_i;\theta_e,\phi_e)E_o(\theta_i,\phi_i)\sin\theta_i\cos\theta_i\,d\theta_i\,d\phi_i \tag{8.2.8}$$

以上结果是一个双变量(θ_e和 ϕ_e)的函数,这两个变量指示了射向观察者光线的方向。

例 8.2.1 常见入射和观测方式

常见的光入射和观测方式包括图 8.2.5 所示的四种基本形式,其中 θ 表示入射角,ϕ 表示方位角。它们是漫入射 d_i 和定向(θ_i,ϕ_i)入射以及漫反射 d_e和定向(θ_e,ϕ_e)观测两两的组合。它们的反射比依次为:漫入射-漫反射 $\rho(d_i;d_e)$;定向入射-漫反射 $\rho(\theta_i,\phi_i;d_e)$;漫入

射-定向观测 $\rho(d_i; \theta_e, \phi_e)$；定向入射-定向观测 $\rho(\theta_i, \phi_i; \theta_e, \phi_e)$。

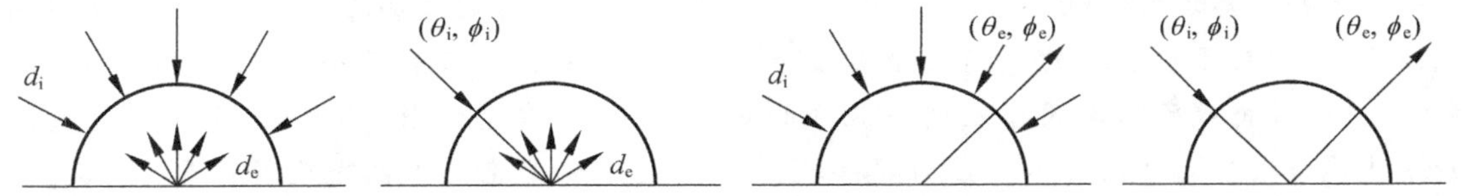

图 8.2.5　四种基本的入射和观测方式 □

8.2.2　表面反射特性和亮度

双向反射分布函数指示了表面的反射特性，不同的表面具有不同的反射特点。下面仅考虑两种极端的情况：理想散射表面和理想镜面反射表面。

理想散射表面也称**朗伯表面**或**漫反射表面**，从所有观察方向看它都同样亮(与观察视线与表面法线之间的夹角无关)，并且它完全不吸收地反射所有入射光。由此可知理想散射表面的 $f(\theta_i, \phi_i; \theta_e, \phi_e)$ 是一个常数(不依赖于角度)，这个常数可如下算得。对一个表面，它在所有方向上的亮度积分应该与该表面得到的总照度相等，即

$$\int_{-\pi}^{\pi}\int_{0}^{\pi/2} f(\theta_i, \phi_i; \theta_e, \phi_e) E(\theta_i, \phi_i) \cos\theta_i \sin\theta_e \cos\theta_e \mathrm{d}\theta_e \mathrm{d}\phi_e = E(\theta_i, \phi_i)\cos\theta_i \tag{8.2.9}$$

其中两边均乘 $\cos\theta_i$ 以转换到 $\boldsymbol{N}$ 方向上。从上式中可解出理想散射表面的 BRDF 为

$$f(\theta_i, \phi_i; \theta_e, \phi_e) = 1/\pi \tag{8.2.10}$$

由上可知对理想散射表面，其亮度 L 和照度 E 的联系为

$$L = E/\pi \tag{8.2.11}$$

例 8.2.2　朗伯表面的法线

实际中常见的磨砂表面会发散地反射光线，理想情况下的磨砂表面模型就是朗伯模型。朗伯表面的反射性仅依赖于入射角 i。进一步，反射性随 i 的变化量是 $\cos i$。对给定的反射光强度 I，可知入射角满足 $\cos i = C \times I$，C 是一个常数，即常数反射系数(albedo)。因此，i 也是一个常数。由此可得到结论：表面法线处在一个围绕入射光线方向的方向圆锥上，该圆锥的半角是 i，圆锥的轴指向照明的点源，即圆锥以入射光方向为中心。

在两条线上相交的两个方向圆锥在空间可定义两个方向，如图 8.2.6 所示。所以，要使表面法线完全没有歧义，还需要第 3 个圆锥。当使用 3 个光源时，各个表面法线一定与 3 个圆锥中的每一个都有共同的顶点：两个圆锥有两条交线，而第 3 个处于常规位置的圆锥将把范围减少到单条线，从而对表面法线的方向给出唯一的解释和估计。需要注意，如果有些点隐藏在后面，没有被某个光源的光线所射到，则仍会有歧义。事实上，3 个光源不能处在一条直线上，而且应该相对于表面分得比较开，且互相之间不遮挡。

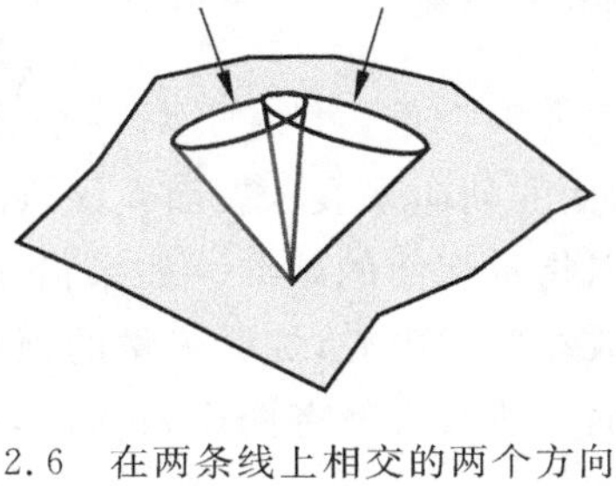

图 8.2.6　在两条线上相交的两个方向圆锥

如果表面的绝对反射系数 R 未知，可以考虑需要第 4 个圆锥。使用 4 个光源能帮助确定一个未知或非理想特性表面的朝向。但这种情况并不是总是必要的。例如在 3 条光线互相正交时，相对于各个轴的夹角的余弦之和一定是 1，这说明只有两个角度是独立的。所以，用 3 组数据就已确定 R 以及两个独立的角度，即得到完全的解。使用 4 个光源在实际应用中能帮助确定任何的不一致的解释，这种不一致有可能来自有高光反射元素的情况。

□

理想镜面反射表面像镜面一样全反射(如物体上的高亮区就是物体局部对光源进行镜面反射的结果)，这样反射的光波长仅取决于光源，而与反射面的颜色无关。与理想散射表面不同，一个理想镜面反射表面可将所有从(θ_i,ϕ_i)方向射入的光全部反射到(θ_e,ϕ_e)方向上，此时入射角与反射角相等，见图 8.2.7。理想镜面反射表面的 BRDF 将正比于(比例系数为 k)两个脉冲 $\delta(\theta_e-\theta_i)$和 $\delta(\phi_e-\phi_i-\pi)$的乘积。

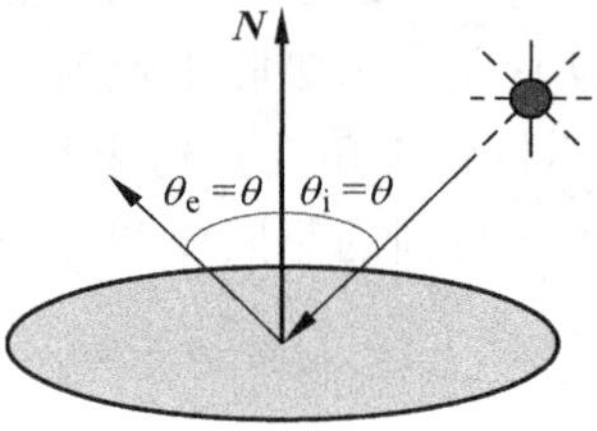

图 8.2.7　理想镜面反射表面示意图

为求比例系数 k，对表面所有方向的亮度求积分，它应与表面得到的总照度相等，即

$$\int_{-\pi}^{\pi}\int_{0}^{\pi/2} k\delta(\theta_e-\theta_i)\delta(\phi_e-\phi_i-\pi)\sin\theta_e\cos\theta_e\,d\theta_e\,d\phi_e = k\sin\theta_i\cos\theta_i = 1 \tag{8.2.12}$$

从中可解出理想镜面反射表面的 BRDF 为

$$f(\theta_i,\phi_i;\theta_e,\phi_e)=\frac{\delta(\theta_e-\theta_i)\delta(\phi_e-\phi_i-\pi)}{\sin\theta_i\cos\theta_i} \tag{8.2.13}$$

当光源是扩展光源时，将上式代入式(8.2.8)，可得到理想镜面反射表面的亮度为

$$\begin{aligned} L(\theta_e,\phi_e) &= \int_{-\pi}^{\pi}\int_{0}^{\pi/2} \frac{\delta(\theta_e-\theta_i)\delta(\phi_e-\phi_i-\pi)}{\sin\theta_i\cos\theta_i}E(\theta_i,\phi_i)\sin\theta_i\cos\theta_i\,d\theta_i\,d\phi_i \\ &= E(\theta_e,\phi_e-\pi) \end{aligned} \tag{8.2.14}$$

即极角不变，但方位角转了 180°。

实际中理想散射表面和理想镜面反射表面都比较少见，许多表面可看作既有一部分理想散射表面的性质，又有一部分理想镜面反射表面的性质。换句话说，实际表面的 BRDF 是式(8.2.10)和式(8.2.13)的加权和。

8.2.3　景物表面朝向

景物表面的朝向是对该表面的一个重要描述。对一个光滑的表面，在其上每个点都有一个对应的切面，可以用这个切面的朝向来表示表面在该点的朝向。而表面的法线矢量，即与切面垂直的(单位)矢量则可以指示切面的朝向。如果借用高斯球坐标系统(见 5.2.2 小节)，并将这个法线矢量的尾端放在球的中心，那么矢量的顶端与球面将在一个特定点相交，这个相交点可用来标记表面朝向。法线矢量有两个自由度，所以交点在球面上的位置可用两个变量表示，例如使用极角和方位角或者使用经度和纬度。

上述这些变量的选定与坐标系统的设置有关。一般为方便起见，常将坐标系统的一个轴与成像系统的光轴重合，并将系统原点放在镜头的中心，让另外两个轴与图像平面平行。在右手系统中，可让 Z 轴指向图像，如图 8.2.8 中所示。这样，景物表面就可用与镜头平面（即与像平面平行）正交的距离 $-z$ 来描述。

现在将表面法线矢量用 z 以及 z 对 x 和 y 的偏导数写出来。表面法线与表面切面上的所有线都垂直，所以求切面上任意两条不平行直线的外（叉）积就可得到表面法线，这可参见图 8.2.9。

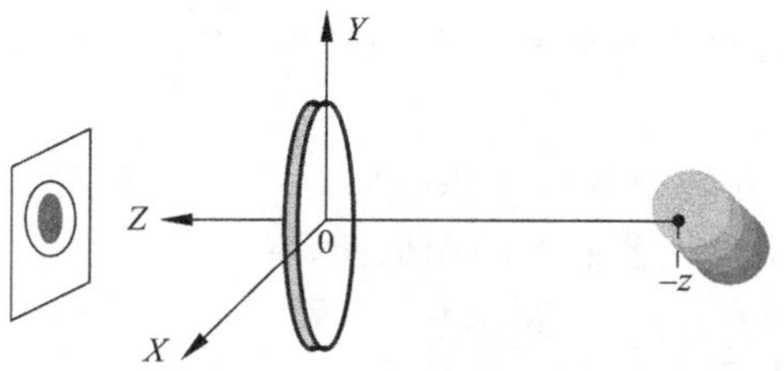

图 8.2.8 用与镜头平面正交的距离来描述表面

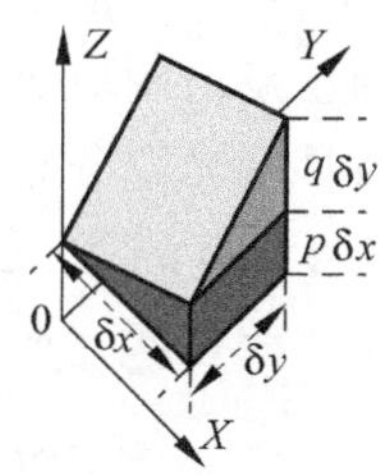

图 8.2.9 用偏微分参数化表面朝向

如果从一个给定点 (x,y) 沿 X 轴方向取一个小的步长 δx，根据泰勒展开式可知沿 Z 轴方向的变化为 $\delta z=\delta x\times\partial z/\partial x+e$，其中 e 包括高阶项。以下分别用 p 和 q 代表 z 对 x 和 y 的偏导，一般也将 (p,q) 称为表面梯度。这样沿 X 轴方向的矢量为 $[\delta x \quad 0 \quad p\delta x]^{\mathrm{T}}$，则平行于矢量 $\boldsymbol{r}_x=[1 \quad 0 \quad p]^{\mathrm{T}}$ 的直线过切面的 (x,y) 处。类似地，平行于矢量 $\boldsymbol{r}_y=[0\ 1\ q]^{\mathrm{T}}$ 的直线也过切面的 (x,y) 处。表面法线可通过求这两条直线的外积得到。最后，要确定的是让法线指向观察者还是离开观察者。如果让它指向观察者（取反向），则有

$$\boldsymbol{N}=\boldsymbol{r}_x\times\boldsymbol{r}_y=[1 \quad 0 \quad p]^{\mathrm{T}}\times[0 \quad 1 \quad q]^{\mathrm{T}}=[-p \quad -q \quad 1]^{\mathrm{T}} \tag{8.2.15}$$

这里表面法线上的单位矢量为

$$\hat{\boldsymbol{N}}=\frac{\boldsymbol{N}}{|\boldsymbol{N}|}=\frac{[-p \quad -q \quad 1]^{\mathrm{T}}}{\sqrt{1+p^2+q^2}} \tag{8.2.16}$$

下面计算景物表面法线和镜头方向间的夹角 θ_{e}。设景物相当接近光轴，则从景物到镜头的单位观察矢量 $\hat{\boldsymbol{V}}$ 可认为是 $[0 \quad 0 \quad 1]^{\mathrm{T}}$，所以由两个单位矢量的点积运算结果可以得到

$$\hat{\boldsymbol{N}}\cdot\hat{\boldsymbol{V}}=\cos\theta_{\mathrm{e}}=\frac{1}{\sqrt{1+p^2+q^2}} \tag{8.2.17}$$

当光源与景物之间的距离比景物本身的线度大很多时，光源方向可仅用一个固定的矢量来指示，与该矢量相对应的表面朝向和光源射出的光线是正交的。如果景物表面的法线可用 $[-p_{\mathrm{s}} \quad -q_{\mathrm{s}} \quad 1]^{\mathrm{T}}$ 表示，则当光源和观察者都在景物的同一边时，光源光线的方向可用梯度 $(p_{\mathrm{s}},q_{\mathrm{s}})$ 来指示。

8.2.4 反射图和亮度约束方程

现在考虑将像素灰度（图像亮度）与像素梯度（表面朝向）联系起来。

1. 反射图

考虑点光源照射一个朗伯表面，照度为 E，根据式(8.2.10)，其亮度为

$$L = \frac{1}{\pi}E\cos\theta_i \quad \theta_i \geqslant 0 \tag{8.2.18}$$

其中，θ_i 为表面法线矢量$[-p \quad -q \quad 1]^T$和指向光源矢量$[-p_s \quad -q_s \quad 1]^T$间的夹角。注意，由于亮度不能为负，所以有 $0 \leqslant \theta_i \leqslant \pi/2$。求这两个单位矢量的内积可得到

$$\cos\theta_i = \frac{1 + p_s p + q_s q}{\sqrt{1 + p^2 + q^2}\sqrt{1 + p_s^2 + q_s^2}} \tag{8.2.19}$$

代入式(8.2.18)，可得到景物亮度与表面朝向的关系。将这样得到的关系函数记为 $R(p,q)$，并将其作为梯度(p,q)的函数以等值线形式画出而得到的图称为**反射图**。一般将 PQ 平面称为**梯度空间**，其中每一点(p,q)对应一个特定的表面朝向。处在原点的点代表所有垂直于观察方向的平面。反射图取决于目标表面材料的性质和光源的位置，或者说在反射图中综合了表面反射特性和光源分布的信息。

图像照度正比于若干常数，包括焦距 λ 平方的倒数和光源的固定亮度。实用中常将反射图归一化以便于统一描述。对由一个远距离点光源照明的朗伯面，有

$$R(p,q) = \frac{1 + p_s p + q_s q}{\sqrt{1 + p^2 + q^2}\sqrt{1 + p_s^2 + q_s^2}} \tag{8.2.20}$$

由上式可知，景物亮度与表面朝向的关系可从反射图获得。对朗伯表面来说，等值线将是嵌套的圆锥曲线，这是因为由 $R(p,q)=c$ 可得$(1+p_s p+q_s q)^2=c^2(1+p^2+q^2)(1+p_s^2+q_s^2)$。$R(p,q)$的最大值在$(p,q)=(p_s,q_s)$处取得。

例 8.2.3 朗伯表面反射图示例

图 8.2.10 给出三个朗伯表面反射图的例子，其中图(a)为 $p_s=0, q_s=0$ 时的情况(嵌套的同心圆)；图(b)为 $p_s\neq 0, q_s=0$ 时的情况(椭圆或双曲线)；图(c)为 $p_s\neq 0, q_s\neq 0$ 时的情况(双曲线)。

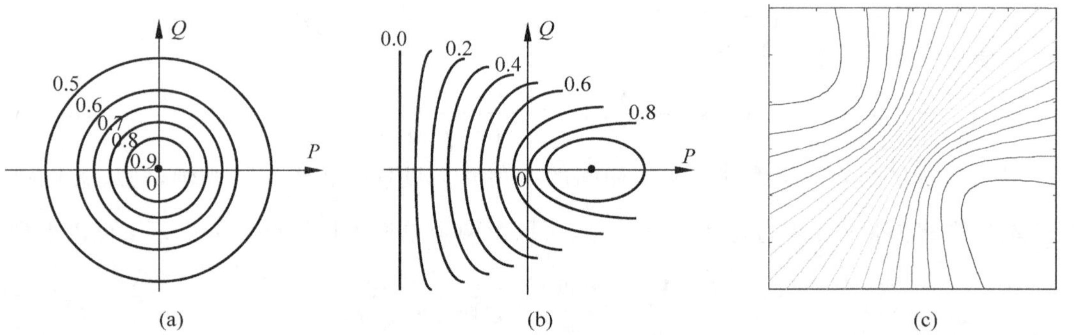

图 8.2.10 朗伯表面反射图示例 □

现在考虑另一种极端情况，称为**各向同性辐射表面**。如果一个物体表面可向各个方向均匀辐射(物理上并不可实现)，则当倾斜地看它时会觉得比较亮。这是因为倾斜减少了可见的表面积，而由假设可知，辐射本身并不变化，所以单位面积上的辐射量就会较大。此时表面的亮度取决于辐射角余弦的倒数。考虑到物体表面在光源方向上的投影，可知亮度正比于 $\cos\theta_i/\cos\theta_e$。因为 $\cos\theta_e=1/(1+p^2+q^2)^{1/2}$，所以有

$$R(p,q) = \frac{1 + p_s p + q_s q}{\sqrt{1 + p_s^2 + q_s^2}} \tag{8.2.21}$$

等值线现在是平行直线，这是因为由 $R(p,q)=c$ 可得 $(1+p_s p+q_s q)=c(1+p_s^2+q_s^2)^{1/2}$。这些直线与方向 (p_s,q_s) 正交。

例 8.2.4 各向同性辐射表面反射图示例

图 8.2.11 为一个各向同性辐射表面反射图的示例，这里设 $p_s/q_s=1/2$，所以等值线（直线）的斜率为 2。

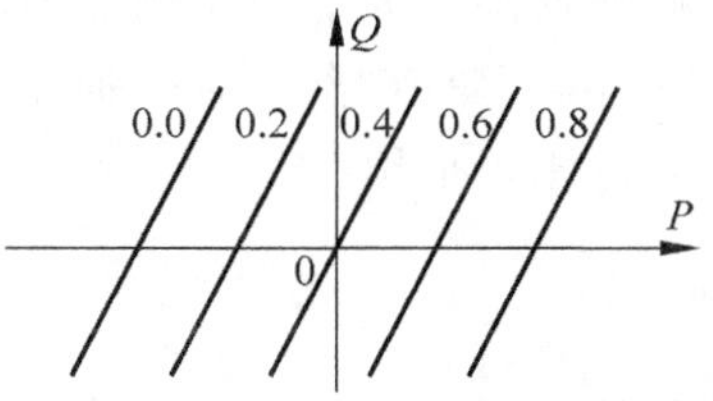

图 8.2.11 各向同性辐射表面反射图示例 □

2. 亮度约束方程

反射图表示了表面亮度与表面朝向之间的依赖关系。图像上一个点的照度 $E(x,y)$ 是正比于景物表面对应点的亮度的。设在该点的表面梯度是 (p,q)，则该点的亮度可记为 $R(p,q)$。如果通过归一化将比例系数定成单位值，可以得到

$$E(x,y)=R(p,q) \tag{8.2.22}$$

这个方程称为**图像亮度约束方程**，它表明在图像中 (x,y) 处像素的灰度 $I(x,y)$ 取决于该像素由 (p,q) 所表达的反射特性 $R(p,q)$。图像亮度约束方程把图像平面 XY 中任意一个位置 (x,y) 的亮度与用某一梯度空间 PQ 表达的采样单元的取向 (p,q) 联系在了一起。图像亮度约束方程在由图像恢复目标表面形状中起着重要的作用。

现设一个朗伯表面的球体被一个点光源所照明，且观察者也处在点源位置。因为此时有 $\theta_e=\theta_i$ 和 $(p_s,q_s)=(0,0)$，所以由式(8.2.20)，亮度与梯度的关系是

$$R(p,q)=\frac{1}{\sqrt{1+p^2+q^2}} \tag{8.2.23}$$

如果这个球体的中心在光轴上，则它的表面方程为

$$z=z_0+\sqrt{r^2-(x^2+y^2)} \quad x^2+y^2\leqslant r^2 \tag{8.2.24}$$

其中，r 为球的半径；$-z_0$ 为球中心与镜头间的距离（见图 8.2.12）。

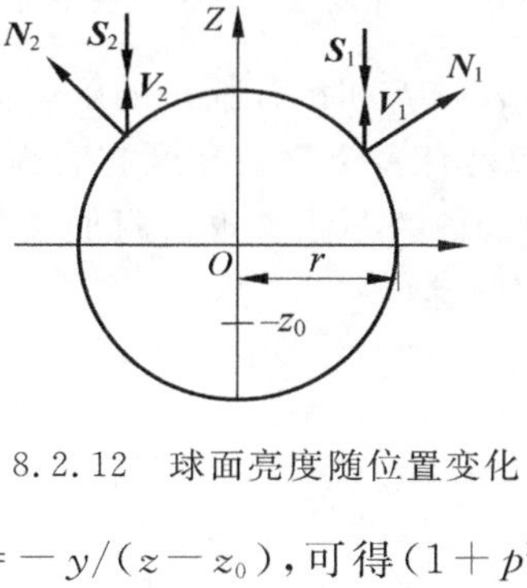

图 8.2.12 球面亮度随位置变化

根据 $p=-x/(z-z_0)$ 和 $q=-y/(z-z_0)$，可得 $(1+p^2+q^2)^{1/2}=r/(z-z_0)$，并最后得到

$$E(x,y) = R(p,q) = \sqrt{1 - \frac{x^2 + y^2}{r^2}} \tag{8.2.25}$$

由上式可见，亮度从在图像中心的最大值逐步减到在图像边缘的零值。考虑图 8.2.12 中标出的光源方向 **S** 以及视线方向 **V** 和表面方向 **N** 也可得到相同结论。当人观察到这样一种阴影变化时，会认为图像是由圆形或球形物体成像得到的。但如果球的表面各部分具有不同反射特性，得到的图像和产生的感觉都将会不同。例如当反射图由式(8.2.21)表示，而且$(p_s, q_s) = (0,0)$时，则得到一个均匀亮度的圆盘。对习惯于观察具有朗伯表面反射特性的人来说，这样一个球面看起来会显得比较平坦。

8.2.5 光度立体学求解

对于给定的一幅图像，人们常常希望能恢复出原来成像物体的形状。从由 p 和 q 所确定的表面朝向到由反射图 $R(p,q)$ 所确定的亮度间的对应关系是唯一的，但反过来却不一定。实际中常有无穷多个表面朝向可给出相同的亮度，在反射图上这些对应相同亮度的朝向是由等值线连起来的。有些情况下，常常可以利用亮度为最大或最小的特殊点来帮助确定表面朝向。根据式(8.2.20)，对一个朗伯表面来说，只有当$(p,q) = (p_s, q_s)$时才有 $R(p,q) = 1$，所以给定了表面亮度，就可以唯一地确定表面朝向。但一般情况下，从图像亮度到表面朝向的对应关系并不是唯一的，这是因为在每个空间位置亮度只有一个自由度(亮度值)，而朝向有两个自由度(两个梯度值)。

这样看来，为恢复表面朝向需要引进新的信息。要确定两个未知数 p 和 q 应有两个方程，利用不同光线下(见图 8.2.13)采集的两幅图可对每个图像点产生两个方程：

$$\begin{aligned} R_1(p,q) &= E_1 \\ R_2(p,q) &= E_2 \end{aligned} \tag{8.2.26}$$

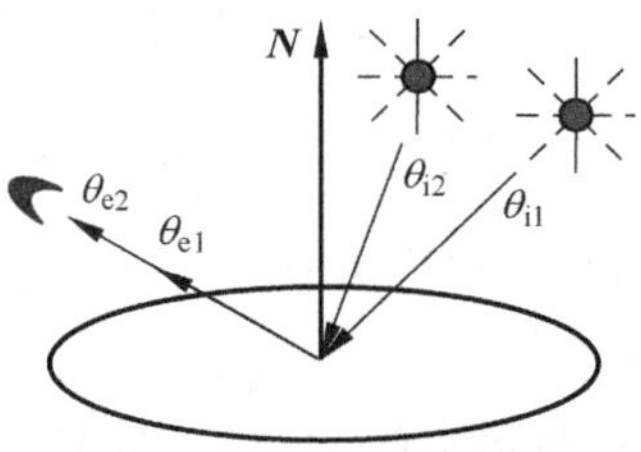

图 8.2.13 光度立体学中照明情况的变化

如果这些方程是线性独立的，那么对 p 和 q 有唯一的解。如果这些方程不是线性的，那么对 p 和 q 来说，或者是没有解，或者是有多个解。亮度与表面朝向的对应不唯一是一个病态问题，采集两幅图像相当于用增加设备的办法来提供附加条件以解病态问题。

例 8.2.5 光度立体学求解计算

设

$$R_1(p,q) = \sqrt{\frac{1 + p_1 p + q_1 q}{r_1}} \quad 和 \quad R_2(p,q) = \sqrt{\frac{1 + p_2 p + q_2 q}{r_2}}$$

其中

$$r_1 = 1 + p_1^2 + q_1^2 \quad 和 \quad r_2 = 1 + p_2^2 + q_2^2$$

则只要 $p_1/q_1 \neq p_2/q_2$，从上面各式可解得

$$p = \frac{(E_1^2 r_1 - 1)q_2 - (E_2^2 r_2 - 1)q_1}{p_1 q_2 - q_1 p_2} \quad 和 \quad q = \frac{(E_2^2 r_2 - 1)p_1 - (E_1^2 r_1 - 1)p_2}{p_1 q_2 - q_1 p_2}$$

由上可见，若给定两幅在不同光照条件下采集到的对应图像，则对成像物体上各点的表面朝向都可得到唯一解。 □

例 8.2.6 光度立体学求解示例

图 8.2.14(a)和(b)为两幅在不同光照条件下(同一个光源处于两个不同位置)对同一个球体采集得到的对应图像。图(c)为用上述方法计算出表面朝向后将各点的朝向矢量画出来的结果，可见接近球中心的朝向比较垂直于纸面，而接近球边缘的朝向比较平行于纸面。注意，在光线照射不到的地方，或仅一幅图有光照的地方，表面朝向无法确定。

(a) (b) (c)

图 8.2.14 用光度立体学计算表面朝向 □

许多实际情况中常使用 3 个不同的照明光源，这不仅可以使方程线性化，更重要的是可提高精确度和增加可求解的表面朝向范围。另外，这新增加的第 3 个图像还可帮助恢复表面反射系数。

表面反射性质常可用两个因子(系数)的乘积来描述，一个是几何项，代表对光反射角的依赖；另一个是入射光被表面反射的比例，称为反射系数。

一般情况下物体表面各部分的反射特性是不一致的。在最简单的情况下，亮度仅是反射系数和某些朝向函数的乘积。这里反射系数的取值为 0～1。设有一个类似朗伯表面的表面(从各方向看有相同亮度但并不反射所有入射光)，它的亮度可表示为 $\rho\cos\theta_i$，ρ 为表面反射系数(它有可能随着在表明上的位置而变化)。为了恢复反射系数和梯度(p,q)需要 3 类信息，这些信息可从对 3 幅图像的测量中得到。

先引进在 3 个光源方向上的单位矢量：

$$\boldsymbol{S}_j = \frac{[-p_j \quad -q_j \quad 1]^{\mathrm{T}}}{\sqrt{1+p_j^2+q_j^2}} \quad j = 1,2,3 \tag{8.2.27}$$

则照度为

$$E_j = \rho(\boldsymbol{S}_j \cdot \boldsymbol{N}) \quad j = 1,2,3 \tag{8.2.28}$$

其中

$$\boldsymbol{N} = \frac{[-p \quad -q \quad 1]^{\mathrm{T}}}{\sqrt{1+p^2+q^2}} \tag{8.2.29}$$

为表面法线的单位矢量。这样对单位矢量 $\boldsymbol{N}$ 和 ρ 可得到 3 个方程：

$$E_1 = \rho(\boldsymbol{S}_1 \cdot \boldsymbol{N}) \quad E_2 = \rho(\boldsymbol{S}_2 \cdot \boldsymbol{N}) \quad E_3 = \rho(\boldsymbol{S}_3 \cdot \boldsymbol{N}) \tag{8.2.30}$$

将这些方程结合可得到

$$\boldsymbol{E} = \rho \boldsymbol{S} \cdot \boldsymbol{N} \tag{8.2.31}$$

其中矩阵 $\boldsymbol{S}$ 的行就是光源方向矢量 $\boldsymbol{S}_1$，$\boldsymbol{S}_2$，$\boldsymbol{S}_3$，而矢量 $\boldsymbol{E}$ 的元素就是 3 个亮度测量值。设 $\boldsymbol{S}$ 为非奇异，由式(8.2.31)出发可以得到

$$\rho \boldsymbol{N} = \boldsymbol{S}^{-1} \cdot \boldsymbol{E} = \frac{1}{[\boldsymbol{S}_1 \cdot (\boldsymbol{S}_2 \times \boldsymbol{S}_3)]}[E_1(\boldsymbol{S}_2 \times \boldsymbol{S}_3) + E_2(\boldsymbol{S}_3 \times \boldsymbol{S}_1) + E_3(\boldsymbol{S}_1 \times \boldsymbol{S}_2)] \tag{8.2.32}$$

表面法线的方向是常数与三个矢量线性组合的乘积，这三个矢量中的每一个都与两个光源的方向垂直。如果将各个矢量都与第三个光源使用时得到的亮度相乘，通过确定矢量的值就可确定唯一的反射系数。

例 8.2.7 用三幅图像恢复反射系数

设将一个光源分别放在空间三个位置(−3.4，−0.8，−1.0)，(0.0，0.0，−1.0)，(−4.7，−3.9，−1.0)采集到三幅图像。根据亮度约束方程可得三组方程，从而将表面朝向和反射系数 ρ 算出来。图 8.2.15(a)给出这三组反射特性曲线。由图(b)可见：在反射系数 $\rho=0.8$ 时，三条反射特性曲线交于一点 $p=-0.1$，$q=-0.1$；而其他情况下，不会有交点。

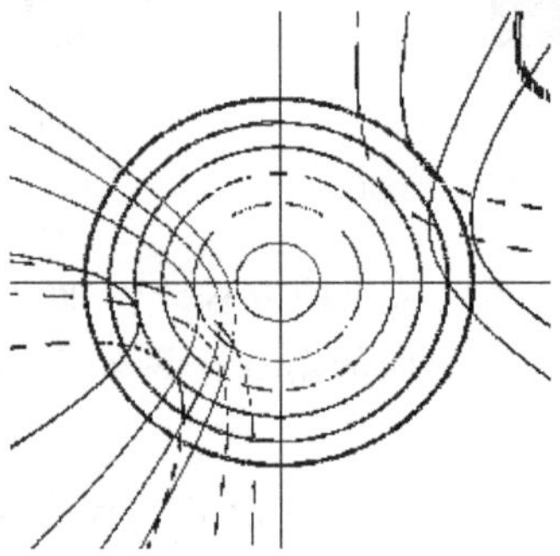

(a)

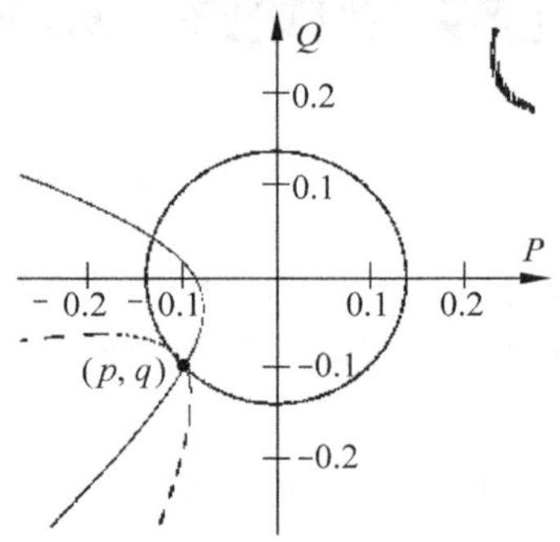

(b)

图 8.2.15 用三幅图像恢复反射系数 □

8.3 从运动求取结构

在 4.2.1 节中，介绍了利用运动摄像机获取场景深度信息的方法。上面介绍的光度立体学方法中，通过移动光源来揭示景物各表面的朝向。事实上，如果固定光源但改变景物的位姿也有可能将不同的景物表面展现出来。景物的位姿变化可通过景物的运动来实现，所以利用序列图像或视频并对其中的景物运动进行检测也能揭示景物各部分的结构。

对运动的检测可基于图像亮度随时间的变化而进行。需要注意，虽然摄像机的运动或景物的运动都会导致视频中各图像帧之间的亮度变化，视频图像中照明条件的改变也会导致图像亮度随时间的变化，所以图像平面上亮度随时间的变化并不一定总对应运动。一般用光流(矢量)来表示图像亮度随时间的变化(见本套书中册 11.2.2 小节)，但有时与场景中的实际运动是有差别的。

8.3.1 光流和运动场

运动可用运动场描述，运动场由图像中每个点的运动（速度）矢量构成。当目标在摄像机前运动或摄像机在一个固定的环境中运动时，都有可能获得对应的图像变化，这些变化可用来恢复（获得）摄像机和目标间的相对运动以及景物中多个目标间的相互关系。

例 8.3.1 运动场的计算

运动场给图像中的每个点赋予一个运动矢量。设在某个特定的时刻，图像中一点 P_i 对应目标表面的某个点 P_o（见图 8.3.1），利用投影方程可以将这两个点联系在一起。令目标点 P_o 相对于摄像机的运动速度为 $\mathbf{V}_o$，则这个运动会导致对应的图像点 P_i 产生速度为 $\mathbf{V}_i$ 的运动。这两个速度分别为

$$\mathbf{V}_o = \frac{\mathrm{d}\boldsymbol{r}_o}{\mathrm{d}t} \quad \mathbf{V}_i = \frac{\mathrm{d}\boldsymbol{r}_i}{\mathrm{d}t} \tag{8.3.1}$$

其中 $\boldsymbol{r}_o$ 和 $\boldsymbol{r}_i$ 由下式联系

$$\frac{1}{\lambda}\boldsymbol{r}_i = \frac{1}{\boldsymbol{r}_o \cdot \boldsymbol{z}}\boldsymbol{r}_o \tag{8.3.2}$$

式中 λ 为镜头焦距，z 为镜头中心到目标的距离。对上式求导可得到赋给每个像素点的速度矢量，而这些速度矢量构成运动场。

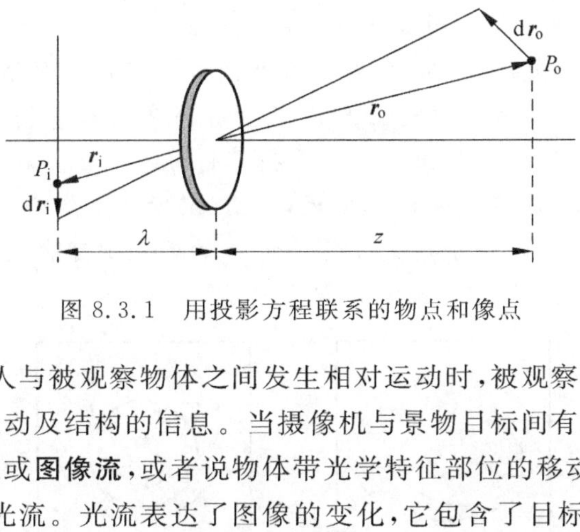

图 8.3.1 用投影方程联系的物点和像点 □

视觉心理学认为，人与被观察物体之间发生相对运动时，被观察物体表面带光学特征部位的移动给人提供了运动及结构的信息。当摄像机与景物目标间有相对运动时所观察到的亮度模式运动称为**光流**或**图像流**，或者说物体带光学特征部位的移动投影到视网膜平面（也即图像平面）上就形成光流。光流表达了图像的变化，它包含了目标运动的信息，可用来确定观察者相对目标的运动情况。光流有 3 个要素：①运动（速度场），这是光流形成的必要条件；②带光学特性的部位（例如有灰度的像素点），它能携带信息；③成像投影（从景物到图像平面），所以光流能被观察到。

光流与运动场虽有密切关系但又不完全对应。景物中的目标运动导致图像中的亮度模式运动，而亮度模式的可见运动产生光流。在理想情况下光流与运动场相对应，但实际中也有不对应的时候。换句话说，运动产生光流，因而有光流一定存在着运动，然而并不是有运动就必定有光流。

例 8.3.2 光流和运动场的区别示例

首先考虑光源固定的情况下有一个具有均匀反射特性的圆球在摄像机前旋转，见图 8.3.2(a)。这时球面图像各处有亮度的空间变化，但这个空间变化并不随球表面的转动

而改变，所以图像并不随时间发生(灰度)变化。在这种情况下，尽管运动场不为零，但光流到处为零。接下来考虑固定的圆球受到运动光源照射的情况，见图 8.3.2(b)。图像中各处的灰度将会随光源运动而产生由于光照条件改变所导致的变化。在这种情况下，尽管光流不为零，但圆球的运动场到处为零。这种运动也称为表观运动(光流是亮度模式的表观运动)。上两种情况都可看作是光学错觉。

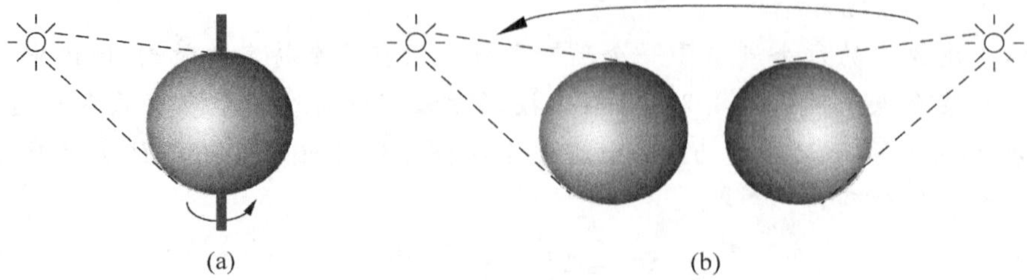

图 8.3.2　光流并不等价于运动场　□

由上例可见，光流并不等价于运动场。不过在绝大多数情况下，光流与运动场还是有一定的对应关系的，所以在许多情况下可根据光流与运动场的对应关系由图像变化来估计相对运动。但需要注意，这里也有一个确定不同图像间对应点的问题。

例 8.3.3　图像间对应点的确定问题

参见图 8.3.3，其中各个封闭曲线代表等亮度曲线。考虑在时刻 t 有一个图像点 P 具有亮度 E，如图(a)所示。在 $t+\delta t$ 时，P 对应哪个图像点呢？换句话说，要解决这个问题需要知道亮度模式是如何变化的。一般在 P 附近会有许多点具有相同的亮度 E。如果亮度在这部分区域连续变化，那么 P 应该在一个等亮度的曲线 C 上。在 $t+\delta t$ 时，将会有一些具有相同亮度的等亮度曲线 C' 在原来 C 的附近，如图(b)所示。然而很难说 C' 上的哪个点 P' 对应原来 C 上的点 P，因为两条等亮度曲线 C 和 C' 的形状都可能完全不同。所以尽管可以确定曲线 C 与曲线 C' 对应，但不能确定点 P 与点 P' 对应。

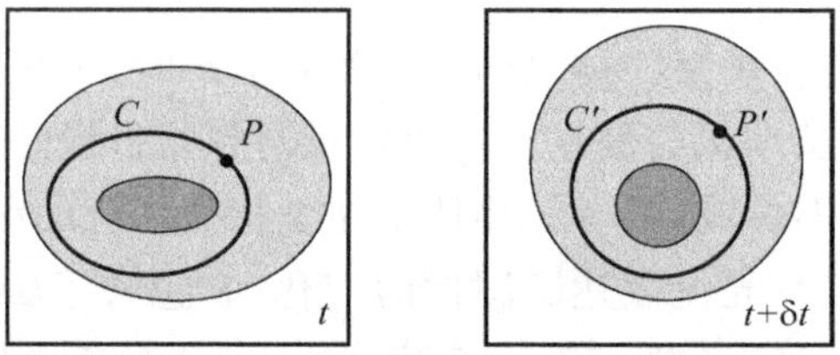

图 8.3.3　两幅不同时刻的图像中的对应点问题　□

由上可见，仅仅依靠变化图像中的局部信息并不能唯一地确定光流。进一步还可再考虑例 8.3.2，如图像中有一块亮度均匀不随时间变化的区域，那么它最可能产生的光流是到处为零，但实际上对均匀区域可赋给它任意的矢量移动模式。

光流可以表达图像中的变化，光流中既包含了被观察物体运动的信息，也包含了与其有关的景物结构信息。通过对光流的分析可以达到确定景物 3-D 结构以及观察者与运动物体之间相对运动的目的。运动分析可借助光流描述图像变化并推算物体结构和运动，其中第 1 步是以 2-D 光流(或相应参考点的速度)表达图像中的变化，第 2 步是根据光流计算结果推算运动物体的 3-D 结构和相对于观察者的运动。

8.3.2 光流方程求解

光流可看成带有灰度的像素点在图像平面上运动而产生的瞬时速度场，据此可建立基本的光流约束方程，也称**光流方程**（见本套书中册 11.2.2 小节）或**图像流方程**。令 $f(x,y,t)$为时刻 t 图像点(x,y)的灰度，$u(x,y)$和 $v(x,y)$表示图像点(x,y)的水平和垂直移动速度，则光流方程可表示为

$$f_x u + f_y v + f_t = 0 \tag{8.3.3}$$

其中，f_x，f_y和 f_t分别表示图像中像素灰度沿 X，Y，T 方向的梯度，可从图像中测得。

式(8.3.3)也可写成

$$(f_x, f_y) \cdot (u, v) = - f_t \tag{8.3.4}$$

该式表明，如果一个固定的观察者观察一幅活动的景物，那么所得图像上某一点灰度的（一阶）时间变化率是景物亮度变化率与该点运动速度的乘积。根据式(8.3.4)可知光流在亮度梯度$(f_x,f_y)^{\mathrm{T}}$方向上的分量是 $f_t/(f_x{}^2 + f_y^2)^{1/2}$，但此时还无法确定在与上述方向垂直方向（即等亮度线方向）上的光流分量。这个问题是由于观察或匹配所用的区域较小而造成的，所以也称为**孔径问题**，可参见 A.5 节或本套书中册 11.3.2 小节。

1. 光流计算：刚体运动

光流的计算就是对光流方程求解，即根据图像点灰度值的梯度求光流分量。光流方程限制了 3 个方向梯度与光流分量的关系，由式(8.3.3)可看出，这是一个关于速度分量 u 和 v 的线性约束方程。如果以速度分量为轴建立一个速度空间（其坐标系见图 8.3.4），则满足约束方程式(8.3.3)的 u 和 v 值都在一条直线上。由图 8.3.4 可得到

$$u_0 = - f_t / f_x \quad v_0 = - f_t / f_y \quad \theta = \arctan(f_x / f_y) \tag{8.3.5}$$

注意该直线上各点均为光流方程的解。换句话说，仅一个光流方程并不足以唯一地确定 u 和 v 两个量。事实上，仅用一个方程去解两个变量是一个病态问题，必须附加其他的约束条件才能求解。

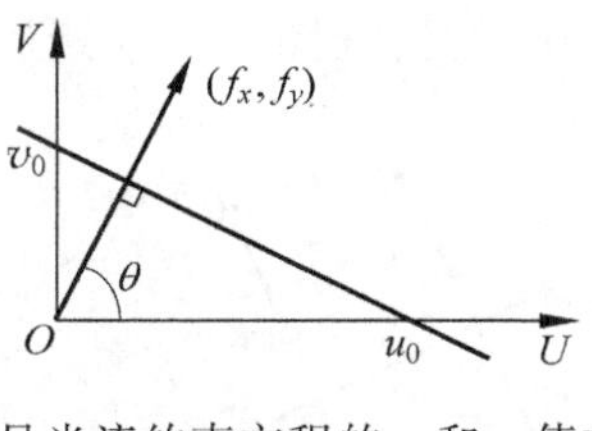

图 8.3.4 满足光流约束方程的 u 和 v 值在一条直线上

在许多情况下，可将研究目标看作无变形刚体，其上面各相邻点具有相同的光流运动速度，可利用这个条件来帮助求解光流方程。根据目标上相邻点具有相同光流运动速度的条件可知光流速度的空间变化率为零，即

$$(\nabla u)^2 = \left(\frac{\partial u}{\partial x} + \frac{\partial u}{\partial y}\right)^2 = 0 \tag{8.3.6}$$

$$(\nabla v)^2 = \left(\frac{\partial v}{\partial x} + \frac{\partial v}{\partial y}\right)^2 = 0 \tag{8.3.7}$$

可将这两个条件与光流方程结合，通过解最小化问题来计算光流。设

$$\varepsilon(x,y)=\sum_x\sum_y\{(f_xu+f_yv+f_t)^2+\lambda^2[(\nabla u)^2+(\nabla v)^2]\} \tag{8.3.8}$$

其中 λ 的取值要考虑图中的噪声情况。如果噪声较强，说明图像数据本身的置信度较低，需要更多地依赖光流约束，所以 λ 需取较大值；反之，λ 需取较小值。为了使得式(8.3.8)中的总误差最小，可将 ε 对 u 和 v 分别求导并取导数为零，这样得到

$$f_x^2u+f_xf_yv=-\lambda^2\ \nabla u-f_xf_t \tag{8.3.9}$$

$$f_y^2v+f_xf_yu=-\lambda^2\ \nabla v-f_yf_t \tag{8.3.10}$$

以上两式也称 Euler 方程。如果令 $\bar{u}$ 和 $\bar{v}$ 分别表示 u 邻域和 v 邻域中的均值(可用图像局部平滑算子计算得到)，并令 $\nabla u=u-\bar{u}$ 和 $\nabla v=v-\bar{v}$，则可将式(8.3.9)和式(8.3.10)变为

$$(f_x^2+\lambda^2)u+f_xf_yv=\lambda^2\ \bar{u}-f_xf_t \tag{8.3.11}$$

$$(f_y^2+\lambda^2)v+f_xf_yu=\lambda^2\ \bar{v}-f_yf_t \tag{8.3.12}$$

从上两式可获得

$$u=\bar{u}-\frac{f_x[f_x\bar{u}+f_y\bar{v}+f_t]}{\lambda^2+f_x^2+f_y^2} \tag{8.3.13}$$

$$v=\bar{v}-\frac{f_y[f_x\bar{u}+f_y\bar{v}+f_t]}{\lambda^2+f_x^2+f_y^2} \tag{8.3.14}$$

式(8.3.13)和式(8.3.14)提供了用迭代方法求解 $u(x,y)$ 和 $v(x,y)$ 的基础。实际中常用如下松弛迭代方程进行求解

$$u^{(n+1)}=\bar{u}^{(n)}-\frac{f_x[f_x\bar{u}^{(n)}+f_y\bar{v}^{(n)}+f_t]}{\lambda^2+f_x^2+f_y^2} \tag{8.3.15}$$

$$v^{(n+1)}=\bar{v}^{(n)}-\frac{f_y[f_x\bar{u}^{(n)}+f_y\bar{v}^{(n)}+f_t]}{\lambda^2+f_x^2+f_y^2} \tag{8.3.16}$$

这里可取 $u^{(0)}=0, v^{(0)}=0$(过原点直线)。上两式有一个简单的几何解释，即在一个新 (u,v) 点的迭代值是该点邻域中的平均值减去一个调节量，这个调节量处于亮度梯度的方向上，参见图 8.3.5。所以，迭代的过程是将直线沿亮度梯度运动的过程，该直线总与亮度梯度的方向垂直。解式(8.3.15)和式(8.3.16)的流程图也可参照后面图 9.1.10 得到。

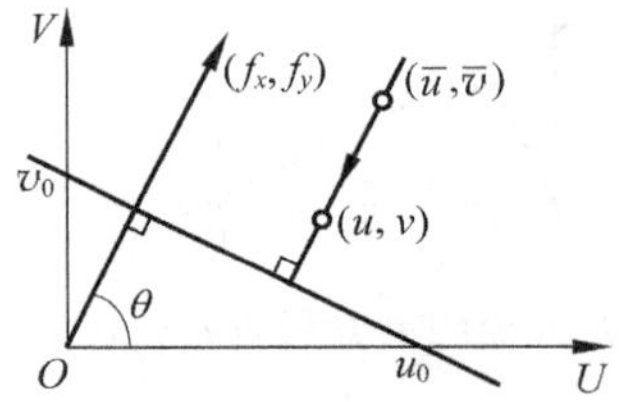

图 8.3.5　用迭代法求解光流的几何解释

例 8.3.4　光流检测示例

图 8.3.6 给出光流检测的一个示例。图(a)为一个足球的图像，图(b)和图(c)分别为将图(a)绕垂直轴旋转和绕视线顺时针旋转得到的图像，图(d)和(e)分别为两种旋转情况下检测到的光流。

由上面得到的光流图可以看出：在足球表面的黑白块交界处光流值比较大，因为这些地方灰度变化得比较剧烈；而在黑白块的内部，光流值很小或为 0，因为在足球运动时，这些点的灰度基本没有变化(类似于有运动无光流)。不过由于足球表面并非完全平滑，所以在

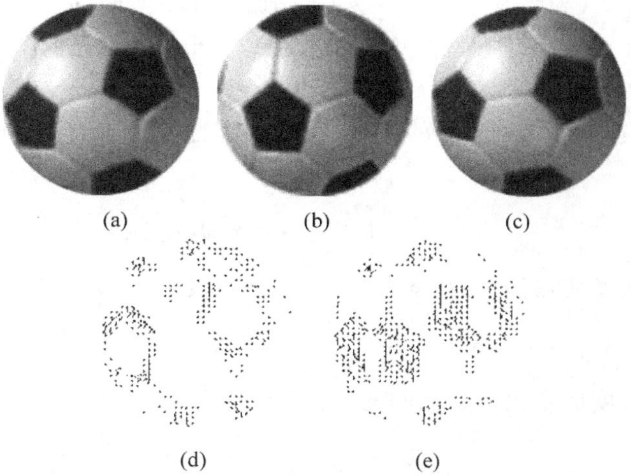

图 8.3.6　光流检测示例

对应有些足球表面的黑白块的内部地方也有一定的光流。 □

2. 光流计算：平滑运动

对前面的式(8.3.9)和式(8.3.10)进一步分析可发现，在亮度梯度完全为零的区域中的光流实际上无法确定，而在亮度梯度变化很快的区域对光流计算的误差有可能较大。另一种常用的光流求解方法是考虑在图像的大部分地方运动场变化一般比较缓慢稳定这个平滑条件。这时可考虑最小化一个与平滑相偏离的测度，常用的测度是对光流速度梯度之幅度平方的积分

$$e_s = \iint [(u_x^2 + u_y^2) + (v_x^2 + v_y^2)]\, \mathrm{d}x\mathrm{d}y \tag{8.3.17}$$

另外还可考虑最小化光流约束方程的误差

$$e_c = \iint [f_x u + f_y v + f_t]^2\, \mathrm{d}x\mathrm{d}y \tag{8.3.18}$$

所以合起来需要最小化 $e_s + \lambda e_c$，其中 λ 是加权量。如果亮度测量精确，则 λ 应取大点，反之，如图像噪声大，则 λ 可取小点。

3. 光流计算：灰度突变

在目标相互重叠的边缘处光流会有间断，要将上述的光流检测方法从一个区域推广到另一个区域就需要确定间断的地方。这带来了一个与先有鸡还是先有蛋类似的问题。如果有一个准确的光流估计，就很易发现光流快速变化的地方从而将图像分成不同的区域；反之，如果能将图像很好地分成不同的区域，就可得到对光流的准确估计。解决这个矛盾的方法是将区域分割结合到光流的迭代求解过程中。具体就是在每次迭代后都寻找光流快速变化的地方，并在这些地方做出标记，以避免下次迭代时得到的光滑解会穿越这些间断。实际应用中，一般先要将阈值取得很高以避免过早过细地划分图像，再随着对光流的估计越来越好而逐步降低阈值。

更一般地讲，光流约束方程不仅适用于灰度连续区域，而且适用于灰度存在突变的区域。换句话说，光流约束方程适用的一个条件是图像中可以有(有限个)突变性的不连续存在，但在不连续周围的变化应该是均匀的。

参见图 8.3.7(a)，XY 为图像平面，I 为灰度轴，物体以速度(u,v)沿 X 方向运动。在 t_0 时，点 P_0处的灰度为 I_0，点 P_d 处的灰度为 I_d；在 t_0+dt 时，P_0处的灰度移到 P_d 处形成光流。这样 P_0和 P_d 之间有灰度突变，灰度梯度为$\nabla f=(f_x,f_y)$。现在来看图 8.3.7(b)，如果从路径看灰度变化，因为在 P_d 处的灰度是在 P_0处的灰度加上 P_0与 P_d 间的灰度差，所以有

$$I_d=\int_{P_0}^{P_d}\nabla f\cdot d\boldsymbol{l}+I_0 \tag{8.3.19}$$

如果从时间过程看灰度变化，因为观察者在 P_d 看到灰度由 I_d 变为 I_0，所以有

$$I_0=\int_{t_0}^{t_0+dt}f_t dt+I_d \tag{8.3.20}$$

由于这两种情况下灰度的变化应是相同的，所以将式(8.3.19)和式(8.3.20)结合可解出

$$\int_{P_0}^{P_d}\nabla f\cdot d\boldsymbol{l}=-\int_{t_0}^{t_0+dt}f_t dt \tag{8.3.21}$$

将 $d\boldsymbol{l}=[u \quad v]^T dt$ 代入，并考虑到线积分限与时间积分限两者应当对应，则可得到

$$f_x u+f_y v+f_t=0 \tag{8.3.22}$$

这说明此时仍可用前面无间断的方法求解。

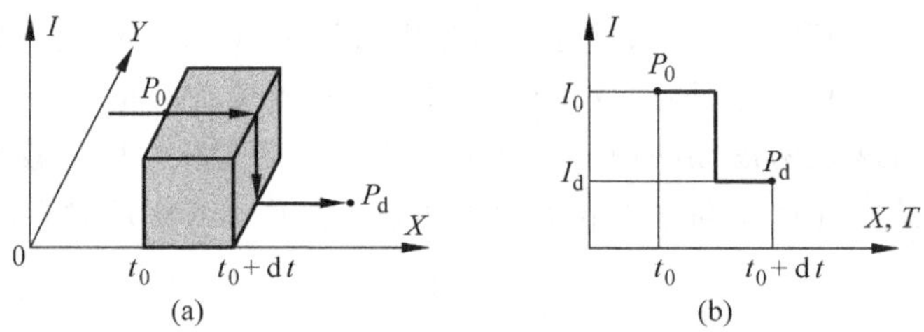

图 8.3.7　灰度突变时的情况

可以证明，光流约束方程在一定条件下同样适用于由于背景和物体间的过渡而造成速度场不连续的情况，条件是图像要有足够的采样密度。例如为从纹理图像序列得到应有的信息，空间的采样率应小于图像纹理的尺度。时间上的采样距离也应该比速度场变化的尺度要小，甚至应该小很多，使得位移量比图像纹理的尺度小。光流约束方程适用的另一个条件是在图像平面中每一个点上的灰度变化应该完全是由于图像中特定模式的运动而引起的，不应该包括反射性质变化带来的影响。这个条件也可表述成在不同时刻图像中一个模式位置的变化产生光流速度场，但该模式本身没有变化。

4. 光流计算：基于高阶梯度

前面对光流方程式(8.3.3)的求解仅利用了图像灰度的一阶梯度。有一种观点认为，光流约束方程本身已包含了对光流场的平滑性约束，所以为解光流约束方程需要考虑图像本身在灰度上的连续性(即考虑图像灰度的高阶梯度)来对灰度场进行约束。

对光流约束方程中的各项在(x,y,t)处用泰勒级数展开，取二阶得到

$$\begin{aligned}f_x&=\frac{\partial f(x+dx,y+dy,t)}{\partial x}\\&=\frac{\partial f(x,y,t)}{\partial x}+\frac{\partial^2 f(x,y,t)}{\partial x^2}dx+\frac{\partial^2 f(x,y,t)}{\partial x\partial y}dy\end{aligned} \tag{8.3.23}$$

$$
\begin{aligned}
f_y &= \frac{\partial f(x+\mathrm{d}x, y+\mathrm{d}y, t)}{\partial y} \\
&= \frac{\partial f(x,y,t)}{\partial y} + \frac{\partial^2 f(x,y,t)}{\partial y \partial x}\mathrm{d}x + \frac{\partial^2 f(x,y,t)}{\partial y^2}\mathrm{d}y
\end{aligned} \tag{8.3.24}
$$

$$
\begin{aligned}
f_t &= \frac{\partial f(x+\mathrm{d}x, y+\mathrm{d}y, t)}{\partial t} \\
&= \frac{\partial f(x,y,t)}{\partial t} + \frac{\partial^2 f(x,y,t)}{\partial t \partial x}\mathrm{d}x + \frac{\partial^2 f(x,y,t)}{\partial t \partial y}\mathrm{d}y
\end{aligned} \tag{8.3.25}
$$

$$
u(x+\mathrm{d}x, y+\mathrm{d}y, t) = u(x,y,t) + u_x(x,y,t)\mathrm{d}x + u_y(x,y,t)\mathrm{d}y \tag{8.3.26}
$$

$$
v(x+\mathrm{d}x, y+\mathrm{d}y, t) = v(x,y,t) + v_x(x,y,t)\mathrm{d}x + v_y(x,y,t)\mathrm{d}y \tag{8.3.27}
$$

将上 5 式代入光流约束方程，得到

$$
\begin{aligned}
&(f_x u + f_y v + f_t) + (f_{xx} u + f_{yx} v + f_x u_x + f_y v_x + f_{tx})\mathrm{d}x + \\
&(f_{xy} u + f_{yy} v + f_x u_y + f_y v_y + f_{ty})\mathrm{d}y + (f_{xx} u_x + f_{yx} v_x)\mathrm{d}x^2 + \\
&(f_{xy} u_x + f_{xx} u_y + f_{yy} v_x + f_{xy} v_y)\mathrm{d}x\mathrm{d}y + (f_{xy} u_y + f_{yy} v_y)\mathrm{d}y^2 = 0
\end{aligned} \tag{8.3.28}
$$

因为各项独立，所以可分别得到 6 个方程，即

$$
f_x u + f_y v + f_t = 0 \tag{8.3.29}
$$

$$
f_{xx} u + f_{yy} v + f_x u_x + f_y v_x + f_{tx} = 0 \tag{8.3.30}
$$

$$
f_{xy} u + f_{yy} v + f_x u_y + f_y v_y + f_{ty} = 0 \tag{8.3.31}
$$

$$
f_{xx} u_x + f_{yx} v_x = 0 \tag{8.3.32}
$$

$$
f_{xy} u_x + f_{xx} u_y + f_{yy} v_x + f_{xy} v_y = 0 \tag{8.3.33}
$$

$$
f_{xx} u_y + f_{yy} v_y = 0 \tag{8.3.34}
$$

直接求解上述 6 个二阶梯度方程是比较复杂的，借助光流场的空间变化率为零的条件（参见前面获得式(8.3.6)和式(8.3.7)时的讨论），可假定 u_x, u_y, v_x, v_y 近似为零，这样上述 6 个方程只剩下 3 个，即

$$
f_x u + f_y v + f_t = 0 \tag{8.3.35}
$$

$$
f_{xx} u + f_{yy} v + f_{tx} = 0 \tag{8.3.36}
$$

$$
f_{xy} u + f_{yy} v + f_{ty} = 0 \tag{8.3.37}
$$

由这三个方程解两个未知数，可使用最小二乘法。

借助梯度求解光流约束方程时假设图像是可微的，即目标在图像帧之间的运动应足够小（小于一个像素/帧），如过大则前述假设不成立，无法精确求解光流约束方程。此时可采取的方法之一是降低图像的分辨率，这样相当于对图像进行了低通滤波，起到了减少光流速度的效果。

8.3.3 光流与表面取向

光流包含了景物结构的信息，所以可从物体表面运动的光流解得表面的取向。客观世界的每一个点和物体表面的取向都可用一个以观察者为中心的正交坐标系 XYZ 表示。考虑一个单目的观察者位于坐标原点，设该名观察者具有一个球形的视网膜，这样客观世界就可认为投影到一个单位图像球上。图像球有一个由经度 ϕ 和纬度 θ 组成的坐标系。客观世界的点可用这两个图像球坐标加一个与原点的距离 r 来表示，见图 8.3.8。

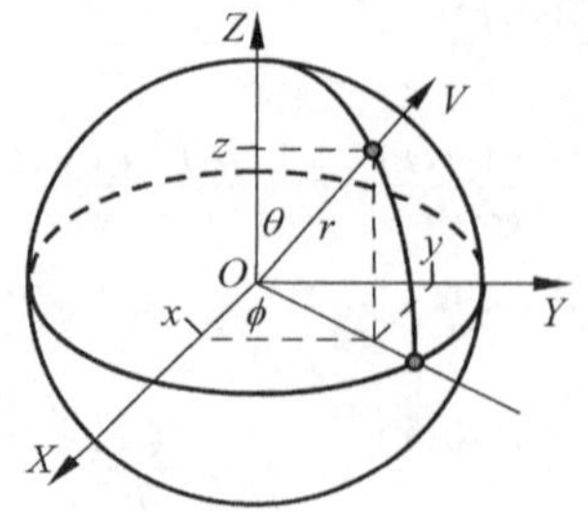

图 8.3.8　球面坐标与直角坐标

从球面坐标到直角坐标和从直角坐标到球面坐标的变换分别为

$$x = r\sin\theta\cos\phi \tag{8.3.38}$$

$$y = r\sin\theta\sin\phi \tag{8.3.39}$$

$$z = r\cos\theta \tag{8.3.40}$$

和

$$r = \sqrt{x^2 + y^2 + z^2} \tag{8.3.41}$$

$$\theta = \arccos(z/r) \tag{8.3.42}$$

$$\phi = \arctan(y/x) \tag{8.3.43}$$

借助坐标转换，一个任意运动点的光流可如下确定。设$(u,v,w)=(\mathrm{d}x/\mathrm{d}t,\mathrm{d}y/\mathrm{d}t,\mathrm{d}z/\mathrm{d}t)$为该点在 XYZ 坐标系中的速度，则$(\delta,\varepsilon)=(\mathrm{d}\phi/\mathrm{d}t,\mathrm{d}\theta/\mathrm{d}t)$为该点在图像球坐标系中沿 ϕ 和 θ 方向的角速度

$$\delta = \frac{v\cos\phi - u\sin\phi}{r\sin\theta} \tag{8.3.44}$$

$$\varepsilon = \frac{(ur\sin\theta\cos\phi + vr\sin\theta\sin\phi + wr\cos\theta)\cos\theta - rw}{r^2\sin\theta} \tag{8.3.45}$$

上两式是在 ϕ 和 θ 方向上光流的一般表达式。下面考虑一个简单情况下的光流计算。假设景物静止，而观察者以速度 S 沿 Z 轴（正向）运动。这时有 $u=0,v=0,w=-S$，代入式(8.3.44)和式(8.3.45)可分别得到

$$\delta = 0 \tag{8.3.46}$$

$$\varepsilon = S\sin\theta/r \tag{8.3.47}$$

它们构成简化了的光流方程，是求解表面取向（和边缘检测）的基础。根据对光流方程的解就可以判断光流场中各点是否为边界点、表面点或空间点。其中在边界点和表面点的两种情况下还可确定边界的种类和表面的取向[Ballard 1982]。

这里只介绍一下如何借助光流求取表面方向。先看图 8.3.9(a)，设 R 为物体表面给定面元上的一点，焦点在 O 处的单目观察者沿着视线 OR 观察该面元。设面元的法线矢量为 $\boldsymbol{N}$，可以将 $\boldsymbol{N}$ 分解到两个互相垂直的方向上，一个在 ZR 平面中，与 OR 的夹角为 σ（如图 8.3.9(b)所示），另一个在与 ZR 平面垂直的平面（与 XY 平面平行）中，与 OR' 的夹角为 τ（如图 8.3.9(c)所示，其中 Z 轴由纸中指出来）。在图 8.3.9(b)中，ϕ 为常数，而在图 8.3.9(c)中，θ 为常数。在图 8.3.9(b)中，ZOR 平面构成沿视线的“深度剖面”，而在图 8.3.9(c)中，“深度剖面”与 XY 平面平行。

现在讨论如何确定 σ 和 τ。先考虑 ZR 平面中的 σ，参见图 8.3.9(b)。如果给矢角 θ 一

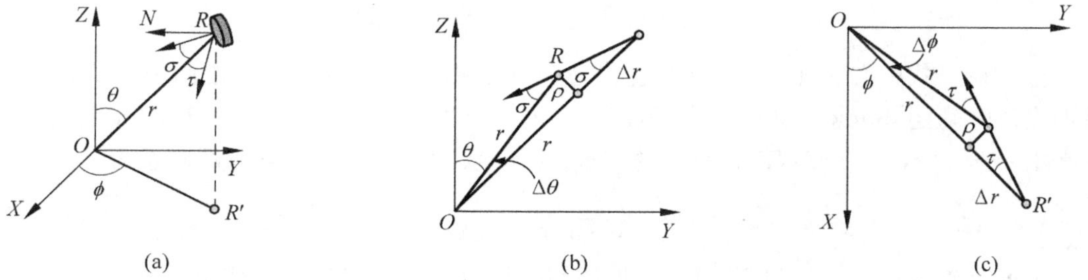

图 8.3.9　求取表面方向示意图

个小的增量 $\Delta\theta$，则矢径 r 的变化为 Δr。过 R 作辅助线 ρ，可见一方面有 $\rho/r=\tan(\Delta\theta)\approx\Delta\theta$，另一方面有 $\rho/\Delta r=\tan\sigma$，联立消去 ρ，可以得到

$$r\Delta\theta = \Delta r\tan\sigma \tag{8.3.48}$$

再考虑 RZ 平面的垂直平面中的 τ，参见图 8.3.9(c)。如果给矢角 ϕ 一个小的增量 $\Delta\phi$，则矢径 r 的长度变化为 Δr。现作辅助线 ρ，可见一方面有 $\rho/r=\tan\Delta\phi\approx\Delta\phi$，另一方面有 $\rho/\Delta r=\tan\tau$。联立消去 ρ，可以得到

$$r\Delta\phi = \Delta r\tan\tau \tag{8.3.49}$$

进一步，分别对式(8.3.48)和式(8.3.49)取极限，可得到

$$\cot\sigma = \left[\frac{1}{r}\right]\frac{\partial r}{\partial\theta} \tag{8.3.50}$$

$$\cot\tau = \left[\frac{1}{r}\right]\frac{\partial r}{\partial\phi} \tag{8.3.51}$$

其中 r 可通过式(8.3.41)确定。因为这里 ε 既是 ϕ 的函数也是 θ 的函数，所以可将式(8.3.47)改写成

$$r = \frac{S\sin\theta}{\varepsilon(\phi,\theta)} \tag{8.3.52}$$

分别对 ϕ 和 θ 求偏导，得

$$\frac{\partial r}{\partial\phi} = S\sin\theta\,\frac{-1}{\varepsilon^2}\,\frac{\partial\varepsilon}{\partial\phi} \tag{8.3.53}$$

$$\frac{\partial r}{\partial\theta} = S\left(\frac{\cos\theta}{\varepsilon} - \frac{\sin\theta}{\varepsilon^2}\,\frac{\partial\varepsilon}{\partial\theta}\right) \tag{8.3.54}$$

注意，由 σ 和 τ 确定的表面朝向与观察者的运动速度 S 无关。将式(8.3.52)～(8.3.54)代入式(8.3.50)和式(8.3.51)得到求取 σ 和 τ 的公式：

$$\sigma = \operatorname{arccot}\left[\cot\theta - \frac{\partial(\ln\varepsilon)}{\partial\theta}\right] \tag{8.3.55}$$

$$\tau = \operatorname{arccot}\left[-\frac{\partial(\ln\varepsilon)}{\partial\phi}\right] \tag{8.3.56}$$

8.3.4　光流与相对深度

利用光流对运动进行分析还可获得摄像机和目标之间在世界坐标系统中 X,Y,Z 方向的互速度 u,v,w。如果在 $t_0=0$ 时一个目标点的坐标为(X_0,Y_0,Z_0)，设光学系统的焦距为 1 且目标运动速度为常数，则在时间 t 该点的图像坐标为(参见本套书中册 11.2.2 小节)

$$(x,y)=\left(\frac{X_0+ut}{Z_0+wt},\frac{Y_0+vt}{Z_0+wt}\right) \tag{8.3.57}$$

由于在上式中有 Z 坐标，所以非直接地包含了摄像机与运动目标之间的距离信息，可借助光流来确定[Sonka 2008]。令 $D(t)$是一个点与**扩展焦点**(FOE)的 2-D 图像距离(参见本套书中册 11.2.2 小节)，$V(t)$是它的速度 $\mathrm{d}D/\mathrm{d}t$。这些量与光流参数的联系为

$$\frac{D(t)}{V(t)}=\frac{Z(t)}{w(t)} \tag{8.3.58}$$

上式是确定运动目标间距离的基础。设运动是朝向摄像机的，比例 Z/w 给出了一个以匀速 w 运动的目标穿过图像平面的时间。基于以速度 w 沿 Z 轴运动的图像中任何一点距离的知识，可以计算该图像上任何其他以相同速度 w 运动的点的距离：

$$Z'(t)=\frac{Z(t)V(t)D'(t)}{D(t)V'(t)} \tag{8.3.59}$$

其中 $Z(t)$是已知距离，$Z'(t)$是未知距离。使用上式，世界坐标 X 和 Y 与图像坐标 x 和 y 间的联系可用观测位置和速度给出：

$$X(t)=\frac{x(t)w(t)D(t)}{V(t)}\quad Y(t)=\frac{y(t)w(t)D(t)}{V(t)}\quad Z(t)=\frac{w(t)D(t)}{V(t)} \tag{8.3.60}$$

总结和复习

为更好地学习，下面对各小节给予概括小结并提供一些进一步的参考资料；另外给出一些思考题和练习题以帮助复习(文后对加星号的题目还提供了解答)。

1. 各节小结和文献介绍

8.1 节概况介绍了单目景物恢复方法的基本原理。单目景物恢复的具体方法有许多种，可参见文献[Haralick 1993]、[Jähne 2000]、[Forsyth 2003]、[Sonka 2014]等。

8.2 节介绍了光度立体学方法，这里的 3-D 线索来自光照变化，对成像的照明情况在文献[Jähne 1999a]中也有较多介绍。利用双向反射分布函数关于入射和反射方向的对称性，还可借助双目 Helmholtz 立体视觉方法恢复 3-D 景物，尤其对高光景物的效果较好[陈 2010]。

8.3 节介绍了根据运动景物的光流场确定景物表面朝向的原理和技术。关于对运动场合中光流场的讨论还可见[Verri 1987]。文中仅考虑了目标运动的情况，事实上摄像机也可以有运动。如果摄像机已标定过，其内外参数已确定，则主要问题是对应匹配问题。如果摄像机的内外参数都事先不知道且会随时间变化(典型的例子是手持摄像机采集图像的情况，此时位置、朝向、焦距都可能变动)，则几何问题成为首要问题。有关从运动求取结构的讨论还可见文献[Forsyth 2012]，对其中的几何问题讨论还可见文献[Hartley 2004]。

2. 思考题和练习题

8-1 为什么采用本章介绍的技术有可能从单目图像来恢复 3-D 景物?

8-2 试将 $\sin\theta_i$ 和 $\sin\theta_e$ 表示成梯度 p 和 q 的函数。

8-3 在一个较暗的场所用手电筒照射一个光盘，观察光盘表面所反射出来的光模式(包括强度和色彩)，分别观看其与照射角度和与观察角度的关系，归纳结果并说明原因。

8-4 假设有一个由朗伯表面材料构成的多面体，让一个表面 A 对准远处的光源 S，使

另一个与表面 A 相邻的表面 B 的看上去的亮度为表面 A 亮度的一倍，那么表面 A 和表面 B 之间的法线夹角是多少？

8-5 设在图 8.2.4 中的半球具有理想朗伯表面，

(1) 如果照明光线平行于 N 轴向下照射，图中面元处的反射图是怎么样的？画出示意图。

(2) 如果表面的反射系数为 r，半径为 d，当入射光线和观察视线均在半球正上方时，求反射强度的分布。据此能否确定该半球面是凸或凹的？

8-6 对一个理想镜面反射表面的椭球状物体 $x^2/4+y^2/4+z^2/9=1$，若入射光强为 5，反射系数为 0.5，求在(1,1,2)处观察到的反射光强度。

*__8-7__ 设场景中有多个目标，且任务是对每个目标都获取其深度。比较一下，在这种情况下采用双目立体视觉方法与光度立体学方法的优劣。

8-8 试另外举出几个光流不等价于运动的实例。

8-9 孔径问题的本质是什么？解决孔径问题可从哪几个方面着手？举例说明。

8-10 设观察者以速度 S 沿 Z 轴(正向)运动，而景物以速度 T 也沿 Z 轴(正向)运动。如果 $S>T$，列出此时的光流方程。如果 $S<T$，会出现什么情况？

8-11 设有两帧在相邻时刻拍摄的图像，给出根据其上对应像素亮度的变化，计算摄像机运动参数的公式。

8-12 回答下列问题：

(1) 磨砂表面(亚光面)与有高光反射表面的特性有什么不同？在利用光度立体学方法恢复景物表面朝向时各应如何使用这些特性？

(2) 对给定的表面亮度，在朗伯表面上任意点的朝向一定在一个朝向锥体上吗？

(3) 对一个表面分别用 3 个独立的点光源照明获得了 3 幅图像。借助摄像机光圈的显示如何能利用这 3 幅图像对表面朝向进行无歧义的估计。用这种方法有无不能估计朝向的点？对 3 个独立点光源的安置位置有什么约束或限制？如果用 4 个独立的点光源会比用 3 个独立的点光源更好吗？

(4) 讨论用从阴影恢复形状得到的表面图(surface map)是否与用双目立体方法得到的表面图相同。它们两种方法是否都最适用于相同的应用或不同的应用？在哪些情况下使用结构光的方法可获得比上两种基本方法更好或更准确的信息？

(5) 考虑一下使用上述方法后，为识别 3-D 目标，还需要进行什么处理步骤？

第 9 章 景物恢复：单图像

第 8 章介绍的景物恢复方法基于单目多幅图像中的冗余信息。本章介绍基于单目单幅图像的方法。根据 2.2 节的介绍和讨论，要使用单目单幅图像来进行景物恢复实际上是一个病态问题。当将 3-D 景物投影到 2-D 图像上时，深度信息丢失了。不过，从人类视觉系统的实践来看，尤其是空间知觉（参见附录 A）的能力来看，在很多情况下图像中仍保留了许多深度线索，所以在有一定约束或先验知识的条件下从中进行景物恢复还是有可能的。

从（单目）单图像进行景物恢复方面已提出很多方法，有的方法比较通用的（有一定的推广性），也有的方法需要满足特定的条件。

根据上述的讨论，本章各节将安排如下。

9.1 节讨论如何根据景物表面亮度的空间变化所产生的图像影调来重构景物表面形状的问题。

9.2 节介绍三种根据景物表面纹理元素在投影后的变化（失真）来恢复表面朝向的技术原理。

9.3 节描述了为聚焦不同距离的景物而导致的焦距变化与景物深度之间的联系，借此可根据对景物清晰成像的焦距来确定对应景物的距离。

9.4 节介绍一种在 3-D 景物模型和摄像机焦距已知的条件下，利用一幅图像上 3 个点的坐标来计算 3-D 景物几何形状和位姿的方法。

9.1 从影调恢复形状

场景中物体受到光线照射时，由于表面各部分的朝向等不同会显得亮度不同，这种亮度的空间变化（明暗变化）在成像后表现为图像上的不同**影调**（也常称为不同的**阴影**）。根据影调的分布和变化可获得物体的形状信息，这称为**从影调恢复形状**或**由影调恢复形状**。

9.1.1 影调与形状

先讨论图像上的影调与场景中物体表面形状的联系，再介绍如何表达朝向的变化。

1. 影调和朝向

影调对应将 3-D 物体投影到 2-D 图像平面上而形成的不同亮度（用灰度表示）层次。这些层次的变化分布取决于 4 个因素：①物体（正对观察者）可见表面的几何形状（表面法线方向），②光源的入射强度（能量）和方向，③观察者相对物体的方位和距离（视线），④物体表面的反射特性。这 4 个因素的作用情况可借助图 9.1.1 来介绍，其中物体用面元 S 代表，面元的法向 $\boldsymbol{N}$ 指示了面元的朝向，它与物体局部几何形状有关；光源的入射强度和方向用矢

量 $\boldsymbol{I}$ 表示；观察者相对物体的方位和距离借助视线矢量 $\boldsymbol{V}$ 指示；物体表面反射特性 ρ 取决于面元的表面材料，它在一般情况下是面元空间位置的函数。

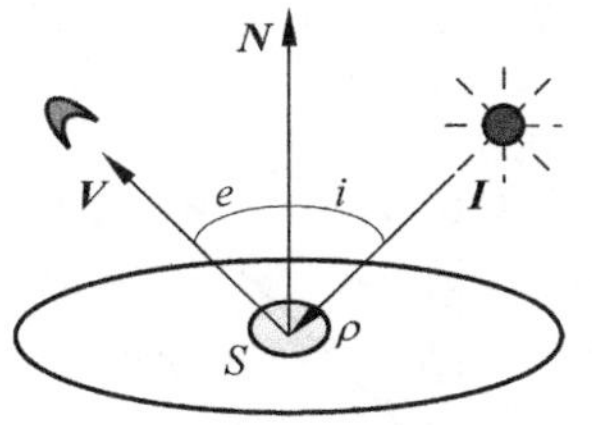

图 9.1.1　影响图像灰度变化的 4 个因素

根据图 9.1.1，如 3-D 物体面元 S 上入射光强度为 I，反射系数 ρ 为常数，则沿 $\boldsymbol{N}$ 的反射强度为

$$E(x,y) = I(x,y)\rho\cos i \tag{9.1.1}$$

如果光源来自观察者背后且为平行光线，则 $\cos i = \cos e$。设视线与成像的 XY 平面垂直相交，再设物体具有朗伯散射表面，即表面反射强度不因观察位置变化而变化，则观察到的光线强度可写成

$$E(x,y) = I(x,y)\rho\cos e \tag{9.1.2}$$

为建立表面朝向与图像亮度的联系，把梯度坐标 PQ 同样布置在 XY 平面上，设法线沿着离开观察者方向，则根据 $\boldsymbol{N}=[p \quad q \quad -1]^{\mathrm{T}}$，$\boldsymbol{V}=[0 \quad 0 \quad -1]^{\mathrm{T}}$，可以求得

$$\cos e = \cos i = \frac{[p \quad q \quad -1]^{\mathrm{T}} \cdot [0 \; 0 \; -1]^{\mathrm{T}}}{|[p \quad q \quad -1]^{\mathrm{T}}| \cdot |[0 \quad 0 \quad -1]^{\mathrm{T}}|} = \frac{1}{\sqrt{p^2+q^2+1}} \tag{9.1.3}$$

将式(9.1.3)代入式(9.1.1)，则观察到的图像灰度为

$$E(x,y) = I(x,y)\rho\frac{1}{\sqrt{p^2+q^2+1}} \tag{9.1.4}$$

现在考虑光线不是以 $i=e$ 角度入射的一般情况。设入射穿过面元的光向量 $\boldsymbol{I}$ 为$[p_i \quad q_i \quad -1]^{\mathrm{T}}$，因为 $\cos i$ 为 $\boldsymbol{N}$ 和 $\boldsymbol{I}$ 的夹角余弦，所以有

$$\begin{aligned}\cos i &= \frac{[p \quad q \quad -1]^{\mathrm{T}} \cdot [p_i \quad q_i \quad -1]^{\mathrm{T}}}{|[p \quad q \quad -1]^{\mathrm{T}}| \cdot |[p_i \quad q_i \quad -1]^{\mathrm{T}}|} \\ &= \frac{(pp_i+qq_i+1)}{\sqrt{p^2+q^2+1}\sqrt{p_i^2+q_i^2+1}}\end{aligned} \tag{9.1.5}$$

将式(9.1.5)代入式(9.1.1)，则任意角度入射时观察到的图像灰度为

$$E(x,y) = I(x,y)\rho\frac{(pp_i+qq_i+1)}{\sqrt{p^2+q^2+1}\sqrt{p_i^2+q_i^2+1}} \tag{9.1.6}$$

上式也可写成更抽象的一般形式

$$E(x,y) = R(p,q) \tag{9.1.7}$$

这就是与式(8.2.22)一样的**图像亮度约束方程**。

2. 梯度空间法

现在考虑由于面元朝向变化而导致的图像灰度变化。一个 3-D 表面可表示为 $z=f(x,y)$，其上的面元法线可表示为 $\boldsymbol{N}=[p \quad q \quad -1]^{\mathrm{T}}$。可见 3-D 空间中的表面从其取向来看只是2-D梯度空间的一个点$G(p,q)$，如图9.1.2所示。使用这种**梯度空间**方法研究3-D表面可起到降维(到2-D)的作用，但梯度空间的表达并未确定3-D表面在3-D坐标中的位置。换句话说，梯度空间中的一个点代表了所有朝向相同的面元，但这些面元的空间位置可以各不相同。

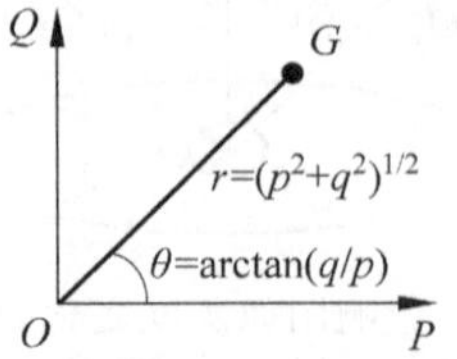

图9.1.2 3-D表面在2-D梯度空间中的表达

借助梯度空间法可以分析和解释由平面相交而形成的结构。

例9.1.1 判断平面相交而成的凸结构或凹结构

多个平面相交可形成凸结构或凹结构。要判断其到底是凸结构还是凹结构，可借助梯度信息。先看两个平面S_1和S_2相交形成交线l的情况，见图9.1.3(其中梯度坐标PQ与空间坐标XY重合)。这里G_1和G_2分别代表两平面法线所对应的梯度空间点，它们之间的连线与l的投影l'垂直。

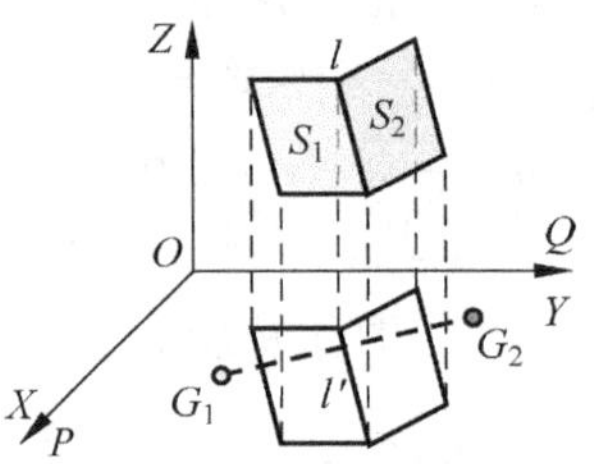

图9.1.3 两个空间平面相交示例

如果同一个面的S和G同号(处在l的投影l'的同一边)，则表明两个面组成凸结构，见图9.1.4(a)。如果同一个面的S和G异号，则表明两个面组成凹结构，见图9.1.4(b)。

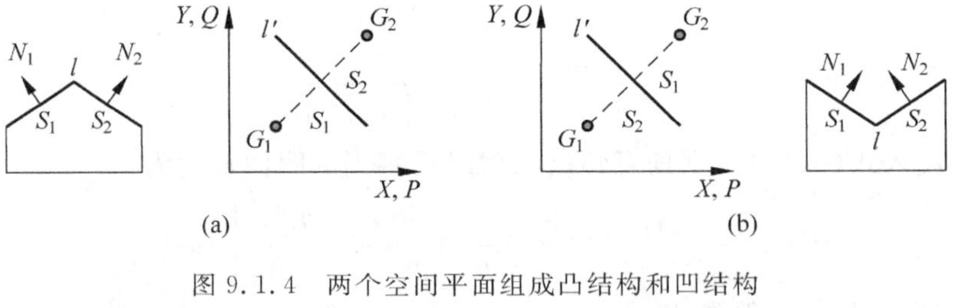

图9.1.4 两个空间平面组成凸结构和凹结构

进一步考虑3个平面A,B,C相交，其各交线为l_1,l_2,l_3的情况，见图9.1.5(a)。如果各交线两边的面和对应梯度点同号(各面顺时针依次为$AABBCC$)，则表明3个面组成凸结构，如图9.1.5(b)所示。如果各交线两边的面和对应梯度点不同号(各面顺时针依次为$CBACBA$)，则表明3个面组成凹结构，见图9.1.5(c)。

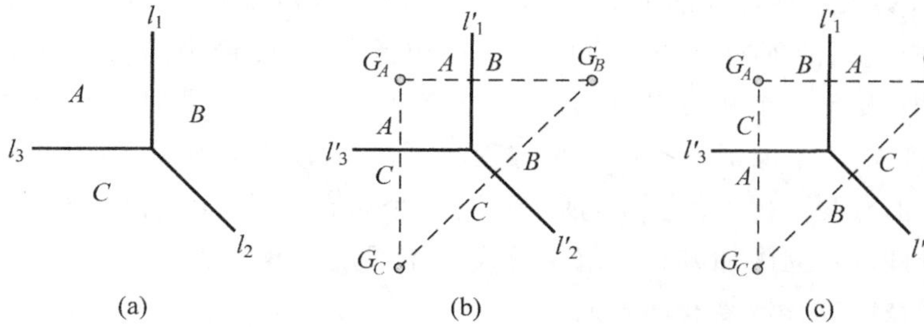

图 9.1.5　三个空间平面相交的两种情况　□

现在回到式(9.1.4)，将其改写成

$$p^2+q^2=\left(\frac{I(x,y)\rho}{E(x,y)}\right)^2-1=\frac{1}{K^2}-1 \tag{9.1.8}$$

式中 K 代表观察者观察到的相对反射强度。式(9.1.8)对应 PQ 平面上一系列同心圆的方程，每个圆代表观察到的同灰度面元的取向轨迹。在 $i=e$ 时，反射图由同心圆构成。对 $i\neq e$ 的一般情况，反射图由一系列椭圆和双曲线构成。

例 9.1.2　反射图应用示例

假设观察者可看到三个平面 A,B,C，它们形成如图 9.1.6(a)所示的平面交角，但实际倾斜程度未知。利用反射图，可确定三个平面相互之间的夹角。设 $\boldsymbol{I}$ 和 $\boldsymbol{V}$ 同向，得到(由图像可测得相对反射强度)$K_A=0.707, K_B=0.807, K_C=0.577$。根据两个面的 $G(p,q)$ 间连线垂直于两个面的交线的特点，可得如图 9.1.6(b)所示的三角形(即三个平面的朝向所满足的条件)。现要在如图 9.1.6(c)所示的反射图上找到 G_A, G_B, G_C。将各 K 值代入式(9.1.8)，得到如下两组解：

$(p_A,q_A)=(0.707,\ 0.707)$，　$(p_B,q_B)=(-0.189,\ 0.707)$，　$(p_C,q_C)=(0.707,\ 1.225)$

$(p'_A,q'_A)=(1,\ 0)$，　$(p'_B,q'_B)=(-0.732,\ 0)$，　$(p'_C,q'_C)=(1,\ 1)$

第一组解对应图 9.1.6(c)中的小三角形，第二组解对应图 9.1.6(c)中的大三角形。两组解均满足相对反射强度的条件，所以三个平面的朝向有两种可能的组合情况，分别对应 3 条交线间的交点凸起和下凹两种结构。

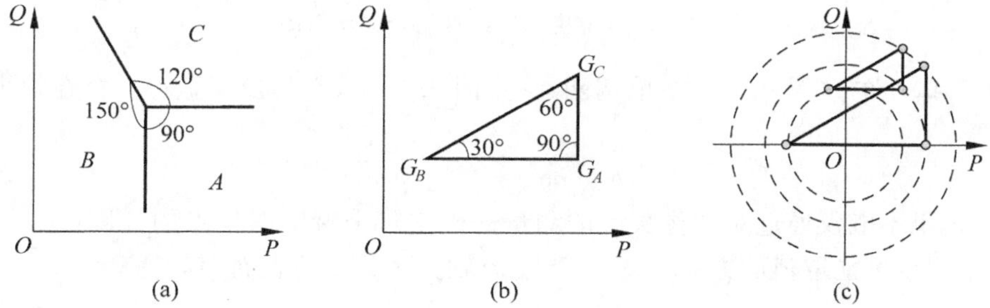

图 9.1.6　反射图应用示例　□

9.1.2　亮度方程求解

由于图像亮度约束方程将像素的灰度与朝向联系起来，所以可考虑从图像中(x,y)处

像素的灰度 $I(x,y)$来求在该处的取向(p,q)。但是在图像上对一个单独点亮度的测量只能提供一个约束,而表面的朝向有两个自由度。换句话说,设图像中的目标可见表面由 N 个像素组成,每个像素有一个灰度值 $I(x,y)$,求解式(9.1.7)就是要求得该像素位置上的(p,q)值。因为根据 N 个像素由图像亮度方程只可以组成 N 个方程,但未知量却有 $2N$ 个,即对每一个灰度值有两个梯度值要解,所以这是一个病态问题,无法得到唯一解。一般需要通过增加附加条件以建立附加方程来解决这个病态问题。换句话说,如果没有附加的信息,并不能仅由图像亮度方程恢复表面朝向。

考虑附加信息的简单方法是利用单目图像中的约束。其中主要可考虑的包括唯一性、连续性(表面、形状)、相容性(对称、极线)等。实际应用中,影响亮度的因素很多,所以只有在环境是高度受控的情况下,从影调很好地恢复物体的形状才有可能。

实际中,人们常常只观察一幅平面画面就可以估计出其中人脸各部分的形状。这表明图中含有足够的信息或人们在观察时根据经验知识隐含地引入了附加的假设。事实上,许多实际物体表面是光滑的,或者说在深度上是连续的,进一步的偏微分也是连续的。更一般的情况是目标具有分片连续的表面,只在边缘处不光滑。以上信息提供了一个很强的约束,对表面上相邻的两块面元,它们的朝向有一定的联系,合起来应能给出一个连续平滑的表面。由此可见,可以借助宏观平滑约束的方法以提供附加信息来帮助求解**图像亮度约束方程**。下面由简到繁介绍其中的三种情况。

1. 线性情况

先考虑线性反射这样的特殊情况,设

$$R(p,q) = f(ap + bq) \tag{9.1.9}$$

其中 a 和 b 是常数,此时反射图见图 9.1.7,图中梯度空间的等值线是平行线。

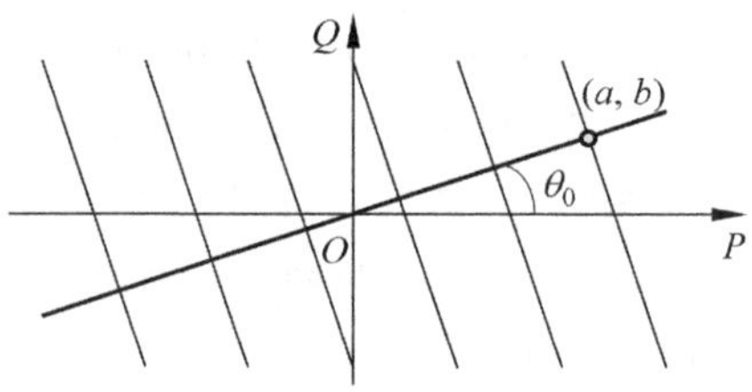

图 9.1.7 梯度元素线性组合的反射图

式(9.1.9)中的 f 是一个严格单调函数(见图 9.1.8),它的反函数 f^{-1}存在。由图像亮度方程知

$$s = ap + bq = f^{-1}[E(x,y)] \tag{9.1.10}$$

注意,这里不能仅通过对图像灰度的测量来确定某个特殊图像点的梯度(p,q),但可得到一个约束梯度可能取值的方程。对一个与 X 轴夹角为 θ 的表面,其斜率为

$$m(\theta) = p\cos\theta + q\sin\theta \tag{9.1.11}$$

现选一个特定的方向 θ_0(见图 9.1.7),$\tan\theta_0 = b/a$,即

$$\cos\theta_0 = a/\sqrt{a^2 + b^2} \quad \sin\theta_0 = b/\sqrt{a^2 + b^2} \tag{9.1.12}$$

在这个方向上的斜率是

$$m(\theta_0) = \frac{ap + bq}{\sqrt{a^2 + b^2}} = \frac{1}{\sqrt{a^2 + b^2}} f^{-1}[E(x,y)] \tag{9.1.13}$$

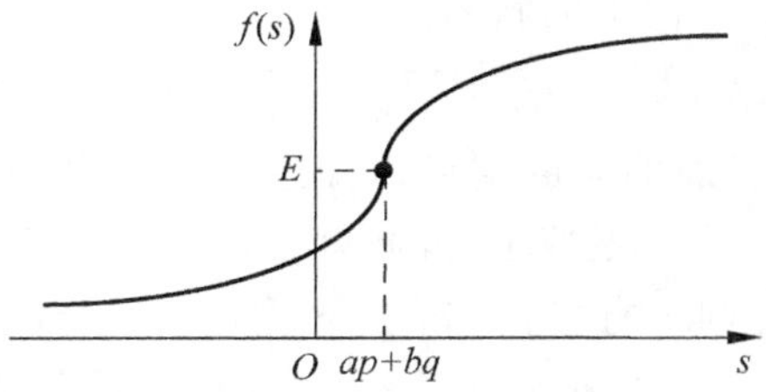

图 9.1.8　由 $E(x,y)$ 可以恢复 $s=ap+bq$

从一个特定的图像点开始先取一个小步长 δs，此时 z 的变化是 $\delta z=m\delta s$，即

$$\frac{\mathrm{d}z}{\mathrm{d}s}=\frac{1}{\sqrt{a^2+b^2}}f^{-1}[E(x,y)] \tag{9.1.14}$$

其中 x 和 y 均为关于 s 的线性函数

$$x(s)=x_0+s\cos\theta \quad y(s)=y_0+s\sin\theta \tag{9.1.15}$$

先求在表面上一点 (x_0,y_0,z_0) 处的解，将前面的微分方程对 z 积分得到

$$z(s)=z_0+\frac{1}{\sqrt{a^2+b^2}}\int_0^s f^{-1}[E(x,y)]\mathrm{d}s \tag{9.1.16}$$

按这种方式可得到沿如上所给方向直线(如图 9.1.9 中的平行直线之一)的一个表面剖线。当反射图是梯度元素线性组合的函数时，表面剖线是平行直线。只要初始的高度 $z_0(t)$ 给定，通过沿着这些线的积分就可恢复表面。当然在实际中积分是要用数值算法来计算的。

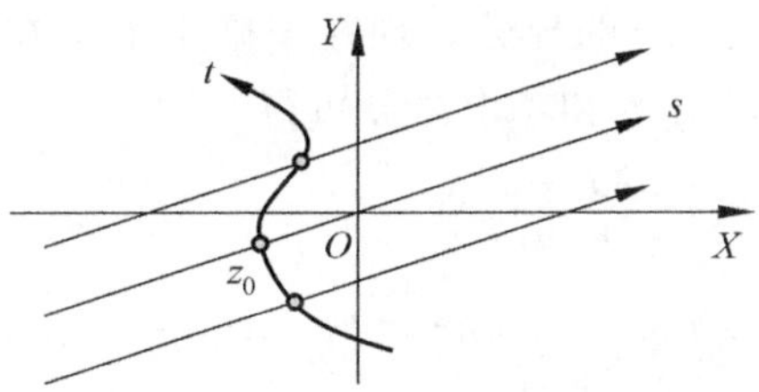

图 9.1.9　根据平行的表面剖线恢复表面

需要注意，如果想知道绝对距离就需要知道在某个点的 z_0 值，不过没有这个绝对距离也可以恢复(表面)形状。另外，仅由积分常数 z_0 也不能确定绝对距离，这是因为 z_0 本身并不影响影调，只有深度的变化可以影响影调。

2. 旋转对称情况

现在考虑一个更通用的情况。如果光源的分布对观察者来说是旋转对称的，那么反射图也是旋转对称的。例如，当观察者从下向上观看半球形的天空时，得到的反射图就是旋转对称的；再如当点光源与观察者处于相同位置时，得到的反射图也是旋转对称的。在这些情况下有

$$R(p,q)=f(p^2+q^2) \tag{9.1.17}$$

现假设函数 f 是严格单调和可导的，且反函数为 f^{-1}，则根据图像亮度方程：

$$p^2+q^2=f^{-1}[E(x,y)] \tag{9.1.18}$$

如果表面最速上升方向与 x 轴的夹角是 θ_s，其中 $\tan\theta_s=p/q$，则有

$$\cos\theta_s=p/\sqrt{p^2+q^2} \quad \sin\theta_s=q/\sqrt{p^2+q^2} \tag{9.1.19}$$

根据式(9.1.11)，在最速上升方向上的斜率是

$$m(\theta_s) = \sqrt{p^2 + q^2} = \sqrt{f^{-1}[E(x, y)]} \tag{9.1.20}$$

在这种情况下，如果知道了表面的亮度就可以知道它的斜率，只是还不知道最速上升的方向，即不知 p 和 q 各自的值。现设最速上升的方向由(p, q)给出，如果在最速上升方向上取一个长度为 δs 的小步长，则由此导致的 x 和 y 变化应为

$$\delta x = \frac{p}{\sqrt{p^2 + q^2}}\delta s \qquad \delta y = \frac{q}{\sqrt{p^2 + q^2}}\delta s \tag{9.1.21}$$

而 z 的变化为

$$\delta z = m\delta s = \sqrt{p^2 + q^2}\,\delta s = \sqrt{f^{-1}[E(x, y)]}\,\delta s \tag{9.1.22}$$

为简化这些方程，可取步长为 $\sqrt{p^2 + q^2}\,\delta s$，于是得到

$$\delta x = p\,\delta s \qquad \delta y = q\,\delta s \qquad \delta z = (p^2 + q^2)\delta s = f^{-1}[E(x, y)]\delta s \tag{9.1.23}$$

另外，一个水平表面在图像上是一个均匀亮度的区域，所以只有曲面的亮度梯度才不为零。为确定亮度梯度，可将图像亮度方程对 x 和 y 求导。令 u, v 和 w 分别为 z 对 x 和 y 的二阶偏导数，即

$$u = \frac{\partial^2 z}{\partial x^2} \qquad \frac{\partial^2 z}{\partial x \partial y} = v = \frac{\partial^2 z}{\partial y \partial x} \qquad w = \frac{\partial^2 z}{\partial y^2} \tag{9.1.24}$$

则根据导数的链规则可以得到

$$E_x = 2(pu + qv)f' \qquad E_y = 2(pv + qw)f' \tag{9.1.25}$$

其中 $f'(r)$是 $f(r)$对它唯一变量 r 的导数。现在来确定由于在图像平面取步长$(\delta x, \delta y)$而带来的 δp 和 δq 的变化。通过对 p 和 q 求微分可得

$$\delta p = u\delta x + v\delta y \qquad \delta q = v\delta x + w\delta y \tag{9.1.26}$$

根据式(9.1.23)可得

$$\delta p = (pu + qv)\delta s \qquad \delta q = (pv + qw)\delta s \tag{9.1.27}$$

或再由式(9.1.25)可得

$$\delta p = \frac{E_x}{2f'}\delta s \qquad \delta q = \frac{E_y}{2f'}\delta s \tag{9.1.28}$$

这样，在 $\delta s \to 0$ 的极限情况下，可得如下一组 5 个微分方程(微分都是对 s 进行的)：

$$\dot{x} = p \qquad \dot{y} = q \qquad \dot{z} = p^2 + q^2 \qquad \dot{p} = \frac{E_x}{2f'} \qquad \dot{q} = \frac{E_y}{2f'} \tag{9.1.29}$$

如果给定初始值，上述 5 个常微分方程可以用数值法解出，得到一条在目标表面的曲线。这样得到的曲线称为特征曲线，在这里正好是最速上升曲线。这类曲线与等高线点点垂直。注意当 $R(p, q)$是 p 和 q 的线性函数时，特征曲线平行于物体表面。

另外，如将式(9.1.29)中$\dot{x} = p$ 和$\dot{y} = q$ 对 s 再微分一次可得到另一组方程：

$$\ddot{x} = \frac{E_x}{2f'} \qquad \ddot{y} = \frac{E_y}{2f'} \qquad \dot{z} = f^{-1}[E(x, y)] \tag{9.1.30}$$

由于 E_x 和 E_y 都是对图像亮度的测量，所以上述方程均需用数值解法求解。

3. 平滑约束的一般情况

一般情况下物体表面是比较光滑的(虽然各物体之间有不连续处)，这个平滑条件可以作为附加约束条件。如认为(在物体轮廓内)物体表面是光滑的，则以下两式成立：

$$(\nabla p)^2 = \left(\frac{\partial p}{\partial x} + \frac{\partial p}{\partial y}\right)^2 = 0 \tag{9.1.31}$$

$$(\nabla q)^2 = \left(\frac{\partial q}{\partial x} + \frac{\partial q}{\partial y}\right)^2 = 0 \tag{9.1.32}$$

如将它们与亮度约束方程结合，可将求解表面朝向问题转变成最小化一个如下总误差的问题：

$$\varepsilon(x,y) = \sum_x \sum_y \{[E(x,y) - R(p,q)]^2 + \lambda[(\nabla p)^2 + (\nabla q)^2]\} \tag{9.1.33}$$

上式可看作：求取物体表面面元的朝向分布，使得灰度总体误差与平滑度总体误差之加权和最小（参见 8.3.2 小节）。令$\bar{p}$和$\bar{q}$分别表示 p 邻域和 q 邻域中的均值，将 ε 分别对 p 和 q 求导并取导数为零，再将$\nabla p = p - \bar{p}$和$\nabla q = q - \bar{q}$代入，得

$$p(x,y) = \bar{p}(x,y) + \frac{1}{\lambda}[E(x,y) - R(p,q)]\frac{\partial R}{\partial p} \tag{9.1.34}$$

$$q(x,y) = \bar{q}(x,y) + \frac{1}{\lambda}[E(x,y) - R(p,q)]\frac{\partial R}{\partial q} \tag{9.1.35}$$

迭代求解上两式的公式如下（迭代初始值可用边界点值）：

$$p^{(n+1)} = \bar{p}^{(n)} + \frac{1}{\lambda}[E(x,y) - R(p^{(n)},q^{(n)})]\frac{\partial R^{(n)}}{\partial p} \tag{9.1.36}$$

$$q^{(n+1)} = \bar{q}^{(n)} + \frac{1}{\lambda}[E(x,y) - R(p^{(n)},q^{(n)})]\frac{\partial R^{(n)}}{\partial q} \tag{9.1.37}$$

这里要注意物体轮廓内外不平滑，有跳变。

例 9.1.3 解亮度约束方程的流程图

求解式(9.1.36)和式(9.1.37)的流程图见图 9.1.10，它的基本框架也可用于求解光流方程的松弛迭代式(8.3.15)和式(8.3.16)。

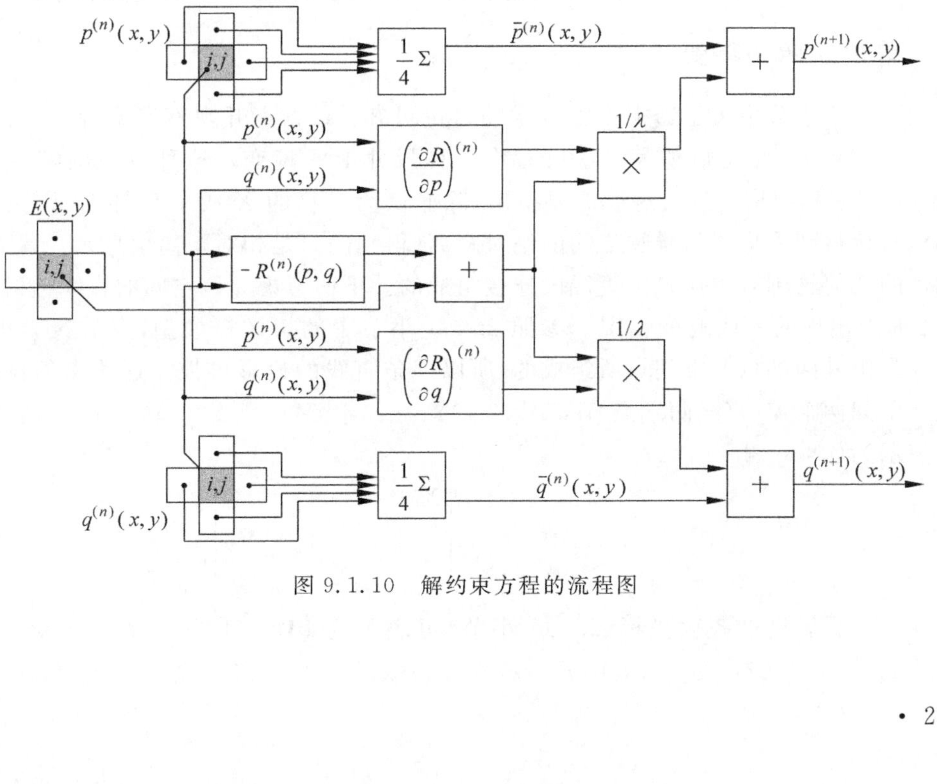

图 9.1.10 解约束方程的流程图 □

例 9.1.4 从影调恢复形状示例

图 9.1.11 给出两组从影调恢复形状的示例。图(a)为一幅圆球图像，图(b)为利用影调信息从图(a)得到的圆球表面朝向(针)图；图(c)为另一幅圆球图像，图(d)为利用影调信息从图(c)得到的表面朝向(针)图。图(a)和图(b)这组图中光源方向与视线方向比较接近，所以对整个可见表面基本上都可确定各点朝向。图(c)和图(d)这组图中光源方向与视线方向夹角比较大，所以对光线照射不到的可见表面无法确定其朝向。

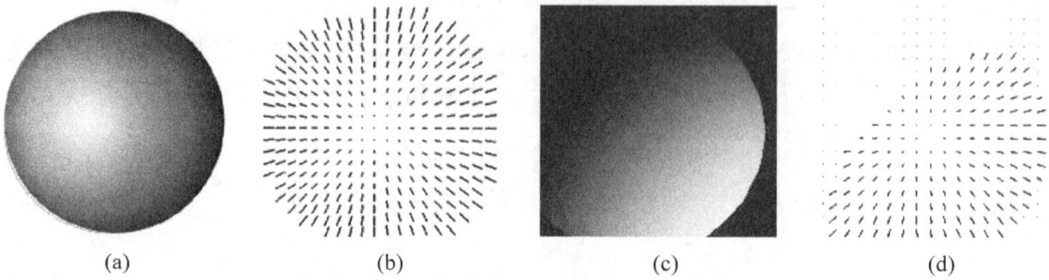

图 9.1.11　从影调恢复形状示例 □

9.2　纹理与表面朝向

对图像中纹理的表达、描述、分割和分类等已在本套书中册第 9 章进行了介绍，这里讨论**从纹理恢复形状**或**由纹理恢复形状**的问题。

当人们观察覆盖有纹理的表面时，只用一只眼都可以观察到表面的倾斜程度，因为表面的纹理会由于倾斜而看起来失真。纹理在恢复表面朝向方面的作用早在 1950 年就已被阐述[Gibson 1950]。下面将介绍这类根据观察到的纹理失真而估计表面朝向的方法。

9.2.1　单目成像和畸变

根据 2.2.1 小节中关于透视投影成像的讨论可知：景物离开观察点或者采集器越远，则所成的像就越小，反之则越大。这可看作一种尺寸上的**畸变**。这种成像的畸变包含了 3-D 景物的空间和结构信息。这里需要指出，除非认为景物的 X 或 Y 已知，否则由 2-D 图像并不能直接得到采集器与景物之间的绝对距离(得到的只是相对距离信息)。

物体的几何轮廓可看作是由直线段连接组成的。下面考虑 3-D 空间的直线透射投影到 2-D 像平面上出现的一些畸变情况。参照 2.2.1 小节中的摄像机模型，点的投影仍是点。一条直线是由其两端点及中间点所组成的，所以一条直线的投影可根据这些点的投影来确定。设有空间两个点(直线两端点)$\boldsymbol{W}_1=[X_1 \quad Y_1 \quad Z_1]^{\mathrm{T}}$，$\boldsymbol{W}_2=[X_2 \quad Y_2 \quad Z_2]^{\mathrm{T}}$，它们中间的点可表示为($0<s<1$)

$$s\boldsymbol{W}_1+(1-s)\boldsymbol{W}_2=s\begin{bmatrix}X_1\\Y_1\\Z_1\end{bmatrix}+(1-s)\begin{bmatrix}X_2\\Y_2\\Z_2\end{bmatrix} \tag{9.2.1}$$

上述两端点投影后借助齐次坐标(2.2.1 小节)可表示为 $\boldsymbol{PW}_1=[kX_1 \quad kY_1 \quad kZ_1 \quad q_1]^{\mathrm{T}}$，$\boldsymbol{PW}_2=[kX_2 \quad kY_2 \quad kZ_2 \quad q_2]^{\mathrm{T}}$，其中 $q_1=k(\lambda-Z_1)/\lambda$，$q_2=k(\lambda-Z_2)/\lambda$。原 $\boldsymbol{W}_1$ 和 $\boldsymbol{W}_2$ 之间的

直线上的点经投影后可表示为($0<s<1$)

$$\boldsymbol{P}[s\boldsymbol{W}_1+(1-s)\boldsymbol{W}_2]=s\begin{bmatrix}kX_1\\kY_1\\kZ_1\\q_1\end{bmatrix}+(1-s)\begin{bmatrix}kX_2\\kY_2\\kZ_2\\q_2\end{bmatrix} \tag{9.2.2}$$

换句话说,这一空间直线上所有各点的像平面坐标都可以通过用齐次坐标的第四项去除前三项得到,即可表示为($0\leqslant s\leqslant 1$)

$$\boldsymbol{w}=[x\quad y]^{\mathrm{T}}=\begin{bmatrix}\dfrac{sX_1+(1-s)X_2}{sq_1+(1-s)q_2} & \dfrac{sY_1+(1-s)Y_2}{sq_1+(1-s)q_2}\end{bmatrix}^{\mathrm{T}} \tag{9.2.3}$$

以上是用 s 表示空间点的投影变换结果。另一方面在像平面上有 $\boldsymbol{w}_1=[\lambda X_1/(\lambda-Z_1)\quad \lambda Y_1/(\lambda-Z_1)]^{\mathrm{T}}$,$\boldsymbol{w}_2=[\lambda X_2/(\lambda-Z_2)\quad \lambda Y_2/(\lambda-Z_2)]^{\mathrm{T}}$,它们之间连线上的点可表示为($0<t<1$)

$$t\boldsymbol{w}_1+(1-t)\boldsymbol{w}_2=t\begin{bmatrix}\dfrac{\lambda X_1}{\lambda-Z_1}\\[2ex]\dfrac{\lambda Y_1}{\lambda-Z_1}\end{bmatrix}+(1-t)\begin{bmatrix}\dfrac{\lambda X_2}{\lambda-Z_2}\\[2ex]\dfrac{\lambda Y_2}{\lambda-Z_2}\end{bmatrix} \tag{9.2.4}$$

所以 $\boldsymbol{w}_1$ 和 $\boldsymbol{w}_2$ 及它们之间连线上的点在像平面上的坐标(用 t 表示)为($0\leqslant t\leqslant 1$)

$$\boldsymbol{w}=[x\quad y]^{\mathrm{T}}=\left[t\frac{\lambda X_1}{\lambda-Z_1}+(1-t)\frac{\lambda X_2}{\lambda-Z_2}\quad t\frac{\lambda Y_1}{\lambda-Z_1}+(1-t)\frac{\lambda Y_2}{\lambda-Z_2}\right]^{\mathrm{T}} \tag{9.2.5}$$

如果用 s 表示的投影结果就是用 t 表示的像点坐标,则式(9.2.3)和式(9.2.5)应相等,这样可解得

$$s=\frac{tq_2}{tq_2+(1-t)q_1} \tag{9.2.6}$$

$$t=\frac{sq_1}{sq_1+(1-s)q_2} \tag{9.2.7}$$

由上两式可见:s 与 t 是单值关系。在 3-D 空间中,s 表示的点在 2-D 像平面中对应一个且只有一个 t 表示的点。所有用 s 表示的空间点连成一条直线,所有用 t 表示的像点也连成一条直线。可见 3-D 空间的一条直线投影到 2-D 像平面上后,只要不是垂直投影,其结果仍是一条直线(但长度可有变化)。如果是垂直投影,则投影结果只是一个点(这是一种特殊情况)。其逆命题也成立,即 2-D 像平面上的直线必由 3-D 空间中的一条直线投影所产生(在特殊情况下也可由一个平面投影所产生)。

接下来考虑平行线的畸变,因为平行是直线系统中很有特点的一种线间关系。在 3-D 空间中,一条直线上的点(X,Y,Z)可表示为

$$\begin{bmatrix}X\\Y\\Z\end{bmatrix}=\begin{bmatrix}X_0\\Y_0\\Z_0\end{bmatrix}+k\begin{bmatrix}a\\b\\c\end{bmatrix} \tag{9.2.8}$$

其中,(X_0,Y_0,Z_0)为直线的起点;(a,b,c)为直线的方向余弦;k 为任意系数。对一组平行线来说,它们的(a,b,c)都相同,只是(X_0,Y_0,Z_0)不同。各平行线间的距离由它们(X_0,Y_0,Z_0)的差别决定。将式(9.2.8)代入式(2.2.27)和式(2.2.28)可得

$$x=\lambda\frac{(X_0+ka-D_x)\cos\gamma+(Y_0+kb-D_y)\sin\gamma}{-(X_0+ka-D_x)\sin\alpha\sin\gamma+(Y_0+kb-D_y)\sin\alpha\cos\gamma-(Z_0+kc-D_z)\cos\alpha+\lambda} \tag{9.2.9}$$

$$y = \lambda \frac{-(X_0 + ka - D_x)\sin\gamma\cos\alpha + (Y_0 + kb - D_y)\cos\alpha\cos\gamma + (Z_0 + kc - D_z)\sin\alpha}{-(X_0 + ka - D_x)\sin\alpha\sin\gamma + (Y_0 + kb - D_y)\sin\alpha\cos\gamma - (Z_0 + kc - D_z)\cos\alpha + \lambda} \tag{9.2.10}$$

当直线向两端无限延伸时，$k = \pm\infty$，上两式分别简化为

$$x_\infty = \lambda \frac{a\cos\gamma + b\sin\gamma}{-a\sin\alpha\sin\gamma + b\sin\alpha\cos\gamma - c\cos\alpha} \tag{9.2.11}$$

$$y_\infty = \lambda \frac{-a\sin\gamma\cos\alpha + b\cos\alpha\cos\gamma + c\sin\alpha}{-a\sin\alpha\sin\gamma + b\sin\alpha\cos\gamma - c\cos\alpha} \tag{9.2.12}$$

可见平行线的投影轨迹只与(a,b,c)有关，而与(X_0,Y_0,Z_0)无关。换句话说，具有相同(a,b,c)的平行线在无限延伸后将交于一点。这个点可以在像平面中，也可能在像平面之外，所以也称为**消失点**/**消隐点**或**虚点**。对消失点的计算将在 9.2.3 小节介绍。

9.2.2 由纹理变化恢复朝向

利用物体表面上的纹理可以帮助确定表面的取向，并进而恢复表面的形状。这里对纹理的描述主要根据结构法的思想(见本套书中册 9.3 节)：复杂的纹理是由一些简单的纹理基元(**纹理元**)以某种有规律的形式重复排列组合而成。换句话说，纹理元可看作是一个区域里带有重复性和不变性的视觉基元。这里重复性是指这些基元在不同的位置和方向反复出现，当然这种重复出现是在一定的分辨率(给定视觉范围内纹理元的数目)下才可能；不变性是指组成同一基元的像素有一些基本相同的特性，这些特性可能只与灰度有关，也可能还依赖于其形状等特性。

1. 三种典型方法

利用物体表面的纹理确定其朝向要考虑成像过程的影响，具体与景物纹理和图像纹理之间的联系有关。在获取图像的过程中，原始景物上的纹理结构有可能在图像上发生变化(产生既有大小也有方向的梯度变化)，这种变化随纹理所在表面朝向的不同而有可能不同，因而带有物体表面取向的 3-D 信息。注意，这里不是说表面纹理本身带有 3-D 信息，而是说纹理在成像过程中产生的变化带有 3-D 信息。纹理的变化主要可分 3 类(这里假设纹理局限在一个水平表面上)，参见图 9.2.1 的示意图。常用的信息恢复方法也可对应分成以下 3 类。

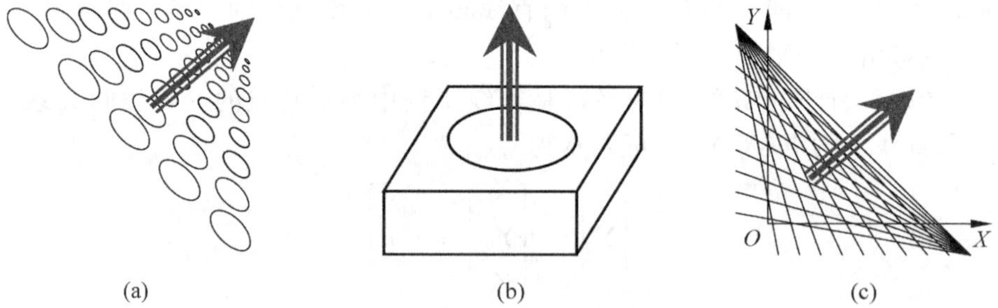

(a) (b) (c)

图 9.2.1 纹理变化与表面朝向

(1) 利用纹理元尺寸的变化

在透视投影中存在着近大远小的规律，所以位置不同的纹理元在投影后尺寸会产生不同的变化。这在沿着铺了地板或地砖的方向观看时很明显。根据纹理元投影尺寸变化率的极大值可以把纹理元所在平面的取向确定下来，参见图 9.2.1(a)，这个极大值的方向也就

是纹理梯度的方向。设图像平面与纸面重合，视线从纸中出来，则纹理梯度的方向取决于纹理元绕**摄像机轴线**旋转的角度，而纹理梯度的数值给出纹理元相对视线倾斜的倾斜程度。所以，借助于摄像机安放的几何信息就可将纹理元及所在平面的朝向确定下来。

3-D 景物表面规则的纹理在 2-D 图像中会产生纹理梯度，但反过来 2-D 图像中的纹理梯度并不一定来自 3-D 景物表面规则的纹理。

例 9.2.1　纹理元尺寸变化给出景物深度

图 9.2.2 给出两幅图片，图(a)的前部有许多花瓣(它们相当于纹理元)，花瓣尺寸由前向后(由近及远)逐步缩小。这种纹理元尺寸的变化给人以场景深度的感觉。图(b)的建筑物上有许多立柱和窗户(它们相当于规则的纹理元)，它们大小的变化同样给人以场景深度的感觉，并且很容易帮助观察者做出建筑物的折角处距离最远的判断。

(a)　　(b)

图 9.2.2　纹理元尺寸变化给出景物深度　□

(2) 利用纹理元形状的变化

物体表面纹理元的形状在**透视投影**和**正交投影**成像后有可能发生一定的变化，如果已经知道纹理元的原始形状，也可从纹理元形状的变化结果推算出表面的朝向。平面的朝向是由两个角度(相对于摄像机轴线旋转的角度和相对于视线倾斜的角度)所决定的，对给定的原始纹理元，根据其成像后的变化结果可确定出这两个角度。例如在平面上，由圆环组成的纹理在倾斜的平面上会变成椭圆(见图 9.2.1(b))，这时椭圆主轴的取向确定了相对于摄像机轴线旋转的角度，而长短轴长度的比值反映了相对视线倾斜的角度。该比值也称**外观比例**，下面介绍其计算过程。设圆形纹理基元所在平面的方程为

$$ax + by + cz + d = 0 \tag{9.2.13}$$

构成纹理的圆形可看作平面与球面的交线(平面与球面的交线总为圆形，但当视线与平面不垂直时，形变导致看到的交线总为椭圆形)，这里设球面方程为

$$x^2 + y^2 + z^2 = r^2 \tag{9.2.14}$$

联立上两式可解得(相当于将球面投影到平面)

$$\frac{a^2 + c^2}{c^2}x^2 + \frac{b^2 + c^2}{c^2}y^2 + \frac{2adx + 2bdy + 2abxy}{c^2} = r^2 - \frac{d^2}{c^2} \tag{9.2.15}$$

这是一个椭圆方程，可进一步变换为

$$\left[(a^2 + c^2)x + \frac{ad}{a^2 + c^2}\right]^2 + \left[(b^2 + c^2)y + \frac{bd}{b^2 + c^2}\right]^2 + 2abxy = c^2r^2 - \left[\frac{a^2d^2 + b^2d^2}{a^2 + c^2}\right]^2 \tag{9.2.16}$$

由上式可得到椭圆的中心点坐标并确定出椭圆的长半轴与短半轴，从而可算出旋转角和倾

斜角。

另一种判断圆形纹理变形的方法是分别计算不同椭圆的长半轴与短半轴。参见图 9.2.3(世界坐标与摄像机坐标重合),圆形纹理基元所在的平面与 Y 轴的夹角为 α(也是纹理平面与图像平面的夹角)。此时所成像中,不仅圆形纹理基元成为椭圆,而且上部基元的密度要大于中部,形成密度梯度。另外,各个椭圆的外观比例,即短半轴与长半轴的长度比也不是常数,形成外观比例梯度。此时,既有纹理元尺寸的变化,也有纹理元形状的变化。

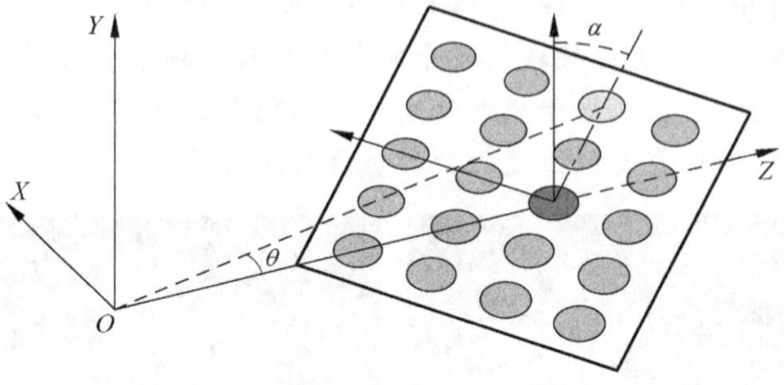

图 9.2.3　圆形纹理基元平面在坐标系中的位置

如果设原来圆形的直径为 D,对处在景物中心的圆形,其所成像中椭圆的长轴根据透视投影关系可求得为

$$D_{\text{major}}(0,0)=\lambda\frac{D}{Z} \tag{9.2.17}$$

其中 λ 为摄像机焦距,Z 为物距。此时的外观比例为倾斜角的余弦,即

$$D_{\text{minor}}(0,0)=\lambda\frac{D}{Z}\cos\alpha \tag{9.2.18}$$

现在考虑景物上不在摄像机光轴上的基元(如图 9.2.3 中浅色椭圆),如果基元的 Y 坐标为 y,与原点的连线和 Z 轴的夹角为 θ,则可得[Jain 1995]

$$D_{\text{major}}(0,y)=\lambda\frac{D}{Z}(1-\tan\theta\tan\alpha) \tag{9.2.19}$$

$$D_{\text{minor}}(0,y)=\lambda\frac{D}{Z}\cos\alpha\,(1-\tan\theta\tan\alpha)^2 \tag{9.2.20}$$

此时的外观比例为 $\cos\alpha(1-\tan\theta\tan\alpha)$,它将随 θ 的增加而减少,形成外观比例梯度。

顺便指出,上面利用纹理元形状变化确定纹理元所在平面朝向的思路也可以扩展,但这里常需要考虑更多的因素。如借助图像中 2-D 区域的边界的形状有时也能推断出 3-D 景物的形状。例如,对图像中的椭圆形,直接的解释常是源于场景中的圆盘或圆球。此时如果椭圆内的明暗变化和纹理模式是均匀的,那么圆盘的解释常更合理;但如果明暗变化和纹理模式都有朝向边界的放射状的变化,那么圆球的解释常更合理。

(3) 利用纹理元之间空间关系的变化

如果纹理是由有规律的**纹理元栅格**组成,则可以通过计算其**消失点**/**消隐点**来恢复表面朝向信息(见 9.2.3 小节)。消失点是相交线段集合中各线段的共同交点。对一个透射图,平面上的消失点是无穷远处纹理元以一定方向投影到图像平面所形成的,或者说是平行线在无穷远处的汇聚点(参见式(9.2.2))。

例 9.2.2 纹理元栅格和消失点

图 9.2.4(a)给出一个各表面均有平行网格线的长方体的透视图,图 9.2.4(b)是关于它各个表面纹理消失点的示意图。

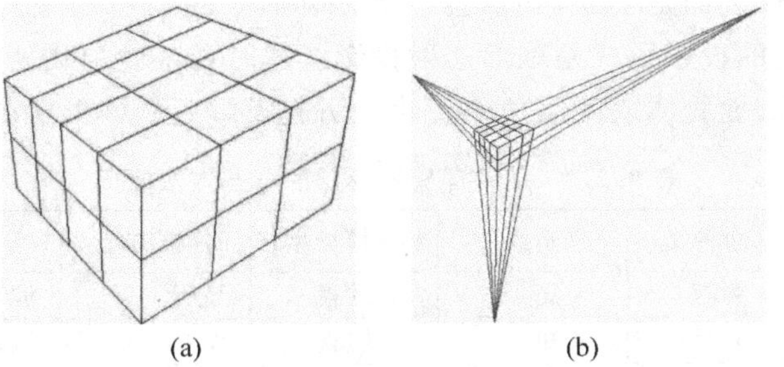

(a) (b)

图 9.2.4 纹理元栅格和消失点 □

如果沿表面上向其消失点望过去,可看出纹理元之间空间关系的变化,即纹理元分布密度的增加。利用从同一表面纹理元栅格得到的两个消失点可以确定出表面的取向。这两个点所在的直线也称**消失线/消隐线**,它是由同一个平面上不同方向的平行线的消失点所构成的(例如地面上不同方向的平行线的消失点构成了地平线)。消失线的方向指示纹理元相对于摄像机轴线旋转的角度,而消失线与 $x=0$ 的交点指示了纹理元相对于视线的倾斜角度,见图 9.2.1(c)。上述情况很容易借助透视投影的模型来解释。

最后,上面三种利用纹理元变化来确定物体表面朝向的方法可归纳为表 9.2.1。

表 9.2.1 三种利用纹理元变化确定物体表面朝向方法的比较

方 法	围绕视线旋转角	相对视线倾斜角
利用纹理元尺寸变化	纹理梯度方向	纹理梯度数值
利用纹理元形状变化	纹理元主轴方向	纹理元长短轴之比
利用纹理元空间关系变化	两消失点间连线的方向	两消失点间连线与 $x=0$ 的交点

2. 从纹理获取形状

由纹理确定表面取向并恢复表面形状的具体效果与表面本身的梯度、观察点和表面之间的距离以及视线和图像之间的夹角等因素有关。表 9.2.2 给出一些典型方法的概况,其中也列出了从纹理获取形状的各种术语[Tomita 1990]。现已提出的各种由纹理确定表面的方法多基于对它们的不同组合。

在表 9.2.2 中,不同方法之间的区别主要是采用了不同的表面线索,分别为纹理梯度(指在表面上纹理粗糙度最大变化的速率和方向)、会聚线(可限制水平表面的朝向,假设这些线在 3-D 空间是平行的,会聚线能确定图像的消失点),归一化纹理特性图(该图类似于从影调获取形状中的反射图)和形状失真(如果已知表面上一个模式的原始形状,则对表面的各种朝向都可在图像上确定出所能观察到的形状)。表面在多数情况下是平面,但也可以是曲面;分析方法既可以是结构方法也可以是统计方法。

在表 9.2.2 中,投影类型多使用透视投影,但也可以是正交投影或球面投影。球面投影中观察者位于球心,图像形成在球面上,视线与球面垂直。在从纹理恢复表面朝向时,要根据投影后原始纹理元形状的畸变来重构 3-D 立体。形状畸变主要与两个因素有关:①观察者与物体之间的距离，它影响纹理元畸变后的大小；②物体表面的法线与视线之间的夹角（也称表面倾角），它影响纹理元畸变后的形状。在正交投影中，第①个因素不起作用，仅第②个因素会起作用。在透射投影中，第①个因素起作用，而第②个因素仅在物体表面是曲面时才起作用（如果物体表面是平面，并不会产生影响形状的畸变）。能使上述两个因素共同对物体形状产生作用的投影形式是球形透射投影。这时观察者与物体之间距离的变化会引起纹理元尺寸的变化，而物体表面倾角的变化会引起投影后物体形状的变化。

表 9.2.2　从纹理获取形状的一些方法概况

表面线索	表面种类	原始纹理	投影类型	分析方法	分析单元	单元属性
纹理梯度	平面	未知	透视	统计	波	波长
	平面	未知	透视	结构	区域	面积
	平面	均匀密度	透视	统计/结构	边缘/区域	密度
会聚线	平面	平行线	透视	统计	边缘	方向
归一化纹理特性图	平面	已知	正交	结构	线	长度
	曲面	已知	球面	结构	区域	轴
形状失真	平面	各向同姓	正交	统计	边缘	方向
	平面	未知	正交	结构	区域	形状

在由纹理恢复表面朝向的过程中，常需对纹理模式有一定的假设，两个典型的假设如下。

（1）各向同性假设

各向同性假设认为对各向同性的纹理，在纹理平面发现一个纹理基元的概率与该纹理基元的朝向无关。换句话说，对各向同性纹理的概率模型不需考虑纹理平面上坐标系统的朝向[Forsyth 2003]。

（2）均匀性假设

图像中纹理的均匀性指无论在图像中的任何位置选取一个窗口的纹理，它都与在其他位置所选取窗口的纹理一致。更严格地说，一个像素值的概率分布只取决于该像素邻域的性质，而与像素自身的空间坐标无关[Forsyth 2003]。根据**均匀性假设**，如果采集了图像中一个窗口的纹理作为样本，则可根据该样本的性质为窗口外的纹理建立模型。

在正交投影获得的图像中，即便假设纹理是均匀的，也无法恢复纹理平面的朝向，这是因为均匀纹理经过视角变换仍然是均匀纹理。但如果考虑透射投影获得的图像，则纹理平面朝向的恢复成为可能。

这个问题可以解释如下：根据均匀性假设，并认为纹理由点的均匀模式组成，此时如果对该纹理平面用等间隔的网格进行采样，那么每个网格获得的纹理点的数目应该是相同的或很接近的。但如果将这个用等间隔网格覆盖的纹理平面进行透射投影，那么一些网格会被映射成较大的四边形，而另一些网格会被映射成较小的四边形。也就是说，在图像平面上的纹理不再均匀。由于网格被映射成不同的大小，其中所包含的（原来均匀的）纹理模式的数量不再一致。根据这个性质，可以借助不同窗口所含纹理模式数量的比例关系来确定成像平面与纹理平面的相对朝向。

3. 纹理立体技术

将纹理方法和立体视觉方法结合称为**纹理立体技术**。它通过同时获取场景的两幅图像来估计景物表面的方向，避免了复杂的对应点匹配问题。在这种方法中，所用的两个成像系统是靠旋转变换相联系的。

图 9.2.5 中与纹理梯度方向正交且与物体表面平行的直线称为特征线，在此线上没有纹理结构的变化。特征线与 X 轴之间的夹角称特征角，可通过比较纹理区域的傅里叶能量谱而计算得到。根据从两幅图像得到的特征线和特征角可确定表面法向量 $\boldsymbol{N}=[N_x\ N_y\ N_z]^{\mathrm{T}}$：

$$N_x = \sin\theta_1(a_{13}\cos\theta_2 + a_{23}\sin\theta_2) \tag{9.2.21}$$

$$N_y = -\cos\theta_1(a_{13}\cos\theta_2 + a_{23}\sin\theta_2) \tag{9.2.22}$$

$$N_z = \cos\theta_1(a_{21}\cos\theta_2 + a_{22}\sin\theta_2) - \sin\theta_1(a_{11}\cos\theta_2 + a_{21}\sin\theta_2) \tag{9.2.23}$$

其中，θ_1 和 θ_2 分别为两幅图像中特征线与 X 轴逆时针方向所成的夹角；系数 a_{ij} 为两个成像系统中对应轴之间的方向余弦。

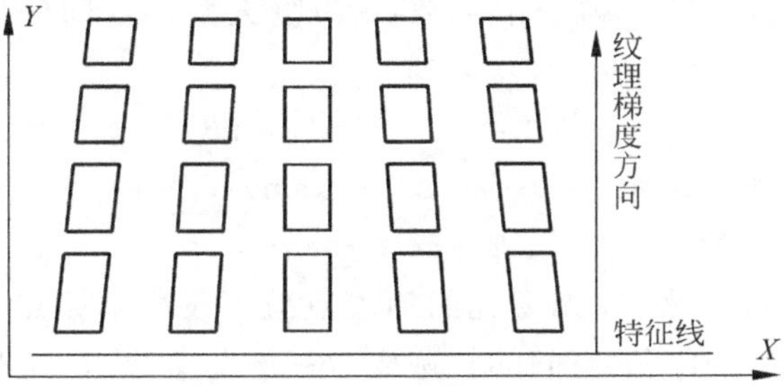

图 9.2.5　纹理表面的特征线

9.2.3　检测线段纹理消失点

如果纹理模式是由直线线段构成的，则可借助图 9.2.6 来介绍检测其消失点的方法。理论上说，这个工作可分两步进行（每步需要用一次哈夫变换，见本套书中册 4.2 节）[Davies 2005]：①确定图像中所有的直线（可直接借助哈夫变换进行）；②找到那些通过共同点的直线并确定哪些点为消失点（借助哈夫变换在参数空间检测点累积的峰）。

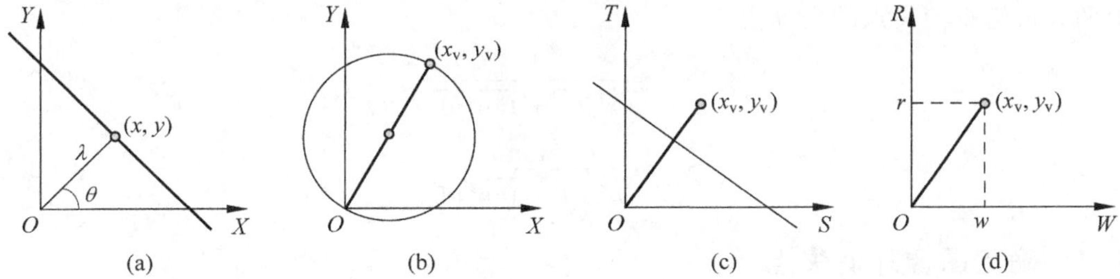

图 9.2.6　确定线段纹理消失点

根据哈夫变换，对图像空间中的直线可用在参数空间检测参数来确定。由图 9.2.6(a)，在极坐标系统中，直线可表示为

$$\lambda = x\cos\theta + y\sin\theta \tag{9.2.24}$$

如果用符号"⇒"表示从一个集合到另一个集合的变换，则变换$\{x,y\}\Rightarrow\{\lambda,\theta\}$将图像空间 XY 中的一条直线映射为参数空间 $\Lambda\Theta$ 中的一个点，而图像空间 XY 中具有相同消失点(x_v,y_v)的直线集合被投影到参数空间 $\Lambda\Theta$ 中的一个圆上。为说明这点，可将 $\lambda=\sqrt{x^2+y^2}$ 和 $\theta=\arctan\{y/x\}$代入下式

$$\lambda = x_v\cos\theta + y_v\sin\theta \tag{9.2.25}$$

将结果再转到直角坐标系中，可得到

$$\left(x-\frac{x_v}{2}\right)^2+\left(y-\frac{y_v}{2}\right)^2=\left(\frac{x_v}{2}\right)^2+\left(\frac{y_v}{2}\right)^2 \tag{9.2.26}$$

上式代表了一个圆心在$(x_v/2,y_v/2)$、半径为$\lambda=\sqrt{(x_v/2)^2+(y_v/2)^2}$的圆，见图 9.2.6(b)。这个圆是所有以$(x_v,y_v)$为消失点的线段集合投影到 $\Lambda\Theta$ 空间中的轨迹。换句话说，可用变换$\{x,y\}\Rightarrow\{\lambda,\theta\}$把线段集合从 XY 空间映射到 $\Lambda\Theta$ 空间对消失点进行检测。

上述确定消失点的方法有两个缺点：一是对圆的检测比对直线的检测困难，计算量也大；二是当 $x_v\to\infty$或 $y_v\to\infty$时，有 $\lambda\to\infty$（这里符号"→"表示趋向）。为克服这些缺点，可改用变换$\{x,y\}\Rightarrow\{k/\lambda,\theta\}$，这里 k 为一个常数（k 与哈夫变换空间的取值范围有关）。此时式(9.2.25)变为

$$k/\lambda = x_v\cos\theta + y_v\sin\theta \tag{9.2.27}$$

将式(9.2.27)转到直角坐标系中（令 $s=\lambda\cos\theta,t=\lambda\sin\theta$），得到

$$k = x_v s + y_v t \tag{9.2.28}$$

这是一个直线方程。这样一来，在无穷远的消失点就可投影到原点，而且具有相同消失点(x_v,y_v)的线段所对应的点在 ST 空间的轨迹成为一条直线，见图 9.2.6(c)。这条线的斜率由式(9.2.28)可知为$-y_v/x_v$，所以这条线与原点到消失点(x_v,y_v)的矢量正交，并且与原点的距离为 $k/\sqrt{x_v^2+y_v^2}$。对这条直线可再用一次哈夫变换来检测，即这里将直线所在空间 ST 当作原空间，而对其在（新的）哈夫变换空间 RW 中进行检测。这样空间 ST 里的直线在空间RW 里为一个点，如图 9.2.6(d)所示，其位置为

$$r=\frac{k}{\sqrt{x_v^2+y_v^2}} \tag{9.2.29}$$

$$w=\arctan\left\{\frac{y_v}{x_v}\right\} \tag{9.2.30}$$

由上两式可解得消失点的坐标为

$$x_v=\frac{k^2}{r^2\sqrt{1+\tan^2 w}} \tag{9.2.31}$$

$$y_v=\frac{k^2\tan w}{r^2\sqrt{1+\tan^2 w}} \tag{9.2.32}$$

9.2.4 确定图像外消失点

上述方法在消失点处在原始图像范围之中时没有问题。但实际中，消失点常常会处在图像范围之外（如图 9.2.7 所示），或甚至在无穷远处，此时一般的图像参数空间就会遇到问题。对远距离的消失点，参数空间的峰会分布在很大距离范围内，这样一来，检测敏感度就会较差，而且定位准确度也会较低。

对此的一种改进方法是围绕摄像机的投影中心构建一个高斯球 G,并且使用 G 而不是使用扩展图像平面来作为参数空间。如图 9.2.8 所示,消失点出现在有限距离处(但在无穷远处也可以),它与在高斯球(其中心为 C)上的点有一对一的关系(V 和 V')。实际中会存在许多不相关的点,为消除它们的影响,需要考虑成对的线(3-D 空间中的线和投影到高斯球上的线)。如果设共有 N 条线,则线对的总数是 $N(N-1)/2$,即量级为 $O(N^2)$。

图 9.2.7　消失点在图像范围之外的示例

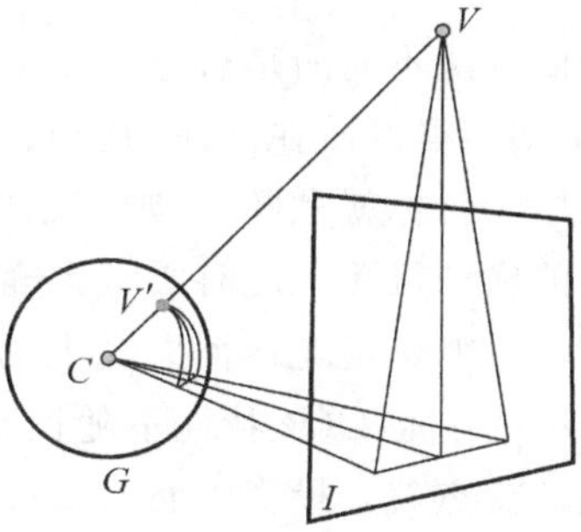

图 9.2.8　使用高斯球确定消失点

考虑当地面铺满地板砖,用摄像机倾斜于地面并沿地板铺设方向观测的情况。这时可得到如图 9.2.9 所示的构型(VL 代表消失线),其中 C 为摄像机中心,O,H_1,H_2 在地面上,O,V_1,V_2,V_3 在成像面上,a 和 b(砖的长和宽)已知。由点 O,V_1,V_2,V_3 得到的交叉比(见中册 15.2 节)与由点 O,H_1,H_2 以及水平方向无穷远点得到的交叉比相等得到

$$\frac{y_1(y_3-y_2)}{y_2(y_3-y_1)}=\frac{x_1}{x_2}=\frac{a}{a+b} \tag{9.2.33}$$

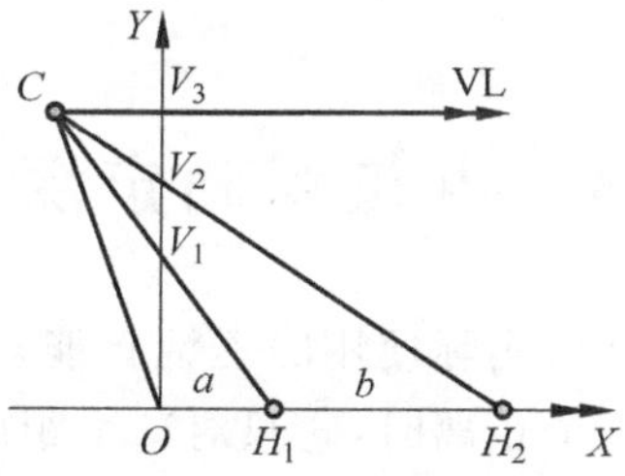

图 9.2.9　从已知间隔借助交叉比来确定消失点

由式(9.2.33)可算出 y_3

$$y_3=\frac{by_1y_2}{ay_1+by_1-ay_2} \tag{9.2.34}$$

实际中,应可调整摄像机相对于地面的位置和角度使得 $a=b$,那么就可得到

$$y_3=\frac{y_1y_2}{2y_1-y_2} \tag{9.2.35}$$

这个简单的公式表明,a 和 b 的绝对数值并不重要,只要知道它们的比值就可计算。进一步,上面的计算中并没有假设点 V_1,V_2,V_3 在点 O 的垂直上方,也没有假设点 O,H_1,H_2 在水平线上,只要求它们在共面的两条直线上,且 C 也在这个平面中。

在透视投影条件下,椭圆投影为椭圆,但其中心会有一点偏移,这是因为透视投影并不保持长度比(中点不再是中点)。假设可以从图像中确定平面的消失点的位置,则利用前面

的方法就可以方便地计算中心的偏移量。先考虑椭圆的特例——圆，圆投影后为椭圆。参见图 9.2.10，令 b 为投影后椭圆的短半轴，d 为投影后椭圆与消失线之间的距离，e 为圆的中心在投影后的偏移量，点 P 为投影中心。将 $b+e$ 取为 y_1，$2b$ 取为 y_2，$b+d$ 取为 y_3，则由式(9.2.35)得到

$$e=\frac{b^2}{d} \tag{9.2.36}$$

与前面方法不同的是这里设 y_3 是已知的，并用它来计算 y_1，并进而计算 e。如果不知道消失线，但知道椭圆所在平面的朝向和图像平面的朝向，则可推出消失线，并进而如上计算。

如果原始目标就是椭圆，则问题要复杂一些，因为不仅不知道椭圆中心的纵向位置，也不知道它的横向位置。此时要考虑椭圆的两对平行的切线，投影成像后，一对交于 P_1，另一对交于 P_2，两个交点均在消失线上，如图 9.2.11 所示。因为对每对切线，连接切点的弦通过原始椭圆的中心 O(该特性不随投影变化)，所以投影中心应该在弦上。与两对切线对应的两条弦的交点就是投影中心 C。

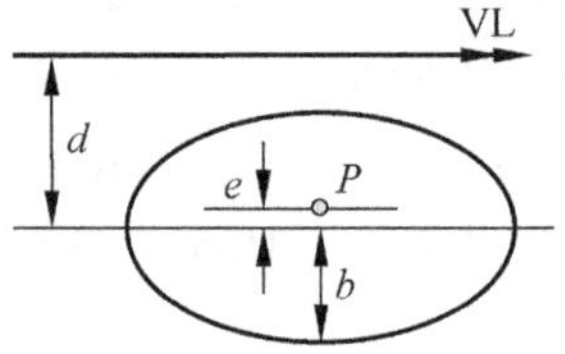

图 9.2.10　计算圆的中心的偏移量

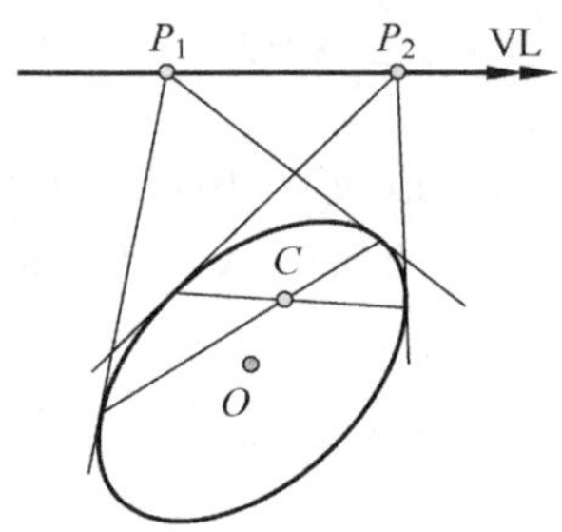

图 9.2.11　计算椭圆中心的偏移量

9.3　由焦距确定深度

在使用光学系统对景物成像时，实际使用的透镜只能对一定距离范围内的景物清晰成像。或者说，当光学系统聚焦在某个距离时，它只对这个距离上下一定范围内的景物所成像的清晰程度可以满足要求。这个距离范围称为透镜的**景深**。景深由满足清晰程度的最远点和最近点所确定，或者说由最远平面和最近平面所确定。

可以想象，如果能控制景深，在景深很小的情况下，景物上满足清晰程度的最远点和最近点非常接近，景物的深度就可确定出来。这也可称为**从焦距恢复形状**或**由焦距恢复形状**。

图 9.3.1 给出薄透镜景深的一个示意图。当将透镜聚焦在景物平面上一点时(景物与透镜距离为 d_o)，其所成像在图像平面上(图像与透镜距离为 d_i)。如果减少景物与镜头的距离到 d_{o1}，则成像在与透镜距离为 d_{i1} 处，而在原图像平面上的点图像会扩散为一个直径为 D 的模糊圆盘。如果增加景物与镜头的距离到 d_{o2}，则成像在与透镜距离为 d_{i2} 处，而在原图像平面上的点图像也会扩散为一个直径为 D 的模糊圆盘。如果 D 是清晰度可以接受的最大直径，则 d_{o1} 和 d_{o2} 的差就是景深。

模糊圆盘的直径与摄像机分辨率和景深都有关系。摄像机的分辨率取决于摄像机成像单元的数量、尺寸和排列方式。在常见的正方形网格排列方式下，如果有 $N\times N$ 个单元，则

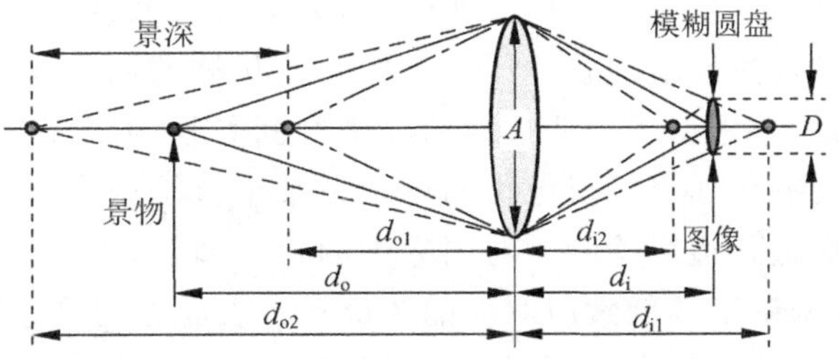

图 9.3.1　薄透镜景深示意图

在每个方向都可分辨出 $N/2$ 条线，即相邻的两条线之间有一个单元的间隔。一般的光栅是黑白线条等距离相间的，所以也可以说可分辨出 $N/2$ 对线条。摄像机的分辨能力也可用**分辨力**表示，如果成像单元的间距为 Δ，单位是 mm，则摄像机的分辨力为 $0.5/\Delta$，单位是 line/mm。如果一个 CCD 摄像机的成像单元阵列的边长为 8mm，共有 512×512 个单元，则其分辨力为 0.5×512/8＝32line/mm。

假设透镜的焦距为 λ，则根据薄透镜成像公式有

$$\frac{1}{\lambda}=\frac{1}{d_o}+\frac{1}{d_i} \tag{9.3.1}$$

现设镜头孔径为 A，则当景物在最近点时，图像与镜头的距离 d_{i1} 为

$$d_{i1}=\frac{A}{A-D}d_i \tag{9.3.2}$$

根据式(9.3.1)，景物最近点距离为

$$d_{o1}=\frac{\lambda d_{i1}}{d_{i1}-\lambda} \tag{9.3.3}$$

将式(9.3.2)代入式(9.3.3)得

$$d_{o1}=\frac{\lambda\dfrac{A}{A-D}d_i}{\dfrac{A}{A-D}d_i-\lambda}=\frac{\lambda A d_o}{\lambda A+D(d_o-\lambda)} \tag{9.3.4}$$

类似地，可以得到景物最远点距离为

$$d_{o2}=\frac{\lambda\dfrac{A}{A+D}d_i}{\dfrac{A}{A+D}d_i-\lambda}=\frac{\lambda A d_o}{\lambda A-D(d_o-\lambda)} \tag{9.3.5}$$

由式(9.3.5)右边分母可知，当

$$d_o=\frac{A+D}{D}\lambda=H \tag{9.3.6}$$

时，d_{o2} 为无穷，景深也为无穷。称 H 为**超焦距**，$d_{o2}\geqslant H$ 时，景深都为无穷。而对 $d_{o2}<H$，景深为

$$\Delta d_o=d_{o2}-d_{o1}=\frac{2\lambda ADd_o(d_o-\lambda)}{(A\lambda)^2-D^2(d_o-\lambda)^2} \tag{9.3.7}$$

由式(9.3.7)可见，景深随 D 的增加而增加。如果允许/容忍更大的模糊圆盘，则景深也更大。另外，式(9.3.7)表明景深随 λ 的增加而减少，即短焦距的透镜会给出较大的景深。

由于使用焦距较长的镜头时所获得的景深会比较小（最近点和最远点接近），所以有可

能根据对焦距的测定来确定景物的距离。实际上，人类视觉系统也是这样做的。人在观察景物时，为了看清楚，会通过调节睫状体压力来控制晶状体的屈光能力，这样就将深度信息与睫状体压力建立联系，并根据压力调节的情况来判断景物的距离。摄像机的自动聚焦功能也是基于该原理实现的。如果设摄像机的焦距在某个范围内变化比较平稳，则可对在每个焦距值所获得的图像进行边缘检测。对图像中的每个像素，确定使其产生清晰边缘的焦距值，并利用该焦距值来确定该像素所对应的 3-D 景物表面点与摄像机镜头的距离（深度）。实际应用中，对一个给定的景物点，调节焦距使摄像机对它的成像清晰，则此时的焦距值就指示了摄像机与它的距离；而对一幅以一定焦距拍摄的图像，其上清晰的像素点所对应的景物点的深度也可以计算出来。

9.4 根据三点透视估计位姿

根据一个图像点的位置直接估计其 3-D 景物的对应点是一个病态问题，图像中的一个点可以是 3-D 空间中一条线或线上任一点的投影结果（参见 2.2.1 小节）。为从 2-D 图像出发恢复 3-D 景物表面的位置，需要有一些附加的约束条件。下面介绍一种在 3-D 景物模型和摄像机焦距已知的条件下，利用三个图像点的坐标来计算 3-D 景物的几何形状和**位姿/姿态**的方法[Shapiro 2001]，此时三个点之间的两两距离是已知的。

1. 三点透视问题

用 2-D 图像特征来计算 3-D 景物特征的透视变换是一种**逆透视**。这里使用三个点，所以称**三点透视**（P3P）问题。此时图像、摄像机和景物的坐标关系可见图 9.4.1。

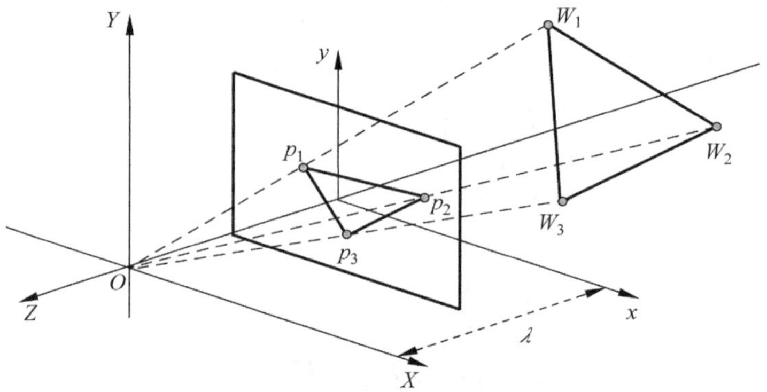

图 9.4.1　位姿估计的坐标系统

已知 3-D 景物上的三点 $\boldsymbol{W}_i$ 在图像平面 xy 上的对应点是 p_i，现在根据 p_i 要计算 $\boldsymbol{W}_i$ 的坐标。注意到从原点到 p_i 的连线也经过 $\boldsymbol{W}_i$，所以如果设 $\boldsymbol{v}_i$ 是相应连线上的单位矢量（从原点指向 p_i），则 $\boldsymbol{W}_i$ 的坐标可由下式获得

$$\boldsymbol{W}_i = k_i \boldsymbol{v}_i \quad i = 1,2,3 \tag{9.4.1}$$

上面三个点间的（已知）距离为（$m \neq n$）

$$d_{mn} = \| \boldsymbol{W}_m - \boldsymbol{W}_n \| \tag{9.4.2}$$

将式（9.4.1）代入式（9.4.2）得

$$d_{mn}^2 = \| k_m \boldsymbol{v}_m - k_n \boldsymbol{v}_n \|^2 = k_m^2 - 2k_m k_n (\boldsymbol{v}_m \cdot \boldsymbol{v}_n) + k_n^2 \tag{9.4.3}$$

2. 迭代求解

现在得到了关于 k_i 的三个二次方程，其中等式左边的三个 d_{mn}^2 根据 3-D 景物模型已经知道，三个点积 $\boldsymbol{v}_m \cdot \boldsymbol{v}_n$ 根据图像点坐标也可算出，这样计算三个点 W_i 坐标的 P3P 问题变成求解有三个未知量的三个二次方程的问题。理论上，方程(9.4.3)的解有 8 个(即 8 组 $[k_1 \quad k_2 \quad k_3]$)，但由图 9.4.1 可看出，由于对称性，如果 $[k_1 \quad k_2 \quad k_3]$ 是一组解，则 $[-k_1 \quad -k_2 \quad -k_3]$ 必然也是一组解。因为目标只可能在摄像机的一边，所以最多只有 4 组实数解。另外已证明，尽管在特定情况下可能有 4 组解，一般只有两组解。

现在解下列三个函数中的 k_i：

$$
\begin{aligned}
f(k_1, k_2, k_3) &= k_1^2 - 2k_1k_2(\boldsymbol{v}_1 \cdot \boldsymbol{v}_2) + k_2^2 - d_{12}^2 \\
g(k_1, k_2, k_3) &= k_2^2 - 2k_2k_3(\boldsymbol{v}_2 \cdot \boldsymbol{v}_3) + k_3^2 - d_{23}^2 \\
h(k_1, k_2, k_3) &= k_3^2 - 2k_3k_1(\boldsymbol{v}_3 \cdot \boldsymbol{v}_1) + k_1^2 - d_{31}^2
\end{aligned} \tag{9.4.4}
$$

假设初始值在 $[k_1 \quad k_2 \quad k_3]$ 的附近，但 $f(k_1, k_2, k_3) \neq 0$。现需要一个增量 $[\Delta_1 \quad \Delta_2 \quad \Delta_3]$，使得 $f(k_1+\Delta_1, k_2+\Delta_2, k_3+\Delta_3)$ 趋向于 0。将 $f(k_1+\Delta_1, k_2+\Delta_2, k_3+\Delta_3)$ 在 $[k_1 \quad k_2 \quad k_3]$ 的邻域展开并略去高阶项，得到

$$
f(k_1+\Delta_1, k_2+\Delta_2, k_3+\Delta_3) = f(k_1, k_2, k_3) + \begin{bmatrix} \dfrac{\partial f}{\partial k_1} & \dfrac{\partial f}{\partial k_2} & \dfrac{\partial f}{\partial k_3} \end{bmatrix} \begin{bmatrix} k_1 \\ k_2 \\ k_3 \end{bmatrix} \tag{9.4.5}
$$

让式(9.4.5)左边等于 0，得到一个包含 $[k_1 \quad k_2 \quad k_3]$ 的(偏微分)线性方程。同样也可将式(9.4.4)中的函数 g 和 h 也转化为线性方程。联合起来得到

$$
\begin{bmatrix} 0 \\ 0 \\ 0 \end{bmatrix} = \begin{bmatrix} f(k_1, k_2, k_3) \\ g(k_1, k_2, k_3) \\ h(k_1, k_2, k_3) \end{bmatrix} + \begin{bmatrix} \dfrac{\partial f}{\partial k_1} & \dfrac{\partial f}{\partial k_2} & \dfrac{\partial f}{\partial k_3} \\ \dfrac{\partial g}{\partial k_1} & \dfrac{\partial g}{\partial k_2} & \dfrac{\partial g}{\partial k_3} \\ \dfrac{\partial h}{\partial k_1} & \dfrac{\partial h}{\partial k_2} & \dfrac{\partial h}{\partial k_3} \end{bmatrix} \begin{bmatrix} k_1 \\ k_2 \\ k_3 \end{bmatrix} \tag{9.4.6}
$$

上述偏微分矩阵就是雅可比矩阵 $\boldsymbol{J}$。一个函数 $\boldsymbol{f}(k_1, k_2, k_3)$ 的雅可比矩阵 $\boldsymbol{J}$ 具有下面的形式(其中 $\boldsymbol{v}_{mn} = \boldsymbol{v}_m \cdot \boldsymbol{v}_n$)：

$$
\boldsymbol{J}(k_1, k_2, k_3) \equiv \begin{bmatrix} J_{11} & J_{12} & J_{13} \\ J_{21} & J_{22} & J_{23} \\ J_{31} & J_{32} & J_{33} \end{bmatrix} = \begin{bmatrix} (2k_1 - 2v_{12}k_2) & (2k_2 - 2v_{12}k_1) & 0 \\ 0 & (2k_2 - 2v_{23}k_3) & (2k_3 - 2v_{23}k_2) \\ (2k_1 - 2v_{31}k_3) & 0 & (2k_3 - 2v_{31}k_1) \end{bmatrix} \tag{9.4.7}
$$

如果雅可比矩阵 $\boldsymbol{J}$ 在点 (k_1, k_2, k_3) 处是可逆的，则可得到参数增量

$$
\begin{bmatrix} k_1 \\ k_2 \\ k_3 \end{bmatrix} = -\boldsymbol{J}^{-1}(k_1, k_2, k_3) \begin{bmatrix} f(k_1, k_2, k_3) \\ g(k_1, k_2, k_3) \\ h(k_1, k_2, k_3) \end{bmatrix} \tag{9.4.8}
$$

把上述增量与上一步的参数值相加，用 $\boldsymbol{K}^l$ 表示参数的第 l 步迭代值，就得到(牛顿法表示形式)

$$
\boldsymbol{K}^{l+1} = \boldsymbol{K}^l - \boldsymbol{J}^{-1}(\boldsymbol{K}^l)\boldsymbol{f}(\boldsymbol{K}^l) \tag{9.4.9}
$$

上述迭代算法可总结如下。

输入：三组对应点对($\boldsymbol{W}_i, p_i$)，摄像机焦距 λ 和距离允许误差 Δ；

输出：$\boldsymbol{W}_i$(3-D 点在摄像机坐标系统中的坐标)。

步骤 1：初始化

根据式(9.4.3)计算 d_{mn}^2，

根据 p_i 计算 $\boldsymbol{v}_i$ 和 $2\boldsymbol{v}_m \cdot \boldsymbol{v}_n$，

选择初始参数矢量 $\boldsymbol{K}^1 = [k_1 \quad k_2 \quad k_3]$；

步骤 2：迭代，直到 $f(\boldsymbol{K}^l) \approx 0$，

根据式(9.4.9)计算 $\boldsymbol{K}^{l+1}$，

如果 $|f(\boldsymbol{K}^{l+1})| \leqslant \pm\Delta$ 或达到迭代次数，则停止；

步骤 3：计算位姿

根据式(9.4.1)用 $\boldsymbol{K}^{l+1}$ 计算 $\boldsymbol{W}_i$。

总结和复习

为更好地学习，下面对各小节给予概括小结并提供一些进一步的参考资料；另外给出一些思考题和练习题以帮助复习(文后对加星号的题目还提供了解答)。

1. 各节小结和文献介绍

9.1 节介绍了根据图像影调来重构景物表面形状的原理和方法。有关内容还可见文献[Jähne 2000]、[Forsyth 2012]等。影调反映了表面区域的性质，也有采用表面边界的对应方法，一般称为**从轮廓恢复形状**(SFC)或**由轮廓恢复形状**(SFC)。

9.2 节讨论了表面纹理变化与表面朝向的关系，介绍了三种可以帮助恢复表面朝向的纹理元变化。有关内容还可见文献[Shapiro 2001]、[Forsyth 2003]等。有关纹理表达和描述的基本内容可见本套书中册第 9 章。借助高斯球对消失点的检测还可见[Davies 2005]。

9.3 节介绍了如何借助焦距与景深的联系来确定摄像机与景物的距离。有关内容还可见文献[Castleman 1996]、[Jähne 1999a]等。这里使用了**聚焦**的方法，实际中也可使用**散焦**的方法。这时要使用在不同深度获得的两幅图像，根据图像的模糊程度来确定场景的相对深度。在此基础上可进一步构建**立体视觉头**，实现**从会聚恢复形状**或**由会聚恢复形状**[Sonka 2014]。

9.4 节介绍了一种仅利用一幅图像上的 3 个已知点来估计 3-D 景物位姿的方法。进一步的讨论还可见文献[Shapiro 2001]。

2. 思考题和练习题

9-1 一个半径为 R 的白色球体放在无穷大的黑色平面上，球体有朗伯表面。该球体由半球形的均匀亮度的天空所照亮。当一个观察者在很远的地方沿着水平的 X 轴进行观察时，试描绘球的灰度作为 Y 和 Z 的函数。

9-2 从 2-D 图像恢复 3-D 场景的方法中：

(1) 从影调恢复形状的方法所得到的表面朝向图与使用双目立体视觉方法所得到的深度图是否相同？它们分别适用于哪些应用场合？

(2) 显现在物体表面的影调有时可起到类似结构光的作用，使人可看出表面的形状。试对比这两种方法，指出它们的相同处和相异处。

(3) 在什么情况下使用结构光的方法有望得到比这些基本方法更好或更准确的信息？

9-3 使用一个悬挂在 1m 高的摄像机，先向正下方对铺了方形瓷砖的地面拍摄一幅图像，将摄像机旋转一定角度再拍摄一幅图像，已知成像后的瓷砖图像为长宽比为 3∶2 的矩形，求摄像机旋转过的角度。

9-4 设一物体水平的表面上有由圆组成的纹理，这些圆在成像平面均成了长轴 0.05m，短轴 0.04m 的椭圆。已知长轴与 X 轴的夹角为 135°，请确定该物体平面的朝向。

9-5 参见图 9.2.3，如果由圆形纹理基元得到的椭圆的长宽比为 3∶1，基元所在平面的朝向是怎样的？如果椭圆长轴与 X 轴的夹角为 30°，基元所在平面的朝向又是怎么样的？

9-6 试参照图 9.2.3 推导式(9.2.19)和式(9.2.20)。

9-7 在 9.2.2 小节中推导式(9.2.19)和式(9.2.20)时仅考虑了相对于视线的倾斜角而没有考虑相对于摄像机轴线旋转的角度，现将旋转角度也考虑上，推导计算任意位置和任意朝向的圆形纹理的外观比例的公式。

9-8 讨论如何来估计图 9.2.4(a)中物体三个表面的倾斜角和俯仰角(利用摄像机投影成像中的概念)。

***9-9** 重画图题 9-9(其中 O 为椭圆中心，C 为切线连线的交点)，现在要使用与观察到的椭圆轴对齐的消失点。证明搜索变换中心位置的问题现在简化为两个 1-D 情况，可用式(9.2.36)以获得变换中心坐标。

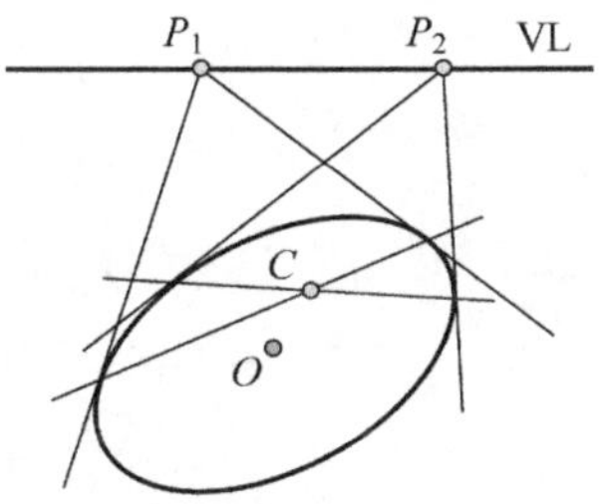

图题 9-9

9-10 由栅格构成的纹理图案在透射图中有一个消失点，设 $x=0$，$y=1$，$y=2-x$ 均为通过消失点的直线，现要求计算消失点的坐标。

9-11 设镜头的孔径为 20，可以容忍的模糊圆的直径为 1。

(1) 如果景物距离为 100，当镜头的焦距为 20 时，景深为多少？如果镜头的焦距为 30 呢？

(2) 如果镜头的焦距为 100，当景物距离为 30 时，景深为多少？如果景物距离为 1000 呢？

9-12 回答下列问题

(1) 四个空间平面相交共有几种情况？如何判断其凸凹的情况？

(2) 在根据三点透视估计位姿中，所利用的 3-D 线索是什么？

第3单元　场景解释

本单元包括3章，分别为

第10章　知识表达和推理

第11章　广义匹配

第12章　场景分析和语义解释

对客观景物的重建恢复是图像理解的第1个层次。在此基础上，还需要对图像高层的含义给出明确的解释，这是图像理解的第2个层次。在这个层次，需要通过学习、推理、与模型的匹配等来解释场景的内容、特性、变化、态势或趋向等。

场景解释是一个非常复杂的过程，困难主要来源于两个方面：一是有大量的多方面的数据要处理，二是缺乏从已知的低层像素矩阵到所需高层结果(对反映场景信息的图像内容的细节把握)的基本工具。由于还没有对非结构化图像进行理解的通用工具，所以需要在两者之间进行折中，即一方面需要对问题的一般性加以限制，另一方面需要将人类的知识引入理解过程。对问题的一般性加以限制是比较直接的，人们可以限制问题中的未知条件或限制对期望结果的范围或精度，而知识的引入则比较困难，值得认真研究。本单元将介绍一些相关的基础内容。

第10章讨论对知识的表达和推理。知识是先前人类对客观世界的认识成果和经验总结，它可以指导当前对客观世界新变化的认识和理解，对场景的解释就需要根据已有的知识并借助推理来进行。该章分别对两种重要的知识类型，即场景知识和过程知识进行了分析，还具体分析了几种典型的知识表达方法，并举例介绍了基于定理证明来进行推理的方法。

第11章讨论广义匹配的方法。对场景的解释是一个不断认知的过程，所以需要将从图像中获得的信息与已有的解释场景的模型进行匹配。也可以这样说，感知是把视觉输入与事前已有表达结合的过程，而认知也需要建立或发现各种内部表达式之间的联系。匹配就是结合各种表达和知识，建立这些联系，从而解释场景的技术或过程。匹配可以在像素层进行，也可以在目标层进行，还可以在更抽象的层次上进行。该章的讨论主要是在目标层和更高的概念符号层进行的。

第12章概括介绍几种典型的场景分析和语义解释技术。对场景的高层次解释建立在对场景分析和语义描述的基础上。这包括利用模糊集和模糊运算概念进行模糊推理的方法；利用遗传算法对图像进行语义分解和分割，进而实现语义推理判断的方法；借助离散标记和概率标记技术对场景目标进行有语义含义标记的方法；以及基于词袋模型/特征包模型，pLSA模型和LDA模型对场景进行分类的方法。

第10章 知识表达和推理

知识是人类对客观世界的认识成果和经验总结，在整个视觉过程的各个阶段都起着重要的作用。例如，在分析推理和对场景做出正确的解释时都需要用到各种经验知识。这是因为实际应用中，环境信息并非时时刻刻都是完整的，先验知识的参与是重要的补充。借助对知识的利用可以有效地提高图像理解的可靠性和效率。要有效地利用知识，就要研究有哪些知识可以利用，知识有哪些基本作用、类别和表达方法，从而能正确地管理和使用知识。

根据上述的讨论，本章各节将安排如下。

10.1节先对知识概念给予概括的介绍，并引出其后各节的内容。

10.2节讨论一类重要的知识类型——场景知识，重点是关于知识建模的问题。

10.3节讨论另一类重要的知识类型——过程知识，主要介绍这类知识分类的框架和四种重要的控制过程。

10.4节进一步讨论知识表达的基础内容和方法，并结合图像理解介绍相关的知识模块。

10.5节介绍一类典型的知识表达方法，即基于形式逻辑的谓词逻辑，并讨论利用定理证明来推理的方法。

10.6节介绍另一类典型的知识表达方法，即具有层次结构的语义网。

10.7节介绍另一类典型的知识表达方法，即被称为基于规则的产生式系统，它是一种模块化的知识表达系统。

10.1 知识基础

知识是人类对世界的认知与理解时积累的经验的总和。要有效地利用知识，就要研究有哪些知识可以利用以及如何表达和管理它们。下面先介绍知识的概况。

1. 知识的作用

人类在理解世界时用到许多经验和知识，以提高工作的可靠性和效率。知识在整个图像工程的各个阶段都可以起到重要的作用。以本套书中册第1单元介绍的图像分割为例，图像分割是把图像分成各具特性的区域并提取出感兴趣的区域(目标)的过程。这里，何为感兴趣的区域，它有什么特性，都是与人们对场景和应用的先验知识有关的。研究表明，在图像分割中有关图像先验知识的数量、种类以及它们被利用的情况对分割算法的性能都有很大影响。

把握场景的含义常需要进行推理，知识也是推理的基础。例如自动推理就定义为以世界知识的表达为输入，以基于知识的结论为输出的任何计算。

2. 知识的分类

将知识结合进图像理解工作中，首先需要确定有哪些类型的知识。对常见知识的分类可有多种方案。例如，可将知识分成三类：①**场景知识**，包括景物的几何模型及它们之间的空间关系等；②**图像知识**，包括图像中有关特征的类型和关系，如线、轮廓、区域等；③场景和图像之间的**映射知识**，包括成像系统的属性，如焦距、投影方向、光谱特性等。

知识也可分为程序知识、视觉知识和世界知识三类。**程序知识**与诸如选择算法、设置算法参数等操作有关。**视觉知识**与图像形成模型有关，如当一个 3-D 物体受到倾斜照明时就会产生影子。**世界知识**指关于问题领域的整体知识，例如图像中目标间的联系以及景物与环境间的联系(例如晚上下雨将增加路面反射)。一般认为，视觉知识要比世界知识的层次低，它反映了场景中的中低层内容，比世界知识更具体、更特殊，它主要用于对场景的预处理，对世界知识提供支持；世界知识的层次要比视觉知识高，它反映了场景中的高层内容，比视觉知识更抽象、更全面，它主要用于对场景的高层解释，是图像理解的基础。

常用知识也可分成两类：一类是有关场景，特别是场景中目标的知识，它主要是有关研究对象的一些客观事实；另一类是关于什么知识在什么场合可以运用、需要运用和如何运用的知识，即运用知识的知识。前一类知识基本包括了前述的视觉知识和世界知识。后一类知识也称为**过程知识**，过程知识与诸如选择算法、设置算法参数等操作有关(对应前述的程序知识)。本章将参照这种分类方法进行介绍。

3. 知识的表达

将人类知识结合进图像理解工作，还需要确定用什么样的形式来表示知识，即**知识表达**。图像理解除需要能恢复场景的特性，还需要有能帮助进行各种理解相关工作的表达。第 1 章介绍的马尔理论就把表达作为一个不同视觉任务的共同核心概念，认为视觉工作的最终目标就是根据视觉刺激进行 3-D 重建来恢复场景，并结合进一个统一的表达以达到内部构建视觉世界的目的。

表达可针对不同的图像层次进行，或者说可在不同层次进行表达。需要注意，用原始图像表达景物常是不可靠的，因为对景物的成像结果与对它们的照明和观察方向等都有关。低层工作的结果常是某种表达，如双眼视觉系统接收同一个场景的两幅不同的图像并产生一个明确表示深度信息的表达。在高层次的工作中，对表达的选择很不明确，至今为止的研究都表明并不能从一个景物的表观来恢复其几何性质并用作其表达。

尽管知识的种类有不同，但对图像理解系统来说，对知识表达最重要的一个要求是这个表达应尽可能与应用无关，所以需要避免将知识嵌入机器码或硬件中。因此基本的理解算法应该基于领域无关的知识，而有关特殊应用的知识可包含在系统知识库中，并与前述算法尽可能独立。

知识的表达方法有多种，如**守护程序**、**黑板系统**、**图像函数库**、图像处理语言、**框架**、**单元**及剧本等。本章除了对它们给予概况介绍外，还将对以下 3 种典型的知识表达方法进行较详细的讨论：①基于**谓词逻辑**的方法；②基于**语义网**的方法；③基于**产生式系统**的方法。

10.2 场景知识

有关场景的知识主要包括有关客观世界中景物的事实特性。这类知识一般局限于某些确定的场景中，也可叫场景的先验知识，平常所说的知识都指这一类。

10.2.1 模型

场景知识和模型密切相关。一方面，知识常用**模型**来表示，因而也常被直接称为模型。另一方面，在实际应用中常利用知识建立模型以帮助完成恢复场景和理解图像的目的。例如，可建立景物模型，以借助物体及其表面来描述 3-D 世界；可建立照明模型，以描述光源强度、颜色、位置及作用范围等；可建立传感模型，以描述成像器件的光学及几何学性质。

模型这个词反映了任何自然现象都只能在一定程度(精确度或准确度)上进行描述这样一个事实[Jähne 1997]。在自然科学寻求最简单和最通用同时又能对观察事实进行最小偏差的描述研究中，借助模型是一个基本的原则和有效的原则。但是，使用模型时必须非常小心，甚至在数据看起来与模型假设非常吻合的情况下也不能保证模型假设总是正确的。这是由于根据不同的模型假设有可能获得相同的数据。

一般来说，在构建模型时有两个问题要注意。一个问题称为**过限定逆问题**，即一个模型仅由很少的参数所描述，但有很多数据来验证。常见的例子如通过大量的数据点来拟合一条直线。在这种情况下，可能无法确定通过所有数据点直线的精确解，但可以确定能最小化与所有数据点间总距离的直线。在很多时候会遇到反过来的情况，即可以获得的数据太少。一个典型的例子是计算图像序列的密集运动矢量，另一个例子是从一对立体图中计算深度图。从数学上讲，这均属于**欠限定问题**，需要增加限定条件来解决问题。

在图像理解中，模型可分为 2-D 的和 3-D 的。2-D 的模型表示图像的特性，优点是可直接用于图像或图像特性的匹配，缺点是不易全面表达 3-D 空间中物体的几何特点及物体之间的联系。它们一般只用于视线或目标取向给定时的情况。3-D 的模型包含了有关场景中 3-D 目标位置和形状的特性以及它们之间的联系，所以可用于多种不同的场合。这种灵活性和通用性带来的问题是建立模型和场景描述之间的匹配联系比较困难，另外，构建这些模型所需的计算量也往往很大。

常用的 2-D 模型可分为图像模型和目标模型两类。图像模型把整个图像的描述去和场景的模型匹配。这一般适用于比较简单的场景或图像，当图像中有多个相互关系不确定的目标时，这个模型就不太适用了。这是因为 2-D 模型是投影的结果，并不完全代表实际 3-D 空间的几何关系。目标模型仅将局部图像的描述去和模型匹配，也就是对每个目标都要预备一个模型，并将它与局部图像的描述匹配以识别目标。

场景知识对图像理解很重要。场景知识在很多情况下可帮助给出对场景的唯一解释，因为根据模型常常可以限定问题的条件和变化的种类。

例 10.2.1 借助几何约束求取物体朝向

如图 10.2.1(a)所示，给定 3-D 空间平面 S 上的两条平行线。通过透视投影将它们投影到图像 I 上仍然是两条平行线，分别记为 l_1 和 l_2，它们有相同的消失点 P(参见 9.2.3 小节)。因为每个消失点都对应于平面 S 上无穷远处的点，因而所有通过该点的视线与 S 都是平行的。设摄像机焦距是 λ，则视线方向可用$(x,y,-\lambda)$表示。令平面 S 的法线方向为$(p,q,1)$，而 p,q 与 S 的梯度图对应。因为视线方向矢量与 S 的法线方向矢量是正交的，所以它们的内积为零，即 $xp+yq=\lambda$，这也可看作是 p 和 q 的直线方程。

现在考虑图 10.2.1(b)，设由两平行线确定了一个消失点 P_1，如已知 S 上另有两平行线，则又可得到另一个消失点 P_2。通过联解两直线方程可以确定 p 和 q，从而最终定出法线朝向。

进一步可证明对 S 上任意平行线，它们的 p 和 q 都相同，所以它们的消失点都在上述两点的连线上。这里因为已知图像上的两条线是由场景中的平行线而来(场景知识)，所以可以约束物体表面的朝向。场景知识起到了限定变化种类的效果。

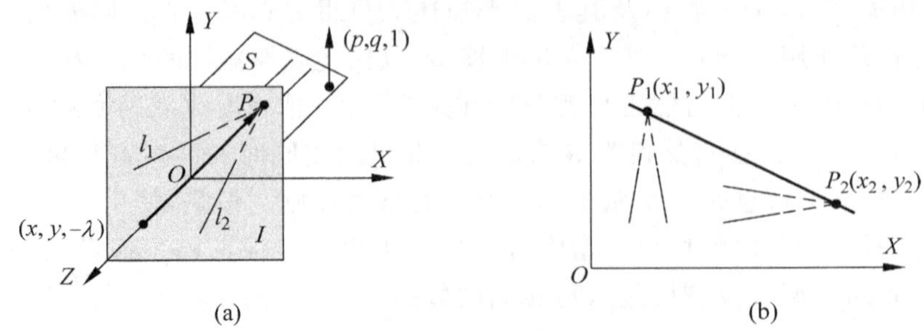

图 10.2.1　借助几何约束求取物体表面朝向 □

10.2.2　属性超图

为对图像进行理解，需要将输入图像与场景知识联系起来。对场景知识的表达与对 3-D 物体的表达是密切相关的。**属性超图**是一种对 3-D 物体属性的表达方法。在这种表达中，物体通过属性对的形式来表达。一个属性对是一个有序对，可记为 (A_i, a_i)，其中 A_i 是属性名，a_i 是属性值。一个属性集可表示为 $\{(A_1, a_1), (A_2, a_2), \cdots, (A_n, a_n)\}$。整个属性图表示为 $G=[V, A]$，其中 V 为超结点集合，A 为超弧集合，对每个超结点和超弧都有一个属性集与之相联。

例 10.2.2　属性超图示例

图 10.2.2 给出一个四面体及它的属性超图。图(a)中 5 条可见棱线分别用数字 1～5 表示，两个可见表面 S_1 和 S_2 分别用⑥和⑦表示(它们也代表了表面的朝向)。在图(b)的属性超图中，结点对应棱线和表面，弧对应它们之间的联系，符号的下标对应各个棱线和表面的编号。

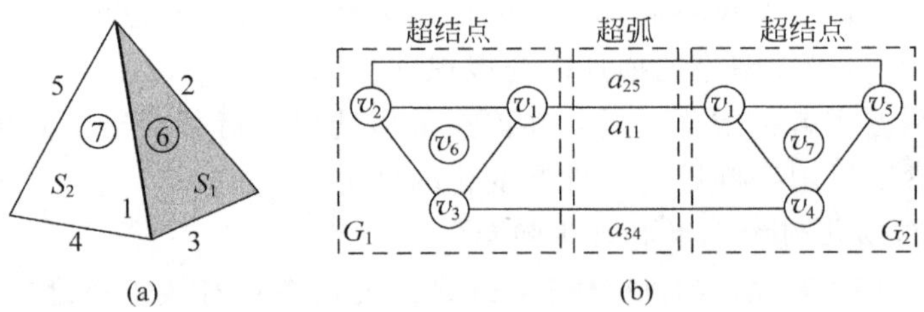

图 10.2.2　属性超图

对表面 S_1 可用属性图表示为

$$G_1 = [V_1, A_1]$$

$$v_1 = \{(\text{type}, \text{line}), (\text{length}, 10)\}$$

$$v_2 = \{(\text{type}, \text{line}), (\text{length}, 10)\}$$

$$v_3 = \{(\text{type}, \text{line}), (\text{length}, 9)\}$$

$v_6 = \{(\text{type}, \text{circle}), (\text{radius}, 1)\}$

$a_{12} = \{(\text{type}, \text{connection}), (\text{line1}, v_1), (\text{line2}, v_2), (\text{angle}, 54°)\}$

$a_{13} = \{(\text{type}, \text{connection}), (\text{line1}, v_1), (\text{line2}, v_3), (\text{angle}, 63°)\}$

$a_{23} = \{(\text{type}, \text{connection}), (\text{line1}, v_2), (\text{line2}, v_3), (\text{angle}, 63°)\}$

对表面 S_2 可用属性图表示为

$G_2 = [V_2, A_2]$

$v_1 = \{(\text{type}, \text{line}), (\text{length}, 10)\}$

$v_4 = \{(\text{type}, \text{line}), (\text{length}, 8)\}$

$v_5 = \{(\text{type}, \text{line}), (\text{length}, 12)\}$

$v_7 = \{(\text{type}, \text{circle}), (\text{radius}, 1)\}$

$a_{14} = \{(\text{type}, \text{connection}), (\text{line1}, v_1), (\text{line2}, v_4), (\text{angle}, 41°)\}$

$a_{15} = \{(\text{type}, \text{connection}), (\text{line1}, v_1), (\text{line2}, v_5), (\text{angle}, 82°)\}$

$a_{45} = \{(\text{type}, \text{connection}), (\text{line1}, v_4), (\text{line2}, v_5), (\text{angle}, 57°)\}$

属性图 G_1 和 G_2 都是基本属性图，分别描述表面 S_1 和 S_2，为将它们组合起来构成对物体的完整描述，可使用属性超图。在属性超图中，每个超结点对应一个基本属性图，每个超弧连接对应两个超结点的两个基本属性图。上述属性图 G_1 和 G_2 的超弧为

$a_{11} = \{(\text{type}, \text{connection}), (\text{line1}, v_1)\}$

$a_{25} = \{(\text{type}, \text{connection}), (\text{line1}, v_2), (\text{line2}, v_5), (\text{angle}, 85°)\}$

$a_{34} = \{(\text{type}, \text{connection}), (\text{line1}, v_3), (\text{line2}, v_4), (\text{angle}, 56°)\}$

得到的属性超图见图 10.2.2(b)，其中超结点集合 $V=\{G_1, G_2\}$，超弧集合 $A=\{a_{11}, a_{25}, a_{34}\}$。

□

对具有多个物体的场景，可先对每个物体构造属性超图，再将它们作为更上一层超图的超结点，进一步构造属性超图。这样迭代下去，就可构造复杂场景的属性超图。

对属性超图的匹配，可借助图同构的方法进行(参见 10.5 节)。

10.2.3 基于知识的建模

从已有的对 3-D 世界的知识出发，可以对 3-D 场景和目标建立模型，并作为上层知识存储在计算机中。通过将这些模型与通过低层图像处理和分析得到的 3-D 场景和目标的描述进行比较和匹配，就可实现对 3-D 目标的识别，甚至实现对 3-D 场景的理解。

另外，模型的建立也可根据对目标所获得的图像数据来逐步建立。这样的建模过程在本质上是一种学习的过程，而且这个过程与人的认知过程比较一致，因为人在多次看到某一物体后，会将该物体的各种特征抽象出来，从而得到对物体的描述，并存储于大脑中，以备日后使用。这里值得指出，学习意味着思考和目的，没有目的的学习只能算作训练。学习中，目的是学习者的目的，而训练中，目的是老师的目的[Witten 2005]。

在有些具体应用中，特别在一些目标识别的应用中，并不需要建立完整的 3-D 模型，只需要模型能描述需识别目标的显著特征并帮助识别出目标就可以了。但在一般的场景解释的通用情况下，建模是一个复杂的问题，困难主要有两点：

(1) 模型应包含场景的全部信息，然而要获得完整的信息有许多困难，例如对复杂的景物，很难获得它的所有信息，特别是当景物的一部分被遮挡时，被遮挡部分信息常需从其他

途径来获取。另外，人对景物的描述和表达常根据具体情况不同采用抽象程度不同的多层次方法，如何建立这些层次和获取相应的信息常需要特殊的方法。

(2) 模型的复杂度也较难确定，对复杂的景物常需建立复杂的模型。但如果模型过于复杂，那么即便获得了足够的信息，所建立的模型也可能不实用。

在建模中，与应用领域有关的模型知识或场景知识的使用是非常重要的。在许多实际应用中，充分利用先验知识是解决图像理解问题的重要保证。例如在许多工业设计中，目标的模型是在设计过程中建立的，这些结构化的知识可以帮助大大简化对信息的处理。近年来，基于**计算机辅助设计**(CAD)模型的系统得到了很大的发展，其中主要采用了**几何模型法**，可以参见 5.5.1 小节。

根据几何模型法建立景物模型时，应考虑以下问题：

(1) 客观世界是由物体组成的，每个物体又可分解为处在不同层次的几何元素，如曲面和交线(采用边界表达系统)或基本体单元(采用结构刚体几何表达系统)。模型的数据结构应能将这些层次反映出来。

(2) 任何几何元素的表达都要使用一定的坐标系，为了表达方便，各层次的坐标系可以不同，这样一来，模型各层次之间应有坐标转换所需的信息。

(3) 在同一个层次最好使用相同的数据结构。

(4) 模型对特征的表达可分为显式的和隐式的两种。例如，对曲面的显式表达直接给出曲面上各点应满足的条件方程。由于根据各个曲面的方程可以计算出它们的交线，所以可认为对曲面的显式表达也是对曲面交线的隐式表达。不过实际中为了减少在线计算，常常将隐含特征也在建模时计算好并存储在模型中。

例 10.2.3 多层次模型示例

图 10.2.3 给出多层次模型的一个示例，基本上分为三层。

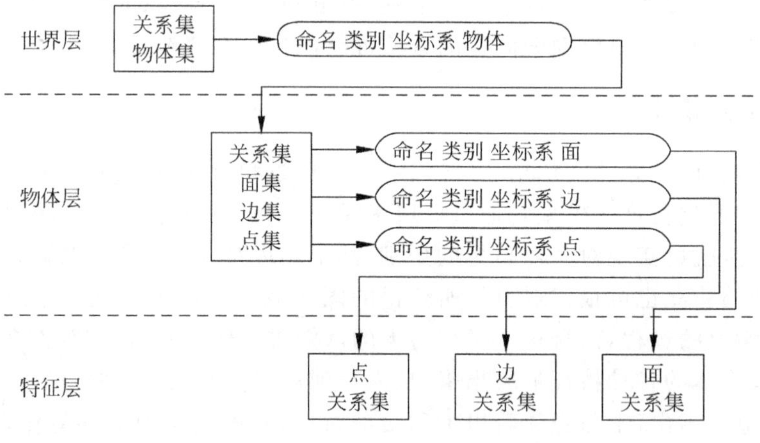

图 10.2.3 多层次模型的示例

(1) 世界层为最高层，对应 3-D 环境或场景。

(2) 物体层为中间层，对应组成 3-D 环境或场景的各个独立的目标。

(3) 特征层为最低层，对应组成物体的各类基本元素。从几何角度来看，基本元素可分为面、边、点。面可以是平面或曲面；边可以是曲线或直线段；点可以是顶点或拐点等。对各类基本元素，有时根据需要还可进一步分解，建立更基本更低的层次。

以上各层中每层都可采用自己的数据结构，表示对应的名称、类别、特点、坐标系等。□

10.3 过程知识

对视觉信息的加工一般包括一系列连续的过程，为了有效地利用有限的计算机资源，在每个加工阶段确定下一步做什么和采用什么方法做是很重要的。在这里就需要利用到运用知识的知识以制定出下一步加工的决策。

借助运用知识的知识进行决策也常称为**控制**，所以**过程知识**也称为控制知识。控制的策略和机理依赖于图像理解的目的和已掌握的有关场景知识，实现的方法可以是并行的或串行的。

根据控制顺序和控制程度的不同，可将常用控制方法和过程分成许多种，见图 10.3.1。首先可分为分层控制（其中各项子工作或者子任务可以划分到不同的层次，并按一定次序进行）和无分层控制（其中各项子工作/子任务既合作又竞争，进行次序不确定），接下来可进一步分成如下 4 类。

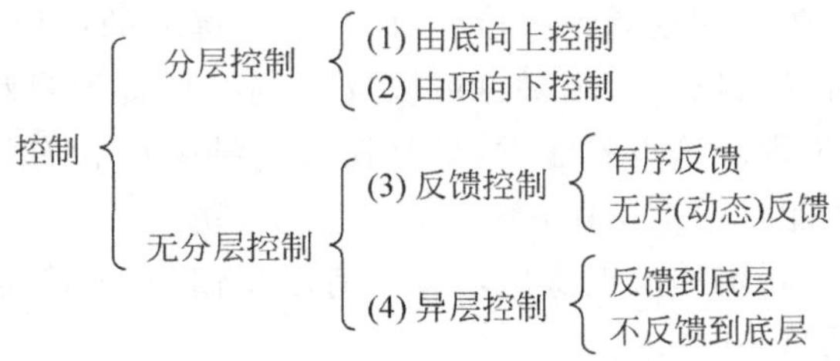

图 10.3.1　控制分类

（1）由底向上控制

它的特点是整个过程基本上完全依赖于输入图像数据（所以也称为**数据驱动**，或基于数据的控制），见图 10.3.2(a)。有关目标的知识（模型）只在匹配场景的描述时才使用。在这种控制中，原始数据经过一系列加工过程（其中前一个能为后一个提供可靠和精确的表达）逐步转化为更有组织和用途的信息，而数据量则随着过程的进行而逐步减少。这种控制当存在与图像数据无关的加工手段时比较有限，其优点是只要改变目标的模型就可以处理不同的目标。但因为低层加工与领域无关，所以低层加工方法对特定的场景并不一定非常适合，因而也不一定非常有效。此外，如果在某个加工过程出现了不希望的结果，系统并不一定能发现，下一个步骤会继承错误，从而使得最终结果出现许多问题。

（2）由顶向下控制

它的特点是整个过程都由（基于知识的）模型控制（所以也称为**模型驱动**或基于模型的控制），见图 10.3.2(b)。它需要利用场景知识来建立内部模型并进行验证，即进行面向最终目标的处理加工。一般来说，这种控制适用于检验结果，即对目标进行假设预测并进行测试来验证假设。因为有关场景的知识用在多个处理过程中，并且这些过程只处理对它们来说是必要的工作，所以这种控制的整体效率较高。大部分实用的系统都采用这种控制。需要注意的是，这种控制不太适合于假设太多的场合，否则验证工作会变得太耗时而不能忍

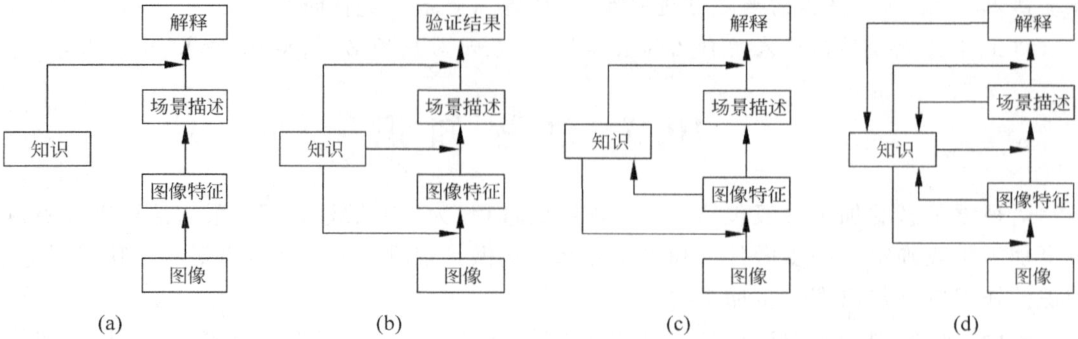

图 10.3.2　各种控制流程

受。由底向上的控制与由顶向下的控制在所用的处理操作上可以相似，区别主要在于使用处理操作的顺序。两者还可结合起来构成混合控制。

(3) 反馈控制

它的特点是将部分加工结果从较高层反馈到较低层以增进其性能。图 10.3.2(c)给出了一个将特征提取的结果反馈到特征提取过程中的例子。在这里有关特征的先验知识是必要的，因为所提取的特征要用这些知识来检验，而且特征提取的过程也靠此来改进。其他层的结果也可以反馈，如对场景描述的结果也可以反馈到特征提取过程中。对场景解释的结果也可以反馈回到解释过程。这里要注意，只有在反馈结果中含有能导引后续处理的重要信息时，反馈控制框架才能有效地工作，否则可能造成浪费。

反馈控制根据是否有固定的反馈次序可分为有序反馈(预先确定反馈次序)和无序反馈(动态确定反馈次序)，见图 10.3.1。

(4) 异层控制

由底向上和由顶向下控制都是分层控制，在分层控制中，各个加工过程有固定的次序。与此相对应的是**异层控制**，其加工过程并没有事先确定的次序(也称非分层控制)。如图 10.3.2(d)所示，在异层控制中，每个阶段的部分加工结果都将反映在其后的加工过程中。从这点来说，异层控制本质上是反馈控制。它的基本思想是在任何时刻都选择最有效的手段进行加工。这里是否最有效是根据经验并借助预先掌握的信息和加工过程中动态获得的信息而确定的。异层控制最适合分析复杂的图像。在具体应用中，对一个输入图的加工次序并不是预定的。这个次序既与输入图有关，也要根据如何能最有效地进行加工来决定。

根据知识是否反馈到最底层的加工阶段，异层控制又可分为两类(见图 10.3.1)。一类反馈到最底层。一般来说，原始数据的处理需要大量的计算，如果能利用反馈信息减少计算量，反馈就有意义。但是，如果过早地开始高层操作，结果并不一定会很好，这是因为如果反馈知识本身不充分就不会对低层的加工有多大帮助。另一类不反馈到最底层，即先对一个输入图在没有利用场景知识的情况下加工到一定程度，在此基础上再开始利用知识。

10.4　知识表达

一个表达是一组使得对事件的描述成为可能的句法和语法规则。表达句法确定可以使用的符号和这些符号排列的方法，而表达语法确定如何将含义嵌入到符号中[Sonka 2008]。

10.4.1 知识表达要求

为了有效地利用知识，对知识表达有一定的要求。知识表达是数据结构和解释过程的有机结合。一个用于表达某一领域内结构复杂知识的良好方法应该具有以下4个性质：

(1) 充分表达：即方法通用，有能力表达有关领域中各种各样所需的知识。

(2) 充分推理：指有能力管理知识表达结构，并且通过从旧知识中推理出来的新知识可以导出新的表达结构。

(3) 有效推理：可以利用所有可获得的信息进行有用的推理，有能力把附加的信息结合到表达结构中去，而这些附加的信息可用于把推理机能的重点放到最有希望的方向上去。

(4) 有效获取知识：即有能力很方便地获取新的知识。

知识是存放在知识库中的。知识库是一种很有用的对客观世界的抽象表达。知识库要靠知识表达系统来管理。知识表达系统常应能满足下列要求：

(1) 能管理和处理各种知识。

(2) 能有效地存储知识。

(3) 提供有效的入口以快速直接地进入需要的知识(库)，并得到所需的知识。

(4) 易于通过增删及修改部分知识来更新知识库。

(5) 容易被用户理解和掌握。

上述这些要求中有些是互相矛盾或制约的。例如，为了满足要求(4)，最好能将知识存储成互相独立的小块。但这样一来，每当需要使用知识时，就得进行广泛搜索以寻找所需的那一块知识，如此一来要求(3)就不易满足了。

最后需要指出，不管知识的种类如何，在图像理解中对知识表达最重要的一个要求是这个表达应尽可能与应用无关，所以要避免将知识嵌入机器码或硬件中。基本的处理算法应该基于领域无关的知识，而有关特殊应用的知识应包含在系统知识库中，并与前述算法尽可能独立。

10.4.2 知识表达类型

常用的知识表达方式可分为以下两类。

(1) 过程表达型

在**过程表达型**方式中，一组知识被表示成为如何应用这些知识的过程(控制知识)。这类方式的优点是它很容易表达关于如何去做某件事的知识和关于如何有效地做某件事的启发式知识，它还容易表达由下面介绍的简单说明表达型方式所不易表达的知识。最简单的过程表达方法是将知识用计算机程序表示，因为与领域有关的知识是以显式的形式按照过程写进程序中合适位置的，所以人们可以有效地利用知识。然而要把表示知识的程序段区分出来是很困难的，所以建立和更新知识库不容易。另外，在一个程序中分布在不同位置的知识也不易被其他程序所利用。

(2) 说明表达型

在**说明表达型**方式中，大多数的知识可以被表达成一个稳定的状态事实集合以及一小组控制这些事实的通用过程(模型知识)。说明表达描述的是有关目标以及它们之间联系的**静态知识**，如要利用这些表达进行模式识别则需要进行匹配。该方法的优点之一是它可用于不同的目的，每个事实只需储存一次，而且和用不同方法应用这些事实的次数无关；另一个优点是它比过程表达型的模块性要强，所以易于更新，即很容易将新的事实加入现有集合，而且既不会改变其他事实，也不会改变整个过程。但是，由于对每项工作，系统必须从知识库中挑选最合用的知识块，所以这种表达方式的效率并不是太高。

说明型表达有两种模型。一种是**像元模型**，另一种是**线图模型**。

像元模型是保持特征的简化图。建立像元模型只需用到目标的图像，它基本上只考虑目标的形态，而不考虑其灰度。它可直接与输入图匹配，所以处理简单。当图像的数量比较少时像元模型很有效，但在通常的 3-D 场景中这点并不易满足。

线图模型表示 2-D 图像或 3-D 场景中目标比较抽象的性质。先考虑 2-D 图像中的线图模型，这时模型中的结点代表图像中的基本元素，连线代表它们之间的联系。参见图 10.4.1(a) 的示例，一个圆柱的可见表面可看作由一个圆形平面和一个柱体表面所组成。它的线图模型见图 10.4.1(b)，其基本元素是区域，结点反映了区域的特性，例如形状和尺寸；连线反映了区域间的关系，例如包含关系或相对位置关系。2-D 图像中的线图模型不太受照明条件以及物体位置和取向微小变化的影响。然而用线图模型表达从不同方向观察景物所得到的图像比较困难，因为无法表达其差别。在 3-D 场景中的线图模型没有这个问题，因为这时景物的性质与观察方向无关，或者说独立于视线方向。如图 10.4.1(c)所示，一个圆柱的外表面总是由顶圆、底圆和圆柱周边组成。但此时模型无法直接与图像特征匹配，因为特征随视线变化而变化。利用这种模型的一种方法是从一个要与模型匹配的输入图中获取场景描述；另一种方法是预测景物的图像，此时先根据景物取向进行假设，再与景物图像匹配。

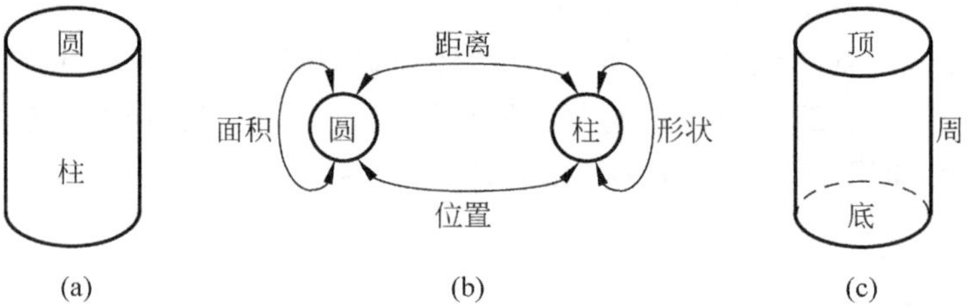

图 10.4.1　2-D 和 3-D 线图模型

10.4.3　图像理解系统中的知识模块

图像理解系统的一个重要任务可看作是从图像中辨别场景中的物体并建立各物体之间或观察者与物体之间的 3-D 联系。从这个角度出发，图像理解系统既要面对与应用无关的通用知识(关于物理世界的一般知识)，也要能获取和使用特定应用领域的具体知识。下面列出一些图像理解系统常应包含的知识模块[Crevier 1997]。

1. 软件系统解决问题所需的知识模块

图像理解系统作为一种软件系统需要有一些通用知识，这个知识模块具有控制软件系统的能力，它主要包含以下几方面的知识：

(1) 将解决整个问题的目标分解成一系列子目标，每个子目标是一个独立的逻辑单元；

(2) 将各个子目标进一步分解成对应一组基本方法的步骤，这些步骤对应软件包的子程序；

(3) 对相似的问题采取相近的解决方法以提高效率;

(4) 允许迭代进行控制;

(5) 当工作结果不成功时允许逐级返回。

2. 一般图像处理知识模块

它的主要功能有以下几方面:

(1) 规划各种层次的处理操作;

(2) 控制处理流程,包括自下而上或自上而下、并行或串行、中心控制或分布控制等;

(3) 将数学分析结果映射为符号量;

(4) 表达和使用与领域无关的图像知识,如基于识别的分割;

(5) 实现对图像处理质量的评价机制;

(6) 通过与模型匹配以识别目标。

3. 用户界面知识模块

用户界面包含如何与用户打交道的知识,所以可把它也看作一个模块。用户界面的两个主要功能是: ①允许用户指定系统通过加工图像要达到的目的; ②允许用户输入特定领域的知识。

大多数图像理解系统都是根据特定目标而构造的,但这些目标在程序结构中多数是隐含表示的。对一个涉及许多目标的系统来说,尚无通用的方法来指定系统去寻找哪类目标和从中抽取哪类信息。在这些情况下,一个交互的用户界面是必要的,因为对系统的指令总会包含一些容易混淆的问题,需要通过反复试验来确定。另外,需要先验证系统的能力以对实际图像应用进行特定的处理。

用户界面可有多种层次。例如,对新用户,专家系统通过询问以帮助他们确定应用; 对较有能力的用户可使用菜单; 而对专业用户可直接通过翻译器输入命令。用户界面在获取与解决问题相关的知识方面也非常重要,但现在可以提供这种功能的系统还不多。

4. 自动学习模块

让系统自己学习比手工输入知识更容易,自动学习模块还允许获取知识并将其用于其他模块。这方面的研究大部分集中在自动获取目标模型或其他参数模型上[Bhanu 1994],此外,研究用于目标描述的自动学习和识别分析策略也很重要。这里可用于学习的知识源主要有以下几方面:

(1) 用某些形式语言对软件系统的详细描述;

(2) 有关它的自然语言文字;

(3) 使用软件系统的实验;

(4) 对系统使用后的观察结果。

10.4.4 基本知识表达方案

知识表达方案有许多种,每种都可用于一定类型的图像理解工作。后面的三节中将详细介绍逻辑系统、语义网和产生式系统,这里先简单概述另外几种。

1. 守护程序

守护程序是一种特殊的程序,适用于无分层控制,其特点是并不在名字被调用时启动,而是当某一关键情况发生时启动。守护程序提供了一种模块化的知识表达。它既可表达场景知识也可表达控制知识。它注视着图像理解的进程，当一定的条件满足时就自发地运行。

2. 黑板系统

在人工智能中，**黑板**指整体上能够被访问的数据库这一个特殊类。它是一种表达信息处理状态的数据结构，也适用于无分层控制。其知识来源可以是特征提取、区域分类或目标识别。黑板与守护程序的调用有相关的机理，黑板内放入了确定守护程序中哪个专用子系统可能为当前任务所需要的规则以提高效率。与产生式系统相比，**黑板系统**中的知识源可看作产生式规则，但一般知识源所包含的知识量比产生式规则多得多。

例如，在基于分割算法评价的优化系统中，为了增进优化系统的效率，需要在优化系统中引进启发性知识和基于高层目标分析的反馈知识以作为评价知识的补充。这样，系统中就包含了多种知识源，也需要多种控制和反馈机制。为此，可设计基于公共数据黑板的控制系统结构，将控制知识划分为知识源的形式，各知识源通过公共数据黑板交换信息和协调运行（见本套书中册 5.6.2 小节）。

3. 图像函数库

结构化图像系统建立的第一步是将图像函数组成库[Crevier 1997]。现已研究开发出许多**图像函数库**，从一般用途的库直到利用特定硬件完成特定工作的库。库中提供的功能包括 I/O 操作（如读取、存储、数字化）、基于单像素的操作（如直方图）、邻域操作（如卷积）、图像运算（如算术和逻辑）、变换（如傅里叶、哈夫）、纹理分析、图像分割、特征提取、模式识别分类等，以及绘图、显示等辅助操作。

第二步是开发高级图像操作命令，以激发库中合适的功能函数。这些命令可以用解释形式运行以使交互性更强，不过操作员仍需知道哪些函数可以调用以及它们参数的情况。

第三步则是构建菜单或图标系统，这样只需鼠标即可操作命令。不过仅仅给定一幅原始图像和指定需从中抽取的信息，系统本身并不能确定应以哪一些操作组成序列来完成工作。

4. 图像处理语言

另一种基于函数库的方法是设计图像处理语言[Crevier 1997]，它们本质上是自动调用函数和选取函数的程序系统。它们有的利用前后文无关语法，有的采用数学形态学（参见本套书中册第 13 章和第 14 章）将算法描述成一系列等式。如有的语言基于 3 种基本的图像处理操作：①组合操作；②控制像素的操作；③指定最优参数的操作。

5. 图像理解代理和基于代理的表达

随着分布计算的发展，产生式系统逐渐模块化而演变成黑板系统。框架和基于目标的表达引进到表达体系很自然地导致了**图像理解代理**的引入。原始的代理概念指一个简单的过程，如将它与其他代理结合能产生复杂的现象，现在一般指一种知识结构。

在图像理解中应用分布表达的好处是：

(1) 构造、管理和维护容易，因为设置和修理一组几乎独立的模块比一个大系统容易；

(2) 能从并行结构中得到益处，长远来说，快速处理要靠多处理的并行操作实现；

(3) 提高了聚焦能力，并不是每个工作都需要所有的知识，模块化可提供将系统资源集中于最能产出的方式或状态的能力；

(4) 可综合解决问题，不同的方法适合于解决不同的对应问题，要完成复杂的任务需要结合不同的方法模块；

(5) 有可信度或可依赖性，如果一个代理提供了错误的响应，其他多数代理仍能提供正确的反应/响应。

在图像理解中，代理可对应目标模型或图像处理操作[Watanabe 1990]。集成的多代理模型提供了集成各种视觉加工（如神经网、符号、数字）以及识别和描述图像内容表达式的统一框架[Bouzouane 1995]。代理中存在两种控制，一是应用于相同表达层次处理的局部控制，二是指引跨越不同层次处理的联合控制。这里有3种表达层次：①像素值；②中间层的符号表达；③3-D表达。已模型化为代理的独立处理模块可允许跨越表达层次。

10.5 逻辑系统

谓词逻辑也称一阶逻辑，已有上百年的历史，是一种组织得很好，并得到广泛应用的知识类型。这类知识在表达命题和借助事实知识库推出新事实方面很有用，其中最强有力的元素之一是**谓词演算**。在大多数情况下，逻辑系统是基于一阶谓词演算的，它几乎可以表达任何事情。一阶谓词演算是一种符号形式语言（符号逻辑），可以用来表达广泛的数字公式或各种自然语言中的语句，也可表示从简单事实到复杂表达式的语句。借助它可将数学中的逻辑论证符号化，将知识用逻辑规则来表示，并用这些规则来证明逻辑表达式成立与否。这是一种自然的具有公式形式的知识表示方法。它的特点是可以准确和灵活（指知识表达方法可以独立于推理的方法）地表达知识。

10.5.1 谓词演算规则

谓词演算的基本元素有4种：

(1) 谓词符号：一般用大写字符串（包括字母和数字）表示；

(2) 函数符号：一般用小写字符串表示函数（符号）；

(3) 变量符号：一般用小写字符表示变量（符号）；

(4) 常量符号：也称常数符号，一般常用大写字符串表示。

一个谓词符号表示所讨论领域内的关系。例如命题"1小于2"可以表示成LESSTHAN(1,2)，这里LESSTHAN是谓词符号，1和2都是常数符号。

例 10.5.1 谓词演算基本元素示例

表10.5.1给出一些谓词演算基本元素的例子。在这些例子中，谓词包括谓词符号和它的一个或多个自变量，这些自变量可以是常数也可以是其他自变量的函数。

表 10.5.1 谓词示例

语 句	谓 词
图像 I 是数字图像	DIGITAL(I)
图像 J 是扫描图像	SCAN(J)
组合数字图像 I 和扫描图像 J	COMBINE [DIGITAL(I),SCAN(J)]
图像 I 中有个像素 p	INSIDE(p,I)
目标 x 位于目标 y 后面	BEHIND(x,y)

□

谓词也称为原子，将原子用逻辑连词结合起来得到子句。常用逻辑连词有"∧"（与，AND），"∨"（或，OR），"～"（非，NOT），"⇒"（隐含，IMPLIES）。另外，还有两种表示数量的量词："∀"称为**全称量词**，$\forall x$ 代表对所有的 x；"∃"称为**存在量词**，$\exists x$ 代表存在一个

x。对逻辑表达式来说，通过用∧或∨连接其他表达式而得到的表达式分别称为**合取**表达式或**析取**表达式。**合法的**谓词演算表达式称为**合适公式**(WFFs)[Gonzalez 1992]。

例 10.5.2 用逻辑连词结合原子得到子句

表 10.5.2 给出用逻辑连词结合原子得到子句的示例，其中前 4 个例子与常数符号有关，最后 2 个例子还包括变量符号。

表 10.5.2 子句示例

语　　句	子　　句
图像 I 是数字图像和扫描图像	DIGITAL(I) ∧ SCAN(I)
图像 I 是数字图像或模拟图像	DIGITAL(I) ∨ ANALOGUE(I)
图像 I 不是数字图像	～DIGITAL(I)
如果图像 I 是扫描图像，则图像 I 是数字图像	SCAN(I)⇒DIGITAL(I)
一幅图像或者是数字图像或者是模拟图像	(∀x) DIGITAL(x) ∨ ANALOGUE(x)
有个目标在图像中	(∃x) INSIDE(x,I)

□

逻辑表达式可分两类。如果一个逻辑表达式是$(\forall x_1\ x_2 \cdots\ x_k)\ [A_1 \wedge A_2 \wedge \cdots \wedge A_n \Rightarrow B_1 \vee B_2 \vee \cdots \vee B_m]$的形式，其中各个 A 和 B 是原子，则称它遵循**子句形式句法**。一个子句的左部和右部分别称为子句的条件(condition)和结论(conclusion)。如果一个逻辑表达式包括原子、逻辑连词、存在量词和全称量词，则称这个表达式遵循**非子句形式句法**。

现在考虑命题：对每个 x，如果 x 代表图像和数字的，那么 x 或者是黑白的或者是彩色的。在子句句法中，可将这个命题写成如下表达式：

$$(\forall x)[\text{IMAGE}(x) \wedge \text{DIGITAL}(x) \Rightarrow \text{GRAY}(x) \vee \text{COLOR}(x)]$$

在非子句句法中，可将这个命题写成如下表达式：

$$(\forall x)[\text{IMAGE}(x) \wedge \text{DIGITAL}(x) \vee \text{GRAY}(x) \vee \text{COLOR}(x)]$$

容易验证以上两个表达式是等价的，或者说以上两个表达式具有相同的表达能力(可借助表 10.5.3 的逻辑连接符的真值表来证明)。事实上，从子句形式转换为非子句形式，或倒过来，总是可能的。

表 10.5.3 逻辑连接符的真值表

A	B	$\sim A$	$A \wedge B$	$A \vee B$	$A \Rightarrow B$
T	T	F	T	T	T
T	F	F	F	T	F
F	T	T	F	T	T
F	F	T	F	F	T

表 10.5.3 给出前述各逻辑连接符之间的关系，其中前 5 列是逻辑基本操作内容，第 6 列则属于隐含操作。对一个隐含(操作)来说，其左边部分称为**前提**，其右边部分称为**结果**。如果前提为空，表达式“⇒P”可看作表示 P；反过来，如果结果为空，表达式“P⇒”代表 P 的非，即“～P”。表 10.5.3 指出，如果结果为 T(此时不管前提)或前提为 F(此时不管结果)，那么隐含的值为 T；否则，隐含的值为 F。在以上定义中，对一个隐含(操作)来说，只要前提为 F，隐含的值就为 T。这个定义常产生混淆并导致奇异的命题。例如考虑一个无意义的句子：“如果图像是圆的，那么所有目标都是绿色的”。因为前提为 F，则句子的谓语演算

表达结果将为 T，然而这里很明显并不为真。不过实际中考虑到在自然语言中逻辑隐含操作并不总有意义，所以上述问题并不总会产生。

例 10.5.3 逻辑表达式示例

下列的一些逻辑表达式示例能帮助解释前面讨论中的概念。

(1) 如果图像是数字的，那么它具有离散的像素：

$$\mathrm{DIGITAL(image)} \Rightarrow \mathrm{DISCRETE}(x)$$

(2) 所有数字图像都有离散的像素：

$$(\forall x)\{[\mathrm{IMAGE}(x) \wedge \mathrm{DIGITAL}(x)] \Rightarrow (\exists y)[\mathrm{PIXEL\_IN}(y,x) \wedge \mathrm{DISCRETE}(y)]\}$$

上述表达读作：对所有的 x，x 是图像且是数字的，那么总存在 y，y 是 x 中的像素，且是离散的。

(3) 并不是所有图像都是数字的：

$$(\forall x)[\mathrm{IMAGE}(x)] \Rightarrow (\exists y)[\mathrm{IMAGE}(y) \wedge \sim \mathrm{DIGITAL}(y)]$$

上述表达读作：对所有的 x，如果 x 是图像，那么存在 y，y 是图像，但不是数字的。

(4) 彩色数字图像比单色数字图像携带的信息多：

$$(\forall x)(\forall y)\{[\mathrm{IMAGE}(x) \wedge \mathrm{DIGITAL}(x) \wedge \mathrm{COLOR}(x)] \wedge$$
$$[\mathrm{IMAGE}(y) \wedge \mathrm{DIGITAL}(y) \wedge \mathrm{MONOCHROME}(y)] \Rightarrow \mathrm{MOREINFO}(x,y)\}$$

上述表达读作：对所有的 x 和所有的 y，如果 x 是彩色数字图像而 y 是单色数字图像，那么 x 携带的信息比 y 携带的信息多。 □

表 10.5.4 中给出一些重要的等价关系(这里⇔代表等价)，它们可帮助实现子句形式与非子句形式之间的转换。这些等价关系的合理性可借助表 10.5.3 中的逻辑连接符的真值表来验证。

表 10.5.4 一些重要的等价关系

关 系	定 义
基本逻辑	$\sim(\sim A) \Leftrightarrow A$ $A \vee B \Leftrightarrow \sim A \Rightarrow B$ $A \Rightarrow B \Leftrightarrow \sim B \Rightarrow \sim A$
德摩根定律	$\sim(A \wedge B) \Leftrightarrow \sim A \vee \sim B$ $\sim(A \vee B) \Leftrightarrow \sim A \wedge \sim B$
分配律	$A \wedge (B \vee C) \Leftrightarrow (A \wedge B) \vee (A \wedge C)$ $A \vee (B \wedge C) \Leftrightarrow (A \vee B) \wedge (A \vee C)$
交换律	$A \wedge B \Leftrightarrow B \wedge A$ $A \vee B \Leftrightarrow B \vee A$
结合律	$(A \wedge B) \wedge C \Leftrightarrow A \wedge (B \wedge C)$ $(A \vee B) \vee C \Leftrightarrow A \vee (B \vee C)$
其他	$\sim(\forall x)P(x) \Leftrightarrow (\exists x)[\sim P(x)]$ $\sim(\exists x)P(x) \Leftrightarrow (\forall x)[\sim P(x)]$

10.5.2 利用定理证明来推理

在谓词逻辑中，推理的规则可应用于某些 WFFs 和 WFFs 的集合以产生新的 WFFs。

表 10.5.5 给出一些推理规则的例子(W 代表 WFFs)[Gonzalez 1992]。表中 c 是常数符号,通用语句"从 F 推论出 G"代表 $F \Rightarrow G$ 总为真,这样在逻辑表达式中可用 G 代替 F。

表 10.5.5 推理规则示例

推理规则	定义
取式(Modus Ponens)	从 $W_1 \wedge (W_1 \Rightarrow W_2)$ 推论出 W_2
拒式(Modus Tollens)	从 $\sim W_2 \wedge (\sim W_1 \Rightarrow W_2)$ 推论出 W_1
投影	从 $W_1 \wedge W_2$ 推论出 W_1
全称规定化	从 $(\forall x)W(x)$ 推论出 $W(c)$

推理规则可从给定的 WFFs 生成"推导出来的 WFFs"。在谓词演算中,"推导出来的 WFFs 称为定理",而在推导中顺序地应用推理规则构成了定理的证明。许多图像理解的工作可以通过谓词演算表示成定理证明的形式。这样一来,可利用一组已知事实和一些推理规则以得到新的事实或证明假设的合理性(正确性)。

在谓词演算中,为证明逻辑表达式的正确性可使用两种基本方法:第一种是用一个与证明数学表达式类似的过程直接对非子句形式进行操作,第二种则是去匹配表达式中子句形式的项。

例 10.5.4 证明逻辑表达式的正确性

假设已知如下事实:①图像 I 中有一个像素 p,②图像 I 是数字图像。另设下述"物理"定律成立:③如果图像是数字的,那么它的像素是离散的。前述事实①和②是随应用问题而异的,但条件③则是与应用无关的知识。

上述两个事实可写成 INSIDE(p,I)和 DIGITAL(I)。根据对问题的描述可知,上述两个事实是用逻辑连词 $\wedge$ 联接起来的,即 INSIDE(p,I) $\wedge$ DIGITAL(I)。用子句表示的"物理"定律(即条件③)是:$(\forall x,y)$[INSIDE(x,y) $\wedge$ DIGITAL(y)$\Rightarrow$DISCRETE(x)]。

现在用子句表达来证明像素 p 确实是离散的。证明的思路是先证明子句的非与事实不符,这样就可表明所需证明的子句成立。根据前面的定义,可将有关这个问题的知识用下列子句形式表示:

(1) $\Rightarrow$INSIDE(p,I);

(2) $\Rightarrow$DIGITAL(I);

(3) $(\forall x,y)$[DIGITAL(y)$\Rightarrow$DISCRETE(x)];

(4) DISCRETE(p)$\Rightarrow$;

注意这里谓词 DISCRETE(p)的非可以表示成 DISCRETE(p)$\Rightarrow$。

在将问题的基本元素表达成子句形式后,就可以通过匹配各个隐含式的左边和右边以达到空子句,从而利用产生的矛盾来取得证明。匹配过程是靠变量替换以使原子相等来进行的。匹配后,可以得到称为**预解**的子句,它包含不相匹配的左右两边。如果用 I 替换 y,用 p 替换 x,则(3)的左边与(2)的右边匹配,所以预解是:

(5) $\Rightarrow$DISCRETE(p)。

不过,因为(4)的左边和(5)的右边全等,所以(4)和(5)的解是个空子句。这个结果是矛盾的,它表明 DISCRETE(p)$\Rightarrow$不能成立,这样就证明了 DISCRETE(p)的正确性。

现在用非子句表达来证明像素 p 确实是离散的。首先,根据表 10.5.4 中介绍的关系

$\sim A \Rightarrow B \Leftrightarrow A \vee B$ 将条件③转换成非子句形式，即$(\forall x,y)[\sim \text{INSIDE}(x,y) \wedge \sim \text{DIGITAL}(y) \vee \text{DISCRETE}(x)]$。

下面用合取形式来表示关于本问题的知识：

(1) $(\forall x,y)[\text{INSIDE}(x,y) \wedge \text{DIGITAL}(y)] \wedge [\sim \text{INSIDE}(x,y) \wedge \sim \text{DIGITAL}(y) \vee \text{DISCRETE}(x)]$；

用 I 替换 y，用 p 替换 x 得到

(2) $[\text{INSIDE}(p,I) \wedge \text{DIGITAL}(I)] \wedge [\sim \text{INSIDE}(p,I) \wedge \sim \text{DIGITAL}(I) \vee \text{DISCRETE}(p)]$；

利用投影规则，可推出

(3) $\text{INSIDE}(p,I) \wedge [\sim \text{INSIDE}(p,I) \vee \text{DISCRETE}(p)]$；

再利用分配定律得到 $A \wedge (\sim A \vee B) = (A \wedge B)$。这样可得到简化的表达式

(4) $\text{INSIDE}(p,I) \wedge \text{DISCRETE}(p)$；

再次利用投影规则，得到

(5) $\text{DISCRETE}(p)$。

这样就证明了(1)中的原始表达式完全等价于(5)中的表达式。换句话说，这样就根据给定的信息推理或演绎出了像素 p 是离散的结论。 □

谓词演算的一个基本结论就是所有的定理都可在有限时间内得到证明。人们早已提出了一个称为**析解**或**消解**的推理规则来证明该结论[Robison 1965]。这个析解规则的基本步骤是先将问题的基本元素表达成子句形式，然后寻求可以匹配的隐含表达式的前提和结果，再通过替换变量使原子相等来进行匹配，匹配后所得到的(称为**解决方案**的)子句包括不匹配的左右两边。定理证明现在转化成要解出子句以产生空子句，而空子句给出矛盾的结果。从所有正确定理都可以证明的角度看，这个析解规则是完备的；从所有错误定理都不可能证明的角度看，这个析解规则是正确的。

例 10.5.5 基于知识库求解来解释图像

假设一个航空图像解释系统中的知识库里有如下信息：①所有民用机场图像中都有跑道；②所有民用机场图像中都有飞机；③所有民用机场图像中都有建筑；④在一个民用机场中至少有一个建筑是登机楼；⑤由飞机围绕并由飞机指向的建筑是登机楼。可将这些信息以子句形式放入一个民用机场的"模型"中：

$$(\forall x)[\text{CONTAINS}(x,\text{runways}) \wedge \text{CONTAINS}(x,\text{airplanes}) \wedge \text{CONTAINS}(x,\text{buildings}) \wedge \text{POINT-TO}(\text{airplanes},\text{buildings})] \Rightarrow \text{COM-AIRPORT}(x)$$

注意，④中的信息没有直接用在模型中，但它的含义隐含在模型中存在建筑和飞机指向建筑的两个条件里了；条件⑤则明确指出什么样的建筑是登机楼。

设有一幅航空图像且有一个识别引擎能辨别航空图像中的不同物体。从图像解释的角度出发，可提出两类问题：

(1) 这是一幅什么图像呢？

(2) 这是一幅民用机场的图像吗？

在一般的情况下并不能借助当前的技术回答第一个问题。第二个问题一般也是比较难回答的，但如果缩小讨论范围问题将会变得简单一些。具体来说，如前所示的模型驱动方法有明显的优点，它可用来导引识别引擎的工作。本例中识别引擎应该能识别三类目标，即跑

道、飞机和建筑。如果像常见的那样，已知采集图像的高度，则可将发现目标的工作进一步简化，因为目标的相对尺度可以用来导引识别过程。

根据上述模型工作的识别器将有下列形式的输出：CONTAINS(image, runway), CONTAINS(image, airplanes), CONTAINS(image, buildings)。在目标识别的基础上，进一步可断定子句 POINT-TO(airplanes, buildings)的真假。如果子句为假，过程停止；如果子句为真，过程将继续通过对子句 COM-AIRPORT(image)正确性的判决来确定所给图像是否为一幅民用机场的图像。

如果要利用析解证明定理的方法来解决上述这个问题，则可根据从图像中得到的以下4条信息开始工作：① ⇒ CONTAINS(image, runway)；② ⇒ CONTAINS(image, airplanes)；③⇒CONTAINS(image, buildings)；④⇒POINT-TO(airplanes, buildings)。这里所要证明的子句的非是：⑤ COM-AIRPORT(image)⇒。首先注意到，如果用 image 替换 x，模型左边的子句之一将与①的右边匹配。预解为

$$[\text{CONTAINS(image, airplanes)} \wedge \text{CONTAINS(image, buildings)} \wedge \text{POINT-TO(airplanes, buildings)}] \Rightarrow \text{COM-AIRPORT(image)}$$

类似地，上述预解左边的子句之一将与②的右边匹配，新的预解为

$$[\text{CONTAINS(image, buildings)} \wedge \text{POINT-TO(airplanes, buildings)}] \Rightarrow \text{COM-AIRPORT(image)}$$

接下来利用③和④得到的预解为⇒COM-AIRPORT(image)。

最后，这个结果的预解和⑤给出空子句，从而产生一个矛盾。这就证明了 COM-AIRPORT(image)的正确性，即表明所给图像确实是一幅民用机场的图像(它与民用机场的模型匹配)。 □

10.6 语 义 网

语义网是关系数据结构的一种特殊变型，它由目标，目标描述，以及对目标间联系的描述组成。语义网具有层次结构，复杂的表达可由较简单的表达构成，而它们又由更简单的表达构成。在语义网数据结构中，结点表示目标，弧表示目标间联系。例如，一个人脸的简单语义网如图 10.6.1 所示。其中，一个人脸是一个人体上的一个圆形部分，它包括两个眼睛，一个鼻子，一个嘴；一个眼睛位于另一个眼睛的左边；鼻子位于眼睛的中间和下部；嘴在鼻子的下部；眼睛基本上是圆形的；鼻子是上下/垂直细长的，嘴是水平细长的。

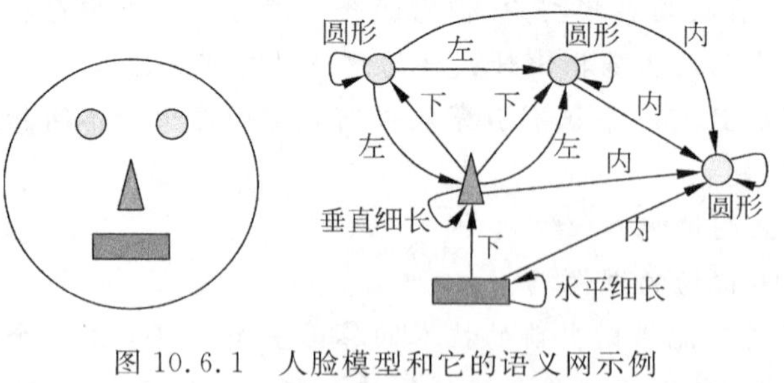

图 10.6.1 人脸模型和它的语义网示例

语义网给出图像中各元素间联系的直观表示，可以在视觉上有效地表达知识[Gonzalez 1992]。语义网的一个重要特性是可以用一小组基元来构造大量复杂的关系。另外，由于语义网的基本表达是图，因而可用图匹配和图编号技术对所给问题领域的元素进行操作。语义网可被用作一种方便存取知识表达(可以表示物体的物理和几何特征)以及命题逻辑的知识表达(说明有关事物或它们的模型是真或是假的陈述)的数据结构。语义网也是一种非常有效的图像理解工具。

下面介绍用于表达和处理以子句形式描述知识的**语义网**。图 10.6.2 给出对以下事实的语义网表达(有些类似于例 10.5.4，但不同)。所考虑事实包括：①数字图像 I 中有一个像素 p；②图像 J 是扫描图像。另设下述“物理”定律成立：③如果像素在数字图像中，那么它是离散的。所需证明的为像素 p 是离散的。

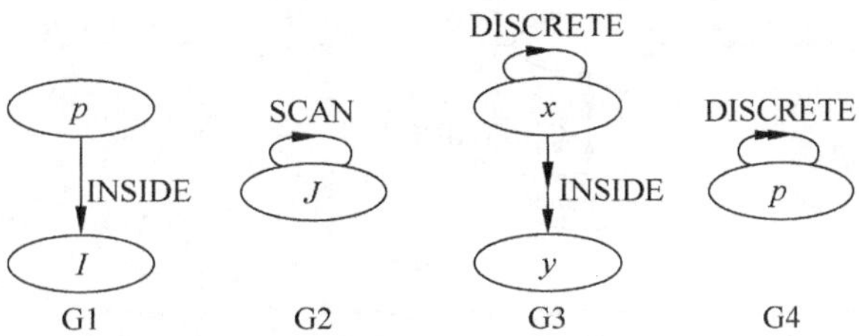

图 10.6.2　例 10.5.4 问题的语义网表达

用子句形式可表示如下(其中用 DISCRETE(p)⇒表达子句“像素 p 是离散的”的非)：

(1) ⇒INSIDE(p,I)；

(2) ⇒SCAN(J)；

(3) ($\forall x,y$)[INSIDE(x,y)⇒DISCRETE(x)]；

(4) DISCRETE(p)⇒。

从子句表达建立语义网是相当直接的，基本思路是将每个子句表示成语义网的一个部件(即将各个不同的子句表示成为分离的子网)。网中的结点包含变量和常量(主要是目标)，编了号的有向弧表示结点间的二元联系。一个弧如果代表子句右边的结论就画上单箭头，而一个弧如果代表子句左边的条件就画上双箭头。在图 10.6.2 中，G1 表示像素 p 在数字图像 I 中；G2 表示图像 J 是扫描图像；G3 表示数字图像 y 中的像素 x 是离散的；G4 表示像素 p 确实是离散的。

利用如图 10.6.2 所示的语义网进行推理是比较简单的。在通过匹配变量和常量来合并图时，可利用双箭头的弧消去单箭头的弧。这里推理的目标是得到一个空子网，其中包括建立推理过程开始时的子句的非。在图 10.6.3 中，先合并图 10.6.2 中的子图 G1 和 G3 得到 G13，再合并 G13 和 G4 得到空图，这表明像素 p 是离散的。注意在以上推理中没有使用 G2。

图 10.6.3　通过合并子图进行推理

例 10.6.1 语义网推理示例

现在回到例 10.5.5 中的机场问题。图 10.6.4(a)将关于民用机场的模型表示成一个语义网。这里用了两个结点来代表飞机。当然也可以只用一个飞机结点，但要从这个结点引一条标有 POINT-TO 的弧去建筑物结点，并从 x 引一条标有 CONTAINS 的弧来这个结点。可见用两个结点代表飞机可简化管理操作。

图 10.6.4(b)给出从图(a)中抽取出的各个事实，其中的单箭头弧分别与例 10.5.5 的子句表达①～④相对应。图(c)给出所希望证明事实的非。图(d)给出替换图像数据并进行恰当合并得到的模型。最后图(e)给出将图(c)和图(d)中子图合并得到的空图结果，这证明了所给图像确实是一幅民用机场的图。

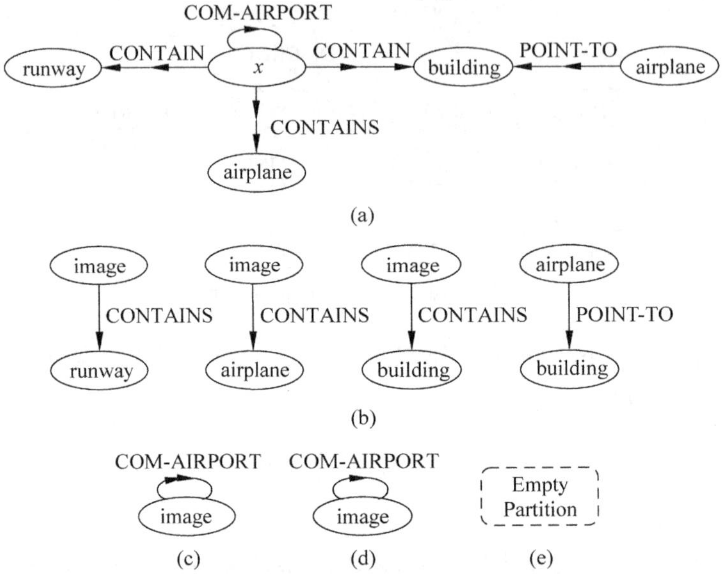

图 10.6.4 用语义网解决民用机场问题 □

语义网与其他一些人工智能中应用的知识表达方式有密切联系。人工智能中常用的一种知识表达方式是**框架**，它可看作是一种复杂结构的语义网。框架也可看作是一种数据结构，它可把知识以一个通用的形式存储起来。在框架中新的信息可以用从过去的知识中得到的概念来分析。人工智能中常用的另一种知识表达方式是**单元**，它可看作是一种试图用谓词逻辑来解释框架表示法的方法。

例 10.6.2 用不同表达方法表达同一事件

同一事件常可用不同的表达方法来表达。现在考虑事件"计算机 A 输送给计算机 B 一幅图像"，它可用不同方式表达。

(1) 如用谓词逻辑来表达，可以是 Send(A,B,image)。

(2) 如用语义网来表达，可见图 10.6.5，其中 S 和 I 分别表示 Send 和 Image 的各一个特例。

(3) 如用框架来表达，可以是 Sender：A；Receiver：B；Object：Image。

(4) 如用单元来表达，可以是 ISA(S, SENDING EVENT)；SENDER(S, A)；RECEIVER(S,B)；OBJECT(S,IMAGE)。 □

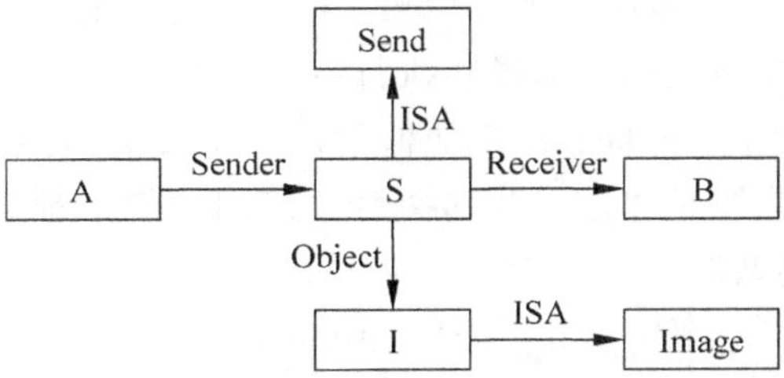

图 10.6.5 用语义网来表达一个事件

10.7 产生式系统

产生式系统也称为基于规则的系统或**专家系统**，是一种模块化的知识表达系统。它在图像理解应用中受到广泛关注，这里的原因包括已有许多开发这类系统的工具以及人类知识可以直观、直觉和渐进地用于这些系统。特别值得指出的是，限定在某一特殊工作领域的专家系统可以解决相当广泛的图像理解工作。

产生式系统把知识表达成被称为产生式规则的**守护程序**的集合，每个产生式规则都有一个**条件-动作对**的形式。产生式系统适合管理符号，但对信号处理不太有效，所以研究它们之间的接口对在图像理解和计算机视觉中运用产生式系统具有重要的意义。

产生式系统的典型应用是专家系统，专家系统是具有解决特定问题能力（专家知识）的人-机系统。专家系统这个名称反映了这些系统是基于受过专门训练专家的知识而工作的。专家系统已成功使用在从图像处理和工业检测到医学诊断和过程控制等许多应用领域中。中册 5.6.2 小节介绍的基于评价的图像分割算法优选系统也是利用了产生式系统工作原理的一个特殊专家系统。

图 10.7.1 给出一个包含专家系统基本构成单元的示意图。语言处理器用作用户和系统间的通信接口，用户通过一种面向问题的语言与专家系统交互。这种语言一般是受限英语的形式，另外，还可用图形交互来补充语言通信。语言处理器解释由用户提供的输入，格式化由系统提供的信息。证明器将系统的动作解释给用户。例如，它可以回答诸如为什么得到了结论或为什么一种替换方案未被采用之类的问题。证明器在专家系统的初期设计和跟踪纠错中也起重要的作用[Gonzalez 1992]。

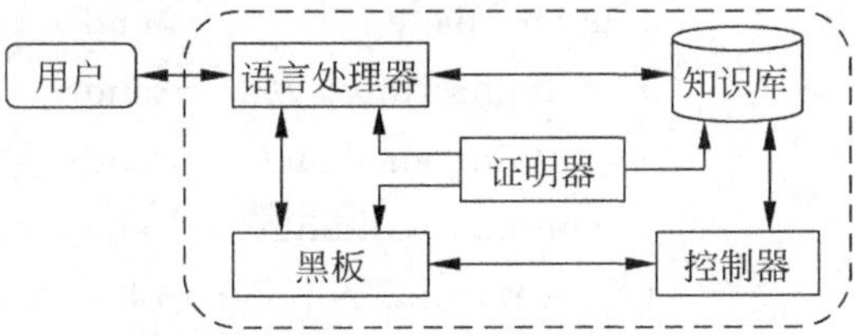

图 10.7.1 专家系统的基本构成单元

黑板用来记录有关一个特定问题的诸如当前数据、工作假设、中间决策等项目，它也常常被称为临时存储器或短时存储器。知识库包括过程、视觉和世界知识。知识库还包括系统为解决一个问题所需的规则。控制器提供包括通用的解决问题知识和冲突解决策略的机理。通用的解决问题知识有时也称为推理引擎,包括匹配规则、知识、算法以及对一个工作当前所知的事实等,所以控制机理要选择和执行解决一个问题的工具。当两个或多个规则同时激发时,冲突-解决策略就开始工作。如何解决冲突要看应用而定,其中对规则排序并选出最高优先权的规则,或按时间排序并选择最近使用的规则都是通用的方法。专家系统中的规则一般具有如下典型形式:

$$\text{if(conditions)} \quad \text{then (actions)} \tag{10.7.1}$$

其中条件和动作都表示成合取子句。换句话说,可将上述规则读作:如果条件1和条件2和……和条件 m 为真,那么执行动作1和动作2和……和动作 n。

例 10.7.1 产生式规则示例

下面是可用来将两个图像区域合并的一条规则(有三个条件和一个动作):

如果　两区域邻接,尺寸都小,且它们的灰度方差接近

那么　将两个区域合并

注意对"邻接""小"和"接近"都需要先定义好并存在知识库中。 □

当一个规则中的所有条件同时满足时,则称该规则被触发(trigger)了。当与该规则相联的动作都执行了,则称这个规则被触发/点燃(fire)了。注意,一个规则被触发的事实并不意味着这条规则会自动被点燃。一组特定的条件可以触发不止一条规则,此时,系统需进入冲突-解决状态以确定首先点燃哪条规则。这里的关键是一次只能将一条规则点燃。

上述的专家系统规则和10.5.2小节中讨论的子句表达式之间有相似性。事实上,专家系统规则一般较易确定和读取。例10.5.4中的物理定理可以表达成规则形式如下:

如果　像素 p 在图像 I 中,图像 I 是数字图像

那么　像素 p 是离散的

当给定了特定的事实,专家系统将试图把这些事实与规则库中的条件匹配。如果一条规则中的所有条件都匹配,则该规则被触发。如果没有冲突,则与该规则相关联的动作激活(activate),并点燃该规则。动作本身可以只是一个声明语句,如在上面的规则中是"像素 p 是离散的"。专家系统将像素与 p 对应,将图像与 I 对应,从而触发规则。语句以何种程度被类英语(或其他自然语言)形式所接受取决于专家系统的复杂程度。因为专家系统越来越变得用户友好,所以与它们交互比与基于谓词演算或语义网的系统交互要容易得多。

例 10.7.2 专家系统应用示例

现在考虑用专家系统解决前面的机场解释问题。将模型描述成规则形式如下:

if　x is an image　and
　x contains runway(s)　and
　x contains airplane(s)　and
　x contains building(s)　and
　(some)airplanes point to building(s),
then　x is an image of a commercial airport

在实际中,用这样一个特定系统解释航空图像的过程可由如下一个查询开始:这是一幅机场图像吗?在这种情况下,查询给予系统它的第一个事实:x 是一幅图像。控制器将接下来试图匹配以 if x is an image 开始的规则条件。在本例中只需确定其他三个条件是否满足。控制器将利用图像中所有资源寻找满足规则的条件。例如,控制器启动识别程序发

现图中的跑道，这些程序需要利用分割和描述算法以提取可能是跑道的区域。一旦发现了跑道，系统将开始寻找建筑物，以此类推。如果所有条件都满足，规则将触发。如果只有一条规则触发，就不需要执行冲突解决方案，系统将使用规则并得出结论"这幅图像是一幅民用机场图像"。 □

前面的例子表明一个典型的专家系统是如何确定其规则是否满足基本机理的。在复杂的基于规则的系统中可以有上千个不同的规则，所以主要问题是寻找试图匹配的规则、跟踪哪个规则正被处理、管理可用于处理图像的资源以及在需要时执行冲突-解决方案。

总结和复习

为更好地学习，下面对各小节给予概括小结并提供一些进一步的参考资料；另外给出一些思考题和练习题以帮助复习(文后对加星号的题目还提供了解答)。

1. 各节小结和文献介绍

10.1 节概况了一些知识的一般概念。有关知识的内容在人工智能、机器学习等领域也有很多讨论，如可见文献[Dean 1995]、[Mitchell 1997]、[Schölkopf 2002]、[Witten 2005]等。

10.2 节讨论了场景知识和知识建模问题。场景知识的应用在图像理解研究中由来已久，积木世界的景物分析就是一例，下一单元的几方面应用里也使用了大量的具体的场景知识，对场景知识的更多介绍可见文献[Shapiro 2001]等。

10.3 节讨论了过程知识，重点是四种重要的控制过程。图像信息系统中不同的信息流动模式主要就是由控制知识决定的。另外，文献[Sonka 2008]中也有相关的讨论。

10.4 节结合图像理解讨论了知识表达中的几个问题。有关讨论还可见文献[Dean 1995]等，更多的知识表达方案还可见文献[Jähne 1999c]、[Witten 2005]等。有关认知心理方面可参见[王 1992]。

10.5 节介绍了谓词逻辑这一类典型的知识表达方法。相关基础内容属于离散数学，可参见文献如[耿 2002]等。

10.6 节介绍了语义网的基本表达和推理方式。语义网在信息检索及数据挖掘等方面都得到了广泛应用，如可见文献[Witten 2005]等。

10.7 节介绍了称为产生式系统的知识表达方法，实际应用中，常被用于构建不同领域的专家系统。相关的原理和更多的方法可见文献[Dean 1995]等。

2. 思考题和练习题

10-1 给出一个利用若干个场景知识对场景逐次限定，达到唯一解释的例子，说明这些知识的具体作用。

10-2 分别举一个例子说明过限定逆问题和欠限定问题。对过限定逆问题，指出可去除或放松哪些限定条件来解决该问题。对欠限定问题，指出可增加或加强哪些限定条件来解决该问题。

10-3 一个小凳子有一个圆形的凳面和三条方形的腿，画出它的属性超图。

10-4 针对 10.3 节介绍的四种控制方法各举一个实际中运用该控制方法的例子。

10-5 试分别用框架、单元、谓词逻辑和语义网来表达同一个事件"给定两幅图像 I 和图像 J,对它们进行算术运算,以得到结果图像 K”。

10-6 试利用逻辑推理证明“旅客登机总要经过安全检查通道,所以在安全检查通道上方安置监控摄像机,就一定可以拍摄到所有登机旅客的图片”。

10-7 试借助表 10.5.3 中的逻辑连接符的真值表来验证表 10.5.4 中的两个结合律定义。

***10-8** 设一幅图像中有两类尺寸不同的方形目标,它们边长的均值分别为 10 和 20,而面积均方差分别为 5 和 8。用类英语句子列出可将这两类目标分开的知识。

10-9 利用题 10-8 的结果设计一个运用语义网的基于知识系统将两类目标分开来,并列出该系统进行分类所需的所有图像处理技术。

10-10 利用题 10-8 的结果给出将两类目标分开来的专家系统规则,并列出该系统进行分类所需的所有图像处理技术。

10-11 试分别用框架、单元、谓词逻辑和语义网来表达题 10-8 中关于两类目标的事实,以及将这两类目标区分开来的操作事件。

***10-12** 结合知识方面的内容编写一个供课后复习的概念习题。要求说明概念的重要性,并列出答题要点。

第11章 广义匹配

理解图像和理解场景是一项复杂的工作，包括感觉/观察、场景恢复、匹配认知、场景解释等过程。其中匹配认知试图通过匹配把未知与已知联系起来，进而用已知解释未知。例如，景象匹配技术是一种利用景象基准图的数据进行自主式导航定位的技术，它利用飞行器装载的图像传感器在飞行过程中采集实时景象图，与预先制备的基准景象图进行实时匹配而获得精确的导航定位信息。

对一个复杂的图像理解系统，它的内部常同时存在着多种图像输入和其他知识共存的表达形式。**匹配**借助储存在系统中的已有表达和模型去感知图像输入中的信息，并最终建立与外部世界的对应性，实现对场景的解释。为此匹配可理解为结合各种表达和知识从而解释场景的技术或过程。

常用的与图像相关的匹配方式和技术可归为两类：一类比较具体，多对应图像低层像素或像素的集合，统称为**图像匹配**；另一类则比较抽象，主要与图像目标或目标的性质和联系甚至与场景的描述和解释有关，统称为**广义匹配**。一些图像匹配技术已在第 6 章和第 7 章进行了介绍，本章侧重介绍一些广义匹配的方式和技术。

根据上述的讨论，本章各节将安排如下。

11.1 节先介绍一些通用匹配的策略和分类方法，并讨论匹配与配准的联系和区别。

11.2 节讨论一般目标匹配的原理和度量方式，并介绍几种基本的目标匹配技术。

11.3 节介绍一种动态模式匹配技术，其特点为需匹配的模式表达是在匹配过程中动态建立的。

11.4 节介绍对目标间各种相互关系的匹配，关系可以表达目标集合的不同属性，还可以表达比较抽象的概念等，所以关系匹配的应用是比较广泛的。

11.5 节先介绍一些图论的基本定义和概念，再讨论如何利用图同构来进行匹配的方法。

11.6 节介绍表达 3-D 景物各表面相互关系的线条图标记方法，借助这种标记也可以对 3-D 景物和相应的模型进行匹配。

11.1 匹配概述

在对图像的理解中，匹配技术起着重要的作用。从视觉的角度看，“视”应该是有目的的“视”，即要根据一定的知识(包括对目标的描述和场景的解释)借助图像去场景中寻找符合要求的景物；“觉”应该是带认知的“觉”，即要从输入图像中抽取景物的特性，再与已有的景物模型进行匹配，从而达到理解场景含义的目的。匹配与知识有着内在的联系，匹配和解释也是密不可分的。

11.1.1 匹配策略和类别

匹配可在不同(抽象)层次上进行,这是因为知识具有不同的层次,也可在不同的层次运用。对每个具体的匹配,它都可看成是寻找两个表达间的对应性。如果两个表达的类型是可比的,匹配可在相似的意义上进行的。例如当这两个表达都是图像结构时,称为图像匹配;如果这两个表达都代表图像中的目标时,称为目标匹配;如果这两个表达都代表场景的描述时,称为场景匹配;如果两个表达都是关系结构,则称为关系匹配;如果两个表达的类型不同时(如一个是图像结构,另一个是关系结构),这时也可以在扩展的意义上进行匹配,或称为**拟合**。

匹配要建立两者间的联系,需要通过映射来进行。在对场景重建时,图像匹配策略根据所用映射函数的不同可以分为两种情况,参见图 11.1.1[Kropatsch 2001]。

(1) 目标空间的匹配

在这种情况下,目标 O 直接通过对透视变换 T_{O1} 和 T_{O2} 的求逆来重建。这里需要对目标 O 的一个显式表达模型,通过在图像特征和目标模型特征之间建立对应关系来解决问题。目标空间匹配技术的优点是它们与物理世界比较吻合,所以如果使用比较复杂的模型甚至可以处理有遮挡的情况。

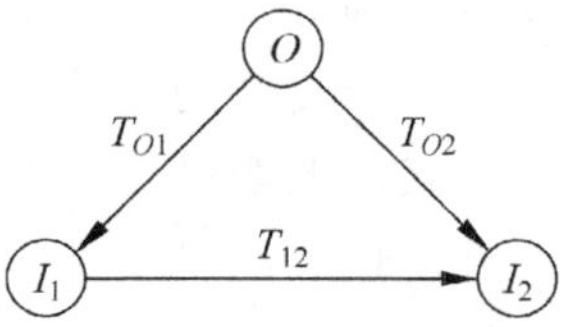

图 11.1.1 匹配和映射

(2) 图像空间的匹配

图像空间的匹配直接将图像 I_1 和 I_2 用映射函数 T_{12} 联系起来。在这种情况下,目标模型隐含地包含在 T_{12} 的建立过程中。该过程一般会相当复杂,但如果目标表面比较光滑,则可用仿射变换来局部近似,此时计算复杂度可降到与目标空间的匹配相比拟。在有遮挡的情况下,光滑假设将受到影响而使得图像匹配算法遇到困难。

图像匹配算法可以进一步根据它们所用的图像表达模型来分类。

(1) 基于光栅的匹配

基于光栅的匹配使用对图像的光栅表达,即它们试图通过直接比较灰度或灰度函数来找到图像区域间的映射函数。该类方法准确度可很高,但对遮挡很敏感。

(2) 基于特征的匹配

在基于特征的匹配中,对图像的符号描述首先通过使用特征提取算子从图像中提取的显著特征来分解,然后根据对需描述目标的局部几何性质的假设搜索不同图像的对应特征,并进行几何映射。这些方法相对基于光栅匹配的方法更适合有表面不连续和数据近似的情况。

(3) 基于关系的匹配

关系匹配也称结构匹配,其技术基于特征间拓扑关系的相似性(拓扑性质在透视变换下不发生变化),这些相似性存在于**特征邻接图**中而不是在灰度或点分布的相似中。对关系描述的匹配可以在很多场合下应用,但它有可能产生很复杂的搜索树,所以其计算复杂度有可能很大。

基于 6.2.1 小节的**模板匹配**理论认为,要认知某幅图像的内容,必须在过去的经验中有其的"记忆痕迹"或基本模型,这个模型又叫"模板"。当前刺激如果与大脑中的模板符合,就能判别出这个刺激是什么。不过,模板匹配理论所说的匹配是外界刺激必须与模板完全符合。实际中,人们在现实生活里不仅能认知与基本模式一致的图像,也能认知与基本模式不完全符合的图像。

格式塔心理学家提出了**原型匹配**理论。这种理论认为,对当前观察到的一个字母"A"的图像,不管它是什么形状,也不管把它放到什么地方,它都和过去已知觉过的"A"有相似之处。人类在长时记忆中并不是存储无数个不同形状的模板,而是将从各类图像中抽象出来的相似性作为原型,并以此去检验所要认知的图像。如果能从所要认知的图像中找到一个原型的相似物,那么就实现了对这幅图像的认知。这种图像认知模型从神经学和记忆搜索的过程来看,都比模板匹配更适宜,而且还能说明对一些不规则的,但某些方面与原型相似的图像的认知过程。按照这种模型,可以形成一个理想化的字母"A"的原型,它概括了与这个原型相类似的各种图像的共同特点,在此基础上,借助匹配认知与原型不一致而仅相似的所有其他"A"就成为可能。

尽管原型匹配理论能够更合理的解释图像认知中的一些现象,但是它并没有说明人类如何对相似的刺激进行辨别和加工。原型匹配理论并没有给出一个明确的图像认知的模型或机制,要在计算机程序中得到实现也有一定困难。

11.1.2 匹配和配准

匹配和配准是两个密切相关的概念,技术上也有许多相通之处。不过仔细分析,两者还是有一定的差别的。**配准**的含义一般比较窄,主要指建立不同时间或空间获得的图像间的对应,特别是几何方面的对应(几何校正),最后要获得的效果常常体现在像素层次。匹配则既可考虑图像的几何性质也可考虑图像的灰度性质,甚至图像的其他抽象性质和属性。从这点来说,配准可以看作是对较低层表达的匹配,广义的匹配可将配准包含在内。图像配准和立体匹配的主要不同是:前者既需要建立点对间的关系,还需要由此对应关系计算出两幅图像之间的坐标变换参数;而后者仅需要建立点对之间的对应关系,然后对每一对点分别计算视差。

从具体实现技术来讲,配准常可借助本套书上册 2.1 节和 6.1 节中分别介绍的坐标变换和仿射变换来帮助实现。大部分配准算法包含 3 个步骤:①特征选择;②特征匹配;③计算变换函数。配准技术的性能常由以下 4 个因素所决定[Lohmann 1998]:

(1) 用来进行配准所使用特征的特征空间;

(2) 使搜索过程有可能有解的搜索空间;

(3) 对搜索空间进行扫描的搜索策略;

(4) 用来确定配准对应性是否成立的相似测度。

在图像空域的配准技术可类似于匹配技术那样分成两类(如 6.2 节和 6.3 节)。而在频域的配准技术主要通过在频域的相关计算来进行,这里需先将图像通过傅里叶变换转换到频域中,然后在频域中利用频谱的相位信息或幅度信息建立图像之间的对应关系以实现配准,可分别称为相位相关法和幅度相关法。

下面仅以图像之间有平移时的配准为例来介绍相位相关法的计算(旋转和尺度变化时的计算可参见本套书上册 14.3.3 小节中的思路)。两幅图像之间的相位相关计算可借助互功率谱的相位估计来进行。设两幅图像 $f_1(x,y)$ 和 $f_2(x,y)$ 在空间域里具有如下简单的平移关系：

$$f_1(u,v)=f_2(x-x_0,y-y_0) \tag{11.1.1}$$

则根据傅里叶变换的平移定理(见本套书上册 4.2.2 小节)，有

$$F_1(u,v)=F_2(u,v)\exp[-\mathrm{j}2\pi(ux_0+vy_0)] \tag{11.1.2}$$

如果用两幅图像 $f_1(x,y)$和 $f_2(x,y)$的傅里叶变换 $F_1(u,v)$和 $F_2(u,v)$的归一化互功率谱来表示时，它们之间的相位相关度可如下计算：

$$\exp[-\mathrm{j}2\pi(ux_0+vy_0)]=\frac{F_1(u,v)F_2^*(u,v)}{|F_1(u,v)F_2^*(u,v)|} \tag{11.1.3}$$

其中 $\exp[-\mathrm{j}2\pi(ux_0+vy_0)]$的傅里叶反变换为 $\delta(x-x_0,y-y_0)$。由此可见两幅图像 $f_1(x,y)$和 $f_2(x,y)$在空间的相对平移量为(x_0,y_0)。该平移量可通过在图中搜索最大值(由脉冲造成)的位置来确定。

下面把基于傅里叶变换的相位相关算法的步骤总结如下：

(1) 计算需配准的两幅图像 $f_1(x,y)$和 $f_2(x,y)$的傅里叶变换 $F_1(u,v)$和 $F_2(u,v)$；

(2) 滤除频谱中的直流分量和高频噪声，并计算频谱分量的乘积；

(3) 使用式(11.1.3)计算归一化的互功率谱；

(4) 对归一化的互功率谱进行傅里叶反变换；

(5) 在图中搜索峰值点坐标，该坐标给出相对平移量。

上述配准方法的计算量只与图像尺寸的大小有关，而与图像之间的相对位置或是否重叠无关。该方法只利用了互功率谱中的相位信息，计算简便，对图像间的亮度变化不敏感，能有效地克服光照变化所带来的影响。由于所获得的相关峰会比较尖锐突出，所以可获得较高的配准精度。

11.1.3 匹配评价

常用的图像匹配评价准则包括准确性、可靠性、鲁棒性和计算复杂度[Goshtasby 2005]。

准确性指真实值和估计值之间的差。这个差越小，这个估计就越准确。在图像配准中，准确性指参考图像点和配准图像点(重采样到参考图像空间后)之间距离的均值、中值、最大值或均方根值。在对应性已确定的情况下，可从合成图像或仿真图像中来测量准确性；另一种方法是将基准标记放在场景中，并使用基准标记的位置来评价配准的准确性。准确性的单位可以是像素或体素。

可靠性指算法在总共进行的测试中有多少次取得了满意的结果。如果测试了 N 对图像，其中 M 次测试给出了满意的结果，当 N 足够大时且 N 对图像有代表性，那么 M/N 就表示了可靠性。M/N 越接近 1 就越可靠。算法的可靠性是可以预测的。

鲁棒性指准确性的稳定程度或算法在其参数不同变化条件下的可靠性。鲁棒性可以根据图像之间的噪声、密度、几何差别或不相似区域的百分比等来测量。一个算法的鲁棒性可通过确定算法准确性的稳定程度或输入参数变化时的可靠性来得到(如利用它们的方差，方差越小则算法越鲁棒)。如果有很多个输入参数，每个都影响算法的准确性或可靠性，那么算法的鲁棒性可相对各个参数来定义。例如，一个算法可能对噪声鲁棒，但对几何失真不鲁棒。说一个算法鲁棒一般指该算法的性能不会随着所涉及参数的变动而产生明显变化。

计算复杂度决定了算法的速度，指示了其在具体应用中的实用性。例如，在图像导引的神经外科手术中，需要将用来规划手术的图像与反映特定时间手术状况的图像在几秒内配准好。而要匹配航空器获取的航拍图像常需要在毫秒量级内完成。计算复杂度可以用图像尺寸的函数来表示（考虑每个单元所需的加法或乘法数量），一般希望好的匹配算法的计算复杂度是图像尺寸的线性函数。

11.2 目标匹配

图像匹配以像素为单位，计算量一般很大，匹配效率较低。实用中，常常先检测和提取感兴趣的目标，然后对目标进行匹配。如果使用简洁的目标表达方式，匹配工作量可以大大减少。由于目标可用不同的方法来表达，所以对目标的匹配也可采用多种方法。

11.2.1 匹配的度量

对目标匹配的效果要借助一定的量度来进行评判，其核心主要是目标相似程度。

1. 豪斯道夫距离

图像中，目标是由点（像素）组成的，两个目标的匹配在一定意义上是两个点集之间的匹配。利用**豪斯道夫距离**（HD）描述点集之间的相似性并通过特征点集来匹配的方法得到广泛应用。给定两个有限点集 $A=\{a_1, a_2, \cdots, a_m\}$ 和 $B=\{b_1, b_2, \cdots, b_n\}$，它们之间的豪斯道夫距离定义如下：

$$H(A,B) = \max[h(A,B), h(B,A)] \tag{11.2.1}$$

其中

$$h(A,B) = \max_{a\in A}\min_{b\in B}\| a-b \| \tag{11.2.2}$$

$$h(B,A) = \max_{b\in B}\min_{a\in A}\| b-a \| \tag{11.2.3}$$

式(11.2.2)和式(11.2.3)中的范数 $\|\cdot\|$ 可取不同形式。函数 $h(A, B)$ 称为从 A 到 B 的有向 HD，描述了点 $a\in A$ 到 B 中任意点的最长距离；同样，函数 $h(B, A)$ 称为从 B 到 A 的有向 HD，描述了点 $b\in B$ 到 A 中任意点的最长距离。由于 $h(A, B)$ 与 $h(B, A)$ 不对称，所以一般取它们两者之间的最大值作为两个点集之间的 HD。其几何意义可这样来解释：如果 A 和 B 之间的 HD 为 d，那么对每个点集中的任意一个点，都可以在以该点为中心、以 d 为半径的圆中找到另一个点集里的至少一个点。如果两个点集之间的 HD 为 0，就说明这两个点集是重合的。图 11.2.1 给出计算 $h(A, B)$ 的一个示意图，先从 a_1 出发计算 d_{11} 和 d_{12}，取最小值 d_{11}；再从 a_2 出发计算 d_{21} 和 d_{22}，取最小值 d_{21}；在 d_{11} 和 d_{21} 中选最大值得到 $h(A, B) = d_{21}$。

如上定义的豪斯道夫距离对噪声点或点集的外野点（outline）很敏感，一种常用的改进方法采用了统计平均的概念，用平均值代替最大值，称为**改进的豪斯道夫距离**（MHD）[Dubuisson 1994]，即将式(11.2.2)和式(11.2.3)分别改为

$$h_{\text{MHD}}(A,B) = \frac{1}{N_A}\sum_{a\in A}\min_{b\in B}\| a-b \| \tag{11.2.4}$$

$$h_{\text{MHD}}(B,A) = \frac{1}{N_B}\sum_{b\in B}\min_{a\in A}\| b-a \| \tag{11.2.5}$$

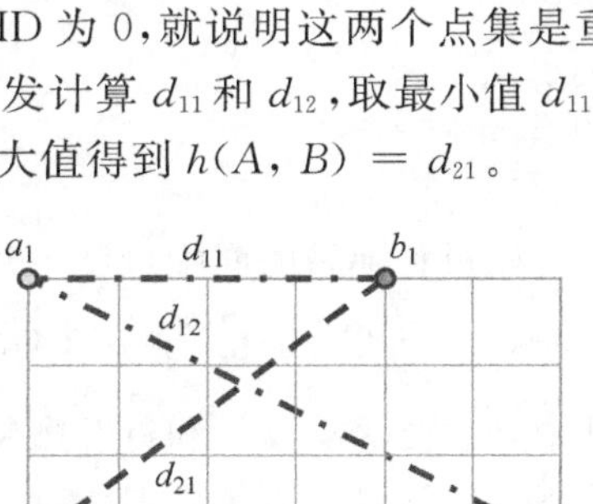

图 11.2.1 豪斯道夫距离示意

其中 N_A 表示点集 A 中点的数目，N_B 表示点集 B 中点的数目。将它们代入式(11.2.1)，得到

$$H_{\mathrm{MHD}}(A,B) = \max[h_{\mathrm{MHD}}(A,B), h_{\mathrm{MHD}}(B,A)] \tag{11.2.6}$$

当使用豪斯道夫距离计算模板和图像间的相关匹配时，并不要求模板和图像有明确的点之间关系，换句话说，它不需要在两个点集之间建立起一对一的点对应关系，这是它的一个重要的优点。

2. 结构匹配量度

目标常可分解，即分为其各个组成部件。不同的目标可有相同的部件但有不同的结构。对结构匹配来说，大多数匹配量度可以用所谓的“模板和弹簧”的物理类比模型来解释[Ballard 1982]。考虑结构匹配是参考结构和待匹配结构之间的匹配，如果将参考结构看作描绘在透明胶片上的一个结构，则匹配可看作在待匹配结构上移动这张透明胶片，并使其形变以得到两个结构的拟合。

匹配常常涉及可定量描述的相似性。一个匹配不是一个单纯的对应，而是一个按照某种优度指标定量描述的对应，这个优度就对应匹配量度。例如，两个结构拟合的优度既取决于两个结构上各部件之间的逐个匹配程度，也取决于使透明胶片产生变形所需要的工作量。

实际中，要实现变形是将模型考虑成一组用弹簧连接的刚性模板，例如一个人脸的模板和弹簧模型可见图 11.2.2。这里模板靠弹簧连接，而弹簧函数描述了各模板之间的关系。模板间的关系一般有一定的约束限制，如在脸部图像上，两眼一般在同一条水平线上，而且间距总在一定的范围内。匹配的质量是模板局部拟合的优度和使待匹配结构去拟合参考结构而拉长弹簧所需能量的函数。

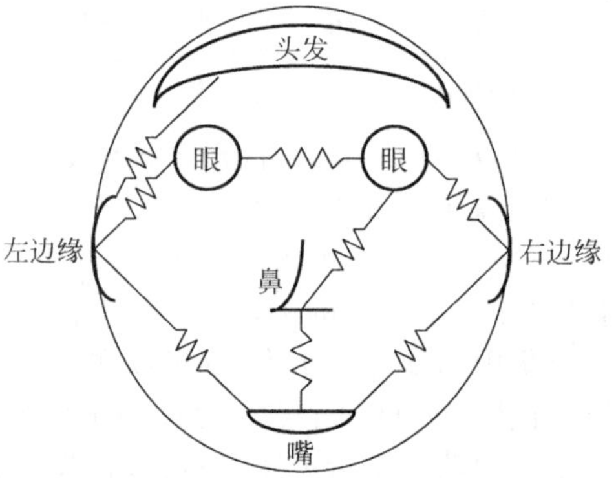

图 11.2.2　人脸的模板和弹簧模型

模板和弹簧的匹配量度可用一般形式表示如下

$$C = \sum_{d \in Y} C_{\mathrm{T}}[d, F(d)] + \sum_{(d,e) \in (Y \times E)} C_{\mathrm{S}}[F(d), F(e)] + \sum_{c \in (N \cup M)} C_{\mathrm{M}}(c) \tag{11.2.7}$$

其中，C_{T} 表示模板 d 和待匹配结构之间的不相似性，C_{S} 表示待匹配结构和目标部件 e 之间的不相似性，C_{M} 表示对遗漏部件的惩罚，$F(\cdot)$是将参考结构模板变换为待匹配结构部件的映射。F 将参考结构划分为两类：在待匹配结构中可找到的结构(属于集合 Y)，在待匹配结构中找不到的结构(属于集合 N)。类似地，部件也可分为在待匹配结构中存在的(属于集合 E)部件和在待匹配结构中不存在的(属于集合 M)部件两类。

在结构式匹配量度中需要考虑归一化问题，因为被匹配部件的数量可能影响最后匹配量度的值。例如，如果“弹簧”总是具有有限的代价，这样被匹配的元素越多，总的能量越大，但这并不表明匹配的部件多反而比匹配的部件少来得差。反之，待匹配结构的一部分与特定参考目标的精巧匹配常会使余下部分无法匹配，此时这种“子匹配”还不如能使大部分待匹配部件都接近匹配的效果好。在式(11.2.7)中，通过对遗漏部件的惩罚来避免这种情况。

11.2.2 对应点匹配

两个目标(或一个模型与一个目标)之间的匹配在目标上有特定的地标点(参见中册6.1.6小节)或特征点(参见6.3节)时，可借助它们之间的对应关系进行。如果这些地标点或特征点彼此不同(具有不同的属性)，则有两对点就可进行匹配。如果这些地标点或特征点彼此相同(具有相同的属性)，则至少需要在两个目标上面各确定3个不共线的对应点(3个点一定要共面)。

在3-D空间中，如果使用透视投影，因为任何一组3个点可以与任何另一组3个点相匹配，所以此时无法确定两组点之间的对应性。而如果使用弱透视投影，匹配的歧义性要小得多。

考虑一种简单的情况。假设目标上的一组3个点 P_1、P_2、P_3 在同一个圆周上，如图11.2.3(a)所示。设三角形的重心是 C，连接 C 与 P_1、P_2、P_3 的直线分别与圆周交在 Q_1、Q_2、Q_3 点。在弱透视投影条件下，距离比 $P_iC : CQ_i$ 在投影后保持不变。这样，投影后圆周会变成椭圆(但直线投影后仍是直线，且距离比也不变)，如图11.2.3(b)所示。当在图像中观测到 P'_1、P'_2、P'_3，就可计算出 C'，进而确定出 Q'_1、Q'_2、Q'_3 点的位置。这样就有了6个点来确定椭圆的位置和参数(实际上至少需要5个点)。一旦知道了椭圆，匹配就成为椭圆匹配(可见11.2.4小节)。

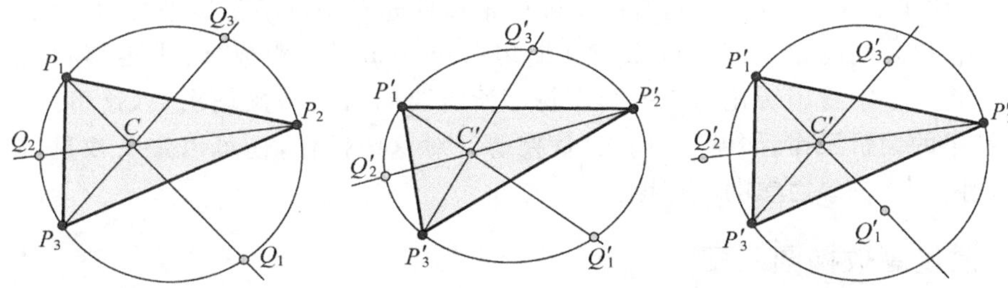

图 11.2.3　弱透视投影下的三点匹配

如果距离比计算有误，则 Q_i 将不落在圆周上，如图11.2.3(c)所示。这样一来，投影后就不能得到通过 P'_1，P'_2，P'_3 和 Q'_1，Q'_2，Q'_3 的椭圆，上述计算就不可能了。

更一般的歧义情况可参见表11.2.1，那里给出了各种情况下利用图像中的对应点对目标进行匹配时得到的解的个数。当解的个数≥2就表明有歧义出现。在共面时，使用弱透视投影总会产生歧义，这应透视反转。任何非共面的点(超过对应平面的3个点时)都提供了足够的信息以消除歧义。表11.2.1中分别考虑了共面点和非共面点两种情况，还对透视投影和弱透视投影进行了对比。

表 11.2.1　利用对应点匹配时的歧义性

点的分布	共面					不共面				
对应点对数	≤2	3	4	5	≥6	≤2	3	4	5	≥6
透视投影	∞	4	1	1	1	∞	4	2	1	1
弱透视投影	∞	2	2	2	2	∞	2	1	1	1

11.2.3　字符串匹配

字符串匹配可用来匹配两个目标区域的轮廓(也可匹配两个特征点序列,见 14.3.1 小节,可见很容易推广到其他结构或关系)。设已将两个区域轮廓 A 和 B 分别编码为字符串 $a_1a_2\cdots a_n$ 和 $b_1b_2\cdots b_m$(可参见本套书中册 6.1 节中的各种边界表达方法和 7.3.3 小节里关于字符串描述符的讨论)。从 a_1 和 b_1 开始,如果在第 k 个位置有 $a_k=b_k$,则称两轮廓有一次匹配。如果用 M 表示两个字符串间已匹配的总次数,则未匹配符号的个数为

$$Q=\max(\|A\|,\|B\|)-M \tag{11.2.8}$$

其中 $\|\arg\|$ 代表 arg 的字符串表达的长度(符号个数)。可以证明当且仅当 A 和 B 全等时,$Q=0$。

A 和 B 之间一个简单的相似性量度为

$$R=\frac{M}{Q}=\frac{M}{\max(\|A\|,\|B\|)-M} \tag{11.2.9}$$

由式(11.2.9)可见,较大的 R 值表示有较好的匹配。当 A 和 B 完全匹配时,R 值为无穷大;而当 A 和 B 中没有符号匹配($M=0$)时,R 值为零。

因为字符串匹配是逐符号进行的,所以起点位置的确定对减少计算量很重要。如果从任意一点开始计算,然后每次移动一个符号的位置再计算,则根据式(11.2.9),整个计算将非常耗时(正比于 $\|A\|\times\|B\|$),所以实际中常需要先对字符串表达进行归一化。

两个字符串之间的相似度也可用莱文斯坦(Levenshtein)距离(编辑距离)来描述。该距离定义为将一个字符串转化为另一个字符串所需要的(最少)操作次数,这里的操作主要包括对字符串的编辑操作,如删除、插入、替换等。对这些操作,还可以定义权重,从而可更精细地衡量两个字符串之间的相似度。

11.2.4　惯量等效椭圆匹配

目标之间的匹配也可借助它们的惯量等效椭圆来进行,这在序列图像 3-D 目标重建的配准工作中曾得到应用[Zhang 1991a]。与基于目标轮廓的匹配不同,基于惯量等效椭圆的匹配是基于整个目标区域进行的。对任一个目标区域,它所对应的惯量椭圆可按本套书中册 10.3.1 小节中的方法求得。借助目标所对应的惯量椭圆可进一步对每个目标算出一个等效椭圆。从目标匹配的角度来看,由于需匹配图像对中每个目标都可用它的等效椭圆来表示,所以对目标的匹配问题就可转化为对其等效椭圆的匹配,一个示意图见图 11.2.4。

在一般的目标匹配中,需要考虑的主要是平移、旋转和尺度变换造成的偏差,需要获得的是对应的几何参数。为此可通过等效椭圆的中心坐标、朝向角(定义为椭圆长主轴与 X 轴正向的夹角)和长主轴长度分别计算进行平移、旋转和尺度变换所需的参数。

首先考虑等效椭圆的中心坐标(x_c,y_c),即目标的重心坐标。设目标区域共包含 N 个

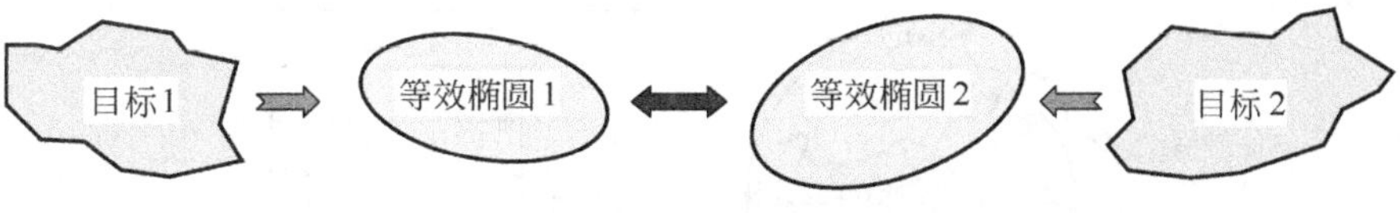

图 11.2.4　利用等效椭圆匹配

像素，则

$$x_c = \frac{1}{N}\sum_{i=1}^{N} x_i \tag{11.2.10}$$

$$y_c = \frac{1}{N}\sum_{i=1}^{N} y_i \tag{11.2.11}$$

平移参数可根据两个等效椭圆的中心坐标差算得。其次，等效椭圆的朝向角 ϕ 可借助对应惯量椭圆两主轴的斜率 k 和 l 求得（设 A 为目标绕 X 轴旋转的转动惯量，B 为目标绕 Y 轴旋转的转动惯量）

$$\phi = \begin{cases} \arctan(k) & A < B \\ \arctan(l) & A > B \end{cases} \tag{11.2.12}$$

旋转参数可根据两个椭圆的朝向角度差算得。最后，等效椭圆的两个半主轴长（a 和 b）反映了目标尺寸的信息。如果目标本身为椭圆，它与它的等效椭圆是完全相同的。在一般情况下，目标的等效椭圆是目标在转动惯量和面积两方面的近似（但并不同时相等），这里需借助目标面积 M 对轴长进行归一化。归一化后，在 $A<B$ 时，等效椭圆半长主轴的长度 a 可由下式计算（设 H 代表惯性积）：

$$a = \sqrt{\frac{2\left[(A+B) - \sqrt{(A-B)^2 + 4H^2}\right]}{M}} \tag{11.2.13}$$

尺度变换参数可根据两个椭圆的长轴的长度比例算得。以上两个目标匹配所需几何校正的三种变换参数可独立计算，所以等效椭圆匹配中各变换可分别顺序进行[章 1997c]。

11.2.5　形状矩阵匹配

两幅图像中需匹配的目标区域常有平移、旋转和尺度的差别。考虑到图像的局部特性，如果图像不代表变形的场景，则图像之间局部的非线性几何差别可以忽略。为确定两幅图像中需要匹配目标之间的对应性，需要寻求目标间不依赖于平移、旋转和尺度差别的相似性。**形状矩阵**是对目标形状用极坐标量化的一种表示[Goshtasby 2005]。如图 11.2.5(a)所示，将坐标原点放在目标重心处，重新对目标沿径向和圆周采样，这些采样数据与目标的位置和朝向都是独立的。令径向增量是最大半径的函数，即总将最大半径量化为相同数量的间隔，这样得到的表达就称为形状矩阵，如图 11.2.5(b)所示。形状矩阵是与尺度无关的。

形状矩阵同时包含了目标边界和内部的信息，所以也可表达含有空洞的目标（而不仅是外轮廓）。形状矩阵对目标的投影、朝向和尺度都可标准化地表达。给定两个尺寸为 $m\times n$ 的形状矩阵 M_1 和 M_2，它们之间的相似性为（注意矩阵为二值矩阵）

$$S = \sum_{i=0}^{m-1}\sum_{j=0}^{n-1}\frac{1}{mn}\{[M_1(i,j) \wedge M_2(i,j)] \vee [\overline{M}_1(i,j) \wedge \overline{M}_2(i,j)]\} \tag{11.2.14}$$

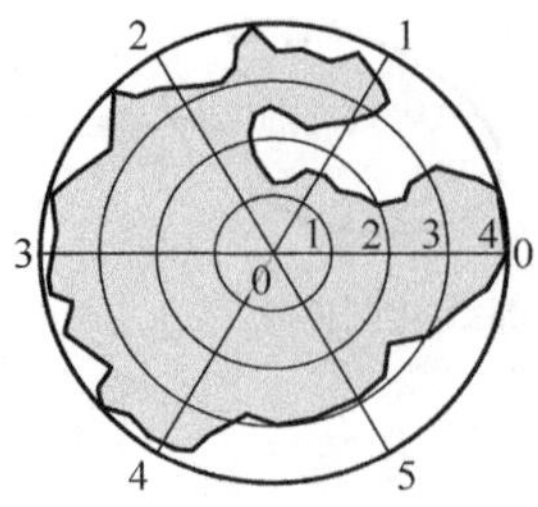

(a)

	0	1	2	3	4
0	1	1	1	1	1
1	1	1	0	1	0
2	1	1	1	1	0
3	1	1	1	1	0
4	1	1	1	1	0
5	1	1	1	0	0

(b)

图 11.2.5　目标和其形状矩阵

其中上横线代表逻辑 NOT 操作。当 $S=1$ 时表示两个目标完全相同,随着 S 逐渐减少并趋于 0,两个目标越来越不相似。如果在构建形状矩阵时采样足够密,则可以从形状矩阵重建原目标区域。

如果在构建形状矩阵时沿径向以对数尺度采样,则两个目标间的尺度差别将转化为在对数坐标系统中沿水平轴的位置差别。如果在对区域圆周量化时,从目标区域中的任意点开始(而不是从最大半径开始),将得到在对数坐标系统中沿垂直轴方向上的数值。对数极坐标映射可将两个区域之间的旋转差和尺度差都转化为平移差,从而简化了目标匹配的工作。

11.3　动态模式匹配

前面对各种匹配的讨论中,需要匹配的表达都已预先建立好。实际上,有时需匹配的表达是在匹配过程中动态建立的,或者说在匹配过程中需要根据待匹配数据建立不同的表达用于匹配。下面结合一个实际应用介绍一种方法,称为**动态模式匹配**[Zhang 1990]。

1. 匹配流程

在由序列医学切片图像重建 3-D 细胞的过程中,判定同一细胞在相邻切片中各个剖面的对应性是关键的一步(这是 5.4 节轮廓内插的基础)。由于切片的过程复杂,切片很薄、产生变形等原因,相邻切片上细胞剖面的个数可能不同,它们的分布排列也可能不同。为了重建 3-D 细胞,需要对每个细胞确定其各个剖面间的对应关系,即寻找同一个细胞在各个切片上的对应剖面。完成这个工作的整体流程框图可见图 11.3.1。这里将两个需匹配的切片分别称为已匹配片和待匹配片。已匹配片是参考片,将待匹配片上的各个剖面与已匹配片上相应的已匹配剖面配准,则待匹配片就成为一个已匹配片,并可作为下一个待匹配片的参考片。如此继续匹配下去,就可将一个序列切片上的所有剖面全部配准(图 11.3.1 仅以一个剖面为例)。这种顺序策略也可用于其他广义匹配。

参见图 11.3.1 的流程框图,可知动态模式匹配主要有 6 个步骤:

(1) 从已匹配片上选取一个已匹配剖面;

(2) 构造所选已匹配剖面的模式表达;

(3) 在待匹配片上确定候选区(可借助先验知识,以减少计算量和歧义性);

(4) 在候选区内选出待匹配剖面;

(5) 构造各个所选待匹配剖面的模式表达;

(6) 利用剖面模式之间相似性进行检验以确定剖面之间的对应性。

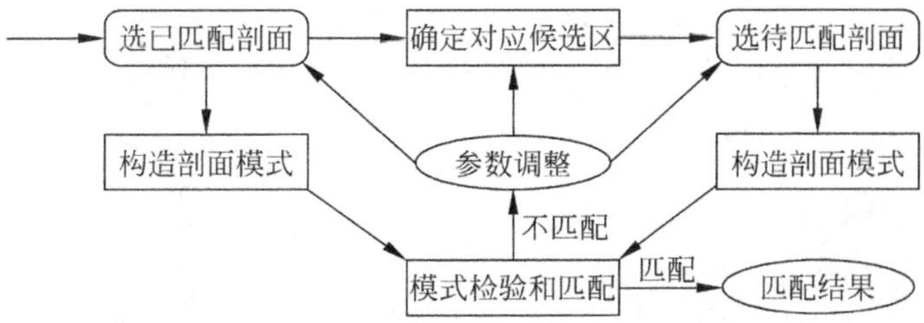

图 11.3.1　动态模式匹配流程框图

2. 绝对模式和相对模式

由于细胞剖面在切片上的分布不是均匀的，为完成以上匹配步骤需要动态地对每个剖面建立一个可用于匹配的模式表达。这里可考虑利用各个剖面与其若干邻近剖面的相对位置关系来构造该剖面的特有模式。这样所构造的模式可用一个模式矢量表示。设所用关系是每个剖面与其相邻剖面之间连线的长度和朝向（或连线间的夹角），则两个相邻切片上需进行匹配的两个剖面模式 $\boldsymbol{P}_l$ 和 $\boldsymbol{P}_r$（均用矢量表示）可分别写为

$$\boldsymbol{P}_l = [x_{l0}, y_{l0}, d_{l1}, \theta_{l1}, \cdots, d_{lm}, \theta_{lm}]^T \tag{11.3.1}$$

$$\boldsymbol{P}_r = [x_{r0}, y_{r0}, d_{r1}, \theta_{r1}, \cdots, d_{rn}, \theta_{rn}]^T \tag{11.3.2}$$

式中，x_{l0}、y_{l0} 及 x_{r0}、y_{r0} 分别为两剖面的中心坐标；各个 d 代表同一切片上其他剖面与匹配剖面间连线的长度；各个 θ 代表同一切片上从匹配剖面到周围两个相邻剖面连线间的夹角。注意，这里 m 和 n 可以不同。当 m 与 n 不同时，也可以选择其中的一部分点构造模式进行匹配。另外，m 和 n 的选择应是计算量和模式唯一性平衡的结果，具体数值可通过确定模式半径（即最大的 d，如图 11.3.2(a)中的 d_2）来调整。整个模式可看作包含在一个有确定作用半径的圆中。

为了进行剖面间的匹配，需要将对应的模式平移旋转。以上构造的模式可称为**绝对模式**，因为它包含中心剖面的绝对坐标。图 11.3.2(a)给出一个 P_l 的例子。绝对模式具有对原点（中心剖面）的旋转不变性，即整个模式旋转后，各个 d 和 θ 不变；但从图 11.3.2(b)可知，它不具备平移不变性，因为整个模式平移后，x_0 和 y_0 均发生了变化。

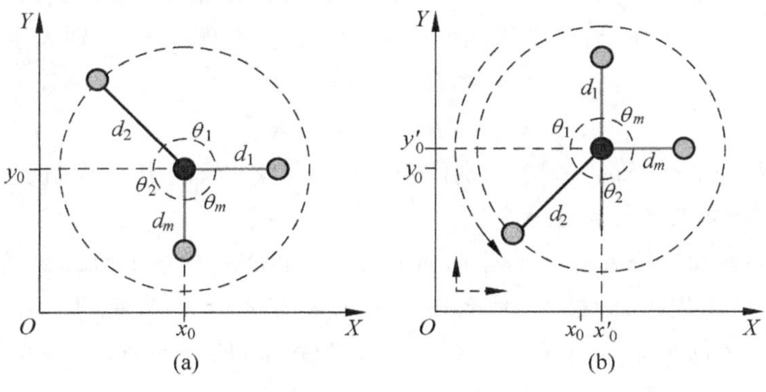

图 11.3.2　绝对模式

为获得平移不变性，可去掉绝对模式中的中心点坐标，构造出**相对模式**如下：

$$\boldsymbol{Q}_l = [d_{l1}, \theta_{l1}, \cdots, d_{lm}, \theta_{lm}]^T \tag{11.3.3}$$

$$Q_r = [d_{r1}, \theta_{r1}, \cdots, d_{rn}, \theta_{rn}]^T \tag{11.3.4}$$

与图 11.3.2(a)中绝对模式相对应的相对模式见图 11.3.3(a)。

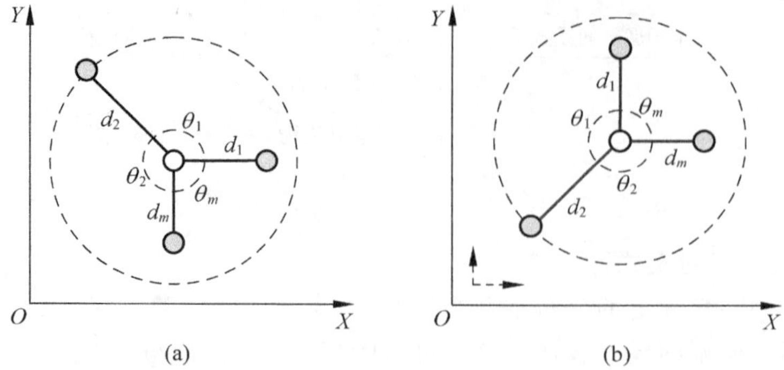

图 11.3.3　相对模式

由图 11.3.3(b)可知,相对模式不仅具有旋转不变性,而且也具有平移不变性。这样就可通过旋转、平移将两个相对模式表达进行匹配,计算其相似度,从而得到匹配剖面的目的。

从对动态模式匹配的分析可见,其主要特点是:模式是动态建立的,匹配是完全自动的。这种方法比较通用灵活,其基本思想可适用于多种应用情况[Zhang 1991a]。

11.4　关系匹配

客观场景可以分解为多个物体,而每个物体又可分解为多个组成元件/部件,它们之间存在着不同的关系(一些 3-D 实体各部分间的关系可参见 5.5 节)。从客观场景采集得到的图像可以借助物体之间各种相互关系的集合来表达,所以关系匹配是图像理解的重要步骤。类似地,图像中的目标可以借助物体各元件间的相互关系集合来表达,所以利用关系匹配也可对目标进行识别。关系匹配中待匹配的两个表达都是关系,一般常将其中之一称为待匹配对象,而另一个称为模型。

下面介绍关系匹配的主要步骤。这里考虑给定待匹配对象,求与其匹配的模型。设有两个关系集:X_l和 X_r,其中 X_l属于待匹配对象,X_r属于模型,它们分别表示为

$$X_l = \{R_{l1}, R_{l2}, \cdots, R_{lm}\} \tag{11.4.1}$$

$$X_r = \{R_{r1}, R_{r2}, \cdots, R_{rn}\} \tag{11.4.2}$$

式中,$R_{l1}, R_{l2}, \cdots, R_{lm}$和 $R_{r1}, R_{r2}, \cdots, R_{rn}$分别代表待匹配对象和模型中各部件间不同关系的表达。

例 11.4.1　物体及其关系表达

图 11.4.1(a)给出一个图像中物体的示意图(可看作一个桌子的正视图)。它有 3 个元件,可表示为 $Q_l=\{A,B,C\}$,这些元件之间的关系集可表示为 $X_l=\{R_1,R_2,R_3\}$。其中,R_1代表连接关系,$R_1=\{(A,B)\ (A,C)\}$;R_2代表上下关系,$R_2=\{(A,B)\ (A,C)\}$;R_3代表左右关系,$R_3=\{(B,C)\}$。图 11.4.1(b)给出另一个物体的示意图(可看作一个有中间抽屉的桌子的正视图),它有 4 个元件,可表示为 $Q_r=\{1,2,3,4\}$,各元件间的关系集可表示为 $X_r=(R_1,R_2,R_3)$。其中,R_1 代表连接关系,$R_1=\{(1,2)\ (1,3)\ (1,4)\ (2,4)\ (3,4)\}$;$R_2$代表上下关系,$R_2=\{(1,2)\ (1,3)\ (1,4)\}$;$R_3$代表左右关系,$R_3=\{(2,3)\ (2,4)\ (4,3)\}$。

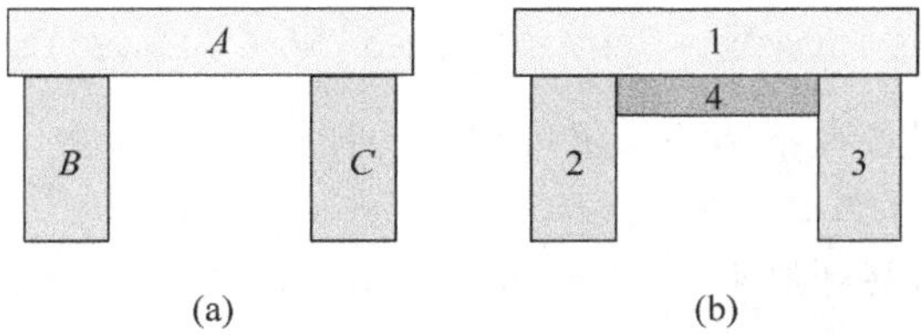

图 11.4.1　物体及其关系表达示意图　□

下面考虑 X_l 和 X_r 之间的距离，记为 $\mathrm{dis}(X_l,X_r)$。$\mathrm{dis}(X_l,X_r)$ 由 X_l 和 X_r 中各对相应关系表达的对应项的差异，即各个 $\mathrm{dis}(R_l,R_r)$ 组成。X_l 和 X_r 的匹配是两个集合中各对相应关系的匹配。以下先考虑其中某一关系，并用 R_l 和 R_r 分别代表相应的关系表达：

$$R_l \subseteq S^M = S(1) \times S(2) \times \cdots \times S(M) \tag{11.4.3}$$

$$R_r \subseteq T^N = T(1) \times T(2) \times \cdots \times T(N) \tag{11.4.4}$$

定义 p 为 S 对 T 的对应变换(映射)，p^{-1} 为 T 对 S 的对应变换(反映射)。进一步定义运算符号 $\oplus$ 代表**复合运算**，$R_l \oplus p$ 表示用变换 p 去变换 R_l，即把 S^M 映射成 T^N，$R_r \oplus p^{-1}$ 表示用反变换 p^{-1} 去变换 R_r，即把 T^N 映射成 S^M

$$R_l \oplus p = f[T(1),T(2),\cdots,T(N)] \in T^N \tag{11.4.5}$$

$$R_r \oplus p^{-1} = g[S(1),S(2),\cdots,S(M)] \in S^M \tag{11.4.6}$$

这里 f 和 g 分别代表某种关系表达的组合函数。

现在来考虑 $\mathrm{dis}(R_l,R_r)$。如果这两个关系表达中的对应项不等，则对任一个对应关系 p，有可能存在下列四种误差：

$$\begin{aligned} E_1 &= \{R_l \oplus p - (R_l \oplus p) \cap R_r\} \\ E_2 &= \{R_r - (R_l \oplus p) \cap R_r\} \\ E_3 &= \{R_r \oplus p^{-1} - (R_r \oplus p^{-1}) \cap R_l\} \\ E_4 &= \{R_l - (R_r \oplus p^{-1}) \cap R_l\} \end{aligned} \tag{11.4.7}$$

两个关系表达 R_l 和 R_r 之间的距离就是式(11.4.7)中各项误差的加权和(这里是对各项误差的影响进行加权，权值为 W)：

$$\mathrm{dis}(R_l,R_r) = \sum_i W_i E_i \tag{11.4.8}$$

如果两个关系表达中的对应项相等，则总可找到一个对应的映射 p，根据复合运算有 $R_r = R_l \oplus p$ 和 $R_r \oplus p^{-1} = R_l$ 成立，即由式(11.4.8)算得的距离为零。此时可以说 R_l 和 R_r 是完全匹配的。

实际上，可用 $C(E)$ 表示 E 中以项计的误差，并将式(11.4.8)改写为

$$\mathrm{dis}^C(R_l,R_r) = \sum_i W_i C(E_i) \tag{11.4.9}$$

由前面的分析可知，要匹配 R_l 和 R_r，应设法找到一个对应的映射使 R_l 和 R_r 之间的误差(以项计的距离)最小。注意到 E 是 p 的函数，所以需要寻求的对应映射 p 应满足

$$\mathrm{dis}^C(R_l,R_r) = \inf_p \left\{ \sum_i W_i C[E_i(p)] \right\} \tag{11.4.10}$$

进一步回到式(11.4.1)和式(11.4.2)，要匹配两个关系集 X_l 和 X_r，则应找到一系列对应映射 p_j 使得

$$\mathrm{dis}^C(X_l, X_r) = \inf_p \left\{ \sum_j^m V_j \sum_i W_{ij} C[E_{ij}(p_j)] \right\} \tag{11.4.11}$$

这里设 $n>m$，而 V_j 为对各种不同关系重视程度的加权。

例 11.4.2 连接关系匹配示例

现仅考虑连接关系，要对例 11.4.1 中的两个物体进行匹配。由式(11.4.3)和(11.4.4)可知

$R_l = \{(A,B)(A,C)\} = S(1) \times S(2) \subseteq S^M$

$R_r = \{(1,2)(1,3)(1,4)(2,4)(3,4)\} = T(1) \times T(2) \times T(3) \times T(4) \times T(5) \subseteq T^N$

当 Q_r 中没有元件 4 时，$R_r=[(1,2)\ (1,3)]$，这样得到 $p=\{(A,1)\ (B,2)\ (C,3)\}$，$p^{-1}=\{(1,A)\ (2,B)\ (3,C)\}$，$R_l \oplus p=\{(1,2)\ (1,3)\}$，$R_r \oplus p^{-1}=\{(A,B)\ (A,C)\}$。此时，式(11.4.7)中的四种误差分别为

$E_1 = \{R_l \oplus p - (R_l \oplus p) \cap R_r\} = \{(1,2)(1,3)\} - \{(1,2)(1,3)\} = 0$

$E_2 = \{R_r - (R_l \oplus p) \cap R_r\} = \{(1,2)(1,3)\} - \{(1,2)(1,3)\} = 0$

$E_3 = \{R_r \oplus p^{-1} - (R_r \oplus p^{-1}) \cap R_l\} = \{(A,B)(A,C)\} - \{(A,B)(A,C)\} = 0$

$E_4 = \{R_l - (R_r \oplus p^{-1}) \cap R_l\} = \{(A,B)(A,C)\} - \{(A,B)(A,C)\} = 0$

于是有 $\mathrm{dis}(R_l,R_r)=0$。

如果 Q_r 中有元件 4，$R_r=[(1,2)\ (1,3)\ (1,4)\ (2,4)\ (3,4)]$，则 $p=\{(A,4)\ (B,2)\ (C,3)\}$，$p^{-1}=\{(4,A)\ (2,B)\ (3,C)\}$，$R_l \oplus p=\{(4,2)\ (4,3)\}$，$R_r \oplus p^{-1}=\{(B,A)\ (C,A)\}$。此时，式(11.4.7)中的 4 种误差分别为

$E_1 = \{(4,2)(4,3)\} - \{(4,2)(4,3)\} = 0$

$E_2 = \{(1,2)(1,3)(1,4)(2,4)(3,4)\} - \{(2,4)(3,4)\} = \{(1,2)(1,3)(1,4)\}$

$E_3 = \{(B,A)(C,A)\} - \{(A,B)(A,C)\} = 0$

$E_4 = \{(A,B)(A,C)\} - \{(A,B)(A,C)\} = 0$

如果仅仅考虑连接关系，可以交换各元件次序。由上面的结果可知，$\mathrm{dis}(R_l,R_r)=\{(1,2)\ (1,3)\ (1,4)\}$。用误差项来表示是 $C(E_1)=0$，$C(E_2)=3$，$C(E_3)=0$，$C(E_4)=0$，所以 $\mathrm{dis}^C(R_l,R_r)=3$。 □

匹配是用储存在计算机中的模型去识别待匹配对象中的未知模式，所以找到一系列对应映射 p_j 后需确定它们所对应的模型。设由式(11.4.1)定义的待识别对象 X 对多个模型 $Y_1, Y_2, \cdots, Y_L$ 中的每一个(它们均可用式(11.4.2)表示)都可以找到一个符合式(11.4.11)的对应关系，并设它们分别为 $p_1, p_2, \cdots, p_L$，也就是说，可求得 X 与多个模型以各自相应的对应关系进行匹配后的距离 $\mathrm{dis}^C(X,Y_q)$。如果对模型 Y_q 来说，其与 X 的距离满足

$$\mathrm{dis}^C(X,Y_q) = \min\{\mathrm{dis}^C(X,Y_i)\} \quad i=1,2,\cdots,L \tag{11.4.12}$$

则对于 $q \leqslant L$，$X \in Y_q$ 成立，也就是认为待匹配对象 X 与模型 Y_q 匹配。

总结上述讨论，可知匹配的过程可以归纳为 4 步。

(1) 确定相同关系(元件间关系)，即对 X_l 中给定的一个关系确定 X_r 中与其相同的一个关系。这里需要进行 $m \times n$ 次比较：

$$X_l = \begin{bmatrix} R_{l1} \\ R_{l2} \\ \vdots \\ R_{lm} \end{bmatrix} \begin{bmatrix} R_{r1} \\ R_{r2} \\ \vdots \\ R_{rn} \end{bmatrix} = X_r \tag{11.4.13}$$

(2) 确定匹配关系的对应映射(关系表达对应),即确定能够使式(11.4.10)满足的 p。设 p 有 K 种可能的形式,则要在这 K 种变换中找出使误差加权和最小的 p:

$$R_1\left\{\begin{array}{c}\xrightarrow{p_1:\ \mathrm{dis}^C(R_1,R_r)}\\ \xrightarrow{p_2:\ \mathrm{dis}^C(R_1,R_r)}\\ \vdots\\ \xrightarrow{p_K:\ \mathrm{dis}^C(R_1,R_r)}\end{array}\right\}R_r \tag{11.4.14}$$

(3) 确定匹配关系集的对应映射系列,即根据对 K 个 dis 值再次求加权:

$$\mathrm{dis}^C(X_1,X_r)\Leftarrow\left\{\begin{array}{l}\mathrm{dis}^C(R_{11},R_{r1})\\ \mathrm{dis}^C(R_{12},R_{r2})\\ \quad\vdots\\ \mathrm{dis}^C(R_{1m},R_{rn})\end{array}\right. \tag{11.4.15}$$

注意,在上式中设 $m\leqslant n$,即只有 m 对关系可以寻找对应,而 $n-m$ 个关系只存在于关系集 X_r 中。

(4) 确定所属模型(在 L 个 $\mathrm{dis}^C(X_1,X_r)$ 中求极小值):

$$X\left\{\begin{array}{l}\xrightarrow{p_1}Y_1\rightarrow\mathrm{dis}^C(X,Y_1)\\ \xrightarrow{p_2}Y_2\rightarrow\mathrm{dis}^C(X,Y_2)\\ \quad\vdots\\ \xrightarrow{p_L}Y_L\rightarrow\mathrm{dis}^C(X,Y_L)\end{array}\right. \tag{11.4.16}$$

11.5 图同构匹配

寻求对应关系是关系匹配中的一个关键。因为对应关系可以有很多种不同的组合,所以如果搜索方法不当,会使工作量太大而不能进行。图同构是解决这个问题的一种方法。

11.5.1 图论简介

下面先介绍一些图论的基本定义和概念。

1. 基本定义

在图论中,一个**图** G 定义为由有限非空**顶点集合** $V(G)$ 及有限**边线集合** $E(G)$ 组成,记为

$$G=[V(G),E(G)]=[V,E] \tag{11.5.1}$$

其中 $E(G)$ 的每个元素对应 $V(G)$ 中顶点的无序对,称为 G 的边。图也是一种关系数据结构。

下面将集合 V 中的元素用大写字母表示,而将集合 E 中的元素用小写字母表示。一般将由顶点 A 和 B 的无序对构成的边 e 记为 $e\leftrightarrow AB$ 或 $e\leftrightarrow BA$,并称 A 和 B 为 e 的端点(end);称边 e **连接** A 和 B。这种情况下,顶点 A 和 B 与边 e **相关联**,边 e 和顶点 A 和 B 相关联。两个与同一条边相关联的顶点是**相邻**的,同样两条有共同顶点的边也是相邻的。如

果两条边有相同的两个端点，就称它们为**重边**或**平行边**。如果一条边的两个端点相同，就称它为**环**，否则称为**棱**。

在图的定义中，每个无序对的两个元素（即两个顶点）可以相同也可以不同，而且任意两个无序对（即两条边）可以相同也可以不同。不同的元素可用不同颜色的顶点表示，这被称为顶点的色性（指顶点用不同的颜色标注）。元素间不同的关系可用不同颜色的边表示，这被称为边的色性（指边用不同的颜色标注）。所以一个推广的有色图 G 可表示为

$$G=[(V,C),(E,S)] \tag{11.5.2}$$

其中，V 为顶点集，C 为顶点色性集，E 为边线集，S 为边线色性集。它们分别为

$$V=\{V_1,V_2,\cdots,V_N\} \tag{11.5.3}$$

$$C=\{C_{V_1},C_{V_2},\cdots,C_{V_N}\} \tag{11.5.4}$$

$$E=\{e_{V_iV_j}\mid V_i,V_j\in V\} \tag{11.5.5}$$

$$S=\{s_{V_iV_j}\mid V_i,V_j\in V\} \tag{11.5.6}$$

其中，每个顶点可有一种色，每条边也可有一种色。

2. 图的几何表达

将图的顶点用圆点表示，将边线用连接顶点的直线或曲线表示，就可得到图的**几何表达**或**几何实现**。边数大于等于 1 的图都可以有无穷多个几何表达。

例 11.5.1 图的几何表达

设有 $V(G)=\{A,B,C\}$，$E(G)=\{a,b,c,d\}$，其中 $a\leftrightarrow AB$，$b\leftrightarrow AB$，$c\leftrightarrow BC$，$d\leftrightarrow CC$。这样图 G 就可以用图 11.5.1 所给出的图来表示。

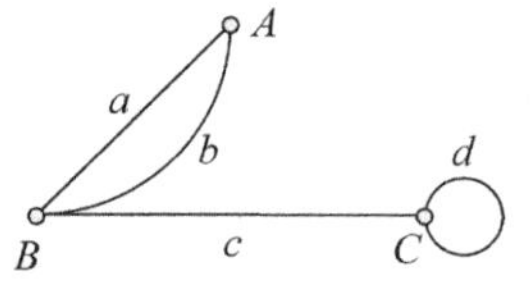

图 11.5.1 图的几何表达

在图 11.5.1 中，边 a,b,c 彼此相邻，边 c 和 d 彼此相邻，但边 a 和 b 与边 d 不相邻。同样，顶点 A 和 B 相邻，顶点 B 和 C 相邻，但顶点 A 和 C 不相邻。从边的类型看，边 a 和 b 为重边，边 d 为环，边 a,b,c 均为棱。 □

例 11.5.2 有色图表达示例

例 11.4.1 中两个物体可用如图 11.5.2 所示的两个有色图来表达，其中顶点色性用顶点形状区别，连线色性用连线线型区别。有色图反映的信息更全面和直观。

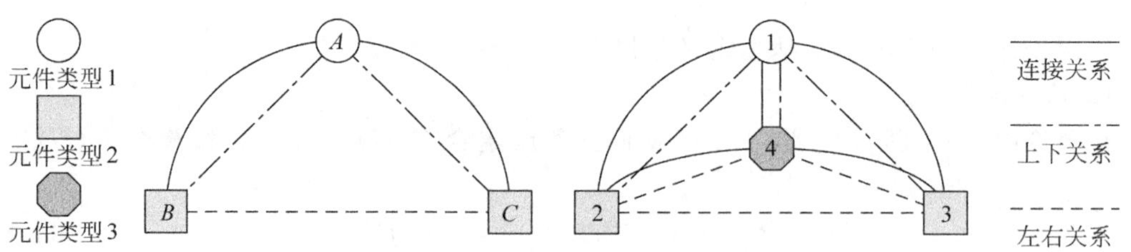

图 11.5.2 物体的有色图表达 □

3. 子图

对两个图 G 和 H，如果 $V(H)\subseteq V(G)$，$E(H)\subseteq E(G)$，则称图 H 为图 G 的**子图**，记为 $H\subseteq G$。反过来称图 G 为图 H 的**母图**。如果图 H 为图 G 的子图，但 $H\neq G$，则称图 H 为图 G 的**真子图**，而称图 G 为图 H 的**真母图**[孙 2004]。

如果 $H \subseteq G$ 且 $V(H)=V(G)$，称图 H 为图 G 的**生成子图**，而称图 G 为图 H 的**生成母图**。例如图 11.5.3 中，图(a)给出图 G，而图(b)、图(c)和图(d)分别给出图 G 的各一个生成子图(它们都是图 G 的生成子图但互相不同)。

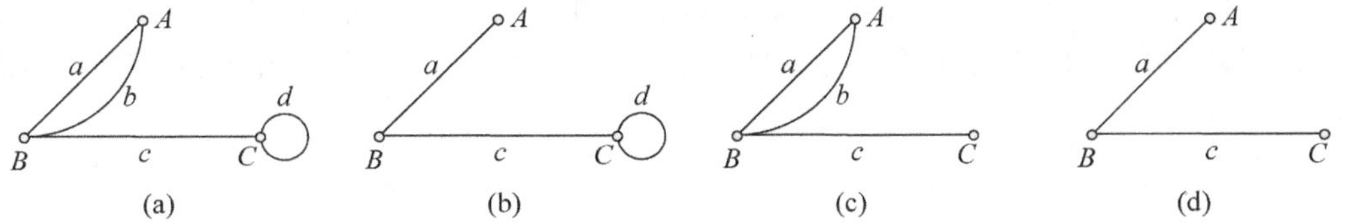

图 11.5.3　图和生成子图示例

如果从一个图 G 中将所有的重边和环都去掉，所得到的简单生成子图称为图 G 的**基础简单图**。图 11.5.3(b)、(c)和(d)给出的三个生成子图中只有一个基础简单图，即图 11.5.3(d)。下面借助图 11.5.4(a)所给出的图 G 介绍获得基础简单图的四种运算。

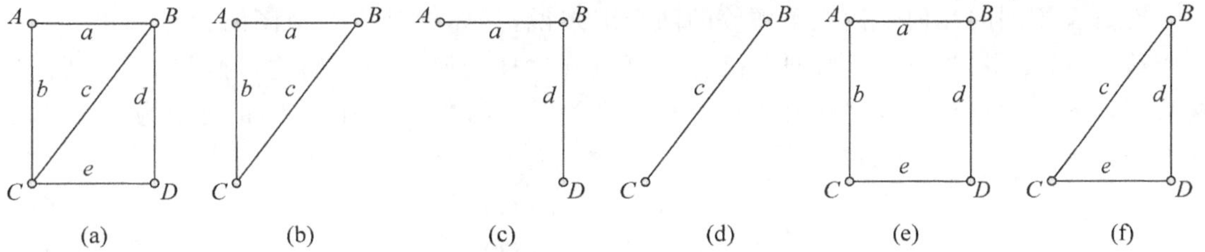

图 11.5.4　获得子图的几种运算

(1) 对图 G 的非空顶点子集 $V'(G) \subseteq V(G)$，如果有一个图 G 的子图以 $V'(G)$ 为顶点集，以图 G 里两个端点都在 $V'(G)$ 中的所有边为边集，则该子图称为图 G 的**导出子图**，记为 $G[V'(G)]$ 或 $G[V']$。图 11.5.4(b)给出 $G[A,B,C]=G[a,b,c]$ 的图。

(2) 类似地，对图 G 的非空边子集 $E'(G) \subseteq E(G)$，如果有一个图 G 的子图以 $E'(G)$ 为边集，以图 G 里所有边的端点为顶点集，则该子图称为图 G 的**边导出子图**，记为 $G[E'(G)]$ 或 $G[E']$。图 11.5.4(c)给出 $G[a,d]=G[A,B,D]$ 的图。

(3) 对图 G 的非空顶点真子集 $V'(G) \subseteq V(G)$，如果有一个图 G 的子图以去掉 $V'(G) \subset V(G)$ 之后的顶点为顶点集，以图 G 里去掉与 $V'(G)$ 相关联的所有边之后的边为边集，则该子图是图 G 的剩余子图，记为 $G-V'$。这里有 $G-V'=G[V \backslash V']$。图 11.5.4(d)给出 $G-\{A,D\}=G[B,C]=G[\{A,B,C,D\}-\{A,D\}]$ 的图。

(4) 对图 G 的非空边真子集 $E'(G) \subseteq E(G)$，如果有一个图 G 的子图以去掉 $E'(G) \subset E(G)$ 后的边为边集，则该子图是图 G 的生成子图，记为 $G-E'$。注意这里 $G-E'$ 与 $G[E \backslash E']$ 有相同的边集，但两者并不一定恒等。其中，前者总是生成子图，而后者并不一定。图 11.5.4(e)给出前者的一个示例，$G-\{c\}=G[a,b,d,e]$。图 11.5.4(f)给出后者的一个示例，$G[\{a,b,c,d,e\}-\{a,b\}]=G-A \neq G-[\{a,b\}]$。

11.5.2　图同构和匹配

对图的匹配是借助图同构来实现的。

1. 图的恒等和同构

根据图的定义,对两个图 G 和 H,当且仅当 $V(G)=V(H)$,$E(G)=E(H)$时,称图 G 和 H **恒等**,且两个图可用相同的几何表达来表示。例如图 11.5.5 中的图 G 和 H 是恒等的。不过如果两个图可用相同的几何表达来表示,它们并不一定是恒等的。例如图 11.5.5 中的图 G 和 I 不是恒等的(各顶点和边的标号均不同),虽然他们可用形状相同的两个几何表达来表示。

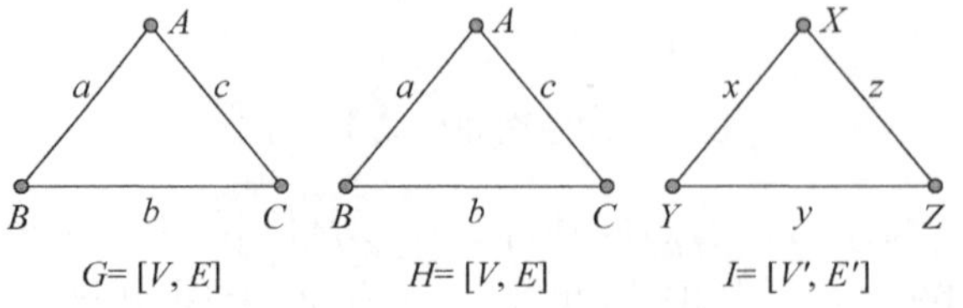

图 11.5.5 图的恒等

对具有相同的几何表达但不恒等的两个图来说,只要把其中一个图的顶点和边的标号适当改名,就可得到与另一个图恒等的图,可以称这样的两个图为**同构**。换句话说,两图同构表明两图的顶点和边线之间有一对一的对应关系。两个图 G 和 H 同构可记为 $G \cong H$,其充要条件为在 $V(G)$和 $V(H)$、$E(G)$和 $E(H)$之间各有如下映射存在:

$$P: V(G) \rightarrow V(H) \tag{11.5.7}$$

$$Q: E(G) \rightarrow E(H) \tag{11.5.8}$$

且映射 P 和 Q 保持相关联的关系,即 $Q(e)=P(A)P(B)$, $\forall e \leftrightarrow AB \in E(G)$,如图 11.5.6 所示。

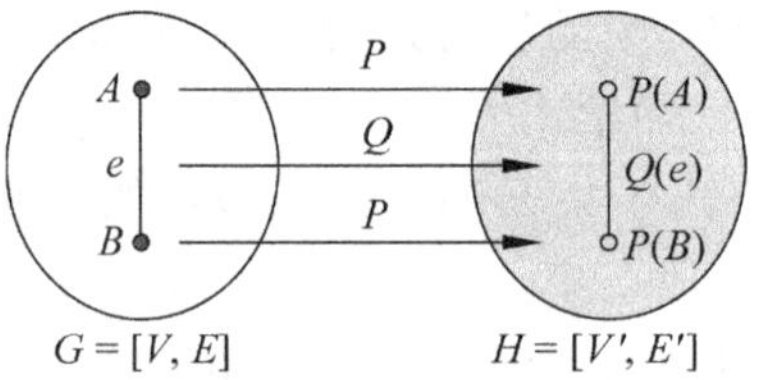

图 11.5.6 图的同构

2. 同构的判定

由前面的定义可知,同构的图有相同的结构,区别只可能是顶点或边线的标号不完全相同。图同构比较侧重于描述相互关系,所以图同构可以没有几何方面的要求,即比较抽象(当然也可以有几何方面的要求,即比较具体)。图同构匹配本质上是一个树搜索问题,其中不同的分路(分支)代表对不同对应关系组合的试探。

现在考虑几种图与图之间同构的情况。为简便起见,在这里对所有图顶点和边线都不作标号,即认为所有顶点都有相同色性,所有边线也都有相同色性。为清楚起见,以单色线图(是 G 的一个特例)

$$B=[(V),(E)]=[V,E] \tag{11.5.9}$$

来说明。式(11.5.9)中的 V 和 E 仍分别由式(11.5.3)和式(11.5.5)给出,只是这里每个集合中的所有元素都是相同的。换句话说,顶点和边线都各只有一种。参见图 11.5.7,设给定两个图 $B_1=[V_1, E_1]$和 $B_2=[V_2, E_2]$,它们之间的同构可分为以下几种类型[Ballard

1982]。

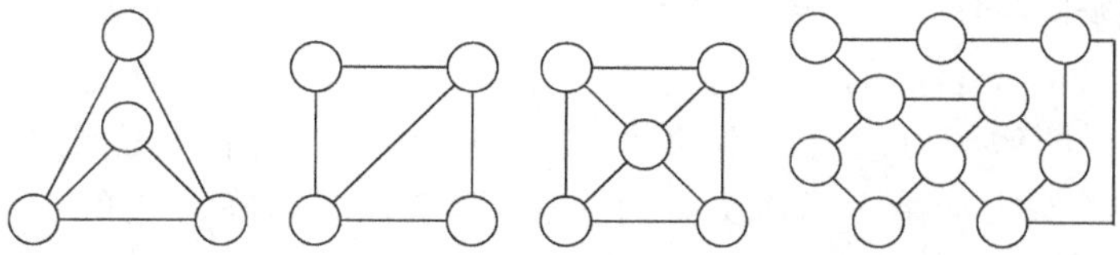

图 11.5.7　图同构的几种情况

(1) 全图同构

全图同构指：B_1 和 B_2 之间一对一的映射。例如图 11.5.7(a)和图 11.5.7(b)就是全图同构。一般来说，如以 f 表示映射，则对于 $e_1 \in E_1$ 和 $e_2 \in E_2$，必有 $f(e_1)=e_2$ 存在，并且对于 E_1 中每条连接任何一对顶点 e_1 和 e_1'($e_1, e_1' \in E_1$)的连线，E_2 中必有一条连接 $f(e_1)$ 和 $f(e_1')$ 的连线。在对目标进行识别时，需要将表达目标的图与目标模型的图建立全图同构关系。

(2) 子图同构

子图同构指：B_1 的一部分(子图)和 B_2 的全图之间的同构。例如图 11.5.7(c)中的多个子图与图 11.5.7(a)是同构的。在对场景中的目标进行检测时，需要用目标模型在场景图中搜索同构子图。

(3) 双子图同构

双子图同构指：B_1 的各子图和 B_2 的各子图之间的所有同构。例如在图 11.5.7(a)与(d)中有若干个双子图是同构的。当需要在两个场景中找到共同目标时，任务就可转化为双子图同构的问题。

求图同构的算法可有许多种。例如可以将待判定的每个图都转换成某一类标准形式，这样就可以比较方便地确定同构。另外，也可对线图中对应顶点之间可能匹配的树进行穷举搜索，不过这种方法在线图中顶点数量较大时所需计算量会很大。

一种比同构方法的限制少且收敛更快的方法是**关联图**匹配[Snyder 2004]。在关联图匹配中，图定义为 $G=[V, P, R]$，其中 V 表示结点集合，P 表示用于结点的单元谓词集合，R 表示结点间二值关系的集合。这里谓词代表只取 TRUE 或 FALSE 两个值之一的语句，二值关系描述一对结点所具有的属性。给定两个图，就可构建一个关联图。关联图匹配就是对两个图中的结点和结点，二值关系和二值关系之间的匹配。

11.6　线条图标记和匹配

对 3-D 景物的观察所看到的是其(可见)表面，将 3-D 景物投影到 2-D 图像，各个表面会分别形成区域。各个表面的边界在 2-D 图像中会显示为轮廓，用这些轮廓表达目标就构成目标的线条图。对比较简单的景物，可以用对线条图的标记，即用带轮廓标记的 2-D 图像来表示 3-D 景物各个表面的相互关系[Shapiro 2001]。借助这种标记也可以对 3-D 景物和相应的模型进行匹配，以解释场景。

1. 轮廓标记

先给出一些轮廓标记中名词的定义。

(1) **刃边**

如果 3-D 景物中一个连续的表面(称为遮挡表面)遮挡住另一个表面(称为被遮挡表面)的一部分,则沿着前一个表面的轮廓前进时,表面法线方向的变化是光滑连续的,此时称该轮廓线为刃边(2-D 图像的刃边为光滑曲线)。为表示刃边,可在轮廓线上加一个箭头"←"或"→",一般约定箭头方向指示沿箭头方向前进时,遮挡表面在刃边的右侧。在刃边两侧,遮挡表面的方向和被遮挡表面的方向可以无关。

(2) **翼边**

如果 3-D 景物中一个连续的表面不仅遮挡住另一个表面的一部分,而且也遮挡住自身的其他部分,即**自遮挡**,其表面法线方向的变化是光滑连续的并与视线方向垂直,这时的轮廓线称为翼边(一般常在从侧面观察光滑的 3-D 表面时形成)。为表示翼边,可在曲线上加两个相反的箭头"↔"。沿翼边行进时,3-D 表面的方向并不变化;而沿着不平行翼边的方向行进时,3-D 表面的方向会连续地变化。

刃边是 3-D 景物的真正(物理)边缘,而翼边则只是(表观上的)边缘。当刃边或翼边越过遮挡目标表面和被遮挡背景表面之间的边界或轮廓时,会产生深度不连续的**跳跃边缘**。

(3) **折痕**

如果 3-D 可视表面的朝向突然变化或两个 3-D 表面成一定角度交接,就形成折痕。在折痕两边,表面上的点是连续的,但表面法线方向不连续。如果折痕处表面是外凸的,一般用"+"表示,如果折痕处表面是内凹的,一般用"−"表示。

(4) **痕迹**

如果 3-D 表面的局部具有不同的反射率就会形成痕迹。痕迹不是由于 3-D 表面形状造成的。可以用"M"来标记痕迹。

(5) **阴影**

如果 3-D 景物中一个连续的表面没有从视点角度将另一个表面的一部分遮挡住,但遮挡了光源对这一部分的光照,就会在第 2 个表面的该部分造成阴影。表面上的阴影并不是表面自身形状造成的,是其他部分对光照影响的结果。可以用"S"来标记阴影。阴影边界处有光照的突变,称为光照边界。

例 11.6.1 轮廓标记示例

图 11.6.1 给出上面一些轮廓标记的示例。图中有一个空心圆柱体放在一个平台上,圆柱体上有一个痕迹 M,圆柱体在平台上造成一个阴影 S。圆柱体侧面有两条翼边↔,上顶面轮廓由两条翼边分成两部分,上轮廓边遮挡了背景(平台),下轮廓边遮挡了柱体内部。平台各处的折痕均为外凸的,而平台与圆柱体间的折痕是内凹的。

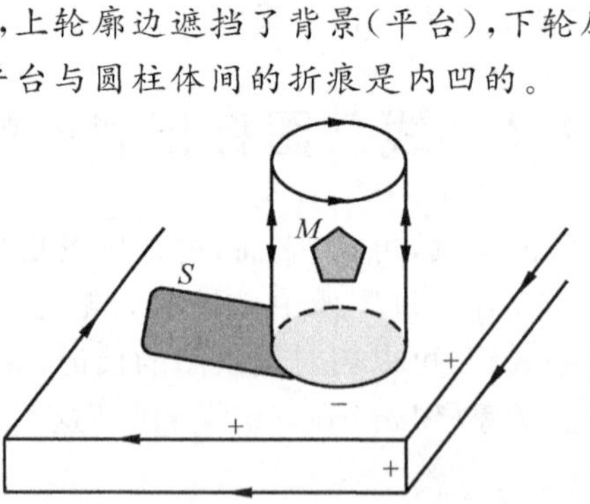

图 11.6.1 轮廓标记示例 □

2. 结构推理

下面考虑借助 2-D 图像中的轮廓结构来对 3-D 目标的结构进行推理分析。这里假设目标的表面均为平面，所有相交后的角点均由三个面相交形成，这样的 3-D 目标可称为**三面角点**目标，如图 11.6.2 中的两个线条图所表示的目标。此时视点的小变化不会引起线条图的拓扑结构的变化，即不会导致面、边、连接的消失，目标在这种情况下称为**处于常规位置**。

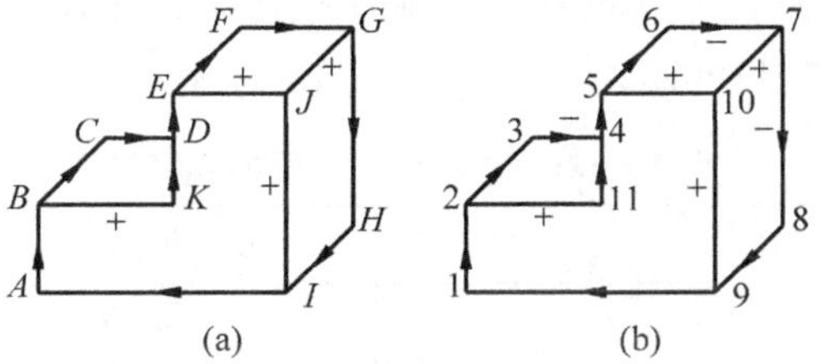

图 11.6.2　同一线条图的不同解释

图 11.6.2 中的两个线条图在几何结构上是相同的，但对它们可有两种不同的 3-D 解释。它们的差别在于图(b)多标记了三个内凹的折痕，这样图(a)目标看起来是飘浮在空中，而图(b)目标看起来是贴在后面的墙上。

在只用{＋，－，→}标记的图中，“＋”表示不闭合的凸线，“－”表示不闭合的凹线，“→”表示闭合的线。此时边线连接的(拓扑)组合类型一共有四类 16 种：6 种 L 连接，4 种 T 连接，3 种箭头连接和 3 种叉连接(Y 连接)，见图 11.6.3。

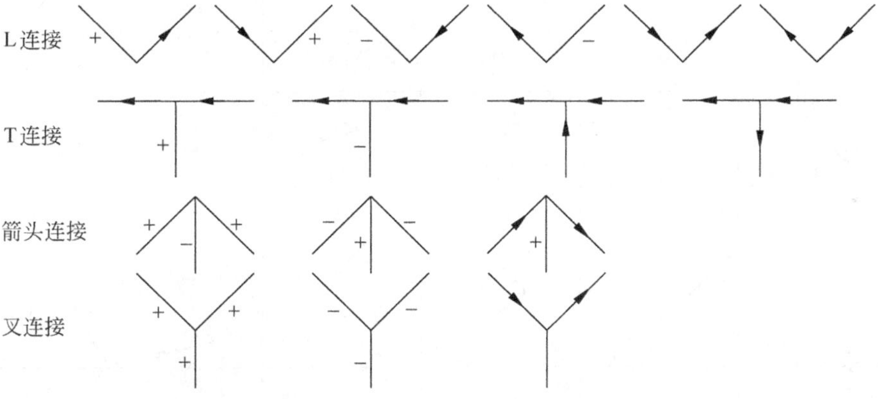

图 11.6.3　三面角点目标的 16 种连接类型

如果考虑所有的三个面相交形成的顶点的情况，应该有 64 种标记方法，但是只有上述 16 种的连接方法是合理的。换句话说，只有用图 11.6.3 所示的 16 种连接类型可以标记的线条图才是物理上可以存在的。当一个线条图可以标记时，对它的标记就可提供对图的定性解释。

3. 回溯标记

为自动标记线条图，可使用不同的算法。下面介绍一种**回溯标记**的方法[Shapiro 2001]。把要解决的问题表述成：已知 2-D 线条图中的一组边，要给每条边赋一个标记(其中使用的连接种类要满足图 11.6.3)，以解释 3-D 的情况。回溯标记法将边排成序列(尽可能将对标记约束最多的边排在前面)，以深度优先的方式生成通路，依次对每条边进行所有可能的标记，检验新标记与其他边标记的一致性。如果用新标记产生的连接有矛盾或不符合图 11.6.3 的情况，则回退考虑另一条通路，否则继续考虑下一条边。如果这样依次赋给所有的边的标记都满足一致性，则得到一种标记结果（得到一条到达树叶的完全通路）。一般由同一个线条图常常可得到不止一种标记结果，需要利用一些附加的信息或先验知识以得到最后唯一的判断结果。

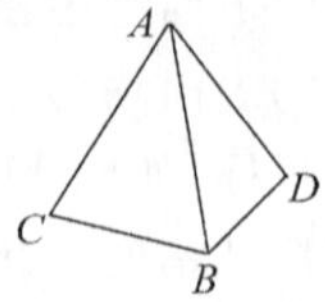

图 11.6.4　棱锥

例 11.6.2　回溯标记法标记示例

考虑图 11.6.4 的棱锥，运用回溯标记法进行标记得到的解释树（包含了各步骤和最后结果）见表 11.6.1。

表 11.6.1　对棱锥线条图的解释树

	A	B	C	D	结果和解释
解释树		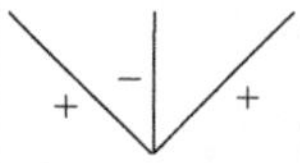	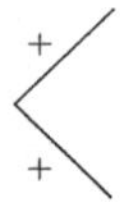	—	C 不属于合理的 L 连接
		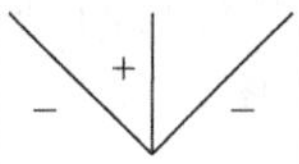	—	—	对边 AB 的解释有矛盾
		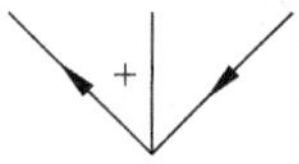	—	—	
	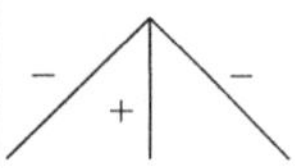	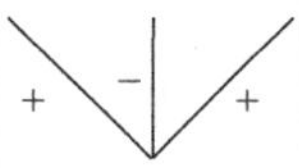	—	—	对边 AB 的解释有矛盾
		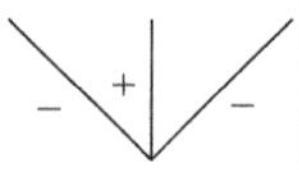		—	C 不属于合理的 L 连接
		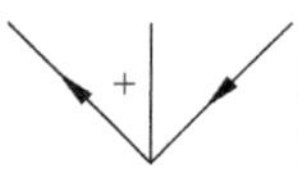			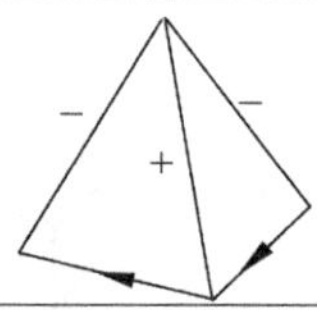 粘在墙壁上
	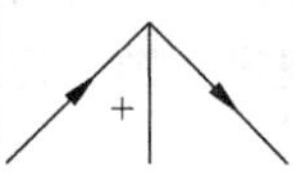	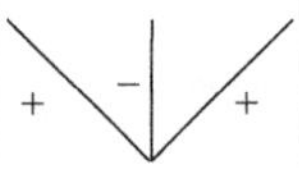	—	—	对边 AB 的解释有矛盾
		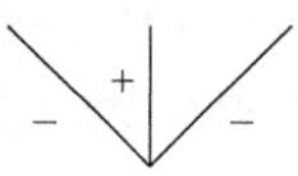			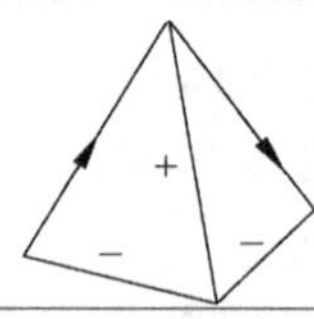 放在桌面上
		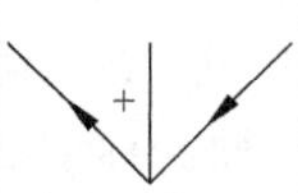			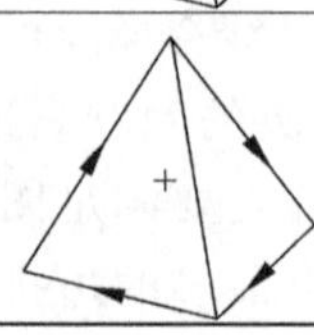 飘浮在空中

由解释树可见，一共有三条完全的通路(一直标记到了树叶)，它们给出同一线条图的三种不同解释。整个解释树的搜索空间相当小，这表明三面角点目标有相当强的约束机制。 □

总结和复习

为更好地学习，下面对各小节给予概括小结并提供一些进一步的参考资料；另外给出一些思考题和练习题以帮助复习(文后对加星号的题目还提供了解答)。

1. 各节小结和文献介绍

11.1 节介绍了匹配的原理和方法的分类。5.2.1 小节介绍的模板匹配是匹配的最基本形式。模板可代表很多局部特性区域，2-D 的模板也很容易推广到 3-D(如见[Zhang 1991b]、[Zhang 1992])。配准和匹配近年都成了研究的热点[章 2002c]、[章 2017b]。近年有许多配准方法借助了 Hough 变换，它可以帮助同时得到配准点对和配准参数。例如利用广义哈夫变换(见本套书中册 4.2 节)的方法[Chen 2001]，利用**迭代哈夫变换**(IHT)的方法[Habib 2001]，利用多分辨率哈夫变换的方法[Li 2005a]等。有时把通过一些坐标变换(如平移、旋转和缩放变换)将模板在图像中进行配准以识别目标的方法也称为**基于配准的识别**。

11.2 节介绍了两种基本的目标匹配方法。目标匹配的度量与广义的距离概念有关，中册 A.2.2 小节介绍了一种改进的豪斯道夫距离定义并用于人脸检测，另外还可见文献[Gao 2002]、[Lin 2003]、[Liu 2005]。一种将曲线拟合和匹配相结合的红外目标跟踪算法可见文献[秦 2003]。

11.3 节介绍了一种动态模式匹配技术，由于需匹配的表达是在匹配过程中动态建立的，所以有较好的适用性。它曾在实际的医学图像分析中得到应用[Zhang 1991a]。与该方法有类似地方的一种方法是**局部特征焦点算法**[Shapiro 2001]，其中焦点特征可对应剖面，而邻近特征对应邻近剖面的相对位置关系。

11.4 节介绍了对关系的匹配，关系从广义上讲可以覆盖不同的抽象层次，所以关系匹配可涵盖多种匹配概念，有时要匹配的双方也可能不完全在同一抽象层次，如参见文献[戴 2005]、[Dai 2005]。在基于内容的视觉信息检索方面的一些匹配方法可见文献[章 2003b]。

11.5 节介绍了利用图论概念的图同构来进行匹配的方法。有关图论的详细内容可见文献[孙 2004]、[张 2005b]、[Marchand 2000]、[West 2001]、[Buckley 2003]。子图同构在计算上比全图同构要复杂，因为事先不知道 B_2 全图中的哪个子集与同构有关。从树搜索的角度看，为提高效率，一是要选好搜索的起点，二是要选好搜索的路径并逐步砍枝。双子图同构的搜索空间比较大。这种情况看上去比子图同构还要难，但双子图同构问题可以简化成子图同构问题。其中一种方案是借助解决另一个图问题——小集团(clique)问题的方法[Ballard 1982]。

11.6 节介绍了线条图的标记方法，它借助了图论的概念，所以可参照图同构方法进行匹配。另一方面，线条图表达了各表面间的关系，所以也可将线条图的匹配看作关系匹配的一个实例。

2. 思考题和练习题

*11-1 证明式(11.2.8)中的 Q 当且仅当 A 和 B 中是完全相同字符串时其值为零。

11-2 试证明 11.2.3 小节中用到的三种变换参数可独立计算。

11-3 如果将图 11.2.3(a)中的区域水平翻转(水平镜像),那么原来的形状矩阵会发生怎样的变化?如果绕中心逆时针旋转 30°呢?

11-4 在构造动态模式时,

(1) 如果要使动态模式具有尺度不变性,应当怎么构造模式表达?

(2) 除了连线长度和方向(夹角)外还可借用哪些关系?列出模式矢量表达式。

*11-5 试分析关系匹配过程中四个步骤的计算量。

11-6 同时考虑连接关系和平行关系,对图 11.4.1 的两个物体进行匹配,给出它们之间的距离。

11-7 分别计算图 11.4.1(b)的物体与图题 11-7 所给两个物体之间的距离:

(1) 仅考虑连接关系;

(2) 仅考虑上下关系;

(3) 同时考虑连接关系和上下关系。

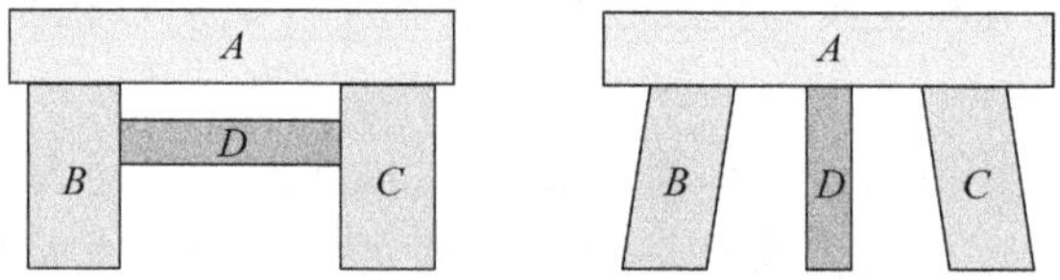

图题 11-7

11-8 在图 11.5.4(a)所给的图 G 里增加一条从顶点 A 到顶点 D 的边,利用文中介绍的获得基础简单图的四种运算计算图 G 的各种子图。

11-9 指出图题 11-9 中哪些子图是同构的。

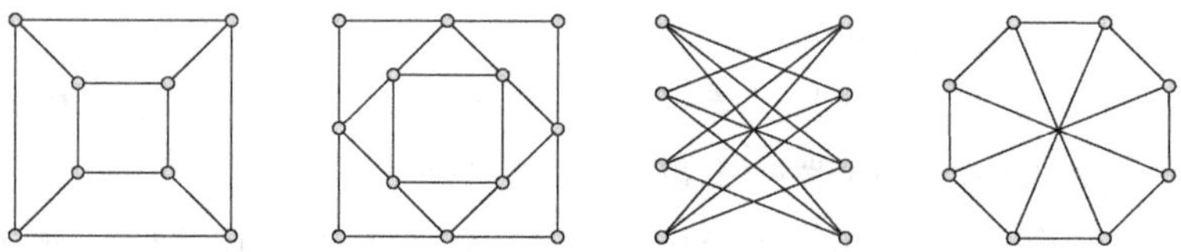

图题 11-9

11-10 指出在图 11.6.2 中两个目标的所有交角处的连接是图 11.6.3 中的哪一种。

11-11 选择一个场景,画出其线条图,要求其中目标各边的连接包括了所有四类连接类型。

11-12 假设从飞机的前上方观察飞机的广义圆柱体模型,给其加上标记。

第 12 章　场景分析和语义解释

对图像的理解实际上是要实现对场景的理解。对视觉场景的理解可表述为在视觉感知场景环境数据的基础上，结合各种图像技术，从计算统计、行为认知以及语义等不同角度挖掘视觉数据中的特征与模式，从而实现对场景的有效分析和理解。从某种观点来看，场景理解以对场景的分析为基础，要达到解释场景语义的目的。

对场景的分析要结合高层语义进行，对场景标记和分类都是面向语义解释的场景分析手段。另外，要解释场景语义，需要根据对图像数据的分析结果进一步推理。推理是通过采集信息，进行学习，根据逻辑做出决策的过程。类似地，还有许多数学理论和方法可用在场景理解中。

根据上述的讨论，本章各节将安排如下。

12.1 节先介绍一些场景理解的概括情况。

12.2 节讨论模糊推理，在对模糊集和模糊运算概念介绍的基础上，讨论基本的模糊推理方法。

12.3 节介绍一种利用遗传算法对图像进行语义分解和分割，进而实现语义推理判断的方法。

12.4 节讨论场景目标标记问题，对场景目标进行标记是将分析结果提升到抽象概念层次的重要手段，常用的方法包括离散标记和概率标记。

12.5 节围绕场景分类介绍一些模型的定义、概念和构建方法，主要是词袋模型/特征包模型，pLSA 模型，LDA 模型。

12.1　场景理解概述

场景分析和语义解释是场景理解的重要内容，但研究相对还不太成熟，许多问题还在探讨之中。

1. 场景分析

场景分析要借助对图像的分析技术，获取场景中景物的信息，为进一步的场景解释打下基础。

目标识别是场景分析的重要步骤和基础。对单个目标进行识别时，一般认为该目标的图像区域可分解为有限个子区域(常对应目标的部件)，这些子区域有较固定的几何关系，合起来构成了该目标的外观。但在对自然场景进行分析时，其中常包含众多景物，它们之间的相互关系比较复杂且很难预测，所以场景分析除要考虑目标本身的内部关系外还要关注目标间的相对分布和相互作用。

从认知的角度看，场景分析更关注人对场景的感知和理解。大量场景分析的生物学、生理学和心理学试验表明，对场景的全局特性分析往往发生在视觉注意的前期。如何在生物学、生理学和心理学研究成果的基础上，引入相应的约束机制建立合理的计算模型是需要研究探讨的问题。

在场景分析中，一个重要的问题是场景的视觉内容（景物及分布）具有很大的不确定性：

(1) 不同的光照条件，这会导致对景物检测和跟踪的困难；

(2) 不同的景物外在表观（有时尽管结构元素类似），这会对景物的识别带来歧义；

(3) 不同的观察尺度，这常常会影响对景物特性的辨识和描述；

(4) 不同的景物位置、朝向以及互相遮挡因素，这会增加对景物认知的复杂性。

2. 场景感知层次

对场景的分析和语义解释可以分层次进行。类似于在基于内容的编码中（本套书上册 11.6.2 小节），模型基编码可在 3 个层次上进行：①最低层的物体基或目标基编码；②中间层的知识基编码；③最高层的语义基编码。对场景的分析和语义解释也可分三个层次进行：

(1) 局部层：该层主要强调对场景的局部或单个景物进行分析，识别或对图像区域进行标记；

(2) 全局层：该层考虑整个场景的全局，关注具有相似外形和类似功能的景物的相互关系；

(3) 抽象层：该层对应场景的概念含义，要给出对场景抽象的描述和解释。

如果以教室内上课的场景进行分析判断为例，则对应上面 3 个层次可考虑如下情况。在第 1 层，主要考虑提取图像中的目标，如教师、学生、桌椅、屏幕、投影仪等。在第 2 层，确定各景物的位置和相互关系，如教师在教室前方站立、学生坐着面向屏幕，投影仪将画面投向屏幕等；判断环境和功能，如室内或室外、什么类型的室内（办公室或教室）。在第 3 层，描述教室内的活动内容（如正在上课或课间休息）和气氛（如比较轻松或严肃，比较平静还是很有活力）。

人类对场景的感知有很强的能力，对一个新的场景（特别是较概念化的场景），人眼只要一扫常就可以解释出场景的含义。例如，操场上正在开运动会，人观察到草地和跑道的颜色（低层特征）、跑道上的运动员及其奔跑状态（中层目标），再加上根据经验和知识的推理（高层概念），马上就可判断出来。这中间，对中层的感知有一定的优先级，因为有研究表明，人类对中层的大部分目标（如运动场）具有很快和很强的辨识能力，对它们的识别、命名比对低层和高层都要快。有假设认为，对中层的感知更加优先是由于它能同时最大化类内的相似度（有运动员或无运动员的操场）和最大化类间的差异（即便是课间的教室也与操场不同）。从场景本身的视觉特性看，同在中层的景物常有相似的空间结构，并赋予了相似的行为。

为获得对场景的语义解释，需建立高层概念与低层视觉特征和中层目标特性间的联系，并识别景物及它们之间的相对关系。为完成这个工作，可以考虑两类方法。

(1) 低层场景建模

低层场景建模的方法直接对景物的低层属性（颜色、纹理等）进行表达和描述，在此基础上借助分类进行识别，再对场景的高层信息进行推理。例如操场有大片的草地（浅色）、跑道（暗红）；教室有许多桌椅（水平或垂直边缘，规则几何体）。其中，还可进一步分为：①全局方法：借助对整幅图像的信息统计（如颜色直方图）来描述场景。典型的例子是将图像分为室内图像和室外图像，室外图像又可分为自然风景图像和人工建筑物图像，而人工建筑物图像又可分为大楼图像、运动场图像等；②分块方法：将图像划分为多块（可规则或不太规则），对每块用局部方法，然后再整合起来判断。

（2）中层语义建模

中层语义建模的方法借助对目标的识别来提高对低层特征分类判别的性能，解决高层概念与低层属性之间的语义鸿沟问题。目前比较研究比较多的方法是借助视觉词汇建模（如见12.5.1小节）并根据目标的语义和分布将场景划分到特定的语义类别。例如根据桌椅、投影仪/投影幕等可从室内场景中确定出教室。需要注意，场景的语义可以不唯一，也确实常常不唯一（如有投影仪的可能是教室，也可能是会议室）。特别对室外场景，情况更复杂，因为景物可以有任意的大小、形状、位置、朝向、光照、阴影、遮挡等，同一类景物的不同个体也有可能看起来很不同。

3. 场景语义解释

场景语义解释涉及多方面的、正在研究和发展的技术：

（1）视频计算技术；

（2）视觉算法动态控制策略；

（3）对场景信息的自学习；

（4）快速或实时的计算技术；

（5）多种类型传感器的融合协同；

（6）（类似人类的）视觉注意机制；

（7）结合认知理论的场景解释；

（8）系统的集成与优化。

12.2 模糊推理

模糊是一个常与清晰或精确（crisp）对立的概念。在日常生活中，经常会遇到许多模糊的事物，没有分明的数量或定量界限，需要使用一些模糊的词句来形容和描述。利用模糊概念可以表达各种各样不严格、不确定、不精确的知识和信息（例如模糊数学是以不确定性的事物为其研究对象的），甚至可以表达从互相矛盾的来源所获得的知识。这里可使用与人类语言中相似的限定词或修饰词，如高灰度，中灰度，低灰度等构成模糊集来表达和描述相关的图像知识。基于对知识的表达，可进一步进行推理。模糊推理需要借助模糊逻辑和模糊运算来进行。

12.2.1 模糊集和模糊运算

在模糊空间 X 中的一个**模糊集合** S 是一个有序对的集合：

$$S = \{[x, M_S(x)] \mid x \in X\} \tag{12.2.1}$$

其中**隶属度函数** $M_S(x)$ 代表 x 在 S 中的隶属程度。隶属度函数的值总取非负实数，一般常限定在[0,1]中。模糊集合常可以用其隶属度函数唯一地描述。图 12.2.1 给出分别用精确集和模糊集来表达灰度为“暗”的几个示例，其中横轴对应图像灰度 x，对模糊集即为其隶属度函数 $M_S(x)$的定义域。图 12.2.1(a)用精确集来描述，给出的结果是二值的(小于 127 为完全“暗”，大于 127 为完全不“暗”)。图 12.2.1(b)是一个典型的模糊集隶属度函数，沿横轴从 0 到 255，其隶属程度沿着竖轴从 1(对应灰度为 0，完全隶属“暗”模糊集)到 0(对应灰度为 255，完全不隶属“暗”模糊集)。中间的逐步过渡表明在它们之间的 x 有部分隶属“暗”有部分不隶属“暗”。图 12.2.1(c)给出一个非线性隶属度函数的示例，它有些像图(a)和图(b)的结合，但仍然是表示了一个模糊集。

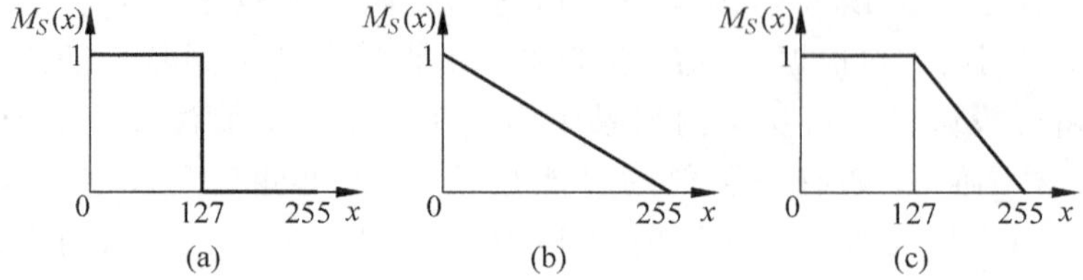

图 12.2.1　精确集和模糊集表达示意

对模糊集合的运算可借助模糊逻辑运算来进行。**模糊逻辑**是建立在多值逻辑基础上，借助模糊集合来研究模糊性思维、语言形式及其规律的科学。模糊逻辑运算中有一些类似一般逻辑运算的名称但定义不同的运算。令 $M_A(x)$和 $M_B(y)$分别代表与模糊集 A 和 B 对应的隶属度函数，它们的域分别为 X 和 Y。可以逐点地定义模糊交运算、模糊并运算和模糊补运算如下：

$$\begin{aligned}&\text{Intersection } A \cap B\text{: } M_{A\cap B}(x,y) = \min[M_A(x), M_B(y)]\\&\text{Union } A \cup B\text{: } M_{A\cup B}(x,y) = \max[M_A(x), M_B(y)]\\&\text{Complement } A^C\text{: } M_{A^C}(x) = 1 - M_A(x)\end{aligned} \tag{11.2.2}$$

对模糊集合的运算还可借助一般的代数运算通过逐点改变模糊隶属度函数的形状来进行。假设图 12.2.1(b)中的隶属度函数代表一个模糊集 D(dark)，那么加强模糊集 VD(very dark)的隶属度函数可以是[见图 12.2.2(a)]

$$M_{\mathrm{VD}}(x) = M_{\mathrm{D}}(x) \cdot M_{\mathrm{D}}(x) = M_{\mathrm{D}}^2(x) \tag{12.2.3}$$

这类运算可以重复进行，例如模糊集 VVD(very very dark)的隶属度函数为[见图 12.2.2(b)]：

$$M_{\mathrm{VVD}}(x) = M_{\mathrm{D}}^2(x) \cdot M_{\mathrm{D}}^2(x) = M_{\mathrm{D}}^4(x) \tag{12.2.4}$$

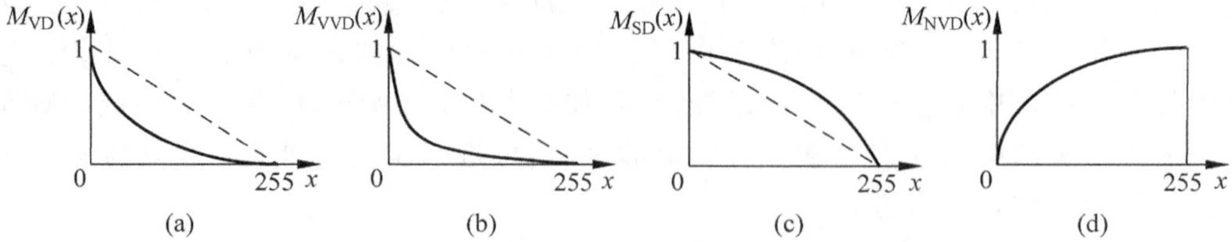

图 12.2.2　对图 12.2.1(b)的原始模糊集 D 的一些运算结果

另一方面，也可以定义减弱的模糊集 SD(somewhat dark)，其隶属度函数为[见图 12.2.2(c)]

$$M_{\mathrm{SD}}(x) = \sqrt{M_{\mathrm{D}}(x)} \tag{12.2.5}$$

逻辑运算和代数运算也可以结合。例如加强模糊集 VD 的非，即模糊集 NVD(not very dark)的隶属度函数为[见图 12.2.2(d)]

$$M_{\mathrm{NVD}}(x) = 1 - M_{\mathrm{D}}^2(x) \tag{12.2.6}$$

这里 NVD 可看作 $N[V(D)]$，即 $M_{\mathrm{D}}(x)$ 对应 D，$M_{\mathrm{D}}^2(x)$ 对应 $V(D)$，而 $1-M_{\mathrm{D}}^2(x)$ 对应 $N[V(D)]$。

12.2.2 模糊推理方法

在模糊推理中，要将各个模糊集中的信息以一定的规则结合起来以做出一个决策[Sonka 2008]。

1. 基本模型

模糊推理的基本模型和主要步骤如图 12.2.3 所示。由**模糊规则**出发，确定相关隶属度函数中的隶属度的基本关系称为结合，采用**模糊结合**的结果是一个**模糊解空间**。为了基于解空间做出一个决策，要有一个**去模糊化**的过程。

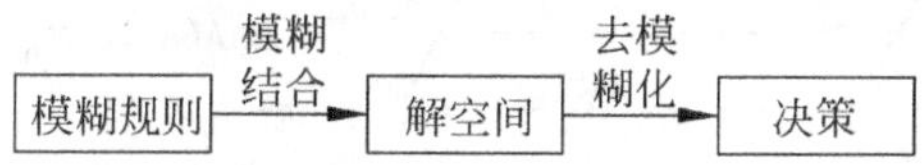

图 12.2.3 模糊推理模型和步骤

模糊规则指一系列无条件的和有条件的命题。无条件模糊规则的形式为

$$x \text{ is } A \tag{12.2.7}$$

有条件模糊规则的形式为

$$\text{if } x \text{ is } A \text{ then } y \text{ is } B \tag{12.2.8}$$

其中 A 和 B 是模糊集，x 和 y 代表它们对应域中的标量。与无条件模糊规则对应的隶属度函数就是 $M_A(x)$。无条件模糊规则用来限制解空间或定义一个缺省解空间。由于这些规则是无条件的，它们可以借助模糊集的操作直接作用于解空间。

现在考虑有条件模糊规则。在现有各种实现决策的方法中，最简单的是**单调模糊推理**，它可以直接得到解而不使用下面介绍的模糊结合和去模糊化。举例来说，令 x 代表外界的照度值，y 代表图像的灰度值，则表示图像灰度高低(high-low)程度的模糊规则是：if x is DARK then y is LOW。

图 12.2.4 给出单调模糊推理的原理示意。假设根据所确定的外界照度值(这里 $x=0.3$)，可以得到隶属度值 $M_{\mathrm{D}}(0.3)=0.4$。如果使用这个值来表示隶属度值 $M_{\mathrm{L}}(y)=M_{\mathrm{D}}(x)$，就可得到对图像灰度高低的期望是 $y=110$(范围是 0～255)，属于偏低的范围。

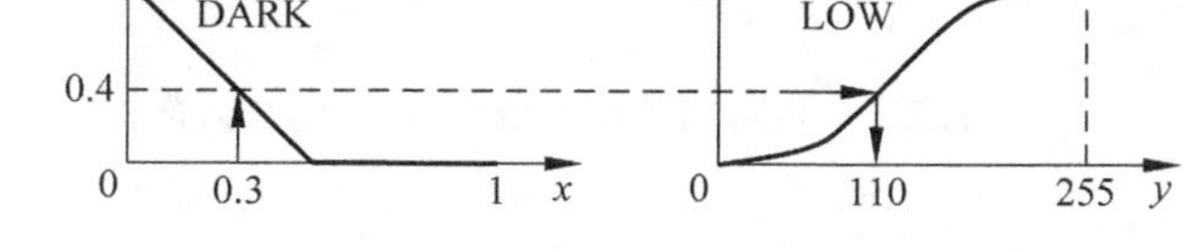

图 12.2.4 基于单个模糊规则的单调模糊推理

2. 模糊结合

与制订决策过程相关的知识常包含在不止一个模糊规则中。但并不是每个模糊规则都对制订决策有相同的贡献。有不同的结合机制可用于组合规则，最常用的是**最小-最大规则**。

在最小-最大组合中，使用一系列的最小化和最大化过程。参见图 12.2.5，先用预测真值的最小值，也称**最小相关** $M_A(x)$来限定模糊结果的隶属度函数 $M_B(y)$。然后，逐点更新模糊结果的隶属度函数，就得到模糊隶属度函数

$$M(y) = \min\{M_A(x), M_B(y)\} \tag{12.2.9}$$

如果有 N 个规则，对每个规则都如此进行(图中以两个规则为例)。最后，对最小化的模糊集逐点求最大值就得到解的模糊隶属度函数：

$$M_S(y) = \max_n\{M_n(y)\} \tag{12.2.10}$$

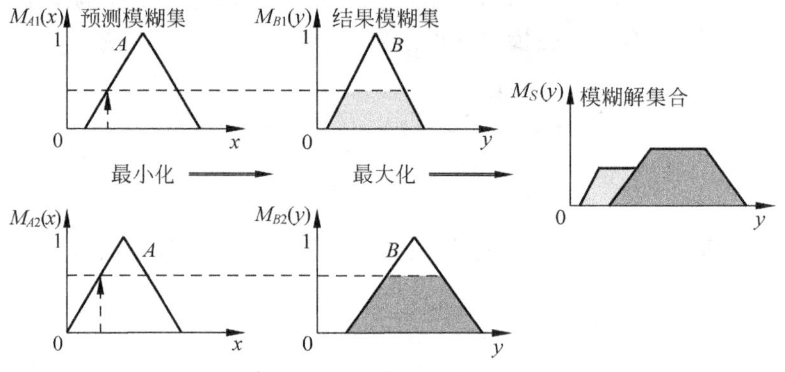

图 12.2.5　使用最小相关的模糊最小-最大结合

另外一种方法称为**相关积**，它对原始的结果模糊隶属度函数进行放缩而不是截去。最小相关计算简单、去模糊化简单，而相关积可以保持原始模糊集的形状(见图 12.2.6)。

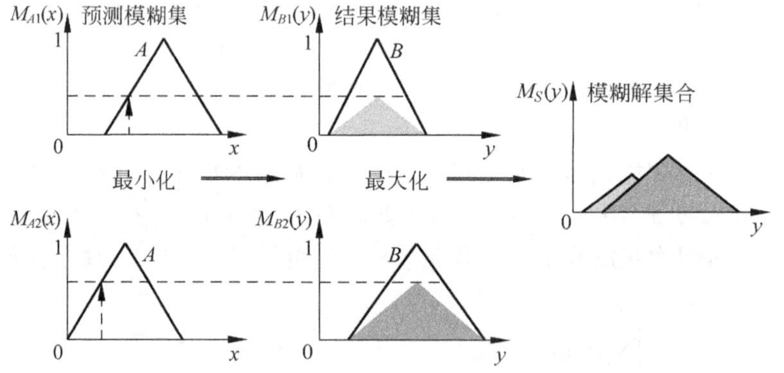

图 12.2.6　使用相关积的模糊最小-最大结合

3. 去模糊化

模糊结合对每个解变量给出单个解的模糊隶属度函数。为了确定用于进行决策的精确解，需要确定一个能最好地表达模糊解集合中信息的、包含多个标量(每个标量对应一个解变量)的矢量。这个过程要对每个解变量独立进行，被称为**去模糊化**。两种常用的去模糊化

方法是**结合矩**法和**最大结合**法。

结合矩法先确定模糊解的隶属度函数的重心 c，并将模糊解转化为一个清晰解 c（见图 12.2.7(a)）。最大结合法在模糊解的隶属度函数中确定具有最大隶属度值的域点，如果最大值在一个平台上，则平台中心给出一个清晰解 d（见图 12.2.7(b)）。结合矩法的结果对所有规则都敏感（取了加权平均），而最大结合法的结果取决于具有最高预测真值的单个规则。结合矩法常用于控制应用，而最大结合法常用于识别应用。

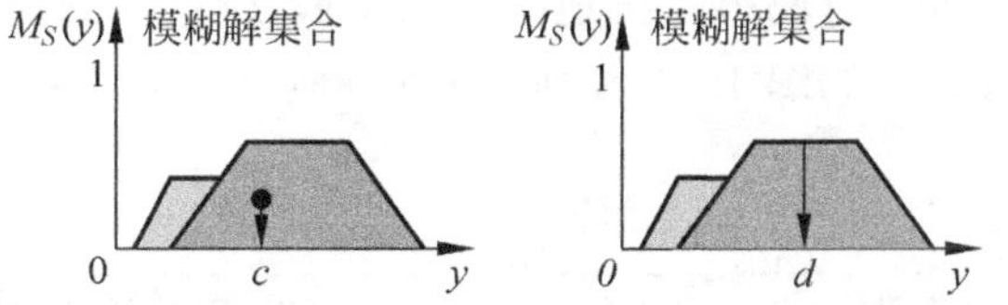

图 12.2.7　去模糊化的两种方法

12.3　遗传算法图像解释

先简单介绍遗传算法的基本思路和操作，再讨论用遗传算法进行图像的语义分割和内容解释。

12.3.1　遗传算法原理

遗传算法(GA)使用自然进化机制搜索目标函数的极值。遗传算法并不保证能发现全局最优，但实际中它总能找到很接近全局最优的解。遗传算法与其他优化技术相比有一些特点：

(1) 遗传算法使用参数集合的编码而不是参数集合本身。遗传算法要求将优化问题的自然参数集合编码成一个有限长度的码串（有限个字符），这表明任何优化问题的表达都必须转化成一个码串表达（实际中常使用二值码串，即字符只有 0 和 1）。

(2) 遗传算法的每个步骤都在搜索空间里同时从大量群体样本点中进行搜索，这样发现全局最优的机会就很大。

(3) 遗传算法直接使用目标函数而不是从其导出的或辅助的知识。对更好的新解的搜索只依赖于进化函数本身。进化函数描述了特定码串的优度，进化函数的值称为遗传算法的**适应度**。

(4) 遗传算法使用概率转换规则而不是确定性的规则。从当前码串群体到更好的新码串群体的转换规则依赖于自然的理念，即用高的适应度支持好的码串而消除仅有低适应度的差码串。这也是遗传算法的基本思想，表达最优结果的最好码串将在进化过程中有最高的存活概率。

遗传算法的基本运算包括复制，交叉，变异。使用这 3 个基本操作可控制实现好码串的存活和差码串的死亡。

(1) **复制**

复制算子负责根据概率让好的码串存活而让其他码串死亡。复制机制将有高适应度的码串复制到下一代，其中的选择过程是概率化的，即将一个码串复制到新样本的概率由它在当前群体中的相对适应度所确定。一个码串的适应度越高，其存活的概率越大；一个码串的适应度越低，其存活的概率越小。这个过程的结果就是具有高适应度的码串将比具有低适应度的码串能以更高的概率被复制到下一代群体中。由于一般要控制群体中的码串个数保持稳定，所以新群体的平均适应度将会高于原来的群体。

(2) **交叉**

交叉(也称**杂交**)是要生成新的码串。虽然具体可有许多方式，基本的思路是先将刚产生的码串随机配对，再对每一对码串随机地确定一个截断(边界)位置，最后对换该对码串的头(截断位置前)的码串部分(如图 12.3.1 所示)或对换该对码串的尾(截断位置后)的码串部分。

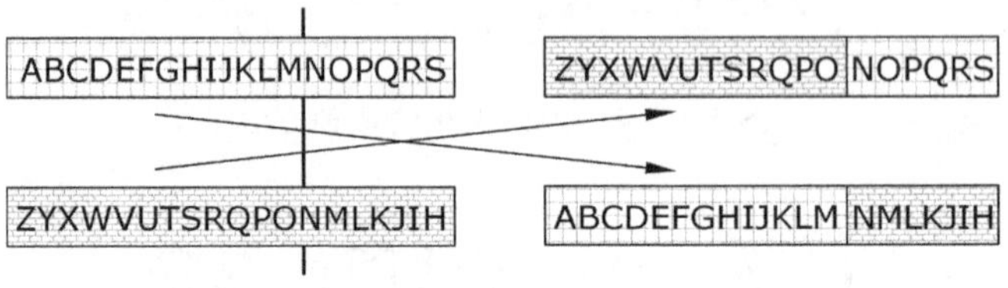

图 12.3.1　码串交叉示意

并不是所有新产生的码串都要进行交叉。一般用一个概率参数控制需要交叉的码串的数量。还有一种方法是让最好的复制码串保持其原来的形式。

(3) **变异**

变异操作的原理是通过频繁地和随机地改变某些码串中的某个码(如从一代到下一代的进化中，每一千个码改变一个)，以保持各种局部结构，避免丢失一些优化解的特性。

算法的收敛性值得重视，它在控制进化是否停止中起重要的作用。实用中，如果在若干个进化过程中群体里最大的适应度没有明显增加就可以停止了。

利用上面介绍的 3 个基本操作，遗传算法可以描述为如下步骤：

(1) 生成初始群体的编码字符串，给出目标函数值(适应度)；

(2) 在新群体中概率化地复制高适应度的码串，除去低适应度的码串；

(3) 通过交叉组合从旧群体复制的编码字符串构建新的码串；

(4) 不时地随机选择码串中的某个码进行变异；

(5) 对当前群体中的码串根据其适应度进行排序；

(6) 如果最大适应度的码串的适应度值在若干个进化过程中都没有明显增加，就停止；否则返回步骤(2)，继续计算。

12.3.2　语义分割和解释

遗传算法的一个重要特性是在单个处理步骤中考虑了所有群体中的样本，将高适应度的样本进行保留而让其他的样本消亡。这个特性很适合对图像进行**语义分割**。这里语义分割指将图像根据语义信息划分为对应的区域并借助上下文等高层信息进行优化。

1. 目标函数

可基于**假设和验证**的原理来使用遗传算法对图像进行解释，其中(用遗传算法)所优化的目标函数评价图像语义分割和解释的质量。算法先从一个过分割的图像(称为初始分割)

开始，这个过分割图像中的起始区域称为初始区域。算法进行中不断地将初始区域迭代合并成为当前区域，即持续构建可行的区域划分和解释假设的新样本。

对初始区域可用初始区域邻接图来描述。将各个初始区域邻接图结合起来就可得到当前区域邻接图。当前区域邻接图可表达将具有相同解释的所有邻接区域合并而成的那个区域。每个可行的图像语义分割都对应唯一的一个当前区域邻接图。当前区域邻接图可用来评价语义分割的目标函数。

设计一个优化目标函数(即遗传算法中的适应度函数)对语义分割的结果很关键。这个函数必须基于图像区域的性质和区域间的联系，其中需要利用关于期望分割的先验知识。对目标函数的优化包括3部分工作：

(1) 根据区域本身性质 X_i 得到对区域 R_i 的解释 k_i 的置信度(与相应的概率成比例)

$$C(k_i \mid X_i) \propto P(k_i \mid X_i) \tag{12.3.1}$$

(2) 根据对其邻近区域 R_j 的解释 k_j 来对区域 R_i 进行解释 k_i 的置信度

$$C(k_i) = \frac{C(k_i \mid X_i)}{N_A} \sum_{j=1}^{N_A} [V(k_i, k_j) C(k_j \mid X_j)] \tag{12.3.2}$$

其中，$V(k_i, k_j)$ 代表两个具有标记 L_i 和 L_j 的邻接目标 R_i 和 R_j 的兼容性函数的值，N_A 是区域 R_i 的相邻区域数。

(3) 对整幅图像的解释置信度的评价

$$C_{\text{image}} = \frac{1}{N_R} \sum_{i=1}^{N_R} C(k_i) \tag{12.3.3}$$

或

$$C'_{\text{image}} = \sum_{i=1}^{N_R} \left[\frac{C(k_i)}{N_R} \right]^2 \tag{12.3.4}$$

其中，$C(k_i)$ 可根据式(12.3.2)计算，N_R 是在对应的当前区域邻接图中的区域数。遗传算法试图最优化代表了当前分割和解释假设的目标函数 C_{image}。

分割优化函数基于假设区域的一元性质以及这些区域与它们的解释之间的二元关系。在评价局部区域置信度 $C(k_i | X_i)$ 时使用了有关所考虑图像特性的先验知识。

2. 具体步骤和示例

根据上述目标函数利用遗传算法进行语义分割和解释的步骤如下：

(1) 初始化图像为一组初始区域，定义各个区域与对其的标记在用遗传算法生成的码串中的相对位置的对应关系；

(2) 构建一个初始区域邻接图；

(3) 随机地选取码串的起始群体。尽可能使用一些能帮助确定起始群体的先验知识；

(4) 遗传优化，对当前群体的各个码串借助当前区域邻接图计算优化分割函数的值；

(5) 如果优化准则的最大值在若干个接续的步骤中没有明显变化，转到步骤(7)；

(6) 让遗传算法生成一个分割和解释假设的新的群体，转到步骤(4)；

(7) 具有最大置信度的码串(最优分割假设)代表最终的语义分割和解释。

例 12.3.1　语义分割示例

考虑如图12.3.2(a)所示的表示一个球在草地上的简化合成场景图像[Sonka 2008]。初步的语义分割将其分成了5个不同的初始区域 R_i，$i=1\sim5$，在图中简记为 $1\sim5$。

图 12.3.2(b)给出图 12.3.2(a)的区域邻接图(其中结点代表区域,弧连接邻接区域的结点),而图 12.3.2(c)给出图 12.3.2(b)的对偶图(其中结点对应不同区域轮廓的交点,弧对应轮廓段)。

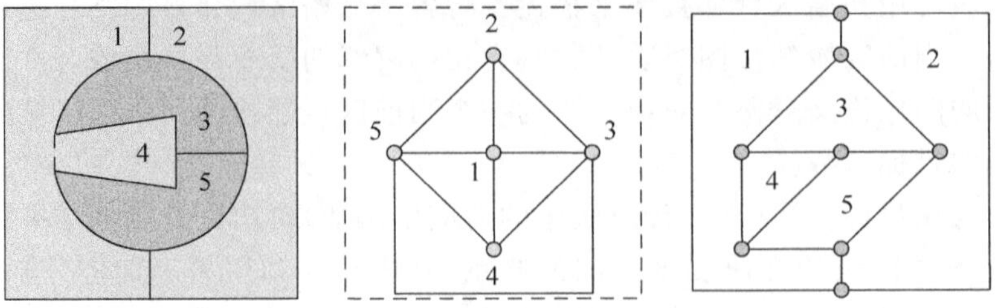

图 12.3.2　合成场景"球在草地上"及其图示

现用 B 表示对球的标记,用 L 表示对草地的标记。这里所用的高层知识为：图像中有个圆形的球,它在绿色草地区域内。

先定义一元条件：令一个区域为球的置信度依赖于它的紧凑性 C,即

$$C(k_i = B \mid X_i) = \text{compactness}(R_i) \tag{12.3.5}$$

令一个区域为草地的置信度依赖于它的绿色性 G,即

$$C(k_i = L \mid X_i) = \text{greenness}(R_i) \tag{12.3.6}$$

令由理想的球构成区域和由理想的草地构成区域的置信度都等于 1,即

$$C(B \mid \text{circular}) = 1 \quad C(L \mid \text{green}) = 1 \tag{12.3.7}$$

再定义二元条件：令一个区域位于另一个区域内的置信度由下列兼容性函数给出：

$$V(k_i = B, k_j = L) = V(B \mid \text{is inside } L) = 1 \tag{12.3.8}$$

而其他位置组合的置信度均为零。

一元条件表明一个区域越紧凑,它就越圆,而将它解释为一个球的置信度就越高；一个区域越绿,将它解释为一块草地的置信度就越高。二元条件则表明一个球只能完全地被一块草地所包围。

现在用码串代表依区域编号次序排列的区域标记,即区域编号与区域标记在码串中的位置相对应。设开始随机对区域标记得到的码串为 $BLBLB$ 和 $LLLBL$,这代表如图 12.3.3 中的两组分割假设(每组左为解释,右上为对应的码串,右下为对应的区域邻接图)。

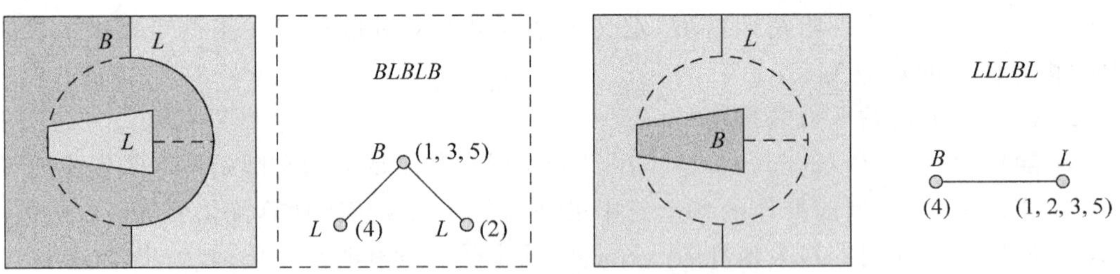

图 12.3.3　初始解释、码串和区域邻接图

设在第 2 和第 3 位置之间(用"|"表示)进行一次**随机交叉**,根据式(12.3.3)可算得代表标记为球区域的紧凑性和球区域在草地区域中位置的置信度如下：$BL \mid BLB \Rightarrow C_{\text{image}} = 0.00$, $LL \mid LBL \Rightarrow C_{\text{image}} = 0.12$, $LLBLB \Rightarrow C_{\text{image}} = 0.20$, $BLLBL \Rightarrow C_{\text{image}} = 0.00$(后两个码串是

将前两个码串在“|”之前的部分进行对调而得到的，如图 12.3.4 所示)。

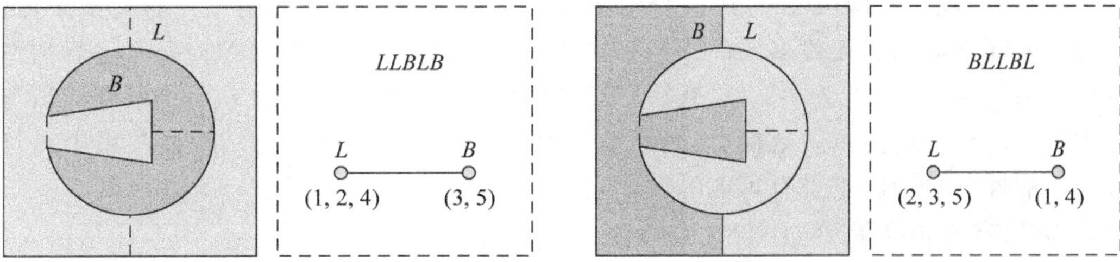

图 12.3.4　一次随机变异后的解释、码串和区域邻接图

由上述置信度值可知，对应第 2 个和第 3 个码串的第 2 个和第 3 个分割假设是相对最好的，所以可将第 1 个和第 4 个码串消去，而对第 2 个和第 3 个码串在第 3 和第 4 位置之间进行另一次随机交叉。新的置信度如下：$LLL|BL \Rightarrow C_{\text{image}}=0.12$，$LLB|LB \Rightarrow C_{\text{image}}=0.20$，$LLLLB \Rightarrow C_{\text{image}}=0.14$，$LLBBL \Rightarrow C_{\text{image}}=0.18$(后两个码串是将前两个码串在“|”后的部分对调得到的，如图 12.3.5 所示)。

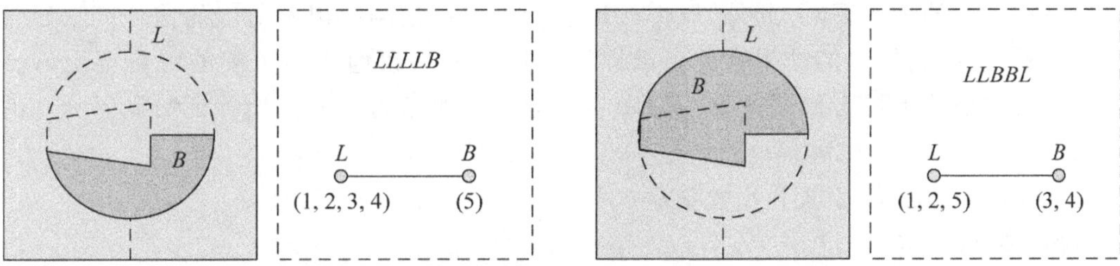

图 12.3.5　二次随机变异后的解释、码串和区域邻接图

接下来，选取上述第 2 个和第 4 个码串在第 4 和第 5 位置之间再进行一次随机交叉。新的置信度如下：$LLBL|B \Rightarrow C_{\text{image}}=0.20$，$LLBB|L \Rightarrow C_{\text{image}}=0.18$，$LLBLL \Rightarrow C_{\text{image}}=0.10$，$LLBBB \Rightarrow C_{\text{image}}=1.00$(后两个码串是将前两个码串在“|”后的部分对调得到的)。因为此时码串 $LLBBB$ 具有很高(可获得的分割假设中最高)的置信度，所以遗传算法停止。换句话说，如果继续产生假设，并不会得到更好的置信度了。这样得到的最优分割如图 12.3.6 所示。

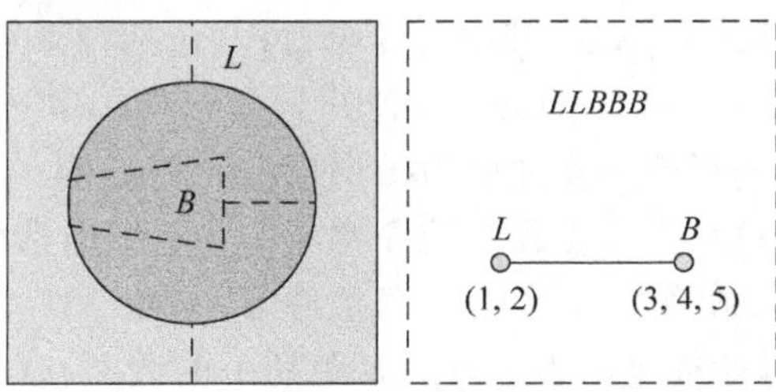

图 12.3.6　最优的解释、码串和区域邻接图　□

12.4　场景目标标记

场景目标标记指对图像中目标区域的**语义标记**，即赋予目标以语义符号。这里假设场

景图像中对应目标的区域已检测到，且目标和它们之间的联系已借助区域邻接图(本套书中册7.3.4小节)或语义网(10.6节)进行了描述。目标本身的性质可用一元的关系来描述，而目标间的联系需用二元或多元的联系来描述。场景目标标记的目的是对每个场景图像中的目标赋一个标记(有语义含义)以获得对场景图像的恰当解释。如此获得的解释应该与场景知识吻合。标记需要有一致性(指图像里任两个目标都处于合理的结构或关系中)，且在有多个可能性时更趋向于最有可能的解释。

1. 标记方法和要素

对场景目标的标记主要有两种方法[Sonka 2008]。

(1) **离散标记**：它对每个目标只赋予1个标记，主要考虑对图像各目标标记的一致性。

(2) **概率标记**：它允许对联合存在的目标集合赋予多个标记。这些标记是用概率加权的，每个标记都有一个标记信任度。

两种方法的差别主要体现在对场景解释的鲁棒性上。离散标记的结果可能有两种情况，一种是获得了一致性的标记，另一种是检测出要赋予场景一致性标记的不可能性。由于分割结果的不完善，离散标记一般总会出现不能给出一致性解释的结果(甚至在只检测到很少的局部不一致的情况下)。此外，概率标记总能给出标记结果以及对应的信任度。尽管也可能局部不一致，它给出的结果常比离散标记所给出的一致但很不可能的解释要更好。离散标记在极端情况下可看作是概率标记中一个标记的概率为1而其他标记的概率为0的特殊情况。

场景标记的方法包括以下几个要素：

(1) 一组目标 R_i，$i=1,2,\cdots,N$；

(2) 对每个目标 R_i，有一个有限的标记集合 Q_i(这同一个集合也可适用于所有目标)；

(3) 一个有限的目标之间关系的集合；

(4) 相关的目标间存在兼容性函数(反映了对目标间关系的约束)。

如果考虑图像中所有目标之间的直接联系来解决标记问题会需要非常大的计算量，所以一般采用**约束传播**的方法，即先用局部约束获得局部一致性(局部最优)，再用迭代方法将局部一致性调整为对整个图像的全局一致性(全局最优)。

2. 离散松弛标记

考虑如图12.4.1(a)所示的场景，其中有5个目标(包括背景)[Sonka 2008]。5个标记分别为 B(background，背景)，W(window，窗户)，T(table，桌子)，D(drawer，抽屉)，P(phone，电话)。关于目标解释的一元性质为①窗户是正方形的；②桌子是长方形的；③抽屉是长方形的。二元(关系)约束为①窗户位于桌子上方；②电话放在桌子上；③抽屉在桌子内部；④背景与图像边缘相连。在这些约束条件下，如图12.4.1(b)所示的标记结果对有些目标就不满足一致性(如抽屉成为正方形且跑到了电话上方，窗户成为长方形并反而在电话内部，桌子不是长方形且放到了电话上，电话放在了桌子下面且其中包含窗户)。

离散松弛标记过程的一个示例如图12.4.2所示，它先把所有存在的标记都赋给每个目标，如图12.4.2(a)所示，然后迭代地对每个目标进行一致性检验以将那些有可能不满足约束的标记除去。例如先考虑背景与图像边缘相连可确定背景，那么其他目标就不能标记为背景，将局部不一致性标记移除后得到图12.4.2(b)。接着考虑窗户、桌子和抽屉都是矩形的，所以电话就可确定出来(图12.4.2(c))；再考虑抽屉在桌子内部，则抽屉和桌子可确定；

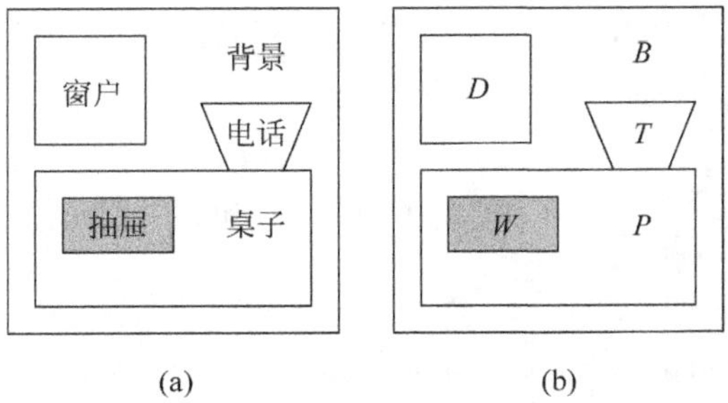

图 12.4.1　场景标记示例

如此这样继续进行，最后可得到一致性标记结果如图 12.4.2(d)所示。

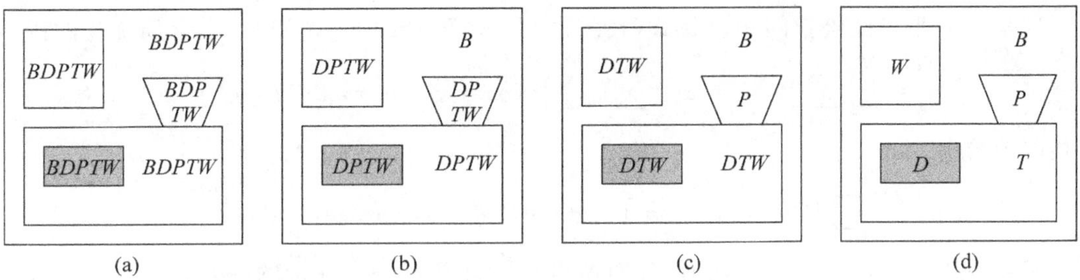

图 12.4.2　离散松弛标记过程和结果

3. 概率松弛标记

作为一种由底向上的解释方法，离散松弛标记在目标分割不完全或不正确时会遇到困难。**概率松弛标记**的方法有可能克服由于分割中丢失目标或多出目标带来的问题，但也有可能给出有歧义的不一致解释。

考虑图 12.4.3 左图所示的局部结构(其**区域邻接图**如右图)，目标 R_j 被标记为 q_j；$q_j \in Q, Q=\{w_1, w_2, \cdots, w_T\}$。

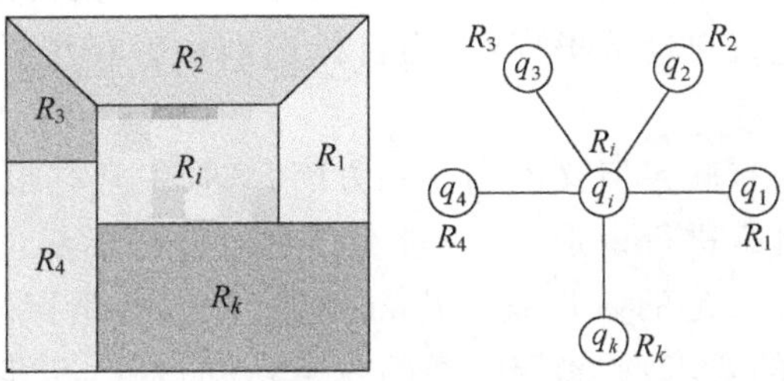

图 12.4.3　局部结构和区域邻接图

令两个具有标记 q_i 和 q_j 的目标 R_i 和 R_j 的兼容性函数为 $r(q_i=w_k, q_j=w_l)$。算法迭代地搜索在整幅图中的局部最一致性。假设在迭代过程的第 b 步，根据目标 R_i 和 R_j 的二值联系可得到标记 q_i，则其支撑(对 q_i 为 w_k)可表示成

$$s_j^{(b)}(q_i = w_k) = \sum_{l=1}^{T} r(q_i = w_k, q_j = w_l) P^{(b)}(q_j = w_l) \tag{12.4.1}$$

其中 $P^{(b)}(q_j=w_l)$是此时区域 R_j 被标记为 w_1 的概率。考虑所有与目标 R_j(标记为 w_j)有联系的 N 个目标 R_i(标记为 w_i)而得到的支撑为

$$S^{(b)}(q_i = w_k) = \sum_{j=1}^{N} c_{ij} s_j^{(b)}(q_i = w_k) = \sum_{j=1}^{N} c_{ij} \sum_{l=1}^{T} r(q_i = w_k, q_j = w_l) P^{(b)}(q_j = w_l) \tag{12.4.2}$$

其中 c_{ij} 是正的权重，满足 $\sum_{j=1}^{N} c_{ij} = 1$，代表了目标 R_i 和 R_j 之间的二值联系强度。迭代更新规则为

$$P^{(b+1)}(q_i = w_k) = \frac{1}{K} P^{(b)}(q_i = w_k) S^{(b)}(q_i = w_k) \tag{12.4.3}$$

其中 K 是归一化常数：

$$K = \sum_{l=1}^{T} P^{(b)}(q_i = w_l) S^{(b)}(q_i = w_l) \tag{12.4.4}$$

这是一个非线性松弛问题。将式(12.4.2)代入式(12.4.3)，得到一个全局优化的函数：

$$F = \sum_{k=1}^{T} \sum_{i=1}^{N} P(q_i = w_k) \sum_{j=1}^{N} c_{ij} \sum_{i=1}^{T} r(q_i = w_k, q_j = w_l) P(q_j = w_l) \tag{12.4.5}$$

对其解的约束为

$$\sum_{k=1}^{T} P(q_i = w_k) = 1 \quad \forall i \quad P(q_i = w_k) \geqslant 0 \quad \forall i, k \tag{12.4.6}$$

实际使用概率松弛标记方法时，先对所有目标都确定一个标记的(初始)条件概率，然后不断迭代重复下面两个步骤：①计算式(12.4.5)的表示场景标记质量的目标函数；②更新标记的概率以增加目标函数的值(提高场景标记的质量)，直到目标函数值最大化就可获得最优的标记。

12.5 场景分类

场景分类是要根据视觉感知组织原理，确定出图像中存在的各种特定区域(包括位置、相互关系、属性/性质等)，并给出场景的语义和概念性解释。其具体手段和目标是根据给定的一组语义类别对图像进行自动分类标注，为目标识别和解释场景内容提供有效的上下文信息。

场景分类与目标识别有联系但又不同。一方面，场景中常有很多类目标，要实现场景分类常需要对其中的一些目标进行识别(但一般不必对所有目标都进行识别)。另一方面，许多情况下只需要对目标有一定的认识就可进行分类(如有些情况下仅使用底层信息，如颜色、纹理等已可达到分类的要求)。参照人类的视觉认知过程，初步的目标辨识常可满足对场景的特定分类要求，这时要建立底层特征与高层认知之间的联系，确定和解释场景的语义类别。

分类的场景对目标的识别具有一定的指导作用。在自然界中，多数目标仅在特定的场景中出现，全局场景的正确判断能给图像的局部分析(包括目标识别)提供合理的上下文约束机制。

12.5.1 词袋/特征包模型

词袋模型源自对自然语言的处理，引入图像领域后也常称为**特征包模型**。特征包模型

由类别特征(feature)归属于同类目标集中形成包(bag)而得名[Sivic 2003],模型通常采用有向图结构形式(无向图结点之间是概率约束关系,有向图结点之间是因果关系,无向图可看作一种特殊的有向图——对称有向图)。特征包模型中图像与视觉词汇之间的条件独立性是模型的理论基础,但模型中没有严格的关于目标成分的几何信息。

原始的词袋模型仅考虑了词语所对应的特征之间的共生关系和**主题**逻辑关系,忽略了特征之间的空间关系。但在图像领域中,不仅图像特征本身而且图像特征的空间分布也很重要。近年有许多特征描述符(如 SIFT,见 6.3.2 小节)有比较高的维数,可以较全面且显式地表达图像中关键点及其周围小区域的特殊性质(与仅仅表达位置信息而将本身性质隐含表达的角点不同),并与其他关键点及其周围小区域有明显区别。而且,这些特征描述符在图像空间可以互相重叠覆盖从而可以较好地保全相互关系性质。这些特征描述符的使用提高了对图像特征空间分布的描述能力。

用特征包模型表达和描述场景需要从场景中抽取局部区域描述特征,这可称为**视觉词汇**。场景都有一些基本的组成部分,所以可对场景进行分解。套用文档的概念,一本书是由许多单字或单词组成的。返回到图像领域,可认为场景的图像是由许多视觉单词而组成的。从认知的角度,每个视觉单词对应图像中的一个特征(更确切地说,是描述景物局部特性的特征),是反映图像内容或场景含义的基本单元。构建视觉词汇集合(词典)可包括如下几个方面:①提取特征;②学习视觉词汇;③获取视觉词汇的量化特征;④利用视觉词汇的频率表达图像。

一个具体示例见图 12.5.1,先对图像进行区域(关键点的邻域)检测并划分和提取不同类的区域(图(a),其中区域为简便使用了小方块),接着对每个区域计算其特征矢量来代表区域(图(b)),然后将特征矢量量化成视觉单词并构建码本(图(c)),最后对每幅图像统计特定单词的出现频率(利用直方图的几个示例见图(d)、图(e)和图(f)),将它们结合起来就得到对整幅图像的表达。

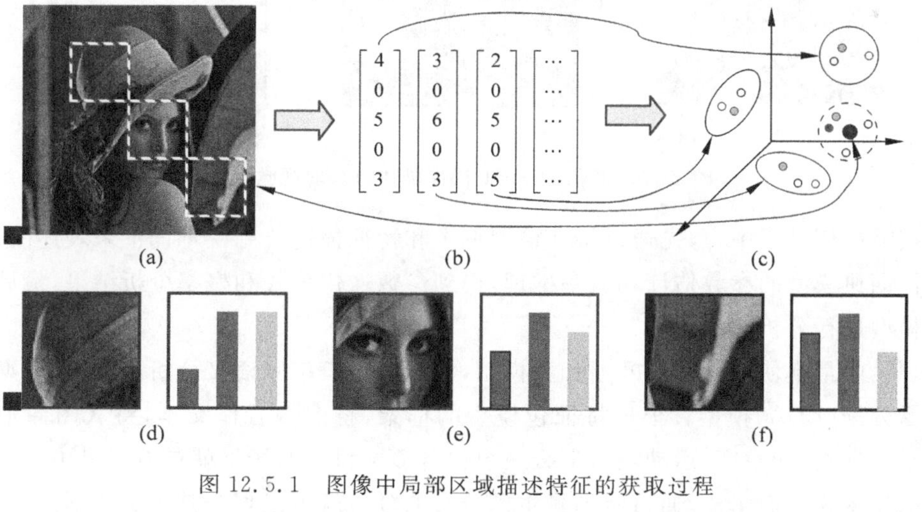

图 12.5.1　图像中局部区域描述特征的获取过程

将图像划分成多个子区域后,可对每个子区域赋予一个语义概念,即将每个子区域作为一个视觉单元,使其具有独特的语义含义。由于同类的场景应该具有相似的概念集合和分布,那么根据语义概念的区域分布就可以将场景划分为特定的语义类别。如果能将语义概念与视觉词汇联系起来，那么对场景的分类就可借助词汇的表达描述模型来进行。

利用视觉词汇可以直接表达目标，也可以只表达在关键点邻域里的中层概念。前者需要检测或分割场景中的目标，通过对目标的分类进一步对场景分类。例如检测到天空，则图像应是室外的。后者可不需要直接分割目标，而是用训练得到的局部描述符确定场景的标记。一般有 3 个步骤：

(1) 特征点检测：常采用的方法包括图像栅格法和高斯差分法。前者将图像根据网格进行划分，取网格中心位置来确定特征点。后者利用**高斯差**(DoG)算子(见 6.3.2 小节)检测局部的感兴趣特征点，如角点等。

(2) 特征表达描述：利用特征点本身性质和邻域性质来进行。近年来常常使用**尺度不变特征变换**(SIFT)算子(见 6.3.2 小节)，它实际上将特征点检测和特征表达描述进行了结合。

(3) 生成词典：对局部描述结果进行聚类(如利用 k-均值聚类法)，取聚类中心构成词典。

例 12.5.1 视觉词汇词典

实际中，局部区域的选择可借助 SIFT 局部描述符进行，所选出的局部区域为以关键点为中心的圆形区域且具有一些不变特性，如图 12.5.2(a)所示。所构建的**视觉词汇**词典如图 12.5.2(b)所示，其中每个子图像代表一个基本的可视化单词(一个关键点特征聚类)，且可用一个矢量表达，如图 12.5.2(c)所示。利用视觉词汇词典可将原图像用视觉词汇的组合表达，各种视觉词汇的使用频率反映了图像特性。

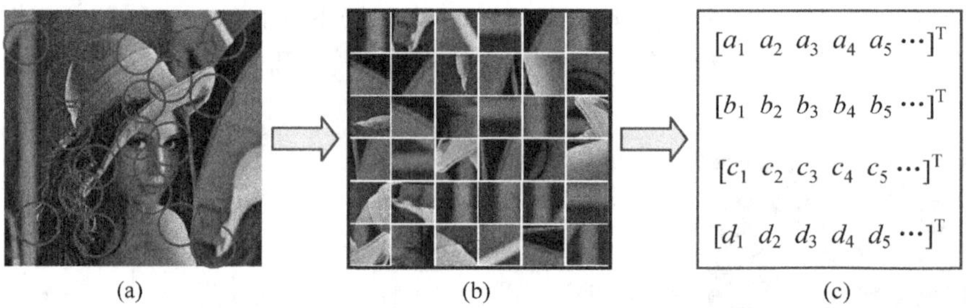

图 12.5.2 借助 SIFT 局部描述符获取视觉词汇 □

在实际应用过程中，首先通过特征检测算子和特征描述符用视觉词汇来表述图像，构成视觉词汇词典模型的参数估计和概率推理，得到参数迭代公式和概率分析结果，最后将训练得到的模型进行分析解释。

在建模中最常使用的是贝叶斯相关模型，典型的如**概率隐语义分析**(pLSA)模型和**隐含狄理克雷分配**(LDA)模型。根据特征包模型的框架，将图像看作文本，将从图像中发现主题看作是目标类(如教室、运动场)，那么一个包含多个目标的场景就被看作是由一组主题混合构建的概率模型而组成，通过对场景主题分布的分析就可以划分其语义类别。

12.5.2 pLSA 模型

概率隐语义分析(pLSA)模型源于**概率隐语义索引**(pLSI)，是为解决目标和场景分类而建立的一种图模型[Sivic 2005]。pLSA 模型源于对自然语言和文本的学习，其原始名词定义均用了文本中的概念，但也很易推广到图像领域(特别是借助特征包模型的框架)。

1. 模型描述

假设有图像集合 $T=\{t_i\}, i=1,\cdots,N, N$ 为图像总数；T 所包含的视觉单词来自单词集合——词典(视觉词汇表)$S=\{s_j\}, j=1,\cdots,M, M$ 为单词总数；可以通过一个尺寸为 $N\times M$ 的统计共生矩阵 $\boldsymbol{P}$ 来描述该图像集合的性质，矩阵中每个元素 $p_{ij}=p(t_i,s_j)$ 表示图像 t_i 中单词 s_j 出现的频率。该矩阵实际中是一个稀疏矩阵。

pLSA 模型利用一个隐变量模型描述共生矩阵中的数据。它将每个观察值(单词 s_j 出现在图像 t_i 中)都与一个隐变量(称为主题变量)$z\in Z=\{z_k\}, k=1,\cdots,K$ 相关联。用 $p(t_i)$ 表示单词出现在图像 t_i 中的概率，$p(z_k|t_i)$ 表示主题 z_k 出现在图像 t_i 中的概率(即主题空间中的图像概率分布)，$p(s_j|z_k)$ 表示单词 s_j 出现在特定主题 z_k 下的概率(即词典中的主题概率分布)，则通过选择概率为 $p(t_i)$ 的图像 t_i 和概率为 $p(z_k|t_i)$ 的主题，可以生成概率为 $p(s_j|z_k)$ 的单词 s_j。这样基于主题与单词共生矩阵的条件概率模型可定义为

$$p(s_j \mid t_i) = \sum_{k=1}^{K} p(s_j \mid z_k) p(z_k \mid t_i) \tag{12.5.1}$$

即每幅图像中的单词可以由 K 个隐含的主题变量 $p(s_j|z_k)$ 按照系数 $p(z_k|t_i)$ 混合而成。这样，共生矩阵 $\boldsymbol{P}$ 的元素为

$$p(t_i, s_j) = p(t_i) p(s_j \mid t_i) \tag{12.5.2}$$

pLSA 模型的图表达见图 12.5.3，其中方框表示集合(大方框表示图像集合，小方框表示在图像中重复选取主题和单词)；箭头代表了结点间的依赖性；结点是随机变量，左观测结点 t(有阴影)对应图像，右观测结点 s(有阴影)对应由描述符描述的视觉词汇，中间的结点 z 为(未观察到的)隐结点，表示图像像素对应的目标类别，即主题。该模型是要通过训练建立主题 z 和图像 t 及视觉词汇 s 之间的概率映射关系，并选取最大后验概率对应的类别作为最终分类判决的结果。

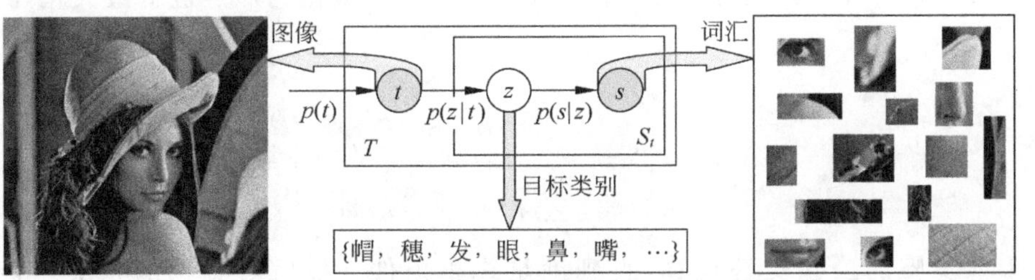

图 12.5.3　pLSA 模型示意

pLSA 模型的目标是搜索特定主题 z_k 下的词汇分布概率 $p(s_j|z_k)$ 和对应的特定图像中的混合比例 $p(z_k|t_i)$，从而获得特定图像中的词汇分布 $p(s_j|t_i)$。式(12.5.1)将每幅图像表示成 K 个主题矢量的凸组合，这可以用矩阵运算来图示，见图 12.5.4。其中，左边矩阵中每列代表给定图像中的视觉词汇，中间矩阵中每列代表给定主题中的视觉词汇，右边矩阵中每列代表给定图像中的主题(目标类别)。

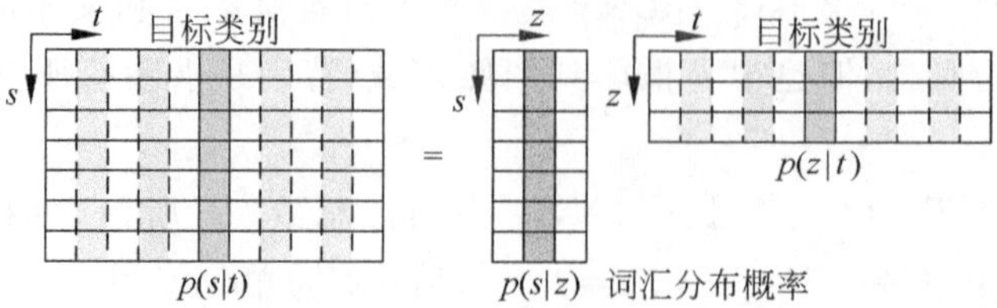

图 12.5.4　共生矩阵的分解

2. 模型计算

这里需要确定对所有图像公共的主题矢量和对每幅图像特殊的混合比例系数，其目的是确定对图像中出现的单词给以高概率的模型，从而可选取最大后验概率对应的类别作为最终的目标类别。这可通过对下列目标函数的优化来得到对参数的最大似然估计：

$$L = \prod_{j=1}^{M} \prod_{i=1}^{N} p(s_j \mid t_i)^{p(s_j, t_i)} \tag{12.5.3}$$

对隐变量模型的最大似然估计可采用**最大期望或期望最大化**(EM)算法计算。**EM 算法**是统计计算中在概率模型(依赖于无法观测的隐藏变量)中寻找参数最大似然估计或者最大后验估计的一种算法。它是一个在已知部分相关变量的情况下，估计未知变量的迭代技术。该算法有两个交替迭代的计算步骤：①计算期望(E 步骤)，即利用对隐藏变量的现有估计值，计算其最大似然估计值；②最大化(M 步骤)，即在 E 步骤求得的最大似然值基础上估计所需参数的值，所得到的参数估计值又被用于下一个 E 步骤中。

在这里，E 步骤要在对已知参数估计的基础上计算隐变量的后验概率，这可表示为(由贝叶斯公式)：

$$p(z_k \mid t_i, s_j) = \frac{p(s_j \mid z_k) p(z_k \mid t_i)}{\sum_{l=1}^{K} p(s_j \mid z_l) p(z_l \mid t_i)} \tag{12.5.4}$$

M 步骤要对从 E 步骤获得的后验概率中的完全期望数据的似然进行最大化，其迭代公式为

$$p(s_j \mid z_k) = \frac{\sum_{i=1}^{N} p(s_j \mid z_k) p(z_k \mid t_i)}{\sum_{l=1}^{K} p(s_j \mid z_l) p(z_l \mid t_i)} \tag{12.5.5}$$

E 步骤和 M 步骤的公式交替运算，直到满足终止条件。最后对类别的判决可借助下式进行：

$$z^* = \underset{z}{\operatorname{argmax}} \{ p(z \mid t) \} \tag{12.5.6}$$

3. 模型应用示例

考虑一个基于情感语义的图像分类问题[Li 2010b]。图像中不仅包含直观的场景信息还包含各种情感语义信息，除可以表达客观世界的景物、状态和环境，还能给人们带来强烈的情感反应。不同的情感类别一般可用形容词来表述，有一种情感分类框架将所有情感分为 10 种类别，包含 5 种正面的(欢乐、敬畏、满意、兴奋和无倾向性正面)和 5 种负面的(生

气、反感、惊恐、悲伤和无倾向性负面)。国际上已建立了一个**国际情感图片系统**(IAPS)数据库[Lang 1997],其中共有 1182 张彩色图片,包含的物体类别很丰富,其中属于上述 10 种情感类别的一些图片如图 12.5.5 所示,图(a)～图(e)对应 5 种正面情感而图(f)～图(j)对应 5 种负面情感。

图 12.5.5　国际情感图片系统数据库中 10 种情感类别图片示例

在基于情感语义的图像分类中,图像即为库中图片,单词选自情感类别词汇,而主题为**隐含情感语义因子**(代表底层图像特征和高层情感类别之间的一个中间语义层概念)。先用 K-均值算法将由 SIFT 算子获得的底层图像特征聚类为情感词典。然后,利用 pLSA 模型来学习隐含情感语义因子,从而得到每个隐含情感语义因子在情感单词上的概率分布 $p(s_j|z_k)$和每张图片在隐含情感语义因子上的概率分布 $p(z_k|t_i)$。最后利用**支持向量机**(SVM)方法来训练情感图像分类器,并将其用于对不同的情感类别进行分类。

例 12.5.2　分类试验结果

利用上述方法进行分类的一些试验结果见表 12.5.1,其中将每个情感类别 70%的图片作为训练集,剩余 30%的图片作为测试集。训练和测试过程重复进行 10 次,表中所示为 10 个类别的平均正确分类率(%)。情感单词 s 的取值为 200～800(间隔 100),隐含情感语义因子 z 的取值为 10～70(间隔 10)。

表 12.5.1　分类示例

z	s						
	200	300	400	500	600	700	800
10	24.3	29.0	33.3	41.7	35.4	36.1	25.5
20	38.9	45.0	52.1	69.5	62.4	58.4	45.8
30	34.0	36.8	43.8	58.4	55.4	49.1	35.7
40	28.4	30.7	37.5	48.7	41.3	40.9	29.8
50	26.5	30.8	40.7	48.9	39.5	37.1	30.8
60	23.5	27.2	31.5	42.0	37.7	38.3	26.7
70	20.9	22.6	29.8	35.8	32.1	23.1	21.9

由表 12.5.1 可见不同数量的隐含情感语义因子和情感词汇对图像分类效果的影响。当固定隐含情感语义因子的值时，随着情感词汇数量的增加，分类性能先逐渐提高后又逐渐下降，在 s 的值为 500 时最好。类似地，当固定情感词汇数量时，随着隐含情感语义因子的增加，分类性能先逐渐提高后又逐渐下降，在 z 的值为 20 时最好。所以，取 $s=500$，$z=20$ 时能获得利用上述方法可得到的最佳分类效果。□

12.5.3　LDA 模型

LDA 模型即**隐含狄利克雷分配**模型，是一个集合概率模型。它可以看作是在 pLSA 模型基础上加上超参层，并建立隐变量 z 的概率分布而形成的[Blei 2003]。

1. 基本 LDA 模型

基本的 LDA 模型可用图 12.5.6(a)来表示，其中方框表示重复/集合（大方框表示图像集合，M 表示其中的图像数；小方框表示在图像中重复选取主题和单词，N 表示一幅图像中的单词数，一般认为 N 与 q 和 z 都独立）。最左边的隐结点 a 对应每幅图像中主题分布的狄利克雷先验参数；左边的第 2 个隐结点 q 表示图像中的主题分布（q_i 为图像 i 中的主题分布），q 也称混合概率参数；左边的第 3 个隐结点 z 为主题结点，z_{ij} 表示图像 i 中单词 j 的主题；左边的第 4 个结点 s 是唯一的观测结点（有阴影），s 为观察变量，s_{ij} 表示图像 i 中第 j 个单词。最右上边的结点 b 为主题－单词层的多项式分布参数，也即每个主题中单词分布的狄利克雷先验参数。

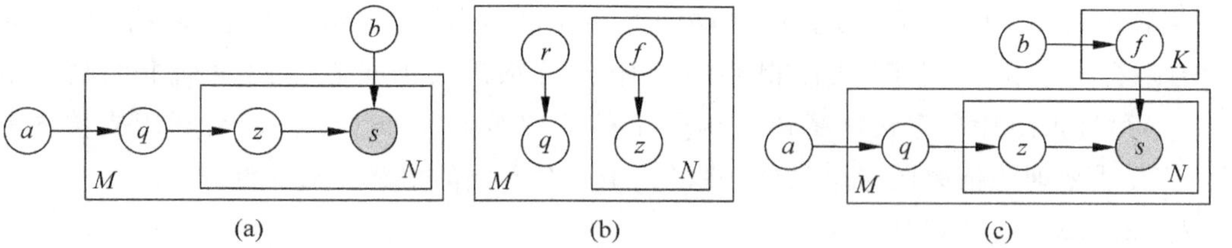

(a)　　(b)　　(c)

图 12.5.6　LDA 模型示意

由图 12.5.6(a)可见，基本的 LDA 模型是一个三层贝叶斯模型。其中，a 和 b 是属于图像集合层的超参数，q 属于图像层，z 和 s 属于视觉词汇层。

LDA 模型包含 K 个隐含主题 $z=\{z_1, z_2, \cdots, z_K\}$，图像中的每个单词均由其对应的某个主题所产生。每幅图像由 K 个主题按照特定的概率 q 混合而成。模型参数 N 服从泊松

分布；q 服从狄利克雷分布，即 $q \sim \text{Dirichlet}(a)$，$a$ 为狄利克雷分布先验（图像的主题分布符合狄利克雷的概率分布）。每个单词是词典（视觉词汇表）中的一项，可用一个只包含一个1，其余全为0的 K 维矢量表示。单词 s_j 被从词典中选出的概率为 $p(s_j|q,b)$。

LDA 模型的求解包括近似的**变分推理**（也可使用 Gibbs 采样，见[Griffiths 2004]）和参数学习两个过程。变分推理指在给定超参数 a 和 b 及观测变量 s 时，确定图像的主题混合概率 q 及每个单词由主题 z 生成的概率，即

$$p(q,z \mid s,a,b)=\frac{p(q,z,s \mid a,b)}{p(s \mid a,b)}=\frac{p(q \mid a)\left[\prod_{i=1}^{N} p(z_i \mid q) p(s_i \mid z_i,b)\right]}{\int p(q \mid a)\left[\prod_{i=1}^{N} \sum_{z_i} p(z_i \mid q) p(s_i \mid z_i,b)\right] \mathrm{d}q} \tag{12.5.7}$$

其中分母 $p(s|a,b)$ 为单词的似然函数。

由于 q 和 b 之间存在耦合关系，所以无法直接计算 $p(s|a,b)$。由 LDA 模型图可知，这种耦合关系由 q、z 和 s 之间的条件关系所导致。因此通过删除图中 q 和 z 之间的连线以及观测结点 s，可得到简化后的模型见图 12.5.6(b)，并可如下获得 $p(q,z|s,a,b)$ 的近似分布 $p'(q,z|r,f)$

$$p'(q,z \mid r,f)=p(q \mid r) \prod_{i=1}^{N} p(z_i \mid f_i) \tag{12.5.8}$$

其中，参数 r 为 q 的狄利克雷分布参数，f 为 z 的多项式分布参数。

进一步，对 $p(s|a,b)$ 取对数：

$$\log p(s \mid a,b)=L(r,f;a,b)+\mathrm{KL}[p'(q,z \mid r,f) \,\|\, p(q,z \mid s,a,b)] \tag{12.5.9}$$

上式右边的第2项表示近似分布模型 p' 与 LDA 模型 p 之间的 KL 散度。KL 散度越小，p' 越逼近 p，可通过最大化似然函数的下界 $L(r,f;\ a,b)$ 来实现最小化 KL 散度，从而求解模型参数 r 和 f。在 r 和 f 确定后，可通过采样求解 q 和 z。

参数学习过程是在给定观测变量集合 $S=\{s_1,s_2,\cdots,s_M\}$ 的条件下确定超参数 a 和 b 的过程。这可通过变分 EM 迭代来实现。其中，在 E 步骤利用前面的变分推理算法计算每幅图像的变分参数 r 和 f；而在 M 步骤收集所有图像的变分参数，对超参数 a 和 b 求偏导，最大化似然函数下界 $L(r,f;\ a,b)$，实现对超参数的估计。

实际中，一般总将基本的 LDA 模型扩展为平滑的 LDA 模型以获得更好的效果（以克服大数据集时的稀疏问题）。平滑 LDA 模型的图示见图 12.5.6(c)，其中 K 代表模型中的主题数，而 f 对应一个 $K \times V$ 的马尔科夫矩阵（V 是单词矢量的维数），其中的每行代表主题中的单词分布。

这里将图像表示成隐含主题的随机混合，其中每个主题由单词的分布来刻画。对图像集合中的每幅图像 i，LDA 的生成过程为：

(1) 选取 q_i 满足狄利克雷分布 $q_i \sim \text{Dirichlet}(a)$，其中 $i \in \{1,\cdots,M\}$，Dirichlet(a) 是参数 a 的狄利克雷分布；

(2) 选取 f_k 满足狄利克雷分布 $f_k \sim \text{Dirichlet}(b)$，其中 $k \in \{1,\cdots,K\}$，Dirichlet(b) 是参数 b 的狄利克雷分布；

(3) 对每个单词 s_{ij}，其中 $j \in \{1,\cdots,N_i\}$，选取一个主题 $z_{ij} \sim \text{Multinomial}(q_i)$ 和选取一

个单词 $s_{ij} \sim \text{Multinomial}(f_{z_{ij}})$，其中 Multinomial 代表多项式分布。

2. SLDA 模型

为进一步为提高 LDA 模型的分类性能，可以设法在其中引入类别信息，这样就得到**有监督 LDA 模型——SLDA** 模型[Wang 2009]，其图模型见图 12.5.7(a)，上部各个结点的含义与图 12.5.6(a)相同，下部增加了一个与主题 z 相关的类别标记结点 l。可以通过对 Softmax 分类器中的参数 h 来预测主题 $z \in Z = \{z_k\}, k=1,\cdots,K$ 所对应的标记 l。SLDA 模型中对主题 z 的推理受类别标记 l 的影响，从而使得学习到的单词－主题分布超参数 d 更适合于分类任务(也可用于标注)。

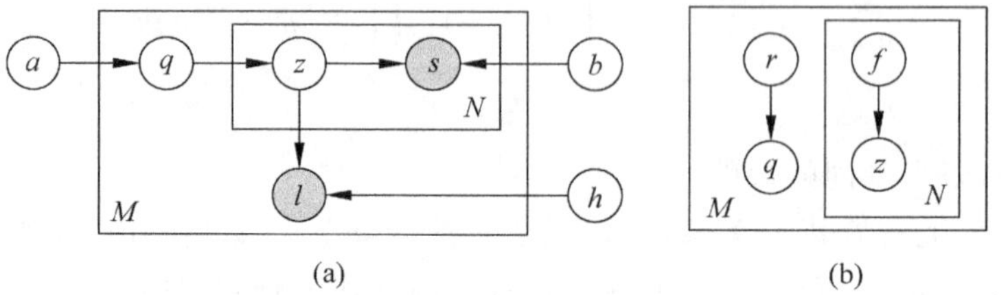

图 12.5.7　SLDA 模型示意

SLDA 模型中图像的似然函数为：

$$p(s,l \mid a,b,h) = \int p(q \mid a) \sum_{z_i} \left[\prod_{i=1}^{N} p(z_i \mid q) p(s_i \mid z_i, b) \right] p(l \mid z_{1:N}, h) \mathrm{d}q \tag{12.5.10}$$

其中 h 为类别标记 l 的控制参数。参数的学习过程是在给定观测变量集合 $S=\{s_1, s_2, \cdots, s_M\}$ 和类别信息 $\{l_i\}_{i=1:M}$ 的条件下确定超参数 a, b 及 h 的过程。这可通过变分 EM 算法来实现。SLDA 的变分推理是指在给定超参数 a,b,h 及观测变量 s 的条件下确定图像的主题混合概率 q、每个单词的主题概率 z 以及图像类别标记 l 的过程。相比于 LDA，SLDA 的变分 EM 算法及变分推理方法更为复杂[Wang 2009]。

简化后的 SLDA 模型见图 12.5.7(b)，与图 12.5.6(b)的简化 LDA 模型相同。

总结和复习

为更好地学习，下面对各小节给予概括小结并提供一些进一步的参考资料；另外给出一些思考题和练习题以帮助复习(文后对加星号的题目还提供了解答)。

1. 各节小结和文献介绍

12.1 节仅对场景分析、场景感知层次和场景语义解释进行了概况介绍。场景理解是一个涉及面广泛，近年来研究较多，需要不同学科交融的领域，有不少书籍对其中的不同方向进行了较全面和详细的介绍，如[罗 2006]、[高 2009]。利用贝叶斯网络进行图像语义理解的一个工作见[Luo 2005]。

12.2 节介绍了模糊集合与模糊运算的基本概念，更多的介绍内容可见专门书籍，如[张 2010]、[Cox 1994]。模糊推理在很多图像领域，如图像质量评价，图像分割，有监督和无监督图像模式识别，基于图像的决策等都得到广泛应用(一些方法可参见[Duda 2001]、

[Theodoridis 2009])。

12.3 节先简单介绍了遗传算法的基本原理和运算，更多的介绍内容可见专门书籍，如[韩 2010]、[Mitchell 1996]。遗传算法不仅可解释对图像的语义分割，也可结合模糊集合方法用于基于像素点统计特性及其空间邻域信息的分割[薛 2000]。

12.4 节介绍了对场景中目标进行松弛标记的两种方法。松弛方法以迭代形式进行，本质上是并行的，其过程与人类猜测推理过程类似。一般先建立初始标记，再逐步更新，期间利用各种关系缩小搜索范围，直到最终取得正确结果。一个早期的综述可见[Kittler 1985]。关联概率进行自动图像标记的一个方法见[Xu 2008]。近年还有很多相关工作。例如，结合低秩模型对图像加标签的工作可见[Li 2016a]和[Li 2016b]。通过对目标检测和定位实现图像注解的工作可见[Yang 2017]。借助低秩分解在标签缺失条件下对图像进行注释的工作可见[Li 2017]。

12.5 节介绍了基于特征包框架对场景分类的两种模型——概率隐语义分析(pLSA)模型和隐狄理克雷分配(LDA)模型。使用 LDA 主题建模对多模态数据标记的一个工作可见[Zheng 2014]和[Zheng 2016]。对情感图片的计算还可见[Zhang 2015b]。在基于特征包的场景分类中，构建视觉词汇词典是重要一环，词典的质量对分类的性能有着重要的影响。有关如何优化学习词典的两个示例工作可见文献[段 2012a]和[刘 2012]。一个基于线性规划自举进行半监督图像分类的工作可见文献[Li 2011]。一个利用鉴别稀疏编码进行图像分类的工作可见[Liu 2012]。利用稀疏表达的场景分类可见[段 2012b]和[段 2012c]。利用编码层特征组合的场景分类可见[崔 2013]。一个将图像分类和检索相结合的示例见[Zhang 2008b]。对近期图像分类的一个综述见[Zhang 2015a]。

2. 思考题和练习题

12-1 图题 12-1 给出暗灰度模糊集 D，亮灰度模糊集 B 和中灰度模糊集 M 的隶属度函数。由图可见，对一个给定的灰度 g，它可以对应多个不同的隶属度函数值，试解释之。

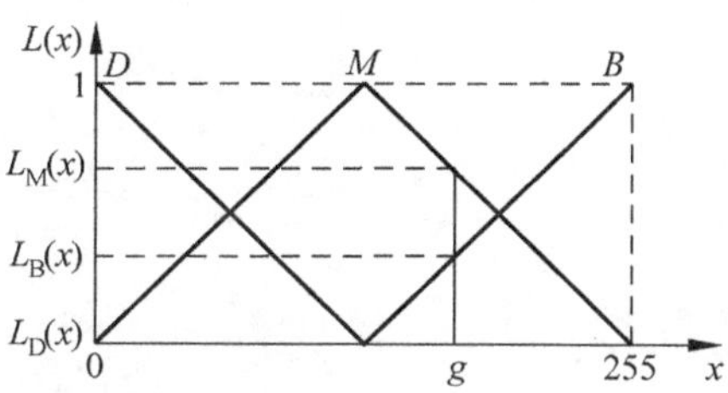

图题 12-1

***12-2** 在题 12-1 中，如果 $L_M(x)=2/3, L_B(x)=1/3$，那么灰度 g 是多少？

12-3 如图题 12-1 所示，当 $g=200$ 时，$L_D(x)$，$L_M(x)$，$L_B(x)$ 各为多少？当 $g=20$ 时呢？

12-4 试证明在模糊逻辑中，一个集合与它的补集的交并不是一个空集。

12-5 利用基于语义的区域生长方法也可用于图像的语义分割和解释。但利用遗传算法进行语义分割和解释时相当于结合了对图像的分裂与合并。试解释为什么可以这样说？这样做又带来了什么优势？

12-6 如果在例 12.3.1 中，不是利用式(12.3.3)而是利用式(12.3.4)来计算标记为球区域的圆形性和球区域在草地区域中位置的置信度，那么随机变异的步骤和结果会如何变化？

12-7 如果对图 12.3.2(a)中随机区域标记得到的初始码串为 $BLLLB$ 和 $BBLBL$，试画出其对应的两组分割假设图。接下来的复制、交叉、变异过程会是什么样的？复制和交叉分别起什么作用？

12-8 在从图 12.4.2(c)到图 12.4.2(d)之间应该有一系列中间步骤，试将它们补画出来。要求每次仅确定一个目标，并将所用的性质列出来。

12-9 对比采用图像栅格法和高斯差分法在获取图像局部特征描述时的区别手段，它们对所获得的描述矢量以及最终的分类结果各会产生什么样的效果？

12-10 设有一些室内场景的图像，如教室、会议室、办公室、展览室、体育馆、图书馆（藏书室）等，试利用 pLSA 模型来对它们进行分类，给出其中一些图像、单词、主题的示例（文字和图），并描述工作流程。

***12-11** 对图 12.5.6(a)的基本 LDA 模型，画出其各个结点用图像中的概念和实例给出的图示。

12-12 设场景分类的工作和要求同题 12-10，但这次使用 SLDA 模型。

第4单元　研究示例

本单元包括3章，分别为

第13章　多传感器图像信息融合

第14章　基于内容的图像和视频检索

第15章　时空行为理解

图像理解的研究已有多年历史，但相对于图像处理和图像分析，发展还不成熟，研究成果还较少。这既表明对图像理解的研究还需加强，也表明图像理解的研究还大有可为。

结合对图像工程文献的综述统计，近年有一些图像理解的应用研究领域得到了较多的关注，本单元选取其中3个给予特别介绍，它们也分别对应当前图像理解大类中文献数量最多的3个小类。从这些应用领域提炼出的需求也进一步促进了图像理解研究的发展。

第13章介绍多传感器图像信息融合。随着传感器技术进步，现已有许多获取不同特性图像的装置和方式。使用多传感器系统和多信息融合技术可以提高容错功能（当某些传感器发生故障时，其他传感器仍可获取环境信息，维持正常工作），提高测量精度（使用多个描述同一特征的信息，减小了测量不准确所引起的不确定性），提高信息加工速度（多个传感器可分工并行工作），提高信息的利用效率，并降低信息获取的成本。由于有这些优势，多传感器图像信息融合目前已成为图像理解研究和应用中的一个主要热点。该章结合图像融合的三个层次——像素层、特征层和决策层——进行讨论，分别介绍像素层的典型技术和应用，以及特征层和决策层所用典型方法的原理。

第14章介绍基于内容的图像和视频检索。这是在进入信息化社会、各种类型的视觉信息在全球得到广泛采集、传输和应用背景下信息技术的一个新的重要研究领域。虽然许多技术借助了对视觉特征的底层加工，但基于内容的图像和视频检索本质上是要把握高层语义内容，属于图像理解的范畴。该章先概述介绍基于内容的图像和视频检索的基本原理和流程以及主要功能模块，分析了相关的语义层次，然后从低到高进行介绍。先从视觉感知层开始，介绍了基于颜色、纹理、形状和运动信息的一些基本方法，在此基础上讨论如何对各种视频节目的结构化组织从而能有效索引和利用视频内容，还介绍了对图像进行高层抽象语义分类的工作。

第15章介绍时空行为理解。图像理解需要借助图像全面把握场景信息，分析场景含义，解释场景动态。为此，需要对场景中各种目标在时间和空间上全面检测和跟踪，并在充分掌握时空信息的基础上借助知识进行推理、判断举止、解释场景。这些都需要使用有效的面向时空行为理解的时空技术。目前这还是一个相对较新的研究领域，研究工作正在分层次展开。该章由低向高分别介绍了时空兴趣点的检测、基于时空兴趣点的动态轨迹和活动路径的特性、动作分类和识别、动作和活动（包括事件和行为）的建模以及对动作和活动进行联合建模和识别的技术等。

第13章　多传感器图像信息融合

多传感器信息融合是将来自多个传感器的信息数据进行综合加工，获得比仅使用单个传感器信息数据更全面、准确、可靠的结果的信息技术和过程。**融合**也可定义如下：对由不同传感器获取的数据进行综合处理和分析，并进行协调、优化、整合，从中提取更多的信息或获得新的有效的信息，从而提高决策能力的技术和过程。融合可以扩展对空间和时间信息检测的覆盖范围，提高和改善检测能力，减小信息的模糊性，增加决策的可信度和系统的可靠性。

图像信息融合是一种特殊的多传感器融合，它以图像为加工对象。有人将多分辨率图像（见本套书上册第15章）的结合也归于融合，不过这里主要讨论多传感器图像信息融合。

根据上述的讨论，本章各节将安排如下。

13.1节先对信息融合给予概括的评述，并介绍信息的类别，融合的分级和层次，以及主动视觉和主动融合的概念。

13.2节介绍图像融合的主要步骤，三个融合层次和对融合效果的主客观评价方法。

13.3节介绍像素级融合的几种基本方法以及将它们结合的技术，简单介绍了基于压缩感知的图像融合的过程，还结合一些实例介绍了像素级融合的一些应用。

13.4节讨论三种在特征级和决策级融合中所用方法的技术原理，包括贝叶斯法、证据推理法和粗糙集理论法。

13.1　信息融合概述

人类对客观世界的各种感知是大脑与多个感官综合作用的结果，其中不仅包括视觉信息，也包括多种非视觉信息。例如目前人们正在研究的智能型机器人可以具有视觉、听觉、嗅觉、味觉、触觉（痛觉）、热觉（温觉）、力觉、滑动觉、接近觉等传感器[罗 2002]。它们感知的是同一环境下景物不同侧面的信息，这些信息互相之间必然是相关的。为此需要采用与之相应的信息综合加工技术，协调各传感器间的工作，这就涉及多传感器融合的理论和方法。

1. 多传感器信息融合

多传感器信息融合是人类的一种基本能力。一般单个传感器所提供的信息常是不完整、不精确、模糊的或甚至是互相矛盾的，即有相当的不确定性。人类本能地具有将身体上的各种功能器官所探测到的信息与先验知识进行综合，并对环境和其中的事件做出估计、解释和判断的能力。用计算机和电子器件来实现多传感器信息融合可看作是对人脑综合处理复杂问题的一种功能模拟。

多传感器信息融合中，把传感器获取的信息放在一起进行综合处理，这在解决探测、跟踪和目标识别等问题上具有如下好处：

(1) 通过使用多个传感器观测不同区域可以增强系统的空间覆盖范围；

(2) 通过使用多个传感器观测同一区域可以提高观测的空间分辨率；

(3) 通过使用多个传感器探测同一区域可以增强系统的可靠性和可信度；

(4) 通过使用多种类型的传感器观测同一目标可以增加信息量并减少模糊度。

与多传感器信息融合的形式相对应，可将从外部采集到的信息分为如下三类。

(1) 冗余信息：指由多个独立传感器(常为同质)提供的关于环境信息中同一特征的信息，也可指由某一个传感器在一段时间内多次测量得到的信息。冗余信息可用来提高容错能力及可靠性。对冗余信息的融合可减少测量噪声引起的不确定性，提高系统的精度。

(2) 互补信息：指由多个独立传感器(常为异质)提供的关于环境信息中不同特征的信息。将这些信息综合起来就可以构成更为完整的环境描述。互补信息的融合减少了由于缺少某些环境特征而导致的对环境理解的歧义，可提高描述环境时的完整性和准确性，增强正确决策的能力。

(3) 协同信息：如在多传感器系统中某个传感器信息的获取必须依赖于其他传感器的信息时，这些信息称为协同信息。协同信息的融合常与各传感器使用的时间顺序有关。

2. 信息融合层次

将信息融合划分为不同的层次有多种不同的方法。例如，根据信息抽象的层次，可将信息融合分成五级(这里主要结合国防应用以战场的战略预警为背景，考虑军事 C^3I 系统——指挥、控制、通信和情报)[何 2000]。

(1) 检测级融合

检测级融合指直接在多传感器的信号检测级进行的融合，即先对单个传感器检测到的信号进行预处理，再将其传输到中心处理器。

(2) 位置级融合

位置级融合指在各单个传感器的输出信号上的融合。这里既可包括时间融合又可包括空间融合，通过时间融合获得观察目标的状态，通过空间融合获得目标的运动轨迹。

(3) 目标识别级融合

目标识别级融合指根据目标识别分类的目的将检测到的目标属性进行融合。采取的方法又可分成三种。①决策融合：将各单个传感器给出的对目标属性的估计分类进行融合以获得一致的估计。②特征融合：将各单个传感器给出的目标特征描述矢量进行融合，利用联合矢量进行估计。③数据融合：将各单个传感器给出的原始数据直接进行融合，然后基于融合结果进行特征提取和目标估计。

(4) 态势评估级融合

态势评估级融合指在目标识别基础上对整个场景进行的分析评估，这需要将各种目标、事件的属性和行为结合起来，以描述场景中发生的活动。

(5) 威胁估计级融合

态势强调的是状态，而威胁更强调趋势。威胁估计级融合不仅要考虑状态信息还要结合先验知识，从而获取状态变化的趋势和事件可能的后果。

3. 主动视觉和主动融合

为解决仅仅使用单幅静止图像来理解场景这样一个病态问题，人们在1988—1989年提出了一个新的框架，称为**主动感知**或**主动视觉**，并被扩展为"**主动、定性、有目的视觉**"[Andreu 2001]。其中的基本思路是要让一个主动的观察者对场景采集多幅图像并综合利用它们以将病态问题转化为明确定义的和容易解决的问题。

如果一个主动视觉系统对一个场景获取了不止一幅图像，或者更一般地在场景中有运动着的观察者和目标且系统装备了多个传感器的情况下，要解决的基本问题就是如何将从多个传感器或在多个时间获取的信息集成起来。具体就是要实现：①从不同的信息源选择信息；②在空间和时间对信息进行配准；③将不同的信息融合成新的状态；④集成不同抽象层次(像素、特征、符号)的信息。

借助主动视觉中主动的含义，人们提出了主动融合的概念。图13.1.1给出一个以主动融合为核心的图像理解的表达和控制框架[Andreu 2001]。图中上半部对应真实世界的情况，下半部反映将其映射到计算机的情况。图里矩形实线框指示处理框而虚线框指示表达框，实线箭头指示控制流而虚线箭头表示数据流，其中用黑体字和粗箭头强调了融合在此框架中的作用。融合过程在结合信息时主动地选择需要分析的信息源并控制对数据的处理，所以称为**主动融合**。融合可以在孤立的层次进行(如融合多幅输入图像以产生一幅输出图像)，也可以结合不同表达层次的信息(如根据地图、数字高程模型和图像信息产生一幅热分布图)。在所有层次的处理都可以根据需要进行并得到控制(如选择输入图像，选择分类算法，细化所选区域的结果)。

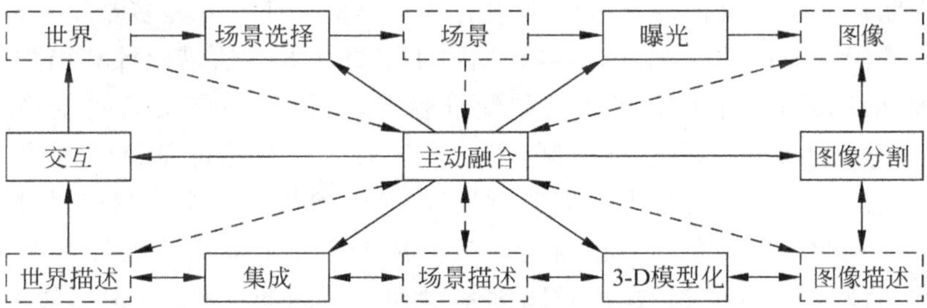

图13.1.1 根据主动融合概念建立的通用图像理解框架

13.2 图像融合

从本节开始主要考虑图像和视频信息的融合，或者说视觉信息的融合。

现在成像的模式有很多种，其中使用了许多种可以采集不同类型图像/视频的传感器，如可见光传感器(CCD，CMOS)、红外传感器、深度传感器、层析成像(CT)、磁共振成像(MRI)、合成孔径雷达(SAR)及毫米波雷达传感器(MMWR)等。

13.2.1 图像融合的主要步骤

为实现**图像融合**，需要使用多种图像技术，完成三个步骤的工作。

1. 图像预处理

对图像的预处理常包括图像归一化(灰度均衡、重采样、灰度插值)、图像滤波、增强图像的色彩和图像的边缘等(典型技术可参见本套书上册)。图像融合常在不同尺寸、不同分辨率和不同灰度/彩色动态范围的图像之间进行。图像归一化是要对这些参数进行归一化,这里除进行几何校正外,还可能要对各幅图像分别进行重采样以使它们具有相同的分辨率。图像滤波是要对高分辨率的图像进行高通滤波,获得高分辨率图像的高频纹理信息,以将其与低分辨率图像进行融合时能保持高分辨率图像的高频纹理信息。图像色彩增强是要对低分辨率图像进行色彩增强,增加其色彩反差,在不改变低分辨率图像原有光谱信息的基础上使得图像色彩比较明亮,从而把低分辨率图像的光谱信息充分反映到融合图像上。图像边缘增强是对高分辨率图像进行的,既要尽可能降低噪声,又要使得图像边界清晰、层次分明,以把高分辨率图像的空间纹理信息有效地融合到低分辨率图像中去。

2. 图像配准

图像配准是要将各幅需要融合的图像进行空间配准(参见 11.1.2 小节)。图像融合对配准精度有较高的要求,如果空间误差超过一个像素,则融合结果会出现重影,严重影响融合图像的质量。

图像配准可分为相对配准和绝对配准。相对配准指从同一类的多幅图像中选择某一(波段)图像作为参考图像,然后将其他(波段)的图像与参考图像进行配准。绝对配准则指以同一空间坐标系为参考系,将需要融合的多幅图像都与此参考系进行配准。

图像配准从技术上也可以分为基于区域的配准和基于特征的配准,可分别参考 6.2 节和 6.3 节。**控制点**是基于特征的配准中常用的一种典型特征。有许多基于控制点的图像配准算法需要首先确定对应的匹配点对,再利用最小二乘法等方法借此计算出配准参数,从而对图像进行配准。为同时得到配准点对和配准参数,可以使用广义哈夫变换(见中册 4.2 节)。广义哈夫变换可看作一种投票机制,当正确的对应点对超过总控制点数的一半时,就能够得到较好的配准结果。但是由于需要对尺度、旋转参数和可能控制点对进行全局搜索,所以广义哈夫变换的计算复杂度会相当大。为了减小广义哈夫变换的计算复杂度,可以使用迭代的方法,将哈夫变换的参数分离开,逐步得到最佳的变换参数,这样就可大大降低计算复杂度。

然而迭代哈夫变换比较容易受到初始变换参数和参数取值范围的影响,经常会收敛到局部极大。为此可结合广义哈夫变换的鲁棒性和迭代哈夫变换的高效性,使用多尺度分解哈夫变换的方法,其整体框架可见图 13.2.1[Li 2005a]。

基于多尺度哈夫变换的图像配准算法同时结合了广义哈夫变换和迭代哈夫变换的优点。它在低分辨率层时仅使用较少数量的控制点、利用较大参数精度间隔的广义哈夫变换得到变换参数的初始值。由于只需要少数控制点,所以能降低广义哈夫变换的计算复杂度。它在高分辨率层采用计算速度较快的迭代哈夫变换,用更多的控制点并结合使用广义哈夫变换所得到的初始配准参数来获得精度更高的变换参数。

3. 图像融合

经过预处理和配准,就可对所得到的图像进行信息方面的融合。定量信息融合是将一组同类数据经融合后给出一致的数据,是从数据到数据的转换;而定性信息融合则可将多个单一传感器决策融合为集体一致的决策,是多种不确定性表达与相对一致表达间的转换。

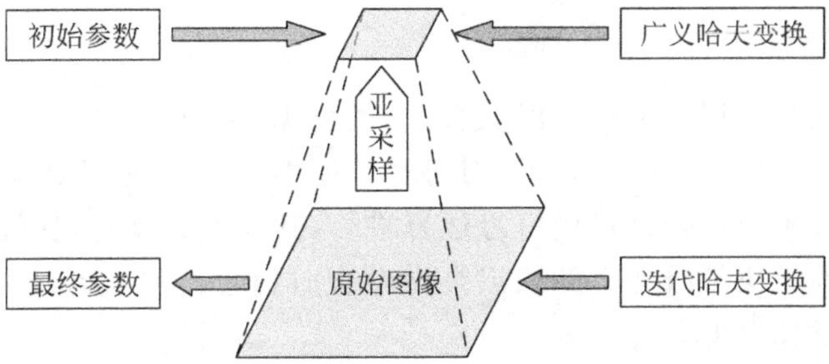

图 13.2.1 基于控制点的多尺度哈夫变换图像配准整体框架

定量信息融合主要处理数值型信息,而定性信息融合主要处理非数值型信息。一些具体技术可见下面几节。

13.2.2 图像融合的三个层次

一般将对多传感器图像的融合方式从层次上由低到高分为三级,即**像素级融合**、**特征级融合**和**决策级融合**([Polhl 1998])。这种划分与要借助图像融合完成的整体工作步骤有关。如图 13.2.2 所示的多传感器图像融合三级流程图中,从采集场景图像到做出判断决策共有三个步骤,即特征提取、目标识别和判断决策。图像融合的三个层次正好分别对应这三个步骤。像素级融合是在特征提取之前进行的,特征级融合则是在目标识别(属性说明)之前进行的,而决策级融合是在(根据各传感器数据的独立属性)判断决策之前进行的。下面分别讨论。

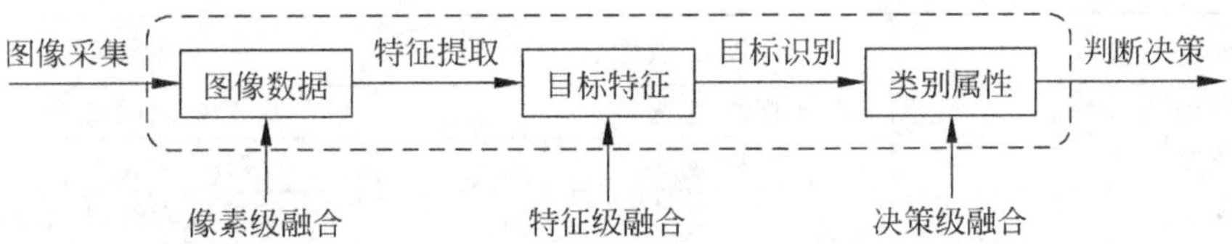

图 13.2.2 多传感器图像融合的三级流程

1. 像素级融合

像素级融合是在底层的数据层进行的融合,指对图像传感器原始采集来的物理信号数据(两幅或多幅图像)进行处理和分析,生成目标特征而获得单一融合图像。像素级融合是一种基本的融合方式,也是高层融合的基础层次。像素级融合的优点是可以保留尽可能多的原始信息,所以比另外两级融合的精度更高。像素级融合的主要缺点是处理信息的数量大、实时性差、计算成本高(对数据传输带宽以及配准精度要求也很高),并且要求融合数据是由同类或差异不大的传感器所获取的。

2. 特征级融合

特征级融合是一种在中间层次进行的融合,它需要对原始图像提取特征,获得景物信息(如目标的边缘、轮廓、形状、表面朝向和相互间距离等)并进行综合,以得到置信度更高的判断结果。特征级融合既保留了重要信息,又可对数据量进行压缩,比较适用于异类或有很大差别的传感器。特征级融合的优点是涉及的数据量比像素级融合要少,有利于实时处理,并且所提供的特征直接与决策分析相关。特征级融合的缺点是比像素级融合的精度要差一些。

3. 决策级融合

决策级融合是在最高层次上进行的融合，它能根据一定的准则以及每个决策的可信度直接做出最优决策。在决策级融合之前，对每种传感器相应的处理部件已经完成了目标分类或识别的工作。决策级融合常借助符号运算进行，其优点是具有很强的容错性、很好的开放性和很高的实时性。决策级融合的缺点是在融合时信息已可能有比较大的损失，所以空间和时间上的精度常比较低。

上述三种融合方式的一些主要特点总结在表 13.2.1 中[贾 2000b]。

表 13.2.1 三种融合方式的主要特点

融合级	融合层次	信息损失	容错性	抗干扰能力	精度	实时性	计算量
像素级	低	小	差	差	高	差	大
特征级	中	中	中	中	中	中	中
决策级	高	大	优	优	低	好	小

对不同融合方式所采用的技术方法常常有区别，但有些技术也可以用于不同融合方式(级)的融合。在上述三种融合方式中常用的一些融合技术方法分别列在表 13.2.2 中[贾 2000b]、[罗 2002]。不同的融合方式从抽象角度看处在不同的层次，融合的发展趋势有从像素到区域(目标)的趋向[Piella 2003]。对其中若干典型技术方法(加阴影)的介绍见下两节。

表 13.2.2 三种融合方式中常用的一些融合技术方法

像素级融合方法	特征级融合方法	决策级融合方法
加权平均法	加权平均法	基于知识的融合法
金字塔融合法	贝叶斯法	贝叶斯法
HSI 变换法	证据推理法(D-S 理论)	证据推理法(D-S 理论)
PCA 变换法	神经网络法	神经网络法
小波变换法	聚类分析法	模糊集理论法
高通滤波法	熵法	可靠性理论
Kalman 滤波法	表决法	逻辑模块法
回归模型法		产生式规则法
参数估计法		粗糙集理论法

13.2.3 图像融合效果评价

对图像融合效果的评价是融合中研究的重要内容。对不同层次融合的效果评价常采用不同的方法和指标。对低层的融合常更多地从视觉效果来分析比较，而对高层的融合则更强调融合对完成任务的帮助作用。虽然图像融合的方法多种多样，融合技术千差万别，但是融合图像信息量的丰富和图像质量的改善始终是图像融合的根本目的，也是衡量各种融合方法效果的基本准则。理想的融合过程既应有对新信息的挖掘引入，也应有对原来有用信息的保留，融合效果评价应该包括创新性和继承性。

对图像融合效果的评价与对编码图像和解码图像的失真评价有所不同。图像编码评价中考虑的是输入和输出图像之间的区别，区别越小（失真越小）越好。图像融合中的输入至少有两幅图像，融合效果并不完全由它们分别与输出图像的差别大小而决定。目前对融合效果进行系统和全面评价的方法还在不断研究中。

对图像融合效果的评价包括主观评价和客观评价。前者依靠观察者的主观感觉，但需要注意这不仅随观察者本身的不同而不同，也会随观察者的兴趣以及应用领域和场合的要求不同而不同。客观评价常根据某些可计算的指标来判断，与主观视觉效果有一定的相关性但又不等价。在下面介绍的一些基本评价指标中，$f(x,y)$表示原始图像，$g(x,y)$表示融合后的图像，它们的尺寸均为 $N\times N$。讨论中 $f(x,y)$和 $g(x,y)$都以灰度图像为例，但得到的评价指标也很容易推广到其他类图像的情况。

1. 主观评价

主观评价常通过目视或目测来进行，具体评价中常要对以下内容进行判断：

（1）判断图像配准的精度，如果配准不好，那么融合图像就会出现重影。

（2）判断融合图像的整体色彩分布，如果它能与天然色彩保持一致，则融合图像的色彩就真实。

（3）判断融合图像的整体亮度和色彩反差，如果整体亮度和色彩反差不合适，就会出现蒙雾或斑块等现象。

（4）判断融合图像的纹理及彩色信息是否丰富，如果光谱与空间信息在融合过程中有丢失，则融合图像会显得比较平淡。

（5）判断融合图像的清晰度，如果图像的清晰度降低，则目标影像的边缘会变得模糊。

主观评价的方法在对一些明显的图像信息进行评价时比较直观、快捷、方便，但一般仅是比较定性的分析说明，且主观性比较强。

2. 基于统计特性的客观评价

（1）灰度均值

一幅图像的灰度平均值反映为人眼感觉到的平均亮度，对图像的视觉效果有较大影响。一幅融合图像的灰度均值为

$$\mu=\frac{1}{N\times N}\sum_{x=0}^{N-1}\sum_{y=0}^{N-1}g(x,y) \tag{13.2.1}$$

如果一幅图像的灰度均值大小适中，则图像的主观视觉效果会比较好。

（2）灰度标准差

一幅图像的灰度标准差反映了各个灰度相对于灰度均值的离散情况，可用来评价图像反差的大小。一幅融合图像的灰度标准差的计算公式为

$$\sigma=\frac{1}{N\times N}\sqrt{\sum_{x=0}^{N-1}\sum_{y=0}^{N-1}[g(x,y)-\mu]^2} \tag{13.2.2}$$

如果一幅图像的灰度标准差较小，则表明图像的反差较小（相邻像素间的对比度较小），图像整体色调比较均匀单一，可观察到的信息较少。如果灰度标准差较大，则情况相反。

（3）平均灰度梯度

一幅图像的平均灰度梯度与灰度标准差类似，也反映了图像中的反差情况。由于梯度的计算常围绕局部区域进行，所以平均梯度更多地反映了图像局部的微小细节变化和纹理特征。一种计算融合图像平均灰度梯度的公式为

$$A=\frac{1}{N\times N}\sum_{x=0}^{N-1}\sum_{y=0}^{N-1}\sqrt{G_X^2(x,y)+G_Y^2(x,y)} \tag{13.2.3}$$

式中，$G_X(x,y)$和$G_Y(x,y)$分别为$g(x,y)$沿X和Y方向的差分(梯度)。如果一幅图像的平均灰度梯度较小，表示图像层次较少；反之平均梯度较大，一般图像会比较清晰。

(4) 灰度偏差

融合图像与原始图像之间的灰度偏差反映了它们在光谱信息上的差异情况(也有人称为光谱扭曲)，其计算公式为

$$D=\frac{1}{N\times N}\sum_{x=0}^{N-1}\sum_{y=0}^{N-1}\frac{|g(x,y)-f(x,y)|}{f(x,y)} \tag{13.2.4}$$

如果灰度偏差较小，则表明融合后的图像较好地保留了原始图像的灰度信息。

(5) 均方差

在理想图像(即融合的期望结果，或真值)已知的情况下，可以利用理想图像和融合图像之间的均方差来对融合结果进行评价。如果理想图像用$i(x,y)$表示，则它们之间的均方差为

$$E_{\text{rms}}=\left\{\frac{1}{N\times N}\sum_{x=0}^{N-1}\sum_{y=0}^{N-1}[g(x,y)-i(x,y)]^2\right\}^{1/2} \tag{13.2.5}$$

3. 基于信息量的客观评价

(1) 熵

考虑一幅图像的熵，它是衡量该图像中信息量丰富程度的指标。参见本套书上册式(9.2.2)，一幅图像的熵可以根据该图像的直方图来计算。设图像的直方图为$h(l)$，$l=1$，2，…，L，则熵为

$$H=-\sum_{l=0}^{L}h(l)\log[h(l)] \tag{13.2.6}$$

如果融合图像的熵大于原始图像的熵，说明融合图像的信息量比原始图像的信息量有所增加。

(2) 交叉熵

融合图像与原始图像之间的交叉熵(也称有向散度)直接反映了两幅图像所含信息量的相对差异。对称形式的交叉熵称为对称交叉熵。如果融合图像与原始图像的直方图分别为$h_g(l)$和$h_f(l)$，$l=1,2,\cdots,L$，则它们之间对称交叉熵的计算公式为

$$K(f:g)=-\sum_{l=0}^{L}h_g(l)\log\left[\frac{h_g(l)}{h_f(l)}\right]-\sum_{l=0}^{L}h_f(l)\log\left[\frac{h_f(l)}{h_g(l)}\right] \tag{13.2.7}$$

交叉熵越小，说明融合图像从原始图像中得到的信息量越多。

(3) 相关熵/联合熵

融合图像与原始图像之间的相关熵也是反映两幅图像之间相关性的量度。两幅图像之间的相关熵可用下式计算：

$$C(f:g)=-\sum_{l_2=0}^{L}\sum_{l_1=0}^{L}P_{fg}(l_1,l_2)\log P_{fg}(l_1,l_2) \tag{13.2.8}$$

式中$P_{fg}(l_1,l_2)$表示两幅图像同一位置像素在原始图像中灰度值为l_1，而在融合图像中灰度值为l_2的联合概率。一般来说，融合图像与原始图像之间的相关熵越大，则融合效果

越好。

(4) 互信息

两幅图像间的互信息反映了它们之间的信息联系(参见本套书上册式(9.2.11)),可利用图像直方图的概率含义来计算。借助上面定义的 $h_f(l)$, $h_g(l)$ 和 $P_{fg}(l_1,l_2)$,两幅图像间的互信息为

$$H(f,g)=\sum_{l_2=0}^{L}\sum_{l_1=0}^{L}P_{fg}(l_1,l_2)\log\frac{P_{fg}(l_1,l_2)}{h_f(l_1)h_g(l_2)} \tag{13.2.9}$$

如果融合图像 $g(x,y)$ 是由两幅原始图像 $f_1(x,y)$ 和 $f_2(x,y)$ 得到的,则 $g(x,y)$ 与 $f_1(x,y)$ 和 $f_2(x,y)$ 的互信息为(如果 f_1 和 g 的互信息与 f_2 和 g 的互信息有关,则需减去相关部分 $H(f_1,f_2)$)

$$H(f_1,f_2,g)=H(f_1,g)+H(f_2,g)-H(f_1,f_2) \tag{13.2.10}$$

它反映了最终融合图像当中所包含的原始图像信息量。对更多幅图像的融合可将上式进行推广使用。

4. 依据融合目的评价

融合评价指标的选取常根据融合的目的进行,下面给出几个例子:

(1) 若融合的目的是去除图像中的噪声,则可采用基于信噪比的评价指标;

(2) 若融合的目的是提高图像分辨率,则可采用基于统计特性及光谱信息的评价指标;

(3) 若融合的目的是提高图像信息量,则可采用基于信息量的评价指标;

(4) 若融合的目的是提高图像清晰度,则可采用基于平均灰度梯度的评价指标。

一般图像清晰度的提高对丰富细节信息和改善视觉效果很有帮助,所以要从局部和主观方面反映融合效果,常可借助基于统计特性的指标进行融合效果评价。一般图像信息量的提高将有助于进行图像特征提取和目标识别,所以要从整体和客观方面反映融合效果,常可借助基于信息量的指标进行融合效果评价。

13.3 像素级融合方法

在**像素级融合**中,拟融合的原始图像常有一些不同但互补的特性,所以对它们进行融合所采取的方法也要考虑它们的这些不同特性。

13.3.1 基本融合方法

下面以对 Landsat 地球资源卫星所获得的 **TM** 多光谱图像和 **SPOT** 遥感卫星所获得的 SPOT 全色图像进行融合为例,先介绍几种比较基本和典型的像素级融合方法(一些实验结果图像见下一小节)[边 2005]、[Li 2005b]。目前 TM 多光谱图像覆盖了从蓝色到热红外谱段(波长为 0.45~12.5μm)的七个波段,而 SPOT 全色图像覆盖了可见光和近红外谱段(波长为 0.5~1.75μm)的五个波段。SPOT 图像的空间分辨率要比 TM 图像高,但 TM 图像的光谱覆盖范围要比 SPOT 图像大。图 13.3.1(a)和(b)分别给出对同一场景获取的(波长为1.55~1.75μm 的 TM5 波段)TM 图像 $f_t(x,y)$ 和(波长为 0.5~0.73μm)SPOT 全色图像 $f_s(x,y)$。

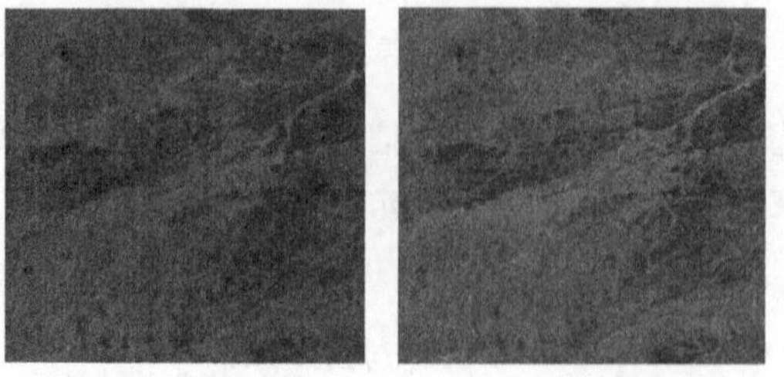

图 13.3.1　TM 原始图像和 SPOT 原始图像示例

1. 加权平均融合法

加权平均融合法是一种比较简单直观的方法，其具体步骤如下：

(1) 在 $f_t(x,y)$中选择感兴趣的区域；

(2) 对该区域的各波段图像通过重采样扩展成高分辨率的图像；

(3) 选择对应同一区域的 $f_s(x,y)$，并将其与 $f_t(x,y)$配准；

(4) 按下式进行代数运算以得到加权平均的融合图像：

$$g(x,y) = w_s f_s(x,y) + w_t f_t(x,y) \tag{13.3.1}$$

式中 w_s 和 w_t 分别代表对 $f_s(x,y)$和 $f_t(x,y)$的加权值。

2. 金字塔融合法

金字塔是一种在空间上表达图像的数据结构(参见本套书上册 15.1 节和本套书中册 6.2.4 小节)。**金字塔融合法**利用图像多尺度分解得到的金字塔结构对图像进行融合，其具体步骤如下：

(1) 在 $f_t(x,y)$中选择感兴趣的区域；

(2) 对该区域的各波段图像通过重采样扩展成高分辨率的图像；

(3) 将参加融合的每幅图像 $f_t(x,y)$和 $f_s(x,y)$都作金字塔分解；

(4) 在金字塔的各层将对应的 $f_t(x,y)$分解结果和 $f_s(x,y)$分解结果进行融合，得到融合的金字塔；

(5) 利用金字塔生成的逆过程从融合的金字塔重构出融合图像。

3. 小波变换融合法

小波变换(参见本套书上册 10.4 节)可把图像分解成对应图像中不同结构的低频子图像和高频细节子图像。**小波变换融合法**利用小波分解得到的各种子图像进行融合，其具体步骤如下：

(1) 对 $f_t(x,y)$和 $f_s(x,y)$分别进行小波变换，获取各自的低频子图像和高频细节子图像；

(2) 用 $f_t(x,y)$的低频子图像替代 $f_s(x,y)$的低频子图像；

(3) 对替换后的 $f_t(x,y)$低频子图像和 $f_s(x,y)$高频细节子图像进行小波反变换，得到融合图像。

上述小波变换融合结果对表示光谱信息的 $f_t(x,y)$的低频部分进行了有效的保留，并加入了 $f_s(x,y)$中包含细节信息的高频部分，因而融合结果图像在视觉效果上和统计结果上都有提高。实际中，小波分解的阶数对融合的结果有较大影响，将在 13.3.3 小节进一步讨论。

4. HSI 变换融合法

HSI 变换指从 RGB 彩色空间到 HSI 彩色空间的变换(参见本套书上册 13.2.2 小节)。**HSI 变换融合法**则是借助 HSI 变换进行融合操作的方法,其具体步骤如下:

(1) 选择 $f_t(x,y)$中的三个波段图像分别当作 RGB 图像将它们变换到 HSI 空间中去;

(2) 用 $f_s(x,y)$替代 HSI 变换后得到的 I 分量(该分量主要决定了图像的细节);

(3) 进行 HSI 反变换,获得新的 RGB 图像并以此作为融合图像。

5. PCA 变换融合法

PCA 变换融合法的基础是**主分量分析**(PCA),其具体步骤如下:

(1) 选择 $f_t(x,y)$中的三个或更多个波段的图像进行 PCA 变换;

(2) 将 $f_s(x,y)$与上述 PCA 变换后得到的第一主分量图像进行直方图匹配,使它们的灰度均值和方差达到一致;

(3) 用如上匹配后的 $f_s(x,y)$去替代对 $f_t(x,y)$进行 PCA 变换后得到的第一主分量图像,然后进行 PCA 反变换得到融合图像。

13.3.2 融合方法的结合

以上介绍的各种(单一型)融合方法都各有其优点和缺点。为克服各融合方法单独使用而产生的问题,常将它们结合使用,取长补短。

1. 单一融合方法的问题

加权平均融合法最简单,需要的运算量最少,但是抗干扰能力较差,融合图像质量常不够理想。一个典型的问题是由于平均的平滑效果常导致融合图像清晰度不够。

金字塔融合法简便易行,融合图像清晰度较高。但金字塔不同级之间的数据有相关性,或者说不同尺度的图像之间具有冗余性,从而导致处理的数据量较大。另外金字塔的重构有不稳定因素,特别当两幅图像之存在明显差异时。

小波变换把图像分解成高频细节部分和低频近似部分,分别对应图像中的不同结构,因此容易提取图像的结构信息和细节信息。小波变换具有完善的重构能力,可以保证在分解过程中没有信息损失或产生冗余信息。小波变换融合法对表示光谱信息的多光谱图像的低频部分进行了有效的保留,并加入了全色图像所包含细节信息的高频部分,因而融合结果图像在视觉效果上和统计结果上都占优。但是,标准小波变换存在两个问题:①由于标准小波变换相当于执行高通和低通滤波,用 TM 图像的低频部分替代 SPOT 低频图像进行小波反变换的结果必然会引起 TM 图像中原有信息的丢失;②由于 TM 和 SPOT 图像之间的灰度值一般明显不同,融合后 TM 图像中的光谱信息会发生改变,甚至导致噪声的出现。

HSI 变换融合法在融合 TM 多光谱图像和 SPOT 全色图像时,可使融合后图像具有原始高分辨率全色图像的空间分辨率,增强了图像的空间细节信息。但如果采用 SPOT 全色图像完全代替 TM 多光谱图像的 I 分量,则也会导致光谱信息有较大的丢失,光谱失真较大。

主分量变换融合法使融合后图像同时包含原始图像里的高空间分辨率和高光谱分辨率特征,融合图像里目标的细部特征会更加清晰。但如前在融合时仅用 SPOT 图像简单替换 TM 图像的第一主分量,会使得 TM 图像第一主分量中的一些反映光谱特性的有用信息有所损失，因而使得融合结果图像的光谱分辨率受到影响。

2. HSI 变换与小波变换相结合的融合

HSI 变换融合图像的特点是高频信息丰富，但光谱信息损失较大。小波变换融合图像较好地保留了多光谱图像的光谱信息，但由于舍弃了高空间分辨率图像的低频部分而会出现方块效应，使视觉效果受到影响。一种将 HSI 变换与小波变换相结合的融合方法的具体步骤如下：

(1) 选择 $f_t(x,y)$中的三个波段(如 TM3，TM4，TM5)图像(这里可将 $f_t(x,y)$看作矢量图像)进行 RGB 空间到 HSI 空间的变换；

(2) 对得到的 I 分量和 $f_s(x,y)$分别进行小波变换分解；

(3) 用从 $f_s(x,y)$小波分解得到的高频系数替代 I 分量小波分解得到的高频系数；

(4) 将替代后得到的全部小波分解系数通过小波反变换获得新的亮度分量 I'；

(5) 用 H，S 和 I'分量进行 HSI 空间到 RGB 空间的变换获得融合后的图像。

图 13.3.2(a)和(b)给出对图 13.3.1(a)和(b)的原始图像分别进行 HSI 变换融合和小波变换融合得到的结果[边 2005]。图 13.3.2(c)则给出利用 HSI 变换与小波变换相结合的融合方法所得到的结果。由这些图可见，因为融合结果既保留了 SPOT 全色图像的高频信息又保留了 TM 多光谱图像里的纹理信息，所以细节比较清晰，视觉效果比单独 HSI 变换融合或小波变换融合的效果都有了改善。

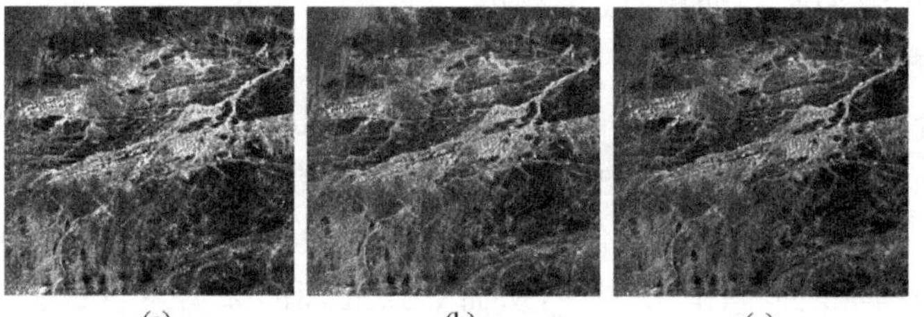

(a) (b) (c)

图 13.3.2 HSI 变换与小波变换相结合的融合图像

3. PCA 变换与小波变换相结合的融合

13.3.1 小节介绍的 PCA 变换法直接利用 $f_s(x,y)$替代 TM 图像的第一主分量，其优点是适用于多光谱图像的所有波段，融合图像上目标的细部特征更加清晰，但其不足之处是损失了 TM 图像第一主分量中一些反映光谱特性的光谱信息(TM 图像第一主分量中的光谱特性与 SPOT 图像的光谱特性并不完全一致)，因而使得融合结果图像的光谱分辨率受到较大影响，并造成一定的光谱失真。将小波变换与 PCA 变换相结合就可改进效果(既融入了 SPOT 图像的细节信息又保留了 TM 图像第一主分量中的光谱信息)，其具体步骤如下：

(1) 对 $f_t(x,y)$的所有波段进行 PCA 变换；

(2) 将变换得到的第一分量图像与 $f_s(x,y)$进行直方图匹配(使两图像的灰度均值和方差一致)；

(3) 对匹配后的两图像都进行小波变换分解；

(4) 用从 $f_s(x,y)$小波分解得到的高频系数替代 $f_t(x,y)$第一主分量小波分解得到的高频系数；

(5) 将替代后得到的全部小波分解系数通过小波反变换获得新的 $f_t(x,y)$ 第一主分量；

(6) 用新的 $f_t(x,y)$ 第一主分量和原来的各分量联合进行 PCA 反变换。

图 13.3.3(a)和(b)给出对图 13.3.1(a)和(b)的原始图像分别进行 PCA 变换融合和小波变换融合得到的结果[边 2005]。图 13.3.3(c)则给出利用 PCA 变换与小波变换相结合的融合方法所得到的结果。因为融合结果增强了图像中的纹理特征，光谱信息更加丰富，目标细节更加精细，目标轮廓清晰可辨，所以融合图像的目视效果比单独使用 PCA 变换融合或小波变换融合得到的图像都有了改善。

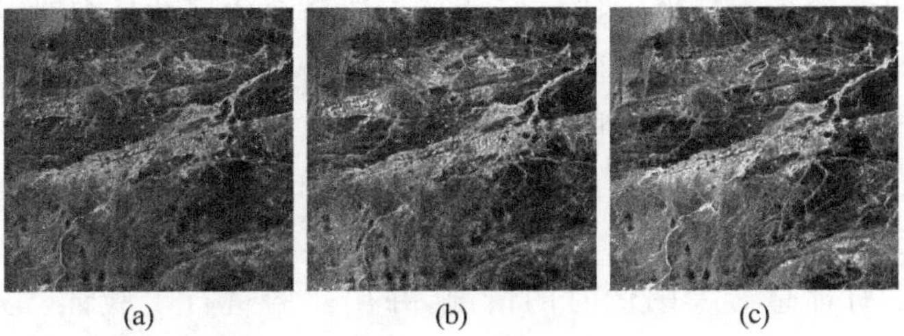

图 13.3.3　主分量变换与小波变换相结合的融合图像

4. 结合型融合的性能

上述两种结合型融合的效果与单一型融合的效果可利用 13.2.3 小节的各种评价指标进行比较。图 13.3.4(a)、(b)、(c)分别给出用灰度标准差、平均灰度梯度和熵 3 个指标对 3 种单一型融合方法和 2 种结合型方法进行比较而得到的归一化结果。对每种融合方法，考虑了从 3 个波段的融合结果得到的平均值。

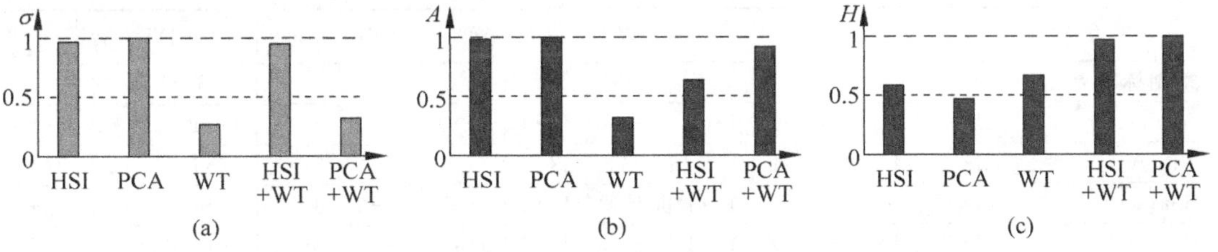

图 13.3.4　五种融合方法所得结果的比较

从图 13.3.4 可见，HSI 变换与小波变换相结合的融合结果与单一 HSI 变换融合结果相比，灰度标准差基本相当，平均灰度梯度略有减小，但熵有所增加，这指示图像包含的信息更丰富了。另外，HSI 变换与小波变换相结合的融合结果与单一小波变换融合结果相比，灰度标准差、平均灰度梯度和熵的数值都有增加，说明这样融合的效果比小波变换融合方法的效果好。

从图 13.3.4 还可见，PCA 变换与小波变换相结合的融合结果与单一 PCA 变换融合结果相比，灰度标准差相对减小，平均灰度梯度基本相当(但在各个波段间比较一致)，而且熵有较大增加，这也指示图像包含的信息更丰富了。另外，PCA 变换与小波变换相结合的融合结果与单一小波变换融合结果相比，灰度标准差略有提升，但平均灰度梯度有明显增加，说明细节清晰度有较大提高，熵也有所增加，说明这样融合的效果比小波变换融合方法的效果好。

13.3.3 小波融合时的最佳分解层数

在利用小波变换进行融合时,如果小波分解的层数选得少,则融合后图像的空间细节表现能力较差,但光谱特性保持较好;如果小波分解的层数选得多,则融合后图像的空间细节表现能力较好,但光谱特性保持较差。这是由于当小波分解的层数较少时,全色图像分解后,在其低频部分仍包含大量细节信息,这些细节信息却在融合过程中被忽略了,从而融合图像的空间细节表现能力会较差;而多光谱图像在分解后,在其高频部分包含的光谱信息并不多,所以融合图像的光谱特性保持较好。当小波分解的层数较多时,则结果相反。如果从计算代价的角度进行分析,分解层数过多时计算复杂度的快速增加会远远超过融合效果的改善,增加分解层数将得不偿失。所以实际应用中应当选取一个合适的小波分解层数值,使融合后的图像在空间细节信息的增强和多光谱信息的保持,以及计算复杂度上达到折中。

对利用小波变换法进行多尺度融合时选择最佳分解层数的一个分析可见文献[Li 2005b],其中推导了有理想参考图像时的情况,并用实验进行了验证。先将对应聚焦不同的图像结合构成实验图像,再将其逐步分解并逐层进行融合。通过比较在相邻两层的融合结果,根据其接近程度来直接估计最优分解层数。下面仅介绍一下其具体实验结果。

实验中共使用了 10 幅测试图像,如表 13.3.1 所示。对每幅图像,分别用 7×7 高斯滤波器对图像中心部分和周围部分进行模糊(对应不同焦点的效果),得到两幅用于图像融合的原始图像。其中所用高斯滤波器的标准方差分别取 0.5,1 和 5 三个值,所以由每幅测试图像可得到三对用于图像融合的原始图像。

表 13.3.1 真实的最佳层数与理论计算出的最佳层数的比较

分解方法	LPT			DWT			DWF			DT-CWT		
模糊标准差	0.5	1	5	0.5	1	5	0.5	1	5	0.5	1	5
Airplane	1↔1	1↔1	2↔2	1↔1	3↔3	4↔4	1↔1	2↔2	4↔4	1↔1	2≠1	3↔3
Baboon	1↔1	1↔1	2↔2	2≠1	3↔3	4↔4	1↔1	2↔2	3↔3	1↔1	2↔2	3↔3
Boat	1↔1	1↔1	2↔2	1↔1	3≠2	4↔4	1↔1	2↔2	3↔3	1↔1	2↔2	3↔3
Bridge	1↔1	1↔1	2↔2	1↔1	3↔3	4↔4	1↔1	2↔2	4↔4	1↔1	2↔2	3≠4
Cameraman	1↔1	2≠1	2↔2	2≠1	3↔3	4≠5	1↔1	3≠2	4↔4	1↔1	2≠3	3≠4
Facial	1↔1	1↔1	2↔2	1↔1	2↔2	3≠4	1↔1	2≠1	3↔3	1↔1	1↔1	3≠4
Lena	1↔1	1↔1	2≠1	1↔1	2↔2	3≠4	1↔1	2≠1	3↔3	1↔1	2≠1	3↔3
Light	1↔1	2≠1	2↔2	2≠1	3↔3	4↔4	1↔1	3≠2	3≠4	1↔1	2↔2	3↔3
Peppers	1↔1	1↔1	2≠1	1↔1	2↔2	3≠4	1↔1	2≠1	3↔3	1↔1	1↔1	3↔3
Rice	1↔1	1↔1	2↔2	1↔1	1≠2	4↔4	1↔1	2≠1	4↔4	1↔1	1↔1	4↔4

实验比较了四种常用的多尺度分解方法,分别是拉普拉斯金字塔(LPT)、离散小波变换(DWT)、离散小波帧(DWF)以及双树复小波(DT-CWT)法。表 13.3.1 同时给出了利用穷举法得到的最佳分解层数 S 以及通过比较相邻两层的结果而估计出的最佳分解层数 T。如两者相同标为 $S \leftrightarrow T$,如两者不同标为 $S \neq T$ 并加阴影。由表可见,多数情况下两者是一致的(接近 80%),不一致时差值也仅为 1,这表明可用自动估计代替手工穷举来确定最佳分解层数。另外由表 13.3.1 可见,对同一种方法,最佳分解层数随着模糊的增加而增加,这是因

为此时需要更细的分解以利用更多的细节分量。

13.3.4 压缩感知图像融合

借助第3章介绍的压缩感知理论也可实现有效的图像融合，主要的步骤如下：

(1) 对输入图像 $f_s(x,y)$ 和 $f_t(x,y)$ 进行稀疏变换：

$$\begin{cases} \boldsymbol{X}_A = T[f_s(x,y)] \\ \boldsymbol{X}_B = T[f_t(x,y)] \end{cases} \tag{13.3.2}$$

其中：稀疏变换 $T(\cdot)$ 可以是各种变换，如傅里叶变换、余弦变换及小波变换等；$\boldsymbol{X}.$ 是稀疏变换后的系数矩阵。

(2) 对变换后的系数进行欠采样：

$$\begin{cases} \boldsymbol{Y}_A = \boldsymbol{\Phi} \cdot \boldsymbol{X}_A \\ \boldsymbol{Y}_B = \boldsymbol{\Phi} \cdot \boldsymbol{X}_B \end{cases} \tag{13.3.3}$$

其中：$\boldsymbol{\Phi}$ 是欠采样矩阵，$\cdot$ 为矩阵的点乘运算。根据 $\boldsymbol{X}.$ 中系数分布的特点(如傅里叶变换的系数中，低频系数在图中间，高频系数在周围，越离中心远越高；余弦变换和小波变换的系数中，低频系数在图的左上角，剩下的部分是高频系数，越向右下方越高)，常用的欠采样模式有星形、双星形、星圆形、单放射形，分别如图13.3.5(a)、(b)、(c)、(d)所示。

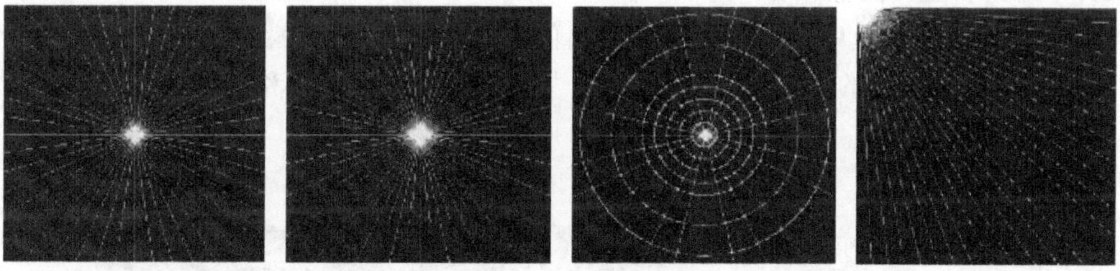

(a) (b) (c) (d)

图13.3.5 4种欠采样模式

(3) 使用融合规则对采样后的系数进行融合，即

$$\boldsymbol{Y}_F = \mathscr{F}(\boldsymbol{Y}_A, \boldsymbol{Y}_B) \tag{13.3.4}$$

其中：融合规则 $\mathscr{F}(\cdot)$ 可使用加权平均法，也可用其他方法(如绝对值最大法等)。

(4) 根据融合后的采样值 $\boldsymbol{Y}_F$ 和欠采样矩阵 $\boldsymbol{\Phi}$ 对融合后的图像 $\boldsymbol{X}_F$ 进行压缩感知重构。重构问题是一个约束优化问题，常见的有以下几种：

$$\min \|T(\boldsymbol{X}_F)\|_{L_0} \quad \text{s.t.}\ \boldsymbol{\Phi} \cdot T(\boldsymbol{X}_F) = \boldsymbol{Y}_F \tag{13.3.5}$$

$$\min \|T(\boldsymbol{X}_F)\|_{L_1} \quad \text{s.t.}\ \boldsymbol{\Phi} \cdot T(\boldsymbol{X}_F) = \boldsymbol{Y}_F \tag{13.3.6}$$

$$\min \mathrm{TV}(\boldsymbol{X}_F) \quad \text{s.t.}\ \boldsymbol{\Phi} \cdot T(\boldsymbol{X}_F) = \boldsymbol{Y}_F \tag{13.3.7}$$

其中：$\|\cdot\|_{L_0}$、$\|\cdot\|_{L_1}$、和 $\mathrm{TV}(\cdot)$ 分别表示 $\cdot$ 的 L_0 范数、L_1 范数和全变差(total variation)范数。

13.3.5 像素级融合示例

像素级融合的结果和效果比较容易从图像上反映出来，下面给出几个应用示例和融合效果。

1. 遥感图像融合

对不同波段或者不同类型遥感图像的融合是图像融合的典型应用。图 13.3.6 给出一组示例。其中的原始图像为用航空可见光/红外成像光谱仪(AVIRIS,见 http://aviris.jpl.nasa.gov)获得。AVIRIS 可同时采集 400nm(可见光)～2500nm(红外)的 224 个波段的光谱信息。图 13.3.6(a)和(b)分别给出来自波段 30 和波段 100 的两幅图像,对它们的融合结果见图 13.3.6(c)。由图可见,融合图像同时包含了两幅原始图像的信息,更全面地反映了被拍摄区域的地表情况。

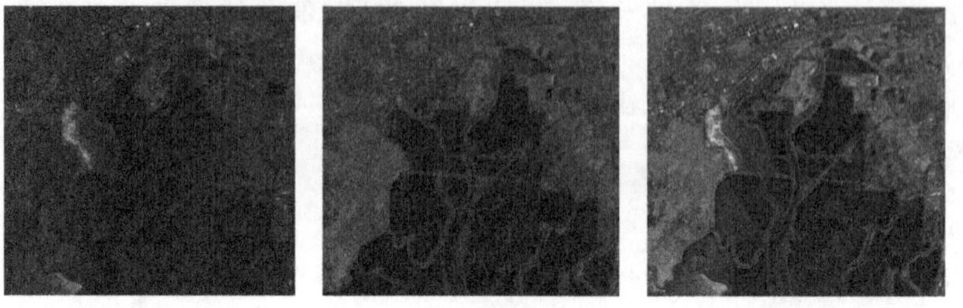

(a) (b) (c)

图 13.3.6　遥感图像融合示例

2. 可见光和红外图像融合

图 13.3.7 给出一组可见光图像和红外图像的融合示例。其中图 13.3.7(a)和(b)分别为同时对同一场景获得的可见光图像(给出一场大火燃烧的场景)和红外图像(反映了场景中不同温度景物的情况),图 13.3.7(c)为它们的融合图像,从中可以清晰地看到人在浓烟里的位置。

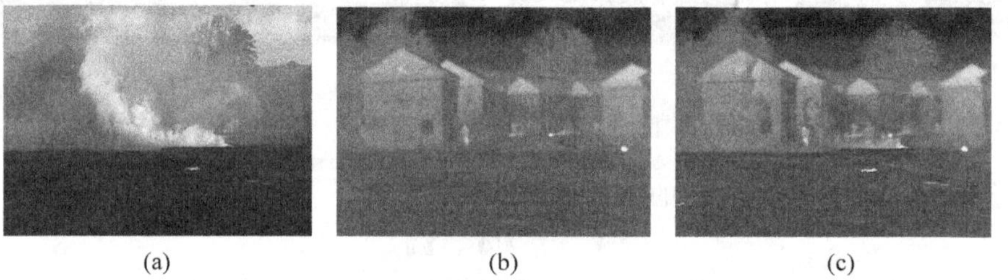

(a) (b) (c)

图 13.3.7　可见光图像和红外图像融合示例

3. 可见光和毫米波雷达图像融合

图 13.3.8 给出一组可见光图像和毫米波雷达图像的融合示例。其中,图 13.3.8(a)和(b)分别为同时对同一组人拍摄到的可见光图像和毫米波雷达图像。可见光图像对人的成像比较自然清晰,而由于毫米波雷达对金属的敏感性使得毫米波雷达图像能检测出武器(图中高亮处)。图 13.3.8(c)为对它们融合的结果图像,既显示了武器又显示了携带者,达到了检测隐藏武器的效果。

4. CT 和 PET 图像融合

不同类型图像的融合在医学检查中也有广泛的用途。例如 CT 图像和 PET 图像(参见本套书上册 8.1 节)能分别反映成像物体的不同特性。在对人体进行检查时,前者主要给出人体内部器官和组织的解剖和结构信息,而后者主要给出人体内部器官和组织的生理和成

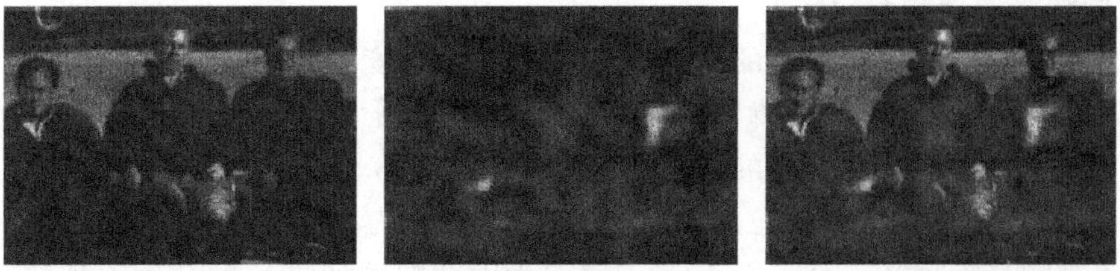

(a) (b) (c)

图 13.3.8 可见光图像和毫米波雷达图像融合示例

分信息。图 13.3.9 给出一组 CT 图像和 PET 图像的融合示例。其中，图 13.3.9(a)和(b)分别为同时对同一人拍摄到的腹部断层 CT 图像和 PET 图像，图 13.3.9(c)为对它们融合的结果图像，既显示了肿瘤又显示了肿瘤的位置，可帮助进行有效的诊断。

(a) (b) (c)

图 13.3.9 CT 图像和 PET 图像融合示例

5. 双能透射和康普顿背散射图像融合

图 13.3.10 给出一组 X 射线双能透射图像与**康普顿背散射**(CBS)图像(成像原理和系统可见[王 2012])相融合用于安检的示例[王 2011b]。首先是穿透能力较强的低能 X 射线图像(图(a))和高能 X 射线图像(图(b))的融合(图(c))，由于具有相同原子序数的物质对高能和低能 X 射线的吸收程度不同，通过分别计算它们衰减投影的数据就可以算得被检物体的有效原子序数。但 X 射线双能透射图像对金属等高原子序数的物质比较敏感，而对低原子序数的有机物区分能力不强。康普顿背散射成像虽然穿透能力较弱、成像质量较差(灰度动态范围较小、分辨率低)，不过对低原子序数但高物质密度的有机物(如毒品、炸药)很灵敏，将 X 射线双能透射融合图像(图(c))与康普顿背散射图像(图(d))再融合(图(e))就可检测出更多种类的违禁物品。

(a) (b) (c) (d) (e)

图 13.3.10 双能透射 X 射线图像与 CBS 图像融合示例

6. 不同曝光图像融合

同类型图像的融合也有广泛的用途。例如对高对比度的场景，受到感光器件动态范围的限制，常常很难得到对所有景物都正常曝光的图像。图 13.3.11(a)和(b)分别给出对同一场景中不同景物分别正常曝光的两幅图像，其中图 13.3.11(a)为对前景建筑物正常曝光的图像，此时后景建筑物严重曝光过度；图 13.3.11(b)为对后景建筑物正常曝光的图像，此时前景建筑物严重曝光不足。图 13.3.11(c)为对两幅图像进行融合后得到的结果，此时明亮程度相差很大的前后景均显示出较好的效果。

(a) (b) (c)

图 13.3.11 不同曝光图像融合示例

7. 不同聚焦图像融合

另一个同类型图像融合的示例见图 13.3.12。图 13.3.12(a)和(b)是对场景中分别前后放置的两个钟成像的结果，图 13.3.12(a)将焦点对准了放在左前方的小钟，而图 13.3.12(b)将焦点对准了放在右后方的大钟。在图 13.3.12(a)里，右后方大钟比较模糊；在图 13.3.12(b)里，左前方小钟比较模糊。融合两幅图像得到的图 13.3.12(c)里，两个钟都相当清晰。

(a) (b) (c)

图 13.3.12 不同焦点图像融合示例

13.4 特征级和决策级融合方法

由表 13.2.2 可见，特征级和决策级融合时采用的技术中有些是相同的。考虑到那里的有些技术在本套书其他地方已有介绍，下面仅对其中的三种方法进行讨论。

13.4.1 贝叶斯法

贝叶斯法基于**贝叶斯条件概率**公式。设将样本空间 S 划分为 $A_1, A_2, \cdots, A_n$，满足

(1) $A_i \cap A_j = \varnothing$

(2) $A_1 \cup A_2 \cup \cdots \cup A_n = S$

(3) $P(A_i) > 0, i = 1, 2, \cdots, n$

则对任一事件 B,$P(B)>0$,有

$$P(A_i \mid B) = \frac{P(A,B)}{P(B)} = \frac{P(B \mid A_i)P(A_i)}{\sum_{j=1}^{n} P(B \mid A_j)P(A_j)} \tag{13.4.1}$$

把多传感器融合时的决策看作对一个样本空间的划分,就可以使用贝叶斯条件概率公式来解决多传感器系统的决策问题。

先考虑有两个传感器的系统。设第 1 个传感器的观察结果为 B_1,第 2 个传感器的观察结果为 B_2,系统可能的决策为 $A_1, A_2, \cdots, A_n$。假设各个 A_i 与 B_1 和 B_2 是互相独立的,则利用对系统的先验知识和传感器的特性可将贝叶斯条件概率公式写为

$$P(A_i \mid B_1 \wedge B_2) = \frac{P(B_1 \mid A_i)P(B_2 \mid A_i)P(A_i)}{\sum_{j=1}^{n} P(B_1 \mid A_j)P(B_2 \mid A_j)P(A_j)} \tag{13.4.2}$$

上述结果可推广到多个传感器的情况。设有 m 个传感器,观察结果分别为 $B_1, B_2, \cdots, B_m$,如果各传感器互相独立且与被观察对象条件独立,则系统有 m 个传感器时各决策的总后验概率为

$$P(A_i \mid B_1 \wedge B_2 \wedge \cdots \wedge B_m) = \frac{\prod_{k=1}^{m} P(B_k \mid A_i)P(A_i)}{\sum_{j=1}^{n} \prod_{k=1}^{m} P(B_k \mid A_j)P(A_j)} \quad i = 1, 2, \cdots, n \tag{13.4.3}$$

这样可选使系统具有最大后验概率的决策作为最终决策。

例 13.4.1 利用融合进行目标分类

假设有 4 类目标($i=1,2,3,4$),其出现概率为 $P(A_1), P(A_2), P(A_3), P(A_4)$。两种传感器($j=1,2$)的测量值 B_j 满足高斯分布 $N(\mu_{ji}, \sigma_{ji})$,即各测量值的先验概率密度为

$$P(B_j \mid A_i) = \frac{1}{\sqrt{2\pi}\sigma_{ji}} \exp\left(\frac{-(b_j - \mu_{ji})^2}{2\sigma_{ji}^2}\right) \quad i = 1,2,3,4 \quad j = 1,2$$

上述各条件概率可用如下方法得到:设观察值发生在先验概率分布均值上的概率为 1,则实际观察值的概率是以均值为中心的两侧概率之和,即

$$P(B_1 \mid A_1) = 2\int_{B_1}^{\infty} p(b_1 \mid A_1)\mathrm{d}b_1 \quad P(B_2 \mid A_1) = 2\int_{B_2}^{\infty} p(b_2 \mid A_1)\mathrm{d}b_2$$

$$P(B_1 \mid A_2) = 2\int_{-\infty}^{B_1} p(b_1 \mid A_2)\mathrm{d}b_1 \quad P(B_2 \mid A_2) = 2\int_{B_2}^{\infty} p(b_2 \mid A_2)\mathrm{d}b_2$$

$$P(B_1 \mid A_3) = 2\int_{-\infty}^{B_1} p(b_1 \mid A_3)\mathrm{d}b_1 \quad P(B_2 \mid A_3) = 2\int_{-\infty}^{B_2} p(b_2 \mid A_3)\mathrm{d}b_2$$

$$P(B_1 \mid A_4) = 2\int_{-\infty}^{B_1} p(b_1 \mid A_4)\mathrm{d}b_1 \quad P(B_2 \mid A_4) = 2\int_{-\infty}^{B_2} p(b_2 \mid A_4)\mathrm{d}b_2$$

最终融合结果可表示为

$$P(A_i \mid B_1 \wedge B_2) = \frac{P(B_1 \mid A_i)P(B_2 \mid A_i)P(A_i)}{\sum_{j=1}^{4} P(B_1 \mid A_j)P(B_2 \mid A_j)P(A_j)} \quad i = 1,2,3,4$$

□

13.4.2 证据推理法

贝叶斯多信息融合法基于概率理论，其中概率的可加性是一条应遵循的原则。但有时两个相反命题的可信度都很小（根据目前证据都无法判断）时，贝叶斯法就不太适用。**证据推理法**（由 Dempster 提出，由 Shafer 完善，也称 **D-S 理论**）舍弃了可加性原则，而用一种称为半可加性的原则来代替。

D-S 理论用识别框架 F 表示所感兴趣的命题集，它定义了一个集函数 $C: 2^F \to [0,1]$，满足：

(1) $C(\varnothing)=0$，即对空集不产生任何可信度；

(2) $\sum_{A\subset F} C(A)=1$，即虽可赋予一个命题 A 任意的可信度值，但赋予所有命题可信度值的和为 1。

这里称 C 为识别框架 F 上的基本可信度分配。$\forall A\subset F$，$C(A)$称为 A 的**基本可信数**，它反映了对 A 本身可信度的大小。

对应任何的命题集，D-S 理论还定义了一个可信度函数

$$B(A) = \sum_{E\subset A} C(E) \quad \forall A \subset F \tag{13.4.4}$$

即 A 的可信度函数值为 A 中每个子集可信数的和。由可信度函数定义可得

$$B(\varnothing) = 0 \quad B(F) = 1 \tag{13.4.5}$$

对于一个命题 A 的信任仅用可信度函数来描述是不全面的，因为 $B(A)$不能反映对 A 的怀疑程度，即相信 A 的非为真的程度。为此还可定义对 A 的怀疑为

$$D(A) = B(\bar{A}) \quad P(A) = 1 - B(\bar{A}) \tag{13.4.6}$$

其中，D 为 B 的怀疑度函数，P 为 B 的似真度函数，$D(A)$称为 A 的怀疑度，$P(A)$称为 A 的似真度。

根据式(13.4.6)，可用与 B 对应的 C 来重新表示 P

$$P(A) = 1 - B(\bar{A}) = \sum_{E\subset F} C(E) - \sum_{E\subset \bar{A}} C(E) = \sum_{E\cap A\neq\varnothing} C(E) \tag{13.4.7}$$

如果 $A\cap E\neq\varnothing$，则称 A 与 E 相容。式(13.4.7)表明，$P(A)$包含了所有与 A 相容的那些命题集合的基本可信数。

由于 $A\cap\bar{A}=\varnothing$，$A\cup\bar{A}\subset F$，因此有

$$B(A) + B(\bar{A}) \leqslant \sum_{E\subset F} C(E) \tag{13.4.8}$$

$$B(A) \leqslant 1 - B(\bar{A}) = P(A) \tag{13.4.9}$$

$[B(A),P(A)]$表示对 A 的不确定区间，也分别称为概率的上下限。$[0,B(A)]$是完全可信的区间，表示对命题"A 为真"的支持程度。$[0,P(A)]$是对命题"A 为真"的不怀疑程度，表示证据不能否认"A 为真"的程度。上述区间可参见图 13.4.1，显然$[B(A),P(A)]$区间越大，未知程度越高。

如果将命题看作识别框架 F 上的元素，对于 $\forall C(A)>0$，称 A 为可信度函数 B 的焦元(focal element)。如果有同一个识别框架 F 上的两个可信度函数 B_1 和 B_2，令 C_1 和 C_2分别为它们对应的基本可信度分配，则对可信度值的合成可参见图 13.4.2。图 13.4.2 中，竖条表示 C_1 分配到它的焦元 $A_1, A_2, \cdots, A_K$ 上的可信度，横条表示 C_2 分配到它的焦元 E_1，

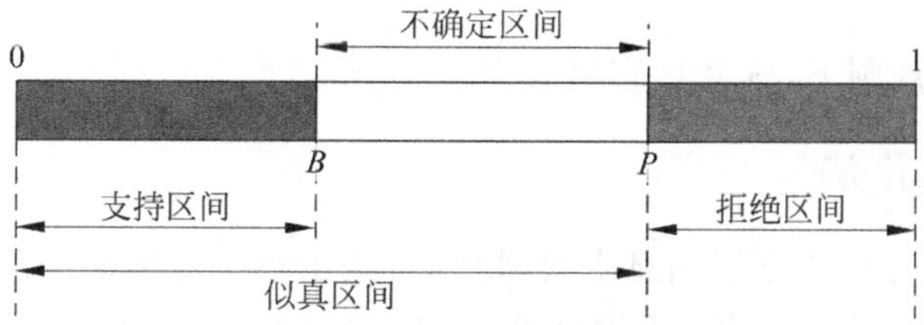

图 13.4.1　各信息区间的划分

$E_2,\cdots,E_L$ 上的可信度，阴影为横竖条的交，其测度为 $C_1(A_i)C_2(E_j)$，可见 B_1 和 B_2 的联合作用是将 $C_1(A_i)C_2(E_j)$ 确切地分配到 $A_i\cap E_j$ 上。

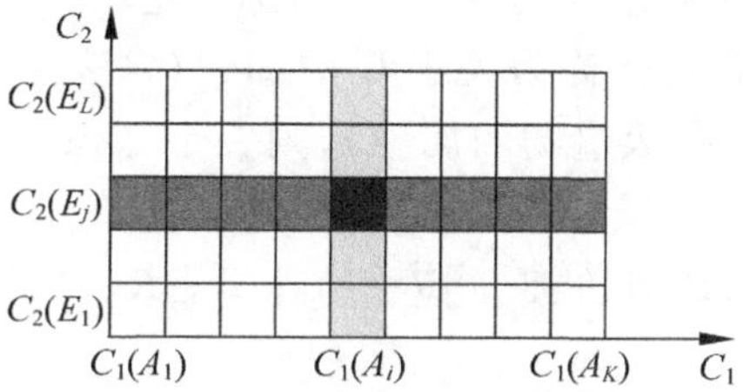

图 13.4.2　可信度值的合成

给定 $A\subset F$，如果 $A_i\cap E_j=A$，那么 $C_1(A_i)C_2(E_j)$ 就是分配到 A 上的部分可信度，而分配到 A 上的总可信度为 $\sum\limits_{A_i\cap E_j=A}C_1(A_i)C_2(E_j)$。但当 $A=\varnothing$ 时，按这种理解，将有部分可信度 $\sum\limits_{A_i\cap E_j=\varnothing}C_1(A_i)C_2(E_j)$ 分到空集上，这显然不合理。为此，可对每一可信度乘以系数 $\left[1-\sum\limits_{A_i\cap E_j=\varnothing}C_1(A_i)C_2(E_j)\right]^{-1}$，使总可信度满足等于 1 的要求。这样，对两个可信度值进行合成的法则如下(用 $\oplus$ 表示合成操作)：

$$C(A)=C_1(A)\oplus C_2(A)=\frac{\sum\limits_{A_i\cap E_j=A}C_1(A_i)C_2(E_j)}{1-\sum\limits_{A_i\cap E_j=\varnothing}C_1(A_i)C_2(E_j)}\tag{13.4.10}$$

将上面的过程推广，对于多个可信度值的合成(即多信息的融合)情况，如果令 $C_1,C_2,\cdots,C_n$，分别表示 n 个信息的可信度分配，当它们是由独立的信息推得时，融合后的可信度值 $C=C_1\oplus C_2\oplus\cdots\oplus C_n$ 可表示为

$$C(A)=\frac{\sum\limits_{A_i\cap E_j=A}\prod\limits_{i=1}C_i(A_i)}{1-\sum\limits_{A_i\cap E_j=\varnothing}\prod\limits_{i=1}C_i(A_i)}\tag{13.4.11}$$

实际使用时，将各传感器采集的信息作为证据，每个传感器提供一组命题，并建立相应的可信度函数。如此一来，多传感器信息融合就成为在同一识别框架下，将不同的证据合并成一个新证据的过程。这个过程的主要步骤如下：

(1) 分别计算各传感器的基本可信数、可信度函数和似真函数；

(2) 利用式(13.4.11)的合并规则，求得所有传感器联合作用下的基本可信数、可信度

函数和似真函数；

(3) 在一定决策规则下，选择具有最大支持度的目标。

13.4.3 粗糙集理论法

用证据推理法进行多传感器信息融合时，有可能出现组合爆炸的问题，为此需要研究如何对传感器的互补信息进行分析，压缩冗余信息，根据数据间的内在关系，得到融合算法。**粗糙集理论**为解决这个问题提供了一种手段。与能表达模糊概念但不能具体计算模糊元素数目的模糊集理论不同，根据粗糙集理论可以用确切的数学公式计算模糊元素的数目。

1. 粗糙集定义

设 $L \neq \varnothing$ 是由所感兴趣对象组成的有限集合，称为论域。对 L 中的任意子集 X，称它为 L 中的一个概念。L 中的概念集合称为关于 L 的知识(常表示成属性的形式)。设 R 为定义在 L 上的一个等价关系(可代表事物的属性)，则一个知识库就是一个关系系统 $K=\{L, \boldsymbol{R}\}$，其中 $\boldsymbol{R}$ 是 L 上的等价关系集合[张 2001]。若 $\boldsymbol{R}$ 是 X 上的等价关系，则 $\boldsymbol{R}$ 是自反的，对称的，传递的。一个元素 a 的 $\boldsymbol{R}$ 等价类 $[a]\boldsymbol{R}=\{x \mid x \in \boldsymbol{R}, a \in X\}$，即 a 的等价类是所有与 a 可组成序偶的元素 x 的集合。

对 L 中的任意子集 X，如果它可用 R 定义，则称为 **$\boldsymbol{R}$ 精确集**；如果它不可用 R 定义，则称为 **$\boldsymbol{R}$ 粗糙集**。粗糙集可用**上近似集**和**下近似集**这两个精确集来(近似)描述：

$$R^*(X) = \{X \in L : R(X) \cap X \neq \varnothing\} \tag{13.4.12}$$

$$R_*(X) = \{X \in L : R(X) \subseteq X\} \tag{13.4.13}$$

其中，$R(X)$是包含 X 的等价类。X 的 R-边界定义为 X 的 R 上近似集与 R 下近似集的差集，即

$$B_R(X) = R^*(X) - R_*(X) \tag{13.4.14}$$

例 13.4.2 粗糙集示例

假设给定一知识库 $K=(L, \boldsymbol{R})$，其中 $L=\{x_1, x_2, \cdots, x_8\}$，$\boldsymbol{R}$ 为一个等价集合，其中包括等价类 $E_1=\{x_1, x_4, x_8\}$，$E_2=\{x_2, x_5, x_7\}$，$E_3=\{x_3\}$，$E_4=\{x_6\}$。如果考虑集合 $X=\{x_3, x_5\}$，则有 $R_*(X)=\{X \in L: R(X) \subseteq X\}=E_3=\{x_3\}$，$R^*(X)=\{X \in L: R(X) \cap X \neq \varnothing\}=E_2 \cup E_3=\{x_2, x_3, x_5, x_7\}$，$B_R(X)=R^*(X)-R_*(X)=\{x_2, x_5, x_7\}$。 □

$R^*(X)$是对于知识 R，L 中可能归入 X 的元素的集合；$R_*(X)$是对于知识 R，L 中所有一定能归入 X 的元素的集合；$B_R(X)$是对于知识 R，L 中既不能确切归入 X，也不能确切归入 $\overline{X}$(X 的补集)的元素的集合。进一步，可将 $R_*(X)$称为 X 的 R 正域，将 $L-R^*(X)$称为 X 的 R 负域，将 $B_R(X)$称为 X 的边界域。按照这个定义，正域是那些根据知识 R 能完全确定地归入集合 X 的元素的集合，负域是那些根据知识 R 毫无疑问不属于集合 X 的元素的集合，它们属于 X 的补集。边界域是在某种意义上的不确定域。对于知识 R，属于边界域的元素不能被确切地划分为属于 X 或 $\overline{X}$。由上还可见，$R^*(X)$由那些根据知识 R 不能排除它们属于 X 的可能性的元素组成。换句话说，上近似集就是正域和边界域的并集。

上述讨论的一个 2-D 图示见图 13.4.3。图中所示的空间由划分成基本区域的矩形构成，每个基本区域代表 R 的一个等价类。处在 $R^*(X)$和 $R_*(X)$之间的区域代表 X 的 R 边界，是 X 的不确定区域。粗糙集的图示与本套书中册 3.3.2 小节介绍的过渡区的图示有相似之处，也可参照那里的讨论来进一步理解粗糙集的含义。

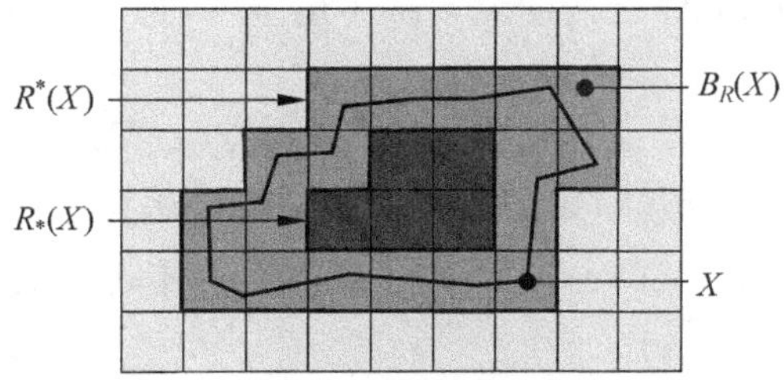

图 13.4.3 粗糙集示意图

由上可知，当且仅当 $R^*(X)=R_*(X)$时，X 为 R 可定义集；当且仅当 $R^*(X)\neq R_*(X)$时，X 为 R 粗糙集。换句话说，可将 $R_*(X)$描述为 X 中的最大可定义集，将 $R^*(X)$描述为含有 X 的最小可定义集。

2. 粗糙集描述

边界域是由于掌握的知识不全而存在的不能确定的区域，即 $B_R(X)$上的元素是不确定的。所以，L 上子集 X 关于 L 上不确定关系是粗糙的，$B_R(X)\neq\varnothing$。一个集合 X 的边界域越大，则这个集合所含的模糊元素也越多，其精确性也越小。为准确表达这一点，引入精度的概念如下：

$$d_R(X)=\frac{\operatorname{card}[R_*(X)]}{\operatorname{card}[R^*(X)]} \tag{13.4.15}$$

其中，card(·)表示集合的基数，且 $X\neq\varnothing$。在例 13.4.2 中，$d_R(X)=\operatorname{card}[R_*(X)]/\operatorname{card}[R^*(X)]=1/4$。精度 $d_R(X)$反映了对集合 X 了解的完全程度。对任意一个 R 和 $X\subseteq L$，有 $0\leqslant d_R(X)\leqslant 1$。当 $d_R(X)=1$ 时，X 的 R 边界域为空，集合 X 为 R 可定义。当 $d_R(X)<1$ 时，集合 X 有非空边界域，集合 X 为 R 不可定义。

与精度相对应的概念是粗糙度

$$h_R(X)=1-d_R(X) \tag{13.4.16}$$

它反映了对集合 X 了解的不完全程度。

由上可见，与概率论和模糊集合论不同，这里不精确性的数值不是预先假定的，而是通过表达知识不精确性的概念近似计算得到的。这样不精确性的数值表示的是有限知识（对象分类能力）的结果，所以不需要用精确的数值来表达不精确的知识，而采用量化的概念（分类）来处理。

借助上下近似集还可以表达粗糙集的拓扑特性。下面定义 4 种重要的粗糙集（可参考图 13.4.3 来分析其几何意义）：

(1) 如果 $R_*(X)\neq\varnothing$，且 $R^*(X)\neq L$，则称 X 为 R 粗糙可定义集。此时可以确定 L 中任一元素属于 X 或 $\overline{X}$。这正是图 13.4.3 中的情况，$R_*(X)$之内和 $R^*(X)$之外都属于 $\overline{X}$。

(2) 如果 $R_*(X)=\varnothing$，且 $R^*(X)\neq L$，则称 X 为 R 内不可定义集。此时可以确定 L 中某些元素是否属于 $\overline{X}$，但不能确定 L 中任一元素是否属于 X。这相当于把图 13.4.3 中的 $R_*(X)$缩成空集，此时 $R^*(X)$之外的元素都属于 $\overline{X}$，但 $R^*(X)$之内的元素不能确定是否属于 X。

(3) 如果 $R_*(X)\neq\varnothing$，且 $R^*(X)=L$，则称 X 为 R 外不可定义集。此时可以确定 L 中某些元素是否属于 X，但不能确定 L 中任一元素是否属于 $\overline{X}$。这相当于把图 13.4.3 中的

$R^*(X)$扩成整个 L,此时 $R_*(X)$之内的元素都不属于 X,但 $R_*(X)$之外的元素不能确定是否属于 $\overline{X}$。

(4) 如果 $R_*(X)=\varnothing$,且 $R^*(X)=L$,则称 X 为 R 全不可定义集。此时不能确定 L 中任一元素是否属于 X 或 $\overline{X}$。这相当于上两种情况同时发生,不可定义集是上两种情况中不可定义集的并集,或者说从 $R_*(X)=\varnothing$ 到 $R^*(X)=L$ 都不可定义。

例 13.4.3 粗糙集分类示例

假设给定一知识库 $K=(L,\boldsymbol{R})$,其中 $L=\{x_0,x_1,\cdots,x_{10}\}$,$\boldsymbol{R}$ 为一个等价集,且有等价类 $E_1=\{x_0,x_1\}$,$E_2=\{x_2,x_6,x_9\}$,$E_3=\{x_3,x_5\}$,$E_4=\{x_4,x_8\}$,$E_5=\{x_7,x_{10}\}$。

集合 $X_1=\{x_0,x_1,x_4,x_8\}$为 R 可定义集,因为 $R^*(X_1)=R_*(X_1)=E_1\cup E_4$。

集合 $X_2=\{x_0,x_3,x_4,x_5,x_8,x_{10}\}$为 R 粗糙可定义集,此时 $R_*(X_2)=E_3\cup E_4=\{x_3,x_4,x_5,x_8\}$,$R^*(X_2)=E_1\cup E_3\cup E_4\cup E_5=\{x_0,x_1,x_3,x_4,x_5,x_7,x_8,x_{10}\}$,$B_R(X_2)=E_1\cup E_5=\{x_0,x_1,x_7,x_{10}\}$,$d_R(X_2)=1/2$。

集合 $X_3=\{x_0,x_2,x_3\}$为 R 内不可定义集,因为 $R_*(X_3)=\varnothing$,$R^*(X_3)=E_1\cup E_2\cup E_3=\{x_0,x_1,x_2,x_3,x_5,x_6,x_9\}\neq L$。

集合 $X_4=\{x_0,x_1,x_2,x_3,x_4,x_7\}$为 R 外不可定义集,此时 $R_*(X_4)=E_1=\{x_0,x_1\}$,$R^*(X_4)=L$,$B_R(X_4)=E_2\cup E_3\cup E_4\cup E_5=\{x_2,x_3,x_4,x_5,x_6,x_7,x_8,x_9,x_{10}\}$,$d_R(X_4)=2/11$。

集合 $X_5=\{x_0,x_2,x_3,x_4,x_7\}$为 R 全不可定义集,因为 $R_*(X_5)=\varnothing$,$R^*(X_5)=L$。 □

3. 基于粗糙集的融合

为将粗糙集理论用于多传感器信息融合,可以借助粗糙集的核和**约简**概念。令 $\boldsymbol{R}$ 为一个等价关系集合,且 $R\in\boldsymbol{R}$,如果 $I(\boldsymbol{R})=I(\boldsymbol{R}-\{R\})$,则称 R 为 $\boldsymbol{R}$ 中可省略的(不必要的),否则为不可省略的(必要的)。上面的 $I(\cdot)$表示不能确定的关系。当对任一个 $R\in\boldsymbol{R}$,都有 $\boldsymbol{R}$ 中不可省略,则集合 $\boldsymbol{R}$ 为独立的。

如果 $\boldsymbol{R}$ 是独立的,且 $\boldsymbol{P}\subseteq\boldsymbol{R}$,则 $\boldsymbol{P}$ 也是独立的。如果 $I(\boldsymbol{P})=I(\boldsymbol{R})$,则 $\boldsymbol{P}$ 为 $\boldsymbol{R}$ 的一个约简。$\boldsymbol{R}$ 中所有不可省略的关系集合称为 $\boldsymbol{P}$ 的核,记作 $C(\boldsymbol{P})$。核与约简的关系为

$$C(\boldsymbol{P})=\bigcap J(\boldsymbol{R}) \tag{13.4.17}$$

其中,$J(\boldsymbol{R})$代表 $\boldsymbol{R}$ 的所有约简集合。由上可见,核包含在所有的约简之中,可直接从约简的交集来计算。当知识约简时,核是不能消除的知识特征的集合。

令 S 和 T 为 L 中的等价关系,T 的 S 正域(L 中可以准确地划分到 T 中的等价类的集合)为

$$P_S(T)=\bigcup_{X\in T}S_*(X) \tag{13.4.18}$$

S 和 T 的依赖关系为

$$Q_S(T)=\frac{\mathrm{card}[P_S(T)]}{\mathrm{card}(L)} \tag{13.4.19}$$

由上可见,$0\leqslant Q_S(T)\leqslant 1$。利用 S 和 T 的依赖关系 $Q_S(T)$可以判定 S 和 T 两等价类的相容性。当 $Q_S(T)=1$ 时,表示 S 和 T 是相容的;而 $Q_S(T)\neq 1$ 时,表示 S 和 T 是不相容的。在将粗糙集理论用于多传感器信息融合时,就是利用 S 和 T 的依赖关系 $Q_S(T)$,通过对大量数据进行分析,找出其中内在的本质关系,剔除相容信息,从而确定出大量数据中的最小不变核,并根据最有用的决策信息,得到最快的融合方法。

总结和复习

为更好地学习，下面对各小节给予概括小结并提供一些进一步的参考资料；另外给出一些思考题和练习题以帮助复习（文后对加星号的题目还提供了解答）。

1. 各节小结和文献介绍

13.1 节概况介绍了多传感器信息融合的几个特点和层次，并结合图像理解讨论了主动融合。

13.2 节具体讨论了图像融合的特点层次，更多的介绍还可见文献[Zhang 2009b]和[Zhang 2015e]。图像配准是融合的基础，一个对图像配准技术的综述见[杨 2016]。一种基于压缩感知的图像融合方法可见[邱 2015]。基于分块压缩感知的遥感图像融合可见[杨 2015]。基于压缩感知的红外与可见光图像融合可见[周 2015]。对融合效果的主客观评价方法很多，还可参见本套书上册有关图像编码保真度和图像水印失真测度的介绍。

13.3 节讨论了像素级融合的几种基本方法以及对它们的简单结合。更多的方法还可参见专门的书籍，如[郭 2008]。融合双能量透射图像和康普顿背散射图像的细节还可见[王 2011a]。

13.4 节简要介绍了三种融合理论方法，更全面的介绍可见更专门的书籍，如贝叶斯法([Duda 2001]、[Theodoridis 2009])，证据推理法[张 2007]，粗糙集理论法[张 2001]。

2. 思考题和练习题

13-1 多传感器图像融合有许多优点，列出 5 条，并分别说明这些优点主要体现在像素级、特征级和决策级的哪个级别上。

13-2 试借助公式和示例比较灰度标准差和平均灰度梯度的异同。

13-3 讨论 13.2.4 小节中给出的各个像素级融合示例，哪里利用了冗余信息？哪里利用了互补信息？哪里利用了协同信息？

13-4 将例 13.4.1 改为仅有两类目标但有 4 种传感器，给出贝叶斯融合的结果。

13-5 设场景中有 2 类目标，O_1 和 O_2，它们出现的概率分别为 $P(O_1)=1/3$，$P(O_2)=2/3$。现在要使用两个摄像机来拍摄它们的图像，其中对目标上各点获得的灰度值分别满足高斯分布 $N_1(0,1)$ 和 $N_2(0,1)$，给出融合结果。

13-6 可信度函数、怀疑度函数和似真度函数是如何联系的？试在图 13.4.1 中标出怀疑度函数。

***13-7** 试证明：

(1) $R^*(X \cap Y) \subseteq R^*(X) \cap R^*(Y)$。

(2) $R_*(X \cup Y) \supseteq R_*(X) \cup R_*(Y)$。

13-8 假设给定库 $K=(L,\boldsymbol{R})$，其中 $L=\{x_0,x_1,\cdots,x_9\}$，$\boldsymbol{R}$ 为一个等价集，其中包括等价类 $E_1=\{x_0,x_2,x_8\}$，$E_2=\{x_1,x_5,x_7\}$，$E_3=\{x_3\}$，$E_4=\{x_6,x_9\}$。试计算 $X=\{x_2,x_6\}$ 的 R-边界。

13-9 假设给定库 $K=(L,\boldsymbol{R})$，其中 $L=\{x_0,x_1,\cdots,x_6\}$，$\boldsymbol{R}$ 为一个等价集，且有等价类

$E_1=\{x_0,x_1\}$，$E_2=\{x_2,x_4,x_6\}$，$E_3=\{x_3,x_5\}$。对集合 $X_1=\{x_0,x_2,x_4,x_6\}$和集合 $X_2=\{x_1,x_3,x_5\}$进行分类。

*__13-10__　试证明如下定理：集合 X 为 R 粗糙可定义当且仅当 $\overline{X}$ 为 R 粗糙可定义。

13-11　参照图 13.4.3，画出 4 种重要粗糙集的示意图。

13-12　如果利用粗糙集理论法来进行特征级的融合，应怎样使用特征？写出以两个特征为例的表达式。

第 14 章　基于内容的图像和视频检索

基于内容的图像和视频检索是随着科学技术的进步发展和推广应用，在数据快速增长、信息急剧膨胀情况下为满足人们快速提取有用视觉信息的需求而逐步得到重视的。经过 20 多年的研究，基于内容的图像和视频检索已取得长足的进步，在各方面都有了许多研究成果[章 2003b]、[Zhang 2007]、[Zhang 2008a]、[Zhang 2009a]、[Zhang 2009c]、[Zhang 2009d]、[Zhang 2015c]、[Zhang 2015d]，并促进了图像分割技术等的发展[Zhang 2005]、[Zhang 2006a]、[Zhang 2009e]。本章将挑选一些典型的方法和进展给予概况介绍、描述和讨论。

根据上述的讨论，本章各节将安排如下。

14.1 节先介绍基于内容的图像和视频检索的原理，以及其基本流程和主要功能模块，还讨论了相关研究的语义层次和抽象层次。

14.2 节介绍基于颜色、纹理和形状特征的图像检索中的匹配技术和准则，还介绍了一个近期利用综合特征(包括 CNN 特征)的检索示例。

14.3 节分析基于运动特征(包括全局运动特征和局部运动特征)的视频检索技术。

14.4 节讨论对三类视频节目(新闻视频、体育比赛视频和家庭录像视频)进行分析检索的方法。

14.5 节介绍高层语义检索中的两个工作，借助目标语义描述的图像分类和借助抽象气氛语义的图像分类。

14.1　图像和视频检索原理

图像和视频检索都是对视觉信息的检索。**视觉信息检索**(VIR)的目的是从视觉数据库(集合)中快速地提取出与一个查询相关的图像集合或图像序列。视觉信息的特点是信息量很大，同时视觉信息数据量也很大，但抽象程度较低。随着成像方式和设备的快速发展，视觉信息快速膨胀，对真正获取到有用的信息带来了许多问题。

从信息加工的角度来说，为解决上述信息膨胀问题，不仅要具有大量存储和快速传输各种媒体和信息的技术，还要具有能对媒体信息进行自动查询和选择的技术，这样才能使人类只接受或快速地获取需要的信息而不至于淹没在多媒体的汪洋大海之中。借助计算机对视觉信息进行有效的管理，并为进一步的利用而识别和理解，最终实现自动的查询检索是对付信息膨胀的有效方法。

1. 基于内容的检索

传统的视觉信息检索方案常使用文字标识符，例如具体到对图像的查询是借助对图像的编号，即标签来进行的。为实现检索，先给图像加上一个对其描述的文字或数字标签，然后在索引时对标签进行检索。这样一来对图像的查询变成了基于标签的查询。这种方法虽然简单，但有几个根本的问题影响对视觉信息的有效使用。

首先，由于图像内容丰富很难用文字标签完全表达，所以这种方法在查询图像中常会出现错误。其次，文字描述是一种特定的抽象，如果描述的标准改变，则标签也得重新制作才能适合新查询的要求。换句话说，特定的标签只适合特定的查询要求。最后，目前这些文字标签是靠人选出来加上去的，因此受主观因素影响很大，不同的人或同一个人在不同条件下对同一幅图像可能给出不同的描述，因而不够客观，没有统一标准，甚至会自相矛盾。

为解决上述问题，需要全面地、一般性地和客观地来提取图像内容。实际上人们利用图像不仅是根据它们的视觉质量而更重要的是根据它们的视觉内容，所以只有根据内容进行检索才可能有效地和准确地获得所需的视觉信息，同时在掌握视觉内容的基础上才可能有效地管理和使用数据库中的信息。所以对视觉信息的检索需要根据图像所表达的内容来进行。**基于内容的视觉信息检索**(CBVIR)方法应是获取和利用视觉信息的有效手段[章 2003b]。相关研究从 20 世纪 90 年代逐步展开，进入 21 世纪时已有许多成果[章 2002b]，主要包括**基于内容的图像检索**(CBIR)和**基于内容的视频检索**(CBVR)。国际上为此还制定了专门的标准，即**多媒体内容描述界面**(MPEG-7)[章 1999b]。

2. 归档和检索流程图

最常用的基于内容检索是借助一些视觉特征来进行的。这里特征可以是图像的画面特征，也可以是图像的主题对象特征，从视觉角度来说可以是场景或物体呈现的颜色、表面的纹理、特定目标的几何形状、几个物体在空间的相互位置关系等。图 14.1.1 给出一个基于特征对图像进行基于内容的归档、查询和检索的原理框图[章 1997d]，主要包括图像归档和图像检索两大部分。对图像内容的提取可在建立图像数据库时进行。在图像归档时，对输入图像先进行一定的分析，提取图像或目标的视觉特征(常用特征包括颜色、纹理、形状、空间关系和运动等，一些具体讨论见下节)。在将输入图像存入图像库的同时将其相应的特征表达也存入与图像数据库相结合联系的特征库。在图像查询检索时，一般采用范例查询的方式，对给定的查询图，也先进行相应的分析并提取其特征。通过将该特征表达与特征库中的特征表达进行匹配(以确定图像内容的一致性和相似性)并根据匹配结果到图像库中进行搜索就可提取出所需要的图像来。进一步用户还可浏览输出的检索结果，选择所需的图像，或根据初步结果反馈，提出意见来修改查询(条件)进行新一轮查询。

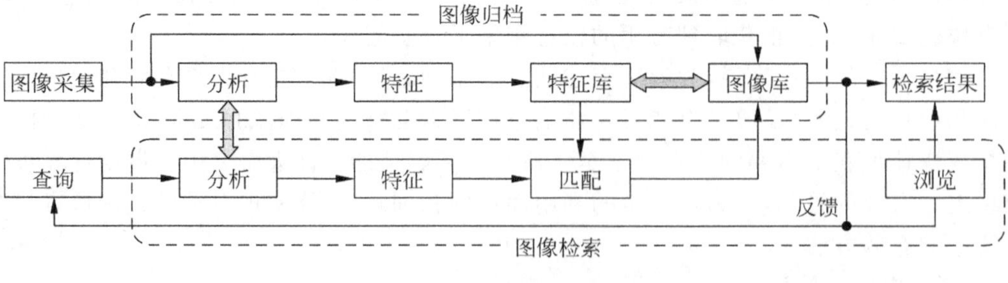

图 14.1.1　图像归档和图像检索的原理框图

由图 14.1.1 可以知道基于特征的图像检索有三个关键：一是要选取恰当的图像特征，二是要采取有效的特征提取方法，三是要有准确的特征匹配算法。当图像内容用其他形式(见后面几节)表示时，基本流程也是类似的。

一个基于内容的图像检索系统将信息用户与图像数据库联系起来，主要包括 5 个功能模块，如图 14.1.2 所示。查询模块要对用户提供多样的查询手段，以支持用户根据不同应用进行各种类型的查询工作，这里如何指定一个查询很重要。用户要进行查询，先需要提出查询条件，这些查询条件主要基于对图像内容的描述。描述模块将用户的查询要求转化为对图像内容的比较抽象的内部表达和描述。这里的关键是如何抓取图像的内容。为此需要借助对图像的分析，从而以一定的、计算机可以方便表达的数据结构建立对图像内容的描述。事实上，在图像数据库建库时也需要用这个模块对每幅图像进行表达描述。在对被查询图像和图像数据库中的图像都建立了表达描述后，就可在图像库中借助搜索引擎来搜索所需的图像内容。这里将对查询图的描述与对图像数据库中被查询图的描述进行内容匹配和比较就可以确定它们在内容上的一致性和相似性。这个匹配的结果将传给提取模块。提取模块根据匹配的结果在图像数据库中对感兴趣的图像定位，并在内容匹配的基础上将图像数据库中所有满足给定查询条件的图像自动地提取出来以让用户选择使用。如果事先对图像数据库建立了索引，这样在提取时就可提高效率。最后，验证模块让用户判断，提取出来的图像是否满足要求。据目前技术水平和设备条件，在自动查询和提取的基础上用户还需要有最后验证结果的手段。如果验证效果不满意，新一轮的查询可通过修改查询条件而重新开始。对查询模块和验证反馈模块，如何设计用户接口也是一个重要的工作。

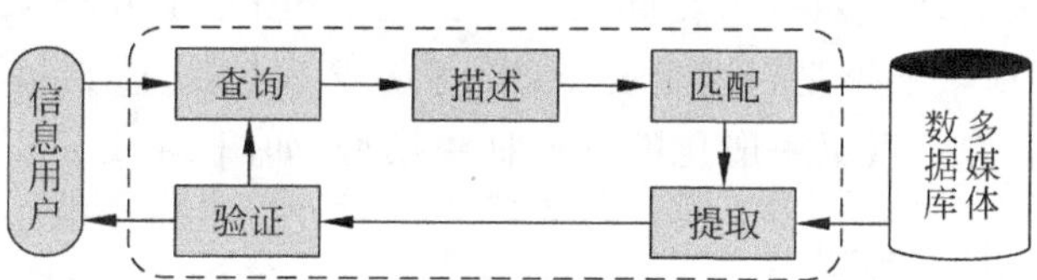

图 14.1.2　图像检索系统的 5 个功能模块

3. 多层次内容表达

基于特征的图像检索是基于内容图像检索的初级阶段。这里所说的特征主要为视觉特征，如颜色，纹理，形状，空间关系，运动信息等。这些特征可比较直观地感知到，利用计算机也比较容易提取出来，得到了广泛的应用。

从语义层次讲，视觉特征是比较低层或低级的。那些建立在低级特征基础之上的传统的图像描述模型中，对图像的描述一般以统计数据的形式出现。实际上，这些统计数据与人对图像的内容理解存在较大差异。人类在对图像内容进行描述时，常使用语义层次的概念和术语，如目标的概念和场景的概念[Zhang 2004]。这些概念和术语都比视觉特征的语义层次更高，如图 14.1.3 所示。从人的认知角度看，人对图像的描述和理解主要是在语义层次进行的。如何描述图像内容，使其尽可能与人对图像内容的理解一致，是图像检索的关键所在，也是其难点所在[Zhang 2015c]。

这里认为图像内容是用一些基本视觉特征的集合来表达的。能被这些基本的视觉特征所表达的内容可称为基本的视觉内容。在此基础上，还可以定义更高层的图像内容：目标内容和场景内容。目标内容及场景内容与人类关于对场景的语义描述的知识联系很密切

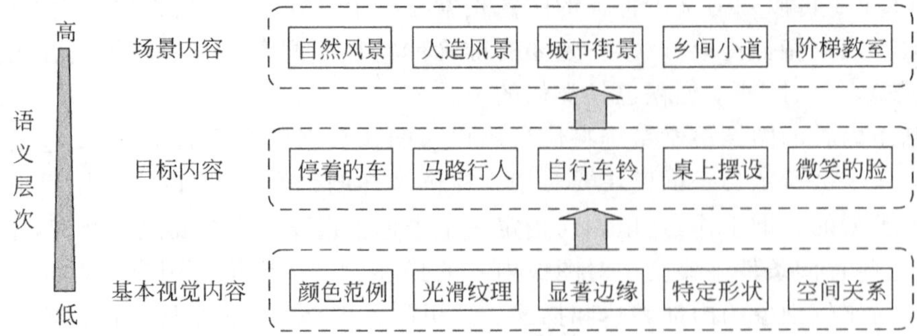

图 14.1.3　不同内容的层次关系

[章 2004b]。目标内容是一组基于目标模型的基本视觉内容的语义描述。场景内容是一组基于场景模型的对景物内容的语义描述。目标内容描述了场景中部分感兴趣的内容，而场景内容给出了图像的全局描述。有些人还在他们两者之间增加了目标关系一层，描述目标之间的联系。如"灯下的人""桌上的书""天上的太阳""前排的凳子""楼前的树"等。

语义内容是在对景物识别的基础上提取出来的，是对客观世界认知的结果。语义除可以描述客观事物（如图像、摄像机等）外，还可以描述主观感受（如漂亮、清晰等）以及更抽象的概念（如广泛、富有等）。所以从抽象的角度来说，在认知的基础上，还可以定义一个情感层次。在情感层次，检索的目标可以认为没有被严格地定义（或者说定义的比较宽泛）。实际中，有时用户的主观性在检索中起重要的作用，这种主观性与用户的情绪（emotion）状态或情感（affection）以及环境气氛等直接联系[Xu 2005]、[Li 2010b]、[Li 2011]。换句话说，是用户的情感决定了检索结果是否满足要求（如喜欢或不喜欢、感兴趣或不感兴趣）。这样一来，可以给出一个图像检索更一般化的三层抽象模型，如图 14.1.4 所示。

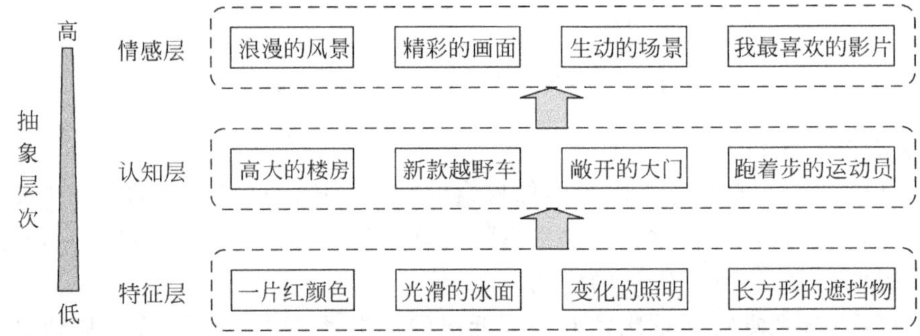

图 14.1.4　图像检索的三个抽象层次

顺便指出，也有人将语义特征称为逻辑特征，并将其进一步分为客观特征和主观特征[Djeraba 2002]。客观特征与图像中目标的辨识及视频中目标的运动有关，在基于目标鉴别的语义检索中已得到广泛应用。主观特征与目标及场景的属性有关，表达了目标或场景的含义和用途。主观特征可进一步分解为事件、活动类型、情感含义、信仰等类型，用户可针对这些更抽象的类别进行查询。按这样的分法，图 14.1.4 中的认知层的特征主要对应客观特征，而情感层的特征主要对应主观特征。

14.2 视觉特征的匹配和检索

在基于内容的图像检索中，匹配技术起着重要的作用。典型的图像库查询方式是按**范例查询**，即用户给出一幅示例图像，要求系统去检索和提取图像库中(所有)相似的图像。这种方式的一种变型是允许用户结合多幅图像或**画草图**以得到示例图像[章 2003b]。查询中重要的工作就是确定用什么样的方法把这个用作参考的查询图像与图像库中的大量图像进行匹配，也就是说要将查询描述与库中被查询信息的描述进行匹配以确定它们内容的一致性和相似性。基本的方法是对图像的视觉特征(主要是颜色、纹理和形状等)进行(组合)匹配[章 2001c]、[章 2003b]。

下面分别简单概括利用颜色、纹理和形状特征的匹配。另外还可利用目标位置之间的空间联系[徐 2005]和物体自身的结构信息[章 2003b]等特征，实际中各种特征常结合起来使用。

14.2.1 颜色特征匹配

颜色是描述图像内容的一个重要特征(参见本套书上册第 13 章)，人们已提出了许多种借助颜色特征对图像进行检索的方法，如[刘 1999a]、[刘 2000]、[Niblack 1998]。常用的颜色空间主要有 RGB 和 HSI 空间。颜色信息可借助颜色的统计直方图来表达。这样不同图像间的颜色特征匹配可借助计算直方图间的距离来进行。以下介绍 4 种比较简单基本的方法。

1. 直方图相交法

令 $H_Q(k)$ 和 $H_D(k)$ 分别为查询图像 Q 和数据库图像 D 的特征统计直方图($k=0,1,L-1$)，则两幅图像之间的匹配值可根据如下的**直方图相交**来计算[Swain 1991]

$$P(Q,D) = \sum_{k=0}^{L-1} \min[H_Q(k), H_D(k)] / \sum_{k=0}^{L-1} H_Q(k) \tag{14.2.1}$$

2. 距离法

为减少计算量，可以利用直方图的均值来粗略地表达颜色信息，对图像的 RGB 三个分量(其他彩色空间分量也类似)，其组合成的特征矢量为

$$\boldsymbol{f} = [\mu_R \quad \mu_G \quad \mu_B]^{\mathrm{T}} \tag{14.2.2}$$

此时查询图像 Q 和数据库图像 D 之间的匹配值为

$$P(Q,D) = \sqrt{(\boldsymbol{f}_Q - \boldsymbol{f}_D)^2} = \sqrt{\sum_{R,G,B} (\mu_Q - \mu_D)^2} \tag{14.2.3}$$

3. 中心矩法

对直方图来说，均值是其零阶矩，为描述更准确，还可使用更高阶的矩。设用 M_{QR}^i，M_{QG}^i，M_{QB}^i 分别表示查询图像 Q 的 RGB 三个分量直方图的 $i(i \leqslant 3)$ 阶中心矩；用 M_{DR}^i，M_{DG}^i，M_{DB}^i 分别表示数据库图像 D 的 RGB 三个分量直方图的 $i(i \leqslant 3)$ 阶中心矩，则它们之间的匹配值为

$$P(Q,D) = \sqrt{W_R \sum_{i=1}^{3} (M_{QR}^i - M_{DR}^i)^2 + W_G \sum_{i=1}^{3} (M_{QG}^i - M_{DG}^i)^2 + W_B \sum_{i=1}^{3} (M_{QB}^i - M_{DB}^i)^2} \tag{14.2.4}$$

其中，W_R，W_G，W_B为加权系数。

4. 参考颜色表法

距离法太粗糙，直方图相交法计算量太大，一种折中的方法是将图像颜色用一组参考色表示，这组参考色应能覆盖视觉上可感受到的各种颜色[Mehtre 1995]。参考色的数量要比原图的少，这样可得到简化的直方图，此时要匹配的特征矢量为

$$\boldsymbol{f} = [r_1 \quad r_2 \quad \cdots \quad r_N]^{\mathrm{T}} \tag{14.2.5}$$

其中 r_i 为第 i 种颜色出现的频率，N 为参考颜色表的尺寸。此时加权后的查询图像 Q 和数据库图像 D 之间的匹配值为

$$P(Q,D) = W\sqrt{(\boldsymbol{f}_Q - \boldsymbol{f}_D)^2} = \sqrt{\sum_{i=1}^{N} W_i (r_{iQ} - r_{iD})^2} \tag{14.2.6}$$

其中

$$W_i = \begin{cases} r_{iQ} & r_{iQ} > 0 \quad \text{且} \quad r_{iD} > 0 \\ 1 & r_{iQ} = 0 \quad \text{或} \quad r_{iD} = 0 \end{cases} \tag{14.2.7}$$

前面 4 种方法中，后 3 种主要是从减少计算量的角度对第 1 种进行简化，但直方图相交法还有另外一个问题。当图像中的特征并不能取遍所有可取值时，统计直方图中会出现一些零值。这些零值的出现会对直方图的相交带来影响，从而使得由式(14.2.1)算得的匹配值并不能正确反映两图间的颜色差别。为解决这个问题，可以使用累积直方图(见本套书上册 2.4.1 小节)。累积直方图大大减少了原统计直方图中出现零值的可能性。进一步的改进还可利用局部累加累积直方图[Zhang 1998]。

14.2.2 纹理特征计算

纹理也是描述图像内容的一个重要特征(参见本套书中册第 9 章)，利用纹理特征对 JPEG 图像检索的一个方法见[Huang 2003]。国际标准 MPEG-7[章 2000e]中也制定了多个纹理描述符[Xu 2006b]。纹理特征提取的一种有效方法以灰度级空间相关矩阵即共生矩阵为基础[Furht 1995]，因为图像中相距$(\Delta x, \Delta y)$的两个灰度像素同时出现的联合频率分布可以用灰度共生矩阵来表示(见本套书中册 9.2.1 小节)。若图像的灰度级为 N 级，则共生矩阵为 $N \times N$ 矩阵，可记为 $\boldsymbol{M}_{(\Delta x, \Delta y)}(h,k)$，其中位于$(h,k)$的元素值 m_{hk} 表示一个灰度为 h 而另一个灰度为 k 的两个相距为$(\Delta x, \Delta y)$的像素(对)出现的次数。用对灰度共生矩阵的各种统计量可作为纹理特性的度量(见本套书中册 9.2.2 小节)。

下面介绍一个利用纹理特征匹配进行图像检索的具体方法[刘 1999b]。先把图像的亮度分量分成 64 个灰度级，并构造 4 个方向的共生矩阵即 $\boldsymbol{M}_{(1,0)}$，$\boldsymbol{M}_{(0,1)}$，$\boldsymbol{M}_{(1,1)}$，$\boldsymbol{M}_{(1,-1)}$，然后借助这 4 个共生矩阵分别计算下述 4 个纹理参数：

(1) 反差(或称为主对角线的惯性矩)

$$G = \sum_h \sum_k (h-k)^2 m_{hk} \tag{14.2.8}$$

对于粗纹理，由于 m_{hk} 的数值较集中于主对角线附近，此时$(h-k)$的值较小，所以相应的 G 值也较小；相反，对于细纹理，则相应的 G 值较大。

(2) 能量(或称为角二阶矩)

$$J = \sum_h \sum_k (m_{hk})^2 \tag{14.2.9}$$

这是一种对图像灰度分布均匀性的度量。当 m_{hk} 的数值分布较集中于主对角线附近时，其相应的 J 值较大；反之，J 值则较小。

（3）熵

$$S = -\sum_h \sum_k m_{hk} \log m_{hk} \tag{14.2.10}$$

当灰度共生矩阵中各 m_{hk} 数值相差不大且较分散时，S 值较大；反之，当 m_{hk} 的数值较集中时，S 值较小。

（4）相关

$$C = \frac{\sum_h \sum_k hkm_{hk} - \mu_h \mu_k}{\sigma_h \sigma_k} \tag{14.2.11}$$

其中，μ_h，μ_k，σ_h，σ_k 分别为 m_h，m_k 的均值和标准差，$m_h = \sum_k m_{hk}$ 为矩阵 $\boldsymbol{M}$ 中每行元素之和；$m_k = \sum_h m_{hk}$ 为矩阵 $\boldsymbol{M}$ 中每列元素之和。相关量用来描述矩阵中行或列元素之间灰度的相似程度。

在算出图像的上述 4 个纹理参数后，可用它们的均值和标准差，即 μ_G，σ_G，μ_J，σ_J，μ_S，σ_S，μ_C，σ_C 作为纹理特征矢量中的各个分量。由于以上 8 个分量物理意义和取值范围不同，需对它们进行内部归一化。这样在计算相似距离时，可使各分量具有相同权重。

高斯归一化方法是一种较好的归一化方法，其特点是少量超大或超小的元素值对整个归一化后元素值的分布影响比较小[Ortega 1997]。一个 N 维的特征矢量可记为 $\boldsymbol{F} = [f_1\ f_2 \cdots\ f_N]^{\mathrm{T}}$。如用 $I_1, I_2, \cdots, I_M$ 代表图像库中的图像，则对其中任一幅图像 I_i，其相应的特征矢量为 $\boldsymbol{F}_i = [f_{i,1}\ f_{i,2} \cdots\ f_{i,N}]^{\mathrm{T}}$。假设特征分量值系列 $[f_{1,j}\ f_{2,j} \cdots\ f_{i,j} \cdots\ f_{M,j}]$ 符合高斯分布，可计算出其均值 m_j 和标准差 σ_j，然后利用下式可将 $f_{i,j}$ 归一化至 $[-1,1]$ 区间：

$$f_{i,j}^{(N)} = \frac{f_{i,j} - m_j}{\sigma_j} \tag{14.2.12}$$

根据式(14.2.12)归一化后，各个 $f_{i,j}$ 均转变成具有 $N(0,1)$ 分布的 $f_{i,j}^{(N)}$。如果利用 $3\sigma_j$ 进行归一化，则 $f_{i,j}^{(N)}$ 的值落在 $[-1,1]$ 区间的概率可达 99%。实际应用中，可将 $[-1,1]$ 区间外的 $f_{i,j}$ 值设为 -1 或 1，以保证所有 $f_{i,j}$ 的值均落在 $[-1,1]$ 区间。

14.2.3 多尺度形状特征

形状也是描述图像内容的一个重要特征（参见本套书中册第 10 章）。利用形状进行检索有三个问题值得注意。首先，形状常与目标联系在一起，所以形状特征可以看作是比颜色或纹理要高层一些的特征。要获得有关目标的形状参数，常要先对图像进行分割，所以形状特征会受图像分割效果的影响。其次，目标形状的描述是一个非常复杂的问题，事实上，至今还没有找到形状的确切数学定义，使之能与人的感觉完全一致。人对形状的感觉不仅是一个视网膜生理反应的结果，而且是视网膜感受与人关于现实世界的知识这二者之间综合的结果。最后，从不同视角获取的图像中目标形状可能会有很大差别，为准确进行形状匹配，需要解决平移、尺度、旋转变换不变性的问题。

目标的形状常可以用目标的轮廓来表示，而轮廓是由一系列边界点所组成的。一般认为在较大尺度下常能较可靠地消除误检并检测到真正的边界点，但在大尺度下对边界的定位不易准确。相反，在较小尺度下对真正边界点的定位常比较准确，但在小尺度下误检的比例会增加。所以可考虑先在较大尺度下检测出真正边界点的范围，再在较小尺度下对真正边界点进行较精确的定位。小波变换和分析作为一种多尺度多通道分析工具，比较适合对图像进行多尺度的边界检测。下面介绍一种采用**小波变换模极大值**的方法来提取图像多尺度目标边缘信息，然后采用多尺度不变矩作为特征来度量图像中目标形状相似性的方法[姚 2000]。

1. 小波变换模极大值

一般通过规则抽样进行离散小波变换时，所获得的小波系数缺少平移不变性，而小波变换模极大值是在对多尺度小波变换进行不规则抽样的基础上得到的，它可以克服上述问题[Mallat 1992]。小波变换模极大值可以描述信号的奇异性，对图像来说，小波变换模极大值描述图像中目标的多尺度(多层)边界。

例 14.2.1 图像小波变换模极大值示例

图 14.2.1 给出图像小波变换模极大值的一组示例，第一排的单幅图像是原始图像；第二排是 7 个尺度的模图像，尺度从左向右逐次增加；第三排是模局部极大值点的位置。由图可见，小波变换模极大值在不同层次上给出了目标的轮廓边界。

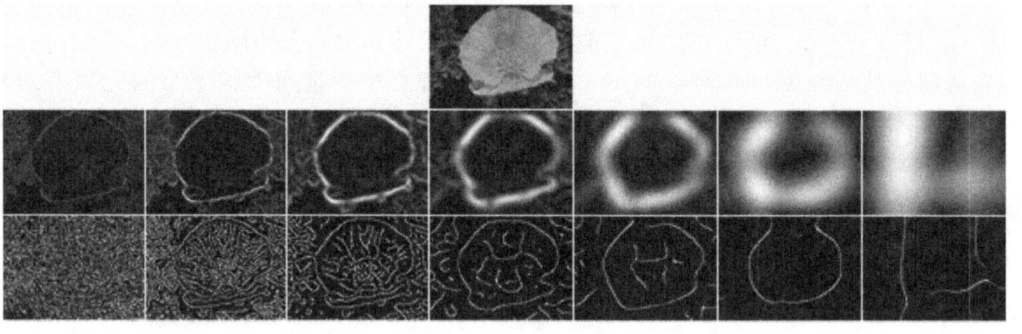

图 14.2.1 图像小波变换模极大值点 □

2. 不变矩

直接在小波变换域中度量两个图像的相似性既困难又不太方便，考虑到所期望的平移、尺度、旋转不变性，可以借助对区域表达的 7 个不变矩(见本套书中册 7.2.3 小节)来表示小波变换后的多尺度边界图像的特征。借助由不变矩组成的特征矢量就可进行检索(细节可见[姚 2000]、[章 2003b])。

14.2.4 综合特征检索

不同的特征描述图像中不同的内容属性，所以在检索中各有其侧重。此外，仅基于某一种特征的检索方法只能表达图像的部分属性，由于对图像内容的描述比较片面，缺少足够的区分信息，对在(如尺度或方向等)有较大变化场合的图像常不能取得理想的检索效果。

事实上，不同的特征也各有其特点。例如，比较颜色特征和纹理特征，颜色特征可给出对图像整体信息的描述，而纹理特征则更偏重于局部信息的描述；比较颜色特征和形状特征，颜色特征多具有平移、旋转和尺度不变性，而不少形状特征(如边缘方向)只具有平移不变性；比较纹理特征和形状特征，一般纹理特征比较容易获得，而形状特征的计算常比较复杂。

为此人们研究了综合利用颜色、纹理、形状以及其他特征，全面描述图像内容的检索方法，可称之为**综合特征检索**。特征的结合既可以达到不同特征的优势互补的效果，也可以提高检索的灵活性和系统的性能，满足实际应用的需求。

例 14.2.2 *颜色和纹理特征结合的检索*

图 14.2.2～图 14.2.4 给出一组利用 400 多幅彩色花卉图进行颜色和纹理特征结合实验得到的结果。图 14.2.2 是仅用颜色特征检索得到的结果，左起第 1 幅图为查询图，其余为对该图的检索结果，从左向右，相关匹配值依次减少。由于仅利用了颜色进行查询，检索出的各图虽然从颜色角度看与查询图比较接近，但总体视觉效果与人的感觉并不完全吻合。例如左起第 2 幅图的颜色虽然大体与查询图相似，但图案有较大差别（查询图是一朵大花，而左起第 2 幅图是许多小花）。也可以说，两图的颜色分布很不一样。如果根据人的视觉感受排列，比较合理的是把左起第 4,6,8 幅图（也都是一朵黄色大花）提到前面。图 14.2.3 给出仅用纹理特征对同一幅查询图进行检索得到的结果（这里对纹理特征的计算仅使用了亮度信息）。从花图案的角度看比图 14.2.2 要好一些（均是大花），但检索结果中出现了一些颜色完全不同的图（如左起第 6～9 图）。最后图 14.2.4 给出利用综合特征方法对同一查询图进行检索得到的结果，其中所用颜色特征与纹理特征在检索中的权重为 3：2。

图 14.2.2　仅用颜色特征的检索结果

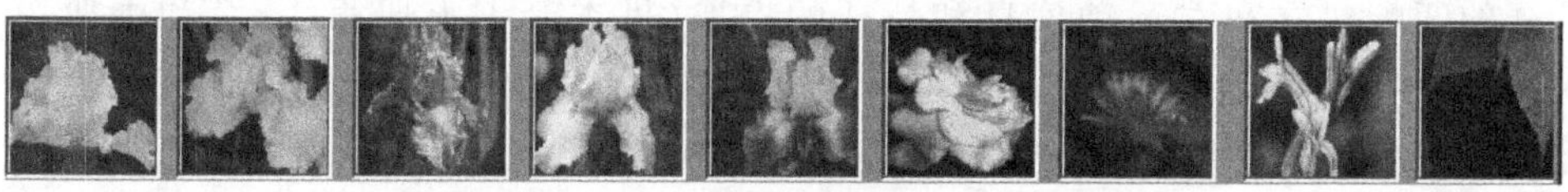

图 14.2.3　仅用纹理特征的检索结果

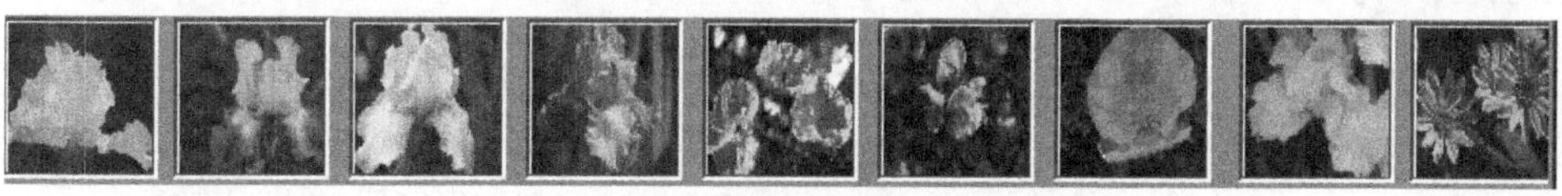

图 14.2.4　综合颜色和纹理特征的检索结果

从图 14.2.2 ～图 14.2.4 可以明显看出，综合利用颜色和纹理特征进行检索所得到的结果在色彩尤其分布上都要比单一利用颜色或纹理特征进行检索更符合人的视觉要求。□

下面是另一个融合不同特征进行检索的结果[Fang 2016]。其中，除了利用 HSV 空间的颜色直方图特征（参见上册 13.2 节）外，还结合了 SIFT 特征和 CNN 特征。

SIFT 特征基于 6.3.2 小节介绍的**尺度不变特征变换**（SIFT），用 SIFT 描述矢量来表示。为进行特征匹配，可以采用**词袋模型**（参见 12.5.1 小节）将一个图像中的所有 SIFT 向量进行量化和编码，以方便匹配。

CNN 特征基于**卷积神经网络**(CNN)，借助局部卷积使得局部提取的信息之间产生相互联系，并在**深度卷积神经网络**(DCNN)中利用逐层的特征提取，将像素级别的特征通过神经网络最终转化为较高层次的特征。

检索中，可将上述 HSV 特征，SIFT 特征和 CNN 特征结合起来进行。这里将融合不同特征的方法与仅使用单一特征的方法进行检索实验对比的结果列在表 14.2.1 中。其中，所用数据库包括 Holidays [Jegou 2010]，Oxford5k [Philbin 2007]，Paris[Philbin 2008]和 Flickr100k(从 Flickr 网站获取，包含 10 万张图像)；所用评价指标采用了对多个查询图像对应结果的**平均精确度**(AP)的平均值(mAP)。由表 14.2.1 可见，使用综合特征所取得的效果相比使用单一特征的效果都有提升。

表 14.2.1　融合特征结果与单一特征结果对比

数据库	Holidays	Oxford5k	Paris	Flickr100k
HSV	61.95	—	—	53.38
SIFT	80.74	76.66	75.98	72.06
CNN	71.67	43.28	63.64	62.26
综合特征	93.79	79.19	93.08	91.09

14.3　基于运动特征的视频检索

运动信息表示了视频内容沿着时间轴的发展变化，对于理解视频内容具有重要的作用。值得指出的是，颜色、纹理和形状特征是图像和视频共有的特征，而运动特征则是视频数据所独有的特征。

对运动特征的匹配建立在对运动信息和特征的提取(见本套书上册第 14 章和中册第 11 章)之上。一个视频序列是由一系列在时间上前后相关的图像帧构成的，这些图像帧之间的差异就反映了视频序列中所包含的运动信息。视频序列中的运动信息可分为全局运动信息和局部运动信息两类。

14.3.1　全局运动特征

全局运动对应**背景运动**，是由进行拍摄的摄像机自身运动所造成的帧图像内所有点的整体移动(所以也称**摄像机运动**)。全局运动一般具有整体性强、比较规律的特点，常可以采用对全图统一的特征或模型来表达。这里一般用 2-D 运动矢量来表示，求取这些 2-D 运动矢量可以采用无须太多先验知识的低层算法，如块匹配法、基于梯度的光流算法等来实现。

要准确提取运动信息，需考虑相邻帧之间的图像变化，这称为短时运动分析，一般涉及的时间间隔比较小(一般几十毫秒)。但人们对于一个运动的整体理解常需要一定的持续时间(常为一秒或更长)。为了得到有意义的运动内容，需要将各个短时运动分析的结果按时间顺序结合起来。

为结合短时运动分析的结果，可引进特征点序列的概念[俞 2001]，将经过特征抽取之后从每对相邻图像帧里面提取出来的运动信息用运动特征空间中的一个点来表示，而把一个较长时间的运动表示为运动特征空间中的一个点序列。这样，视频序列中的运动信息就由一组特征点来表示。这个特征点序列既包含了每对相邻帧之间的运动信息，又包含了前后帧的时间顺序关系，比较完整地概括了视频序列的运动内容。借助特征点序列的匹配可理解较长持续时间内的运动行为。

对特征点序列进行相似性度量可借用**字符串匹配**(11.2.3 小节)的方法。设有两个视频序列 L_1 和 L_2，它们的特征点序列长度分别为 N_1 和 N_2，则这两个特征点序列可分别表示为$\{f_1(i), i=1,2,\cdots,N_1\}$和$\{f_2(j), j=1,2,\cdots,N_2\}$。如果有 $N_1=N_2=N$，那么可定义视频序列之间的相似度等于它们对应特征点的相似度之和，即

$$S(L_1, L_2) = \sum_{i=1}^{N} S_f[f_1(i), f_2(i)] \tag{14.3.1}$$

式中，$S_f[f_1(i), f_2(i)]$为计算两个特征点之间相似度的函数，可使用各种距离函数。

如果两个序列的长度不同，设 $N_1<N_2$，那么还必须考虑如何选取匹配时间起点的问题。具体就是在 L_2 中以不同的时间起点 t 截取与 L_1 长度相同的序列 $L_2'(t)$，由于 L_1 与 $L_2'(t)$长度相同，它们之间的距离可以用式(14.3.1)计算得出。通过移动时间起点 t，还可以计算出对应所有可能的时间起点 t 的子序列的相似度。而两个序列 L_1 和 L_2 的相似度可选为其中的最大值，即

$$S(L_1, L_2) = \max_{0 \leqslant t \leqslant N_2 - N_1} \sum_{i=1}^{N} S_f[f_1(i), f_2(i+t)] \tag{14.3.2}$$

由上式不仅能够获得两个不同长度序列之间的相似度，而且可得出短序列与长序列中运动最相似片段匹配的位置。

对特征点相似度的计算取决于对每个特征点的表达。以本套书上册 14.3.2 小节介绍的双线性运动模型为例，每个相邻帧的全局运动用 8 个模型参数来表示。由于全局运动参数模型反映了由摄像机运动造成的视频图像中所有像素的整体运动，那么对应两幅图像的两个运动模型参数之间的相似度就应该是这两个运动模型在整个视频图像范围内包含的所有运动矢量的相似度。因此，可以定义两个全局运动模型 M_1 和 M_2 之间的距离为它们在各个点的运动矢量之间距离的平方和，即

$$D(M_1, M_2) = \sum_{x,y} [U_{M_1}(x,y) - U_{M_2}(x,y)]^2 + [V_{M_1}(x,y) - V_{M_2}(x,y)]^2 \tag{14.3.3}$$

其中，(U_{M_1}, V_{M_1})和(U_{M_2}, V_{M_2})分别为从 M_1 和 M_2 得到的全局运动矢量。这样，一旦获得了表达全局运动的模型参数，就可进行匹配并算出两帧图像中全局运动的相似度来表示匹配的程度[Yu 2001b]。

14.3.2 局部运动特征

局部运动对应**前景运动**，是由场景中目标的自身运动所造成的。因此局部运动仅体现在场景中对应运动目标的位置。由于场景中可能有多个目标，而且各目标可能做不同的运动，所以局部运动常表现得比较复杂，不太规律，对一帧图中的局部运动常需要用多个特征或模型来表达。

要提取视频序列中的局部运动信息，先需要寻找和确定视频里物体上各个点在不同图像帧里的空间位置，还需要将具有相同或相近运动情况的同一个物体或物体中同一个部件的运动联系起来，以给出该物体或部件的运动表达和描述。

对物体或部件的运动表达和描述常使用局部运动矢量场[Yu 2001a]，它给出了局部运动的大小和方向，其中运动方向对分辨不同的运动很重要。可以利用**运动矢量方向直方图**(MDH)作为特征来描述局部运动(见本套书上册 14.2 节)。另外，在求得局部运动矢量场的基础上，还可对局部运动矢量场进行分割，提取出具有不同参数模型的运动区域。通过将运动模型分类还可以获得**运动区域类型直方图**(MRTH)(见本套书上册 14.2 节)。由于运动区域的参数模型表示是对视频中局部运动信息的进一步概括，所以从中获得的运动区域类型直方图比运动矢量方向直方图常具有更加高层的含义和更全面的描述能力。对上两种直方图特征的匹配均可采用前面的直方图相交法等方法。

例 14.3.1 两种直方图特征匹配示例

利用上述两种直方图特征进行匹配的一个实验选用了取自国际标准 MPEG-7 测试数据集的一段 9min 的篮球比赛录像[俞 2002]。图 14.3.1 给出用于查询的一个罚球投篮动作片段中的第 1 帧。

图 14.3.1　查询片段中的第 1 帧

图 14.3.2(a)～(d)给出利用运动矢量方向直方图作为特征进行匹配检索而从该测试数据集中检索到的另外 4 个具有类似内容的片段的第 1 帧。从图中结果来看，虽然各图中运动员图像的大小和所占位置不同，但动作都是在罚篮(图 14.3.2(a)中的运动员与图 14.3.1 的运动员相同，但是对应两次不同的罚篮)。图 14.3.2(e)给出利用运动区域类型直方图作为特征进行匹配检索又得到的一个片段的第 1 帧(该测试数据集中满足条件的所有 5 个片段均已检出)。

(a)　(b)　(c)　(d)　(e)

图 14.3.2　利用运动矢量方向直方图和运动区域类型直方图检索得到的结果

由上可见，利用局部运动区域的类型直方图比利用局部运动矢量的方向直方图作为特征来描述局部运动的效果要更好一些(这里匹配上的结果更多)。 □

14.4 视频节目分析和索引

视频节目的种类很多，如新闻节目、体育比赛、电影、动画、广告等，另外还有家庭录像等非专业的视频。视频分析的目的是建立/恢复视频中的(语义)结构[章 2000d]，并根据这个结构进行查询或建立索引，如[Zhang 2002b]、[Chen 2008]。下面讨论对几种特殊视频的分析。

14.4.1 新闻视频结构化

新闻视频是一类使用特别广泛的视频节目。在对新闻视频的分析中，检测播音员镜头对节目结构化起着重要作用。下面是对一个相关工作的介绍[姜 2003a]。

1. 新闻视频的特点

新闻视频的结构特征比较明显，而且各种类型的**新闻节目**具有较好的一致性，其主体内容均是由一系列新闻故事单元组成。每一个新闻故事单元，即一个**新闻条目**，讲述一个在内容上相对独立的事件，具有明确的语义。它可用作视频分析、索引和查询的基本单元[姜 2003a]。

新闻视频具有的这种比较固定的层次化结构提供了多种有助于理解视频内容、建立索引结构和进行基于内容查询的信息线索。这些信息线索可能存在于不同的结构层次上，能够提供相对独立的视频特征。例如许多新闻节目中有反复出现的主持人在演播室内的解说画面(即播音员镜头)，它可以作为新闻条目的开始标志，也是新闻条目分段的基础。

从策略上讲，播音员镜头检测的主要思路有直接检测和逐步排除两种。由于不同的新闻节目有不同的风格，加之新闻节目中还有许多其他类似"说话人镜头"(具体如下)，所以要想通过单一的检测方法直接准确地检测到播音员镜头有很多困难，会产生许多误检和虚警。

下面介绍一种三步检测法[Jiang 2005a]，它通过分步的方式，由粗到精，逐渐细化，在不同的检测尺度范围中分别采用不同的技术。该方法的第一步是通过对图像帧之间的变化分析，检测出所有"**重要说话人镜头**(MSC)"，这个结果里面包含真正的播音员镜头，也包含误检的类似镜头；第二步，通过无监督聚类的方法将所有"重要说话人镜头"分成若干人物组，即建立一个重要说话人物列表，并利用了新闻标题检测的结果进行后处理；最后第三步，通过镜头出现的时间分布统计规律，将真正的播音员镜头组从重要说话人物列表中区分出来。

2. 重要说话人镜头检测

在新闻视频中，重要说话人镜头是新闻视频中特有的内容，而且常是观众所感兴趣的，因而可以作为视频内容的重要注释和视频查询的重要线索(虽然也会对播音员镜头的检测产生干扰)。所以检测出新闻片段中所有的"重要说话人镜头"并利用它们辅助对视频内容的分析值得重视。

这里，新闻视频中的重要说话人镜头指的是一般的新闻节目中经常出现的一类特殊镜头：即在新闻画面中出现的单个人物说话头像的近镜头，这种情况的视频画面中主要对象为人物头像，而不是背景活动。实际的例子包括现场记者报道镜头、被采访者近镜头、演讲者镜头等。与人脸检测不同，在检测说话人镜头时，主要关心的是视频中是否有一个占主导的人物头部(而不是其他物体)出现在画面的特定位置。这里人物脸部的细节特征并非一定要提取，所以可构建运动统计模型，利用人物头部运动模板匹配的办法来检测重要说话人镜头。

重要说话人镜头中有一些时间、空间和运动的视觉特征(参见图 14.4.1)，下面是可利用的两个。

(1) 对一般的新闻视频来讲，重要说话人镜头(图 14.4.1(a))中画面的整体运动变化比一般的镜头(图 14.4.1(b))小很多,但是却要比那种拍摄几乎静止画面的镜头(图 14.4.1(c))大。

(a) (b) (c)

图 14.4.1 各种镜头变化情况的对比

(2) 重要说话人镜头的画面运动主要集中于一个固定的说话人头部,而且这个头部的位置在新闻视频中集中于比较固定的三个位置:中部,左侧和右侧。

根据以上两个特征,可对镜头画面的变化进行分析。这里既要考虑图像帧之间的变化强弱(前一个特征),又要体现变化值在空间的分布情况(后一个特征)。为此可使用**镜头中平均运动图**(MAMS)[Jiang 2005a]。对第 n 个镜头,其镜头中平均运动图的计算公式如下:

$$M_n(x,y)=\frac{1}{L}\sum_{i=1}^{L-v}|f_i(x,y)-f_{i+v}(x,y)| \quad L=\frac{N}{v} \tag{14.4.1}$$

其中,N 为第 n 个镜头的总帧数;i 为帧的序号;v 为度量帧之间差异时的间隔数。

镜头中平均运动图是一个 2-D 分布的运动累计平均图,它保留了运动的空间分布信息。由于重要说话人镜头的变化强弱处于一般镜头和静止镜头之间的量值,所以可以通过镜头中平均运动图除以图的大小来反映这个变化强弱量。只有满足以下条件的镜头才被认为是可能的重要说话人镜头而进入下一步的处理:

$$T_s<\frac{M_n(x,y)}{N_x\times N_y}<T_a \tag{14.4.2}$$

式中,T_s 与 T_a 分别为静止镜头和一般镜头的画面变化强弱的统计平均值。注意,这两个值和度量帧之间差异的间隔数 v 成正比。

3. 重要说话人镜头聚类

如前所述,检测出来的重要说话人镜头是新闻视频内容的重要注释和视频查询的重要线索。但是,如果仅仅把检测出的在不同时间(还可能多次重复)出现的重要说话人镜头一一罗列出来并不能保证达到好的效果。另外,在这些无组织的重要说话人镜头中进一步找出播音员镜头也比较困难。因此,需要对这些镜头进行组织,最直接的方法是按照人物进行聚类:根据这些人物各自的外在特征在同一段新闻内容中的一致性(即同一个人物在同一段新闻节目中如果多次出现,他的衣着和肤色等视觉特征一般具有很强的相似性),可以把在不同时间可能出现的相同人物的重要说话人镜头提取出来,形成按人物的镜头分组。利用这个分组列表,便可以对相关人物进行方便的查询和检索。

在这里,可首先提取每个检测出来的重要说话人镜头的颜色特征,然后采用彩色直方图相交(参见 14.2.1 小节)计算镜头的相似度。由于重要说话人镜头可按照头部位置分为左、中、右 3 种情况,那么就可以构建 3 种位置模型,如图 14.4.2 所示。这 3 种模型中的身体区域有相同的面积,仅是上部对应人物头部区域的水平位置有所区别。利用位置模型可以更准确地计算相似度，然后就可采用无监督聚类的方法对所有的重要说话人镜头聚类。

图 14.4.2　三种位置模型

获得了重要说话人镜头聚类后，可以检测描述新闻事件发生的时间、地点或者中心人物等的新闻标题条[姜 2003b]，以去除非重要人物(即误检)的镜头类。在新闻节目视频中，对每一个新出现的重要说话人物，一般会有新闻标题条出现作为人物注释，否则这个人物也就算不上新闻节目的“重要人物”。所以，在前面得到的人物镜头聚类结果中，可将不含新闻标题条的镜头类去除。

4. 播音员镜头提取

为了实现有效的新闻视频结构化，需要检测出新闻播音员镜头出现的位置，作为每个新闻条目的开始点。对选自 MPEG-7 测试数据集的约 6 小时的新闻视频中镜头的时间长度、数目、间隔和时间覆盖范围 4 个特征进行统计得到的结果见表 14.4.1[Jiang 2005a]。

表 14.4.1　播音员镜头和其他重要说话人镜头时间分布特性统计

	镜头时间长度/s	每 20min 镜头数目	镜头间隔/镜头数	覆盖范围/镜头数
播音员镜头类	15.72	≈ 9	≈ 12	＞ 60
其他镜头类	10.38	≈ 2	≈ 5	＜10

由表 14.4.1 可见，镜头数目、间隔和覆盖范围对播音员镜头和其他镜头具有较好的区分能力。相对其他镜头类，播音员镜头类所出现的重复次数更多，出现时间上更分散，并且覆盖的时间范围要长很多。根据这些特点，可以通过使用如下条件对重要说话人镜头聚类的结果进一步筛选而实现播音员镜头的检测：

(1) 该类镜头的总数大于一个阈值；

(2) 该类相邻镜头出现的平均时间间隔大于一个阈值；

(3) 该类镜头中时间上出现最早的一个和出现最晚的一个之间的间隔(镜头数)，即该类镜头的覆盖范围大于一个阈值。

这样，根据镜头的时间分布特征，就可以把重要说话人镜头分为两种情况，一种是播音员镜头类(用 A1，A2，…表示)，另一种是其他人物说话镜头类(用 P1，P2，…表示)。对每个新闻条目，将新闻播音员镜头的出现位置作为开始，其后跟上有关的报道镜头和人物说话镜头，就可获得新闻视频结构化的结果。为了给用户一个时间上的概念，可采用以镜头为单位的流式结构，如图 14.4.3 所示。利用这个视频结构化的表达方式，用户可以定位和重放任意新闻条目以及任意感兴趣的新闻重要人物镜头，从而可以进一步实现高层次的非线性浏览和查询[章 2003b]。

14.4.2　体育比赛视频排序

体育比赛中有关特殊事件的**精彩镜头**是一大看点(所以也有人称体育节目为事件的视

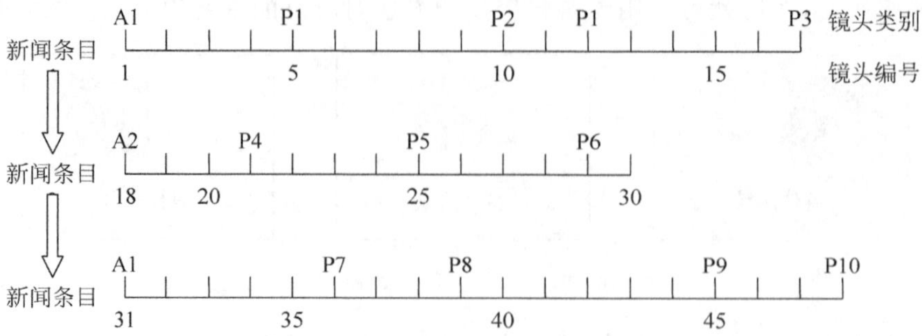

图 14.4.3 新闻条目-镜头结构表达

频)。对镜头根据精彩程度排序,有利于进行新闻报道和优先选择对感兴趣镜头的观看。

1. 体育比赛视频的特点

体育比赛的相关节目一般也有较强的结构性,如足球比赛分为上下两个半场,NBA 篮球比赛将每个半场又分为两节。这些特点对体育视频分析提供了时间线索和限制。另外,体育比赛总有一些高潮事件,如足球比赛的射门、篮球比赛的扣篮和妙传等。为此,还要动态地围绕事件进行视频镜头的组织。体育比赛的环境多是特定的,但比赛中有许多不定因素,事件的发生时间位置不能事先确定,所以比赛中无法控制视频生成过程。体育比赛的拍摄手法也有许多特点,如对篮球比赛的扣篮不仅有空中拍摄的,也有从篮下向上拍摄的。

体育事件的特殊性提供了使用特定分析技术以从比赛中提取感兴趣片段的基础,或者说从多个不同角度观看同一个动作的可能性。在体育比赛中,某一特定场景往往有着其固定的颜色、运动目标和空间对象分布特征。由于比赛场地只有几个固定的摄像机,所以某一事件的发生往往对应着特定的场景变化。这就使得人们可以根据对这些特征的提取和识别而判断出特定的事件。例如对有运动员出现的序列,可提取运动员的轮廓、运动服的颜色、运动员的运动轨迹等作为索引;对观众序列,可提取观众的动作姿态等作为索引;对重要片段序列,比如对篮球运动可提取球篮位置、篮球的运动轨迹,对田径赛中的投掷项目可提取出手角度、落地位置等作为索引。

现有的体育比赛精彩镜头分析系统大多针对特定体育比赛类型使用先验知识对精彩事件进行定义,并通过检测体育比赛中的特定精彩事件来完成对精彩镜头的检测。对不同的体育比赛,精彩镜头的含义、内容和视频表现方式均不同。如足球比赛中的射门无疑是大家关注的,又如篮球比赛中的扣篮、妙传、快攻总是很吸引人。从查询的角度说,既可根据这些精彩镜头进行查询,也可根据构成这些精彩镜头的要素,如足球、球门、篮球、篮板等进行查询。另外还可根据这些镜头不同的特点,对如点球、任意球、罚球、三分球等进行查询。

有人将体育比赛节目中的特征分成三个级别[Duan 2003],即底层、中层和高层语义特征。底层特征包括运动矢量、颜色分布等直接从图像中可以得到的特征;中层特征包括摄像机运动及导致的视场变化,拍摄对象的运动及姿态转换等,这些特征可以从底层特征分析出,比如从运动矢量直方图中估计出摄像机运动;高层语义特征则对应于某一事件,一般通过先验知识事先定义高层特征与中(底)层特征的联系。

2. 乒乓球比赛节目的结构

与足球比赛等那些有固定时间的比赛不同,乒乓球比赛是基于比分的,具有相对明确的结构，一场比赛由一些相对固定的、具有典型结构的、不断重复的场景所组成。可以将乒乓球比赛节目分为比赛、发球、场间休息、观众和重放几种场景。每个场景都有其相对确定的特征。比如在比赛场景中摄像机拍摄范围将覆盖包括球台、双方运动员以及一部分场地的全局镜头。而在发球场景中则大多出现运动员或球拍的特写镜头。对于一场乒乓球比赛来说，一般由 3～7 局构成，每一局比赛又由多个回合构成。乒乓球比赛就由这些不断重复的结构单元组成，各个事件的发生有着相对确定的时间顺序关系。比如在发球场景之后紧跟着是比赛场景，而回放场景则紧跟在精彩的比赛场景之后。图 14.4.4 给出一个结构示意图。

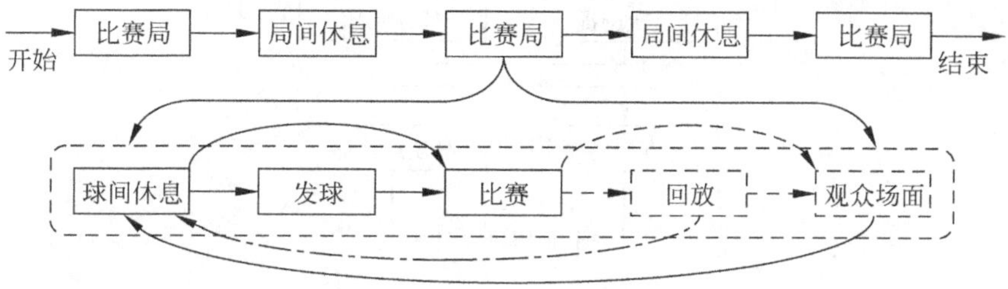

图 14.4.4　乒乓球比赛节目结构示意图

根据上述结构，可将节目中的镜头根据场景进行非监督聚类，图 14.4.5 给出通过聚类得到的几个结果，其中每一列对应聚在同一类的几个镜头。

图 14.4.5　对镜头关键帧非监督聚类的结果

3. 目标检测和跟踪

在乒乓球比赛中，精彩的镜头往往与特定击球动作相联系。为了确定乒乓球比赛事件的精彩度，需要对比赛中每回合所包含的技术动作类型进行识别，对每回合比赛所发生的技术动作进行统计和分析，然后确定出与人的主观感觉最符合的精彩度。要判断乒乓球比赛的精彩程度，现在主要有两类方法：一类方法主要基于一些客观的指标，如比赛持续时间或对攻回合数；另一类方法通过其他相关信息和事件加以辅助，如检测掌声和画面重放。

为统计客观指标，需要先对场景中的目标进行检测，包括运动员、球桌和球检测。在此基础上还需对场景中的运动目标进行跟踪，包括运动员和乒乓球跟踪。通过跟踪后获得运动员的运动轨迹和球的运动轨迹，就可以进一步对镜头进行**精彩度排序**。这个过程的流程图可见图 14.4.6[Chen 2006]。

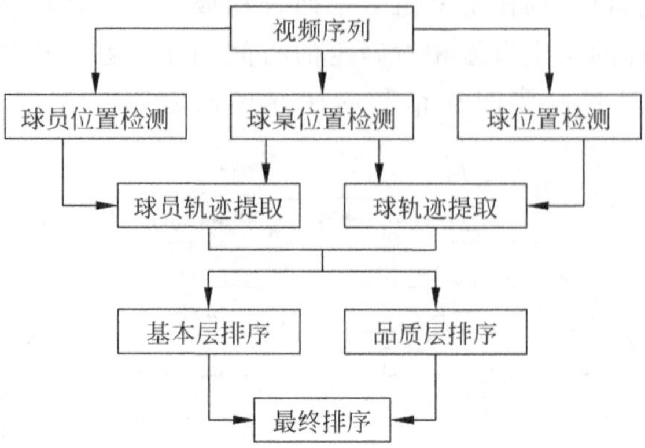

图 14.4.6　目标检测、跟踪和镜头排序的流程

具体对运动员检测和跟踪的一个结果示例见图 14.4.7，其中两个白线框分别给出两个运动员的外接盒（见本套书中册 6.2.5 小节）。

图 14.4.7　运动员跟踪示例

对乒乓球跟踪的一个示例见图 14.4.8，其中图(a)～图(d)为一个序列中等间隔的 4 帧图像，图(e)给出依次跟踪得到的一段乒乓球运动轨迹（叠加在最后一帧图像上）。

(a)　(b)　(c)　(d)　(e)

图 14.4.8　乒乓球跟踪示例

4. 精彩度排序

要对视频片段的精彩度排序并尽可能符合人的感觉和观看习惯，可以借助观看比赛的人在评价比赛精彩程度时所用的准则和观点。这里可将相关内容分三个层次：①基本层，如一个球来回打了几拍，球运动的轨迹和速度等；②品质层，如各种击球方式，运动员移动的速度等；③感觉层，如裁判基于对大量比赛进行判断评价而得到的感觉。最后一层主观

性比较强，下面仅讨论一些在前两层排序的工作。

(1) 基本层的排序

这里主要考虑如何借助从视频中直接检测出的特征来对片段的精彩度进行排序。一种排序指标定义如下[Chen 2006]：

$$R = N(w_v h_v + w_b h_b + w_p h_p) \tag{14.4.3}$$

其中，N 为比赛中一个回合(得一分)里双方总共的击球次数；w_v, w_b, w_p 为权重。精彩度的内容由三部分决定，首先是球运动的平均速度：

$$h_v = f\left(\sum_{i=1}^{N} \mid v(i) \mid /N\right) \tag{14.4.4}$$

其中，$v(i)$为第 i 次击球的速度。其次是连续两次击球之间球运动的平均距离：

$$h_b = f\left[\frac{1}{N_1}\sum_{i=1}^{N_1} |b_1(i+1) - b_1(i)| + \frac{1}{N_2}\sum_{i=1}^{N_2} |b_2(i+1) - b_2(i)|\right] \tag{14.4.5}$$

其中，N_1 和 N_2 分别为第 1 个运动员和第 2 个运动员各自的总击球次数；b_1 和 b_2 分别为球在被第 1 个运动员和第 2 个运动员进行第 i 次击球时的位置。最后是运动员连续两次击球之间运动的平均距离：

$$h_p = f\left[\frac{1}{N_1}\sum_{i=1}^{N_1} |p_1(i+1) - p_1(i)| + \frac{1}{N_2}\sum_{i=1}^{N_2} |p_2(i+1) - p_2(i)|\right] \tag{14.4.6}$$

其中 p_1 和 p_2 分别为第 1 个运动员和第 2 个运动员在他们第 i 次击球时的位置。

式(14.4.4)～式(14.4.6)中的 $f(\cdot)$为 sigmoid 函数：

$$f(x) = \frac{1}{1 + \exp[-(x - \bar{x})]} \tag{14.4.7}$$

用于将各变量值转换为精彩度。

(2) 品质层的排序

对品质层的排序要借助一些高层的概念，如击球前的移动、击球动作、球的轨迹和速度、两次相邻击球之间的相似性和一致性等。这些概念都以一次击球为时间单位，且比较适合采用模糊集来描述。例如运动员移动的激烈程度可用下式表示：

$$m(i) = w_p f[\mid p(i) - p(i-2) \mid] + w_s f[\mid s(i) - s(i-2) \mid] \tag{14.4.8}$$

其中，$p(i)$和 $s(i)$分别为击球运动员在第 i 次击球时的位置和形状(用如图 14.4.7 中的外接盒表达)；w_p 和 w_s 分别为对应的权重。

球轨迹的品质可用下式表示：

$$t(i) = w_l f[l(i)] + w_v f[v(i)] \tag{14.4.9}$$

其中，$l(i)$和 $v(i)$分别为球在第 i 次和第 $i-1$ 两次击球之间的运动轨迹长度和运动速度；w_l 和 w_v 分别为对应的权重。

最后击球的变化可用下式表示：

$$u(i) = w_l f[l(i) - l(1-i)] + w_v f[v(i) - v(1-i)] + w_d f[d(i) - d(1-i)] \tag{14.4.10}$$

其中 $l(i)$、$v(i)$和 $d(i)$分别是球在第 i 次和第 $i-1$ 两次击球之间的运动轨迹长度、运动速度和运动方向，w_l，w_v 和 w_d 分别为对应的权重。

根据先验知识可对上面的各品质变量设计相应的模糊隶属度函数，最后的品质层排序将是对各次击球的各品质排序的总和。依据品质排序就可选出不同精彩度的视频片段。

14.4.3 家庭录像视频组织

家庭录像与其他视频类型相比，由于其拍摄者和拍摄对象的特殊性，有一些突出的自身特点[Lienhart 1997]。例如，家庭录像主要记录了人们的生活，而不是讲述人工制造的故事，所以其中的各个镜头常常同等重要。这与讲故事的电影节目不同，电影具有一定的设计规则，多数在一条故事主线的基础上还有多条副线。这样有些镜头或场景会比另一些更重要。又如，家庭录像主要由没有编辑过的原始视频镜头组成，是按时间顺序标记的数据，而广播视频总是由专业人员编辑过的，镜头顺序并不一定对应拍摄的先后。所以，一般的家庭录像较少出现场景的反复跳跃。这个先验知识可为针对家庭录像视频的结构化研究提供一些方向和依据，具体说来就是在实现镜头分割的基础上，可以根据镜头的相似性将在时间上连续的镜头（而不考虑不相邻的镜头）聚集起来，提取场景结构。

家庭录像视频的拍摄目的不是为了广大观众（如广播视频那样），而是为了朋友、客人和家人。所以对其的分析应该考虑尽量体现拍摄者的拍摄手法和意图。例如，在对镜头特征的提取方法上，可以将视频信息给人的主观感受分解为运动关注区域和环境两个方面：前者强调吸引观看者特别注意力的部分；而后者代表对环境的总体印象。同时，还可考虑摄像机运动类型对特征结合方式的影响：不同的摄像机运动可能导致主观关注重点的不同变化，比如**镜头放大**将使观察者注意力更加集中于活动区域，而镜头的**水平扫视**、**垂直倾斜**可能更强调对环境的总体印象。这样可以根据检测得到的摄像机运动的不同类型，分别对环境和活动区域的特征进行加权处理，从而更好地反映主观视觉感受（见下）。

1. 运动关注区域检测

实现视频结构化需要对运动关注区域进行检测，但这并不完全等同于对视频目标的提取和识别。后者在其一些典型的应用（如视频监控中的目标识别、基于对象的视频编码）中，需要准确地确定目标的边界并跟踪其变化；而前者是为了强调人们在观看视频时所获得的主观感觉，除了与画面全局有关外，更容易受到一些局部目标的影响。所以，在实现视频结构化时，主要考虑如何描述全局和局部视频内容对主观感觉产生的不同影响，而不是单纯追求准确的目标分割边界。

视觉心理学的理论和实验表明，人在观看某个场景时，许多情况下注意力分为两个方面：一方面，注意力集中在与画面整体运动不同（即有明显的相对运动）的区域中，这些区域称为运动关注区域；另一方面，其他相对静止的区域给人形成环境的概念，它表达了视频内容给人造成的总体印象。这可借助图 14.4.9 来解释，其中图(a)是家庭录像视频中的某一帧，该帧的画面可以分为两个部分，即草地上奔跑的小孩（图(b)）以及草地和树木（图(c)）。草地代表了该镜头拍摄的环境；而草地上的小孩相对于整体画面运动（也就是摄像机运动）外还有自身运动，即奔跑，所以它属于运动关注区域，它给观众的印象不同于环境，而是作为一个关注目标吸引了特别的注意力。

这里对运动关注区域的检测并不要求很高的精确度，或者说并不需要提取出准确的运动物体边缘。实际上，运动关注区域可仅仅由视频压缩域上的宏块构成，所以对其的检测可在 MPEG 压缩域中直接实现。主要利用的压缩域信息包括以下两个部分[Jiang 2005b]：

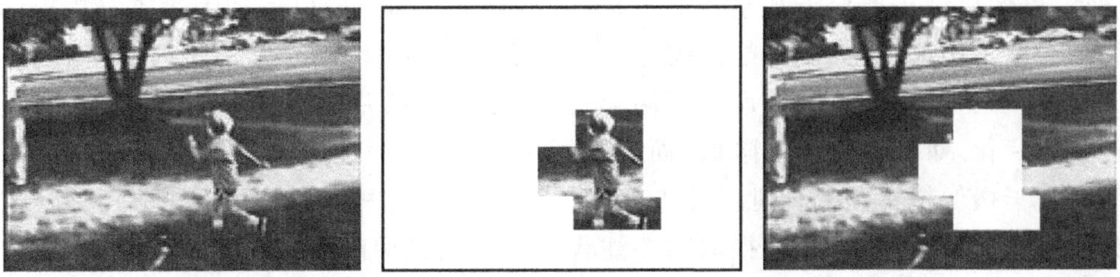

(a) (b) (c)

图 14.4.9 视频画面的空间分割

(1) 块的 DCT 系数：即每个块经过 DCT 变换后得到的直流分量，它实际是 8×8 像素块的平均值的 8 倍。DC 系数可以反映图像中粗略的亮度和颜色信息。

(2) 宏块的运动矢量：它对应稀疏、粗略的运动光流场，反映了大致的运动信息。据此，对每个视频镜头可采用简单的 4 参数运动模型（取本套书上册式(14.3.7)中的 $k_3=k_1$，$k_4=k_0$）来估计摄像机运动，包括变焦、旋转、扫视（水平摇镜头）和倾斜（垂直摇镜头）。

通过对摄像机镜头运动的估计，可以得到镜头整体运动估计的参数，与其误差较大的宏块即为运动异常块。将运动异常块中最大的连通区域提取出来就可得到如图 14.4.9 的运动关注区域。另外一些运动关注区域检测的结果可见图 14.4.10，它们都是由异常于镜头整体运动的宏块区域所组成的，但并不一定都对应视频中完整的真实对象。它们可以是完整对象的一部分（图(a)中小孩的腿），或者是多个（语义）对象构成的一个整体（图(b)中女老师和小孩们，图(c)中小孩和乘坐的小车）。

(a) (b) (c)

图 14.4.10 运动关注区域的检测

2. 基于摄像机运动的时间加权模型

运动关注区域的检测将视频内容分为运动关注区域和其余的环境区域两个部分。相应地，也可用两方面特征来表征镜头的内容：一方面是运动关注区域的特征，强调吸引观众特别注意力的部分；另一部分是其他部分的特征，代表对环境的总体印象。

根据 MPEG 视频压缩编码的特点，通过少量的解码即可以获得视频内容的大致颜色信息（DC 系数），在此基础上可获得 DC 直方图作为描述特征。虽然它们的精确度不高，往往缺乏细节的描述，但是却近似地体现了视频内容给人的总体视觉印象，同时有较强的抗噪声能力，计算和分析又有快速、简单的优点。这样可对组成运动关注区域和环境区域的宏块分别提取 DC 直方图，用两种直方图来表征一个视频帧的特性。

镜头的直方图可通过给不同时间帧的直方图以不用的权重而累计得到。一个基本的观察假设是，摄像机镜头类似于观察者的眼睛，而不同类型的摄像机运动表达了对拍摄内容的不同关注程度。例如，镜头变焦能使关注程度在变焦过程中逐渐增加，变焦速度越快，关注度增加越快。其中，放大镜头强调画面局部细节，而缩小镜头强调整体环境。摇镜头反映环境的转移和变化，对应关注程度降低，而且扫视速度越快，关注度降低越多。基于以上假设可以定义基于摄像机运动的视觉关注度参数。通过对摄像机运动方式的检测和判断，分析视觉关注度随时间的变化，从而提取与关注程度相关的镜头颜色特征。

在前面利用 4 参数运动模型中获得的镜头运动参数与摄像机平移、缩放和旋转角度等参数有如下关系[Tan 2000]：

$$\begin{cases} S = k_0 + 1 \\ r = k_1/(k_0 + 1) \\ L = \sqrt{(a\lambda)^2 + (\lambda b)^2} = \sqrt{k_2^2 + k_3^2}/(k_0 + 1) \\ \theta = \arctan[(b\lambda)/(a\lambda)] = -\arctan(k_3/k_2) \end{cases} \tag{14.4.11}$$

其中，λ 表示镜头焦距；绕 XYZ 轴的旋转角度分别为 a、b 和 r；S 表示帧间的镜头缩放参数（$S>1$ 表示放大，$S<1$ 表示缩小）；$a\lambda$ 和 $b\lambda$ 则分别表示镜头左右摇和上下摇的参数；L 表示摇镜头的幅度（综合了左右和上下）；θ 表示摇镜头的角度。

进一步，可将求得的摄像机运动参数映射到视觉关注度，建立基于摄像机运动的时间加权模型。建模的主要假设为：①镜头缩放的作用是强调，镜头放大用于强调画面局部细节，镜头缩小用于强调画面整体。缩放速度越快，说明强调的程度越高。②摇镜头的情况需要分为目标跟踪（对应有运动关注区域的情况）和环境转换（对应无运动关注区域的情况）两种类型。前一种情况表示镜头移动以跟踪运动目标，所以对运动区域的关注程度大于对环境的关注度；而后一种情况由于不存在运动区域，所以镜头移动表达的是环境的变化和转移，也就是对画面的关注度趋于降低。③在水平或垂直摇镜头的运动变化十分频繁而且运动幅度较小时，它将被认为是随机的不稳定抖动。在这种情况下，画面的重要性仅由镜头缩放参数决定。

在画面中有运动关注区域存在的情况下，观众对视频的印象需要用两个权重来表示，即**环境权重** W_{BG} 和**关注区域权重** W_{AR}：

$$W_{BG} = 1/W_{AR} \tag{14.4.12}$$

$$W_{AR} = \begin{cases} S & L < L_0 \\ S(1 + L/R_L) & L \geqslant L_0 \end{cases} \tag{14.4.13}$$

其中，W_{AR} 与镜头缩放参数 S 成正比，并且被水平摇镜头的速度所加强；L_0 为能产生影响的摇镜头速度最小值，小于 L_0 的摇镜头运动被认为是随机抖动；R_L 为用于控制摇镜头速度对关注权重影响程度的因子。在这个时间加权模型中，大于 1 的权值表示强调，而小于 1 的值表示忽略。因此，可将关注区域和环境部分两个权值的乘积规定为 1。

在画面中没有关注区域存在的情况下，只需计算环境的权重值，计算公式如下：

$$W_{BG} = \begin{cases} S & L < L_0 \\ S/(1 + f(\theta)L/R_L) & L \geqslant L_0, \quad \theta < \pi/4 \\ S(1 + f(\theta)L/R_L) & L \geqslant L_0, \quad \theta \geqslant \pi/4 \end{cases} \tag{14.4.14}$$

在水平摇镜头占主导（$\theta<\pi/4$）时环境的权重增加，垂直摇镜头占主导（$\theta>\pi/4$）时权重减小。

$f(\theta)$为表达摇镜头角度和关注程度权重变化之间关系的函数，它的值在$[0,\pi/4]$区间线性减少，在$[\pi/4,\pi/2]$区间线性增加。$f(\theta)$的值在摇镜头角度接近 $\pi/4$ 时最小，因为沿对角方向的摇镜头对关注程度不会产生确定性的影响。

图 14.4.11 是一组基于摄像机运动时间加权模型的例子，其中图(a)，(b)和(c)是从同一个视频镜头(取自一段小孩在草地上玩耍的家庭录像)中不同时刻提取出的 3 帧图。虽然这 3 帧画面都具有相似的环境部分，但是其权重 W_{BG} 由于镜头运动的不同而产生了差别。图 14.4.11(a)中镜头没有发生平移，且没有检测到运动区域，因此环境的权重仅由少量的镜头缩放运动确定(接近于 1)；图 14.4.11(b)是镜头向左移动跟踪一个在草地上奔跑的小孩(存在运动关注区域)，所以具有较低的环境权重和较高的运动区域权重；图 14.4.11(c)也是一个目标跟踪的情况，但是它的镜头移动速度比图 14.4.11(b)更快，所以环境权重更低，运动区域权重更高。

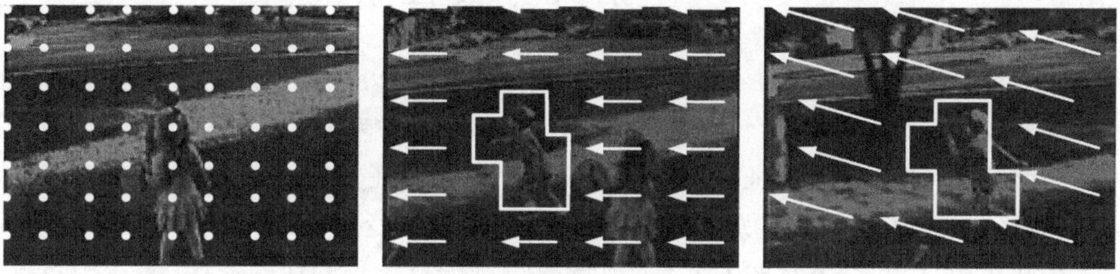

(a) (b) (c)

图 14.4.11 基于摄像机运动的时间加权示例

3. 镜头组织策略

利用所求得的各种镜头特征矢量(特征及其权重)，可以建立镜头特征的二元相似度，并通过直方图相交的方法分别计算两个镜头之间在环境特征和运动区域特征方面的相似性，从而实现一个两级的镜头聚类组织策略。第一级镜头层次对应场景的变换，即运动区域和环境特征同时发生较大变化的位置，它代表情节和地点的转移。而第二级镜头层次对应在一个场景内部运动区域或环境特征之一发生变化(不包括同时变化)的情况，它代表了在同一镜头内关注焦点的变化(不同的运动目标，相同的环境)或关注目标的位置转移(相同的运动目标，不同的环境)。这个层次中的变化可称为亚场景变化[Jiang 2005b]。换句话说，第一级镜头层次区分出高层的场景语义，第二级镜头层次检测同一场景内部较弱的语义边界。这样一个两级的镜头组织策略可使对视频镜头的内容组织更加灵活，并且更加接近对视频内容的高层语义理解。

两级镜头聚类的一个例子见图 14.4.12。图中 5 个画面分别是从连续的 5 个镜头中提取出来的，用白色的框标出了检测得到的运动关注区域。第一级镜头聚类将这 5 个镜头分为 3 个场景单元：小孩学习轮滑，小孩在户外开小车和一个舞台表演场景(后 3 个画面)。这 3 个场景的运动关注区域和环境特征都有很大区别。然后对舞台表演场景作进一步分析发现，第 3 和第 4 画面被放在一起作为第二级镜头聚类，因为它们具有相似的运动关注区域(实际上是同一个舞台上表演的演员)，与最后一个画面中一群女孩的集体表演有明显区别。从这个典型的例子可以看出，第一级镜头聚类将组成同一个**语义事件**的镜头聚在一起，而第二级镜头聚类在同一个事件中区分出不同的活动目标。这种多级的镜头聚类能够对视频内容有更好的解释能力，比单级的结构化更丰富[Zhang 2008a]。

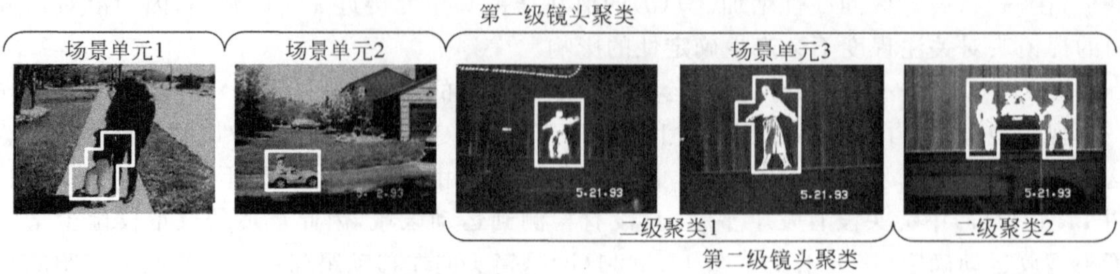

图 14.4.12 两级镜头聚类

14.5 语义分类检索

基于内容的检索近年来主要集中在语义检索方面[章 2004b]、[Zhang 2007]。与颜色、纹理、形状和运动等低级的视觉特征不同，语义特征也称为逻辑特征，是一种高层特征，可以进一步分为客观特征和主观特征[Djeraba 2002]。客观特征与图像中目标的辨识及视频中目标的运动有关，在基于目标鉴别的语义检索中已得到广泛应用，如见文献[高 2001]、[高 2003]、[Zhang 2004]、[Zhang 2007]。主观特征与目标及场景的属性有关，表达了目标或场景的含义和用途。主观特征可进一步分解为事件、活动类型、情感含义、信仰等类型，用户可针对这些更抽象的类别进行查询。

14.5.1 基于视觉关键词的图像分类

随着图像数据库的增大和网络应用的扩展，图像检索的对象常达几十万甚至几百万的数量级。在如此大的空间中搜索非常耗时，而且性能也会受到影响而下降。为解决这个问题，可在正式检索前，先对图像进行分类，将大空间划分为小空间，并使搜索更有针对性。

图像分类可以根据不同准则和要求进行，如将图像和图形分开[戴 2002]，将含有不同目标的图像分开[李 2002]、[Li 2002]、[Zhang 2006b]，将具有不同环境（室内/室外、海滩/山脉……）的图像分开[Mitko 2009]等。这里主要讨论根据景物进行的分类。其中，结合对图像中特定区域的检测获取对图像的语义描述是一种常见的思路。下面举例介绍[Xu 2007a]、[Xu 2007b]。

1. 特征选择

在描述图像内容方面，局部的**显著特征**往往比全局特征能提供更确切的信息。使用局部显著特征需要首先检测具有显著特征的局部区域（显著片），这可借助 6.3.2 小节介绍的 SIFT 算子来进行，结果可参见例 6.3.1。

特征选择是为了确定图像类里包含信息最多和最有判别力的特征。根据信息论，这可通过计算特征与相关类之间的互信息来判定和选择[Xu 2006a]。进一步，将对每个显著片的描述符看作一个视觉关键词，则可通过聚类来构成一个关键词集合，以表示整幅图像的主要内容。

考虑图像中有 N 个目标，可用一组矢量 $\mathbf{V}=\{\boldsymbol{v}_1,\cdots,\boldsymbol{v}_N\}$ 来表达和描述。需要对各个

聚类中的每个目标的密度进行计算。根据整个目标集合的密度，可用 Parzen 估计算法[边2000]进一步计算各个聚类。假设对聚类 $C_j, j=1,2,\cdots,J$ 中的目标 $\boldsymbol{v}_i$ 的密度函数为 $D(\boldsymbol{v}_i \mid C_j)$，则目标函数为

$$D(\boldsymbol{v}_i \mid C_j) = \max_l [D(\boldsymbol{v}_i \mid C_l)] \tag{14.5.1}$$

Parzen 估计算法要执行三个步骤：

(1) 先初始化聚类；

(2) 对目标 $\boldsymbol{v}_i$，计算其在每个聚类中的条件密度，然后根据式(14.5.1)来标记 $\boldsymbol{v}_i$；

(3) 如果对目标 $\boldsymbol{v}_i$ 的标记有变化，返回到步骤(2)。

根据如上步骤可将目标根据其密度分布进行聚类，密度越高则聚类越紧凑。对显著片的聚类相当于给出视觉关键词的组合。视觉关键词和聚类之间的互信息可用来衡量该视觉关键词对特定聚类的影响和贡献，互信息越大则影响和贡献也越大。

视觉关键词和聚类之间的互信息反映了视觉关键词在图像类别中的代表性，这样对每个图像类别可选择其中互信息大的显著片作为该图像类别的特征。实际应用中可将显著片根据其互信息从大到小进行排队，选取前 M 个显著片构成特征矢量。这里 M 是综合考虑计算复杂度和描述能力而事先确定的，过多的显著片会导致过大的计算量而过少的显著片又不够有效地描述图像内容。

图 14.5.1 给出对图 6.3.6 进一步特征选择得到的结果。由图 14.5.1 可见，有代表性的显著片多被保留了下来。对船舶图像，大部分保留的显著片在船身和接近船底有波浪的海水上，对海滩图像，大部分在天空、大海和沙滩上，这些地方正是分别表现船舶和海滩的主要元素。另一方面，图 14.5.1 中的显著片数量远比图 6.3.6 少，所以其后的计算量也会大大降低。

图 14.5.1　特征选择结果示例

2. 图像分类

一旦特征描述符选定后，对图像的分类问题就简化为**多类有监督学习**的问题。在训练阶段，使用标注的图像来训练多个分类器以区分多种类型。这里可使用 SVM(参见本套书中册 15.4.2 小节)。

利用上述图像分类方法对 Corel 图像库进行的一个实验结果如下：选取库中的 25 类图像(多数具有比较突出的目标)，每类图像有 100 幅，进行 5 次测试，每次将其中的 80 幅用于训练而剩下的 20 幅用于测试。图 14.5.2 给出对 25 类图像分类的精确度结果[Xu 2006a]。

由上述分类结果可见，有明确目标和较一致背景的图像比较容易获得较精确的分类。

14.5.2　高层语义与气氛

从人的认知角度看，人对图像的描述和理解主要是在语义层次进行的。语义除可以描

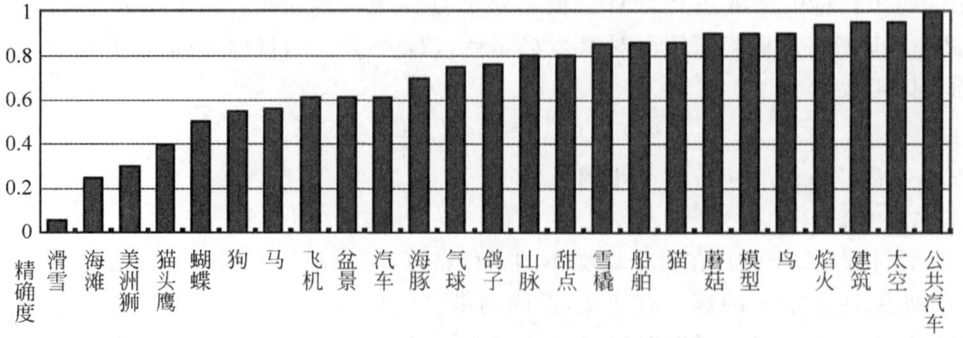

图 14.5.2　对 25 类图像分类的精确度结果

述客观事物(如图像、摄像机等)外,还可以描述主观感受(如漂亮、清晰等)以及更抽象的概念(如广泛、富有等)。换句话说,除了有**认知水平**的目标语义、场景语义等,还有主观性更强的**抽象属性**语义(如气氛、情感等)。

例如,在电影拍摄中气氛起着重要的作用,它可以传递情景故事以外的信息。气氛提供的语义信息一般是比较抽象的,尽管气氛本身常常可借助环境照明条件和目标照明条件来定义[Aner-Wolf 2004]。下面介绍一个借助气氛语义对图像分类的工作[Xu 2005]。

1. 5 种气氛语义

照度(体现为图像的亮度)和色彩是表达图像中气氛语义的两种主要手段。一般光照强度可分成两组:充分照明的场景传递快乐气氛而黯淡的场景则给人沮丧、压抑或传递某些神秘感。另外,光照的对比度也能传递一些激励信息(大对比度给人冲击而小对比度比较平和)。色彩是另一种表达图像气氛的因素。在面向视觉感知的颜色模型 HSI(参见本套书上册 13.2.2 小节)中,亮度分量与色度分量互相独立。色度分量包括色调 H 和饱和度 S,其中色调与气氛语义有密切联系。一般色调也可分为两类:暖色调场景反映活力和成功,而冷色调场景给人平和或荒凉的感觉。

根据人的经验和视觉心理学的理论,利用全局照度(照度的强度和分布)和主要色调这两个特征的不同组合可以定义 5 种典型的气氛,见表 14.5.1[Xu 2005]。

表 14.5.1　5 种气氛的照度和色调特点

编　号	气　　氛	照度(对比度)	色　　调
1	有活力和强劲(vigor and strength)	照度大,对比度大	鲜艳
2	神秘或恐怖(mystery or ghastfulness)	对比度大	黯淡/幽深
3	兴奋和明亮(victory and brightness)	照度大,对比度小	暖色调
4	平静或凄惨(peace or desolation)	对比度小	冷色调
5	不协调(lack unity)和离析(disjoint)	分布零乱	—

图 14.5.3 给出一组不同气氛图像的示例,第 1 行(按表 14.5.1 中 5 种气氛的编号)分别给出具有 5 种典型气氛的图像各一幅,第 2 行给出对应的照度分量图,第 3 行给出对应的色调分量图。

2. 分级分类

根据表 14.5.1,可借助分层的 SVM(参见本套书中册 15.4.2 小节)来对不同气氛的图

图 14.5.3　不同气氛图像示例

像进行分类，其流程如图 14.5.4 所示。第 1 步先将照度分布零乱的情况与其他情况区分开。此时仅利用照度的标准方差矩阵值（没有用色调）来进行，大的值表示照度分量分布零乱。第 2 步将高照度对比度与低照度对比度区分开，一个图像区域的照度对比度可用该区域内的最高亮度与最低亮度的比值来表示。第 3 步用两个 SVM，对高照度对比度的情况，再根据图像块中的平均照度强度是否大于给定阈值分成高强度和低强度两种；对低照度对比度的情况，再根据图像块中的平均色调是否大于给定阈值分成暖色调和冷色调两种。

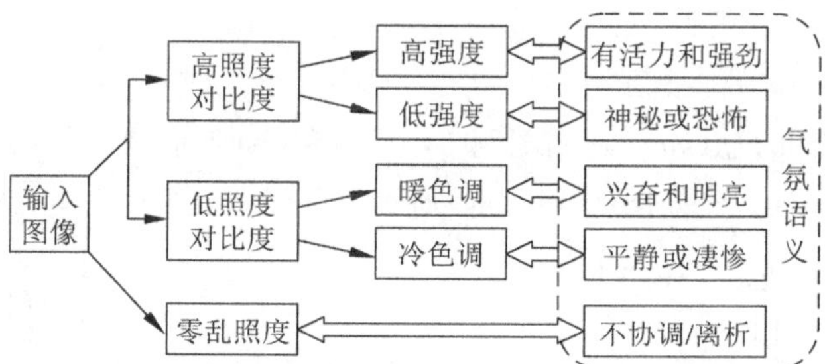

图 14.5.4　分级分类流程图

对各种图像根据气氛分类后，可借助文字进行标注。例如，将对图像中气氛语义描述的文字与利用 XML 表示的对应特征结合起来（借助 MPEG-7 中的 XML 进行文字标记），就可用于对各种气氛图像的检索和索引。

总结和复习

为更好地学习，下面对各小节给予概括小结并提供一些进一步的参考资料；另外给出一些思考题和练习题以帮助复习（文后对加星号的题目还提供了解答）。

1. 各节小结和文献介绍

14.1 节介绍了基于内容图像和视频检索的原理和流程[章 2003b]。近年来，各个功能模块的技术都得到了全面的发展。例如，一个利用低秩矩阵分解对图像进行标注，以针对性地提高检索效率的工作可见[Li 2014]、[Li 2016a]、[Li 2016b]。

14.2 节主要概况介绍了基于几种低层视觉特征的图像检索技术。基于颜色、纹理和形状特征的检索方法很多,如典型的形状描述方法还有几何参数法[Niblack 1998]、不变矩法[Mehtre 1997]、边界方向直方图法[Jain 1996]、小波重要系数法[Jacobs 1995]、小波轮廓表示法[杨 1999]和小波模极大值[Yao 1999]等。近年利用稀疏编码构建层级匹配跟踪特征的方法也得到了应用,如[Bu 2014]和[卜 2016]。基于卷积神经网络(CNN)特征的工作还可见[Zhou 2016]。对综合特征的进一步工作可见[Fang 2017]。

14.3 节讨论了基于运动特征的视频检索技术,更多详细的介绍内容还可见文献[章 2003b]、[Li 2010a]。对视频片段的序列进行匹配也可借助子图同构的方法,如可见[Shearer 2001]。

14.4 节针对 3 类视频节目介绍了它们各自的内容和结构特点,以及对它们进行分析和索引的方法。另外,对电影节目的组织可见[章 2003b]、[Zhang 1999],其中对多种镜头分割的方法可见[陆 2002]。对家庭录像分层组织的细节可见[Zhang 2015d]。

14.5 节简要介绍了基于语义的高层分类检索工作,还可见[Gao 2000]、[Zhang 2004]、[Zhang 2009d]。图像标注建立在对图像中目标的辨识和场景环境的认识之上,对进行基于语义的图像检索也有重要的作用[Li 2016a]、[Li 2016b]。一本比较专门介绍基于语义视觉信息检索的书籍是[Zhang 2007]。对近期基于语义检索的一个专栏可见[Tang 2013],一个综述可见[Zhang 2015c]。另一种有关抽象语义属性的检索工作——对情感图像的分类已在 11.5.2 小节结合对 pLSA 模型的介绍给出了示例,还可参见[陈 2011]、[Picard 2000]、[Li 2011]。

2. 思考题和练习题

*__14-1__ 设 $H_Q(k)$和 $H_D(k)$分别如图题 14-1(a)和(b)所示,利用直方图相交法计算两图之间的匹配值。如果 $H_Q(k)$如图题 14-1(c)所示,那么匹配值又是多少?

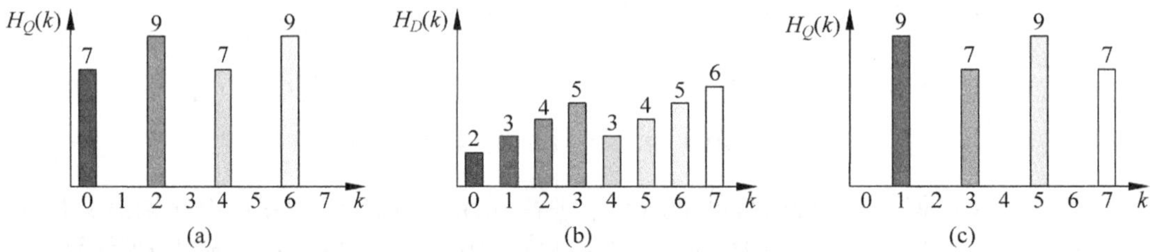

图题 14-1

14-2 设图题 14-1(a)、(b)、(c)分别为查询图像 Q 的 R、G、B 三个分量直方图,而数据库图像 D 的 R、G、B 三个分量直方图分别如图题 14-1(c)、(a)、(b)所示,用中心矩法计算两图的匹配值。

14-3 试讨论相对于直方图相交法,距离法和参考颜色法可节省的计算量。

14-4 考虑国际象棋棋盘的图像,设每个方格对应一个像素(全图 8×8=64 个像素),那么它的共生矩阵 $M_{(1,0)}$ 和 $M_{(1,1)}$ 各有什么特点?哪些自然图像的共生矩阵会分别有类似特点?

14-5 分别对 256 级灰度 256×256 的 Lena 图和 Cameraman 图统计它们的共生矩阵

$M_{(1,1)}$，并进而计算它们的反差、能量、熵和相关这 4 个纹理参数，列表并讨论各参数的特点。

14-6 自选两种纹理描述符，分别对 256 级灰度 256×256 的 Lena 图和 Cameraman 图进行计算，根据结果分析，哪个纹理描述符更适合用于对 Lena 图相似图的检索，哪个纹理描述符更适合用于对 Cameraman 图相似图的检索。

*__14-7__ 设有如图题 14-7 所示的 3 幅图像，它们均是服装图像库中裤子的剪影。试选取几种形状描述符进行比较，讨论哪种描述符有利于将它们与其他服装区分开，哪种描述符最能把它们互相区分开(这样在检索时会比较精确)。

图题 14-7

14-8 国际标准 MPEG-7 是与基于内容的视觉信息检索密切相关的一个国际标准。其中的视觉特征描述符主要可分成几组，包括颜色、纹理、形状、位置和运动描述符。选一组对其中的各个描述符从描述能力、计算量、适用图像等方面列表进行比较。

14-9 假设给定一场篮球比赛的视频，试设计一个检索流程以检索其中扣篮的片段。画出相应的流程图，讨论需采用的内容描述方案(包括可能采用的描述符，如何计算这些描述符)。

14-10 调研一个公开的基于内容的视觉信息检索系统。给出其系统概况、主要功能、采用的主要技术和其主要用途。

14-11 除了室内/室外、海滩/山脉外，再举 3 对环境描述词，分别讨论对相关图像进行分类需要考虑的场景特点和相应的视觉特征。

14-12 根据气氛对图像分类检索与根据目标对图像分类检索有什么不同，有什么相似之处？

第 15 章　时空行为理解

图像理解的一个重要工作就是通过对场景获得的图像进行加工从而解释场景、指导行动。为此，需要判断场景中有哪些景物，它们随时间如何改变其在空间的位置、姿态、速度、关系等。简言之，要在时空中把握景物的动作、确定动作的目的，并进而理解它们所传递的语义信息。

基于图像/视频的自动目标行为理解是一个很有挑战的研究问题。它包括获取客观的信息（采集图像序列），对相关的视觉信息进行加工，分析（表达和描述）提取信息内容，以及在此基础上对图像/视频的信息进行解释以实现学习和识别行为。

上述工作的跨度很大，其中动作检测和识别近期得到很多关注和研究，也取得了明显的进展。相对来说，高抽象层次的行为识别与描述（与语义和智能相关）研究还开展不久，许多概念的定义还不很明确，许多技术还在不停地发展更新中。

根据上述的讨论，本章各节将安排如下。

15.1 节首先对图像理解中时空技术的定义、发展和分层研究情况给予概况介绍。

15.2 节对反映时空中运动信息集中和变化的关键点（时空兴趣点）的检测进行介绍。

15.3 节讨论连接兴趣点而形成的动态轨迹和活动路径，对它们的学习和分析可帮助把握场景的状态以进一步刻画场景的特性。

15.4 节概况介绍一些动作分类和识别的技术类别和特点，它们都还在不断研究进展中。

15.5 节介绍对动作和活动进行建模和识别的技术分类情况以及各类中一些典型的方法。

15.6 节进一步介绍对动作和活动进行联合建模和识别的技术，包括单标签主体-动作识别，多标签主体-动作识别和主体-动作语义分割。

15.1 时空技术

时空技术是面向**时空行为理解**的技术，是一个相对较新的研究领域，目前的工作正在不同的层次展开，下面是一些概括情况[章 2013b]。

1. 新的领域

第 1 章提到的图像工程综述系列从对 1995 年的文献统计开始至今已进行了 23 年[章 2018]。在图像工程综述系列进入第二个十年时（对 2005 年的文献统计开始），随着图像工程研究和应用新热点的出现，在图像理解大类中增加了一个新的小类——C5：时空技术（3-D 运动分析，姿态检测，对象跟踪，行为判断和理解）[章 2006]。这里强调的是综合利用图像/视频中所具有的各种信息以对场景以及其中目标的动态情况做出相应的判断和解释。

过去这13年里，综述系列收集的C5小类文献数量共有169篇，它们在各年的分布情况如图15.1.1中直方条所示。图中还给出了用3阶多项式对各年文献数量进行拟合得到的变化趋势。总的来说，这还是一个相对较新的领域，研究成果还不算多，发展趋势也有所起伏，近5年已比较稳定。

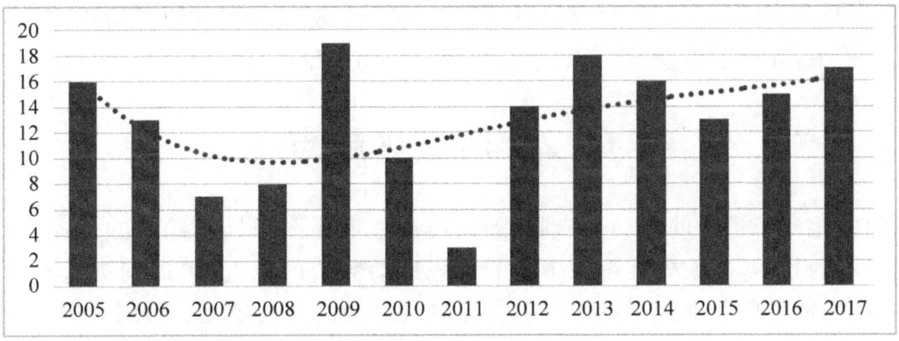

图 15.1.1　时空技术文献数量的数量及变化

2. 多个层次

目前时空技术研究的主要对象是运动着的人或物，以及场景中景物（特别是人）的变化。根据其表达和描述的抽象程度从下到上可分为多个层次[Zhang 2018b]：

(1) **动作基元**：指用来构建动作的原子单元，一般对应场景中短暂具体的运动信息。

(2) **动作**：由主体/发起者的一系列动作基元构成的有实际意义的集合体（有序组合）。一般情况下，动作代表简单的常常由一个人进行的运动模式，且一般仅持续秒的量级。人体动作的结果常导致人体姿态的改变。

(3) **活动**：为完成某个工作或达到某个目标而由主体/发起者执行的一系列动作的组合（主要强调逻辑组合）。活动是相对大尺度的运动，一般依赖于环境和交互人。活动常常代表由多个人进行的序列（可能交互的）复杂动作，且常持续较长的时段。

(4) **事件**：指在特定时间段和特定空间位置发生的某种（非规则）活动。通常其中的动作由多个主体/发起者执行（群体活动）。对特定事件的检测常常与异常活动有关。

(5) **行为**：主体/发起者主要指人或动物，强调主体/发起者受思想支配而在特定环境/上下境中改变动作，持续活动和描述事件等。

下面以乒乓球运动为例，给出各个层次的一些典型示例，如图15.1.2所示。运动员的移步、挥拍等都可看作典型的动作基元。运动员完成一个发球（包括抛球、挥臂、抖腕、击球等基元）或回球（包括移步、伸臂、翻腕、抽球等基元）都是典型的动作，但一个运动员走到挡板边把球捡回来则常看作一个活动。另外，两个运动员来回击球以赢得分数也是典型的活动场面。运动队之间的比赛等一般作为一个事件来看待，比赛后颁奖也是典型的事件。运动员赢球后握拳自我激励虽然可看作一个动作，但更多的时候被看作运动员的一个行为表现。当运动员打出漂亮的对攻后，观众的鼓掌、呐喊、欢呼等也都归于观众的行为。

需要指出，在许多研究中对后3个层次的概念常常不严格区分地使用。例如，将活动称为事件，此时一般指一些异常的活动（如两人发生争执，老人走路跌倒等）；将活动称为行

图 15.1.2　乒乓球比赛中的几个画面

为，此时更强调活动的含义(举止)、性质(如行窃的动作或翻墙入室的活动称为偷盗行为)。在下面的讨论中，除特别强调，将主要用(广义的)活动来统一代表后 3 个层次。

15.2　时空兴趣点

场景的变化源于景物的运动，特别是加速运动。视频图像局部结构的加速运动对应场景中加速运动的景物，它们处在图像中有非常规运动数值的位置，可以期望这些位置(图像点)包含了在物理世界中导致景物运动和改变景物结构的力的信息，对理解场景很有帮助。

在时空场景中，对**兴趣点**(POI)的检测有从空间向时空扩展的趋势[Laptev 2005]。

1. 空间兴趣点的检测

在图像空间里，可以使用**线性尺度空间表达**(可参见本套书上册第 15 章)，即 $L^{sp}: \mathbb{R}^2 \times \mathbb{R}_+ \rightarrow \mathbb{R}$ 来对图像建模，$f^{sp}: \mathbb{R}^2 \rightarrow \mathbb{R}$。例如，

$$L^{sp}(x,y;\sigma_z^2) = g^{sp}(x,y;\sigma_z^2) \otimes f^{sp}(x,y) \tag{15.2.1}$$

即将 f^{sp} 与具有方差 σ_z^2 的高斯核卷积：

$$g^{sp}(x,y;\sigma_z^2) = \frac{1}{2\pi\sigma_z^2}\exp[-(x^2+y^2)/2\sigma_z^2] \tag{15.2.2}$$

接下来，使用**哈里斯兴趣点检测器**(见中册 3.1.3 小节)来检测兴趣点。检测的思路是确定 f^{sp} 在水平和垂直两个方向均有明显变化的空间位置。对给定的观察尺度 σ_z^2，这些点可借助在方差为 σ_z^2 的高斯窗中求和得到的二阶矩的矩阵来计算：

$$\begin{aligned}\mu^{sp}(\cdot;\sigma_z^2,\sigma_i^2) &= g^{sp}(\cdot;\sigma_i^2) \otimes \{[\nabla L(\cdot;\sigma_z^2)][\nabla L(\cdot;\sigma_z^2)]^{\mathrm{T}}\} \\ &= g^{sp}(\cdot;\sigma_i^2) \otimes \begin{bmatrix} (L_x^{sp})^2 & L_x^{sp}L_y^{sp} \\ L_x^{sp}L_y^{sp} & (L_y^{sp})^2 \end{bmatrix}\end{aligned} \tag{15.2.3}$$

其中，L_x^{sp} 和 L_y^{sp} 是在局部尺度 σ_z^2 根据 $L_x^{sp} = \partial_x[g^{sp}(\cdot;\sigma_z^2) \otimes f^{sp}(\cdot)]$ 和 $L_y^{sp} = \partial_y[g^{sp}(\cdot;\sigma_z^2) \otimes f^{sp}(\cdot)]$ 算得的高斯微分。式(15.2.3)中的二阶矩描述符可看作一幅 2-D 图像在一个点的局部邻域的朝向分布协方差矩阵。所以 μ^{sp} 的本征值 λ_1 和 λ_2($\lambda_1 \leqslant \lambda_2$)构成 f^{sp} 沿两个图像方向变化的描述符。如果 λ_1 和 λ_2 的值都很大，则表明有一个感兴趣点。为检测这样的点，可以检测角点函数的正极大值

$$H^{sp} = \det(\mu^{sp}) - k \cdot \mathrm{trace}^2(\mu^{sp}) = \lambda_1\lambda_2 - k(\lambda_1+\lambda_2)^2 \tag{15.2.4}$$

在感兴趣点，本征值的比 $a = \lambda_2/\lambda_1$ 应该很大。根据式(15.2.4)，对 H^{sp} 的正局部极值，a 应该满足 $k \leqslant a/(1+a)^2$。所以，如果设 $k=0.25$，H 的正最大值将对应理想的各向同性兴趣点(此时 $a=1$，即 $\lambda_1=\lambda_2$)。较小的 k 值较适合对更尖锐兴趣点的检测(对应较大的 a 值)。文献中常用的 k 值是 $k=0.04$，对应检测 $a<23$ 的兴趣点。

2. 时空兴趣点的检测

将在空间的兴趣点检测扩展到时空中，即去检测在局部时空体中具有沿时间和空间都有图像值显著变化的位置。具有这样性质的点将对应在时间上具有特定位置的空间兴趣点，其处在具有非常数值运动的时空邻域内。检测时空兴趣点是一种提取底层运动特征的方法，不需要背景建模。这里可先将给定的视频与一个 3-D 高斯核在不同的时空尺度进行卷积。然后在尺度空间表达的每一层都计算时空梯度，将它们在各个点的邻域结合起来以得到对时空二阶矩阵的稳定性估计。从矩阵中就可提取出局部的特征。

例 15.2.1 时空兴趣点示例

图 15.2.1 给出乒乓球比赛中运动员挥拍击球的一个片段，从这段画面里检测出来了几个时空兴趣点。时空兴趣点沿时间轴的疏密程度与动作的频率相关，而时空兴趣点在空间的位置则对应拍子的运动轨迹和动作幅度。

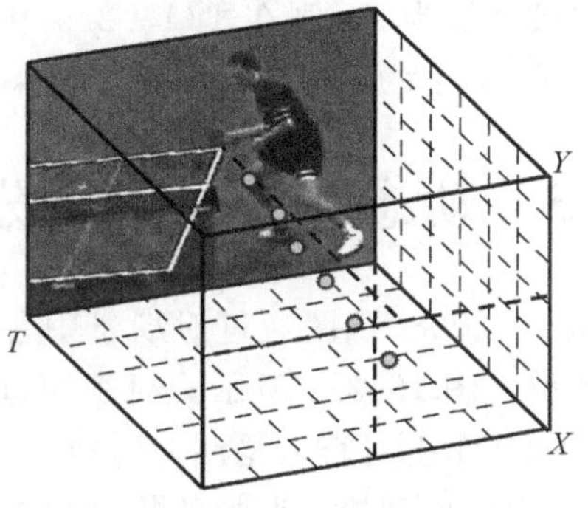

图 15.2.1 时空兴趣点示例 □

为对时空图像序列建模，可使用函数 $f: \mathbb{R}^2 \times \mathbb{R} \to \mathbb{R}$ 并通过将 f 与各向非同性高斯核（不相关的空间方差 σ_z^2 和时间方差 τ_z^2）卷积构建它的线性尺度空间表达 $L: \mathbb{R}^2 \times \mathbb{R} \times \mathbb{R}_+^2 \to \mathbb{R}$：

$$L(\cdot;\sigma_z^2,\tau_z^2) = g(\cdot;\sigma_z^2,\tau_z^2) \otimes f(\cdot) \tag{15.2.5}$$

其中，时空分离的高斯核为

$$g(x,y,t;\sigma_z^2,\tau_z^2) = \frac{1}{\sqrt{(2\pi)^3 \sigma_z^4 \tau_z^2}} \exp\left[-\frac{x^2+y^2}{2\sigma_z^2} - \frac{t^2}{2\tau_z^2}\right] \tag{15.2.6}$$

对时间域使用一个分离的尺度参数是非常关键的，因为时间和空间范围的事件一般是独立的。另外，使用兴趣点算子检测出来的事件同时依赖于空间和时间的观察尺度，所以对尺度参数 σ_z^2 和 τ_z^2 需要分别对待。

类似于在空间域，考虑一个时-空域二阶矩的矩阵，它是一个 3×3 的矩阵，包括用高斯权函数 $g(\cdot;\sigma_i^2,\tau_i^2)$ 卷积的一阶空间和一阶时间微分：

$$\mu = g(\cdot;\sigma_i^2,\tau_i^2) \otimes \begin{bmatrix} L_x^2 & L_xL_y & L_xL_t \\ L_xL_y & L_y^2 & L_yL_t \\ L_xL_t & L_yL_t & L_t^2 \end{bmatrix} \tag{15.2.7}$$

其中，将积分尺度 σ_i^2 和 τ_i^2 与局部尺度 σ_z^2 和 τ_z^2 根据 $\sigma_i^2 = s\sigma_z^2$ 和 $\tau_i^2 = s\tau_z^2$ 联系起来。一阶微分定义为

$$L_x(\cdot;\sigma_z^2,\tau_z^2) = \partial_x(g \otimes f)$$
$$L_y(\cdot;\sigma_z^2,\tau_z^2) = \partial_y(g \otimes f) \quad (15.2.8)$$
$$L_t(\cdot;\sigma_z^2,\tau_z^2) = \partial_t(g \otimes f)$$

为检测感兴趣点，在 f 中搜索具有 μ 的显著本征值 $\lambda_1,\lambda_2,\lambda_3$ 的区域。这可将定义在空间的哈里斯角点检测函数，即式(15.2.4)通过结合 μ 的行列式和秩扩展到时空域：

$$H = \det(\mu) - k \cdot \text{trace}^3(\mu) = \lambda_1\lambda_2\lambda_3 - k(\lambda_1 + \lambda_2 + \lambda_3)^3 \quad (15.2.9)$$

为证明 H 的正局部极值对应具有大 λ_1,λ_2 和 $\lambda_3(\lambda_1 \leqslant \lambda_2 \leqslant \lambda_3)$ 值的点，定义比率 $a=\lambda_2/\lambda_1$ 和 $b=\lambda_3/\lambda_1$，并将 H 重写成

$$H = \lambda_1^3[ab - k(1 + a + b)^3] \quad (15.2.10)$$

因为 $H \geqslant 0$，所以有 $k \leqslant ab/(1+a+b)^3$，且 k 会在 $a=b=1$ 时取得它最大可能的值 $k=1/27$。对明显大的 k 值，H 的正局部极值对应沿着时间和空间图像值都有大变化的点。特别如果设 a 和 b 如在空间那样最大值为 23，则在式(15.2.9)中用的 k 值将为 $k \approx 0.005$。所以 f 中的时空兴趣点可通过检测 H 中的正局部时空极大值来获得。

15.3 动态轨迹学习和分析

动态轨迹学习和分析[Morris 2008]试图通过对场景中各个运动目标行为的理解和刻画来提供对监控场景状态的把握。图 15.3.1 所示为对视频进行动态轨迹学习和分析的流程框图，首先对目标进行检测(如在车上对行人检测，见[贾 2007])并跟踪，接着用所获得的轨迹自动地构建场景模型，最后用该模型描述监控的状况和提供对活动的标注。

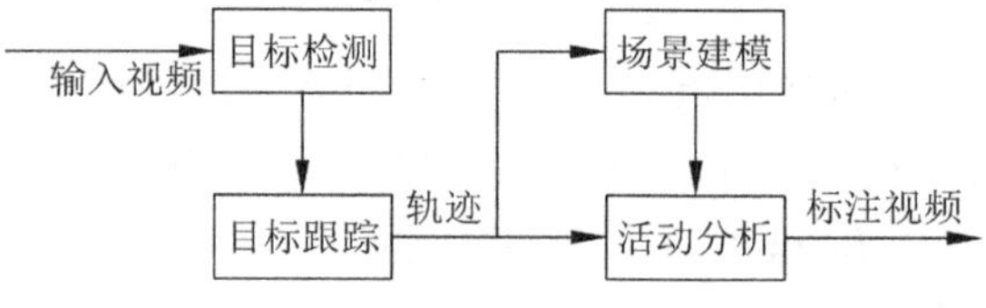

图 15.3.1　动态轨迹学习和分析的流程框图

在场景建模中，先将有事件发生的图像区域定义为**兴趣点**(POI)，然后在接下来的学习步骤中定义**活动路径**(AP)，该路径刻画目标是如何在感兴趣点之间运动/游历的。这样构建的模型可称为 POI/AP 模型。

在 POI/AP 学习中的主要工作包括：

(1) **活动学习**：对活动的学习可以通过比较**轨迹**来进行，尽管轨迹长度可能不同，关键是要保持对相似性的直观认识。

(2) **适应**：研究管理 POI/AP 模型的技术。这些技术要能够在线地适应如何增加新活动、除去不再继续的活动，并验证模型。

(3) **特征选择**：确定对特定任务正确的动力学表达层次。例如，仅仅使用空间信息就可确定汽车行驶的路线，但要检测事故还常常需要速度信息。

15.3.1 自动场景建模

借助动态轨迹对场景的自动建模包括以下 3 个要点[Makris 2005]。

1. 目标跟踪

对目标的**跟踪**(参见本套书中册 11.4 节)需要在每一帧中对各个可以观察到的目标进行身份维护。例如,在 T 帧视频中被跟踪的目标会生成一系列可推断出来的跟踪状态:

$$S_T = \{s_1, s_2, \cdots, s_T\} \tag{15.3.1}$$

其中各个 $s_t(t=1,\cdots,T)$ 可描述诸如位置、速度、外观、形状等目标特性。这些轨迹信息构成了进一步分析的基石。通过认真分析这些信息就可识别和理解活动。

2. 兴趣点检测

场景建模的第 1 个任务就是找出图像中的感兴趣区域。在指示跟踪目标的地形图中,这些区域对应图中的结点。常常考虑的两种结点包括入/出区域和停止区域。以教授去教室授课为例,前者对应教室门而后者对应讲台。

入/出区域是目标进入或离开**视场**(FOV)或被跟踪目标出现或消失的位置。这些区域常可借助 2-D 的**高斯混合模型**(GMM)来建模,$Z \sim \sum_{i=1}^{W} w_i N(\mu_i, \sigma_i)$,其中有 W 个分量。这可用 EM 算法(参见 12.5.2 小节)来解。进入的点数据包括在第 1 个跟踪状态所确定的位置,而离去的点数据包括在最后 1 个跟踪状态所确定的位置。它们可用一个密度准则来区分,在状态 i 的混合密度定义为

$$d_i = \frac{w_i}{\pi\sqrt{|\sigma_i|}} > T_d \tag{15.3.2}$$

它测量高斯混合的紧凑程度。其中,阈值

$$T_d = \frac{w}{\pi\sqrt{|\boldsymbol{C}|}} \tag{15.3.3}$$

指示信号聚类的平均密度。这里,$0<w<1$ 是用户定义的权重,$\boldsymbol{C}$ 是在区域数据集中所有点的协方差矩阵。紧凑的混合指示正确的区域而宽松的混合指示由于跟踪中断而导致的跟踪噪声。

停止区域源于场景地标点,即目标在一段时期内趋于固定的位置。这些停止区域可用两种不同的方法来确定,即①在该区域中被跟踪点的速度低于某个事先确定的很低的阈值;②所有被跟踪点至少在某个时间段里保持在一个有限的距离环中。通过定义一个半径和一个时间常数,第 2 种方法可保证目标确实保持在特定的范围而第 1 种方法仍有可能包括运动很慢的目标。对活动分析,除了要确定位置外也需要把握在每个停止区域所花去的时间。

3. 活动路径学习

要理解行为,需要确定出**活动路径**。可以使用 POI 从训练集中滤除虚警或跟踪中断的噪声,只保留在进入活动区域后开始并在终止活动区域前结束的轨迹。经过活动区域的跟踪轨迹分成分别对应进入活动区域的和离开活动区域的两段,一个活动要定义在目标开始动作和结束动作的两个感兴趣点之间。

为了区分随时间变化的动作目标(如沿着人行道走或跑的行人),需要在路径学习中加入时间动态信息。图 15.3.2 给出路径学习算法的 3 种基本结构,它们的主要区别包括输入的种类、运动矢量、轨迹(或视频片段),以及运动抽象的方式。在图 15.3.2(a)中,输入是在时刻 t 的单个轨迹,路径中的各点隐含地在时间上排了序。在图 15.3.2(b)中,一个完整的

轨迹被用作学习算法的输入以直接建立输出的路径。在图 15.3.2(c)中，画出的是路径按视频时序的分解。视频片段(VC)被分解成一组动作单词以描述活动，或者说视频片段根据动作单词的出现而被赋予某种活动的标签。

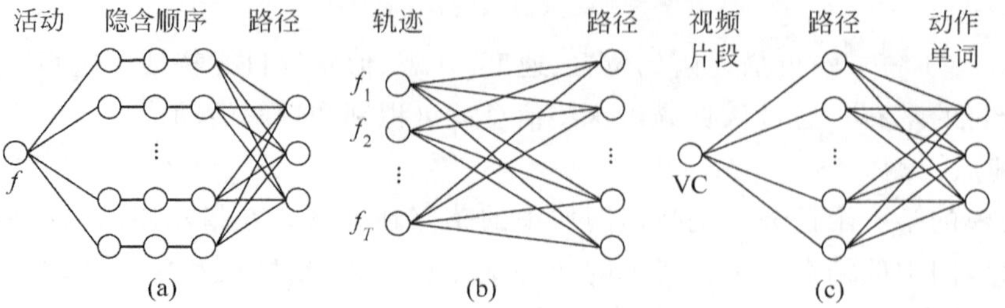

图 15.3.2　轨迹和路径学习方案

15.3.2　学习路径

由于路径刻画了目标运动的情况，一个原始的轨迹可表示成动态测量的序列。例如，常用的轨迹表达就是一个运动序列

$$G_T = \{\boldsymbol{g}_1, \boldsymbol{g}_2, \cdots, \boldsymbol{g}_T\} \tag{15.3.4}$$

其中，运动矢量

$$\boldsymbol{g}_t = [x^t, y^t, v_x^t, v_y^t, a_x^t, a_y^t]^{\mathrm{T}} \tag{15.3.5}$$

表示从跟踪中获得的目标在时刻 t 的动态参数，包括位置$[x, y]^{\mathrm{T}}$、速度$[v_x, v_y]^{\mathrm{T}}$ 和加速度$[a_x, a_y]^{\mathrm{T}}$。

仅仅使用轨迹就可能以无监督的方式学习 AP，其基本流程见图 15.3.3。预处理步骤要建立用于聚类的轨迹，聚类步骤可提供一个全局和紧凑的路径模型表达。尽管图中有 3 个分离的顺序步骤，它们也常结合在一起。下面对 3 个步骤再分别给予一些详细解释。

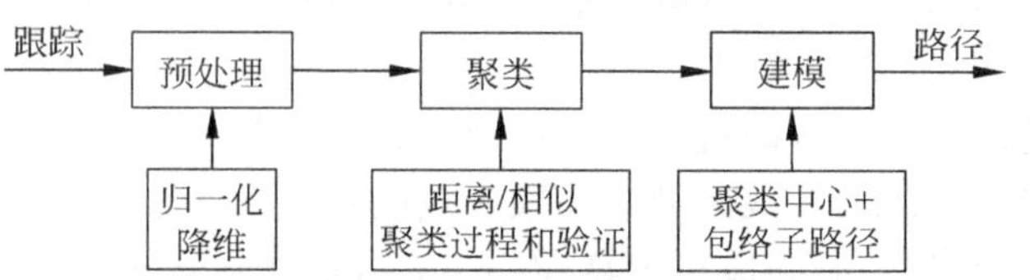

图 15.3.3　轨迹学习步骤

1. 轨迹预处理

路径学习研究中的大部分工作都是要获得适合聚类的轨迹。当进行跟踪时主要困难来源于时间变化的特性，这导致轨迹长度的不一致。此时，需要采取步骤以保障在不同尺寸的输入之间可以进行有意义的比较。另外，轨迹表达在聚类中应该直观地保持原始轨迹的相似性。

轨迹预处理主要包括两个内容：

(1) 归一化：归一化的目的是保证所有轨迹具有相同的长度 L_t。两种简单的技术是填零和扩展。填零就是在较短轨迹的后面增加一些等于零的项。扩展是将在原轨迹最后时刻的部分延伸扩展到需要的长度。它们都有可能把轨迹空间扩得非常大。除了检查训练集以确定轨迹的长度 L_t 外，也可利用先验知识进行重采样和平滑。重采样结合插值可保证所有轨迹有相同的长度 L_t。平滑可用来消除噪声，平滑后的轨迹也可插值和采样到固定的长度。

(2) 降维：降维将轨迹映射到新的低维空间，从而可以使用更鲁棒的聚类方法。这可通过假设一个轨迹模型并确定能最好地描述该模型的参数来实现。常用技术包括矢量量化、多项式拟合、多分辨率分解、隐马尔科夫模型、子空间方法、频谱方法以及核方法等。

矢量量化可通过将唯一轨迹的数量进行限制来实现。如果忽略轨迹动力学并仅基于空间坐标，则可将轨迹看作简单的 2-D 曲线，并可用阶为 m 的最小均方多项式来近似（各 w 为权系数）：

$$x(t) = \sum_{k=0}^{m} w_k t^k \tag{15.3.6}$$

在频谱方法中，可对训练集构建一个相似矩阵 $\boldsymbol{S}$，其中每个元素 s_{ij} 表示轨迹 i 和轨迹 j 之间的相似性。还可构建一个拉普拉斯矩阵 $\boldsymbol{L}$：

$$\boldsymbol{L} = \boldsymbol{D}^{-1/2}\boldsymbol{S}\boldsymbol{D}^{-1/2} \tag{15.3.7}$$

其中 $\boldsymbol{D}$ 是对角矩阵，其第 i 个对角元素是 $\boldsymbol{S}$ 中第 i 行元素的和。通过将 $\boldsymbol{L}$ 分解可以确定其最大的 K 个本征值。将对应的本征矢量放进一个新矩阵，其行就对应在频谱空间变换后的轨迹，而频谱轨迹可用 k-均值方法获得。

多数研究者将轨迹归一化和降维结合起来处理原始轨迹以保证可使用标准的聚类技术。

2. 轨迹聚类

聚类是在没有标记的数据中确定结构的常用机器学习技术。在观察场景时，收集运动轨迹并将其结合进类似的类别中。为了产生有意义的聚类，**轨迹聚类**过程要考虑 3 个问题：①定义一个距离（对应相似性）测度；②聚类更新的策略；③聚类验证。

(1) 距离/相似测量：聚类技术依赖于距离（相似）测度的定义。前面说过，轨迹聚类的一个主要问题是：由相同活动产生的轨迹可能有不同长度。为解决这个问题，既可以采用预处理方法，也可以定义一个与尺寸独立的距离测度（如果两个轨迹 G_i 和 G_j 有相同的长度）：

$$d_{\mathrm{E}}(G_i, G_j) = \sqrt{(G_i - G_j)^{\mathrm{T}}(G_i - G_j)} \tag{15.3.8}$$

如果两个轨迹 G_i 和 G_j 有不同的长度，则对欧氏距离不随尺寸变化的改进是比较两个长度分别为 m 和 $n(m>n)$ 的轨迹矢量，并使用最后的点 $\boldsymbol{g}_{j,n}$ 来累积失真：

$$d_{ij}^{(c)} = \frac{1}{m}\left\{\sum_{k=1}^{n} d_{\mathrm{E}}(\boldsymbol{g}_{i,k}, \boldsymbol{g}_{j,k}) + \sum_{k=1}^{m-n} d_{\mathrm{E}}(\boldsymbol{g}_{i,n+k}, \boldsymbol{g}_{j,n})\right\} \tag{15.3.9}$$

欧氏距离比较简单，但在有时间偏移的情况下效果不好，因为仅对准的序列可以匹配。这里可以考虑使用豪斯道夫距离（参见本套书中册 A.2.2 小节）。另外，还有一种距离测度并不依赖于完整轨迹（不考虑野点）。假设轨迹 $G_i = \{\boldsymbol{g}_{i,k}\}$ 和 $G_j = \{\boldsymbol{g}_{j,l}\}$ 的长度分别为 T_i 和 T_j，则

$$D_{\mathrm{o}}(G_i, G_j) = \frac{1}{T_i}\sum_{k=1}^{T_i} d_{\mathrm{o}}(\boldsymbol{g}_{i,k}, G_j) \tag{15.3.10}$$

其中

$$d_{\mathrm{o}}(\boldsymbol{g}_{i,k}, G_j) = \min_{l}\left[\frac{d_{\mathrm{E}}(g_{i,k}, g_{j,l})}{Z_l}\right] \quad l \in \{\lfloor (1-\delta)k \rfloor \cdots \lceil (1+\delta)k \rceil\} \tag{15.3.11}$$

其中，Z_l是归一化常数，是点 l 处的方差。$D_o(G_i, G_j)$用来将轨迹与存在的聚类比较。如果比较两个轨迹，可使用 $Z_l=1$。这样定义的距离测度是从任意点到与它最好的匹配之间的平均归一化距离，此时最好的匹配处在一个中心位于点 l、宽度为 2δ 的滑动时间窗口中。

(2) 聚类过程和验证：预处理后的轨迹可以用非监督的学习技术进行组合。这会将轨迹空间分解成感知上相似的聚类(如道路)。对聚类的学习有多种方法：①迭代优化；②在线自适应；③分层方法；④神经网络；⑤共生分解。

借助聚类算法学习到的路径需要进一步验证，这是因为真实的类别数并不知道。多数聚类算法需要对期望的类别数 K 有个初始的选择，但这常常不正确。为此，可将聚类过程对不同的 K 分别进行，取最好结果所对应的 K 作为真正的聚类数。这里的判断准则可以使用**紧密和分离准则**(TSC)，它比较在聚类中轨迹之间的距离与不同聚类中轨迹之间的距离。给定训练集 $D_T=\{G_1,\cdots,G_M\}$，有

$$\mathrm{TSC}(K)=\frac{1}{M}\frac{\sum_{j=1}^{K}\sum_{i=1}^{M}f_{ij}^2 d_{\mathrm{E}}^2(G_i, c_j)}{\min_{ij} d_{\mathrm{E}}^2(c_i, c_j)} \tag{15.3.12}$$

其中，f_{ij} 是轨迹 G_i 对聚类 C_j(其中的样本用 c_j 表示)的模糊隶属度。

3. 路径建模

轨迹聚类后，可根据所得到的路径建立(图)模型以进行有效的推理。路径模型是对聚类的紧凑表达。可以使用两种方式对**路径建模**。第 1 种方式考虑完整的路径，从端点到端点的路径不仅有平均的中心线，两边还有包络指示路径范围，沿路径可能有一些中间状态给出测量顺序[见图 15.3.4(a)]；第 2 种方式将路径分解为一些子路径，或者说将路径表示成包含子路径的树，预测路径的概率从当前结点指向叶结点[见图 15.3.4(b)]。

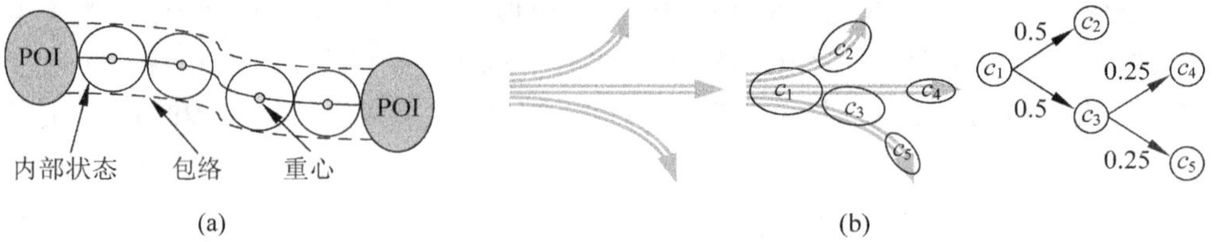

图 15.3.4　两种对路径建模的方式

15.3.3　自动活动分析

一旦建立了场景模型，就可以对目标的行为和活动进行分析了。监控视频的一个基本功能就是对感兴趣事件进行验证。一般来说，只有在特定环境下才好定义是否感兴趣。例如，停车管理系统会关注是否还有空位可以停车，而智能会议室系统关心的是人员之间的交流。除了仅识别特定的行为外，所有非典型的事件也需要检查。通过对一个场景进行长时间的观察，系统可以进行一系列的活动分析，从而学习到哪些是感兴趣的事件。

一些典型的活动分析如下：

(1) **虚拟篱笆**：任何监控系统都有一个监控范围，在该范围的边界上设立哨兵就可对范围内发生的事件进行预警。这相当于在监控范围的边界建立了虚拟篱笆，一旦有入侵就触发分析，如控制高分辨率的**云台摄像机**(PTZ)获取入侵处的细节，开始对入侵数量的统

计等。

(2) **速度分析**：虚拟篱笆只利用了位置信息，借助跟踪技术还可获得动态信息实现基于速度的预警，如车辆超速或路面堵塞。

(3) **路径分类**：速度分析只利用了当前跟踪的数据，实际中还可利用由历史运动模式获得的活动路径(AP)。新出现目标的行为可借助最大后验(MAP)路径来描述：

$$L^* = \underset{k}{\operatorname{argmax}}\, p(l_k \mid G) = \underset{k}{\operatorname{argmax}}\, p(G, l_k) p(l_k) \tag{15.3.13}$$

这可帮助确定哪个活动路径能最好地解释新的数据。因为先验路径分布 $p(l_k)$ 可用训练集来估计，所以问题就简化为用 HMM 进行最大似然估计。

(4) **异常检测**：异常事件的检测常是监控系统的重要任务。因为活动路径能指示典型的活动，所以如果一个新的轨迹与已有的不符就能发现异常。异常模式可借助智能阈值化来检测：

$$p(l^* \mid G) < L_l \tag{15.3.14}$$

其中，与新轨迹 G 最相像的活动路径 l^* 的值仍小于阈值 L_l。

(5) **在线活动分析**：能够在线地分析、识别、评价活动比使用整个轨迹来描述运动更重要。一个实时的系统要能够根据尚不完整的数据快速地对正在发生的行为进行推理(常基于图模型)。这里考虑两种情况：①路径预测：可以利用至今为止的跟踪数据来预测将来的行为，并在收集到更多数据时细化预测。利用非完整的轨迹对活动进行预测可表示为

$$\hat{L} = \underset{j}{\operatorname{argmax}}\, p(l_j \mid W_t G_{t+k}) \tag{15.3.15}$$

其中，W_t 代表窗函数，G_{t+k} 是直到当前时间 t 的轨迹以及 k 个预测的未来跟踪状态。②跟踪异常：除了将整个轨迹划归异常外，还需要在非正常事件刚发生时就检测到它们。这可通过用 $W_t G_{t+k}$ 代替式(15.3.14)中的 G 来实现。窗函数 W_t 并不必须与预测中相同，且阈值有可能需要根据数据量调整。

(6) **目标交互刻画**：更高层次的分析期望能进一步描述目标之间的交互。与异常事件类似，严格地定义目标交互也很困难。在不同的环境下，不同的目标间有不同类型的交互。以汽车碰撞为例，每辆汽车有其空间尺寸，可看作其个人空间。汽车在行驶时，其个人空间在汽车周围要增加一个最小安全距离(最小安全区)，所以时空个人空间会随运动而改变，速度越快，最小安全距离增加越多(尤其在行驶方向上)。一个示意图见图 15.3.5，其中个人空间用圆表示，而安全区域随速度(包括大小和方向)改变而改变。如果两辆车的安全区域有交会，则有可能发生碰撞，借此可帮助规划行车路线。

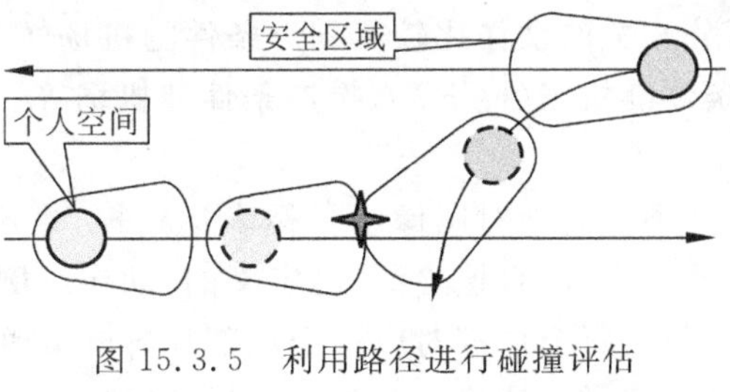

图 15.3.5　利用路径进行碰撞评估

最后需要指出，对简单的活动，仅依靠目标位置和速度就能进行分析，但对更复杂的活动则可能还需要更多的测量，如加入剖面的弯曲度以判别古怪的运动轨迹。为提供对活动

和行为的更全面覆盖，常常需要使用多摄像机网络。活动轨迹还可来源于由互相连接的部件而构成的目标(如人体)，这里活动需要相对于一组轨迹来定义。

15.4 动作分类和识别

基于视觉的人体动作识别是一个对图像序列(视频)用动作(类)标号进行标记的过程。在对观察到的图像或视频获得表达的基础上，可将人体动作识别变成一个分类的问题。

15.4.1 动作分类

对动作的分类可采用多种形式的技术[Poppe 2010]。

1. 直接分类

在直接分类的方法中，并不对时间域加以特别关注。这些方法将观察序列中所有帧的信息都加到单个表达中或对各个帧分别进行动作的识别和分类。

在很多情况下，图像的表达是高维的，这导致匹配计算量非常大。另外，表达中也可能包括噪声等特征。所以，为分类需要在低维空间获得紧凑、鲁棒的特征表达。降维技术既可采用线性的方法也可采用非线性的方法。例如，PCA 是一种典型的线性方法，而**局部线性嵌入**(LLE)是一种典型的非线性方法。

直接分类所用的分类器也可以不同。鉴别型分类器关注如何区分不同的类别，而不是模型化各个类别，典型的如 SVM。在自举框架下，用一系列弱分类器(每个常仅使用 1-D 表达)来构建一个强分类器。除 AdaBoost(见本套书中册 15.3.3 小节)外，LPBoost 可以获得稀疏的系数且能很快地收敛。

2. 时间状态模型

生成模型学习观察和动作之间的联合分布，对每个动作类建模(考虑所有变化)。鉴别模型学习在观察条件下动作类别的概率，它们并不对类别建模但关注不同类别之间的差别。

生成模型中最典型的是隐马尔科夫模型(HMM)，其中的隐状态对应动作进行的各个步骤。隐状态对状态转移概率和观察概率进行建模。这里有两个独立的假设。一个是状态转移仅仅依赖于上一个状态，一个是观察仅依赖于当前状态。HMM 的变型包括**最大熵马尔科夫模型**(MEMM)，**状态分解的分层隐马尔科夫模型**(FS-HHMM)，**分层可变过渡隐马尔科夫模型**(HVT-HMM)。

此外，鉴别模型对给定观察后的条件分布进行建模，将多个观察结合起来以区别不同的动作类别。这种模型对区分相关的动作比较有利。**条件随机场**(CRF)是一种典型的鉴别模型，对其的改进包括**分解条件随机场**(FCRF)，**推广条件随机场**等。

3. 动作检测

基于动作检测的方法并不显式地对图像中目标表达建模，也不对动作建模。它将观察序列与编号的视频序列联系起来，以直接检测(已定义的)动作。例如，可将视频片段描述成在不同时间尺度上编码的词袋，每个词都对应一个局部片(patch)的梯度朝向。具有缓慢时间变化的局部片可以忽略掉，这样表达将主要集中于运动区域。

当运动是周期性的时候(如人行走或跑步)，动作是循环的，即**循环动作**。这时可借助分析自相似矩阵进行时域分割。进一步可给运动者加上标记，通过跟踪标记并使用仿射距离函数构建自相似矩阵。对自相似矩阵进行频率变换，则频谱中的峰对应运动的频率（如要区别行走的人或跑步的人，可计算步态的周期）。对矩阵结构进行分析就可确定动作的种类。

对人体动作表达和描述的主要方法可分为两类：①基于表观的方法：直接利用对图像的前景、背景、轮廓、光流及变化等的描述；②基于人体模型的方法：利用人体模型表达行为人的结构特征，如将动作用人体关节点序列来描述。不管采用哪类方法，实现对人体的检测以及对人体重要部分（如头部、手、脚等）的检测和跟踪都会起重要的作用。

例 15.4.1 动作识别数据库示例

图 15.4.1 给出 Weizmann 动作识别数据库中一些动作的示例图片[Blank 2005]，从上到下左边一列依次为头顶击掌(jack)、侧向移动(side)、弯腰(bend)、行走(walk)、跑(run)，右边一列依次为挥单手(wave1)、挥双手(wave2)、单脚前跳(skip)、双脚前跳(jump)、双脚原地跳(pjump)。

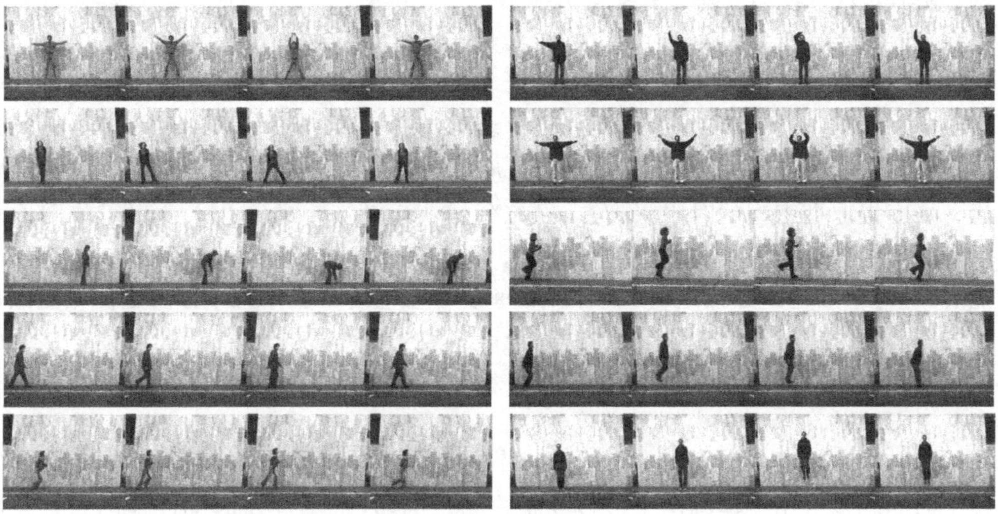

图 15.4.1 Weizmann 动作识别数据库中动作的示例图片 □

15.4.2 动作识别

动作及活动的表达和识别是一个相对不很新但还不太成熟的领域[Moeslund 2006]。采用的方法多数依赖于研究者的目的。在场景解释中，表达可独立于导致活动产生的目标（如人或车）；而在监控应用中，一般关注人的活动和人之间的交互。在整体(holistic)的方法中，全局的信息要优于部件的信息，例如在需要确定人的性别时。而对简单的动作如走或跑，也可考虑使用局部的方法，其中更关注细节动作或动作基元。

1. 整体识别

整体识别强调对整个人体目标或单个人体的各个部分进行识别。例如，可基于整个身体的结构和整个身体的动态信息来识别人的行走、行走的步态等。这里绝大多数方法基于人体的剪影或轮廓而不太区分身体的各个部分。例如，有一种基于人体的身份识别技术使用了人的剪影并对其轮廓进行均匀采样，然后对分解的轮廓用 PCA 处理。为计算时-空相关性，可在本征空间里比较各个轨迹。此外，利用动态信息除可以辨识身份外也可以确定人正在做什么工作。基于身体部件的识别则通过身体部件的位置和动态信息对动作进行识别。

2. 姿态建模

对人体动作的识别与对人体姿态的估计密切相连。人体姿态可分为动作姿态和体位姿态，前者对应人在某一个时刻的动作行为，后者对应人体在3-D空间的朝向。

对人体姿态的表达和计算方法主要可分为3种：

(1) 基于表观的方法：不对人的物理结构进行直接建模，而是采用颜色、纹理、轮廓等信息对人体姿态进行分析。由于仅利用了2-D图像中的表观信息，所以难以估计人体位姿。

(2) 基于人体模型的方法：先使用线图模型、2-D或3-D模型对人体进行建模，然后通过分析这些参数化的人体模型来估计人体姿态。这类方法通常对图像分辨率和目标检测的精度要求较高。

(3) 基于3-D重构的方法：先将多摄像头在不同位置获得的2-D运动目标通过对应点匹配重构成3-D运动目标，然后利用摄像头参数和成像公式估计3-D空间中的人体位姿。

可以基于时空兴趣点(参见15.2节)对姿态进行建模。如果仅使用时空**哈里斯兴趣点检测器**(见中册3.1.3小节)，则得到的时空兴趣点多处于运动突变的区域。这样的点数量较少，属于稀疏型，容易丢失视频中重要的运动信息，导致检测失效。为克服这个问题，还可借助运动强度提取稠密型的时空兴趣点，以充分捕获运动产生的变化。这里可将图像与空域高斯滤波器和时域盖伯滤波器(见中册9.4.2小节)相卷积来计算运动强度。提取出时空兴趣点后，对每个点先建立描述符，然后再对每个姿态建模。一种具体方法是首先提取训练样本库中姿态的时空特征点作为底层特征，让一个姿态对应一个时空特征点集合。然后采用非监督分类方法对姿态样本归类，以获得典型姿态的聚类结果。最后，对每个典型姿态类别采用基于EM的高斯混合模型实现建模。

近期在对自然场景中姿态估计方面的一个趋势是为了克服在无结构场景中用单视图进行跟踪中的问题多采用在单帧图中进行姿态检测。例如，基于鲁棒的部件检测并且对部件进行概率组合已能在复杂的电影中获得对2-D姿态的较好估计。

3. 活动重建

动作导致姿态的改变，如果将人体的每个静止姿态定义为一个状态，那么借助状态空间法(也称概率网络法)，将状态之间通过转移概率来切换，则一个活动序列的构建可通过在对应姿态的状态之间进行一次遍历而得到。

基于对姿态的估计，从视频自动重建人体活动方面也已有了明显进展。原始的基于模型的分析-合成方案借助多视角视频采集从而有效地对姿态空间进行搜索。当前的许多方法更注重获取整体的身体运动而不很强调精确地构建细节。

单视图人体活动重建也借助**统计采样技术**有了很多进展。目前比较关注的是利用学习得到的模型来约束基于活动的重建。研究表明使用强有力的先验模型对单视图中跟踪特定活动很有帮助。

4. 交互活动

交互活动是比较复杂的活动。可以分为两类：①人与环境的交互，如人开车，拿一本书。②人际交互，常指两人(也可多人)的交流活动或联系行为，它是将单人的(原子)活动结合起来而得到的。对单人活动可借助概率图模型来描述。概率图模型是对连续动态特征序列建模的有力工具，有比较成熟的理论基础。它的缺点是其模型的拓扑结构依赖于活动本身的结构信息，所以对复杂的交互活动需要大量的训练数据以学习图模型的拓扑结构。为了将单人活动结合起来，可以使用**统计关系学习**（SRL）的方法。SRL 是一种将关系/逻辑表示、概率推理、机器学习和数据挖掘等进行综合以获取关系数据似然模型的机器学习方法。

5. 群体活动

量变引起质变，参与活动目标数量的大幅增加，会带来新的问题和新的研究。例如，群体目标运动分析主要以人流、交通流以及自然界的密集生物群体为对象，研究群体目标运动的表达与描述方法，分析群体目标的运动特征以及边界约束对群体目标运动的影响。此时，对特殊个体的独特行为的把握有所减弱，更关注的是把个体抽象而对整个集合活动的描述。例如有的研究借鉴宏观运动学理论，探索粒子流的运动规律，建立粒子流的运动理论。在此基础上，对群体目标活动中的聚合、消散、分化、合并等动态演变现象进行语义分析，以期解释整个场景的动向和态势。

图 15.4.2　人流监控中对人数的统计

在群体活动分析中，对参与活动的个体数量的统计是一个基本的数据。例如，在许多公共场合，如广场、体育场出入口等都需要对人流数量有一定的统计。图 15.4.2 给出一个监控场景中对人数统计的画面[贾 2009]。虽然场景中有许多人，且动作形态各异，但这里关心的是在特定范围（用框围住的区域中）的人的数量。

例 15.4.2　监控中摄像机的安放

考虑监控中对人流数量统计的基本几何。将摄像机如图 15.4.3 所示安置在行人的斜上方（高度为 H_c），可以看到行人脚在地面的位置。设摄像机光轴沿水平方向，焦距为 λ，观测人脚的角度为 α。设坐标系统垂直向下方向为 Y 轴，X 轴从纸中出来。

在图 15.4.3 中，水平方向的纵深 Z 是

$$Z = \lambda H_c / y \tag{15.4.1}$$

行人上部成像的高度：

$$y_t = \lambda Y_t / Z = y Y_t / H_c \tag{15.4.2}$$

行人自身的高度可如下估计：

$$H_t = H_c - Y_t = H_c(1 - y_t / y) \tag{15.4.3}$$

实际中，摄像机光轴一般稍微向下倾斜以增加观测范围（特别是观察接近摄像机下方的目标），此时如图 15.4.4 所示。

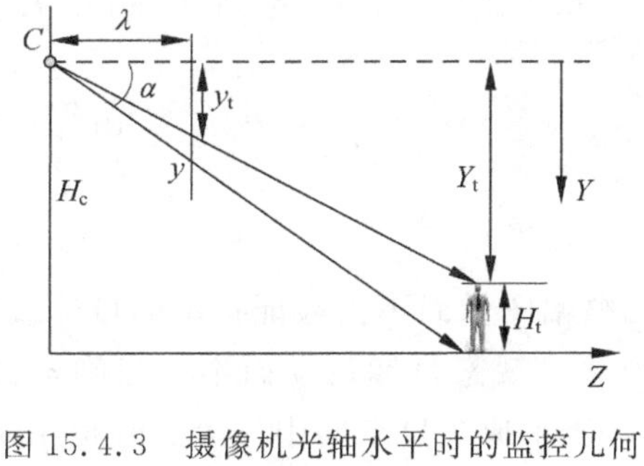

图 15.4.3　摄像机光轴水平时的监控几何

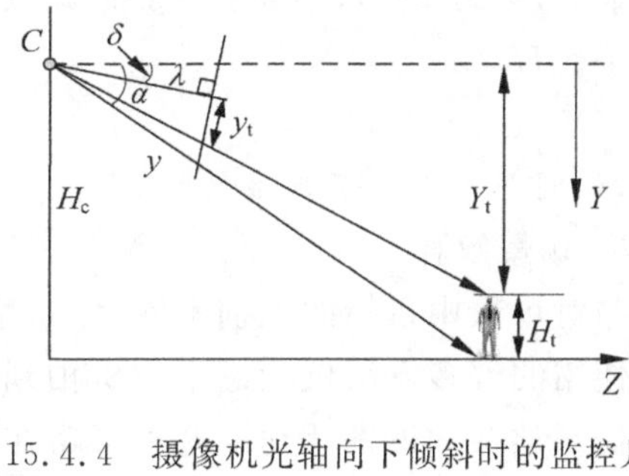

图 15.4.4　摄像机光轴向下倾斜时的监控几何

这里计算公式要复杂些，首先从图 15.4.4 中可见：

$$\tan\alpha = H_c/Z \tag{15.4.4}$$

$$\tan(\alpha-\delta) = y/\lambda \tag{15.4.5}$$

其中 δ 是摄像机的向下倾斜角。从上两式中消去 α 得到作为 y 的函数的 Z：

$$Z = H_c \frac{(\lambda - y\tan\delta)}{(y+\lambda\tan\delta)} \tag{15.4.6}$$

为了估计行人的高度，用 Y_t 和 y_t 分别替换上式中的 H_c 和 y，得到

$$Z = Y_t \frac{(\lambda - y_t\tan\delta)}{(y_t+\lambda\tan\delta)} \tag{15.4.7}$$

从上两式中消去 Z，就得到

$$Y_t = H_c \frac{(\lambda - y\tan\delta)(y_t+\lambda\tan\delta)}{(y+\lambda\tan\delta)(\lambda - y_t\tan\delta)} \tag{15.4.8}$$

下面，考虑最优的向下倾斜角 δ。参见图 15.4.5，摄像机的视角为 2γ，要包括最近点 Z_n 和最远点 Z_f，它们分别对应 α_n 和 α_f。

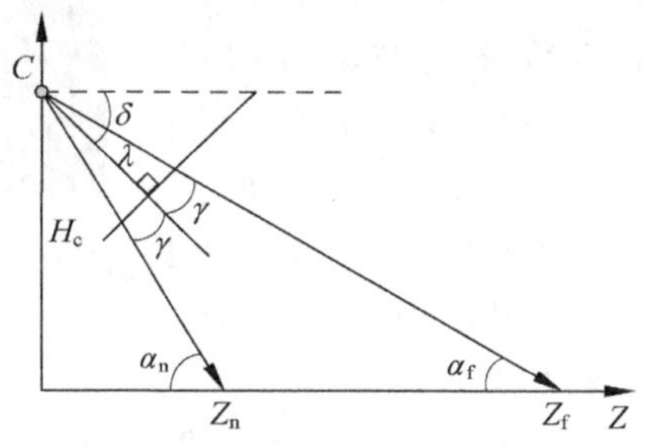

图 15.4.5　计算摄像机光轴向下最优倾斜角的监控几何

分别对最近点和最远点写出：

$$H_c/Z_n = \tan\alpha_n = \tan(\delta+\gamma) \tag{15.4.9}$$

$$H_c/Z_f = \tan\alpha_f = \tan(\delta-\gamma) \tag{15.4.10}$$

取两式的比值，得到

$$\eta = \frac{Z_n}{Z_f} = \frac{\tan(\delta-\gamma)}{\tan(\delta+\gamma)} \tag{15.4.11}$$

如果取 $Z_f=\infty$，则 $\delta=\gamma$，$Z_n=H_c\cot^2\gamma$。极限情况是 $Z_f=\infty$，$Z_n=0$，即 $\delta=\gamma=45°$，这覆盖了地面上所有点。实际中 γ 要较小，此时 Z_n 和 Z_f 由 δ 决定。例如，$\gamma=30°$ 时，最优的 η 是零，此时 $\delta=30°$ 或 $\delta=60°$；最差的 η 是 0.072，此时 $\delta=45°$。

最后，考虑使行人不互相遮挡的最近行人间距 Z_s。根据式(15.4.4)，分别让 $\tan\alpha=H_t/Z_s$ 和 $\tan\alpha=H_c/Z$，可以解出：

$$Z_s = H_tZ/H_c \tag{15.4.12}$$

可见，该间距与行人高度成正比。□

6. 场景解释

与对场景中目标的识别不同，**场景解释**主要考虑整幅图像而不去验证特定的目标或人。实际使用的许多方法仅考虑摄像机拍到的结果，从中通过观察目标运动而不一定确定目标的身份来学习和识别活动。这种策略在目标足够小可表示成 2-D 空间中一个点时是比较有

效的。

例如，一个用来检测非正常(异常)情况的系统包括如下模块。首先是提取如目标 2-D 位置和速度、尺寸和二值剪影，用矢量量化来生成一个范例的码本。为考虑互相之间的时间关系，可以使用共生的统计。通过迭代地定义两个码本中范例之间的概率函数并确定一个二值树结构，其中叶结点对应共生统计矩阵中的概率分布，而更高层的结点对应简单的场景活动(如行人或车的运动)，它们可进一步结合起来以给出场景解释。

15.5　活动和行为建模

一个通用的动作/活动识别系统包括从一个图像序列到高层解释的若干工作步骤[Turaga 2008]：

(1) 获取输入视频或序列图像；

(2) 提取精练的底层图像特征；

(3) 基于底层特征获得中层动作描述；

(4) 从基本的动作出发进行高层语义解释。

一般实用的活动识别系统是分层的。底层包括前景-背景分割模块，跟踪模块和目标检测模块等。中层主要是动作识别模块。高层最重要的是推理引擎，它将活动的语义根据较低层的动作基元进行编码，并根据学习的模型进行整体的理解。

如 15.1 节中指出的，从抽象程度来看，活动的层次要高于动作。如果从技术的角度来看，对动作和活动的建模和识别常采用不同的技术，而且有从简单到复杂的特点。目前许多常用的动作和活动的建模和识别技术可如图 15.5.1 来进行分类[Turaga 2008]。

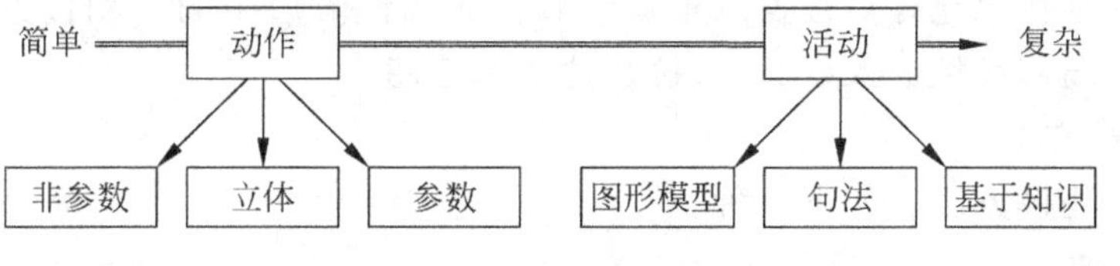

图 15.5.1　动作和活动建模识别技术的分类图

15.5.1　动作建模

对动作建模的方法主要可分为 3 类：**非参数建模，立体建模，参数时序建模**。非参数的方法从视频的每帧中提取一组特征，将这些特征与存储的模板匹配。立体的方法并不逐帧地提取特征，而是将视频看作像素强度的 3-D 立体并将标准的图像特征(如尺度空间极值，空域滤波器响应)扩展到 3-D。参数时序方法对运动的时间动态建模，从训练集中估计对一组动作的特定参数。

1. 非参数建模方法

常见的非参数建模方法有如下几种。

(1) 2-D 模板

这类方法包括如下步骤：先进行运动检测，然后在场景中跟踪目标。跟踪后，建立一个包含目标的裁剪序列。尺度的改变可借助归一化目标尺寸来补偿。对给定的动作计算一个周期性的指标(index),如果周期性很强,就进行动作识别。为进行识别,利用对周期的估计将周期序列分割成独立的周期。将平均周期分解为若干个时间上的片段并对各个片段中的每个空间点计算基于流的特征。把每个片段中的流特征平均到单个帧中。这个活动周期中的平均流帧就构成每个动作组的模板。

一种典型的方法是构建**时域模板**作为动作的模型。首先提取背景,再将从一个序列中提取出的背景块都结合进一幅静止图像中。这里有两种结合的方式:一种是对序列中所有帧以相同的权重,这样得到的表达可称为**运动能量图**(MEI);另一种是对序列中不同帧以不同权重,一般对新的帧用较大的权重,对老的帧用较小的权重,这样得到的表达可称为**运动历史图**(MHI)。对给定的动作,利用结合得到的图像构成一个模板。对模板计算其区域不变矩(见中册 7.2.3 小节)并进行识别。

(2) 3-D 目标模型

3-D 目标模型是对时空目标建立的模型,典型的如广义圆柱体模型(见 5.5.2 小节),2-D 轮廓叠加模型等。在 2-D 轮廓叠加模型中包含了目标的运动和形状信息,据此可从中提取目标表面的几何特征,如峰、坑、谷、脊等(见 5.1.2 小节)。如果把 2-D 轮廓替换成背景中的块(blob),就得到**二值时空体**。

(3) 流形学习方法

很多动作识别都涉及高维空间的数据。由于特征空间会随着维数变得按指数形式稀疏,所以为构建有效的模型需要大量的样本。利用学习数据所在的流形可确定数据的固有维数,该固有维数的自由度比较小,可帮助在低维空间里设计有效的模型。降低维数的最简单方法是**主分量分析**(PCA),其中假设数据处在一个线性子空间里。实际中除了非常特殊的情况外,数据并不处在一个线性子空间里,所以需要能从大量样本中学习流形本征几何的方法。非线性降维技术允许对数据点根据它们在非线性流形中的互相接近程度进行表达,典型的方法包括**局部线性嵌入**(LLE)、**拉普拉斯本征图**。

2. 立体建模方法

常见的立体建模方法有如下几种。

(1) 时空滤波

时空滤波是对空间滤波的推广,采用一组时空滤波器对**视频体**的数据进行滤波。根据滤波器组的响应进一步推出特定的特征。有假设认为视觉皮层中细胞的时空性质可用时空滤波器结构,如**朝向高斯核及微分**和**朝向盖伯滤波器组**来描述。例如,可将视频片段考虑成一个定义在 XYT 中的时空体,对每个体素(x,y,t)使用盖伯滤波器组(见中册 9.4.2 小节)计算不同朝向和空间尺度以及单个时间尺度的局部表观模型。利用一帧图中各个像素的平均空间概率来识别动作。因为是在单个时间尺度对动作进行分析,该方法并不能应用于帧率有变化的情况。为此,可在若干个时间尺度上提取局部归一化的时空梯度直方图,再使用直方图之间的 χ^2 以及对输入视频和存储的样例进行匹配。另一种方法是用高斯核在空域进行滤波,用高斯微分在时域进行滤波,在对响应取阈值后结合进直方图,这种方法能对远场(非近景镜头)视频提供简单有效的特征。

滤波方法借助有效的卷积可简单且很快地实现。但在多数应用中,滤波器的带宽事先并不知道,所以需要使用多个时域和空域尺度的大滤波器组以有效地获取动作。由于要求每个滤波器输出的响应与输入数据有相同的维数,所以使用多个时域和空域尺度的大滤波器组也受到一定的限制。

(2) 基于部件的方法

一个视频(立)体可看作许多局部部件的集合体,各个部件有特殊的运动模式。一种典型的方法是使用15.2节的时空兴趣点来表达。除了使用**哈里斯兴趣点检测器**(见中册3.1.3小节)外,也可对从训练集中提取的时空梯度进行聚类。另外,还可以使用词袋模型来表示动作,其中词袋模型可通过提取时空兴趣点并对特征聚类得到。

因为**兴趣点**本质上是局部的,所以忽略了长时间上的相关性。为解决这个问题,可以借助**相关图**。将视频看作由一系列的集合构成,每个集合包括在一个小时间滑动窗口中的部件。这种方法并没有直接地对局部的部件进行全局几何建模,而是把它们看作一个特征包。不同的动作可以包含相似的时空部件但可以有几何关系的不同。如果将全局几何信息结合进基于部件的视频表达,这就构成一个**星座**的部件。当部件较多时,这个模型会比较复杂。也可将星座模型和词袋模型结合进一个分层结构中,在高层的星座模型里只有较少数量的部件,而每个部件又包含在底层的特征包中。这样就将两个模型的优点结合起来了。

在大多数基于部件的方法中,对部件的检测常常基于一些线性操作,如滤波、时空梯度等,所以描述符对表观变化、噪声、遮挡等比较敏感。但另一方面,由于本质上的局部性,这些方法对非稳态背景比较鲁棒。

(3) 子体匹配

子体匹配是指在视频和模板中的子体之间的匹配。例如,可借助从时空运动相关的角度来将动作与模板匹配。这种方法与基于部件方法的主要区别是它并不需要从尺度空间的极值点提取动作描述符而是检查两个局部时空块(patch)之间的相似度(通过比较两个块之间的运动)。不过,对整个视频体都进行相关计算会很耗时。解决此问题的一种方法是将目标检测中很成功的快速哈尔特征(盒特征)推广到3-D。3-D的哈尔特征是3-D滤波器组的输出,滤波器的系数为1和−1。将这些滤波器的输出与自举方法(见本套书中册15.3.3小节)相结合可得到鲁棒的性能。另一种方法是将视频体看作任何形状子体的集合,每个子体是空间上一致的立体区域,可通过将表观和空间上接近的像素进行聚类得到。再将给定视频过分割为许多子体或者**超体素**。动作模板通过在这些子体中搜索能最大化子体集合与模板重叠率的最小区域集合来进行匹配。

子体匹配的优点是对噪声和遮挡比较鲁棒,如果结合光流特征,则也对表观变化比较鲁棒。子体匹配的缺点是易受背景改变的影响。

(4) 基于张量的方法

张量是对2-D矩阵在多维空间的推广。一个3-D时空体可以自然地看作一个有3个独立维的张量。例如,人的动作、人的身份和关节的轨迹可看作一个张量的3个独立维。通过将总的数据张量分解为主导模式(类似PCA的推广),就可以提取对应人的动作和身份(执行动作的人)的**标志**。当然,也可以直接将张量的3-D取为时空域的3-D,即(x,y,t)。

基于张量的方法提供了一种整体匹配视频的直接方法,它不需要考虑前几种方法所用的中层表达。另外,其他种类的特征(如光流、时空滤波器响应等)也很容易通过增加张量维数而结合进来。

3. 参数时序建模方法

前面两种建模方法比较适合较简单的动作,下面介绍的建模方法更适合跨越时域的复杂动作，如芭蕾舞视频中复杂的舞步，乐器演奏家特殊的手势等。

(1) 隐马尔科夫模型

隐马尔科夫模型(HMM)是状态空间的一种典型模型，它对时间序列数据的建模很有效，有很好的推广性和鉴别性，适用于需要递推概率估计的工作。在构建离散隐马尔科夫模型的过程中，将状态空间看作一些离散点的有限集合。随时间的演化而模型化为一系列从一个状态转换到另一个状态的概率步骤。隐马尔科夫模型的 3 个重点问题是**推理**，**解码**和**学习**。隐马尔科夫模型最早用于识别动作是用于识别网球击打(shot)动作，如正手击球、正手截击、反手击球、反手截击、扣杀等。其中，将一系列减除背景的图像模型化为对应特定类别的隐马尔科夫模型。隐马尔科夫模型也可用于对随时间变化的动作(如步态)的建模。

使用单个隐马尔科夫模型可用于对单人动作的建模。对多人动作或交互动作，可用一对隐马尔科夫模型来表达交替的动作。另外，还可以把领域知识结合到隐马尔科夫模型的构建中，或可将隐马尔科夫模型与目标检测结合起来以利用动作和(动作)对象之间的联系。例如，可将对状态延续时间的先验知识结合到隐马尔科夫模型的框架中，这样得到的模型称为**半隐马尔科夫模型**(semi-HMM)。如果将状态空间加一个用于对高层行为建模的离散标号，则构成混合状态的隐马尔科夫模型，可以用于对非平稳行为建模。

(2) 线性动态系统

线性动态系统(LDS)比隐马尔科夫模型更加一般化，其中并不限制状态空间是有限符号的集合而可以是$\mathbb{R}^k$空间中的连续值，其中 k 是状态空间的维数。最简单的线性动态系统是一阶时不变高斯-马尔科夫过程，可表示为

$$\boldsymbol{x}(t) = A\boldsymbol{x}(t-1) + \boldsymbol{w}(t) \quad \boldsymbol{w} \sim N(0, \boldsymbol{P}) \tag{15.5.1}$$

$$\boldsymbol{y}(t) = C\boldsymbol{x}(t) + \boldsymbol{v}(t) \quad \boldsymbol{v} \sim N(0, \boldsymbol{Q}) \tag{15.5.2}$$

其中，$\boldsymbol{x} \in \mathbb{R}^d$是 d-D 状态空间，$\boldsymbol{y} \in \mathbb{R}^n$是 n-D 观察矢量，$d \ll n$，$\boldsymbol{w}$ 和 $\boldsymbol{v}$ 分别是过程和观察噪声，它们都是高斯分布的，均值为零，协方差矩阵分别为 $\boldsymbol{P}$ 和 $\boldsymbol{Q}$。线性动态系统可看作对具有高斯观察模型的隐马尔科夫模型在连续状态空间的推广，更适合于处理高维时间序列数据，但仍不太适合用于非稳态的动作。

(3) 非线性动态系统

考虑下面一系列动作：一个人先弯腰捡起一个物品，然后走向一个桌子并将物品放在桌上，最后坐在一把椅子上。这里面有一系列短的步骤，每个步骤都可用 LDS 建模。整个过程可看作在不同的 LDS 之间的转换。最一般的时变 LDS 形式为

$$\boldsymbol{x}(t) = A(t)\boldsymbol{x}(t-1) + \boldsymbol{w}(t) \quad \boldsymbol{w} \sim N(0, \boldsymbol{P}) \tag{15.5.3}$$

$$\boldsymbol{y}(t) = C(t)\boldsymbol{x}(t) + \boldsymbol{v}(t) \quad \boldsymbol{v} \sim N(0, \boldsymbol{Q}) \tag{15.5.4}$$

与前面的式(15.5.1)和式(15.5.2)相对比，这里 A 和 C 都可随时间变化。为解决这样复杂的动态问题，常用的方法是使用**切换线性动态系统**(SLDS)或**跳跃线性系统**(JLS)。切换线性动态系统包括一组线性动态系统和一个切换函数，切换函数通过在模型之间的切换来改变模型参数。为识别复杂的运动，可采用包含多个不同抽象层次的多层方法，在最低层是一系列输入图像，往上一层包括由相一致运动构成的区域，称为团(blob)，再往上一层从时间上将团的轨迹组合起来，最高一层包括一个表达复杂行为的隐马尔科夫模型。

尽管切换线性动态系统比隐马尔科夫模型和线性动态系统的建模和描述能力强，但进行学习和推理在切换线性动态系统中要复杂得多，所以一般需要使用近似方法。实际中，确

定切换状态的合适数量很难，常常需要大量的训练数据或繁杂的手工调整。

15.5.2 活动建模和识别

活动相比于动作，不仅持续时间长，而且大多数人们所关注的活动应用，如监控和基于内容的索引，都包括多个动作人。他们的活动不仅互相作用而且也与**上下文实体**互相影响。为对复杂的场景建模，需对复杂行为的本征结构和语义进行高层次的表达和推理。

1. 图形模型

常见的图形模型有如下几种。

(1) 信念网络

贝叶斯网络就是一种简单的**信念网络**。它先将一组随机变量编码为**局部条件概率密度**(LCPD)，再对它们之间的复杂条件依赖性进行编码。**动态信念网络**(DBN，也称动态贝叶斯网络)是对简单贝叶斯网络通过结合随机变量之间的时间依赖性而得到的一种推广。对比只能编码一个隐变量的传统 HMM，DBN 可以对若干随机变量之间的复杂条件依赖关系进行编码。

对两个人之间的交互，如指点、挤压、推让、拥抱等动作需要使用一个有两个步骤的过程来进行建模。首先通过贝叶斯网络进行姿态估计，接着将姿态的时间演化用 DBN 建模。基于场景中由其他目标推导出来的场景上下文信息可对动作进行识别，而用贝叶斯网络可以对人-人之间或人-物之间的交互进行解释。

如果考虑多个随机变量之间的依赖性，DBN 比 HMM 更通用。但在 DBN 中，时间模型如同在 HMM 中也是马尔科夫模型，所以用基本的 DBN 模型只能处理序列的行为。用于学习和推理的图形模型的发展使得它们可以对结构化的行为建模。但是，要对大的网络学习局部 CPD 常常需要大量的训练数据或专家繁杂的手工调整，这两点都对在大尺度环境中使用 DBN 带来了一定的限制。

(2) 皮特里网

皮特里网是一种描述条件和事件之间联系的数学工具。它特别适合模型化和可视化如**排序**、**并发**、**同步**和**资源共享**等行为。皮特里网是一种包含两种结点——位置和过渡——的双边图，其中位置指实体的状态而过渡指实体状态的改变。考虑一个用概率皮特里网表示取车(a car pickup)活动的例子，如图 15.5.2 所示。图中，位置标记为 p_1, p_2, p_3, p_4, p_5，过渡标记为 $t_1, t_2, t_3, t_4, t_5, t_6$。在这个皮特里网中，$p_1$ 和 p_3 是起始结点，p_5 是终结结点。一辆车进入场景，将一个令牌(token)放在位置 p_1。过渡 t_1 此时可以启用，但还要等与此相关的条件(即车要停在附近的停车位)满足后才正式启动。此时消除 p_1 处的令牌并放到 p_2 处。类似地，当一个人进入停车位，将令牌放在 p_3 处，而过渡在该人离开已停的车后启动。该令牌接下来从 p_3 处除去而放在 p_4 处。

现在，在过渡 t_6 的各个允许位置都放了一个令牌，这样当相关的条件(这里是汽车离开停车位)满足时就可以点火(fire)了。一旦车离开，t_6 点火，令牌都移开，将一个令牌放到最终位置 p_5 处。在这个例子中，排序、并发和同步都发生了。

皮特里网曾被用于开发对图像序列进行高层解释的系统。其中，皮特里网的结构需要事先确定，这对表达复杂活动的大网络是很繁杂的工作。通过自动将一小组逻辑、空间和时间操作映射到图结构上可将上述工作半自动化。借助这样的方法，可开发通过映射用户查

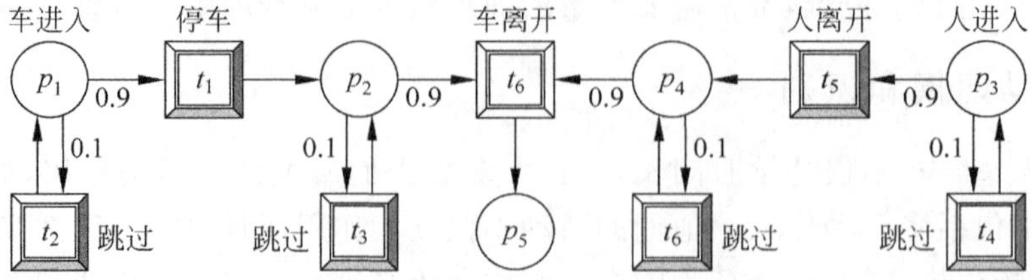

图 15.5.2　表示取车活动的概率皮特里网

询要求到皮特里网的、用于查询视频监控的交互工具。不过，该方法是基于确定性皮特里网的，所以不能处理低层模块（跟踪器和目标检测器等）中的不确定性。

进一步，真实的人类活动与严格的模型并不完全一致，模型需要允许与期望的序列有差别并对显著的差别给予惩罚。为此，提出了**概率皮特里网**（PPN）的概念。在 PPN 中，过渡与权重相关联，而权重记录了过渡启动的概率。通过利用跳跃式过渡并给它们低概率作为惩罚，就可取得对在输入流中漏掉观察时的鲁棒性。另外辨识目标的不确定性或展开（unfolding）活动的不确定性都可以有效地结合到皮特里网的令牌中。

尽管皮特里网是描述复杂活动比较直观的工具，但它的缺点是需要手动地描绘模型结构。从训练数据学习结构的问题也没有正式地涉及。

（3）其他图模型

针对 DBN 的缺点，特别是对序列活动描述的限制，也提出了一些其他图模型。在 DBN 的框架下，构建了一些特别用来对复杂时间联系，如序列性、时段、并行性、同步等建模的图模型。典型的例子如**过去-现在-未来**（PNF）结构，它可以用来对复杂的时间排序情况建模。另外，可以用传播网来表示使用部分排序时间间隔的活动。其中一个活动受到时间、逻辑次序和活动间隔长度的约束。新的方法将一个时间上扩展的活动看作一系列事件标签。借助上下文和与活动相关的特定约束，可以发现序列标签具有某种内含的部分排序性质。例如，需要先打开邮箱才能查看邮件。利用这些约束，可将活动模型看作一组子序列，它们表示了不同长度的部分排序约束。

2. 合成方法

合成方法主要借助语法概念和规则来实现。

（1）语法

语法利用一组产生式规则描述处理的结构。类似于语言模型中的语法，产生式规则指出如何从词（活动基元）构建句子（活动），以及如何识别句子（视频）满足给定语法（活动模型）的规则。早期对视觉活动进行识别的语法用于识别将物体拆解的工作，此时语法中还没有概率模型。其后得到应用的是**上下文自由语法**（CFG），它被用来对人体运动和多人交互进行建模和识别。这里使用了一个分层的流程，在低层是 HMM 和 BN 的结合，在高层的交互是用 CFG 建模的。上下文自由语法的方法具有很强的理论基础，可以对结构化的过程建模。在合成方法中，只需要枚举需要检测的**基元事件**并定义高层活动的产生式规则。一旦将 CFG 的规则构建出来，就可利用已有的解析算法。

因为确定性的语法期望在低层有非常好的准确度，所以并不适合在低层由于跟踪误差和漏掉观察而导致错误的场合。在复杂的包含多个需要时间连接的情景中（如并行、覆盖、同步等），常常很难用手工构建语法规则。从训练数据中学习语法的规则是一个有前途的替代方法，但在通用情况下已被证明是非常困难的。

(2) 随机语法

用于检测低层基元的算法常常本质上是概率算法。所以，**随机上下文自由语法**(SCFG)对上下文自由语法进行了概率扩展，更适合用于将实际的视觉模型结合起来。SCFG 可用于对活动(其结构假设已知)的语义进行建模。在低层基元的检测中使用 HMM。语法的产生式规则得到概率的补充，并引进一个跳跃(skip)过渡。这样可提高对输入流中插入误差的鲁棒性，也可提高在低层模块中的鲁棒性。SCFG 还被用来对多任务的活动(包含多个独立执行线程，断断续续相关交互的活动等)进行建模。

在很多情况下，常常需要将一些附加的属性或特征与事件基元相关联。例如，事件基元发生的准确位置对描述一个事件很可能是很重要的，但这有可能没有事先记录在事件基元的集合中。在这些情况下，属性语法比传统语法就有更强的描述能力。概率属性语法已用于在监控中处理多代理的活动。

例 15.5.1 属性语法示例

如图 15.5.3 所示，产生式规则以及事件基元如"出现(appear)""离去(disappear)""移近(moveclose)"和"移远(moveaway)"被用来描述活动。事件基元还进一步按照事件出现和消失的位置(loc)，对一组目标(class)进行分类，辨识相关实体(idr)等属性关联起来。

$S \rightarrow \text{BOARDING}_N$

$\text{BOARDING} \rightarrow \text{appear}_0\ \text{CHECK}_1\ \text{disappear}_1$

(isPerson (appear, class) ∧ isInside (appear. loc, Gate) ∧ isInside (disappear. loc, Plane))

$\text{CHECK} \rightarrow \text{moveclose}_0\ \text{CHECK}_1$

$\text{CHECK} \rightarrow \text{moveaway}_0\ \text{CHECK}_1$

$\text{CHECK} \rightarrow \text{moveclose}_0\ \text{moveaway}_1\ \text{CHECK}_1$

(isPerson (moveclose, class) ∧ moveclose. idr = moveaway. idr

图 15.5.3　一个用于乘客登机的属性语法示例　□

虽然 SCFG 比 CFG 对输入流中的误差和漏检更加鲁棒，但它们也与 CFG 一样具有对时间联系建模方面的限制。

3. 基于知识和逻辑的方法

知识和逻辑有密切的联系。

(1) 基于逻辑的方法

基于逻辑的方法依靠严格的逻辑规则来描述一般意义上的领域知识以描述活动。逻辑规则对描述用户输入的领域知识或使用直观且用户可读的形式来表示高层推理结果很有用。**声明式模型**用场景结构、事件等描述所有期望的活动。活动模型包括场景中目标之间的交互。可以用分层的结构来识别一个代理进行的一系列动作。动作的符号描述符可通过一些中间层次从低层特征中提取。接下来，使用一个基于规则的方法通过匹配代理的性质与期望的分布(用均值和方差来表示)来逼近一个特殊活动所产生的概率。这种方法考虑一个活动是由若干个动作线程而构成的，每个动作线程又可模型化为一个有限随机状态的自动机。不同线程之间的约束在一个时间逻辑网络中传播。有一种基于逻辑规划的系统在表达和识别高层活动时，先用低层模块检测事件基元，再使用基于 Prolog 的高层推理机识别事件基元间用逻辑规则表示的活动。这些方法没有直接讨论在观察输入流中的不确定性问题。为处理这些问题，可将逻辑模型和概率模型结合起来，其中逻辑规则用一阶逻辑谓词表达。每个规则还关联了一个指示规则准确性的权重。进一步的推理可以借助马尔科夫逻辑网进行。

虽然基于逻辑的方法提供了一个结合领域知识的自然方法，它们常常包含耗时的对约束条件是否满足的审核。另外，还不清楚多少领域知识需要被结合进来。可以期望，结果较多的知识会使模型更为严格而不易推广到其他情况。最后，逻辑规则需要领域专家对每种配置对进行耗时的遍历。

（2）本体论的方法

在使用前述方法的大多数实际配置中，符号活动的定义都是以经验方式来构建的。如语法的规则或一组逻辑的规则都是手工指定的。尽管经验构建设计较快且在多数情况下效果很好，但推广性较差，仅限于所设计的特定情况。所以，还需要对活动定义的集中表达或独立于算法的活动本体。本体可以标准化对活动的定义，允许对特定的配准进行移植，使不同的系统增强互操作性，以及方便地复制和比较系统性能。典型的实际例子包括分析护理室中的社会交往，对会议视频进行分类，对银行交互行动的设置等。

国际上从2003年开始举办**视频事件竞赛工作会议**以整合各种能力构建一个基于通用知识的领域本体。会议已定义了6个视频监控的领域：①周边和内部的安全；②铁路交叉的监控；③可视银行监控；④可视地铁监控；⑤仓库安全；⑥机场停机坪安全。会议还指导了两种形式语言的制定，一种是**视频事件表达语言**（VERL），它帮助完成基于简单的子事件而实现复杂事件的本体表达；另一种是**视频事件标记语言**（VEML），它用来对视频中的VERL事件进行标注。

例15.5.2 本体示例

图15.5.4给出利用本体概念描述汽车巡游(cruising)活动的一个示例。这个本体记录了汽车在停车场中道路上转圈而没有停车的次数。当这个次数超出一个阈值，就检测到一个巡游的活动。

```
PROCESS (cruise-parking-lot (vehicle v, parking-lot lot),
Sequence (enter (v, lot),
    Set-to-zero (i),
    Repeat-Until (
        AND (inside (v, lot), move-in-circuit (v), increment (i)),
        Equal (i, n) ),
    Exit (v, lot) ) )
```

图15.5.4 用于描述汽车在停车场巡游活动的本体示例 □

尽管本体提供了简洁的高层活动定义，但它们并不保证能提供正确的“硬件”来“解析”用于识别任务的本体。

15.6 主体与动作联合建模

随着研究的深入，**时空行为理解**所需考虑的主体的类别和动作的类别都在增加。为此，需要将主体与动作联合建模[Xu 2015]。事实上，在图像中联合检测若干个目标的集合比分别检测单个目标更加鲁棒。所以,在考虑多个不同类别的主体进行多个不同类别的动作时,联合建模很有必要。

把视频看作 3-D 图像 $f(x,y,t)$ 并利用图结构 $G=(N,A)$ 来表达视频。其中,结点集合 $N=(n_1,\cdots,n_M)$,代表 M 个体素(或 M 个超体素),弧集合 $A(n)$ 代表 N 中在某个 n 的邻域中的体素集合。假设主体标记集合用 X 表示,动作标记集合用 Y 表示。

考虑一组代表主体的随机变量$\{x\}$和一组代表动作的随机变量$\{y\}$。所关心的主体-动作理解问题可看作一个最大后验的问题:

$$(x^*,y^*)=\underset{x,y}{\operatorname{argmax}}P(x,y\mid M) \tag{15.6.1}$$

一般的主体-动作理解问题包括 3 种情况:单标签主体-动作识别,多标签主体-动作识别,主体-动作语义分割。它们分别对应粒度逐次细化的 3 个阶段。

15.6.1 单标签主体-动作识别

单标签主体-动作识别是最粗粒度的情况,它对应一般的动作识别问题。这里 x 和 y 都是标量,式(15.6.1)表示给定视频,由单个主体 x 发起单个动作 y。此时可利用的模型有 3 种(还可以参见 15.6.3 小节)。

(1) **朴素贝叶斯模型**

假设主体和动作是互相独立的,即任何一个主体都可以发起任何一个动作。此时,在动作空间中需要训练一组分类器,以对不同的动作进行分类。这是一种最简单的方法,但没有强调主体-动作元组的存在性,即某些主体可能不能发起所有的动作,或者说有些主体只能发起某些动作。这样,在有许多不同的主体和不同的动作时,利用朴素贝叶斯模型有时会出现不合理的组合(如人会飞、鸟会游泳等)。

(2) **联合乘积空间模型**

它利用主体空间 X 和动作空间 Y 生成一个新的标记空间 Z。这里,利用了乘积关系:$Z=X\times Y$。在联合乘积空间中,可以直接对每个主体-动作元组学习出一个分类器。很明显,这种方法强调了主体-动作元组的存在性,可以消除不合理组合的出现;而且有可能使用更多的跨主体-动作特征来学习出鉴别力更强的分类器。但是,这种方法有可能无法很好地利用跨越不同主体或不同动作的共性,例如成人和儿童行走都要迈步和挥臂。

(3) **三层次模型**

三层次模型统一了朴素贝叶斯模型和联合乘积空间模型。它同时在主体空间 X、动作空间 Y 和联合主体-动作空间 Z 中学习分类器。在推理时,它分别推断贝叶斯术语和联合乘积空间术语,然后将它们线性组合起来以得到最终的结果。它不仅对主体-动作进行交叉建模,而且也对同一个主体发起不同动作和不同主体发起同一个动作进行建模。

15.6.2 多标签主体-动作识别

实际中,很多视频有多个主体和/或发起了多个动作,这就是多标签的情况。此时,$\boldsymbol{x}$ 和 $\boldsymbol{y}$ 都是维度为$|X|$和$|Y|$的二值矢量。如果视频中存在第 i 个主体类型,则 $\boldsymbol{x}_i$ 的值为 1,否则为 0。类似地,如果视频中存在第 j 个动作类型,则 $\boldsymbol{y}_j$ 的值为 1,否则为 0。这种一般化的定义并没有将 $\boldsymbol{x}$ 中的特定元素与 $\boldsymbol{y}$ 中的特定元素限定在一起。这可帮助对主体和动作的多标签性能与主体-动作元组的多标签性能进行独立的比较。

例如，为研究多个主体发起多个动作的情况，已构建了相应的视频数据库[Xu 2015]。该库称为**主体-动作数据库**(A2D)。其中，一共考虑了 7 个主体类别：成年人、婴儿、猫、狗、鸟、汽车、球；9 个动作类别：步行、跑步、跳跃、滚动、攀爬、爬行、飞行、吃饭以及无动作(非前 8 个类别)。主体既包括关节式的，如成年人、婴儿、猫、狗、鸟；也包括刚体式的，如汽车、球。许多主体可以发起同一个动作，但没有一个主体可以发起所有的动作。所以，虽然它们共有 63 种组合，但其中有些是不合理的(或者几乎不会发生)，这样最后合理的主体-动作元组共有 43 个。用这 43 个主体-动作元组的文字在 YouTube 中收集到了 3782 段视频，长度为 24～332 帧(每段平均为 136 帧)。各个主体-动作元组所对应的视频段的数量如表 15.6.1 所示，表中空格对应不合理的主体-动作元组，所以没有收集到视频。由表 15.6.1 可见，各个主体-动作元组所对应的视频段的数量均在百段左右。

表 15.6.1　数据库中主体-动作标签对应的视频段数量

	步行	跑步	跳跃	滚动	攀爬	爬行	飞行	吃饭	无动作
成年人	282	175	174	105	101	105		105	761
婴儿	113			107	104	106			36
猫	113	99	105	103	106			110	53
狗	176	110	104	104		109		107	46
鸟	112		107	107	99		106	105	26
汽车		120	107	104			102		99
球			105	117			109		87

在这 3782 段视频中，包含不同数量(1～5)主体的视频段的数量，包含不同数量(1～5)动作的视频段的数量，以及包含不同数量主体-动作的视频段的数量分别如表 15.6.2 所示。由表 15.6.2 可见，超过三分之一的视频段中，主体或动作的数量大于 1(表中最下一行的最后 4 列，包括 1 个主体发起了 2 个以上的动作或 2 个以上的主体发起了 1 个动作)。

表 15.6.2　数据库中主体、动作、主体-动作标签对应的视频段数量

	1	2	3	4	5
主体	2794	936	49	3	0
动作	2639	1037	99	6	1
主体-动作	2503	1051	194	31	3

对**多标签主体-动作识别**的情况，仍然可以类似于单标签主体-动作识别那样来考虑 3 种分类器：利用朴素贝叶斯的多标签主体-动作分类器，在联合乘积空间的多标签主体-动作分类器，将前两个分类器结合起来的三层次模式基础上的主体-动作分类器。

多标签主体-动作识别可看作一个检索问题。对前面介绍的数据库的实验(用 3036 段作为训练集，746 段作为测试集，各种组合基本相似比例)表明，在联合乘积空间的多标签主体-动作分类器的效果要好于朴素贝叶斯的多标签主体-动作分类器的效果，而三层次模式基础上的主体-动作分类器的效果还能有所提高[Xu 2015]。

15.6.3　主体-动作语义分割

主体-动作语义分割是动作行为理解中最细粒度的情况，它也包含了其他较粗粒度的问

题，如检测和定位。在这里，任务是要在整个视频中为每个体素上的主体-动作寻找标签。仍然定义两组随机变量$\{x\}$和$\{y\}$，其维度将由体素或超体素的数量所确定，且$x_i \in X$和$y_j \in Y$。式(15.6.1)的目标函数不变，但是实现$P(x,y|M)$的图形模型的方式需要对主体和动作变量之间的关系给出截然不同的假设。

下面具体讨论这种关系。首先介绍基于朴素贝叶斯模型的方法，它分别处理两个类的标签。再介绍基于联合乘积空间模型的方法，它利用元组$[x,y]$以联合考虑主体和动作。接下来考虑一个双层次模型，它考虑主体和动作变量的联系。最后介绍一个三层次模型，它同时考虑了类别内部的联系以及类别之间的联系。

1. 朴素贝叶斯模型

类似于单标签主体-动作识别中的情况，朴素贝叶斯模型可表示为

$$P(x,y \mid M) = P(x \mid M)P(y \mid M) = \prod_{i\in M} P(x_i)P(y_i) \prod_{i\in M}\prod_{j\in A(i)} P(x_i,x_j)P(y_i,y_j) \propto$$

$$\prod_{i\in M} q_i(x_i)r_i(y_i) \prod_{i\in M}\prod_{j\in A(i)} q_{ij}(x_i,x_j)r_{ij}(y_i,y_j) \tag{15.6.2}$$

其中q_i和r_i分别对定义在主体和动作模型中的势函数进行编码，q_{ij}和r_{ij}分别对主体结点集合和动作结点集合中的势函数进行编码。

现在要对主体训练分类器$\{f_c|c\in X\}$，并对动作集合使用特征来训练分类器$\{g_c|c\in Y\}$。成对的边势函数具有如下对比度敏感的 Potts 模型的形式：

$$q_{ij} = \begin{cases} 1 & x_i = x_j \\ \exp[-k/(1+\chi_{ij}^2)] & \text{其他} \end{cases} \tag{15.6.3}$$

$$r_{ij} = \begin{cases} 1 & x_i = x_j \\ \exp[-k/(1+\chi_{ij}^2)] & \text{其他} \end{cases} \tag{15.6.4}$$

其中，χ_{ij}^2是结点i和j的特征直方图之间的χ^2距离，k是要从训练数据学习的参数。主体-动作语义分割可通过独立地解这两个平坦条件随机场来获得。

2. 联合乘积空间

考虑一组新的随机变量$\boldsymbol{z}=\{z_1,\cdots,z_M\}$，它们同样定义在一个视频里的所有的超体素之上，并从主体和动作乘积空间$Z=X\times Y$中选取标签。这样的方式联合获取了主体-动作元组作为唯一的元素，但不能模型化不同元组中主体和动作的共同因子(下面介绍的模型将可以解决这个问题)。这样就有了一个单层的图模型：

$$\begin{aligned} P(x,y \mid M) = P(z \mid M) &= \prod_{i\in M} P(z_i) \prod_{i\in M}\prod_{j\in A(i)} P(z_i,z_j) \propto \\ &\prod_{i\in M} s_i(z_i) \prod_{i\in M}\prod_{j\in A(i)} s_{ij}(z_i,z_j) \\ &= \prod_{i\in M} s_i([x_i,y_i]) \prod_{i\in M}\prod_{j\in A(i)} s_{ij}([x_i,y_i],[x_j,y_j]) \end{aligned} \tag{15.6.5}$$

其中，s_i是联合主体-动作乘积空间标签的势函数，s_{ij}是对应元组$[x,y]$的两个结点之间的结点内势函数。具体来说，s_i包含了通过用训练得到的主体-动作分类器$\{h_c|c\in Z\}$对结点i得到的分类分数，而s_{ij}的形式与式(15.6.3)或式(15.6.4)相同。作为示意，可参见图 15.6.1(a)和(b)。

3. 双层次模型

给定主体结点x和动作结点y，**双层次模型**用对元组的势函数进行编码的边来将各个

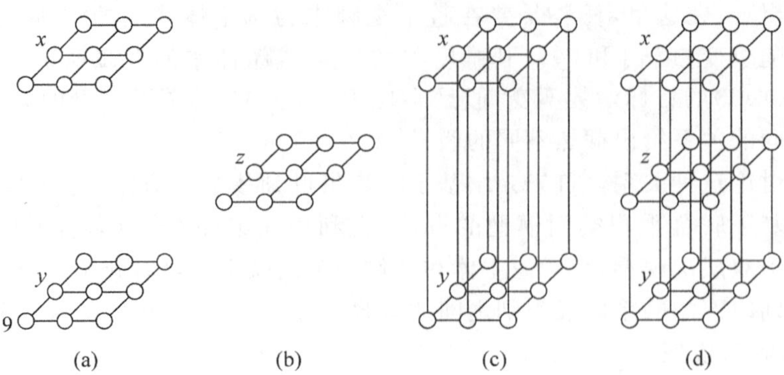

图 15.6.1　不同图模型示意

随机变量对$\{(x_i,y_i)_{i=1}^{M}\}$连接起来，直接获取跨越主体和动作标签的协方差。

$$P(x,y \mid M)=\prod_{i\in M}P(x_i,y_i)\prod_{i\in M}\prod_{j\in A(i)}P(x_i,x_j)P(y_i,y_j)\propto$$

$$\prod_{i\in M}q_i(x_i)r_i(y_i)t_i(x_i,y_i)\prod_{i\in M}\prod_{j\in A(i)}q_{ij}(x_i,x_j)r_{ij}(y_i,y_j) \quad (15.6.6)$$

其中，$t_i(x_i,y_i)$是对整个乘积空间的标签学习到的势函数，它可如同 s_i 在图 15.6.1 里那样获得，见图 15.6.1(c)。这里增加了跨层次的连接边。

4. 三层次模型

前面的式(15.6.2)所表示的朴素贝叶斯模型没有考虑主体变量 x 和动作变量 y 之间的联系。式(15.6.5)的联合乘积空间模型结合了跨主体和动作的特征以及在一个主体-动作结点的邻域结点内的交互特征。式(15.6.6)的双层模型增加了分离的主体结点和动作结点之间的主体-动作交互，但没有考虑这些交互的时空变化情况。

下面给出一种**三层次模型**，可以显式地对图 15.6.1(d)的时空变化情况建模。它将联合乘积空间的结点与主体结点和动作结点全部结合起来：

$$P(x,y,z \mid M)=P(x \mid M)P(y \mid M)P(z \mid M)\prod_{i\in M}P(x_i,z_i)P(y_i,z_i)\propto$$

$$\prod_{i\in M}q_i(x_i)r_i(y_i)s_i(z_i)u_i(x_i,z_i)v_i(y_i,z_i)\prod_{i\in M}\prod_{j\in A(i)}q_{ij}(x_i,x_j)r_{ij}(y_i,y_j)s_{ij}(z_i,z_j) \quad (15.6.7)$$

其中，

$$u_i(x_i,z_i)=\begin{cases} w(y_i' \mid x_i) & \text{对 } z_i=[x_i',y_i'] \text{ 有 } x_i=x_i' \\ 0 & \text{其他} \end{cases} \quad (15.6.8)$$

$$v_i(y_i,z_i)=\begin{cases} w(x_i' \mid y_i) & \text{对 } z_i=[x_i',y_i'] \text{ 有 } y_i=y_i' \\ 0 & \text{其他} \end{cases} \quad (15.6.9)$$

其中，$w(y_i'|x_i)$和$w(x_i'|y_i)$是专门为这个三层次模型训练的条件分类器的分类分数。这些条件分类器是导致性能改善的主要原因：基于主体类型条件的、针对动作的、分离的分类器可以利用对主体-动作元组特有的特性。例如，当给定主体成年人而对动作“吃东西”训练条件分类器时，可以把主体成年人的其他动作都看作负的训练样本。这样一来，这个三层次模型就考虑到了在各个主体空间和各个动作空间以及在联合乘积空间中的所有联系。换句话说，先前 3 个基本的模型都是三层次模型的特例。可以证明，最大化式(15.6.7)的

(x^*, y^*, z^*)也可以最大化式(15.6.1)[Xu 2015]。

总结和复习

为更好地学习，下面对各小节给予概括小结并提供一些进一步的参考资料；另外给出一些思考题和练习题以帮助复习(文后对加星号的题目还提供了解答)。

1. 各节小结和文献介绍

15.1节概况介绍了图像工程综述系列中时空技术近年的文献情况，其中提到的169篇文献的具体信息可见[章 2006]、[章 2007a]、[章 2008]、[章 2009a]、[章 2010]、[章 2011a]、[章 2012a]、[章 2013a]、[章 2014]、[章 2015a]、[章 2016]、[章 2017b]、[章 2018]。对相关技术研究的分层现在还不太成熟，随着研究的深入将会更趋合理。

15.2节具体介绍了时空兴趣点的检测方法，利用时空兴趣点可把握场景中运动和目标变化的关键信息位置。相关的新进展还可见文献[Bregonzio 2009]，将其应用于视频中的动作识别的一个介绍可见[Kara 2011]。

15.3节讨论的动态轨迹和活动路径方法以对时空兴趣点的检测为基础。利用车载系统学习检测多路径的一个工作可见[Sivaraman 2011]。一个利用聚类树改进轨迹进行动作识别的近期工作可见[Chen 2016a]。

15.4节讨论的动作分类和识别技术都需要有对图像底层特征提取技术的支持。常用的特征可分为基于形状、边缘或轮廓的静态特征，基于光流或运动信息的动态特征以及基于图像序列时空体数据的时空特征。对运动目标中静态特征提取的准确性常常受到目标跟踪和姿态估计精度的影响，不太适合多目标运动或场景背景复杂的情况。许多动态特征仅从图像中的局部区域提取，缺乏描述动作和活动的全局能力。所以，近年很多研究关注将它们结合起来[Ahmad 2008]，或者利用时空特征，一个近期的综述可见[Weinland 2011]。尽管完整地描述动作需要借助视频，但对一些典型动作的分类或识别也可仅利用静止图像，一个结合人体姿态和上下境信息以利用静止图像进行动作识别的工作可见文献[Zheng 2012]。利用显著性和上下文信息来构建双通道神经网络进行动作识别的一个工作可见[Chen 2016b]，进一步对视频进行分段描述实现动作识别的一个工作可见[Chen 2017]。

15.5节概况介绍了对动作和活动进行建模和识别的技术。目前对于各种活动还没有建立起一个通用的模型，大部分的研究都是针对特定的应用而构建某种特殊的模型。一种基于学习的方法可见[Tran 2008]。另外，利用**动作单元**对表情识别的工作也可以参考，如[Zhu 2011b]。对活动和行为的理解涉及对视觉信息的认知计算，可参见[罗 2010]。有关活动识别研究的一些网站可见[Forsyth 2012]。近年，深度学习技术在许多图像理解领域得到了广泛应用，其在目标和行为识别中的一个综述可见[郑 2014]。利用稀疏去噪自编码网络对异常行为的一个检测工作可见[袁 2017]。

15.6节讨论对主体与动作联合建模的问题，这是对动作和活动建模和识别的进一步扩展。有关主体-动作语义分割的更多内容还可见[Xu 2016]。有关主体与动作相互关系的研究也是基于视频的视觉问答[Shih 2016]和[Wu 2017]以及汽车自动驾驶等的基础。

2. 思考题和练习题

15-1 在英文里，对应行为的词很多，包括 action，activity，behavior，conduct，event 等，

试分别进行搜索调研,分析讨论它们的精确含义和异同。

*15-2 将 2-D 空间兴趣点的算法推广到 3-D 时空中会遇到各向异性(3 个方向分辨率不同)的问题,试讨论有哪些方法可解决此问题。

15-3 试分析“活动”“事件”和“行为”放在同一层次和放在 3 个层次的依据,并讨论它们在哪些应用场合需要区分,在哪些应用场合不需要区分。

15-4 找几个视频片段(在运动目标数量、运动幅度或运动方向改变方面有明显不同),分别对它们进行时空兴趣点检测,分析检测出来的时空兴趣点的分布。

15-5 图 15.3.2 给出的 3 种轨迹和路径学习方案各自适合于哪些应用场合?举例说明。

15-6 试将式(15.3.10)所定义的距离测度与豪斯道夫距离及平均值改进的豪斯道夫距离(参见本套书中册 A.2.2 小节)进行比较,它们有什么联系?

15-7 图 15.3.4 中两种对路径建模的方式各有什么特点?分别适合于哪些应用场合?

15-8 15.4.1 小节先介绍了直接动作分类形式的技术,那么对另外两种分类形式的技术,它们的“间接性”体现在什么地方?

15-9 参照书中的介绍:

(1) 另外列举几个自动活动分析的例子。讨论一下其中各借助了运动目标的什么信息。

(2) 另外列举两个需要使用线性动态系统和非线性动态系统建模的动作。将这些动作进行分解,看看有什么特点。

15-10 参照例 15.5.1,使用那里的产生式规则和事件基元描述另外一个活动。

*15-11 先逐行解释图 15.5.4 的本体示例(相当于给程序加注解)。再利用本体概念类似地描述另外一个活动。

15-12 列表对 15.6.3 介绍的 4 种模型(朴素贝叶斯模型,联合乘积空间模型,双层次模型和三层次模型)进行比较,考虑它们的模型表达特点,主要优点和缺点,适用的应用等。

附录 A　视觉和视知觉

图像理解可以看作是利用计算机来实现人类的视觉功能，以达到对客观世界中时空场景的感知、识别和解释。如第 1 章中所提到的，图像理解和计算机视觉的重要研究目标之一是把该研究作为探索人脑视觉工作机理的手段，以进一步深入掌握和理解人脑视觉机能。反过来，对人脑视觉的充分理解也促进了图像理解和计算机视觉的深入研究。

视觉包括视感觉和视知觉，图像理解基于视感觉，但与视知觉有更多的相关之处。视知觉又可分为亮度知觉、彩色知觉、形状知觉、空间知觉和运动知觉等。

根据上述的讨论，本附录各节将安排如下。

A. 1 节先对视知觉给予概况的介绍，讨论与视感觉的联系，视觉显著性和视知觉的复杂性。

A. 2 节介绍一些基本视觉特性，包括视觉的空间特性、时间特性和亮度特性。

A. 3 节介绍形状知觉，涉及轮廓、图形（前景、目标）和背景等概念以及几何图形错觉。

A. 4 节介绍空间知觉，主要讨论各种深度线索，包括非视觉性、双眼和单眼深度线索。

A. 5 节介绍运动知觉，包括运动感知的条件以及与真实运动和表观运动相关的一些问题。

A. 1　视知觉概述

视觉是人类了解世界的一种重要功能。视觉包括“视”和“觉”，所以也可进一步分为视感觉和视知觉。在很多情况下，常把视感觉称为视觉，但实际上视知觉更重要也更复杂。

1. 视感觉和视知觉

人们不仅需要从外界获得信息而且还需要对信息进行加工才能做出判断和决策。所以，人的视觉、听觉、嗅觉、味觉、触觉、热觉等功能都可分为感觉和知觉两个层次。感觉是较低层次的，它主要接收外部刺激。知觉则处于较高层次，它要将外部刺激转化为有意义的内容。一般感觉对外部刺激是基本不加区别地完全接收，而知觉则要确定外部刺激的哪些部分应组合成所关心的“目标”，或对外部刺激的源的性质进行分析和做出判断。

人类视感觉主要是从分子的观点来理解人们对光（可见辐射）反应的基本性质（如亮度、颜色），它主要涉及物理、化学等。视感觉中主要研究的内容有：①光的物理特性，如光量子、光波、光谱等；②光刺激视觉感受器官的程度，如光度学、眼睛构造、视觉适应、视觉的强度和灵敏度、视觉的时空特性等；③光作用于视网膜后经视觉系统加工而产生的感觉，如明亮程度、色调等[郝 1983]。

视知觉主要论述人从客观世界接受视觉刺激后如何反应以及反应所采用的方式和所获

得的结果。它研究如何通过视觉形成人们关于外在世界空间的表象，所以兼有心理因素[郭 2005]。视知觉是在神经中枢进行的一组活动，它把视野中一些分散的刺激加以组织，构成具有一定形状和结构的整体，并据此以认识世界。早在两千多年前，亚里士多德就将视知觉的任务定义为确定"什么东西在什么地方"(What is where)[Finkel 1994]。近年，其内涵和外延都有扩展。

人们利用视觉所知觉的客观事物具有多种特性，对它们的光刺激，人类的视觉系统会产生不同形式的反应，所以视知觉又可分成亮(明)度知觉、颜色知觉、形状知觉、空间知觉、运动知觉等。需要注意，在各种知觉中有些是依照刺激物理量的变化而变化的，如亮度依赖于光的强度，颜色依赖于光的波长；但也有些知觉，如空间、时间和运动知觉与刺激物理量之间没有确切的对应关系。具有对应关系的知觉比较容易分析，而没有确切对应关系的知觉则要结合其他知识综合考虑。

2. 视觉显著性

视觉显著性描述视觉对象对人眼产生刺激的性质，反映了吸引关注的程度。心理学研究表明，图像中那些可以令人的眼睛产生更多刺激或者新奇刺激的视觉对象，或人们较为期待的视觉对象，会比较容易引起人们的注意，具有较高的显著性。显著性可分为自显著性和互显著性。自显著性描述视觉对象由于自身的某些特征优势可以单独地对人眼产生刺激的性质；而互显著性描述视觉对象中需要与周围背景进行对比才能对人眼产生刺激的因素。图像中影响显著性的因素包括：

(1) 亮度对比：视觉对象的明暗变化或亮度差异越大，显著性越高。

(2) 饱和度对比：视觉对象的颜色饱和度的高低不同差异越大，显著性越高。

(3) 亮度与饱和度优势：高亮度和高饱和度更容易吸引人眼的注意，即显著性更高。

(4) 色调对比：图像中不同色调在色调环上的角度差异越大(最大为 180°)，则显著性越高。

(5) 暖色优势：色调环中的暖色，如红、黄和橙色等(角度小于 45°)较其他颜色显著性更高。

(6) 纹理性：图像中视觉对象表面的纹理特性越强，显著性越高。

(7) 方向性：图像中视觉对象呈现的方向性(朝向性)越强，显著性越高。

3. 视知觉的复杂性

在 2.1 节中对视觉过程的三个子过程(光学过程、化学过程和神经处理过程)进行了介绍。其中视网膜上形成的视觉图案可称为视网膜图像，视网膜图像是通过眼睛中的晶状体和瞳孔组成的系统所接收到的光学投影。这个纯光学图像然后由视网膜上的化学系统转化为完全不同的形式/类型。注意，视网膜图像只是视觉系统对光进行加工过程中一个中间的结果，它可看作视感觉和视知觉的分界。与在其他场合下使用的"图像"不同，人们并不能看到自己的视网膜图像，只有使用特殊装置的眼科专家可以看到这种"图像"。视网膜光学图像与人工图像最明显的区别之一就是视网膜图像仅聚焦在中心而人工图像(用来表现一个移动眼睛的视域)则均匀聚焦。

视知觉是一个复杂的过程，在很多情况下，只依靠光投射到视网膜上形成的视网膜图像和人们已知的眼睛或神经系统的机制还难以把全部(知觉)过程完全解释清楚。这里用两个有关感知的例子来帮助说明这个问题[Aumont 1994]。

(1) 视觉边缘的感知

视觉边缘指从一个视点观察到的两个不同亮度的表面间的边界，这里亮度的不同可以有许多原因，例如光照的不同、反射性质的不同等。当从一个视点观察到视觉边缘后，改变视点再观察则视觉边缘有可能改变位置。这样一来，对被观察物体的认知就有可能随观察位置的不同而不同。在对视觉边缘的感知中，既有客观因素的作用也有主观因素的作用。

(2) 亮度对比的感知

视觉系统感觉的主要是亮度的变化而不是亮度本身，一个物体表面的心理亮度基本上是由它与周围环境亮度（特别是背景）的关系所决定的。如果两个物体与它们各自的背景有类似的亮度比例，那么它们看起来会有相近的亮度，这与它们自身的绝对亮度没有关系。反过来，同一个物体如果放在较暗的背景上将会显得比放在较亮的背景上更亮（见 A.2.3 小节）。更多例子还可见[钱 2006]。

视觉系统也能将对亮度的感知与对视觉边缘的感知联系起来。两个可视表面的亮度仅在它们被看作处在同一个视觉平面上时可利用感知进行比较。如果将它们看作与眼睛有不同的距离，要比较它们的相对亮度就很困难。类似地，当一个视觉边缘被看作是在同一个表面上由于照明而产生的（边缘两边分别为有光照射和阴影区域），那么边缘两边的亮度差将会自动显得更强。

A.2 视觉特性

在最简单的日常生活中，视知觉也不仅仅是对孤立刺激的简单反应，而是一个综合、组织的过程。如何将通过观察得到的东西进行组织呢？要回答这个问题，需要用空间、时间和强度的语言来描述。为此需要了解视觉的空间、时间和亮度特性，它们也是最重要的视觉特性。

A.2.1 视觉的空间特性

视觉首先并主要是一个空间的感受，所以视觉的空间特性对视觉效果影响很大。

1. 空间累积效应

视觉在空间上有累积效应。人眼感受光刺激强度的范围可达约 13 个数量级。如果用照度来描述，最低的绝对刺激阈值为 10^{-6} lx（勒[克斯]），而最高几乎可达 10^{8} lx（参见 2.4.2 小节）。在最好的条件下，视网膜边缘区域里每个光量子都会被一个柱细胞所吸收，此时只需要几个光量子即可引起视觉响应。这被认为发生了完全的空间累积作用，并可用称为光强度和面积的反比定律来描述。这个定律可写成

$$E_c = kAL \tag{A.2.1}$$

其中，E_c是视觉的绝对阈值，为 50%觉察概率所需的临界光能量（即在多次试验中，每两次中有一次观察到光刺激时的光能量）；A 为累积面积；L 为光亮度；k 为一个常数，它与 E_c，A，L 所用的单位有关。注意，能使上述定律满足的面积有一个临界值 A_c（对应直径约 0.3rad 的圆立体角），当 $A<A_c$时，上述定律成立，否则上述定律不成立。

由此可见，空间累积效应可以这样来理解：当小而弱的光点单独呈现时可能看不见（不能引起视觉响应），但是当多个这样的光点连在一起作为一个大光点同时呈现时便能看见。

它的机能意义在于：很大的物体在较暗的环境中即使轮廓模糊也可能被看见。

2. 视敏度/视锐度

视敏度/视锐度又称视力，通常定义为在一定条件下能够分辨的最小细节所对应的视角值的倒数，视角越小，视敏度越大。如果用V表示视敏度，则$V=1$/视角。它表达了人眼正确分辨物体细节和轮廓的能力。视敏度为1表示对应视角为1°时在标准距离的分辨能力。人眼实际的分辨视角是30″～60″(这与约0.004mm的锥细胞直径基本吻合)，即最好的视力可达2.0。

视敏度受到许多因素的影响，包括：

(1) 距离：当物体离观察者的距离增加时，人眼的视敏度也下降，这种现象在10m左右时最明显，超过一定的距离限度，对物体的细节再也无法识别。

(2) 亮度：增加物体亮度(或增大瞳孔)会提高视敏度。视敏度与亮度I的关系为

$$V = a\log I + b \qquad (A.2.2)$$

其中a,b为常数。视敏度随亮度增加而增加，两者之间为对数关系。如果亮度继续增加到一定程度时，视敏度便接近于饱和，不再增加。

(3) 物体与背景的对比度：对比度加大视敏度提高；对比度减小视敏度下降。

(4) 视网膜部位：视网膜上的不同部位的视敏度不一样。**中央凹**附近感受细胞密度最大，视敏度也最大；离中央凹越远的部位，视敏度越低。

人观察物体时，最好的视敏度是在物体位于眼睛前0.25m，照度为500lux(相当于将一个60W的白炽灯放在0.4m处)时得到的。此时，人眼可以区分的两点之间的距离约为0.000 16m。

视敏度可用不同方式借助不同的测试物或图形进行测试，图A.2.1给出几个例子[赫1983]。

图 A.2.1 四种类型的视敏度测验

(1) 觉察：观察者检测在视野中某个给定物体(如图A.2.1中的黑点和黑线)是否存在。

(2) 定位：观察者对两物体的相对位置进行精确辨别的能力。例如可根据图A.2.1中上下两条线的相对位置分辨它们的左右关系。一般人眼刚刚能分辨的偏差为0.000 56rad。这类两眼视像之间的位移是立体深度辨别的基础。

(3) 解像：解像力是对一个视觉形状各组成部分之间距离的辨别能力。常用的测试图形是栅格图形。最好的眼睛在最好的情况下也只能分辨由对应视角0.0097～0.011rad宽的线条组成的栅格。

(4) 认知：认知是一种综合的能力或方法，标准视力表就采用了这种方法。认知字母E的任务不仅包括明度辨别，而且包括一定的解像力以及定位能力。

例 A.2.1 标准 C 型视标

实践中,常通过观察"视标"来确定视敏度。一种国际通用的视标是 C 型视标,也称为**蓝道环**视标,即 C 视力表,如图 A.2.2 所示。它横向和纵向均由 5 个细节单位组成,黑线条宽度为直径的 1/5,环的开口也是直径的 1/5。当视标的直径为 7.5mm 时,环的开口为 1.5mm。进行视力检查时,将该视标放在距受试者 5m 处(照明光线接近 150lx),让受试者指出缺口的方向(此时缺口在视网膜上形成的映像大小为 0.005mm),如果能正确指出者,便认为视力正常,定为 1.0。

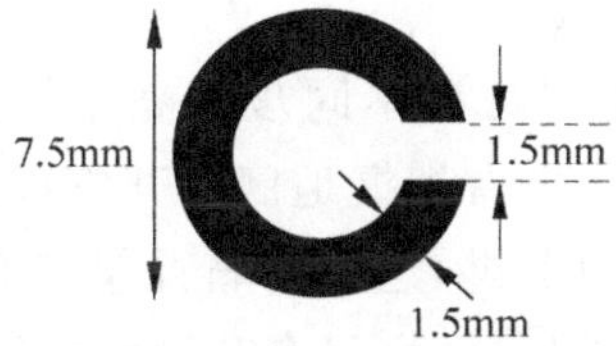

图 A.2.2 标准 C 型视标 □

A.2.2 视觉的时间特性

视觉感知中时间因素也非常重要。这可从三方面解释:

(1) 大多数视觉刺激是随时间变化的,或者是顺序产生的;

(2) 眼睛一般是在不停运动的,这使得由大脑获取的信息是不断变化的;

(3) 感知本身并不是一个瞬间的过程,因为信息处理总是需要时间的。

另外,在视觉感知中一个接一个快速到来的光刺激有可能互相影响。例如,后一个光刺激有可能减小对前一个光刺激感知的敏感度。这种现象常称为**视觉屏蔽**,它使感知到的反差减小,从而减小感知的视敏度(见 A.2.1 小节)。

1. 随时间变化的视觉现象

有一些视觉现象是随时间变化的,下面给出两个比较明显的例子[Aumont 1994]。

(1) 亮度适应

人眼对外界亮度敏感的范围很大,从暗视觉门限到眩目极限为 $10^{-6} \sim 10^{7}$ cd/m^2(坎[德拉]每平方米)。不过,人眼并不能同时在这么大的范围工作,它靠改变其具体敏感度范围来实现亮度适应。参见图 A.2.3。在一定条件下,人眼当前的敏感度叫作亮度适应级。人眼在某一时刻所能感受到的亮度范围(主观亮度范围)是以此适应级为中心的一个小区段。

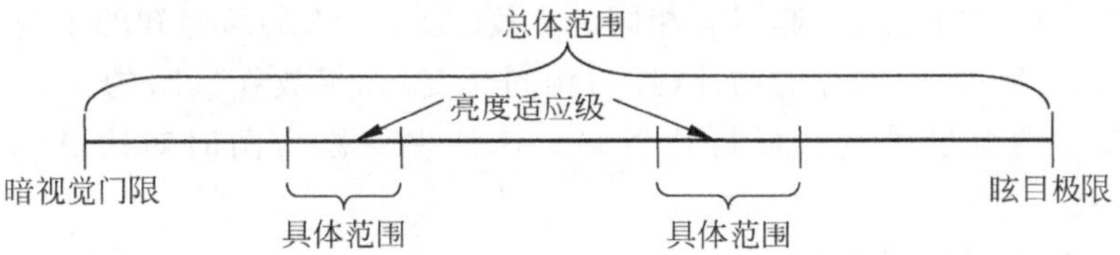

图 A.2.3 人眼敏感的亮度范围

实际中的任何时刻,人眼所感受到的最大亮度和最小亮度之比很少超过 100。最小亮度和最大亮度在光亮的房间中为 1～100cd/m^2,在室外为 10～1000cd/m^2,而在晚上(无照明)为 0.01～1cd/m^2。注意当眼睛遍历图像时,平均背景的变化会导致在各个适应级上不同的增量变化,其结果是眼睛有能力区分数量要多许多的总亮度级。

当眼睛遇到亮度的突然变化时,眼睛会暂时看不见以尽快适应新的亮度。对亮光的适应比对暗光的适应要快。例如,当离开电影院进入阳光下时正常的视觉能很快恢复,但从阳光下进入电影院需要相当长的时间才能把所有东西都看清楚。定量地说,对亮光的适应只需要几秒钟,而对暗光的适应最多需要 35～45min(其中约 10min 让锥细胞达到最大敏感度,再加上另外约 30min 让柱细胞达到最大敏感度)。

(2) 眼睛的时间分辨率

有很多实验表明,眼睛能感知到两种不同步的亮度现象,只要能在时间上将它们分得开。其中,一般需要至少 60～80μs 来有把握地区分开它们,另外还需要约 20～40μs 以确定哪个亮度现象先出现。从绝对时间上讲,这个间隔看起来不长,但如果与其他感知过程相比还是相当长的,例如听觉系统的时间分辨率只有几微秒。

另外,当入射光的强度变化频率不太快时,视觉系统能感知到入射光强的变化,其效果就像让人看到了间断的"闪烁"(flicker)。而当光的频率增加且超过一个临界(critical)频率(其值依赖于光的强度)后,这种效果就消失了,人们好像观察到连续平稳的光。对中等强度的光,上述临界频率约为 10Hz,但对强光,这个频率可以达到 1000Hz。

2. 时间累积效应

一个重要的视觉时间特性是视觉在时间上有累积效应。当对一般亮度(光刺激不太大)的物体进行观察时,接收光的总能量 E 与物体可见面积 A、表面亮度 L 和时距(观察时间长度)T 都成正比,如令 E_c 为以 50%的概率觉察到所需的临界光能量,则有

$$E_c = ALT \tag{A.2.3}$$

式(A.2.3)成立的条件是 $T<T_c$,T_c为临界时距。式(A.2.3)表明,在小于 T_c时间内眼睛受刺激的程度和刺激的时距成正比。当时距超过 T_c,则不再有时间累积效应。

A.2.3 视觉的亮度特性

与亮度密切相关的一个心理学名词是**主观亮度**[鲁 1991]。主观亮度指由人的眼睛依据视网膜感受光刺激的强弱所判断出的被观察物体的亮度。

1. 同时对比度

从一个物体表面感受到的主观亮度受到该表面与周围环境亮度之间相对关系的影响,所以可说是与背景相关的函数。两个本身亮度不同的物体如果与它们各自的背景有类似的相对关系(比值),则它们可以看起来有相同的亮度。此时,人们所感知的主观亮度与物体亮度的绝对值无关。反过来,同样的物体(反射相同亮度)如果放在较暗的背景里就会显得比较亮,而放在较亮的背景里就会显得比较暗。这种现象称为**同时对比度**,也称为**条件对比度**。

例 A.2.2 同时对比度示例

图 A.2.4 中所有位于中心的小正方形都有完全一样的亮度。但是,当它处在暗背景时看起来要亮些,而当它处在亮背景时看起来要暗些。所以,感觉上从左向右,小正方形逐渐变暗。

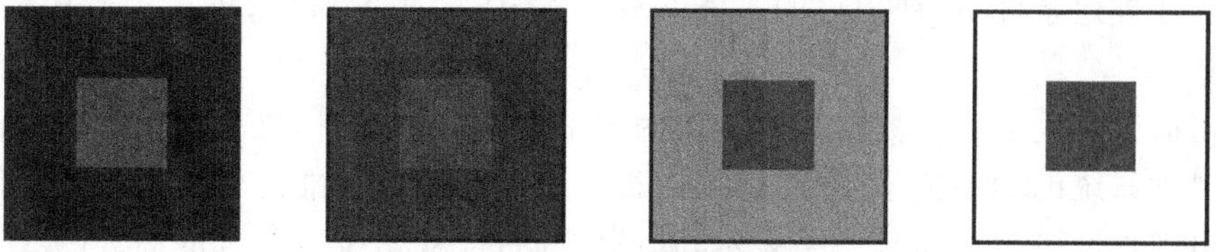

图 A.2.4　同时对比度示例　□

2. 马赫带效应

人类视觉系统有趋向于过高或过低估计不同亮度区域边界值的现象。所以从一个物体表面感受到的主观亮度并不是物体所受照度的简单比例函数。**马赫带效应**(由马赫发现)就是一个反映这种现象的典型例子。

可以借助图 A.2.5 来介绍马赫带及其产生的机制[荆 1987]。图(a)是一个**马赫带**图形,这里包括三个部分:左侧是均匀的低亮度区,右侧是均匀的高亮度区,中间是从低亮度向高亮度逐渐过渡的区域。图(b)是对应的亮度分布。如果注视图(a)可看到,在左侧区和中间区的交界处有一条比左侧区更暗的暗带,在中间区和右侧区的交界处有一条比右侧区更亮的亮带。暗带和亮带在客观刺激上并不存在,只是主观亮度影响的结果,如图(c)所示。

观测马赫带图形所产生的这种错觉可借助视网膜上邻近神经细胞之间的**侧抑制**来解释。侧抑制指一个细胞对周围邻近细胞的抑制作用,这种作用与该细胞受到的光刺激强度成正比,即对一个细胞的刺激越强,它对邻近细胞的抑制作用也越大。参见图 A.2.5(d)和(e),细胞 3 对细胞 2 有抑制作用,而细胞 4 对细胞 3 有抑制作用。因为细胞 4 受到的刺激比细胞 3 强,所以细胞 3 受到的抑制作用要大于细胞 2 受到的抑制作用,因而会比细胞 2 更暗。同理,细胞 5 对细胞 6 有抑制作用,而细胞 6 对细胞 7 有抑制作用。因为细胞 6 受到的抑制作用要小于细胞 7 受到的抑制作用,因而会比细胞 7 更亮。

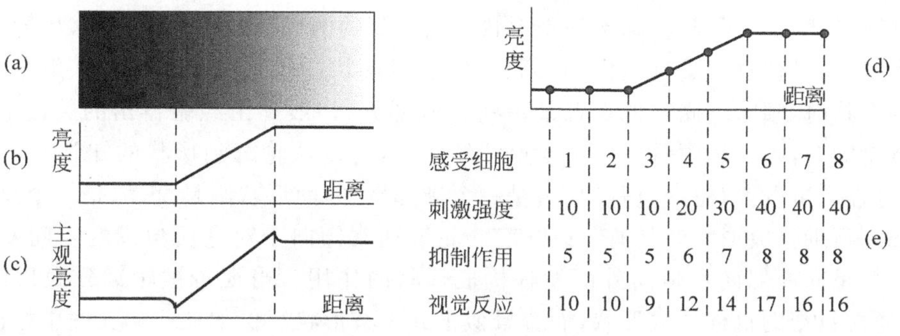

	1	2	3	4	5	6	7	8
感受细胞	1	2	3	4	5	6	7	8
刺激强度	10	10	10	20	30	40	40	40
抑制作用	5	5	5	6	7	8	8	8
视觉反应	10	10	9	12	14	17	16	16

图 A.2.5　马赫带及其产生的机制

图形的亮度会影响马赫带的宽度,随着图形亮度的降低,暗带的宽度增加,但亮带的宽度受亮度变化的影响不大。在照度非常大或非常小时马赫带完全消失。当均匀暗区和均匀亮区之间的亮度差增大时,即中间区亮度分布的梯度增加时,马赫带会更明显。

3. 对比敏感度

对比敏感度(也称**对比感受性**)反映人眼区分亮度差别的能力。它也与观察目标的大小和呈现时间有关。如果用由粗细不同和对比度不同的线条组成的栅格进行测试,眼睛所觉察到的栅格亮暗线之间的对比度与原测试栅格亮暗线之间的对比度越接近,就认为对比敏感度越大。在理想条件下，视力好的人能够分辨 0.01 的亮度对比，也就是对比感受性最大可达到 100。

如果用横坐标代表测试栅格亮暗线条的粗细程度，用纵坐标代表对比敏感度，则实测结果就给出视觉系统的调制传递函数，即人的视觉系统将测试图准确转换成光学图像的能力。这里栅格粗细程度可用空间频率来表示，其单位为每度视角中所包含的周数(线条数目)，即周/度。对比敏感度可用光的调制系数 M 来规范，如果设 $L_{\max}$、$L_{\min}$ 和 L_{av} 分别代表最大、最小和平均亮度值，则有

$$M = \frac{L_{\max} - L_{\min}}{L_{\mathrm{av}}} \tag{A.2.4}$$

A.3 形状知觉

本套书中册 10.1 节结合对形状的分析介绍了形状的定义和对形状的描述，这里主要讨论对形状的感知，即形状知觉。要理解形状知觉先需要了解轮廓、图形(目标)和背景等概念。

A.3.1 轮廓

轮廓(封闭的边界)是形状知觉中最基本的概念。人在知觉形状前总先看到轮廓，事实上人看出来一个物体的形状，就是因为先看出来了把该物体与视野中的其他部分区分开来的轮廓。直观地说，对形状的知觉要求在亮度不同的可见区域之间有一个线条分明的轮廓。

轮廓的构成如果用数学语言来说就是轮廓对应亮度的二阶导数。换句话说，仅仅有亮度的(线性)变化并不产生轮廓，必须有亮度的加速变化才有可能产生轮廓。另外，当亮度变化的加速度低于知觉轮廓的域值时，虽然眼睛注视物体，但并不能看出它的形状。

轮廓与形状又有区别，轮廓不等于形状。当视野的两部分被轮廓分开时，尽管它们有相同的轮廓线，却可被看成具有不同的形状。轮廓与形状的区别也可以这样来解释：当人注意物体的形状时，倾向于固定地观看某一些区域部分(一般是由经验得出的关键部位)；而当人注意轮廓时，则把轮廓看成一条要追踪的路线，所以从轮廓到形状的知觉有一个“形状构成”的过程。可以说，轮廓只是边界，是一个局部概念，而形状则是全体，是一个总体概念。

轮廓在帮助构成形状时具有“方向性”。轮廓通常倾向于对它所包围的空间发生影响，即轮廓一般是向内部而不是向外部发挥构成形状的作用。当视野被轮廓分为目标和背景时，轮廓通常只帮助目标构成形状，而背景似乎并没有形状。例如从一幅大图中挖出一个小块，两者具有相同的轮廓，但很少有人能看出它们构成了相同的形状。这可以解释在**拼图游戏**中，有具体图案的部分比大片蓝天或海水的部分好拼。这是因为前一种情况下可借助于对画面的理解，而后一种情况下仅有图板的轮廓起作用。

在形状知觉中，对轮廓的知觉常常由于心理因素等而与实际情况不同。除前面的**马赫带效应**外，还有一种有趣的现象称为主观轮廓。人们在没有亮度差别的情况下，由于某种原因也可以看到一定的轮廓或形状。这种在没有直接刺激作用下而产生的轮廓知觉称为**主观轮廓**或错觉轮廓。

例 A.3.1 主观轮廓示例

人们可以在图 A.3.1(a)的三个扇形圆盘之间看到一个弱的主观轮廓(实际中并没有封闭的边界)。由这个主观轮廓包围起来的正三角形看起来比实际亮度相等的背景显得更亮一些,给人感觉像是一个白色的三角形平面位于由另外三个角所组成的被遮掩三角形和观察者之间。图 A.3.1(b)和(c)给出另两个示例,其中图(b)不如图(c)生动[Finkel 1994]。主观轮廓表明对形状的感知依赖于对边缘的提取。在图 A.3.1 中,尽管只有部分边缘和线,人们还是可以看到有形状的物体。

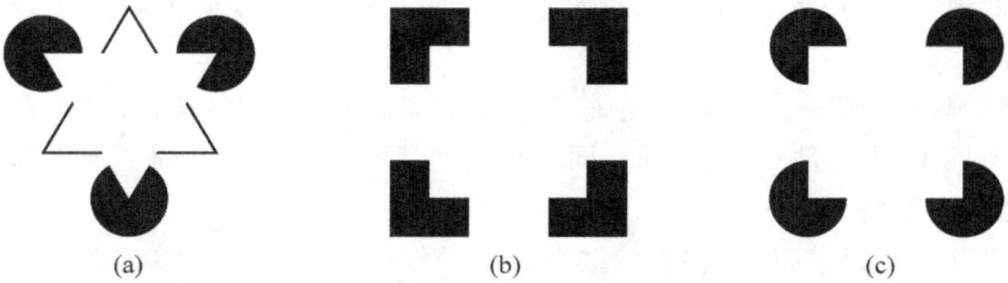

图 A.3.1 主观轮廓示例

对主观轮廓有一种认知性的解释:主观轮廓的形成是在特定感觉信息的基础上进行知觉假设的结果。主观轮廓产生的一个必要条件是视野中有某些不完整的因素出现。如果将它们完整起来就有一种把原图案转变成简单和稳定正规图案的倾向,这会诱使人们做出某种假设,从而产生主观轮廓的知觉。以图 A.3.1(a)为例,图中三个扇形圆盘和三个角在某种意义上都不完整,大多数人会把它们看成一个在中央的白色三角形和被它压在下面的三个黑圆盘及一个有黑边的三角形。显然这种知觉的组织在简单、稳定和正规性方面都占优势。而为了使这种组织合乎现实,中央的白三角形必须被看成盖在三个黑圆盘及另一个黑边三角形上面的不透明三角形;又由于三角形一定有边界,视觉系统依据推论的结果就提供了必要的三角形"轮廓"。 □

A.3.2 图形和背景

当人们观察一个场景时,常将希望观察或所关注的物体称为图形(前景、目标),而把其他部分划归到背景里。形状感知的第一步就是将目标从背景中分离和提取出来(可参见本套书中册第 1 单元各章)。

1. 图形和背景的区别

区分图形和背景是理解形状知觉的基础,图形和背景常有如下一些区别(见[赫 1983]和[Zakia 1997])。

(1) 图形有一定的形状,背景相对来说没有形状;图形有物体的特征,背景则好像是未成形的原料;图形看起来有轮廓,而背景看起来没有。

(2) 尽管图形和背景在同一个物理平面上,图形常看起来更接近观察者。另一种说法是图形经常显现在前面,而背景显现在后面;背景看起来像是在图形背后连续伸展而不中断的。

(3) 图形一般占据比背景小的区域面积,但图形与背景相比常更动人,更吸引人,更倾向于具有一定的含义和意义。

(4) 图形和背景不能同时看到，但可顺序看到(例如经过一定的努力，你可以观察到一个具有圆孔的白色正方形)。

2. 形状构造的规律

形成图形和背景的因素与形状构造的规律相关。心理学中的格式塔学派认为对刺激的感知是有自组织倾向的，形状在将基元(如边缘点)组织成有一定意义的块(连通组元)或区域时会遵循一定的规律(law)。常用的规律包括以下4条：

(1) 接近规律，空间相接近的元素比相分离的元素更容易被感知为属于共同的形状。

(2) 相似规律，类似形状或尺寸的元素更容易被感知为属于相似的集合(collective)形状。

(3) 连续规律，如果一个形状不完整，有一种自然的趋势将其(连接)看作完整的。

(4) 封闭规律，当移动一个形状时，同时移动的元素被看作属于同一个整体形状。

3. 视野中的距离

视野中两个元素越接近，则将它们结合起来看作一个图形的概率越大。例如空间位置相对接近的离散点比较容易结合在一起构成图形。在图A.3.2中，两个图案均由有规律的点构成，左边的图案易看成为一行行水平点，右边的图案易看成为一列列垂直点。另外，对于大小不同的封闭图形，其面积较小的更倾向于被看成图形，这也是与接近性密切相关联的。

图 A.3.2　视野接近形成图形

例 A.3.2　图形-背景形成示例

观察图A.3.3左边的图案，得到的第一个印象可能是一组黑线放在白色的背景上。如果是这样，那么黑线是图形目标。但如果继续观察一会儿，也可能观察到四条白色的窄条带。如果是这样，这些条带则成为图形目标，而剩下的部分为背景。但为什么会将四条白色的条带看作目标呢？一个简单直观的回答是这些条带容易看到。而一个更好的合理回答就是构成窄条带的两条线比较接近，所以观察者有很大的倾向将它们结合成某种目标。如果将图案中的窄条带用笔涂黑，如图A.3.3右边，则上述图形-背景关系将变得更明显。

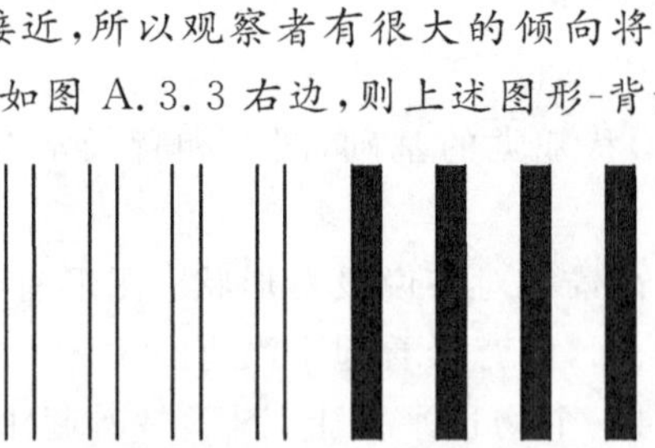

图 A.3.3　显示图形-背景关系的示例图

进一步考察图A.3.3左边的图案还可发现：几乎不可能同时看到四条窄条带和三条宽条带，但实际上不可能仅有图形而没有背景或仅有背景而没有图形。 □

4. 相同或相似

亮度或颜色相同或相似的元素倾向于合成一组并构成一个图形。例如图 A. 3. 4 中，各相邻点间的行距和列距都相同，但左边的图案易看成一行行水平点，右边的图案易看成一列列垂直点。

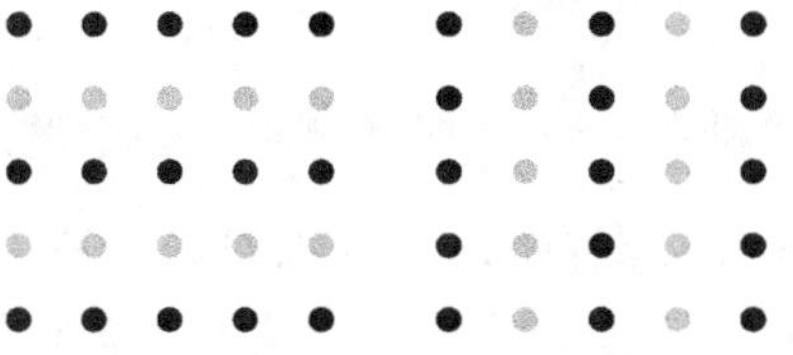

图 A. 3. 4　亮度相同形成图形

5. 良好图形

视野中被看成图形的部分一般都可说出含义/意义。它常常是由同一刺激所可能显示的各种组合中最有意义的图形，所以又称**良好图形原则**。组成良好图形的具体因素包括主要与刺激物本身特性有关的刺激性因素和依观察者主观条件而改变的非刺激性因素两类。

刺激性因素的特点是虽受主观影响，但个体间差异不大，常见的有以下几种。

(1) 封闭性：有封闭轮廓的区域比不完全(封闭)的轮廓所围成的区域更容易构成图形。如图 A. 3. 5 中，上面一行图案易看成八边形，而下面一行图案则易看成烛台形。

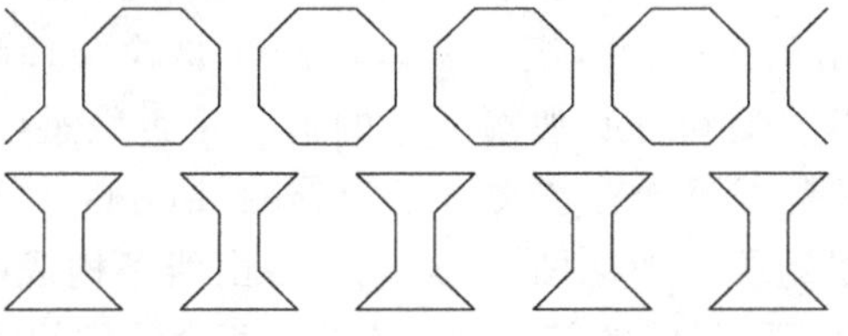

图 A. 3. 5　封闭性帮助构成图形

(2) 连续性：曲线的走向常常帮助构成图形。参见图 A. 3. 6，人们一般将该图形看成是一条水平线和一个周期波形线的重叠，这两条曲线虽然有多处相交，但可以被方便地分开而不致混淆。

(3) 平行性：不相交的直线或曲线常会被结合起来考虑。如图 A. 3. 7 中平行的曲线会被看成一组，类似于例 A. 3. 2。

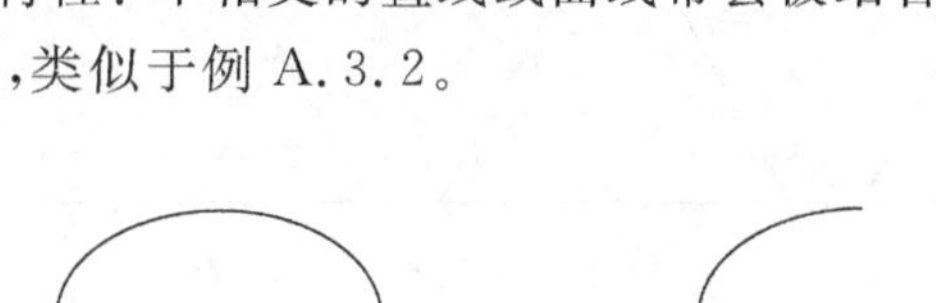

图 A. 3. 6　连续性帮助构成图形

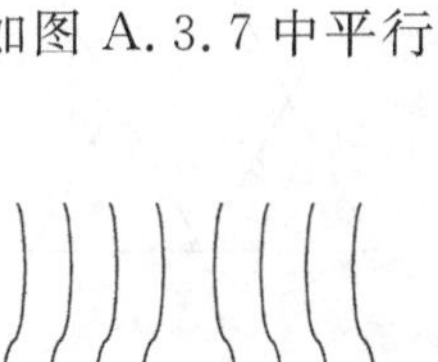

图 A. 3. 7　平行性帮助构成图形

(4) 对称性：一块区域的对称性越强，越容易被看成图形。对称性本质上是一种规则性。参见图 A. 3. 8，当看到图(a)的图形时，一般均将其拆分成如图(b)所示两图形的重叠，而不会拆分成如图(c)或图(d)所示的两个不完整图形。在军事伪装中常用不同颜色和不同形状去破坏物体原有的图案，例如迷彩服就是这一规则的应用。

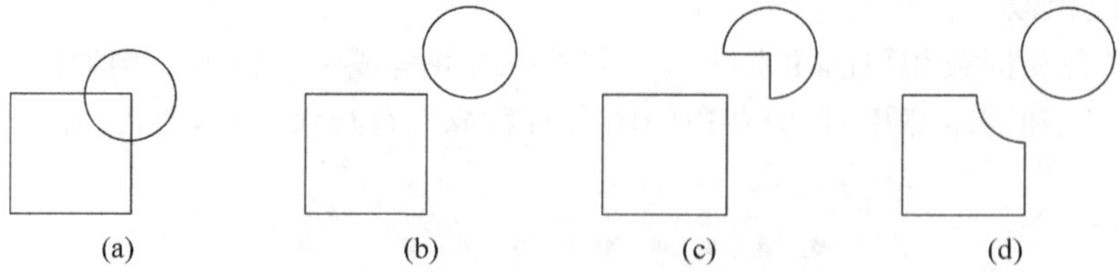

图 A.3.8　对称(有规则)形成图形

非刺激性因素中的主观成分更多,而且会依观察者主观条件而发生改变。常见的两种因素如下:

(1) 定势(心向)

定势指在已有活动影响下所形成的对当前心理活动的倾向性或准备状态(源于德文Einstellung,意为态度、观点等,这里指对某一特定知觉活动的直接准备性)。定势又可分为主观定势和客观定势。前者由个人内心倾向性决定;后者指知觉到的图形,由图形客观组织特征所决定。定势对双关图形的理解很关键[赫 1983]。如果将图 A.3.5 中的水平线除去,则对形状的感知主要依赖于如何去组织图形-背景关系,即依赖于观察者更倾向于看到八边形还是烛台形。

(2) 先验知识

人的先验知识(过去经验)对于知觉对象的分组或分解有很大影响。例如,阅读无标点的文章(古汉文),人可根据意义进行分组。所以说断句是检验理解程度的有效指标。有实验表明:对图形-背景的感知受到对所观察区域的形状是否熟悉(对单个目标的认知信息会影响识别[Davis 2001])或是否属于有意义目标的影响[Peterson 1994]。有时候,同一个图形可对应不同的图形-背景组织。考虑图 A.3.9(a)中由线条构成的图形,根据对其中线条不同的组合方式,它可看成由不同形状的部件结合而成:两个并排的沙漏,如图 A.3.9(b);一正一反两个重叠的三角形,如图 A.3.9(c);两个重叠的平行四边形,如图 A.3.9(d)。至于哪个组合方式占优势,则取决于观察者的过去经验。另外,上面的事实也表明,一个特殊的图形-背景组织常不足以定义一个图形。

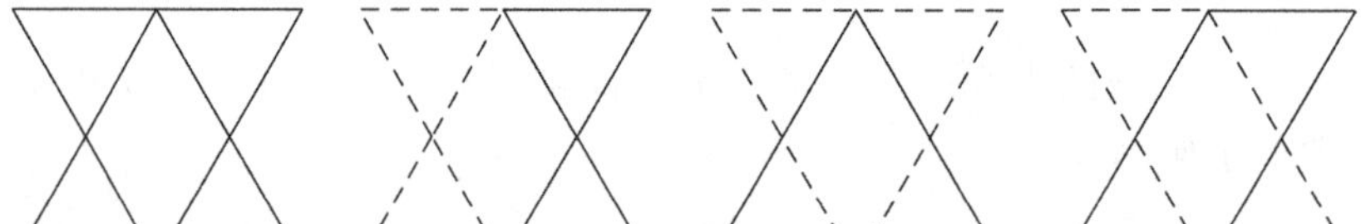

图 A.3.9　同一个图形可对应不同的图形-背景组织

如何对图形的"良好性"客观地进行测量呢?这个问题可从以下两个方面讨论:

(1) 图形的"良好性"可借助信息论进行判定

信息论以两个因数为依据进行量化的说明:①从不知变为有知的变化程度;②由于知识增长而使选择判断减少的次数。信息论中最重要的概念之一是多余性(冗余性),它指在任何情况下过剩信息的数量。例如一个组织得很好的或有意义的图形就比一个任意的或无意义的图形多余性更大,或者说不确定性更小。这是因为这些图形常可由其部分而推出全体。

(2) 图形的“良好性”也可由它能变换出来的图形数量来定量地说明

一个图形在组织结构不变的情况下，通过改变其呈现方向(上下倒置或左右翻转)可以得到的变换图形数量是图形“良好性”的一个判定因素。一个图形的“良好性”与由它可能得到的变换图形的数目成反比。

例 A.3.3 图形“良好性”示例

将 5 个点排在一个 3×3 的矩阵中共可以组成 126 种不同的图形，但每一种图形通过改变其呈现方向可以得到的变换图形的数量不同。如图 A.3.10 中，图(a)的良好性最强(没有变形)，图(b)次之(有 3 种变形)，而图(c)更次之(有 7 种变形)。它们的规则性是逐步降低的。

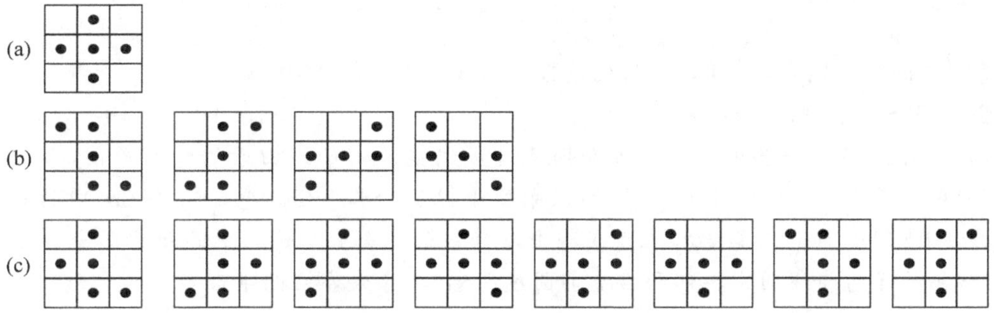

图 A.3.10 变换图形示例 □

A.3.3 几何图形错觉

错觉是人们的感官对客观事物不正确感觉和错误知觉的反映。各种感知觉中其实都有错觉现象，而一般以视错觉表现得最为明显，而其中人们研究最多的是几何图形错觉。当观察线条图形而把注意力只集中于它的某一特征，如它的长度、面积或方向时，由于各种主客观因素的影响，有时感知到的结果与实际的刺激模式不相对应。这些特殊情况被称为**几何图形错觉**。几何图形错觉也称视觉变形，指图形通过视觉产生感觉上的变形。这些变形发生于正常人的视觉，而且是即时发生的，常常并没有外来其他因素的影响。

常见的几何图形错觉可根据所引起错误的倾向性分为以下两类。

(1) 尺寸上的错觉，包括在大小、长短等测度方面引起的错觉

例 A.3.4 尺寸错觉示例

图 A.3.11 给出一些由于图形尺寸因素造成错觉的例子。各图中粗线表示的图形都是相同大小或相同长短的。然而，由于错觉的原因，人们感到图(a)中的垂直线比水平线要长一些；图(b)中上面两箭头之间的连线比下面两箭头之间的连线要短一些；图(c)中左边一个平行四边形中的对角线比右边一个平行四边形中的对角线要长一些；图(d)中上面一个矩形比下面一个矩形要大一些；图(e)中左边被 6 个较大的圆所包围的那个圆比右边被 6 个较小的圆所包围的那个圆要小一些。

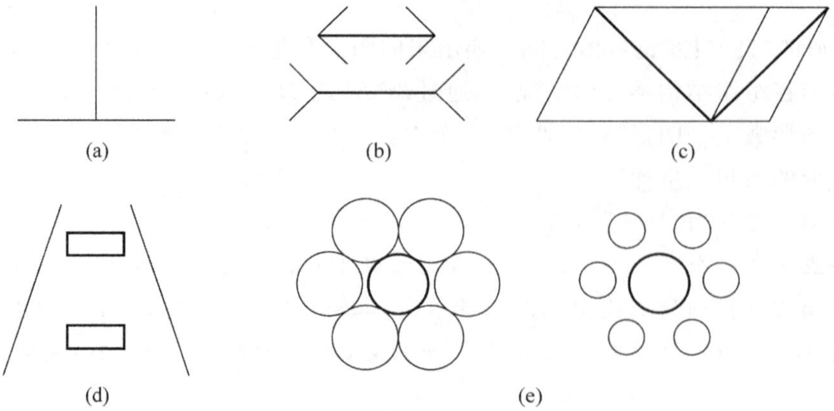

图 A.3.11　尺寸引起的错觉 □

(2) 方向上的错觉,指直线或曲线在方向上变化引起的错觉

例 A.3.5　方向错觉示例

图 A.3.12 给出一些由于图形方向因素造成错觉的例子。由于错觉的原因,人们会感到图(a)中本来平行的各水平线不平行(放射线干扰了对水平度的感知);图(b)中的正方形各边线不直(同心圆干扰了对水平直线和垂直直线的感知);图(c)中的粗线圆变成了椭圆(放射线影响了对粗线圆左半部和右半部圆度的感知,导致左右两半部不同的变形)。

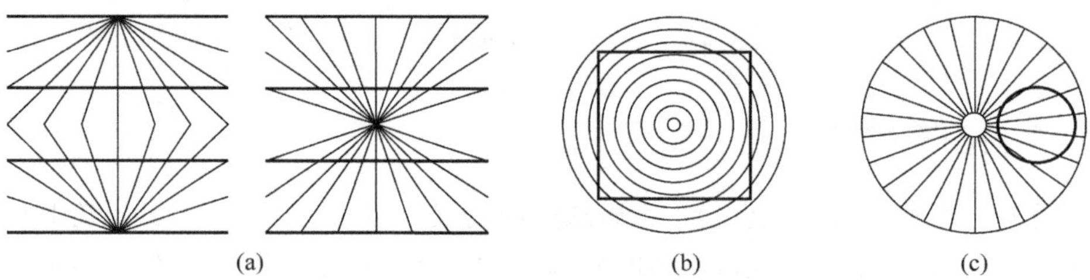

图 A.3.12　方向引起的错觉 □

近 100 多年来,心理学家和生理学家提出了许多种假说试图解释错觉,但统一的解释理论始终还没有建立起来。几种与几何图形错觉相关的主要假说如下[赫 1983]:

1. 眼球运动假说

眼球运动假说有几种形式。一种形式认为关于物体长度的印象是以眼睛对该物体从一端到另一端进行扫描为基础的。由于眼球作垂直运动比横向运动费力,所以产生垂直距离比相同的水平距离更长的错误印象。这种形式常用来解释图 A.3.11(a)。另一种形式认为图形中的特征会使眼睛注视点发生错误,从而产生错觉。例如在图 A.3.11(b)中,由于箭头方向的影响,眼睛的扫描线超出了或不足达到箭头的端点,因而使对线条长度的知觉发生了错误。不过如果用光学方法将视网膜的像固定下来,这种知觉的错误还会发生;或者用闪光灯闪亮图形,然后观察闪光结束后的像,错觉仍然存在。这都表明产生错觉的原因并不在于眼睛的运动。

2. 透视假说

透视假说也称**常性误用假说**。透视假说的核心概念是:引起错觉的图形通过透视暗示了深度，而这种深度暗示会导致对图形大小知觉的变化。变化的一般规则是：引起错觉的图形中表现较远景物的那些部分被扩大，而表现较近景物的那些部分被缩小。例如图 A.3.11(d)中的图形类似伸向远方的铁轨，它会使人产生深度印象（这本身就是一种错觉）。因为人在评定物体大小时会把距离也考虑进去，这样上面的矩形因显得较远，所以被认为应该较大。

3. 混淆假说

混淆假说也称**错误比较假说**。它指观察者在为确定观察物尺寸而进行比较时没有正确地选择应比较的对象，或者说，将需比较的图形与其他图形混淆了。一个典型的例子可参见图 A.3.13，圆 A 右侧到圆 B 左侧的距离与圆 B 左侧到圆 C 右侧距离是相等的，但前者看起来明显要长些。这里的原因是将要比较的距离与圆之间的距离混淆了。利用混淆假说还可以解释图 A.3.11(b)、(c)和(e)。

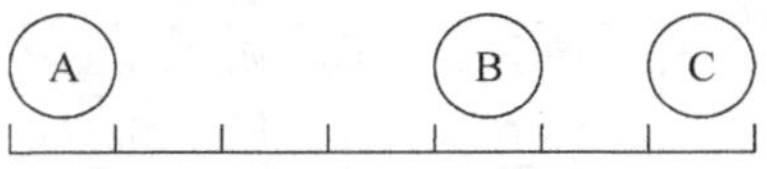

图 A.3.13　错误比较示例

4. 对比假说

对比假说认为相对立的形状景物会由于对比而互相转化。例如，两个大小相同的圆由于位于一圈小圆或一圈大圆的不同包围之中而显得大小不同，就是由于对比的影响而向对立面转化的原因。这也可解释图 A.3.11(e)所产生的错觉。

5. 同化假说

同化假说可以解释图 A.3.11(c)和(e)所产生的错觉。当将平行四边形分成大小不同的两部分时，小四边形越小其对角线看起来越短，这是由于在知觉时将刺激中某一成分同化在它所处背景或参照系之中了。

6. 神经位移假说

神经位移假说是一种基于生理学的假说，强调错觉是由于生理机制受到扰乱而产生的，例如有些图形特征可能扰乱大小知觉和方向知觉。

在神经位移假说中，认为神经中一定位置的活动能够抑制其邻近区域的活动。这包括三种情况：①如果将同一块灰色纸片放在黑白两种不同背景下，看起来会有明显的差别（亮白会产生强抑制，黑暗会产生弱抑制），这就是同时对比度现象（见 A.2.3 小节）；②人们发现，锐角倾向于被看得较大些，而钝角倾向于被看得较小些。由于这个原因，图 A.3.14(a)中本来处在同一直线上的那两段斜线看起来不在同一直线上，形成方向错觉现象。需要注意，在该图的第一种变形图（图 A.3.14(b)）中没有锐角，但同样能产生上述错觉；而在该图的第二种变形图（图 A.3.14(c)）中有锐角但会产生相反的错觉（下方小斜线的延长线好像要从上方小斜线的上面通过）；③两直线相切割时，有使人倾向于沿着与它们相垂直方向去看的效果，这可用于解释图 A.3.14(a)中的错觉现象。

上述假说与它们可以解释的一些错觉类型总结在表 A.3.1 中。需要指出，以上各种假说中虽然每种都可以解释一些错觉类型，但还没有一种假说可以对所有几何图形错觉都给出合理的解释。例如对比假说对图 A.3.11(b)、图 A.3.11(c)，神经位移说对图 A.3.11(b)、图 A.3.11(c)、图 A.3.11(e)、图 A.3.14(b)、图 A.3.14(c)都无法解释。这方面的研究还

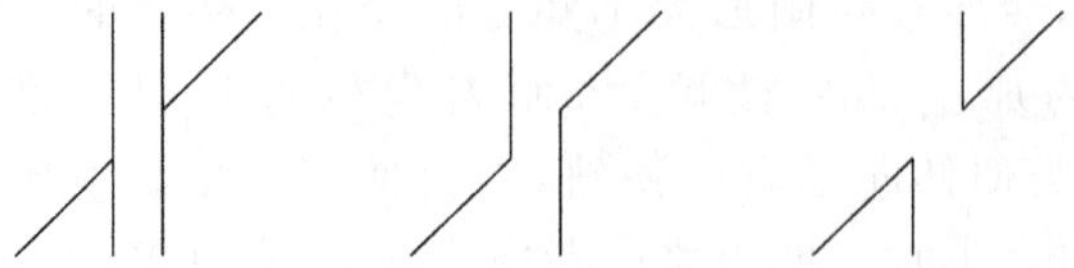

图 A.3.14 神经位移说解释错觉示例

有待于继续深入。

表 A.3.1 一些假说与它们所可以解释的错觉类型

假　　说	可解释的错觉类型
1. 眼球运动假说	图 A.3.11(a)、图 A.3.11(b)
2. 透视假说或常性误用假说	图 A.3.11(b)、图 A.3.11(d)
3. 混淆假说或错误比较假说	图 A.3.11(b)、图 A.3.11(c)、图 A.3.11(e)、图 A.3.13
4. 对比假说	图 A.3.11(d)、图 A.3.11(e)、图 A.3.12(a)
5. 同化假说	图 A.3.11(c)、图 A.3.11(e)
6. 神经位移假说	图 A.3.12(a)、图 A.3.12(b)、图 A.3.12(c)、图 A.3.14(a)

A.4 空间知觉

人眼视网膜是一个曲面,从成像的角度看仅相当于 2-D 空间中一个只有高和宽的平面,但人却能从其上形成的视像感知到一个 3-D 空间,即还可以获得深度距离信息。这种能力就是所谓的**空间知觉**。空间知觉本质上是一个深度感知的问题,因为对另两维的观察常更直接和确定(歧义少)。

2-D 视网膜像中有许多线索可帮助人来感知和解释 3-D 场景。人类并没有直接或专门用来感知距离的器官,对空间的感知常常不仅依靠视力来进行。人在空间视觉中借助了一些称为**深度线索**的外部客观条件(参见第 2 单元)和自身机体内部条件来帮助判断物体的空间位置。这些条件包括非视觉性深度线索、双目深度线索和单目深度线索。

A.4.1 非视觉性深度线索

非视觉性深度线索有其生理基础(近年机器人视觉中也有利用其原理的),常见的有以下两种:

(1) 眼睛聚焦调节

在观看远近不同的物体时,眼睛通过眼肌调节其水晶体(相当于照相机中的透镜)以在视网膜上获得清晰的视像。这种调节活动传递给大脑的信号提供了有关物体距离的信息,大脑据此可以给出对物体距离的一个估计。

(2) 双眼视轴的辐合

在观看远近不同的物体时,两眼会自行调节以将各自的**中央凹**来对准物体,以将物体映射到视网膜感受性最高的区域。为将两眼对准物体,两眼视轴必须完成一定的辐合运动,看近要趋于集中,看远要趋于分散。控制视轴辐合的眼肌运动也能给大脑提供关于物体距离的信息。

例 A.4.1 双眼视轴辐合与物距

参见图 A.4.1,设物体在 P 点,L 和 R 代表左、右两眼的位置,d 为 L 和 R 间的距离,即目距(一般为 65mm)。当原来平行的视轴(如虚线箭头所示)向 P 点辐合时左眼向内侧转动的角度为 θ_L,右眼向内侧转动的角度为 θ_R,且有 $\theta=\theta_L+\theta_R$。可见,如果知道转角 θ 就可以算出物距 D。另外,如已知物距 D 也可算出 θ 角。

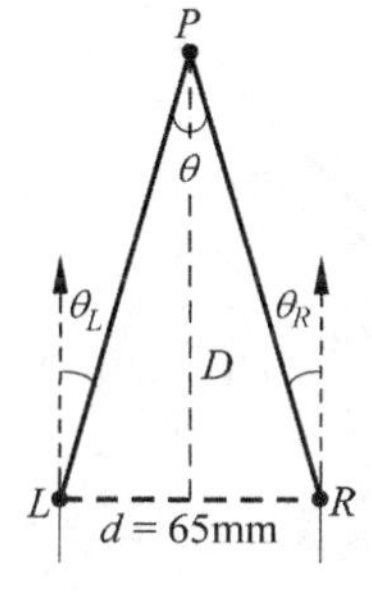

图 A.4.1 双眼视轴的辐合 □

A.4.2 双目深度线索

人对空间场景的深度感知主要依靠**双目视觉**实现。在双目视觉中,每只眼睛从不同角度来观察,在各自视网膜上形成不同的独立视像。具体说来,左眼看到物体的左边多点,右眼看到物体的右边多点。换句话说,物体上所被注视中心的像会落在两眼视网膜的相应点上,而其他点则落在非相应部位,这就是双眼视差,它提供了一种主要的**双目深度线索**。

双眼视差是产生立体知觉或深度知觉的重要原因。借助双眼视差可以比借助眼睛调节、视轴辐合等生理条件更精确地知觉相对距离。不过要注意,当两个物体位于不同距离时,这个距离必须超过一定限度后观察者才能辨别出两者之间的距离差别。这种辨别能力称为**深度视锐**。测定深度视锐就是要确定双眼视差的最小辨别阈限。深度视锐也可用像差角来量度,一般人的双眼深度视锐的最低限度为 0.0014～0.0028rad。

人处在正常身体姿势时,两眼的视差是沿水平方向的,这称为**横向像差**。人的深度知觉主要由横向像差产生。沿视网膜上下方向的视差称为纵向像差,它在生活中很少出现,且人们对它也不敏感。

达·芬奇早就发现了双目视觉中的基本问题:在一个固定焦距上观察同一个物体而得到的两幅视网膜图像是不同的,那么人是如何感知到这是同一个物体的呢?这里需要用到**对应点**的概念,可以用几何证明在双眼视场中有许多点可以被感知成一个点。这些点的几何轨迹称为**双眼单视**,这些点的左右视网膜图像组成对应点对。上述感知过程是在大脑皮层中进行的,两幅视网膜图像在传送到大脑皮层后结合起来,产生一个单一的具有深度感的视像。

实际中,当观察者将双眼的视力聚焦到一个较近的目标上时,两眼视线轴间有一定的角度,且均不是垂直向前的。但双眼在看物体时通过辐合而朝向一个共同的视觉方向,并且得到的映像是单一的,好像是被一只眼所看到的。如果从主观感觉的角度来看,两只眼睛可以看作是一个单一的器官,可用一个理论上假想的处于两眼正中的单一眼睛来代表这个器官,称为**中央眼**。

例 A.4.2 中央眼

两眼视网膜上的每一对相应点都有共同的视觉方向。如图 A.4.2 所示，当目标在正前方 C 处时，它分别作用于左、右眼各自的中央凹 C_L 和 C_R 上。当 C_L 和 C_R 被假想重叠后，C 点目标的定位是在中央眼的中央凹 F_C 上，它的方向在中央眼的正中，即主观视觉方向为正前方。当目标在 S 处时，它分别作用于左右眼的 S_L 和 S_R 处。对中央眼，目标定位在 F_S 处。

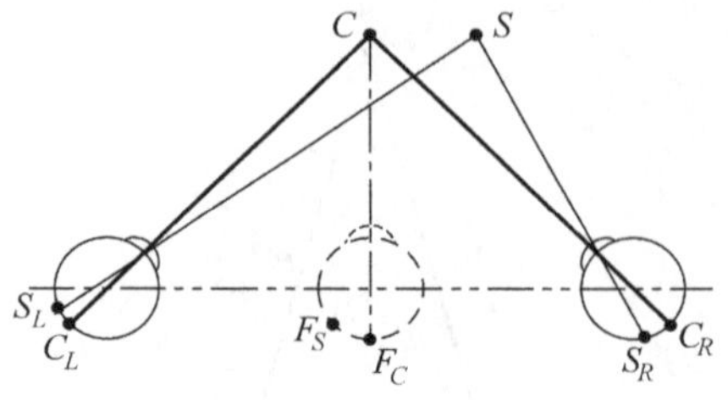

图 A.4.2 中央眼 □

中央眼是人们处理空间知觉时很有用的一个概念，当人对物体进行空间定向的时候，把自己作为视觉空间的中心，把从中央眼的中央凹朝向前方的方向作为视觉的正前方向来确定物体的方位。由于目标在主观上是沿单个方向看到的，所以这个方向称为主观方向，它将目标与上述想象中的处于两个眼中间的中央眼联系起来。所有落在两个视觉方向(两个光轴)的目标都感知为在同一个主观方向上。这看起来就像对应两个视网膜的两个点有相同的方向值。

主观视觉方向与作用在视网膜上任何一对相应点处刺激物的实际位置可能不一致。换句话说，客观视觉空间和主观视觉空间会有差别。这里视网膜上相应点指的是在两个视网膜上感受刺激时产生同一视觉方向的那些单元，也就是说，两个视网膜上具有共同视觉方向的视网膜单元叫视网膜相应点。实际上，两眼的中央凹就是两眼视网膜上的相应点，中央凹的视觉方向就是主要的视觉方向，人们依靠中央眼的主要视觉方向来确定物体在空间的方位。

A.4.3 单目深度线索

人对空间场景的深度感知有时也可以依靠**单目视觉**实现(只需要一只眼)。在单目视觉中刺激物本身的一些物理条件，通过观察者的经验和学习，在一定条件下也可以成为知觉深度和距离的线索。主要的**单目深度线索**包括以下几种：

(1) 大小和距离

根据视角测量的原理，如果保持视网膜上的视像尺寸，则物体大小和物体距离的比值不变。这称为欧几里得定律，用公式表示为

$$s = S/D \tag{A.4.1}$$

其中，S 为物体大小；D 为物距；s 为视网膜上的视像大小(眼球大小为常数，这里取为 1)。这种物体在视网膜上的尺寸与物体距离成反比的现象称为**透视缩放**。据此可知，当物体的实际大小已知，通过视觉观察就可以推算出物距。当观察两个尺寸相近的物体时，哪一个在视网膜上产生的视像大，哪一个的距离就显得近些。对同一个物体，与物体轴成锐角观察比

成直角观察所得到的视网膜上的视像要小，这也称为**透视缩短**现象。

(2) 照明变化

照明变化包括[Aumont 1994]：①光亮与阴影的分布：一般明亮的物体显得近，而灰暗或阴影中的物体显得远。②颜色分布：在人们的经验中，远方的物体一般呈蓝色，近的物体呈黄色或红色。据此人们常认为黄色或红色的物体较近，而蓝色的物体较远。③大气透视：由于在观察者和物体之间有很多相关的大气因素（如雾等），所以人们观察到较远物体的轮廓不如较近物体的轮廓清晰，这些因素提供了关于深度的重要线索。

(3) 线性透视

根据几何光学的定律，通过瞳孔中心的光线一般给出中心投影的真实图像。粗略地说，这个投影变换可以描述成从一个点向一个平面的投影，称为**线性透视**。由于线性透视的存在，较近的物体占的视角大，看起来尺寸较大；较远的物体占的视角小，看起来尺寸较小。

(4) 纹理梯度

场景中目标的表面总有纹理。例如，砖墙有双重纹理，砖之间的模式包含**宏纹理**，而每块砖的自身表面有**微纹理**。当人观察含有某种纹理且与视线不垂直的表面时，纹理被投影到视网膜并在视像中给出对应**纹理梯度**的渐进变化，这种近处稀疏和远处密集的结构密度级差给出了距离的线索（参见 9.2 节）。

(5) 物体遮挡

物体之间的相互遮挡是判断物体前后关系的重要条件。用它判断物体的前后关系完全取决于物理的因素。当观察者或被观察物处于运动状态时，遮挡的改变使人们更容易判断物体的前后关系。当一个物体遮挡另一个物体时就出现**穿插**现象，这时可知遮挡物体到观察者的距离比被遮挡物体到观察者的距离要近，不过依靠遮挡判断物体之间的绝对距离是比较困难的。

(6) 运动视差

当观察者在固定环境中运动时，由于物体的距离不同导致视角变化快慢产生差异（较近物体视角变化快，较远物体视角变化慢），从而引起相对运动的知觉。如图 A.4.3 所示，当观察者以速度 v 由左向右运动并观察物体 A 和 B 时，在 f_1 处得到的视像分别是 A_1 和 B_1，在 f_2 处得到的视像分别是 A_2 和 B_2。观察者感觉到物体 A 的视像尺寸比物体 B 的视像尺寸变化得更快，（静止）物体 A 和 B 彼此间显得逐渐远离（好像运动着一般）。

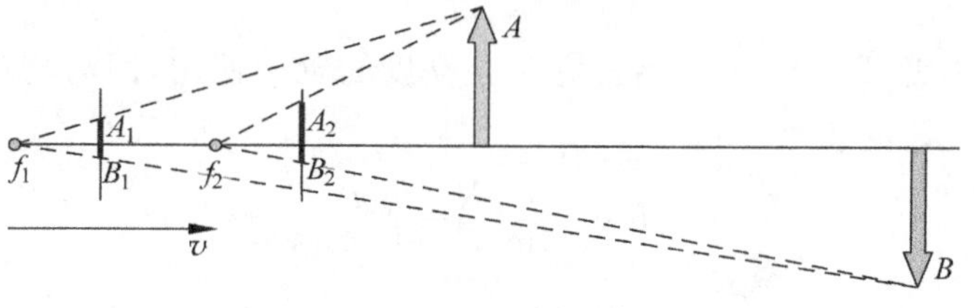

图 A.4.3 距离运动视差的几何解释

上述运动情况与观察者的注视点有关，实际中感觉到的运动是绕注视点在转动。如图 A.4.4 所示，当观察者以速度 v 由上向下运动时，如果注视点为 P，则可观察到较近的点 A 与观察者反向运动，较远的点 B 与观察者同向运动。这应该说是借助大脑皮层感知而导致的深度线索。

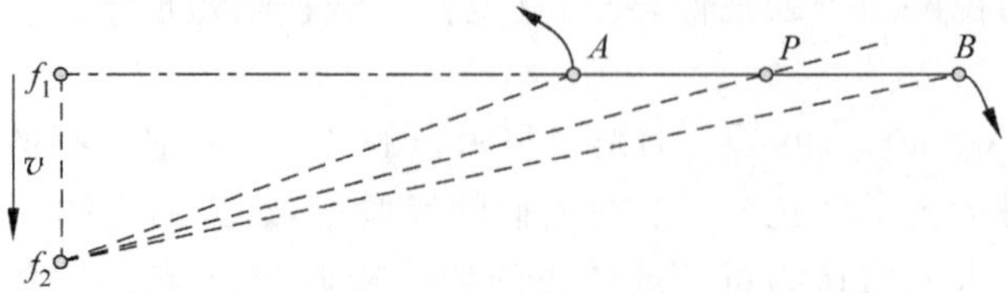

图 A.4.4　方向运动视差的几何解释

需要指出，尽管运动视差是由观察者运动而引起的，但如果观察者静止而物体或环境运动，也会得到类似的效果。另外，由于透视投影的原理相同，运动视差与透视缩放和透视缩短是相关的。

下面进一步讨论物体尺寸与距离远近在观察时的感觉关系。场景中物体的实际大小(物理大小)与视网膜上的视像大小(按视角计算的大小)常不相同，而视像大小与人最终所知觉的大小也常不相同。对这三者之间关系的研究称为大小知觉恒常性的研究。**知觉恒常性**指实际中人能比较正确地知觉不同距离外物体的物理大小，不完全因视角大小的变化而变化。但在实际中，知觉大小并不总是与物体的物理大小完全一致。一般情况是知觉大小处在视角大小与知觉恒常性规律所指示的物理大小之间，且比较偏于后者。这是因为人一般是在比较熟悉的环境中知觉某一物体的，场景中其他熟悉物体对该物体的距离及实际大小有提示作用。

例 A.4.3　知觉大小、视角大小与恒常性大小示例

把一个 4m 长的物体(物理大小)从眼前 1m 处移到 4m 处，根据视角计算它应变为 1m，但实际中观察者感到它的长度仍有 3m 多。 □

大小知觉的恒常性程度可以用数量来表示。方法是用比率把知觉大小与偏离视角大小的数值计算出来，常用的有以下两种比率(见[赫 1983]第 10 章)。

(1) R_B，因提出者 Brunswik 得名。它常在大小知觉中使用，其定义为

$$R_B = \frac{R - S}{C - S} \tag{A.4.2}$$

其中，R 为知觉大小；S 为按视角计算的大小；C 为物理大小。当 $R_B = 0$ 时，知觉大小与按视角计算的大小相等，没有恒常性。当 $R_B = 1$ 时，知觉大小与物理大小相等，呈完全恒常性。

(2) R_T，因提出者 Thouless 得名。它常在亮度知觉中使用，因为物理亮度与知觉亮度成一定的对数关系，其定义为

$$R_T = \frac{\log R - \log S}{\log C - \log S} \tag{A.4.3}$$

A.5　运动知觉

对运动的知觉也是视觉系统的重要功能之一。如果说视觉是光通过视觉器官所引起的感觉**模态**的总称，那么检测视野中物体的运动是其中的一种亚模态。下面给出一些有关运动和运动视觉关系的表述，并讨论对运动感知的一些特点。

1. 运动感知的条件

目前最广为接受的视觉运动感知理论有两个关键：

(1) 视觉系统中存在运动检测单元,其包括两个检测通道。一个是静态通道,检测空间频率信息,在时间频率上具有低通滤波特性；另一个是动态通道,在时间频率上具有带通特性。当且仅当两个通道同时具有响应时,人眼才能感知到运动并检测出运动的速度,如图 A.5.1 所示。

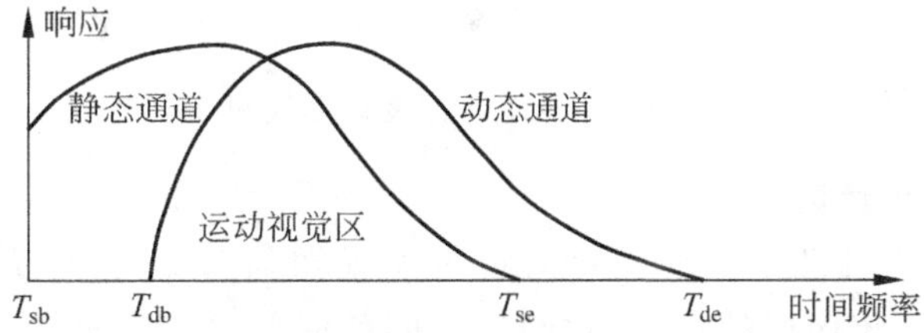

图 A.5.1 静态和动态通道共同决定运动视觉

这一运动检测器模型正确解释了视觉对时间频率和运动速度的选择性。显然,获得良好的运动视觉的条件是,当且仅当两个通道均具有响应时,才能感知运动速度,这样的区域只能是两条响应曲线的重叠部分,即图中的阴影区。

当目标变化的时间频率低于 T_{db} 点时,只能引起静态通道响应,而动态通道响应为零。其结果是运动检测器输出为零,即视觉感知不到目标的变化。反映在速度上,会将目标感知为静止,例如时针的走动、日月的运动等。如果运动变化的时间频率高于 T_{se} 而低于 T_{de},只能引起动态通道的响应,而静态通道响应为零。此时视觉虽然能感知到目标的运动却无法计算其速度,也不能分辨目标的结构细节,例如奔驰的列车窗外高速掠过的树木,高速转动的电扇叶片等。速度更高的运动,即时间频率高于 T_{de} 时,动态通道与静态通道均无响应,说明视觉既不能计算速度,也不能感知目标在运动,甚至无法觉察到目标的存在。如一颗出膛的子弹的运动等。所以,只有当时间频率处在 T_{db} 与 T_{se} 之间的运动视觉区时,才能同时引起动态通道和静态通道的良好响应,视觉也才能有效地感知到目标的运动,并计算其运动的速度。因此,人眼对运动速度的选择性,取决于视觉系统内部的运动检测器对时间频率的响应。

由上可见,运动感知与运动速度密切相关。运动速度的上下限受多个因素影响：①物体的尺寸,大尺寸的物体需要多运动才能被看作是运动的。②亮度和反差,它们越大运动越被感知得明显。③环境,运动的感知有一定的相对性,如果有固定的参考点则运动就容易被感知到。

(2) 对人类自身运动的知识,它避免了将人体或人眼的运动归于景物的运动。人眼的运动有多种,包括：急速运动、跟踪运动、补偿运动、漂移运动。这些运动均会使视网膜感知到相对于环境的运动,相当于视觉观察的噪声源,需要消除。

2. 深度运动检测

人不仅能从相当于 2-D 的视网膜获得深度距离信息,还可以获得深度运动信息。这说明存在单眼性的深度运动检测机制,可借助图 A.5.2 来解释。在计算机屏幕上产生一个矩形图案,并使它的各边以图中箭头的方向在水平面内运动。观看左图和中图,观察者感觉到矩形分别在水平和垂直方向拉伸,但两种情况都没有深度运动存在。但若将两者组合,如右图那样使矩形的左右边与上下边同时在水平和垂直方向按箭头指向运动时,观察者即使以单眼观察,也可感知到明显的深度运动:矩形由远而近向屏幕前驶来。

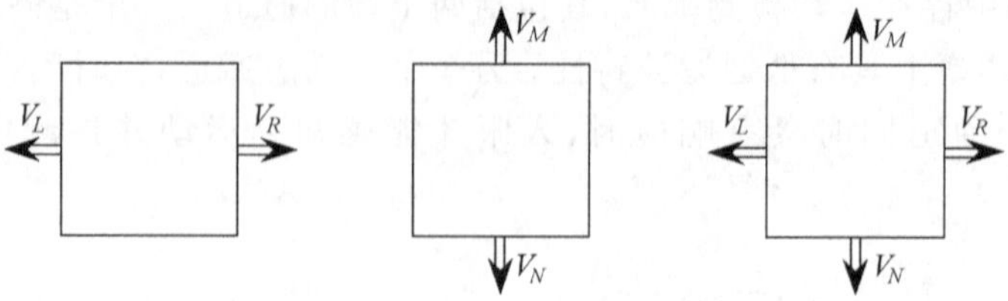

图 A.5.2 单眼深度运动检测

3. 真实运动和表观运动

在一定条件下,场景中没有景物运动时也可能感知到运动,这称为**表观运动**。例如,观察者观察空间上两个比较接近的点,将它们在不同的时间分别用两个闪光灯打亮。如果两个闪光之间的时间差很小,它们会同时被感知到。如果两个闪光之间的时间差很大,它们则会先后被感知到。只有当两个闪光之间的时间差为 30～200μs 时才会感知到表观运动(即感觉到有一个光点运动到另一个位置)。表观运动可分成若干类,并用希腊字母标记。例如,α 运动表示扩张或收缩(两个闪光点的尺寸不同)的动作;β 运动表示从一个点向另一个点的运动。如果有些现象很不同但相关,则称为 **ϕ 效果**[Aumont 1994]。

4. 表观运动的对应匹配

相继呈现的两幅图案中哪些部分能够**对应匹配**会影响表观运动的效果。由于视觉刺激涉及许多因素,所以对应匹配的种类也很多。对表观运动对应匹配的实验表明一些常见因素可如下排序:①空间位置的邻近性;②形状结构的相似性;③平面相对立体的优先性。

先考虑空间位置的邻近性。设先用计算机生成图 A.5.3 左图中的线段 L,显示 100ms 后消去,再生成线段 M 和 N,显示 100ms 后消去。如此循环,可觉察到线段在屏幕上做来回运动。那么人眼所感知到的运动方向是从 $L \to M$ 还是 $L \to N$ 呢?实验表明,这种运动匹配主要取决于后继线段 M、N 与起始线段 L 的距离,据此得出对应匹配法则:两幅相继呈现的图案中空间位置最邻近的像素对应匹配(如图中双向箭头所示)。

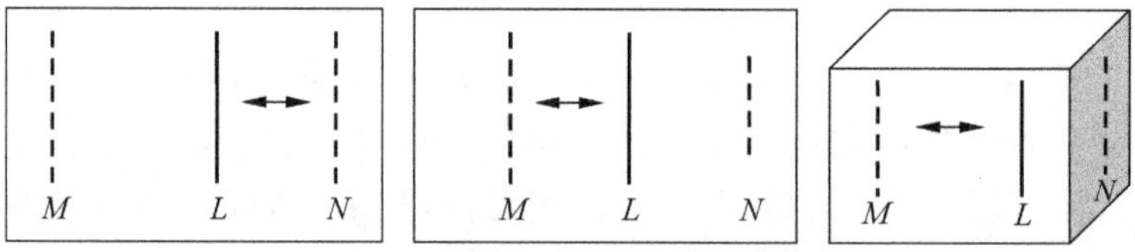

图 A.5.3 空间位置邻近性和形状相似性

图 A.5.3 中图把线段 N 缩短了,这时感知到的运动总是在 L 与 M 之间来回进行。据此得出对应匹配法则:两幅相继呈现的图案中形状结构最相似的像素对应匹配。

图 A.5.3 右图不把线段 N 缩短,但引入一个立方体结构,使 L 和 M 看起来在同一平面上,而 N 在另一平面上。此时觉察到线段 N 在原处闪现,而另一线段在 L 和 M 之间来回运动。据此得出对应匹配法则:在存在 3-D 结构与运动暗示的条件下,平面运动的像素优先对应匹配。

以上讨论的都是最基本的对应匹配法则,违反了其中的任何一条,都会导致运动错觉。

利用对应匹配法则可以很容易解释电影中的车轮倒转现象。在图 A. 5. 4 中，相继呈现的两种十字形辐条分别以实线和虚线表示。当两个邻近辐条成 45°角如图 A. 5. 4(a)时，所看到的辐条运动状态是一会儿顺转，一会儿逆转。这种现象用上述第一条对应匹配法则很容易解释。此时虚线表示的辐条，既可以由实线表示的辐条顺时针转过 45°而成，也可由逆时针转过 45°而成。由于两种辐条的形状完全相同，所以顺转、逆转都有可能。现通过计算机改变辐条显示的空间间隔，并采用不同的显示顺序依次呈现 A(粗线表示)、B(细线表示)和 C(虚线表示)的三种十字形辐条，辐条运动方向将是确定的。如呈现次序为 $A \to B \to C$，则感知辐条顺时针转动，且转动方向是唯一的，如图 A. 5. 4(b)所示。因为按照对应匹配法则，$A \to B \to C$ 的次序空间上最邻近。同理，从图 A. 5. 4(c)中看到的辐条转动方向是逆时针的。有些电影中的辐条倒转，是由于拍摄帧频与车轮转速不同步，结果把快速正转的轮子拍摄成了图 A. 5. 4(c)的显示序列。按照上述对应匹配法则，便造成了车轮倒转的错觉。

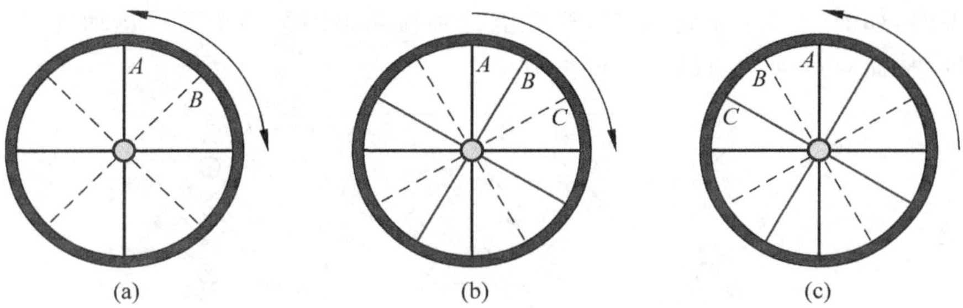

图 A. 5. 4　不同呈现次序引起辐条旋转的运动知觉

5. 孔径问题

孔径问题是运动检测中的一个重要问题(参见本套书中册 11. 3. 2 小节)。**孔径问题**可表述为：当通过一个圆形小孔观察某一目标(如线段组)的运动时，人眼感知到的运动方向都垂直于线段。这里的原因是把小孔里线段的局部运动看成了整体运动。以图 A. 5. 5(a)为例，无论线段朝左或朝上运动，通过小孔只能看到线段沿箭头所指的方向(朝左上)运动，这是一种主观上的表观运动。

上述现象也可依据表观运动的对应匹配法则得到解释。由图可知，每个线段均与小孔有两个交点。根据匹配法则，当前线段的两个交点，将分别与下一时刻最近的线段的两个交点相匹配。虽然看到的这些交点的运动方向都沿着圆周，但视觉系统总倾向于将每个线段视作一个整体，因而感知到的线段运动方向将是其两交点运动方向的合成方向，即垂直于线段的方向。因此，孔径问题的严格表述应该是，感知到的线段运动方向是其两交点运动方向的合成方向。

由此推论，当小孔的形状发生改变时，线段的表观运动方向将分别变为向左，如图 A. 5. 5(b)所示；向上，如图 A. 5. 5(c)所示；以及沿对角线方向，如图 A. 5. 5(d)所示。用图 A. 5. 5(c)能很好地解释理发馆招牌的运动错觉。从观察者的视网膜投影影像而言，理发馆招牌的圆柱框相当于一个长方形的小孔。当圆柱转动时，彩条的运动方向由两交点确定。而根据对应匹配法则，彩条左右两排交点的运动方向均向上，由此合成方向也向上(如果反转则向下)。

此外，也可借助“孔径问题”来说明人脑是怎样检测运动的。如图 A. 5. 6(a)和(b)所示，

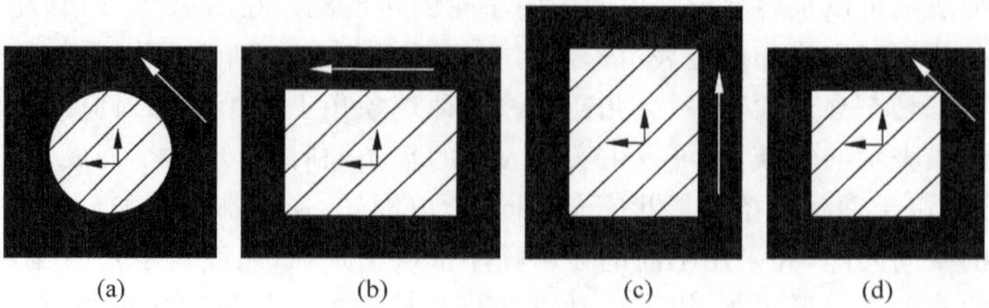

图 A.5.5 不同小孔情况下的表观运动方向

当观察者通过一个小圆孔来观察一个较大的斜纹形光栅图案的运动时，不管图案向下方运动，向右方运动，或向右下方运动，观察到的运动方向似乎都是相同的，即向右下方运动。这一现象显示了运动检测中一种基本的不确定性。解决这个问题的一种方法是同时通过两个小圆孔来观察，如图 A.5.6(c)所示，这样就能分别检测出图案两个边缘运动的情况，获得两个运动分量，从而对运动方向做出正确的判断。

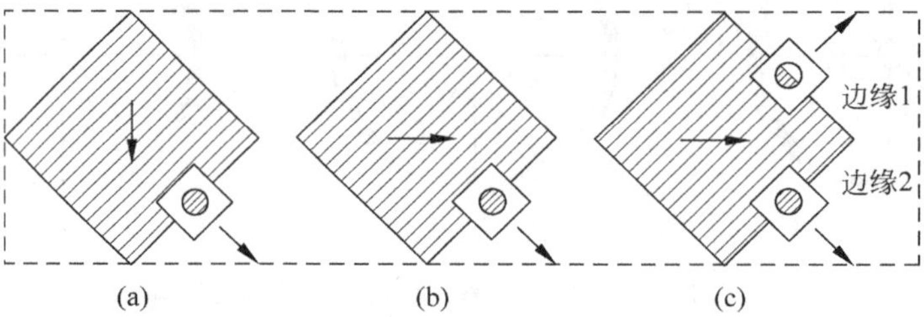

图 A.5.6 解决孔径问题的一种方法

由此看来，对运动信息的检测可分成两个层次，第一层次检测运动分量，而第二层次整合运动分量，检测出更复杂的运动。

6. 动态深度线索

A.4.3 小节中列出的深度线索在视网膜有运动时也能提供深度信息，这称为**动态深度线索**。例如，线性透视常在感知中以动态透视的形式出现：当人在车中随车前进时，视场的连续变化在视网膜上产生一种流动(flux，一种连续的梯度变化)。流动的速度与距离成反比，所以提供了距离信息。

还有一些其他的信息与运动有关，例如**运动视差**，这是当人向两边运动(横向运动)时所导致的图像与视网膜相对运动所产生的信息。旋转和径向运动(当物体移向眼睛或离开眼睛)也可提供关于空间以及其中物体的信息。有两件事需要注意：

(1) 这些线索既是几何的也是动态的，它们主要处在大脑皮层感知而不是处在视网膜中。

(2) 这些线索在平面图像中完全没有。当人在博物馆中的画像前移动时，人既感知不到视差运动也感知不到图像中的动态透视。图像被看作单个物体而像刚体那样移动。

对运动图像也有这样的情况，需要区分对动态线索的表达(例如由运动着的摄像机拍摄的画面)和由于观察者自身运动造成的动态线索。如果观察者在摄像机前面运动，那么就没有由自身运动造成的动态透视或视差。如果一个物体在拍摄的画面中被另一个物体所遮挡，那么只有依靠摄像机的运动观察者才能看到该物体，而观察者自身如何努力也是没有用的。

部分思考题和练习题解答

第1章　绪　　论

1-4 ［要点］：图像是用观测系统观测客观世界而获得的，可以产生视知觉的实体；图形则是从非图像形式的数据描述来生成的图像，是一种对已知数据的可视化表现。

图像理解和计算机视觉中存在许多不确定性的问题，而计算机图形学处理的多是确定性问题，是通过数学途径可以解决的问题。

1-9 ［提示］：一般来说，比较高层的任务多有此特点，其原因之一是由目前的计算机系统，即冯·诺依曼（Von Neumann）机的结构和特性所决定的。

第2章　摄像机成像

2-3 ［提示］：由于3-D运动从(X, Y, Z)到(X, Y, Z')所引起的X轴方向的运动是$\Delta x = FX(Z-Z')/ZZ'$。每个像素的宽度是$\Delta W = W/N_x$。令$\Delta x = \Delta W$，则有$\Delta Z_x = Z' - Z = -Z/(1+XN_x/W)$。

2-5 (1) 这里产生歧义是由于相对于视线的正倾斜区和负倾斜区分不开，$\cos(-\alpha)=\cos\alpha$。

(2) 这里增加的第4个点并没有带来新的信息，因为它的位置可以从其他三个点推出来。

(3) 这里增加的第4个点与其他三个点不在同一个平面上，能够帮助区别开$-a$和a，所以消除了歧义。

第3章　压缩感知与成像

3-3 (1) 在压缩感知中，压缩的是测量值；

(2) 在压缩感知中，没有直接对目标信号采样，所以需要重构（推出）目标信号。

3-11 压缩感知的目标是希望尽可能无失真地重建原始稀疏信号，而稀疏编码的目标是希望求解原子信号矩阵（等价于压缩感知中的测量矩阵）。在压缩感知中，需要限定测量矩阵的结构特性以实现无失真地重建原始稀疏信号。在稀疏编码中，所得到的原子信号矩阵不一定满足压缩感知中对测量矩阵的要求，但并不影响对信号的稀疏编码。

第4章　深度信息采集

4-5 (1) 系统光路示意图如图解4-5。光心和空间点分别在图像平面的两边。

(2) 借助相似三角形关系，可得到

$$Z/\lambda = (X+B/2)/x_1 \quad Z/\lambda = (X-B/2)/x_2$$

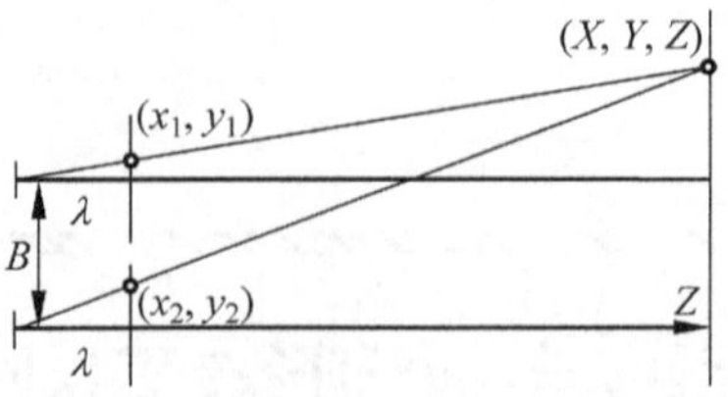

图解 4-5

(3) 将(2)中第一式两边乘以 x_1，第二式两边乘以 x_2，再从第一式减去第二式，得到：

$$B = (x_1 - x_2)Z/\lambda$$

由此得到视差 d：

$$d = x_1 - x_2 = B\lambda/Z$$

从观察到的视差计算深度 Z 的公式为

$$Z = B\lambda/d$$

与式(4.2.4)不同的是 Z 中少了一个 λ(因为光心在图像平面的另一边，不在深度 Z 中)。

4-8 根据式(4.3.2)，有

$$d = \frac{1}{2}\left[\frac{3\times10^8}{2\pi\times10^7}\theta + k\frac{3\times10^8}{10^7}\right] = 15\frac{\theta}{2\pi} + 15k$$

(1) 当 θ 在 $0\sim2\pi$ 取值时，测量范围为 0～15m。

(2) 需选择 7 个 k 值，分别为 0,1,2,3,4,5,6。

第 5 章　3-D 景物表达

5-4 在鞍脊处，两个二次方向导数之积小于零，而它们之和小于零。这说明两个二次方向导数具有相异的符号，且正值的绝对值小于负值的绝对值。$K_1<0, K_2>0, |K_1|>|K_2|$。

在鞍谷处，两个二次方向导数之积小于零，而它们之和大于零。这说明两个二次方向导数具有相异的符号，且正值的绝对值大于负值的绝对值。$K_1>0, K_2<0, |K_1|>|K_2|$。

5-11 穿轴线包括①直线：辐丝，大梁；②曲线：车把手，车轮，刹车把手。截面包括①边界为直线：脚蹬；②边界为曲线：铃铛盖；③截面旋转对称：辐丝；④截面反射对称：曲柄，挡泥板，链条；⑤截面不对称：链盒；⑥截面形状变化：车座，中接头。

第 6 章　立体视觉：双目

6-5 第一种方法借助像素的梯度计算目标的特征点，因为要计算每个像素四个方向的梯度来确定特征点，又要用迭代计算匹配概率，所以计算量较大。但这种方法仅利用了一阶导数，所以比第二种方法更能抵抗噪声。第二种方法借助像素灰度的二阶导数(零交叉模式)计算目标的特征点，在用模板匹配时可借助极线约束减少匹配模板的数量，相对计算量较小，但由于使用了二阶导数，所以受噪声影响会较大。

6-12 (1) [提示]：参见图 6.4.1。

(2) 如果是内部点，则 P_L 和 P_R 的排序可能在所有地方都分别与 A_L, B_L, C_L, D_L 和

A_R, B_R, C_R, D_R 相反。但是，一般不会得到如下结果：A_L, B_L, P_L, C_L, D_L 和 A_R, B_R, C_R, P_R, D_R。这样一个回答随着所观察到的点数量的增加而更可信。很明显，这最终具有与视差相同的效果。需要注意，根据排序已足够说明发生了什么（定性），但视差测量对（定量）确定相对深度还是必要的。

第 7 章　立体视觉：多目

7-1　有三只眼的外星人仍然受式(4.2.4)或者由式(4.2.4)推导出来的、用来估计准确度的公式的约束，所以与人类的一般情况应是一致的。此外，式(4.2.4)仅仅可用于两只眼都能看到同一景物的情况。有三只眼的外星人应该更有可能使至少两只眼都看到同一景物，所以有可能得到稍微好一点的对场景的深度感。当然，这在很大程度上还依赖于所用的一对眼之间的基线 B 的值。另外，还可以稍微进行一些平均，以对三只眼都可观察到的点获得稍微好一点的准确度。

7-11　[要点]：场景中可视物体表面应一阶可微分。模型的运用范围还与匹配窗口尺寸有关，匹配窗口越大，运用该模型带来的误差也越大。

第 8 章　景物恢复：多图像

8-2　$\sin\theta_i = \sqrt{\dfrac{(p-p_s)^2+(q_s-q)^2+(q_s p-p_s q)^2}{(1+p^2+q^2)(1+p_s^2+q_s^2)}}$　　$\sin\theta_e = \sqrt{\dfrac{p^2+q^2}{1+p^2+q^2}}$

8-7　可以从两个方面进行比较。首先，考虑解决这个问题的计算复杂度。光度立体学方法需要对每个目标拍摄两幅图像。由于从亮度到表面朝向不是唯一对应的，所以需要对整个空间结合考虑，才能获得对表面朝向唯一的一组解。双目立体视觉方法可对各个目标分别获取其深度，所以计算复杂度较低。其次，考虑目标表面特性的影响。双目立体视觉方法需要对两幅图像进行匹配，如果表面比较光滑且特征不明显，则可行性不好。光度立体学方法则不太受目标表面特性的影响。

第 9 章　景物恢复：单图像

9-1　[提示]：灰度将会随着纬度 $\arcsin(z/R)$ 线性变化，从球底部的黑色直到顶部的白色。

9-9　重画的图如图解 9-9，对应的消失点分别为 V_1 和 V_2，它们与椭圆沿椭圆轴方向的距离分别是 d_1 和 d_2。由图可见，式(9.2.36)现在可以写成如下形式：

$$e_1 = b^2/d_1$$

$$e_2 = a^2/d_2$$

根据图解 9-9，变换中心 T 相对于椭圆中心 O 移动了距离 e：

$$e = (e_1^2 + e_2^2)^{1/2}$$

如果椭圆主轴与图像 X 轴间的夹角为 α，T 相对于图像 X 轴的方向应是：

$$\theta = \alpha + \arctan(e_1/e_2)$$

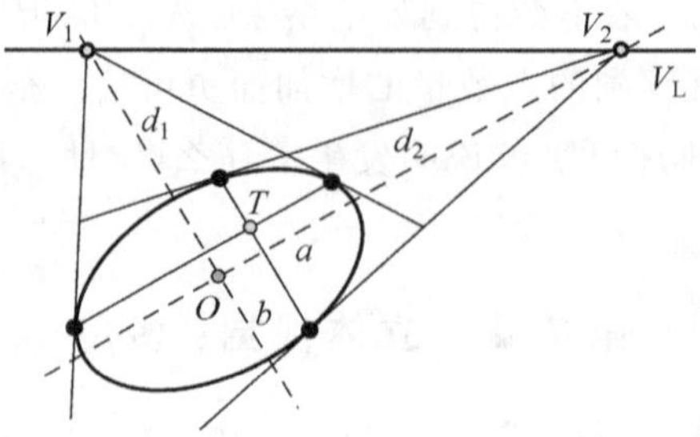

图解 9-9

第 10 章　知识表达和推理

10-8　设两个方形目标的边长分别为 L_1 和 L_2，其面积均方差分别为 σ_1 和 σ_2，则有 $L_1=10$，$L_2=20$，$\sigma_1=5$，$\sigma_2=8$。

将这两类目标分开的知识可用类英语句子表达如下：

OBJECT_SIDE_LENGTH (Object1, 10)

OBJECT_SIDE_LENGTH (Object2, 20)

OBJECT_AREA_VARIANCE (Object1, 5)

OBJECT_AREA_VARIANCE (Object2, 8)

10-12　[提示]：如结合 10-2 节，可分析为描述 3-D 世界，需建立哪些模型。如结合 10-3 节，可比较不同控制方法的特点。如结合 10-4 节，可分析不同知识模块的共同性质和特点。

第 11 章　广 义 匹 配

11-1　充分性可以直接由式(11.2.8)得到。必要性可以分两种情况讨论。

(1) A 的长度大于 B 的长度：如果 A 的长度为 N，则必有 $N>M$(此时 B 的长度大于等于 M)，即 $Q>0$；将 A 和 B 互换，可以证明 B 的长度大于 A 的长度的情况。

(2) A 的长度等于 B 的长度：如果 A 的长度为 N，且 $N \neq M$(即 A 和 B 不是完全相同的字符串)，则必有 $N>M$，即 $Q>0$。

综上讨论，仅当 A 和 B 是完全相同的字符串时 Q 才能为零。

11-5　第 1 个步骤的计算量正比于 $m \times n$ 次计算式(11.4.8)；第 2 个步骤的计算量正比于 K^2 次计算式(11.4.10)；第 3 个步骤的计算量正比于 $m \times K$ 次计算式(11.4.9)；第 4 个步骤的计算量正比于 L 次计算式(11.4.11)。

第 12 章　场景分析和语义解释

12-2　$g=170$。

12-11　[提示]：参照图 12.5.1。

第 13 章　多传感器图像信息融合

13-7　(1) 因为 $X \cap Y \subseteq X$，$X \cap Y \subseteq Y$，所以 $R^*(X \cap Y) \subseteq R^*(X)$，$R^*(X \cap Y) \subseteq$

$R^*(Y)$，证得。

(2) 因为 $X \subseteq X \cup Y$，$Y \subseteq X \cup Y$，所以 $R_*(X) \subseteq R_*(X \cup Y)$，$R_*(Y) \subseteq R_*(X \cup Y)$，证得。

13-10 设 X 为 R 粗糙可定义，则 $R_*(X) \neq \varnothing$，$R^*(X) \neq L$。

$R_*(X) \neq \varnothing \Leftrightarrow$ 存在 $x \in X$，使得 $[x]_R \subseteq X \Leftrightarrow [x]_R \subseteq \overline{X} = \varnothing \Leftrightarrow R^*(\overline{X}) \neq L$。

$R^*(X) \neq L \Leftrightarrow$ 存在 $y \in L$，使得 $[y]_R \cap R^*(X) = \varnothing \Leftrightarrow [y]_R \subseteq R_*(\overline{X}) \Leftrightarrow R_*(\overline{X}) \neq \varnothing$。

第 14 章　基于内容的图像和视频检索

14-1 图题 14-1(a)和(b)之间的匹配值为 7/16。

14-7 例如，可以考虑使用外观比和形状因子(见本套书中册 10.3.1 小节)。3 幅图像中裤子的外观比由于裤腿分叉的不同而不同，而形状因子很接近(轮廓长度和剪影面积都很一致)。

第 15 章　时空行为理解

15-2 [提示]：一种方法是将原始数据进行重采样(或插值)，将各向异性的数据转化为各向同性的数据。

15-11 第一行：定义一个汽车在停车场中巡游的检测程序，其中汽车用 v 表示，停车场用 lot 表示。第二行：检测从汽车进入停车场开始。第三行：将计数器 i 置为 0。第四行：开始一个循环统计周期。第五行：如果汽车在停车场中且汽车在停车场中道路上转了一圈，则将计数器加 1。第六行：如果计数器计数达到预先确定的阈值 n，则停止计数。第七行：汽车离开停车场，结束检测，退出程序。

考虑一个篮球运动员练习投篮的活动，如图解 15-11 所示。运动员用 p 表示，篮球场用 court 表示。检测从运动员进入篮球场投篮开始，投一次篮(或投中一次篮)计数器的 i 加 1。如果达到预先确定的阈值 n，则停止计数，训练结束，运动员可离场。

```
PROCESS (practice-shoot-court (player p, basketball-court court),
Sequence (enter (p, court),
    Set-to-zero (i),
    Repeat-Until (
        AND (move-in-court (p), inside (p, court), increment (i)),
        Equal (i, n) ),
    Exit (p, court) ) )
```

图解 15-11

参考文献

[边 2000]　边肇期，张学工．模式识别．北京：清华大学出版社．

[边 2005]　边辉，章毓晋，严卫东．小波变换在遥感图像融合中的应用研究．第四届信号与信息处理联合学术会议论文集，109-113．

[卜 2016]　卜莎莎，章毓晋．融合层级匹配跟踪与色度特征的图像检索．第十八届全国图象图形学学术会议论文集，442-446．

[陈 2010]　陈正华，章毓晋．一种测量高光物体的双目 Helmholtz 立体视觉方法．中国图象图形学报，15(3)：429-434．

[陈 2011]　陈俊杰，李海芳，相洁，等．图像情感语义分析技术．北京：电子工业出版社．

[崔 2013]　崔崟，段菲，章毓晋．利用编码层特征组合进行场景分类．吉林大学学报(工学版)，43(增刊)：450-454．

[戴 2002]　戴声扬，章毓晋．网上 GIF 格式中的图像和图形图片筛选．电子技术应用，28(1)：48-49．

[戴 2005]　戴声扬，章毓晋．图像检索中的两层描述和非对称区域匹配．电子学报，33(4)：725-729．

[段 2012a]　段菲，章毓晋．一种面向稀疏表示的最大间隔字典学习算法．清华学报，52(4)：566-570．

[段 2012b]　段菲，章毓晋．基于多尺度稀疏表示的场景分类．计算机应用研究，29(10)：3938-3941．

[段 2012c]　段菲，章毓晋．有监督子空间建模和稀疏表示的场景分类．中国图象图形学报，17(11)：1409-1417．

[高 2001]　高永英，章毓晋．基于多级描述模型的渐近式图像内容理解．电子学报，29(10)：1376-1380．

[高 2003]　高永英，章毓晋，罗沄．基于目标语义特征的图像检索系统．电子与信息学报，25(10)：1341-1348．

[高 2009]　高隽，谢昭．图像理解理论与方法．北京：科学出版社．

[耿 2002]　耿素云，屈婉玲．离散数学．北京：北京大学出版社．

[管 1998]　管伟光．体视化技术及其应用．北京：电子工业出版社．

[郭 2005]　郭秀艳，杨治良．基础实验心理学．北京：高等教育出版社．

[郭 2008]　郭雷，李晖晖，鲍永生．图像融合．北京：电子工业出版社．

[韩 2010]　韩瑞锋．遗传算法原理与应用实例．北京：兵器工业出版社．

[郝 1983]　郝葆源，张厚粲，陈舒永．实验心理学．北京：北京大学出版社．

[何 2000]　何友，王国宏，陆大金，等．多传感器信息融合及应用．北京：电子工业出版社．

[贾 2000a]　贾波，章毓晋，林行刚．视差图误差检测与校正的通用快速算法．清华大学学报，40(1)：28-31．

[贾 2000b]　贾永红，李德仁，孙家柄．多源遥感影像数据融合．遥感技术与应用，15(1)：41-44．

[贾 2007]　贾慧星，章毓晋．车辆辅助驾驶系统中基于计算机视觉的行人检测研究综述．自动化学报，33(1)：84-90．

[贾 2009]　贾慧星，章毓晋．智能视频监控中基于机器学习的自动人数统计．电视技术，(4)：78-81．

[姜 2003a]　姜帆，章毓晋．新闻视频的场景分段索引及摘要生成．计算机学报，26(7)：859-865．

[姜 2003b]　姜帆，章毓晋．一种基于形态学操作的新闻标题条检测算法．电子与信息学报，25(12)：1647-1652．

[荊 1987]　荊其诚，等. 人类的视觉. 北京：科学出版社.

[荆 2015]　荆楠，毕卫红，胡正平，等. 动态压缩感知综述. 自动化学报，41(1)：22-37.

[孔 2002]　孔斌. 人类视觉与计算机视觉的比较. 自然杂志，24(1)：51-55.

[雷 2004]　雷雨权. 多媒体电视监控与报警系统. 北京：国防工业出版社.

[李 2002]　李勍，章毓晋. 基于特征元素和关联规则的图像分类方法. 电子学报，30(9)：1262-1265.

[李 2015]　李峰，郭毅. 压缩感知浅析. 北京：科学出版社.

[李 2016]　李少东，杨军，陈文峰，等. 基于压缩感知理论的雷达成像技术与应用研究进展. 电子与信息学报，38(2)：495-508.

[练 2016]　练秋生，韩敏，石保顺，等. 融合解析模型和综合模型的压缩感知算法. 电子学报，44(3)：613-619.

[刘 1998]　刘巽亮. 光学视觉传感. 北京：北京科学技术出版社.

[刘 1999a]　刘忠伟，章毓晋. 基于颜色特征进行图像检索. 电子技术应用，25(2)：19-20.

[刘 1999b]　刘忠伟，章毓晋. 综合利用颜色和纹理特征的图像检索. 通信学报，20(5)：36-40.

[刘 2000]　刘忠伟，章毓晋. 十种基于颜色特征的图像检索算法的比较和分析. 信号处理，16(1)：79-84.

[刘 2012]　刘宝弟，王宇雄，章毓晋. 图像分类中多流形上的词典学习. 清华学报，52(4)：575-580.

[卢 2012]　卢雁，吴盛教，赵文强. 压缩感知理论综述. 计算机与数字工程，40(8)：12-14.

[鲁 1991]　鲁永令，傅春寅，曾树荣，等. 大学物理学词典. 北京：化学工业出版社.

[陆 2002]　陆海斌，章毓晋. 基于视频编辑模型的视频淡入、淡出和叠化的检测. 电子与信息学报，24(4)：433-438.

[罗 2002]　罗志增，蒋静坪. 机器人感觉与多信息融合. 北京：机械工业出版社.

[罗 2006]　罗四维，等. 视觉感知系统信息处理理论. 北京：电子工业出版社.

[罗 2010]　罗四维，等. 视觉信息认知计算理论. 北京：科学出版社.

[马 2004]　马力. 简明微分几何. 北京：清华大学出版社.

[孟 2003]　孟晓桥，胡占义. 摄像机自标定方法的研究与进展. 自动化学报，29(1)：110-124.

[钱 2006]　钱家渝. 视觉心理学——视觉形式的思维与传播. 上海：学林出版社.

[秦 2003]　秦暄，章毓晋. 一种基于曲线拟合预测的红外目标的跟踪算法. 红外技术，25(4)：23-25.

[邱 2015]　邱震尧. 基于压缩感知的图像融合方法. 电脑知识与技术，11(12)：196-198.

[宋 2016]　宋长明，惠庆磊. 压缩感知中图像重构的模型综述. 中原工学院学报，27(4)：80-84.

[孙 2004]　孙惠泉. 图论及其应用. 北京：科学出版社.

[谭 2013]　谭华春，夏红卫，李琴，等. 车载摄像机的立体标定方法. 吉林大学学报(工学版)，43(增刊)：352-356.

[万 2013]　万莎，徐彪，段洪涛. 压缩感知技术综述. 中国无线电，(2)：60-62.

[王 1992]　王甦，汪安圣. 认知心理学. 北京：北京大学出版社.

[王 2011a]　王怀颖，章毓晋，杨立瑞，等. 基于 CBS 的人体安检图像组合增强方法. 核电子学与探测技术，31(1)：17-21.

[王 2011b]　王怀颖，杨立瑞，章毓晋，等. 基于多传感器探测的 X 射线安检技术研究. 计量学报，32(6)：555-558.

[王 2012]　王怀颖，章毓晋，杨立瑞，等. X 射线康普顿背散射安检图像混合滤波器设计. 计量学报，33(1)：87-90.

[王 2014]　王红亮，王帅，刘文怡. 压缩感知实现方法及应用综述. 探测与控制学报，36(4)：53-61.

[物 1996]　物理学名词审定委员会. 物理学名词. 北京：科学出版社.

[徐 2005]　徐丹，章毓晋. 基于空间关系的子区域最佳匹配算法. 电子与信息学报，27(8)：1177-1181.

[薛 2000]　薛景浩，章毓晋，林行刚. 二维遗传算法用于图象动态分割. 自动化学报，26(5)：685-689.

[闫 2015]　闫敬文，刘蕾，屈小波. 压缩感知及应用. 北京：国防工业出版社.

[杨 1999]　杨翔英，章毓晋. 小波轮廓描述符及在图像查询中的应用. 计算机学报，22(4)：752-757.

[杨 2005]　杨必武，郭晓松. 摄像机镜头非线性畸变校正方法综述. 中国图象图形学报，10(3)：269-274.

[杨 2015]　杨森林，万国宾，高静怀. 基于分块压缩感知的遥感图像融合. 计算机应用研究，32(1)：316-320.

[杨 2016]　杨程，徐晓刚，王建国. 图像配准技术研究. 计算机科学，43(11A)：133-135.

[姚 2000]　姚玉荣，章毓晋. 利用小波和矩进行基于形状的图像检索. 中国图象图形学报，5A(3)：206-210.

[尹 2013]　尹宏鹏，刘兆栋，柴毅，等. 压缩感知综述. 控制与决策，28(10)：1441-1445.

[俞 2001]　俞天力，章毓晋. 基于全局运动信息的视频检索技术. 电子学报，29(12A)：1794-1798.

[俞 2002]　俞天力，章毓晋. 一种基于局部运动特征的视频检索方法. 清华大学学报，42(7)：925-928.

[袁 2017]　袁静，章毓晋. 融合梯度差信息的稀疏去噪自编码网络在异常行为检测中的应用. 自动化学报，43(4)：604-610.

[张 2001]　张文修，吴伟志，梁吉业，等. 粗糙集理论与方法. 北京：科学出版社.

[张 2005a]　张广军. 机器视觉. 北京：科学出版社.

[张 2005b]　张先迪，李先良. 图论及其应用. 北京：高等教育出版社.

[张 2007]　张文修，梁怡，徐萍. 基于包含度的不确定推理. 北京：清华大学出版社.

[张 2010]　张振良. 模糊集理论与方法. 武汉：武汉大学出版社.

[章 1996a]　章毓晋. 中国图象工程：1995. 中国图象图形学报，1(1)：78-83.

[章 1996b]　章毓晋. 中国图象工程：1995(续). 中国图象图形学报，1(2)：170-174.

[章 1997a]　章毓晋. 中国图象工程：1996. 中国图象图形学报，2(5)：336-344.

[章 1997b]　章毓晋，傅卓. 利用切线方向信息检测亚像素边缘. 模式识别与人工智能，10(1)：83-88.

[章 1997c]　章毓晋. 椭圆匹配法及其在序列细胞图像 3-D 配准中的应用. 中国图象图形学报，2(8,9)：574-577.

[章 1997d]　章毓晋，刘忠伟. 基于 HSI 模型和累积直方图的彩色图象检索. 第八届全国信号处理学组委员会联合会议论文集，256-260.

[章 1998]　章毓晋. 中国图象工程：1997. 中国图象图形学报，3(5)：404-414.

[章 1999a]　章毓晋. 中国图象工程：1998. 中国图象图形学报，4(5)：427-438.

[章 1999b]　章毓晋. 正在制订的国际标准——MPEG-7. 电子科技导报，(11)：15-18.

[章 2000a]　章毓晋. 中国图象工程：1999. 中国图象图形学报，5A(5)：359-373.

[章 2000b]　章毓晋. 图像工程(下册)——图像理解与计算机视觉. 北京：清华大学出版社.

[章 2000c]　章毓晋. 图像工程及在中国的研究状况和文献分布. 中国工程科学，2(8)：91-94.

[章 2000d]　章毓晋，陆海斌. 视频分层组织方案和技术. 中国工程科学，2(3)：18-22.

[章 2000e]　章毓晋. 国际标准 MPEG-7 问答. 中国图象图形学报，5B(11-12)：7-10.

[章 2001a]　章毓晋. 中国图象工程：2000. 中国图象图形学报，6A(5)：409-424.

[章 2001b]　章毓晋，李睿. 对“中国图像工程”综述系列里文献作者的统计分析. 中国图象图形学

报,6A(1): 1-5.

[章 2001c] 章毓晋,徐寅,刘忠伟,等. 通过抽取的特征进行图象检索的算法测试平台. 中国图象图形学报,6A(5): 439-443.

[章 2001d] 章毓晋,黄翔宇,李睿. 自动检测精细印刷品缺陷的初步方案. 中国体视学与图像分析,6(2): 109-112.

[章 2002a] 章毓晋. 中国图象工程: 2001. 中国图象图形学报,7A(5): 417-433.

[章 2002b] 章毓晋. 图像工程(附册)——教学参考及习题解答. 北京: 清华大学出版社.

[章 2002c] 章毓晋. 中国图像工程及当前的几个研究热点. 计算机辅助设计与图形学学报,14(6): 489-500.

[章 2003a] 章毓晋. 中国图象工程: 2002. 中国图象图形学报,8A(5): 481-498.

[章 2003b] 章毓晋. 基于内容的视觉信息检索. 北京: 科学出版社.

[章 2004a] 章毓晋. 中国图像工程: 2003. 中国图象图形学报,9A(5): 513-531.

[章 2004b] 章毓晋. 基于语义视觉信息检索的进展. 科学技术与工程,4(4): 321-324.

[章 2005] 章毓晋. 中国图像工程: 2004. 中国图象图形学报,10A(5): 537-560.

[章 2006] 章毓晋. 中国图像工程: 2005. 中国图象图形学报,11(5): 601-623.

[章 2007a] 章毓晋. 中国图像工程: 2006. 中国图象图形学报,12(5): 753-775.

[章 2007b] 章毓晋. 图像工程(下册)——图像理解,第 2 版. 北京: 清华大学出版社.

[章 2007c] 章毓晋. 图像工程,第 2 版(合订本). 北京: 清华大学出版社.

[章 2008] 章毓晋. 中国图像工程: 2007. 中国图象图形学报,13(5): 825-852.

[章 2009a] 章毓晋. 中国图像工程: 2008. 中国图象图形学报,14(5): 809-837.

[章 2009b] 章毓晋. 英汉图像工程辞典. 北京: 清华大学出版社.

[章 2009c] 章毓晋. 机器视觉和图像技术. 自动化博览,(2): 20-25.

[章 2010] 章毓晋. 中国图像工程: 2009. 中国图象图形学报,15(5): 689-722.

[章 2011a] 章毓晋. 中国图像工程: 2010. 中国图象图形学报,16(5): 693-702.

[章 2011b] 章毓晋. 计算机视觉教程. 北京: 人民邮电出版社.

[章 2011c] 章毓晋. 中国图像工程 15 年. 哈尔滨工程大学学报,32(9): 1238-1243.

[章 2012a] 章毓晋. 中国图像工程: 2011. 中国图象图形学报,17(5): 603-612.

[章 2012b] 章毓晋. 图像工程(下册)——图像理解,第 3 版. 北京: 清华大学出版社.

[章 2013a] 章毓晋. 中国图像工程: 2012. 中国图象图形学报,18(5): 483-492.

[章 2013b] 章毓晋. 时空行为理解. 中国图象图形学报,18(2): 141-151.

[章 2013c] 章毓晋. 图像工程,第 3 版(合订本). 北京: 清华大学出版社.

[章 2014] 章毓晋. 中国图像工程: 2013. 中国图象图形学报,19(5): 649-658.

[章 2015a] 章毓晋. 中国图像工程: 2014. 中国图象图形学报,20(5): 585-598.

[章 2015b] 章毓晋. 英汉图像工程辞典,第 2 版. 北京: 清华大学出版社.

[章 2016] 章毓晋. 中国图像工程: 2015. 中国图象图形学报,21(5): 533-543.

[章 2017a] 章毓晋.《中国图象图形学报》创刊 20 年出版情况统计分析. 中国图象图形学报,22(4): 415-421.

[章 2017b] 章毓晋. 中国图像工程: 2016. 中国图象图形学报,22(5): 563-574.

[章 2017c] 章毓晋. 计算机视觉教程,第 2 版. 北京: 人民邮电出版社.

[章 2018] 章毓晋. 中国图像工程: 2017. 中国图象图形学报,23(5): 617-629.

[赵 2016] 赵扬,王敬时,王伟,等. 基于压缩感知的磁共振血管快速成像技术的研究进展. 医疗卫生装备,37(3): 104-109.

[郑 2014] 郑胤,陈权崎,章毓晋. 深度学习及其在目标和行为识别中的新进展. 中国图象图形学报,19(2): 175-184.

[周 2015] 周渝人,耿爱辉,张强,等. 基于压缩感知的红外与可见光图像融合. 光学精密工程,

23(3): 855-863.

[朱 2010] 朱云峰,章毓晋,何永健. 基于图割及动态片结构的三维人脸多视图体重建. 中国图象图形学报,15(10): 1537-1543.

[Ahmad 2008] Ahmad M, Lee S W. Human action recognition using shape and CLG-motion flow from multi-view image sequences. PR,41(7): 2237-2252.

[Aloimonos 1992] Aloimonos Y (ed.). Special Issue on Purposive, Qualitative, Active Vision. CVGIP-IU,56(1): 1-129.

[Andreu 2001] Andreu J P, Borotsching H, Ganster H, etc. Information Fusion in Image Understanding. In: Digital Image Analysis—Selected Techniques and Applications. Springer.

[Aner-Wolf 2004] Aner-Wolf A. Extracting semantic information through illumination classification. Proc. CVPR,1: 269-274.

[Aumont 1994] Aumont J. The Image. Translation: Pajackowska C. British Film Institute.

[Ayache 1987] Ayache N, Lustman F. Fast and reliable passive trinocular stereovision. Proc. 1ICCV,422-427 .

[Ballard 1982] Ballard D H, Brown C M. Computer Vision, Prentice-Hall.

[Bay 2006] Bay H, Tuytelaars T, Van Gool L. SURF: Speeded up robust features. ECCV: 404-417.

[Bay 2008] Bay H, Ess A, Tuytelaars T et al. Speeded up robust features (SURF). CVIU, 110(3): 346-359.

[Bhanu 1994] Bhanu B, Poggio T. Special section on learning in computer vision. IEEE-PAMI, 16(9): 865-919.

[Bishop 2006] Bishop C M. Pattern Recognition and Machine Learning. Springer.

[Blank 2005] Blank B, Gorelick L, Shechtman E, et al. Actions as space-time shapes. ICCV, 2: 1395-1402.

[Blei 2003] Blei D, Ng A, Jordan M. Latent Dirichlet allocation. Journal of Machine Learning Research, (3):993-1022.

[Bouzouane1995] Bouzouane A, Lepage R, Crevier D. Un modèle multi-agents pour la vision artificielle intégrée. Proc. Vision Interface'95, 45-52.

[Brakenhoff 1979] Brakenhoff G J, Blom P, Barends P. Confocal scanning light microscopy with high aperture immersion lenses. Journal of Microscopy, 117: 219-232.

[Bregonzio 2009] Bregonzio M, Gong S G, Xiang T. Recognizing action as clouds of space-time interest points. CVPR, 1948-1955.

[Bu 2014] Bu S S, Zhang Y-J. Image retrieval with hierarchical matching pursuit. Proc. ICIP, 3067-3071.

[Buckley 2003] Buckley F, Lewinter M. A Friendly Introduction to Graph Theory. Pearson Education, Inc.

[Candès 2006] Candès E. Compressive Sampling. Proc. International Congress of Mathematicians, 2006, 1432-1452.

[Castleman 1996] Castleman K R. Digital Image Processing. Prentice-Hall.

[Chen 2001] Chen Y. Registration of SAR and FLIR images for ATR application. SPIE, 4380: 127-134.

[Chen 2006] Chen W, Zhang Y J. Tracking ball and players with applications to highlight ranking of broadcasting table tennis video. Proc. Multi-conference on Computational Engineering in Systems Applications, 2: 1896-1903.

[Chen 2008] Chen W, Zhang Y J. Parametric model for video content analysis. Pattern Recognition Letters, 29(3): 181-191.

[Chen 2016a] Chen Q Q, Zhang Y-J. Cluster trees of improved trajectories for action recognition. Neurocomputing, 173: 364-372.

[Chen 2016b] Chen Q Q, Liu F, Li X, et al. Saliency-context two-stream Convents for action recognition. Proc. ICIP, 3076-3080.

[Chen 2017] Chen Q Q, Zhang Y-J. Sequential segment networks for action recognition. IEEE Signal Processing Letters, 24(5): 712-716.

[Cox 1994] Cox E. The Fuzzy Systems Handbook. AP Professional. Cambridge, England.

[Crevier 1997] Crevier D, Lepage R. Knowledge-based image understanding systems: A survey. CVIU, 67(2): 161-185.

[Dai 2005] Dai S Y, Zhang Y J. Unbalanced region matching based on two-level description for image retrieval. PRL, 26(5): 565-580.

[Daubechies 1990] Daubechies I. The wavelet transform, time-frequency localization and signal analysis. IEEE-IT, 36(5): 961-1005.

[Davies 2005] Davies E R. Machine Vision: Theory, Algorithms, Practicalities, 3rd Ed., Elsevier.

[Davies 2012] Davies E R. Computer and Machine Vision: Theory, Algorithms, Practicalities, 4th Ed. Elsevier.

[Davis 2001] Davis L S (ed.). Foundations of Image Understanding. Kluwer Academic Publishers.

[Dean 1995] Dean T, Allen J, Aloimonos Y. Artificial Intelligence: Theory and Practice. Addison Wesley.

[Devernay1994] Devernay F, Faugeras O. Computing differential properties of 3-D shapes from stereopsis without 3-D models. Proc. CVPR, 208-213.

[Djeraba 2002] Djeraba C. Content-based multimedia indexing and retrieval. IEEE, Multimedia, (2): 18-22.

[Donoho 2006] Donoho D L. Compressed Sensing. IEEE Trans. Information Theory, 2006, 52(4): 1289-1306.

[Duan 2003] Duan L Y, Xu M, Tian Q. Semantic shot classification in sports video. SPIE, 5021: 300-313.

[Dubuisson 1994] Dubuisson M, Jain A K. A modified Hausdorff distance for object matching. Proc. 12ICPR, 566-568.

[Duda 2001] Duda R O, Hart P E, Stork D G. Pattern Classification, 2nd Ed. John Wiley & Sons, Inc.

[Edelman 1999] Edelman S. Representation and Recognition in Vision. MIT Press.

[Fang 2016] Fang M Y, Zhang Y-J, Li X, et al. Normalized similarity measurement and query adaptive fusion for graph based visual reranking. Proc. ICSP, 607-612.

[Fang 2017] Fang M Y, Zhang Y-J, Li X, et al. Query adaptive fusion for graph based visual reranking. IEEE Journal of Selected Topics in Signal Processing, 11(6): 908-917.

[Faugeras 1993] Faugeras O. Three-dimensional Computer Vision: A Geometric Viewpoint. MIT Press.

[Finkel1994] Finkel L H, Sajda P. Constructing visual perception. American Scientist, 82(3): 224-237.

[Foley 1996] Foley J D, Van Dam A, Feiner S K, et al. Computer Graphics: Principles and Practice in C, 2nd Ed. Addison-Wesley.

[Forsyth 2003] Forsyth D, Ponce J. Computer Vision: A Modern Approach. Prentice Hall.

[Forsyth 2012] Forsyth D, Ponce J. Computer Vision: A Modern Approach, 2nd Ed. Prentice Hall.

[Franke 2000] Franke U, Joos A. Real-time stereo vision for urban traffic scene understanding. Proc. Intelligent Vehicles Symposium, 273-278.

[Furht 1995] Furht B, Smoliar S W, Zhang H J. Video and image processing in multimedia systems. Kluwer Academic Publishers, 226-270.

[Gao 2000] Gao Y Y, Zhang Y J, Merzlyakov N S. Semantic-based image description model and its implementation for image retrieval. Proc. 1st ICIG, 657-660.

[Gao 2002] Gao Y, Leung M K H. Line segment Hausdorff distance on face matching. PR, 35(2): 361-371.

[Gibson 1950] Gibson J J. The perception of the visual world. Houghton Mifflin.

[Goldberg 1987] Goldberg R R, Lowe D G. Verification of 3-D parametric models in 2-D image data. Proc. IEEE Workshop on Computer Vision, 255-257.

[Gonzalez 1992] Gonzalez R C, Woods R E. Digital Image Processing. 3rd Ed. Addison-Wesley.

[Goshtasby 2005] Goshtasby A A. 2-D and 3-D Image Registration—for Medical, Remote Sensing, and Industrial Applications. Wiley-Interscience.

[Griffiths 2004] Griffiths T L, Steyvers M. Finding scientific topics. Proc. National Academy of Sciences, 101 (s1): 5228-5235.

[Grimson 1985] Grimson W E L. Computational experiments with a feature based stereo algorithm. IEEE-PAMI, 7(1): 17-34.

[Grossberg 1987] Grossberg S, Mingolia E. Neural dynamics of surface perception: Boundary webs, illuminants and shape-from-shading. CVGIP, 37(1): 116-165.

[Guéziec 1994] Guéziec S, Hummel R. The wrapper algorithm: surface extraction and simplification. Proc. IEEE Workshop on Biomedical Image Analysis, 204-213.

[Habib 2001] Habib A, Kelley D. Automatic relative orientation of large scale imagery over urban areas using modified iterated Hough transform. ISPRS Journal of Photogrammetry & Remote Sensing, 56: 29-41.

[Haralick 1992] Haralick R M, Shapiro L G. Computer and Robot Vision, Vol. 1. Addison-Wesley.

[Haralick 1993] Haralick R M, Shapiro L G. Computer and Robot Vision, Vol. 2. Addison-Wesley.

[Hartley 2004] Hartley R, Zisserman A. Multiple View Geometry in Computer Vision. 2nd Ed. Cambridge University Press.

[Horn 1986] Horn B K P. Robot Vision. MIT Press.

[Huang1993] Huang T, Stucki P (eds.). Special Section on 3-D Modeling in Image Analysis and Synthesis. IEEE-PAMI, 15(6): 529-616.

[Huang 2003] Huang X Y, Zhang Y J, Hu D. Image retrieval based on weighted texture features using DCT coefficients of JPEG images. Proc. 4PCM, 3: 1571-1575.

[Huang 2016] Huang X M, Zhang Y-J. An O(1) disparity refinement method for stereo matching. Pattern Recognition, 55: 198-206.

[Huang 2017] Huang X M, Zhang Y-J. 300-FPS salient object detection via minimum directional contrast. IEEE-IP, 26(9): 4243-4254.

[Jacobs 1995] Jacobs C E, Finkelstein A, Salesin D. Fast multiresolution image querying. Proc. SIGGAPH'95, 277-286.

[Jähne 1997] Jähne B. Digital Image Processing—Concepts, Algorithms and Scientific Applications. Springer.

[Jähne 1999a] Jähne B, Haußecker H, Geißler P. Handbook of Computer Vision and Applications:

Volume 1: Sensors and Imaging. Academic Press.

[Jähne 1999b] Jähne B, Haußecker H, Geißler P. Handbook of Computer Vision and Applications: Volume 2: Signal Processing and Pattern Recognition. Academic Press.

[Jähne 1999c] Jähne B, Haußecker H, Geißler P. Handbook of Computer Vision and Applications: Volume 3: Systems and Applications. Academic Press.

[Jähne 2000] Jähne B, Haußecker H. Computer Vision and Applications: A Guide for Students and Practitioners. Academic Press.

[Jähne 2004] Jähne B. Practical Handbook on Image Processing for Scientific and Technical Applications, 2nd Ed. CRC Press.

[Jain 1995] Jain R, Kasturi R, Schunck B G. Machine Vision. McGraw-Hill Companies. Inc.

[Jain 1996] Jain A K, Vailaya A. Image retrieval using color and shape. PR, 29(8): 1233-1244.

[Jain 1997] Jain A K, Dorai C. Practicing vision: integration, evaluation and applications. PR, 30 (2): 183-196.

[Jegou 2010] Jegou H, Douze M, Schmid C. Improving bag-of-features for large-scale image search. IJCV, 87(3): 316-336.

[Jia 1998] Jia B, Zhang Y J, Lin X G. Study of a fast tri-nocular stereo algorithm and the influence of mask size on matching. Proc. International Workshop on Image, Speech, Signal Processing and Robotics, 169-173.

[Jia 2000a] Jia B, Zhang Y J, Lin X G. Stereo matching using both orthogonal and multiple image pairs. Proc. ICASSP, 4: 2139-2142.

[Jia 2000b] Jia B, Zhang Y J, Lin X G, et al. A sub-pixel-level stereo algorithm with right-angle tri-nocular. Proc. 1st ICIG, 417-420.

[Jiang 2005a] Jiang F, Zhang Y J. News video indexing and abstraction by specific visual cues: MSC and news caption. In: Video Data Management and Information Retrieval. IRM Press, Chapter 11 (254-281).

[Jiang 2005b] Jiang F, Zhang Y J. Camera attention weighted strategy for video shot grouping. SPIE, 5960: 428-436.

[Kanade 1991] Kanade T, Okutomi M. A stereo matching algorithm with an adaptive window: Theory and experiment. Proc. ICRA, 1088-1095.

[Kanade 1994] Kanade T, Okutomi M. A stereo matching algorithm with an adaptive window: theory and experiment. IEEE-PAMI, 16(9): 920-932.

[Kanade 1996] Kanade T, Yoshida A, Oda K, et al. A stereo machine for video-rate dense depth mapping and its new applications. Proc. 15CVPR, 196-202.

[Kara 2011] Kara Y E, Akarun L. Human action recognition in videos using keypoint tracking. Proc. 19th Conference on Signal Processing and Communications Applications, 1129-1132.

[Kim 1987] Kim Y C, Aggarwal J K. Positioning three-dimensional objects using stereo images. IEEE-RA, 1: 361-373.

[Kim 2002] Kim C N, Mohan T, Hiroshi I. Generalized multiple baseline stereo and direct virtual view synthesis using range-space search, match, and render, IJCV, 47(1): 131-147.

[Kittler 1985] Kittler J, Illingworth J. Relaxation labeling algorithms—A review. Image and Vision Computing, 3(4): 206-216.

[Kropatsch 2001] Kropatsch W G, Bischof H (eds.). Digital Image Analysis—Selected Techniques and Applications. Springer.

[Kuvich 2004] Kuvich G. Active vision and image/video understanding systems for intelligent manufacturing. SPIE,5605: 74-86.

[Lang 1997] Lang,P J,Bradley,M M, Cuthbert, B N. International affective picture system (IAPS): Technical manual and affective ratings, NIMH Center for the Study of Emotion and Attention.

[Laptev 2005] Laptev I. On space-time interest points. International Journal of Computer Vision, 64(2/3): 107-123.

[Lee 1990] Lee S U,et al. A comparative performance study of several global thresholding techniques for segmentation. CVGIP,52: 171-190.

[Lenz 1988] Lenz R K,Tsai R Y. Techniques for calibration of the scale factor and image center for high accuracy 3-D machine vision metrology. IEEE-PAMI,10(5): 713-720.

[Levine 1985] Levine M D. Vision in Man and Machine. McGraw-Hill.

[Lew 1994] Lew M S,Huang T S,Wong K. Learning and feature selection in stereo matching. IEEE-PAMI,16(9): 869-881.

[Li 2002] Li Q,Zhang Y J,Dai S. Y. Image search engine with selective filtering and feature element based classification. SPIE,4672: 190-197.

[Li 2005a] Li R,Zhang Y J. Automated image registration using multi-resolution based Hough transform. SPIE,5960: 1363-1370.

[Li 2005b] Li R,Zhang Y J. Level selection for multi-scale fusion of out-of-focus image. IEEE Signal Processing Letters,12(9): 617-620.

[Li 2010a] Li S,Zhang Y J. A novel system for video retrieval of frontal-view indoor moving pedestrians. Proc. 5th ICIG,266-271.

[Li 2010b] Li S,Zhang Y J, Tan H C. Discovering latent semantic factors for emotional picture categorization. Proc. 17th ICIP,1065-1068.

[Li 2011] Li S,Zhang Y J. Semi-supervised classification of emotional pictures based on feature combination. SPIE-7881A,78810X-1～78810X-8.

[Li 2014] Li X,Zhang Y-J, Shen B,et al. Image tag completion by low-rank factorization with dual reconstruction structure preserved. Proc. ICIP,3062-3066.

[Li 2016a] Li X,Zhang Y-J, Shen B, et al. Low-rank image tag completion with dual reconstruction structure preserved. Neurocomputing,173: 425-433.

[Li 2016b] Li X,Shen B,Liu B D, et al. A locality sensitive low-rank model for image tag completion. IEEE Transactions on Multimedia,18(3): 474-483.

[Li 2017] Li X,Shen B,Liu B D, et al. Ranking-preserving low-rank factorization for image annotation with missing labels. IEEE Transactions on Multimedia,18(3): 474-483.

[Lienhart 1997] Lienhart R,Pfeiffer S,Effelsberg W. Video abstracting. Communications of ACM. 40(12): 54-62.

[Lin 2003] Lin K H,Lam K M, Sui W C. Spatially eigen-weighted Hausdorff distances for human face recognition. PR,36: 1827-1834.

[Liu 2005] Liu X M,Zhang Y J,Tan H C. A new Hausdorff distance based approach for face localization. Sciencepaper Online,200512-662(1-9).

[Liu 2012] Liu B D,Wang Y X, Zhang Y J, et al. Discriminant sparse coding for image classification. Proc. 37th ICASSP,2193-2196.

[Liu 2014] Liu B D,Wang Y X,Shen B,et al. Blockwise coordinate descent schemes for sparse representation. Proc. ICASSP,5267-5271.

[Liu 2016] Liu B D,Wang Y X,Shen B,et al. Blockwise coordinate descent schemes for efficient and effective dictionary learning. Neurocomputing,178: 25-35.

[Lohmann 1998] Lohmann G. Volumetric Image Analysis. John Wiley & Sons and Teubner Publishers.

[Lorensen 1987] Lorensen W E, Cline H E. Marching cubes: a high-resolution 3D surface construction algorithm. Computer Graphics, 21(4): 163-169.

[Lowe 1987] Lowe D G. Three-dimensional object recognition from single two-dimensional images. Artificial Intelligence, 31(3): 355-395.

[Lowe 1988] Lowe D G. Four steps towards general-purpose robot vision. Proc. 4th International Symposium on Robotics Research, 221-228.

[Lowe 1999] Lowe D G. Object recognition from local scale-invariant features. Proc. ICCV, 1150-1157.

[Lowe 2004] Lowe D G. Distinctive image features from scale-invariant keypoints. IJCV, 60(2): 91-110.

[Luo 2005] Luo J B, Savakis A E, Amit S. A Bayesian network-based framework for semantic image understanding. PR, 38(6): 919-934.

[Maitre 1992] Maitre H, Luo W. Using models to improve stereo reconstruction. IEEE-PAMI, 14(2): 269-277.

[Makris 2005] Makris D, Ellis T. Learning semantic scene models from observing activity in visual surveillance, IEEE-SMC-B, 35(3): 397-408.

[Mallat 1992] Mallat S, Hwang W L. Singularity detection and processing with wavelets, IEEE-IT, 38(2): 617-643.

[Marchand 2000] Marchand- Maillet S, Sharaiha Y M. Binary Digital Image Processing — A Discrete Approach. Academic Press.

[Marr 1982] Marr D. Vision—A Computational Investigation into the Human Representation and Processing of Visual Information. W. H. Freeman.

[Matthies 1989] Matthies L, Szeliski R, Kanade T. Kalamn filter-based algorithms for estimating depth from image sequences, IJCV, 3: 209-236.

[Mehtre 1995] Mehtre B M, Kankanhalli M S, Narasimhalu A D, et al. Color matching for image retrieval. PRL, 16: 325-331.

[Mitchell 1996] Mitchell T M. An Introduction to Genetic Algorithms. MIT Press.

[Mitchell 1997] Mitchell T M. Machine Learning. McGraw-Hill Inc.

[Mitko 2009] Mitko V, Tomislav K, Zoran I. Content-based indoor/outdoor video classification system for a mobile platform. World Academy of Science, Engineering and Technology, 57: 91-96.

[Moeslund 2006] Moeslund T B, Hilton A, Krüger V. A survey of advances in vision-based human motion capture and analysis. Computer Vision and Image Understanding, 104: 90-126.

[Mohan 1989] Mohan R, Medioni G. Stereo error detection, correction, and evaluation. IEEE-PAMI, 11(2): 113-120.

[Morris 2008] Morris B T, Trivedi M M. A survey of vision-based trajectory learning and analysis for surveillance. IEEE-CSVT, 18(8): 1114-1127.

[Niblack 1998] Niblack W, Hafner J L, Breuel T, et al. Updates to the QBIC system. SPIE, 3312: 150-161.

[Nilsson 1980] Nilsson N J. Principles of Artificial Intelligence. Palo Alto: Tioga Publishing Co.

[Nixon 2008] Nixon M S, Aguado A S. Feature Extraction and Image Processing. 2nd. Ed. Academic Press.

[Ohta 1986] Ohta Y, Watanabe M, Ikeda K. Improved depth map by right angled tri-nocular stereo. Proc. 8ICPR,519-521.

[Okutomi 1992] Okutomi M,Kanade T. A locally adaptive window for signal matching. IJCV,7(2): 143-162.

[Okutomi 1993] Okutomi M,Kanade T. A multiple—baseline stereo. IEEE-PAMI,15(4): 353-363.

[Ortega 1997] Ortega M, Rui Y,Chakrabarti K,et al. Supporting similarity queries in MARS,Proc. ACM Multimedia,403-413.

[Peters 2017] Peters J F. Foundations of Computer Vision: Computational Geometry,Visual Image Structures and Object Shape Detection. Switzerland: Springer.

[Peterson 1994] Peterson M A, Gibson B S. Object recognition contributions to figure-ground organization: operations on outlines and subjective contours. Perception and Psychophysics,56: 551-564.

[Philbin 2007] Philbin J, Chum O,Isard M,et al. Object retrieval with large vocabularies and fast spatial matching. Proc. CVPR,1-8.

[Philbin 2008] Philbin J, Chum O,Isard M,et al. Lost in quantization: Improving particular object retrieval in large scale image databases. Proc. CVPR,1-8.

[Picard 2000] Picard R W. Affective Computing. MIT Press.

[Piella 2003] Piella G. A general framework for multiresolution image fusion: from pixels to regions. Information Fusion,4: 259-280.

[Pizlo 1992] Pizlo Z,Rosenfeld A. Recognition of planar shapes from perspective images using contour-based invariants. CVGIP: Image Understanding,56(3): 330-350.

[Polhl 1998] Polhl C,Genderen J L. Multisensor image fusion in remote sensing: Concepts, methods and applications. International Journal of Remote Sensing,19(5): 823-854.

[Poppe 2010] Poppe R. A survey on vision-based human action recognition. Image and Vision Computing,28: 976-990.

[Prince 2012] Prince S J D. Computer Vision—Models, Learning, and Inference. Cambridge University Press.

[Ritter 2001] Ritter G X,Wilson J N. Handbook of Computer Vision Algorithms in Image Algebra. CRC Press.

[Roberts 1965] Roberts L G. Machine perception of three-dimensional solids. In: Optical and Electro-Optical Information Processing,159-197.

[Robison 1965] Robison J A. A machine-oriented logic based on the resolution principle. J. ACM, 12(1): 23-41.

[Rosenfeld 2000] Rosenfeld A. Classifying the literature related to computer vision and image analysis. CVIU,79:308-323.

[Scharstein 2002] Scharstein D, Szeliski R. A taxonomy and evaluation of dense two-frame stereo correspondence algorithms,IJCV,47(1): 7-42.

[Schölkopf 2002] Schölkopf B, Smola A. Learning with Kernels: Support Vector Machines, Regularization,Optimization,and Beyond. MIT Press.

[Shah 2002] Shah M. Guest introduction: The changing shape of computer vision in the twenty-first century. IJCV,50(2): 103-110.

[Shapiro 2001] Shapiro L,Stockman G. Computer Vision. Prentice Hall.

[Shearer 2001] Shearer K,Venkatesh S, Bunke H. Video sequence matching via decision tree path following. PRL,22(5): 469-477.

[Shih 2016] Shih K J,Singh S,Hoiem D. Where to look: Focus regions for visual question answering. CVPR,4613-4621.

[Shirai 1987] Shirai Y. Three-Dimensional Computer Vision. Springer-Verlag.

[Sivaraman 2011] Sivaraman S,Morris B T,Trivedi M M. Learning multi-lane trajectories using vehicle-based vision. ICCV Workshops,2070-2076.

[Sivic 2003] Sivic J,Zisserman A. Video Google: A text retrieval approach to object matching in videos. Proc. ICCV,II: 1470-1477.

[Sivic 2005] Sivic J,Russell B C,Efros A A,et al. Discovering objects and their location in images. Proc. ICCV,370-377.

[Snyder 2004] Snyder W E,Qi H. Machine Vision. Cambridge University Press.

[Sonka 2008] Sonka M,Hlavac V,Boyle R. Image Processing,Analysis,and Machine Vision. 3rd Ed. Thomson.

[Sonka 2014] Sonka M,Hlavac V,Boyle R. Image Processing,Analysis,and Machine Vision. 4th Ed. Cengage Learning.

[Steger 2008] Steger C,Ulrich M,Wiedemann C. Machine Vision Algorithms and Applications. Wiley-VCH.

[Swain 1991] Swain M J,Ballard D H. Color indexing. IJCV,7: 11-32.

[Tan 2000] Tan Y P,Saur D F,Kulkarni S R,et al. Rapid estimation of camera motion from compressed video with application to video annotation. IEEE-CSVT,10(1): 133-146.

[Tang 2013] Tang J H,Bian W,Yu N H,et al. Intelligent processing techniques for semantic-based image and video retrieval (Editorial). Neurocomputing,119: 1-2.

[Theodoridis 2009] Theodoridis S,Koutroumbas K. Pattern Recognition,3rd Ed. Elsevier Science.

[Tomita 1990] Tomita F,Tsuji S. Computer Analysis of Visual Textures. Kluwer Academic Publishers.

[Tran 2008] Tran D,Sorokin A. Human activity recognition with metric learning. LNCS 5302, 548-561.

[Tsai 1987] Tsai R Y. A versatile camera calibration technique for high-accuracy 3D machine vision metrology using off-the shelf TV camera and lenses. Journal of Robotics and Automation,3(4): 323-344.

[Turaga 2008] Turaga P,Chellappa R,Subrahmanian V S,et al. Machine recognition of human activities: A survey. IEEE-CSVT,18(11): 1473-1488.

[Verri 1987] Verri A,Poggi T. Motion field and optical flow: Qualitative properties. IEEE-PAMI,11: 490-498.

[Wang 2009] Wang C,Blei D,Li F F. Simultaneous image classification and annotation. Proc. CVPR,1903-1910.

[Wang 2012] Wang Y X,Gui L Y,Zhang Y J. Neighborhood preserving non-negative tensor factorization for image representation. Proc. 37th ICASSP,3389-3392.

[Wang 2013] Wang Y X,Zhang Y-J. Nonnegative matrix factorization: A comprehensive review. IEEE-KDE,25(6): 1336-1353.

[Watanabe1990] Watanabe M,Ohta Y. Operative integration of multiple stereo algorithm. Proc. 3ICCV,363-379.

[Weinland 2011] Weinland D,Ronfard R,Boyer E. A survey of vision-based methods for action representation,segmentation and recognition. CVIU,115(2): 224-241.

[Weiss 1988] Weiss I. 3D shape representation by contours. CVGIP,41(1): 80-100.

[West 2001] West D B. Introduction to Graph Theory. 2nd Ed. Pearson Education,Inc.

[Winston 1984] Winston P H. Artificial Intelligence. 2nd Ed. Reading: MA: Addison-Wesley.

[Witten 2005] Witten I H,Frank E. Data Mining: Practical Machine Learning Tools and

Techniques. 2nd Ed. Elsevier Inc.

[Wu 2017] Wu Q, Teney D, Wang P, et al. Visual question answering: A survey of methods and datasets. CVIU, 163: 21-40.

[Xu 2005] Xu F, Zhang Y J. Atmosphere-based image classification through illumination and hue. SPIE, 5960: 596-603.

[Xu 2006a] Xu F, Zhang Y J. Feature selection for image categorization. Proc. 7ACCV, 2: 653-662.

[Xu 2006b] Xu F, Zhang Y J. Comparison and evaluation of texture descriptors proposed in MPEG-7. International Journal of Visual Communication and Image Representation, 17: 701-716.

[Xu 2007a] Xu F, Zhang Y J. A novel framework for image categorization and automatic annotation. In: Semantic-Based Visual Information Retrieval, IRM Press, Chapter 5(90-111).

[Xu 2007b] Xu F, Zhang Y J. Integrated patch model: A generative model for image categorization based on feature selection. Pattern Recognition Letters, 28 (14): 1581-1591.

[Xu 2008] Xu F, Zhang Y J. Probability association approach in automatic image annotation. Handbook of Research on Public Information Technology, V. II, Chapter 56 (615-626).

[Xu 2015] Xu C L, Hsieh S H, XiongC M, et al. Can humans fly? Action understanding with multiple classes of actors. Proc. CVPR, 2264-2273.

[Xu 2016] Xu C L, Corso J J. Actor-action semantic segmentation with grouping process models. Proc. CVPR, 3083-3092.

[Yang 2017] Yang Z L, Zhang Y J, Rehman S U, et al. Image captioning with object detection and localization. Proc. 8th ICIG, 254-263.

[Yao 1999] Yao Y R, Zhang Y J. Shape-based image retrieval using wavelets and moments. Proc. International Workshop on Very Low Bitrate Video Coding, 71-74.

[Yu 2001a] Yu T L, Zhang Y J. Motion feature extraction for content-based video sequence retrieval. SPIE, 4311: 378-388.

[Yu 2001b] Yu T L, Zhang Y J. Retrieval of video clips using global motion information. IEE Electronics Letters, 37(14): 893-895.

[Zakia 1997] Zakia R D. Perception and Imaging. Focal Press.

[Zhang 1990] Zhang Y J. Automatic correspondence finding in deformed serial sections. Scientific Computing and Automation (Europe) 1990, Chapter 5 (39-54).

[Zhang 1991a] Zhang Y J. 3-D image analysis system and megakaryocyte quantitation. Cytometry, 12: 308-315.

[Zhang 1991b] Zhang Y J. Analytical comparison of differential edge detectors in 3-D space. Digital Signal Processing-91, 311-316.

[Zhang 1992] Zhang Y J. Direction response of 3-D differential edge detectors. Proc. IEEE Benelux & ProRISC Workshop on Circuits, Systems and Signal Processing, 251-257.

[Zhang 1993] Zhang Y J. Quantitative study of 3-D gradient operators. IVC, 11: 611-622.

[Zhang 1996] Zhang Y J. Image engineering and bibliography in China. Technical Digest of International Symposium on Information Science and Technology, 158-160.

[Zhang 1998] Zhang Y J. Color-based image retrieval using sub-range cumulative histogram. High Technology Letters, 4(2): 71-75.

[Zhang 1999] Zhang Y J, Lu H B. Hierarchical video organization based on compact representation of video units. Proc. Workshop on Very Low Bitrate Video'99, 67-70.

[Zhang2002a] Zhang Y J. Image engineering and related publications. IJIG, 2(3): 441-452.

[Zhang2002b] Zhang Y J, Lu H B. A hierarchical organization scheme for video data. PR, 35(11): 2381-2387.

[Zhang2004] Zhang Y J, Gao Y Y, Luo Y. Object-based techniques for image retrieval. Multimedia Systems and Content-based Image Retrieval, Idea Group Publishing, Chapter 7 (156-181).

[Zhang2005] Zhang Y J. New advancements in image segmentation for CBIR. Encyclopedia of Information Science and Technology, Idea Group Reference, 4, Chapter 371 (2105-2109).

[Zhang2006a] Zhang Y J (ed.). Advances in Image and Video Segmentation. Idea Group, Inc.

[Zhang2006b] Zhang Y J. Mining for image classification based on feature elements. Encyclopedia of Data Warehousing and Mining, Idea Group Reference, 1: 773-778.

[Zhang2007] Zhang Y J (ed.). Semantic-Based Visual Information Retrieval, IRM Press.

[Zhang 2008a] Zhang Y J, Jiang F. Home video structuring with a two-layer shot clustering approach. Proc. 3rd ISCCSP, 500-504.

[Zhang2008b] Zhang Y J. Image classification and retrieval with mining technologies. Handbook of Research on Text and Web Mining Technologies, Chapter VI (96-110).

[Zhang2009a] Zhang Y J. Advanced techniques for object-based image retrieval. Encyclopedia of Information Science and Technology, 2nd Ed., 59-64.

[Zhang 2009b] Zhang Y J. Information fusion of multi-sensor images. Encyclopedia of Information Science and Technology, 2nd Ed., 1950-1956.

[Zhang 2009c] Zhang Y J. Organization of home video. Encyclopedia of Information Science and Technology, 2nd Ed., VI: 2917-2922.

[Zhang 2009d] Zhang Y J. An overview of semantic-based visual information retrieval. Encyclopedia of Information Science and Technology, 2nd Ed., VI: 2978-2983.

[Zhang2009e] Zhang Y J. Recent progress in image and video segmentation for CBVIR. Encyclopedia of Information Science and Technology, 2nd Ed., VII: 3224-3228.

[Zhang 2009f] Zhang Y J. A study of image engineering. Encyclopedia of Information Science and Technology, 2nd Ed., VII: 3608-3615.

[Zhang 2015a] Zhang Y-J. Machine learning for image classification. Encyclopedia of Information Science and Technology, 3rd Edition, Chapter 21 (215-226).

[Zhang 2015b] Zhang Y-J. Advances in emotional picture classification. Encyclopedia of Information Science and Technology, 3rd Edition, Chapter 48 (501-511).

[Zhang 2015c] Zhang Y-J. Up-to-date summary of semantic-based visual information retrieval. Encyclopedia of Information Science and Technology, 3rd Edition, Chapter 123 (1294-1303).

[Zhang 2015d] Zhang Y-J. A hierarchical organization of home video. Encyclopedia of Information Science and Technology, 3rd Edition, Chapter 210 (2168-2177).

[Zhang 2015e] Zhang Y-J. Image fusion techniques with multiple-sensors. Encyclopedia of Information Science and Technology, 3rd Edition, Chapter 586 (5926-5936).

[Zhang 2015f] Zhang Y-J. Statistics on image engineering literatures. Encyclopedia of Information Science and Technology, 3rd Edition, Chapter 595 (6030-6040).

[Zhang 2017a] Zhang Y-J. Image Engineering, Vol. 1: Image Processing. De Gruyter.

[Zhang 2017b] Zhang Y-J. Image Engineering, Vol. 2: Image Analysis. De Gruyter.

[Zhang 2017c] Zhang Y-J. Image Engineering, Vol. 3: Image Understanding. De Gruyter.

[Zhang 2018a] Zhang Y-J. Development of image engineering in the last 20 years. Encyclopedia of Information Science and Technology, 4th Ed., Chapter 113 (1319-1330).

[Zhang 2018b] Zhang Y-J. The understanding of spatial-temporal behaviors. Encyclopedia of Information Science and Technology, 4th Ed., Chapter 115 (1344-1354).

[Zhao 1996] Zhao W Y, Nandhakumar N. Effects of camera alignment errors on stereoscopic depth estimates. PR, 29(12): 2115-2126.

[Zheng 2012] Zheng Y, Zhang Y J, Li X, et al. Action recognition in still images using a combination of human pose and context information. Proc. ICIP, 785-788.

[Zheng 2014] Zheng Y, Zhang Y J, Larochelle H. Topic modeling of multimodal data: An autoregressive approach. Proc. CVPR, 1370-1377.

[Zheng 2016] Zheng Y, Zhang Y-J, Larochelle H. A deep and autoregressive approach for topic modeling of multimodal data. IEEE Transactions on Pattern Analysis and Machine Intelligence, 38(6): 1056-1069.

[Zhou 2016] Zhou D, Li X, Zhang Y-J. A novel CNN-based match kernel for image retrieval. Proc. ICIP, 2045-2049.

[Zhu 2011a] Zhu Y F, Zhang Y J. Multi-view stereo reconstruction via voxels clustering and parallel volumetric graph-cut optimization. SPIE 7872, 78720S1-78720S11.

[Zhu 2011b] Zhu Y F, Torre F, Cohn J F, et al. Dynamic cascades with bidirectional bootstrapping for action unit detection in spontaneous facial behavior. IEEE Trans. AC, 2(2): 79-91, 2011.

主 题 索 引

A

B

C

D

E

F

G

H

J

K

L

M

N

P

Q

R

S

T

W

X

Y

Z